中国科学院大学研究生教材系列

微波电子学教程

罗积润　编著

科学出版社

北　京

内 容 简 介

本书主要讨论微波电子学基本原理以及相对应发展的器件工作机理和相关设计技术(包括速调管、行波管和回旋管)，同时简要介绍器件向短毫米波和太赫兹频段的发展情况。通过研究电子在直流电磁场作用下的产生、运动、成形、控制，以及其在真空中与部分特殊高频电路(谐振腔、慢波和快波结构等)中电磁场相互作用，将电子的直流能量转换为微波能量(振荡、放大)。结合三种类型真空微波电子器件工作机理和设计技术的讨论，帮助读者熟悉电子注与谐振和行波电路以及高次模式电磁场相互作用的特点，为不同类型器件研制和在不同形式中应用(例如：雷达与加速器)奠定理论基础。

本书在总结前人工作的基础上，也介绍了一些作者本人近年开展工作的教学心得体会和科研成果。由于微波电子学涉及的数学推导过程非常复杂，故在物理概念可以理解的基础上，本书尽可能规避和简化复杂的数学过程。全书力求文字简练、论证严谨、物理概念清晰、叙述条理性强。本书适合高功率微波器件和高能物理专业大学本科高年级学生和研究生学习，同时可以供致力于推动微波电子学和真空微波器件进一步向前发展的科研和工程技术人员以及相关教师参考。

图书在版编目(CIP)数据

微波电子学教程 / 罗积润编著. -- 北京 : 科学出版社, 2024. 12. -- (中国科学院大学研究生教材系列). -- ISBN 978-7-03-080270-5

I. TN015

中国国家版本馆 CIP 数据核字第 2024SG5688 号

责任编辑：周 涵 杨 探 / 责任校对：彭珍珍

责任印制：张 伟 / 封面设计：无极书装

科学出版社 出版

北京东黄城根北街 16 号

邮政编码: 100717

http://www.sciencep.com

北京天宇星印刷厂印刷

科学出版社发行 各地新华书店经销

*

2024 年 12 月第 一 版 开本：720×1000 1/16

2024 年 12 月第一次印刷 印张：30 1/2

字数：613 000

定价：168.00 元

(如有印装质量问题，我社负责调换)

前　言

微波电子学是研究电子注与电磁波相互作用的学科，特别关注电子与波之间的能量相互转换过程和能力。微波电子学的发展起源于电子与微波在真空中相互作用实现能量转换。随着 20 世纪磁控管、速调管、行波管和不同类型带电粒子加速器等真空微波器件及装置的发明，微波电子学在 20 世纪 50~60 年代达到空前活跃，对广播电视、通信、雷达、遥感成像、电子对抗、材料研究、深空探测、波谱学及高能物理研究等方面的发展和应用产生了巨大的推动作用。20 世纪 70 年代，半导体器件的出现使真空器件面临巨大的挑战。不过，半导体微波器件中的电子流是传导 (欧姆损耗和碰撞) 电流，这使其功率容量受到严重限制；而真空电子器件的电子流是在真空中流动的对流 (电子轨迹约束和无碰撞) 电流，这使得微波电子学在高功率和高频率微波器件研究方面具有特殊的优势。虽然半导体器件具有体积小、重量轻、工作电压低等优势，但在相同频率条件下，通常单个器件产生的输出功率比真空器件至少要低几个量级。

随着频率进入毫米波甚至太赫兹频段，传统真空微波器件结构尺寸因与波长共度而缩小，机械加工精度高、高频损耗大和阴极发射电流密度高等问题使器件向更高频率发展面临巨大挑战。基于相对论效应和高次模式工作的回旋管，让真空微波器件在毫米波段以上输出功率和带宽上都取得了很大的突破。不过，由于工作在高次模式，回旋管工作的稳定性始终是一个有待进一步突破的关键技术问题。近年超高精度加工工艺 (高速铣床 (CNC)、光刻/电铸/微成型 (LIGA) 和深反应离子刻蚀 (DRIE)) 的迅速发展和推广、大电流密度/长寿命小型化阴极技术的持续突破，以及单注、多注和带状注与各种分布式高频结构互作用机理的提出和完善，基于传统真空微波器件 (速调管和行波管) 思路发展短毫米波和太赫兹辐射源再次成为人们关注的热点。

本书主要讨论微波电子学基本原理以及相对应发展的器件工作机理和相关设计技术 (包括速调管、行波管和回旋管)，同时简要介绍器件向短毫米波和太赫兹频段的发展情况。课程的目的是通过研究电子在直流电磁场作用下的产生、运动、成形、控制，以及其在真空中与部分特殊高频电路 (谐振腔、慢波和快波结构等) 中电磁场相互作用，将电子的直流能量转换为微波能量 (振荡、放大)。结合三种类型真空微波电子器件工作机理和设计技术的讨论，帮助读者熟悉电子注与谐振和行波电路以及高次模式电磁场相互作用的特点，为不同类型器件研制和在不同

形式中应用 (例如：雷达与加速器) 奠定理论基础。本书主要包括以下内容。

(1) 电子在静电磁场中的运动 (电子在外加均匀电磁场中的运动、电磁透镜、非磁性力/磁场空间缓变/多电子自身场对电子运动的影响)。

(2) 电子的产生 (阴极)、成形 (电子枪)、运动和控制 (电子注)。

(3) 高频电路：谐振腔 (低次模式截止腔)、慢波电路 (螺旋线、耦合腔、交错双栅) 和快波电路 (高次模式开放腔、开放波导)。

(4) 电子注与微波相互作用：调制、群聚、同步、耦合 (耦合系数/电子负载/耦合阻抗)、振荡、放大、增益、功率、效率、带宽、损耗、稳定可靠性。

(5) 真空微波电子器件 (速调管、行波管和回旋管)：互作用机理、器件的特点和不足、电性能设计及提高的方法和手段以及应用范围等。

(6) 器件向短毫米波和太赫兹频段发展：高频电路结构变化 (梯形线、哑铃型多间隙腔、折叠波导、交错双栅、曲折线)，带状注电子枪。

本书在中国科学院大学研究生课程教学讲义基础上编写而成。虽然微波电子学是一门涉及电磁场理论、微波技术、数学物理方法、机械、真空、材料和化学的交叉学科，对数学、物理以及其他相关学科知识有相当深度的要求，但本书的编写尽可能侧重读者对概念的理解，强调其在工程上的应用，适合高功率微波器件和高能物理专业大学本科高年级学生和研究生学习，同时可以供致力于推动微波电子学和真空微波器件进一步向前发展的科研和工程技术人员以及相关教师参考。

本书多数内容是在前人工作总结的基础上，结合自己教学体会编写而成。第 4 章、第 6 章、第 7 章和第 8 章中关于耦合腔、交错双栅、回旋管和同心弧曲折线等部分内容是作者本人从事的科研工作和指导学生完成博士或硕士学位论文内容的提炼总结。应该强调，作为一门特别专业的课程，微波电子学教学的开启是 2015 年在时任中国科学院电子学研究所所长/中国科学院大学电子电气和信息工程学院院长吴一戎院士亲自关注下促成的。本书的撰写和出版得到了我的恩师北京大学徐承和教授的关怀和支持。在微波电子学十年教学过程中，中国科学院空天信息创新研究院朱方副研究员跟随我做了 5 年助教，对教学和讲义的形成提出过她独到的看法。在第 3 章、第 4 章、第 6 章、第 7 章和第 8 章撰写过程中，就部分内容细节曾与中国科学院空天信息创新研究院王小霞研究员、华北电力大学焦重庆副教授、中国航空集团无锡雷达技术有限公司北京分公司何昉明高级工程师、中国航天科工集团三院海鹰航空通用装备有限责任公司谢文球高级工程师、中国科学院空天信息创新研究院樊宇博士和杨晨博士、国防科技大学文政博士进行过非常具体的讨论。中国科学院空天信息创新研究院赵鼎研究员、张长青副研究员、尚新文副研究员、孟鸣凤高级工程师和胡小华高级工程师曾为扩展互作用速调管和多级降压收集极部分内容以及一些相关阴极和工艺的撰写提供了合适的技术数据和资料。此外，彭澍源博士、唐彦娜博士、张海鱼博士、兰榕博士、王兴起博士、李文奇工程师、朱贺工程师、王新河工程师、焦梦龙工程师、李志贤工程师、李晗工程师和李莹工程师等在博士和硕士学位论文期间对书稿部分内容收集和积累给予了一定程度的支持。从课程教学资料收集开始到讲义形成再到书稿完成持续的时间很长，由于记忆问题可能还有部分曾经在本书完成过程中给予了不同程度支持的学生和同事未能提及。

中国科学院空天信息创新研究院微波器件与系统研究发展中心以张志强研究员为首的领导班子对“科教融合”倡导的研究所一线科研人员承担中国科学院大学课程教学给予了大力支持。中国科学院空天信息创新研究院教育处卢葱葱处长、周春晖老师和马幅美老师对书稿的完成起到了一定的促进作用。中国科学院大学电子电气与信息工程学院执行院长孙应飞教授和教学秘书吴肖凤老师以及教务部田晨晨老师为课程教学和书稿立项出版做了许多复杂且具有实际推动作用的工作。科学出版社周涵和杨探编辑系统组织完成了本书出版前的编辑工作。在此对微波电子学教学以及本书撰写和出版过程中给予过支持和帮助的相关人员和单位一并表示衷心感谢。特别感谢中国科学院大学教材出版中心资助本书的出版。

罗积润

2024 年 12 月于北京

目　　录

第 1 章 绪 论

1.1 微波电子学发展历史和现状

1.1.1 电子学基础

1865 年麦克斯韦 (Maxwell) 通过位移电流假说，获得了电磁相互激励耦合的关系，在此基础上建立了麦克斯韦方程组，并预言了电磁波的存在。1888 年赫兹 (Hertz) 基于 LC 振荡电路机理设计了火花隙振荡器，成功产生和接收了电磁辐射。1896 年马可尼 (Marconi) 在约 3.2km 距离成功地进行了电磁波的发射和接收试验。从此开启了电磁场和电磁波对人类科学和技术进步、社会文明和生活绚丽多彩持续不断的推进作用。

1883 年爱迪生 (Edison) 在研究白炽灯泡时，发现电流能从灼热的灯丝通过真空到达灯泡内的金属电极上 (阴极射线)，被称为爱迪生效应。1895 年洛伦兹 (Lorentz) 在研究阴极射线受磁场影响偏转的基础上，发现该射线具有粒子性质，便假设存在单个的电荷，并称之为电子 (electron)。两年后汤姆孙 (Thomson) 通过对不同材料作为阴极受电场和磁场作用阴极射线发生偏转的实验，测量出阴极射线荷质比 (e/m) 都大致相同，其平均值为 $2.0 \times 10^{-11}\text{C/kg}$，从实验上证实了电子的存在。至此电子作为一种基本粒子存在，围绕不同科学技术的发展和进步，逐步奠定了电子学的基础。

1904 年弗莱明 (Fleming) 利用爱迪生效应，成功研制了第一个电子管 (灵敏检波二极管)。二极管由处于真空中的灯丝和阳极组成，灯丝与阳极之间有一个相对较小的距离。当阳极电势高于灯丝电势时，灯丝发射的电子被阳极收集，使连接二极管的外回路导通。当灯丝电势高于阳极电势时，二极管回路不导通。二极管用于信号检波极大提高了灵敏度和可靠性。

1906 年福来斯特 (Forest) 在弗莱明二极管的灯丝和阳极之间，加入一个栅极，发明了真空三极管。由于栅极的引入，在栅极上小的电压变化，会在阳极上得到相对更大的电压变化，这就是说加在栅极上的电压信号被放大了。三极管打开了信号放大与调制的大门，成为 20 世纪最伟大的发明之一，是电子学发展中具有划时代意义的象征。三极管很快在无线电通信中得到应用，大大提高了接收机的灵敏度。1913~1920 年期间，三极管在等幅振荡器和放大器等方面的成功，使无线电技术与电子管技术相结合形成了无线电电子学。

电子学是主要研究带电粒子在气体、真空或半导体中运动的科学。带电粒子在金属中的运动不属于电子学研究的范畴，而是属于电气工程的范畴。电气工程是专门研究电子在金属中运动有关的科学技术，例如发电机、马达和电灯等，这些都是依赖于电子在金属中运动而工作的设备和系统。

1.1.2　真空电子学和电子器件

当人们研究带电粒子在真空中的运动时，形成真空电子学和真空电子器件；电子在气体中的运动，形成气体电子学和气体放电器件。要使电子在气体中运动，必须先将容器抽真空，再注入某种气体以形成气体放电器件。从这种意义上理解，我们将气体放电器件也划入真空电子器件一类。电子在半导体中的运动，形成半导体电子学和半导体器件。也就是说，电子器件实际上可分成两类，一类是真空电子器件，另一类是半导体器件。真空电子器件是指在真空或气体媒质中，由于电子或离子在电极间传输产生信号放大与转换效应的有源器件。它的基本特点是：

(1) 电子在真空中可以被加速到接近光速的运动速度，它可以具有足够的动能供直流与电磁波之间转换，可以工作在很高的电压和电流条件下以获得很高的功率输出；

(2) 电子在真空中运动的速度可以被控制，当电子完成其和外电路的相互作用后，通过多级降压收集极，使电子能量得到回收，以实现很高的总效率；

(3) 电子在真空中的运动方向和位置可通过静电场或磁场加以控制，这样可以实现信号的放大、振荡、显示和电子加速等多种功能；

(4) 真空电子器件都是三维结构，各种介质和金属材料都可以加工成特定的形状，有利于制造成各种不同形状以实现不同目的的器件。

1.1.3　微波电子学和器件的发展

真空三极管的发明和改进，使其能在低频到射频频段提供几千瓦到几十千瓦的功率输出，为广播电台的建立提供了核心器件。1920 年西屋电气公司 (Westinghouse) 在匹兹堡建立了第一个广播电台，到 1924 年就有 500 家广播电台在美国建立。今天世界各国遍布了成千上万的广播电台和电视台，相当多的广播电台和电视台仍然采用大功率三极管、四极管作为广播电视发射源。

英国科学家将 1924 年霍尔 (Hull) 发明的磁控管进一步完善，给雷达系统提供了可用的发射源，为赢得第二次世界大战的胜利做出了很大的贡献。国防科学技术的发展，推动了微波电子管研制的进步。1937 年美国瓦里安 (Varian) 兄弟发明了速调管，展示了微波真空电子器件在实现高功率高效率方面的特点，同时为高能电子加速器的发展提供了合适的微波功率源。1943 年英国科学家康福纳尔 (Kompfner) 发明了行波管，它的最大特点是有很宽的频带宽度，使雷达和通信系统都得到进一步改进。1952 年行波管被用于曼彻斯特至爱丁堡的中继通信系统中。20 世纪 50 年代微波管得到了很大的发展，广泛应用在雷达、电子对抗和通信系统中。1962 年 7 月 10 日发射的电视中继卫星“电星”采用行波管作为上下行的功率放大器，从此开启了行波管在卫星上的应用。

20 世纪 70 年代，许多国家将大量科研经费投入半导体器件的研究中，微波管的研究费用大量削减。到 20 世纪 80 年代末，许多国家都发现，半导体器件的结构和工作原理使它在功率和频率的发展上受到限制，没有达到预想的结果。1990 年美国国防部电子器件领导小组的研究报告“微波管：国家安全的忧虑”指出：半导体器件受到被使用材料的限制，而真空电子器件的频率和功率增长的潜力却是显而易见的。图 1.1 给出了主要微波真空电子器件的功率发展水平和主要半导体器件 (如耿氏二极管、碰撞雪崩渡越时间二极管 (IM-PATT)、双极型晶体管、场效应晶体管等) 单管的功率发展水平。图 1.2 给出了微波及毫米波军事电子装备对器件的功率、频率的要求以及这两种器件所能提供的功率电平和工作频率。可以看出，在低频率、低功率情况下，微波管完全被半导体器件所取代，但在高功率、高频率情况下，微波真空电子器件占有绝对的优势，是唯一可选用的器件。

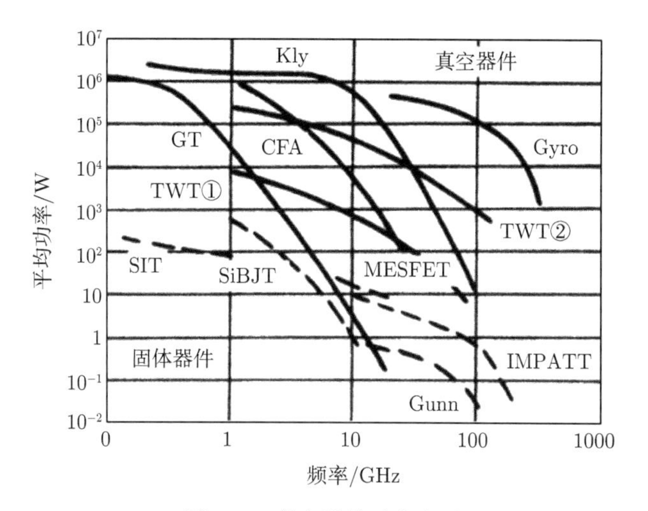

图 1.1　单个器件功率水平

Kly-速调管；Gyro-回旋管；CFA-正交场放大器；GT-栅控管；TWT①-周期永磁聚焦螺旋线行波管；TWT②-线包聚焦耦合腔行波管；SIT-静电感应晶体管；Gunn-耿氏器件；MESFET-金属半导体场效应管；SiBJT-硅双极晶体管；IMPATT-碰撞雪崩渡越时间二极管

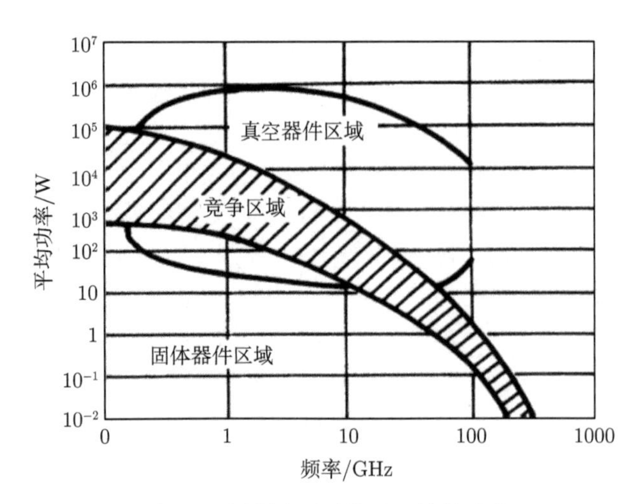

图 1.2 军用电子系统对器件的需求

1.2 真空微波电子器件的应用

1.2.1 微波电子管对现代高技术战争制电磁权的影响

1991 年发生的海湾战争充分显示了现代高技术局部战争的特点和大功率微波管的重要作用。美国对伊拉克发动的“沙漠风暴”行动证明，没有制电磁权就不可能有制空权和制海权。美国依靠其强大的电磁干扰武器，压制了伊拉克的全部通信、警戒雷达和火控系统，使伊拉克的防空网络陷于瘫痪。在没有任何抵抗的情况下，美国空军长驱直入，实行对伊拉克重要目标的狂轰滥炸，使其陷于瘫痪状态。美国在这场战争中采用的电子战 (干扰) 飞机、预警飞机、轰炸机、歼击机、空中加油机、火控雷达及精密制导设备几乎都离不开微波电子管，用于雷达、通信及干扰信号发送的器件 90%都是由微波电子管担负。微波电子管在这场战争中的作用主要体现在：

(1) 电子干扰设备，几乎都离不开宽带大功率微波管，特别是行波管作为干扰源，海湾战争中使用的宽带行波管大多是倍频程，最高频率为 18GHz，平均输出功率在 200W 以上。如果说电子干扰在这场战争中起了决定性作用的话，则宽带大功率行波管是最关键的器件。

(2) 空中预警指挥飞机在这场高技术战争中处于一体化指挥和引导的关键地位。美国此次使用的预警雷达均采用微波管作发射源。E3-A 和 E2-C 分别采用速调管和三极管作发射源。E8-A 是由 4 个大功率行波管作发射源。

(3) 毫米波技术在此次战争中得到应用。美国研制的“爱国者”防御系统在导弹方面的改进是增加了主动引导头，采用 35GHz、峰值功率为 1kW 的行波管作发射源，使导弹最大射程增加一倍，并更适合于攻击雷达散射截面小和隐蔽的低空目标。毫米波技术的独特优点，使其在精密制导、低仰角跟踪监视及火控方面有重要应用。

1.2.2 雷达

雷达的发展从它诞生之日起就紧密地和大功率微波管的发展联系在一起。在现代化战争中雷达是获取敌方信息动态的重要手段，对掌握作战的主动权至关重要。同时雷达在气象监测、大气和环境分析，以及飞机、轮船和航天器飞行安全等方面具有重要作用。作为发射机的微波功率源，通常雷达对微波管有如下要求：

(1) 要求有宽的工作频带和瞬时带宽，宽的工作频带有利于频率捷变，躲避敌方干扰；宽的瞬时带宽，有利于发射或传输宽频带信号。

(2) 发射功率是展示雷达威力和抗干扰能力的重要指标。脉冲功率决定探测距离和分辨率，平均功率决定雷达系统的稳定可靠性。发展的趋势是采用大工作比，降低微波管的峰值功率和工作电压，以缩小系统的体积重量。

(3) 要求发射源具有相位或频率调制的能力和相位稳定性。

(4) 多模雷达要求微波发射管具有可变的脉冲宽度和重复频率。栅控行波管，特别是双模或多模行波管可以满足这一要求。

(5) 有源相控阵体制是新发展的一种技术，它包含了大量的发射/接收 (T/R) 模块。用于这种体制的发射器件之间要求具有增益和相位的一致性。

(6) 对于给定的平均功率，由于采用的器件不同，效率不同，因而电源也不同。

(7) 冷却系统包括液冷、风冷和辐射冷却。

(8) 发射管要经受住苛刻的环境、振动和辐射条件。

(9) 对于可移动设备，要求发射管具有小体积、轻重量和安装维修方便等特点。

图 1.3 给出了预警雷达和气象雷达的照片。

图 1.3 预警雷达和气象雷达照片

1.2.3　电子对抗

在战争中，敌对双方通过各种高技术手段获取对方信息，以争取战争的主动权。于是通过各种干扰或截取对方电子信息以及相应的防御手段受到重视。这种电子对抗 (ECM) 系统在现代高技术战争中具有十分重要的作用，它的主要任务是：

(1) 获取敌方信息；

(2) 减小、避免或修正敌方的电磁辐射以保护自己；

(3) 保证我方有效地利用电磁辐射武器。

电子对抗的发射源都采用行波管，由于作用的特殊性，通常对这类行波管的带宽、发射功率、控制方式等都有特殊要求：

(1) 宽频带或超宽频带，通常选用的行波管，其工作带宽为 1～2GHz, 2～4GHz, 4～8GHz, 8～16GHz, 26.5～40GHz。近年来已研制出 2～8GHz 和 6～18GHz 的超宽带行波管。

(2) 在宽频带内的输出功率可达 100W、200W、400W。

(3) 为了对抗雷达的探测，在欺骗式干扰系统中常采用多模或双模行波管。

(4) 为了提高干扰功率，多波束干扰机采用功率合成的办法，使同一阵面上的 16 个、32 个或 64 个单元发射的电磁波在干扰方向合成。干扰方向可以通过波束的扫描来选择。

1.2.4　微波通信

微波通信频率通常在 1～100GHz 范围。微波通信不需要介质搭载，直接通过空中直线传送信息。通常微波通信主要有视距通信、对流层散射通信和卫星通信三种方式。

(1) 视距通信：为了克服地球球形表面的弯曲，每 50km 设立一个中继站，形成一个长距离的地面通信系统 (图 1.4(a))，又称为中继通信。由于光纤的应用，这种中继通信已经不是常用的远距离通信手段了。当今视距通信通常更多为点对点或点对面等类似局域组网采用。

(2) 对流层散射通信：这种通信方式的通信距离远大于视距 (图 1.4(b))。由于大气衰减作用，这种通信接收的信号很微弱，同时因对流层状态的不稳定，信号起伏也很大。

(3) 卫星通信：利用人造地球卫星作为中继站来转发无线电波，从而实现两个或多个地球站之间的通信 (图 1.4(c))。全球覆盖的固定卫星通信业务静止地球轨道 (GEO) 卫星，轨道高度大约为 36000km，呈圆形轨道，只要三颗相隔 120° 的均匀分布的卫星，理论上可以覆盖全球。

卫星通信的成本与距离无关，适合长距离通信；不受通信两点间任何复杂地理条件的限制；不受通信两点间的任何自然灾害和人为事件的影响；可在大面积范围内实现交互数据传输；灵活机动性大；易于实现多址传输；有传输多种业务的功能。卫星通信的缺点是传输时延大；在高纬度地区难以实现卫星通信；同步轨道的位置有限，不能无限度地增加卫星数量和减小星间间隔；每年有不可避免的日凌中断和须采取措施度过的星食发生；需对卫星的部署有长远规划 (卫星寿命一般为几年至十几年)。

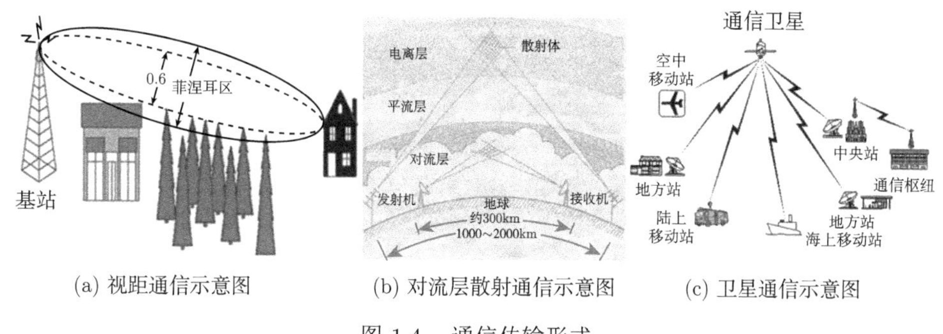

(a) 视距通信示意图　(b) 对流层散射通信示意图　(c) 卫星通信示意图

图 1.4　通信传输形式

卫星通信正在成为全球通信的重要手段。行波管是卫星通信的主要功率发射源。为了确保通信的质量和可靠性，卫星通信对行波管具有以下要求：

(1) 宽动态范围和良好的线性度，尽可能小的调幅–调相转换，以减小信号的畸变；

(2) 10～15 年的寿命；

(3) 小体积，轻重量；

(4) 高效率 ($>50\%$)。

1.2.5　加速器

加速器是能够将粒子速度加速到接近光速的高技术设备和装置，通常采用速调管和磁控管作为电子加速的驱动源。加速器在医疗、工业辐照、无损检测、同步辐射光源、对撞机等方面具有广泛应用。

(1) 医用加速器：通过微波加速电子产生高能电子束线和 X 射线，用于药学研究和医疗应用，包括药物作用原理、药物活性测定以及疾病诊断、治疗和研究。

(2) 工业辐照加速器：主要用于产品性能提高 (纯化)、寿命或保质期增长、杀菌、消毒、残留毒素降解，包括半导体器件半衰期的延长，农产品高产、早熟、矮秆及抗病虫害防治，产品质量的提升，杀菌消毒，食品保鲜等。

(3) 无损检测：利用材料微波波谱特性，通过 X 射线扫描检测材料性能好坏/判断存在的缺陷，根据对海关集装箱货物检测获得的波谱发现违禁品等。

(4) 同步辐射光源产生远红外到 X 射线范围的电磁波，可应用于 X 射线显微，光刻/电铸/微成型 (LIGA) 工艺技术 (包括光刻、电铸和注塑)，细胞和分子三维结构研究。具体包括心血管造影，微细加工新方法，针对癌症细胞药物设计，材料性能理解的新途径和新材料设计原理的来源，物质世界的探索等。

(5) 对撞机：通过高脉冲功率微波源，将带电粒子加速到极高的能量使其轰击固定靶，通过研究粒子与靶物质作用产生的反应及反应的性质，发现新粒子和新现象。

1.2.6　微波定向能武器

微波定向能武器是一种高功率微波能量定向发射装置。这种武器可用于攻击卫星、弹道导弹、巡航导弹、飞机、舰艇、坦克、通信系统、雷达以及计算机设备，尤其是指挥通信枢纽、作战联络网等重要信息战节点和部位，使目标遭受物理性破坏，并丧失作战效能，其破坏的效果达到不能修复的程度。

(1) 微波武器的作战效果：目标处于微波功率密度或电场强度攻击覆盖范围内，都会因受到其攻击而丧失作战效能。

(a) 破坏敌方的电网系统；

(b) 烧毁敌方的电子系统；

(c) 暂时中断或扰乱敌方的电子系统；

(d) 欺骗敌方的电子系统，使导弹失效；

(e) 使敌方战斗人员丧失战斗力 (大脑不清醒，失去知觉等)。

(2) 微波炮：可重复发射强微波脉冲使敌方电子设备受到干扰、中断或破坏；影响作战人员的正常工作能力。

(3) 微波弹：用制导炸弹或巡航导弹进行投掷的一次性发射的强微波脉冲，可以使计算机和通信设备的电路失效或抹去计算机的内存。

(4) 微波武器平台：集雷达侦察、火控制导、超强干扰和定向能攻击于一体的多功能电子对抗平台。

1.2.7　微波与物质相互作用

微波与物质相互作用包含：加速器 (微波场加速电子)、波谱学 (波频率与分子本身的自谐振频率相同时发生的强吸收谱)、材料改性 (分子偶极矩聚向由无序变有序的结果)、合成与烧结 (微波加热的热效应和场效应)、生物效应 (在微波场的作用下，分子和细胞的结构、自由能、活化能、分子偶极矩聚向以及温度等诸多因素变化使其状态及物理和化学性质改变)。

1.2.7.1　微波波谱学 (探索物质奥秘)

(1) 物质分子和原子基本性质研究 (偶极子转向极化频率落在微波波段)：离子回旋共振 (射频 (RF))，电子和离子的低杂波共振 (微波 (MW))，电子自旋共振，回旋共振，等离子体共振，磁共振 (毫米波 (MMW))。

(a) 不同分子和原子都有不同频率的共振吸收谱特性；

(b) 研究不同物质波谱吸收特性的变化，可以推断物质的基本属性，分析其可能的变异；

(c) 构建物质波谱特性数据库。

(2) 无损检测和诊断。

(a) 基本谱线和谱线奇异的比较；

(b) 对物质性能基本数据库的建立；

(c) 专家对比较过程给予判断准则的形成和构建。

(3) 射电天文观测：20 世纪 60 年代天文学四大发现——类星体、中子星、2.7K 背景辐射 (1978 年诺贝尔物理学奖) 和星际有机分子都是以微波作为主要观测手段实现的。

(a) 观测方式：被动接收，其工作原理类似辐射计；主动探测，其工作原理类似雷达；

(b) 判断依据：波谱学特性数据库及专家判据，建立相应的专家系统。

1.2.7.2 微波加热

微波加热的热效应：原子或分子的正负电荷分离，在微波电场作用下极化方向朝电场方向发生偏转, 同时受微波频率影响极化方向会周期性地运动, 这种运动使物质分子之间发生摩擦并产生热。

微波加热的场效应：当微波的频率与分子或原子偶极子转向极化频率接近时，微波与物质之间会发生强耦合, 分子和原子的内能变化强烈受制于微波作用，活化能明显降低，从而加热过程变得更为迅速、高效和更有利于过程的实现。

1.2.7.3 微波加热的特点

(1) 由于波对被加热材料具有一定的渗透深度,因此会导致材料内外同时加热；

(2) 微波会选择性集中在加热工件中且内外会同时加热，故升温快，热效率高；

(3) 处理时间缩短，可以是传统加热时间的 1/10，甚至更短；

(4) 由于微波场的作用，被加热材料的活化能降低，致使反应温度降低，致密提前，有利于结晶形成过程同时抑制晶粒长大；

(5) 由于反应温度降低，材料的强度、韧性、功能都会得到改善，从而产品质量提高；

(6) 由于反应温度的降低、结晶过程时间短、晶粒长大受到有效抑制等共同作用，所以传统高温方法无法实现制备的材料有可能可以通过微波加热完成制备 (例如：纳米材料)；

(7) 与传统由表及内的加热方式不同，微波直接加热工件，时间短效率高，可以降低能源消耗；

(8) 相对传统加热方式，微波加热是一种环境清洁技术，能源洁净、无污染。

图 1.5 给出了传统陶瓷烧结和微波陶瓷烧结加热方式的示意图。由图展示，传统加热是从试样的表面向内部传热，而微波加热是式样的内部先被加热，而后向外表面扩散。

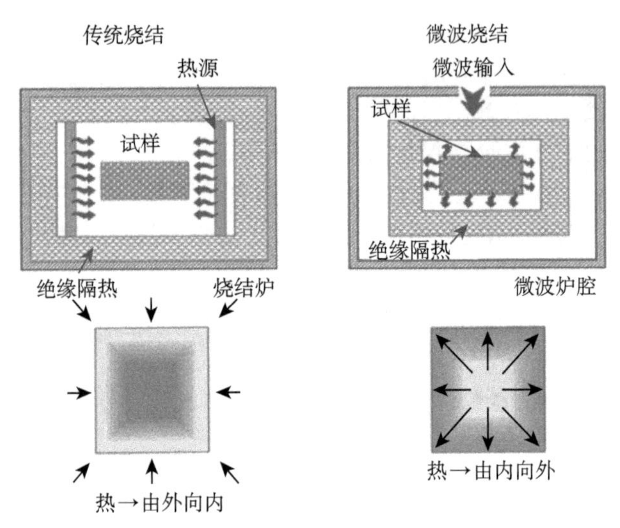

图 1.5　传统陶瓷烧结和微波陶瓷烧结加热方式示意图

1.2.7.4　常规微波加热

(1) 食物加工：常用的工具是微波炉 (微波加热最为广泛的应用)，水分是食品加热改善均匀性的重要原因；

(2) 蔬菜脱水：由于内外同时加热同时干燥，所以只要有效控制功率密度、热均匀性和加热时间，就可以保留蔬菜的颜色和味道；

(3) 木材烘干：通过合理设计烘烤系统，使木材均匀受热，成批处理变形小；

(4) 消毒灭菌：食品、药品和医疗卫生用品等 (特别是液体)；

(5) 原油脱水 (破乳)，橡胶硫化，可以加速脱水和硫化过程，并使橡胶质量更好。

1.2.7.5　微波烧结

(1) 微波烧结结构陶瓷 (氧化铝、氮化硅、氧化锆等)：由于温度低，致密提前，使陶瓷晶粒细、强度高、韧性好、密度高；

(2) 微波烧结功能陶瓷 (钛酸钡、氧化锌、压电陶瓷 (PZT) 等)：由于温度低，烧结过程时间短，蒸发减少，陶瓷成分比例更接近理想值，性能更好；

(3) 微波烧结特种陶瓷 (纳米陶瓷、超导材料 YBCO)：由于烧结温度低，致密提前，晶粒增长慢，可以实现传统烧结达不到的性能；

(4) 微波烧结粉末金属 (例如用于石油钻井钻头的 WC/Co 硬质合金等)，可以明显改善合金的硬度、耐磨、耐侵蚀、耐腐蚀以及烧结过程中的变形等。

图 1.6 以氧化铝陶瓷烧结为例，给出了传统和微波烧结效果比较。从图可以看出，要达到相近的相对密度，微波烧结温度至少比传统烧结低 200℃。在 1400℃ 不保温情况下，微波烧结相对密度可以达到 98%，而传统烧结相对密度仅 52%，根本没有结晶。在 1200℃ 保温 120min 情况下，微波烧结相对密度可以达到 97.9%，而传统烧结相对密度仅 47%，同样没有结晶。这可以很好地说明微波加热升温快、致密提前、烧结温度低、时间短等特点。

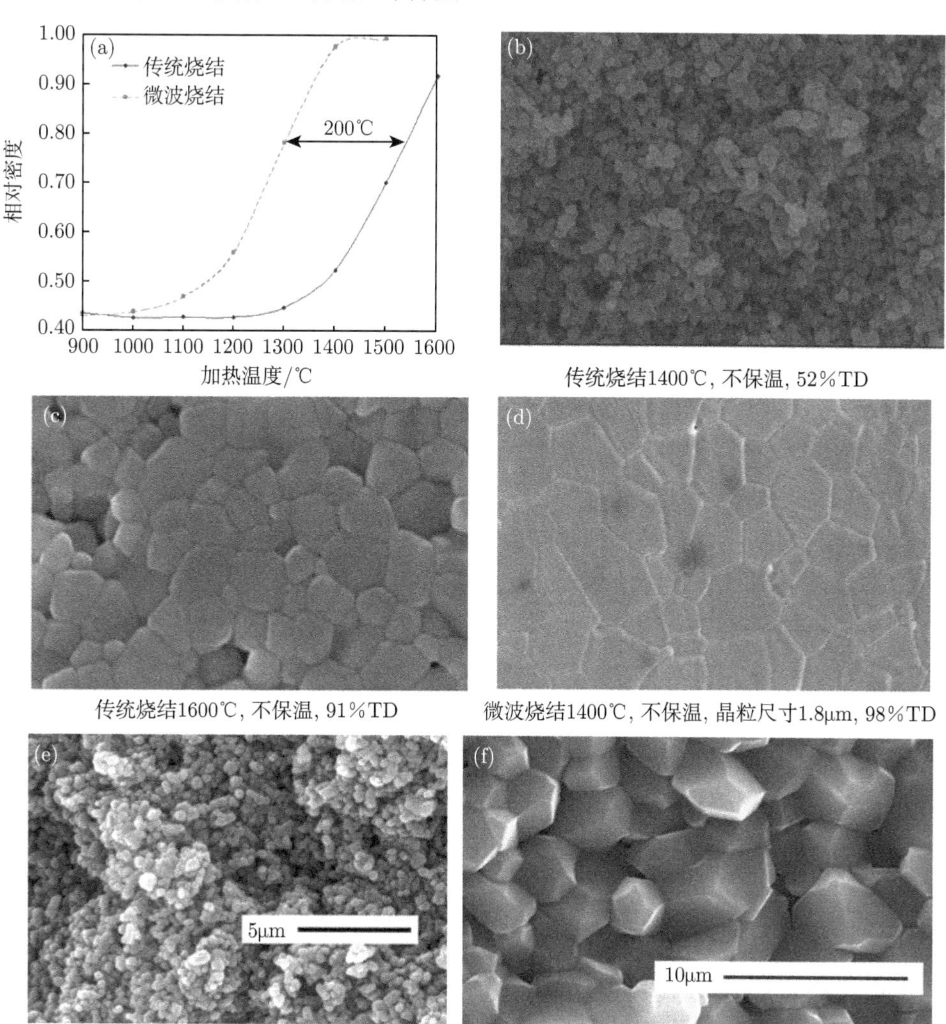

图 1.6 传统和微波烧结氧化铝比较

1.2.7.6　微波材料改性

微波材料改性机理：① 原子或分子的正负电荷分离，在微波电场作用下极化方向朝电场方向发生偏转, 同时受微波周期性的影响极化方向也会周期性地运动，当微波能量强度选择合适时，表面微波辐照结束后，物质分子的排列由无序变成某种有序状态，导致其物理状态变化，物质表面性能发生变化。② 利用微波能量在物质表面涂覆一层具备特殊性能的材料或者注入某些期待的粒子以达到改变表面性能的目的。

应用范围：

(1) 油、汽、水管道表面的塑料和绝缘覆膜处理 (抗高温和强腐蚀)；

(2) 聚合物的固化 (耐热、提升机械强度)；

(3) 耐熔陶瓷层涂敷 (适应高温使用)；

(4) 厚导体、电阻或介质膜片在陶瓷基底上的焙烧 (便于电路和系统集成)；

(5) 材料表面强度增加 (耐磨、耐熔、耐机械压力)。

1.2.7.7　微波化学

微波化学反应是由热效应和非热效应促成。热效应是在微波场的作用下分子产生的有序运动使分子之间出现摩擦生热，这可以解释微波化学中的一些现象。非热效应是一种场效应，包括以下三个方面：

(1) 共振效应：微波与化学分子产生强耦合，分子的内能变化强烈受制于微波作用，活化能降低，类似于催化作用；

(2) 渗透效应：由于波的渗透，反应物内外被同时加热；

(3) 选择性加热：因物质属性的差异显示不同效果。

由于微波频率引起的周期性运动、共振耦合和渗透效应的共同作用，化学反应的温度将降低，加热能够达到的温度将升高，反应的时间将缩短。于是微波化学可以实现传统化学实验无法完成的反应，实现某些新物质的合成和有效提升现有化学物质的质量，例如特殊材料高温合成和纳米材料合成等。

1.2.7.8　微波生物效应

正是因为微波与物质的相互作用是由周期性运动、共振耦合和渗透效应实现的，所以合理控制微波功率密度、电磁场强度、频率和作用时间，对被作用物质的效果会有不同。只要合理控制作用参数，都可以让这种作用朝着设计需要的方向发展。比如对植物，如果微波辐照效果有利于光合作用，则其有利于植物的快速成长和成熟。这种作用如果合理应用于人体，则可能帮助疾病的恢复。当微波能量或者频率适当提高时，微波的作用可以杀死细菌，这对环境、食品、衣物等的安全非常有益。如果人体某些局部具有严重疾病 (例如癌症)，微波能量的集中作用可以帮助杀死有害细胞，治疗疾病。当作用在动物身体表面的微波功率密度、电场强度、频率和作用时间相结合超过某种极限程度后，动物的身体状态会受到某种损伤，这可能导致疼痛、晕厥甚至死亡，这可以用于微波武器杀伤机理研究。

1.2.7.9　可控核聚变微波等离子体加热

聚变要克服库仑力 (强核力) 使两个氘核聚合到一起，必须处于完全电离的高温等离子体状态，因此可控聚变点火需要 1 亿 K 左右温度。高功率微波源是核聚变加热点火的重要手段。目前被用于聚变微波等离子体加热的功率源主要有：

(1) 离子回旋共振加热：采用真空四极管作为射频功率源，频率通常在 30MHz 左右，功率在 MW 级以上，最好能够采用连续波；

(2) 电子和离子的低杂波共振加热：采用速调管作为微波功率源，频率通常在 3~6GHz 范围，功率在 MW 级以上，最好能够采用连续波；

(3) 电子自旋共振、回旋共振、等离子体共振和磁共振加热：采用回旋管作为毫米波功率源，目前频率在 110~170GHz 范围，功率在 MW 级以上，最好能够采用连续波。

图 1.7 给出了可控核聚变等离子体微波加热系统框图。

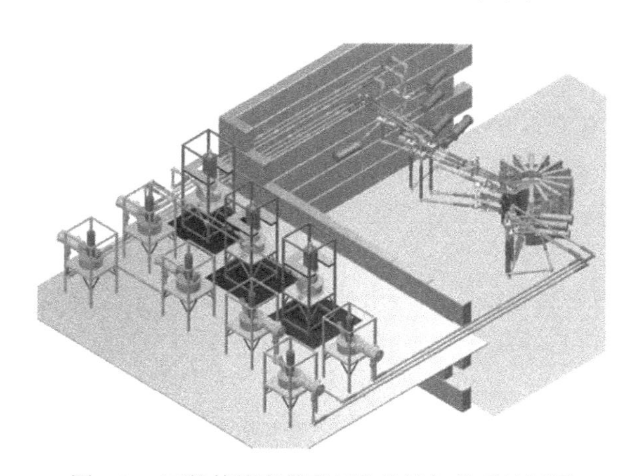

图 1.7　可控核聚变等离子体微波加热系统框图

1.3　微波电子学研究的内容

第 1 章绪论。

本章概述微波电子学发展历史和现状，介绍真空微波电子器件在不同领域的应用。

第 2 章电子在静电磁场中的运动。

本章讨论的内容包括电子在静电磁场中的运动；均匀恒定非磁性力场对电子运动的影响；电子本身对空间场的影响；电磁透镜；电子注的会聚与发散；电子在轴对称场中的运动特征；布许定理；外加磁场空间变化对电子运动的影响；磁镜效应；多电子集体产生的场及其影响；电子注通用发散曲线和最小注半径等。

第 3 章电子注的产生、传输和控制。

本章讨论的内容包括作为电子源的阴极 (阴极热发射机理 (理查德–杜希曼 (Richardson-Dushman) 热发射方程)、肖特基效应、空间电荷限制、温度限制、导流系数、阴极本身的特性、阴极制备、阴极寿命等)，电子枪 (皮尔斯电子枪，聚焦、散焦和控制等)，电子注 (均匀磁场聚焦控制和传输、布里渊流、平衡半径、限制流、层流性、非层流性、电子注发散和能量回收等)。

第 4 章快波与慢波。

本章讨论的内容包括导波的分类，快波和慢波存在的条件；电子与波的同步；慢波特性基本参量 (色散方程、耦合阻抗)；慢波结构特点；周期系统 (均匀系统、弗洛凯 (Floquet) 定理、空间谐波、布里渊图)；周期系统等效电路；某些特殊周期慢波结构 (螺旋线、耦合腔和交错双栅等) 分析；快波的起源及实现途径；快波色散特性和横向同步等。

第 5 章速调管。

本章讨论的内容包括电子注与间隙的相互作用 (有栅和无栅间隙、电子注调制和电流感应)；电子的群聚 (轨道群聚、考虑空间电荷力的群聚、空间电荷波)；耦合系数和电子负载；谐振腔 (输入/输出耦合、群聚、调谐、场分布计算)；速调管工作原理及特性；特殊用途速调管 (高效率、高功率、宽频带、多电子注) 等。

第 6 章行波管。

本章讨论的内容包括注波互作用的小信号理论 (电子方程、电路方程、特征方程、同步状态、非同步状态)；螺旋线行波管 (带宽：色散产生和控制；增益：过渡及衰减与切断；功率：返波振荡及抑制、夹持杆技术；效率)；耦合腔行波管小信号理论和大信号分析；降压收集极 (功率耗散；功率回收：功率流、一级降压回收、电子能量分布、互作用后的注功率、管体电流的影响、多级降压收集) 等。

第 7 章回旋管。

本章讨论的内容包括回旋管发展概述；回旋管互作用机理 (相对论效应、角向同步、磁场约束、高次模式、谐波耦合)；磁控注入电子枪：基本参数和设计性能；波导场横向分布局部展开；回旋管线性理论 (电子动力学和高频动力学)；回旋管自洽非线性理论；回旋振荡器 (开放式谐振腔、模式选择和抑制、注波互作用分析、准光模式变换器、磁扫描系统)；回旋行波放大器 (线性：基本公式、线性增长率有起始损耗、偏心的影响、绝对不稳定性、返波振荡；非线性分析：基本公式、参数变化对互作用的影响) 等。

第 8 章太赫兹 (THz) 波产生的问题和器件相适应发展概述。

本章介绍的内容主要包括 THz 波特点；THz 波产生遇到的问题和解决办法；用于 THz 波产生传统真空电子器件的新发展 (高频电路结构的变化：梯形线，哑铃型多间隙腔，折叠波导，交错双栅；带状注电子枪和电子注传输控制) 等。

参 考 文 献

[1] 何圣静. 物理定律的形成与发展. 北京: 测绘出版社, 1988.

[2] 廖复疆, 吴固基. 真空电子技术——信息装备的心脏. 北京: 国防工业出版社, 1999.

[3] Bykov Y V, Eremeev A G, Holoptsev V V. Sintering of piezoceramics using MM-wave radiation. Ceram. Trans., 1997, 80: 321-328.

[4] Link G, Bauer W, Weddigen A, et al. MM-wave processing of ceramics. Ceram. Trans., 1997, 80: 303-311.

[5] Kimrey H D, Tenn K. Method and device for microwave sintering large ceramic articles. United States Patent, 4963709, 1990.

[6] Bruce R W, Flifet A W, Fischer R P, et al. Millimeter wave processing of alumina compacts. Ceram. Trans., 1997, 80: 287-294.

[7] Miyake S, Sethuhara Y, Kinoshita S, et al. Study on ceramics heating and sintering by high-power MM-wave radiation within JWRI at OSAKA university. Ceram. Trans., 1997, 80: 313-320.

[8] Paton A E. Super-high frequency microwave processing. Ceramic Bulletin, 1991, 70: 1139.

[9] Paton A E, Sklyarevich V E. Application of gyrotron radiation for coating and welding. Mat. Res. Soc. Symp. Pro., 1991, 189: 99-100.

[10] Roy R, Agrawal D, Cheng J, et al. Full sintering of powdered-metal bodies in a microwave field. Nature, 1999, 399: 668-670.

[11] Luo J R, Hunyar C, Feher L, et al. Theory and experiments of electromagnetic loss mechanism for microwave heating of powdered metals. Applied Physics Letters, 2004, 84: 5076-7078.

第 2 章　电子在静电磁场中的运动

2.1　电 子 运 动

在微波电子学中，微波的产生是将电子的动能或者势能转化为微波能的过程，电子在电磁场中的运动是非常重要的环节，因此电子运动的规律和特点受到高度重视。

2.1.1　电子在外加均匀正交静电磁场中的运动

在真空微波电子器件中，电子是在外加电场和磁场约束与控制的条件下按照工程设计需求依照特定轨迹产生、成形、运动和发散。为了更好地理解电子在直流电磁场作用下的运动规律，先来讨论单电子在均匀正交静电磁场中的运动。

2.1.1.1　电子在外加均匀正交静电磁场中的运动方程

如图 2.1 所示，外加电场 $\boldsymbol{E}=-E_y\boldsymbol{e}_y$ 在 $-y$ 方向，外加磁场 $\boldsymbol{B}=-B_z\boldsymbol{e}_z$ 在 $-z$ 方向，电子以速度 $\boldsymbol{u}_0(x,y,z$ 三个方向都有分量) 进入电磁场。图中电子初始时刻处于 x-y 平面中 ($t=0$，$x_0=0$)，而此刻在三个坐标方向的速度分别为 u_{x0},u_{y0} 和 u_{z0}。于是电子受力的方程可以表示为

$$
\begin{aligned}
\boldsymbol{F}&=-e\left(\boldsymbol{E}+\boldsymbol{u}\times\boldsymbol{B}\right)\\
&=-e\left[-E_y\boldsymbol{e}_y+\left(u_x\boldsymbol{e}_x+u_y\boldsymbol{e}_y+u_z\boldsymbol{e}_z\right)\times\left(-B_z\boldsymbol{e}_z\right)\right]\\
&=-e\left(-E_y\boldsymbol{e}_y+u_xB_z\boldsymbol{e}_y-u_yB_z\boldsymbol{e}_x\right)\\
&=e\left(E_y-u_xB_z\right)\boldsymbol{e}_y+eu_yB_z\boldsymbol{e}_x
\end{aligned}
\tag{2.1}
$$

则 x,y,z 三个方向的加速度可以写为

$$
\begin{aligned}
\ddot{x}&=\frac{eu_yB_z}{m}=\varOmega_c\dot{y}\\
\ddot{y}&=\eta E_y-\varOmega_c\dot{x}\\
\ddot{z}&=0
\end{aligned}
\tag{2.2}
$$

式中，$\varOmega_c=\eta B_z$ 为回旋角频率，$\eta=e/m$ 为电子荷质比。上式说明，x 方向加速度由 y 方向速度在 x 方向产生的磁场力驱动所得，且正 y 方向速度产生正 x

方向加速度；y 方向加速度由 y 方向电场力，以及 x 方向速度在 y 方向产生的磁场力驱动所得，且正 x 方向速度产生负 y 方向加速度；z 方向无电场，仅有 z 方向磁场存在，因而 z 方向电子不受力，加速度为 0，电子在 z 方向做匀速直线运动。

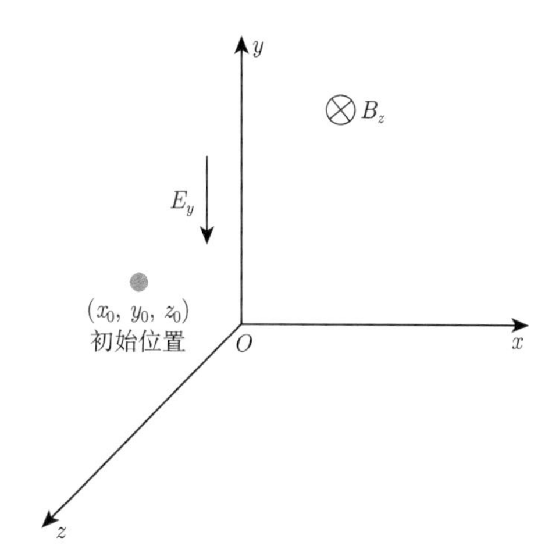

图 2.1 正交均匀电磁场描述

对式 (2.2) 积分得

$$\begin{aligned}\dot{x} &= \Omega_c y + C_1 \\ \dot{y} &= \eta E_y t - \Omega_c x + C_2 \\ \dot{z} &= C_3\end{aligned} \tag{2.3}$$

利用初始条件，式 (2.3) 可以改写为

$$\begin{aligned}\dot{x} &= \Omega_c y - \Omega_c y_0 + u_{x0} \\ \dot{y} &= \eta E_y t - \Omega_c x + u_{y0} \\ \dot{z} &= u_{z0}\end{aligned} \tag{2.4}$$

将式 (2.4) 代入式 (2.2)，整理得

$$\begin{aligned}\ddot{x} + \Omega_c^2 x &= \Omega_c \eta E_y t + \Omega_c u_{y0} \\ \ddot{y} + \Omega_c^2 y &= \eta E_y + \Omega_c^2 y_0 - \Omega_c u_{x0}\end{aligned} \tag{2.5}$$

利用微分方程求解知识结合初始和边界条件，可求得式 (2.5) 的解为

$$
\begin{aligned}
&x=-\frac{u_{y0}}{\Omega_c}\cos\Omega_c t+\frac{u_{x0}-E_y/B_z}{\Omega_c}\sin\Omega_c t+\frac{E_y t}{B_z}+\frac{u_{y0}}{\Omega_c}\\
&y=\frac{u_{x0}-E_y/B_z}{\Omega_c}\cos\Omega_c t+\frac{u_{y0}}{\Omega_c}\sin\Omega_c t+\frac{\eta E_y}{\Omega_c^2}+y_0-\frac{u_{x0}}{\Omega_c}\\
&z=u_{z0}t+z_0
\end{aligned}
\tag{2.6}
$$

定义 $\varphi=\arctan[u_{y0}/(E_y/B_z-u_{x0})]$，式 (2.6) 可以改写为

$$
\begin{aligned}
&x=-\frac{1}{\Omega_c}\sqrt{u_{y0}^2+(E_y/B_z-u_{x0})^2}\sin(\Omega_c t+\varphi)+\frac{E_y t}{B_z}+\frac{u_{y0}}{\Omega_c}\\
&y=-\frac{1}{\Omega_c}\sqrt{u_{y0}^2+(E_y/B_z-u_{x0})^2}\cos(\Omega_c t+\varphi)+y_0+\frac{E_y/B_z-u_{x0}}{\Omega_c}\\
&z=u_{z0}t+z_0
\end{aligned}
\tag{2.7}
$$

则速度可以表示为

$$
\begin{aligned}
&\dot{x}=-\sqrt{u_{y0}^2+(E_y/B_z-u_{x0})^2}\cos(\Omega_c t+\varphi)+\frac{E_y}{B_z}\\
&\dot{y}=\sqrt{u_{y0}^2+(E_y/B_z-u_{x0})^2}\sin(\Omega_c t+\varphi)\\
&\dot{z}=u_{z0}
\end{aligned}
\tag{2.8}
$$

2.1.1.2 电子在均匀正交静电磁场中的空间运动轨迹

对于图 2.1 界定的电子运动坐标和初值，结合电子运动位置和速度方程 (2.7) 和 (2.8)，可以看出，在 z 方向，电子以初速度 u_{z0} 做匀速直线运动；在 x 方向与 y 方向，电子的运动可以分解为两个部分，一部分沿 x 向以速度 E_y/B_z 做平动漂移运动，一部分在垂直于 z 的方向以 $r=\dfrac{1}{\Omega_c}\sqrt{u_{y0}^2+(E_y/B_z-u_{x0})^2}$ 为半径做回旋运动。也就是说，电子的运动轨迹应该是一空间螺旋线。图 2.2 给出了对应的电子空间运动轨迹 (回旋半径小则磁场相对强)。从图中可以看出，在初始速度不变的情况下，随着磁场强度的增加，电子的回旋半径减小，回旋频率增加，漂移速度下降。回旋半径由初始速度、外加电场和磁场共同决定，外加电场对漂移速度有比较明显的影响，但对回旋半径的影响在一定程度会受到其他因素的抑制。此外，由于外加电场的作用，电子在 x 方向漂移会致使电子运动除横向回旋之外偏离 z 方向，但磁场的增大可以一定程度抑制这种偏离。

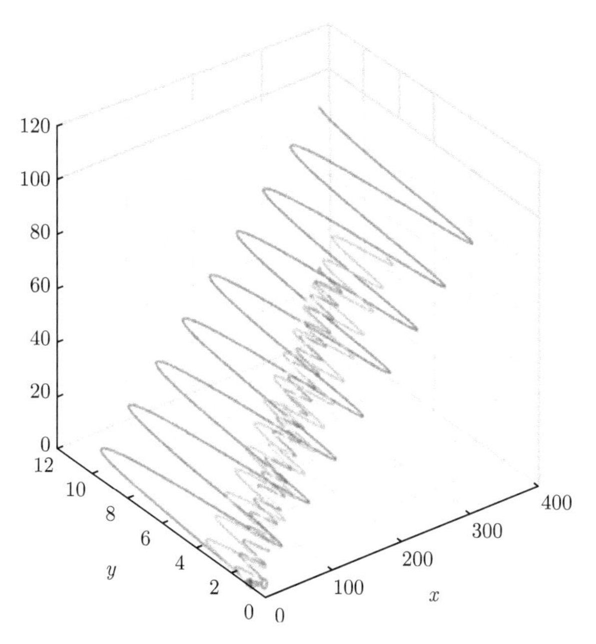

图 2.2 磁场变化对电子空间轨迹的影响

2.1.1.3 电子的横向运动轨迹

为简单起见，讨论 $\varphi=0(u_{y0}=0)$ 时，在 $+x$ 方向以速度 E_y/B_z 运动坐标观察电子的横向运动情况。此时方程 (2.7) 可以写为

$$
\begin{aligned}
x &= -\frac{(E_y/B_z-u_{x0})}{\varOmega_c}\sin\varOmega_c t \\
y &= -\frac{(E_y/B_z-u_{x0})}{\varOmega_c}(\cos\varOmega_c t-1)+y_0
\end{aligned}
\tag{2.9}
$$

于是有

$$
\begin{aligned}
&\varOmega_c t=0, && x=0, && y=y_0 \\
&\varOmega_c t=\pi/2, && x=-r, && y=y_0+r \\
&\varOmega_c t=\pi, && x=0, && y=y_0+2r \\
&\varOmega_c t=3\pi/2, && x=r, && y=y_0+r \\
&\varOmega_c t=2\pi, && x=0, && y=y_0
\end{aligned}
$$

图 2.3 示出了电子所呈现的旋转，它以频率 $\varOmega_c$ 在半径为 r 的圆上按顺时针方向旋转。

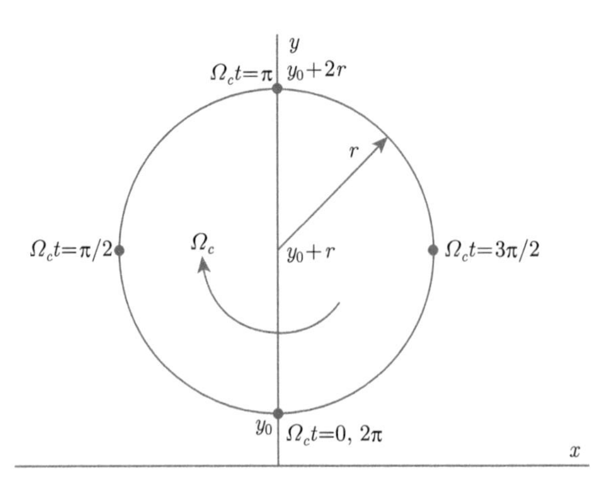

图 2.3　电子在以速度 E_y/B_z 沿 x 方向运动坐标系的轨迹

此时，在 x-y 平面看到的电子轨迹的实际形状取决于电子的初始速度。例如，当 $u_{x0}=0$ 时，电场是 $-y$ 方向，电子起始速度会朝向 y 方向, 且电子的线速度等于漂移速度 $\Omega_c r=E_y/B_z$，其轨迹方程为 (2.10)，对应的轨迹如图 2.4 所示。从图中可以看到，电子回旋一周，x 方向漂移也走过回旋一周的距离。

$$
\begin{aligned}
r &= \frac{E_y/B}{\Omega_c} \\
x &= -r\sin\Omega_c t+\Omega_c r t \\
y &= -r(\cos\Omega_c t-1)+y_0
\end{aligned}
\tag{2.10}
$$

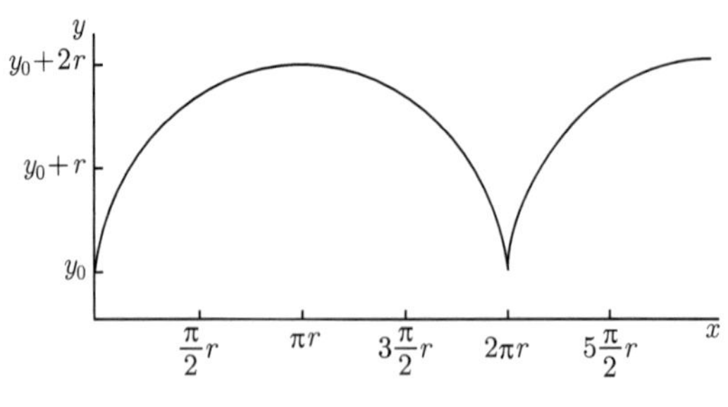

图 2.4　$u_{x0}=0$ 电子轨迹

当 $u_{x0}=-E_y/B_z$ 时，电子水平方向速度起始方向是负 x 方向，漂移速度小于回旋线速度，回旋线速度绝对值是漂移速度的两倍，其轨迹方程为 (2.11)，对应的轨迹如图 2.5 所示。从图中可以看到，电子回旋一周，x 方向漂移走过回旋半周的距离。

$$
\begin{aligned}
r &= \frac{2}{\Omega_c}\frac{E_y}{B_z} \\
x &= -r\sin\Omega_c t + \frac{\Omega_c r}{2}t \\
y &= -r(\cos\Omega_c t - 1) + y_0
\end{aligned}
\tag{2.11}
$$

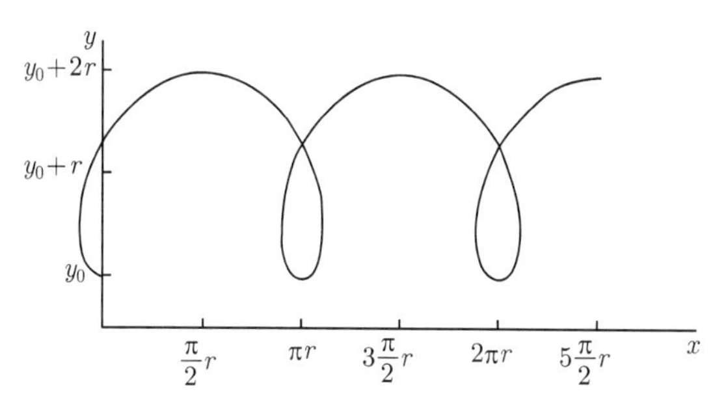

图 2.5 $u_{x0} = -E_y/B_z$ 时的电子轨迹

当 $u_{x0} = E_y/B_z$ 时，$r = 0$，电子以速度 u_{x0} 在 $y = y_0$ 直线上沿 x 方向匀速前进。

当 $u_{x0} = \Omega_c r$ 时, 电子水平方向速度起始方向是正 x 方向，此时 x 方向的漂移速度大于回旋线速度，且是 u_{x0} 的两倍，其轨迹方程为 (2.12)，对应的轨迹如图 2.6 所示。从图中可以看到，电子回旋一周，x 方向漂移走过回旋两周的距离。

$$
\begin{aligned}
r &= \frac{1}{2\Omega_c}\frac{E_y}{B_z} \\
x &= -r\sin\Omega_c t + 2\Omega_c r t \\
y &= -r(\cos\Omega_c t - 1) + y_0
\end{aligned}
\tag{2.12}
$$

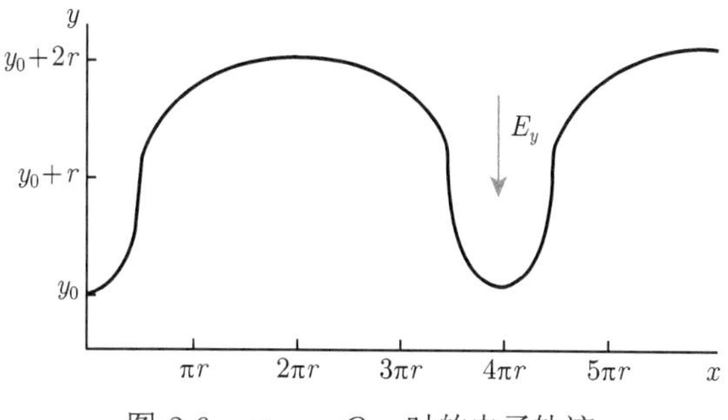

图 2.6 $u_{x0} = \Omega_c r$ 时的电子轨迹

2.1.2　电子在外加均匀相互平行静电磁场中的运动

如图 2.7 所示，外加电场 E_z 在 $-z$ 方向，外加磁场 B_z 也在 $-z$ 方向，电子以速度 $\boldsymbol{u}_0(x,y,z$ 三个方向都有分量) 进入电磁场。图中电子初始时刻处于 x-y 平面中 (t=0，x_0=0)，而此刻在三个坐标方向的速度分别为 u_{x0},u_{y0} 和 u_{z0}。于是电子受力的方程可以表示为

$$\begin{aligned}\boldsymbol{F} &= -e\left(\boldsymbol{E}+\boldsymbol{u}\times\boldsymbol{B}\right)\\ &= -e\left[-E_z\boldsymbol{e}_z+\left(u_x\boldsymbol{e}_x+u_y\boldsymbol{e}_y+u_z\boldsymbol{e}_z\right)\times\left(-B_z\boldsymbol{e}_z\right)\right]\\ &= -e\left(-E_z\boldsymbol{e}_z+u_xB_z\boldsymbol{e}_y-u_yB_z\boldsymbol{e}_x\right)\\ &= eu_yB_z\boldsymbol{e}_x-eu_xB_z\boldsymbol{e}_y+eE_z\boldsymbol{e}_z\end{aligned}\tag{2.13}$$

则 x,y,z 三个方向的加速度可以写为

$$\begin{aligned}\ddot{x} &= \varOmega_c\dot{y}\\ \ddot{y} &= -\varOmega_c\dot{x}\\ \ddot{z} &= \eta E_z\end{aligned}\tag{2.14}$$

对式 (2.14) 积分，得

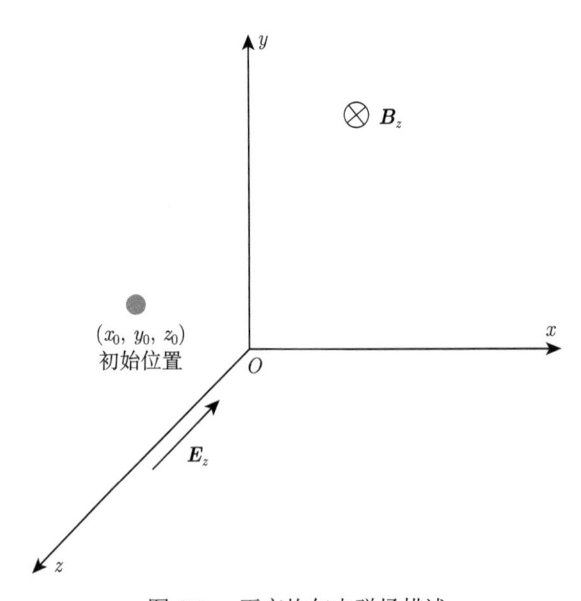

图 2.7　正交均匀电磁场描述

$$\begin{aligned}\dot{x} &= \varOmega_c y + C_1 \\ \dot{y} &= -\varOmega_c x + C_2 \\ \dot{z} &= \eta E_z t + C_3\end{aligned} \tag{2.15}$$

利用初始条件，式 (2.15) 改写为

$$\begin{aligned}\dot{x} &= \varOmega_c y - \varOmega_c y_0 + u_{x0} \\ \dot{y} &= -\varOmega_c x + u_{y0} \\ \dot{z} &= \eta E_z t + u_{z0}\end{aligned} \tag{2.16}$$

将式 (2.16) 前两式代入式 (2.14)，整理得电子受力加速度方程为

$$\begin{aligned}\ddot{x} + \varOmega_c^2 x &= \varOmega_c u_{y0} \\ \ddot{y} + \varOmega_c^2 y &= \varOmega_c^2 y_0 - \varOmega_c u_{x0}\end{aligned} \tag{2.17}$$

利用微分方程求解知识结合初始和边界条件，可求得式 (2.17) 的解为

$$\begin{aligned}x &= -\frac{u_{y0}}{\varOmega_c}\cos\varOmega_c t + \frac{u_{x0}}{\varOmega_c}\sin\varOmega_c t + \frac{u_{y0}}{\varOmega_c} \\ y &= \frac{u_{x0}}{\varOmega_c}\cos\varOmega_c t + \frac{u_{y0}}{\varOmega_c}\sin\varOmega_c t + y_0 - \frac{u_{x0}}{\varOmega_c} \\ z &= \frac{1}{2}\eta E_z t^2 + u_{z0} t + z_0\end{aligned} \tag{2.18}$$

定义角度 $\varphi = \arctan[u_{y0}/(-u_{x0})]$ 和利用三角函数加法公式，式 (2.18) 可改写为

$$\begin{aligned}x &= -\frac{1}{\varOmega_c}\sqrt{u_{y0}^2 + u_{x0}^2}\sin(\varOmega_c t + \varphi) + \frac{u_{y0}}{\varOmega_c} \\ y &= -\frac{1}{\varOmega_c}\sqrt{u_{y0}^2 + u_{x0}^2}\cos(\varOmega_c t + \varphi) + y_0 - \frac{u_{x0}}{\varOmega_c} \\ z &= \frac{1}{2}\eta E_z t^2 + u_{z0} t + z_0 \\ r_L &= \frac{1}{\varOmega_c}\sqrt{u_{y0}^2 + u_{x0}^2} = \frac{u_{\perp 0}}{\varOmega_c} \quad (\text{拉莫尔半径})\end{aligned} \tag{2.19}$$

定义电子回旋形成电流与回旋轨迹在横截面上包围面积的乘积为电子的磁矩，它的方向为电流方向成右手螺旋定则的方向。于是磁矩可以表示为

$$\boldsymbol{\mu} = \left(-\frac{e\Omega_c}{2\pi}\right) \cdot (\pi r_L^2)\boldsymbol{e}_z = -\frac{\frac{1}{2}mu^2}{B_0}\boldsymbol{e}_z$$
$$= -\frac{W_\perp}{B_0}\boldsymbol{e}_z \quad (\text{这是后面要用到的一个重要物理量})$$

从式 (2.19) 可知，电子在相互平行静电场和静磁场作用下，电子运动轨迹在 x-y 平面的投影是一个定圆 (拉莫尔圆)，其圆的半径由电子初始线速度大小和回旋频率比值决定；而在 z 方向电子做直线加速运动。图 2.8 给出了电场大小为零和不为零电子的运动轨迹示意图。从图中可以看出，有无电场存在电子轨迹在 x-y 平面都是具有相同半径和线速度的圆。它们的差别是不存在电场时，轨迹为纵向空间等周期 (回旋一周的长度 h，图 2.8(a)) 的螺旋线。由于纵向电子加速运动，电场存在时电子纵向速度与时间成正比，致使电子回旋一周的空间间隔随时间增长逐步拉开 (回旋一周的长度 h 随时间变化且增大，图 2.8(b))。这会给人一种印象，当时间足够长时，纵向速度可以达到任意大的值，与相对论矛盾。事实上，如果考虑运动过程中质量的变化，速度是不会超过光速的。

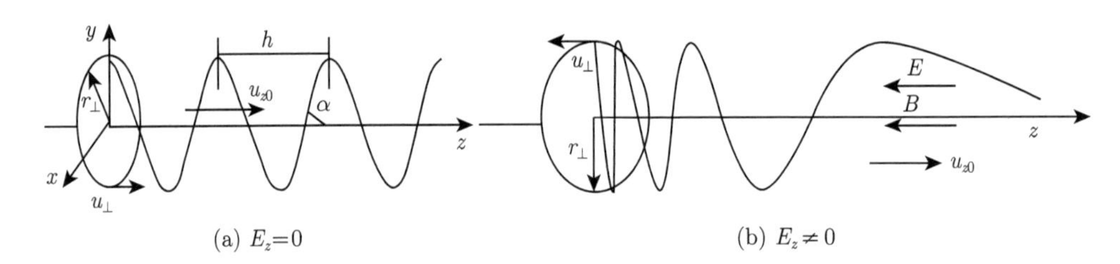

图 2.8　电场和磁场平行电子轨迹示意图

假如电子的初始速度是外加直流电压加速而得，则电子的速度、转一圈的时间、拉莫尔半径分别为

$$u_{\perp 0}=\left(2\frac{e}{m}V_0\right)^{1/2}, \quad T = \frac{2\pi m}{eB}, \quad r_L=\frac{u_{\perp 0}}{\Omega_c}=\frac{\left(2\frac{e}{m}V_0\right)^{1/2}}{\frac{e}{m}B}=3.37\times 10^{-6}\frac{V_0^{1/2}}{B}\ (\text{m}) \tag{2.20}$$

当 $V_0 = 10000\text{V}$, $B = 0.1\text{T}$ 时, $u_{\perp 0} = 5.93 \times 10^6\text{m/s}$, $T = 3.57 \times 10^{-10}\text{s}$, $r_L = 3.37\text{mm}$。电子回旋频率随外加磁场的变化可以表示为

$$f_c = \frac{\Omega_c}{2\pi} = \frac{eB}{2\pi m} = 28 \times 10^8\text{Hz} \tag{2.21}$$

表 2.1 给出了不同磁场对应的回旋频率值。表中数据表明，要使电子回旋频

率达到 28GHz，需要 1T 的磁通密度，这对于使用传统电流线圈或永久磁铁产生这样大的磁场已经有相当的难度。

表 2.1 回旋频率与磁场数据关系

f_c/Hz	B/T
28.00×10^{5}	1.00×10^{-4}
28.00×10^{6}	1.00×10^{-3}
28.00×10^{7}	1.00×10^{-2}
28.00×10^{8}	1.00×10^{-1}
28.00×10^{9}	1.00

如果不存在外加磁场 ($B=0$)，方程 (2.13) 退化为

$$\boldsymbol{F}=-e\boldsymbol{E}=eE_z\boldsymbol{e}_z \tag{2.22}$$

则 x,y,z 三个方向的加速度可以写为

$$\begin{aligned}\ddot{x}&=0\\ \ddot{y}&=0\\ \ddot{z}&=\eta E_z\end{aligned} \tag{2.23}$$

从式 (2.23) 可知，电子在 x 和 y 方向的速度是恒定不变的，也就是其横向速度是一个固定矢量。为简单起见，我们仅考虑一个分量 (x 方向)，其物理现象效果是基本相同的。对式 (2.23) 积分并利用初始条件，得

$$\begin{aligned}x&=u_{x0}t\\ z&=\frac{1}{2}\eta E_z t^2+u_{z0}t+z_0\\ &=\frac{\eta E_z}{2u_{x0}^2}\left(x+\frac{u_{x0}u_{z0}}{\eta E_z}\right)^2-\frac{u_{z0}^2}{2\eta E_z}+z_0\end{aligned} \tag{2.24}$$

从式 (2.24) 可知，在垂直电场 (x) 方向电子做匀速直线运动，在平行电场 (z) 方向电子做匀加速直线运动，电子在 x-z 平面的轨迹为抛物线。

2.1.3 相对论速度修正

在 2.1.2 节我们发现，在电场力的作用下，电子的速度与时间成正比，这样会导致电子速度达到任意大的值，因此有必要讨论速度的相对论修正。

在非相对论情况下，动能的增加与电势能的减少呈正比关系

$$\frac{1}{2}m(u^2-u_0^2)=e(V_0-V) \tag{2.25}$$

在相对论情况下，需要什么样的修正使电子在电场力作用下遵循能量守恒，且物理上合理。首先要考虑相对论情况下，能量守恒的变化。带电粒子的能量用 W 表示，功率用 $\boldsymbol{F}\cdot\boldsymbol{u}$ 表示，相对论质量用 m 表示，于是有

$$\begin{aligned}&\frac{\mathrm{d}W}{\mathrm{d}t}=\boldsymbol{F}\cdot\boldsymbol{u}\\&\boldsymbol{F}=\frac{\mathrm{d}\boldsymbol{p}}{\mathrm{d}t}=\frac{\mathrm{d}(m\boldsymbol{u})}{\mathrm{d}t}\end{aligned} \tag{2.26}$$

利用式 (2.26) 和相对论能量守恒关系 $mc^2=p^2+m_0c^2$ 以及静电势 $\partial V/\partial t=0$，有

$$\begin{aligned}&\boldsymbol{F}\cdot\boldsymbol{u}=\boldsymbol{u}\cdot\frac{\mathrm{d}\boldsymbol{p}}{\mathrm{d}t}=\frac{1}{m}\boldsymbol{p}\cdot\frac{\mathrm{d}\boldsymbol{p}}{\mathrm{d}t}=\frac{1}{2m}\frac{\mathrm{d}p^2}{\mathrm{d}t}=\frac{1}{2m}\frac{\mathrm{d}}{\mathrm{d}t}(m^2c^2-m_0^2c^2)=\frac{\mathrm{d}}{\mathrm{d}t}(mc^2)\\&e\frac{\mathrm{d}V[r(t)]}{\mathrm{d}t}=e\left(\frac{\partial V}{\partial t}+\frac{\partial V}{\partial \boldsymbol{r}}\cdot\frac{\mathrm{d}\boldsymbol{r}}{\mathrm{d}t}\right)=-e\boldsymbol{E}\cdot\boldsymbol{u}=\boldsymbol{F}\cdot\boldsymbol{u}\end{aligned} \tag{2.27a}$$

结合式 (2.27a) 两个式子，有

$$mc^2-eV=m_0c^2-eV_0=\text{常数}\ \to mc^2-m_0c^2=eV-eV_0 \tag{2.27b}$$

从式 (2.27b) 可以看出，相对论能量变化与非相对论能量变化式 (2.25) 具有类似形式。

利用相对论能量 (mc^2) 变化与做功的关系，有

$$\begin{aligned}&F\mathrm{d}z=\mathrm{d}W=c^2\mathrm{d}m,\quad F=\frac{\mathrm{d}}{\mathrm{d}t}(mu)=m\frac{\mathrm{d}}{\mathrm{d}t}u+u\frac{\mathrm{d}}{\mathrm{d}t}m\to F\mathrm{d}z=m\frac{\mathrm{d}}{\mathrm{d}t}u\mathrm{d}z+u\frac{\mathrm{d}}{\mathrm{d}t}m\mathrm{d}z\\&=mu\mathrm{d}u+u^2\mathrm{d}m=c^2\mathrm{d}m\to\frac{\mathrm{d}m}{m}=\frac{u\mathrm{d}u}{c^2-u^2}\\&=-\frac{1}{2}\frac{\mathrm{d}(c^2-u^2)}{c^2-u^2}\to\ln m=-\frac{1}{2}\ln(c^2-u^2)+\text{常数}\to\ \text{常数}=\ln m_0+\frac{1}{2}\ln c^2\\&\to\ln\frac{m}{m_0}=\ln\left(\frac{c^2}{c^2-u^2}\right)^{\frac{1}{2}}\to m=\frac{m_0}{\left(1-\dfrac{u^2}{c^2}\right)^{\frac{1}{2}}}=\gamma m_0\end{aligned} \tag{2.28}$$

式中 $\gamma=\left(1-\dfrac{u^2}{c^2}\right)^{-\frac{1}{2}}$ 是相对论因子。

假设起始电势 $V_0=0$，则由能量守恒公式 (2.27b) 有

$$
\begin{aligned}
&eV=c^2(m-m_0)\rightarrow\\
&eV=c^2m_0\left[\frac{1}{\left(1-\frac{u^2}{c^2}\right)^{\frac{1}{2}}}-1\right]\rightarrow u=c\left[1-\frac{1}{\left(1+\frac{V}{V_n}\right)^2}\right]^{\frac{1}{2}}\\
&\rightarrow 1-\frac{u^2}{c^2}=\frac{1}{\left(1+\frac{V}{V_n}\right)^2}(\text{与式 (2.28) 结合}),\quad m=m_0\left(1+\frac{V}{V_n}\right)\\
&V_n=\frac{m_0c^2}{e}=5.11\times10^5\text{V}
\end{aligned}
\tag{2.29}
$$

从式 (2.28) 和式 (2.29) 可以看出，随着速度的增加，粒子的质量也会相应增加，并且质量的增加与外加电压成正比。对于粒子的速度，虽然随电压增加，速度会增加，但不可能无限制地增加，哪怕电压再大，光速是速度可以达到的极限值。图 2.9 给出了归一化质量与速度和归一化电压的关系曲线。大多数微波管工作电压在 5~250kV 之间，某些小功率器件低于 5kV，极少数大功率器件高于 250kV。从图中可以看出，电压增加质量上升有效抑制了速度的上升趋势。

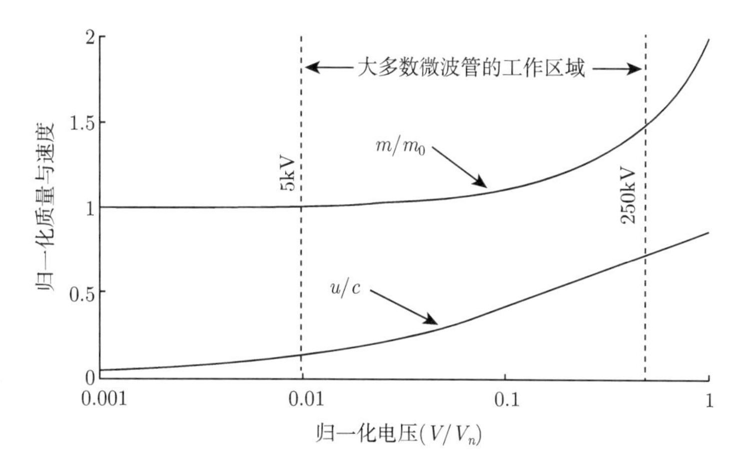

图 2.9 归一化质量与速度和归一化电压的关系曲线图

2.1.4　轴对称场中电子的运动

2.1.4.1　*旋转对称电场和磁场*

对于角向没有变化的径向电场和轴向磁场 (旋转对称)，采用圆柱坐标系，依据坐标变换，图 2.10 中的圆柱坐标与直角坐标之间 (注意两坐标的 z 轴方向相反) 的带电粒子受力变换关系为

$$
\begin{aligned}
F_r &= F_x\cos\theta + F_y\sin\theta \\
F_\theta &= F_x\sin\theta - F_y\cos\theta
\end{aligned}
\tag{2.30}
$$

由于 $x = r\cos\theta, y = r\sin\theta$，所以

$$
\begin{aligned}
\dot{x} &= \dot{r}\cos\theta - r\dot{\theta}\sin\theta \\
\dot{y} &= \dot{r}\sin\theta + r\dot{\theta}\cos\theta
\end{aligned}
\tag{2.31}
$$

于是 x 和 y 方向受力可以分别表示为

$$
\begin{aligned}
F_x &= m\ddot{x} = m(\ddot{r}\cos\theta - \dot{r}\dot{\theta}\sin\theta - \dot{r}\dot{\theta}\sin\theta - r\ddot{\theta}\sin\theta - r\dot{\theta}^2\cos\theta) \\
F_y &= m\ddot{y} = m(\ddot{r}\sin\theta + \dot{r}\dot{\theta}\cos\theta + \dot{r}\dot{\theta}\cos\theta + r\ddot{\theta}\cos\theta - r\dot{\theta}^2\sin\theta)
\end{aligned}
\tag{2.32}
$$

将式 (2.32) 代入式 (2.30) 并化简, 圆柱坐标系中各力的分量 F_r、F_θ 可以分别表示为

$$
\begin{aligned}
F_r &= m(\ddot{r} - r\dot{\theta}^2) \\
F_\theta &= -m(2\dot{r}\dot{\theta} + r\ddot{\theta})
\end{aligned}
\tag{2.33}
$$

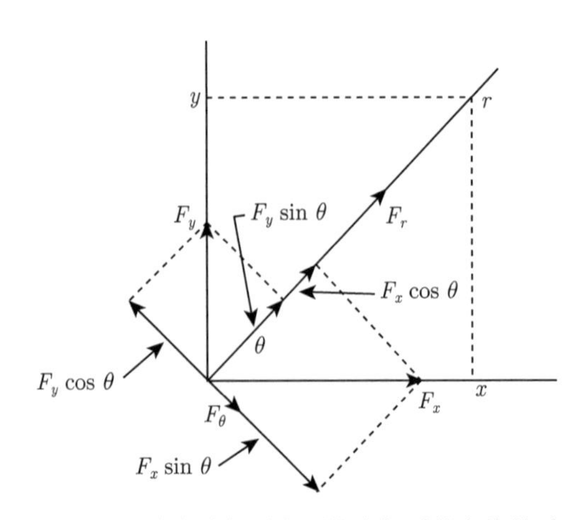

图 2.10　直角坐标系与圆柱坐标系的变换关系

图 2.11 为一磁控管实例。电场为径向，磁场为轴向，电子离开阴极向阳极移动，在 θ 方向受到磁场力的偏转。如果选择 r 方向径向朝外，θ 绕顺时针方向，z 轴便指向 r 和 θ 构成的平面。θ 方向的力式 (2.33) 可以表为

$$F_\theta = -m(2\dot{r}\dot{\theta} + r\ddot{\theta}) = -eu_r B_z = -e\dot{r}B_z \tag{2.34}$$

该式可以改写为

$$2r\dot{r}\dot{\theta} + r^2\ddot{\theta} = \Omega_c r\dot{r} \rightarrow \frac{\mathrm{d}}{\mathrm{d}t}(r^2\dot{\theta}) = \frac{\Omega_c}{2}\frac{\mathrm{d}}{\mathrm{d}t}r^2 \tag{2.35}$$

假如在 $r = r_c$ 处，$\dot{\theta} = 0$，所以常数 $C = -\dfrac{\Omega_c}{2}r_c^2$，于是有

$$r^2\dot{\theta} = \frac{\Omega_c}{2}(r^2 - r_c^2) \rightarrow \dot{\theta} = \frac{\Omega_c}{2}\left(1 - \frac{r_c^2}{r^2}\right) \tag{2.36}$$

在阳极处 $r = r_a$，电子的角速度为

$$\dot{\theta}_a = \frac{\Omega_c}{2}\left(1 - \frac{r_c^2}{r_a^2}\right) \tag{2.37}$$

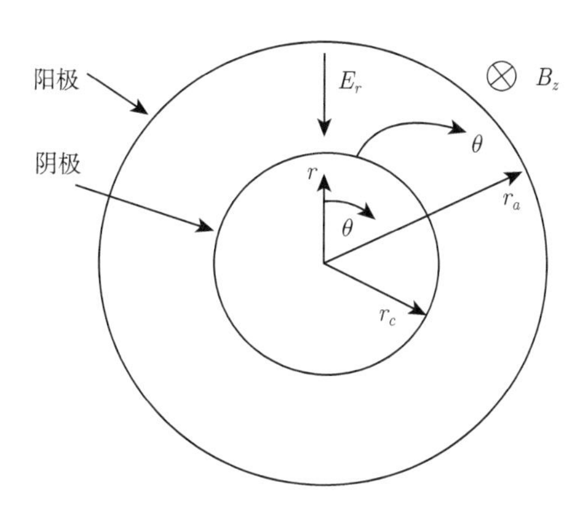

图 2.11 平滑腔磁控管结构示意

如果当阳极相对于阴极的电压为 V_a 时，恰好使电子正好擦到阳极 (即 $\dot{r} = 0$)，那么电子的速度为

$$u_a = \sqrt{2\eta V_a} = r_a\dot{\theta}_a \tag{2.38}$$

将式 (2.38) 与式 (2.37) 结合后得到

$$V_a = \frac{\dot{\theta}_a^2 r_a^2}{2\eta} = \frac{\Omega_c^2 r_a^2}{8\eta}\left(1 - \frac{r_c^2}{r_a^2}\right)^2 \tag{2.39}$$

造成电子恰好擦过阳极的电压仅取决于 r_a 和 r_c 的尺寸以及磁通密度，而与阴极和阳极之间的电压变化途径无关。图 2.12(a) 示出了有关的电子轨迹。这一条件称为霍尔 (Hull) 截止条件。当 V_a 大于式 (2.39) 给出的值时，电子便会像图 2.12(b) 所示的那样打到阳极上。当 V_a 小于上述值时，电子便返回阴极 (见图 2.12(c))。

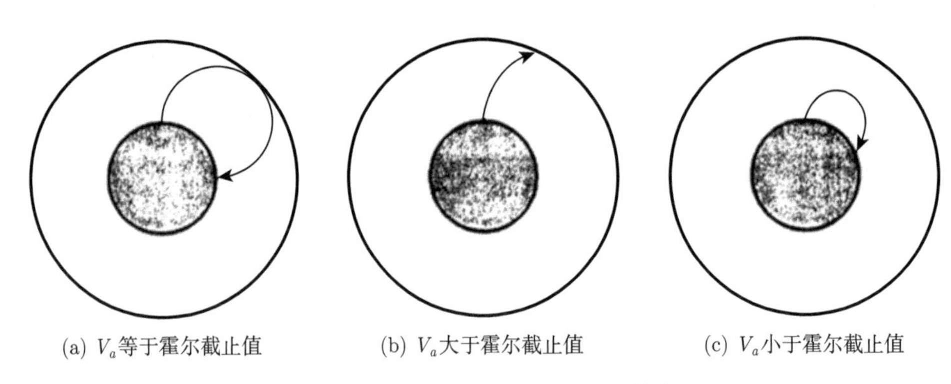

(a) V_a等于霍尔截止值　(b) V_a大于霍尔截止值　(c) V_a小于霍尔截止值

图 2.12　阳极电压不同时的电子轨迹

2.1.4.2　布许定理 (轴对称场角速度一般关系)

布许定律适用于轴对称场，它是磁控管中角速度关系式 (2.36) 的一般形式。在轴向及径向电场和磁场同时存在时，布许定律亦有效。因此，它是分析各种线性注器件中电子注的强有力工具。

沿用类似于磁控管中的方式来考虑 θ 方向的力。不过，此时将包括由电子的轴向运动 $\dot{z}$ 和磁通密度的径向分量 B_r 所产生的力。于是 θ 方向的力学方程为

$$F_\theta = -m(2\dot{r}\dot{\theta} + r\ddot{\theta}) = -e\dot{r}B_z + e\dot{z}B_r \tag{2.40}$$

$$\eta r(\dot{r}B_z - \dot{z}B_r) = \frac{\mathrm{d}}{\mathrm{d}t}(r^2\dot{\theta}) \to \eta(r\mathrm{d}rB_z - r\mathrm{d}zB_r) = \mathrm{d}(r^2\dot{\theta}) \tag{2.41}$$

假定取位于半径为 r 处的某一电子轨迹，并绕轴旋转一周 (图 2.13)，则通过这个半径为 r 的截面的总磁通量为

$$\psi = 2\pi\int_0^r rB_z\mathrm{d}r \tag{2.42}$$

取式 (2.42) 两边对时间 t 的全微分

$$\frac{\mathrm{d}\psi}{\mathrm{d}t} = \frac{\partial\psi}{\partial r}\dot{r} + \frac{\partial\psi}{\partial z}\dot{z} = 2\pi\left(B_z r\dot{r} + \dot{z}\int_0^r r\frac{\partial B_z}{\partial z}\mathrm{d}r\right)$$

由于

$$\nabla \cdot \boldsymbol{B} = \frac{\partial B_z}{\partial z} + \frac{1}{r}\frac{\partial}{\partial r}(rB_r) = 0$$

结合上面两式，有

$$\frac{\mathrm{d}\psi}{\mathrm{d}t} = 2\pi(B_z r\dot{r} - B_r r\dot{z}) \tag{2.43}$$

合并式 (2.41) 和式 (2.43) 即得

$$\frac{\mathrm{d}}{\mathrm{d}t}(r^2\dot{\theta}) = \frac{\eta}{2\pi}\frac{\mathrm{d}\psi}{\mathrm{d}t}$$

积分并应用初始条件 $(t=0, r=r_0, \dot{\theta}=0, \psi=\psi_0)$ 得

$$r^2\dot{\theta} = \frac{\eta}{2\pi}(\psi - \psi_0) \tag{2.44}$$

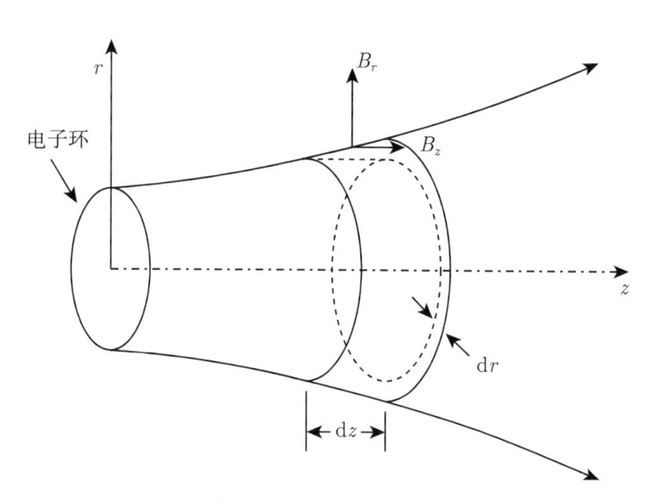

图 2.13 电子轨迹绕 z 轴旋转形成的表面

这就是布许定理，式中 ψ_0 为在 $\dot{\theta}$ 等于零处的磁通量 (即阴极处)。因此，电子的角速度正比于电子穿过面积中磁通量变化的大小。

在许多场合人们更关注电磁线包傍轴处的运动，此时 $\partial B_z/\partial r \approx 0$，所以

$$\psi = \pi r^2 B_z \text{ 及 } \psi_0 = \pi r_0^2 B_{z0} \tag{2.45}$$

式中 B_{z0} 为 $\dot{\theta}=0$ 处的磁通密度。由布许定律可得到近似关系式：

$$\dot{\theta} = \frac{\eta}{2}\left(B_z - B_{z0}\frac{r_0^2}{r^2}\right) \text{ 或 } \dot{\theta} = \frac{1}{2}\left(\Omega_c - \Omega_{c0}\frac{r_0^2}{r^2}\right) \tag{2.46}$$

2.2　附加均匀恒定非磁性力场对电子运动的影响

2.1 节讲的是电子在均匀恒定磁场中的运动,这是单粒子轨道理论中最简单的问题。通常真空电子器件的设计希望电子注横向尺寸按特定形状约束在一定直径范围内沿磁场方向运动。如果在均匀恒定磁场中附加有另外一种或几种力场 (后者作为微扰出现)，这将使电子出现垂直于磁场方向的运动 (例如：正交均匀恒定电磁场中电子的漂移 E_y/B_z)，这部分运动叫做电子的漂移。这种漂移将影响电子在横向的约束。沿磁场方向的分力 $\boldsymbol{F}_{||}$，仅使粒子产生一个沿磁力线方向的匀加速度 (不影响电子的横向约束)，亦即

$$\frac{\mathrm{d}\boldsymbol{u}_{||}}{\mathrm{d}t} = \frac{\boldsymbol{F}_{||}}{m} \tag{2.47}$$

于是以下着重讨论垂直于磁场的 (横向) 分力 $\boldsymbol{F}_\perp$ 所带来的影响。

$$m\frac{\mathrm{d}\boldsymbol{u}_\perp}{\mathrm{d}t} = q(\boldsymbol{u}_\perp \times \boldsymbol{B}) + \boldsymbol{F}_\perp \tag{2.48}$$

为了能够看到附加力场的影响，把横向速度 $\boldsymbol{u}_\perp$ 写成两部分的和：

$$\boldsymbol{u}_\perp = \boldsymbol{u}'_\perp + \boldsymbol{u}_D \tag{2.49}$$

其中 $\boldsymbol{u}_D$ 假设是个常量。方程 (2.48) 可改写为

$$m\frac{\mathrm{d}\boldsymbol{u}'_\perp}{\mathrm{d}t} = q(\boldsymbol{u}'_\perp \times \boldsymbol{B}) + q(\boldsymbol{u}'_D \times \boldsymbol{B}) + \boldsymbol{F}_\perp \tag{2.50}$$

如果适当选择 $\boldsymbol{u}_D$ 使得所谓“平均磁力” $q(\boldsymbol{u}_D \times \boldsymbol{B})$ 与附加力场 $\boldsymbol{F}_\perp$ 相抵消：

$$q(\boldsymbol{u}_D \times \boldsymbol{B}) + \boldsymbol{F}_\perp = 0 \tag{2.51}$$

则方程 (2.50) 可写为

$$m\frac{\mathrm{d}\boldsymbol{u}'_\perp}{\mathrm{d}t} = q(\boldsymbol{u}'_\perp \times \boldsymbol{B}) \tag{2.52}$$

这个式子和方程 (2.50) 只有磁场存在时相似，它同样是描写以大小不变的横向速度 $\boldsymbol{u}'_\perp$ 进行旋转，不同之处仅在于这里是从以速度 $\boldsymbol{u}_D$ 运动的坐标系中观察得到的结果，所以相对于固定坐标系而言，带电粒子还有一个以大小和方向都不变的速度 $\boldsymbol{u}_D$ 进行的横向漂移。漂移速度可由式 (2.51) 来确定，此式两边叉乘 $\boldsymbol{B}$ 可得

$$\begin{aligned} q(\boldsymbol{u}_D \times \boldsymbol{B}) \times \boldsymbol{B} &= q[(\boldsymbol{u}_D \cdot \boldsymbol{B})\boldsymbol{B} - (\boldsymbol{B} \cdot \boldsymbol{B})\boldsymbol{u}_D] \\ &= -\boldsymbol{F}_\perp \times \boldsymbol{B} \end{aligned} \tag{2.53}$$

考虑到 $\boldsymbol{u}_D$ 与 $\boldsymbol{B}$ 垂直，$\boldsymbol{u}_D\cdot\boldsymbol{B}=0$，又 $\boldsymbol{F}_{||}\times\boldsymbol{B}=0$，因此漂移速度：

$$\boldsymbol{u}_D=\frac{\boldsymbol{F}\times\boldsymbol{B}}{qB^2} \tag{2.54}$$

当微扰来自于一个小的电场 $\boldsymbol{E}$ 时，$\boldsymbol{F}=q\boldsymbol{E}$，电漂移速度为

$$\boldsymbol{u}_{DE}=\frac{\boldsymbol{E}\times\boldsymbol{B}}{B^2} \tag{2.55}$$

上式表明，漂移与粒子电荷、符号、质量和速度无关，仅相关于电磁场。

图 2.14 为电荷在均匀恒定 $\boldsymbol{B}$、$\boldsymbol{E}$ 场中的运动轨道，电荷一面在 x-y 平面回旋，一面沿 $\boldsymbol{E}_\perp\times\boldsymbol{B}$ 方向漂移，同时受 $\boldsymbol{E}_{||}$ 电场力作用沿 z 轴方向匀加速运动，右边图是粒子运动空间轨迹。图中左下部分为带负电的粒子做回旋运动。带电粒子左半轨道 (a 到 b) 受 $\boldsymbol{E}_\perp$ 作用被加速，而右半轨道 (b 到 c) 则被减速，结果是粒子上半轨道的速度大于下半轨道。因为磁场大小不变，速度大则回旋半径大，故上半部分轨迹的曲率半径大于下半部分轨迹的，于是产生向右漂移。

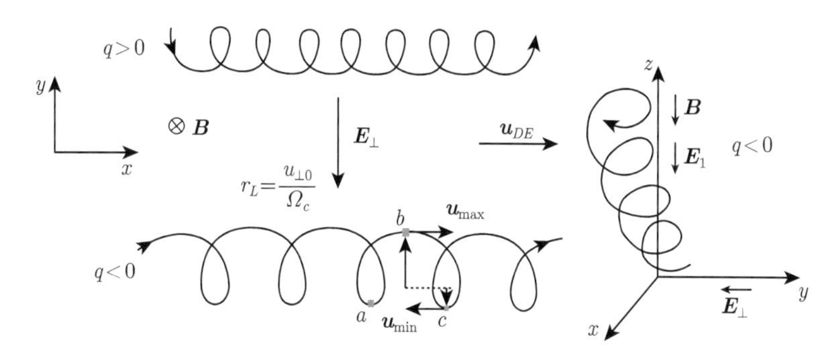

图 2.14 电荷在均匀恒定 $\boldsymbol{B}$、$\boldsymbol{E}$ 场中的运动轨道

带电粒子除受到电场作用产生横向漂移外，其受到的重力也有可能与磁场方向垂直，重力场的影响体现为 $\boldsymbol{F}=m\boldsymbol{g}$。由公式 (2.54), 重力漂移速度为

$$\boldsymbol{u}_{Dg}=\frac{m}{q}\frac{\boldsymbol{g}\times\boldsymbol{B}}{B^2} \tag{2.56}$$

上式表明电荷符号不同的两个带电粒子将沿两个相反方向漂移，因此会引起电荷分离；其他非电性力也会引起同样的情况。亦即，漂移运动具有令人惊异的性质：电性力和非电性力在这里好像互换了位置，电性力只引起质量的运动，而非电性力反倒要引起电流。

2.3 电透镜和磁透镜

本节主要讨论静电 (磁) 场分布具有旋转对称 (角向场的大小不变) 情况下形成电透镜和磁透镜对电子的作用。利用不同结构的特殊组合，实现对电子聚焦和发散的有效控制。这些结果对电子枪设计和不同器件特性分析具有相关性和指导意义。

2.3.1 电透镜 (旋转对称电场对电子的聚焦和发散)

对于圆形电子注，通常自身和外加的电势都是圆柱对称的，并且相对于器件横向尺寸而言电子注内部的场比较靠近轴心。于是电势分布 $\varphi(r,z)$ 可用轴上电势 $V(z)$ 展开为 r 的幂级数表达式，考虑傍轴条件 (可根据具体应用情况选取级数项的多少)，这里略去 4 次以上项有

$$\varphi(r,z)=V(z)-\frac{1}{4}V''(z)r^2 \tag{2.57}$$

利用电子受力方程，并结合式 (2.57)，电子所受电场力的轴向分量：

$$F_z=-eE_z=e\frac{\partial\varphi}{\partial z}=eV'(z) \tag{2.58}$$

从式 (2.58) 看出，当 $V(z)$ 随 z 增大而增大时，$V'(z)>0$，于是 $F_z>0$；电子受力沿 $+z$ 方向移动；当 $V(z)$ 随 z 增大而减小时，$V'(z)<0$，于是 $F_z<0$，电子受力沿 $-z$ 方向移动；当 $V(z)$ 不随 z 变化时，$V'(z)=0$，亦即 $F_z=0$，电子不受力而做匀速漂移。轴向力只改变电子沿轴向速度的大小，不影响电子横向的发散和聚焦。

利用电子受力方程，并结合式 (2.57)，电子所受电场力的径向分量：

$$F_r=-eE_r=e\frac{\partial\varphi}{\partial r}=-\frac{e}{2}V''(z)r \tag{2.59}$$

从式 (2.59) 和图 2.15 可以看出，当 $V(z)$ 曲线下凹，$V'(z)\uparrow$，$V''(z)>0$ 时，电子受力为 $-r$ 方向，电子会聚；当 $V(z)$ 曲线上凸，$V'(z)\downarrow$，$V''(z)<0$ 时，电子受力为 $+r$ 方向，电子发散；当 $V(z)$ 曲线的斜率不变时，$V''(z)=0$，电子不受力，电场分布结构不形成透镜作用。

根据前面讨论相关旋转对称电场聚焦和发散原理，下面将通过浸没透镜和单膜孔透镜两个具体的例子说明电子注在静电透镜作用下的会聚和发散过程。

浸没透镜：两侧电势为数值不同的常数，一般由两个 (或以上) 同轴圆筒或膜片组成 (图 2.16)。图 2.16(a) 为两个圆筒之间形成的等电势分布和电子聚焦线的

示意图；图 2.16(b) 为电势差 V、它的导数 V' 和它的二阶导数 V'' 随 z 变化的曲线。

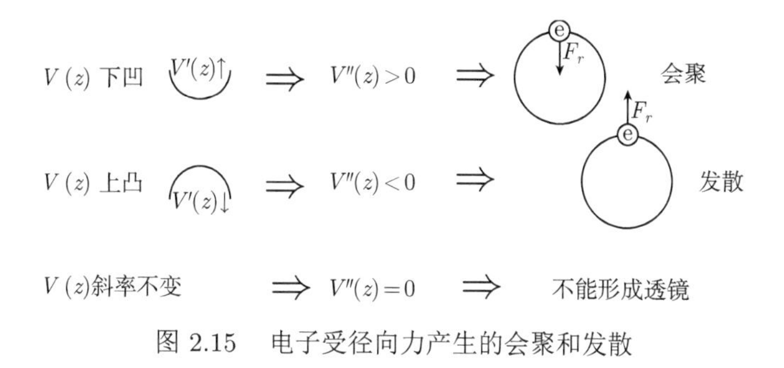

图 2.15 电子受径向力产生的会聚和发散

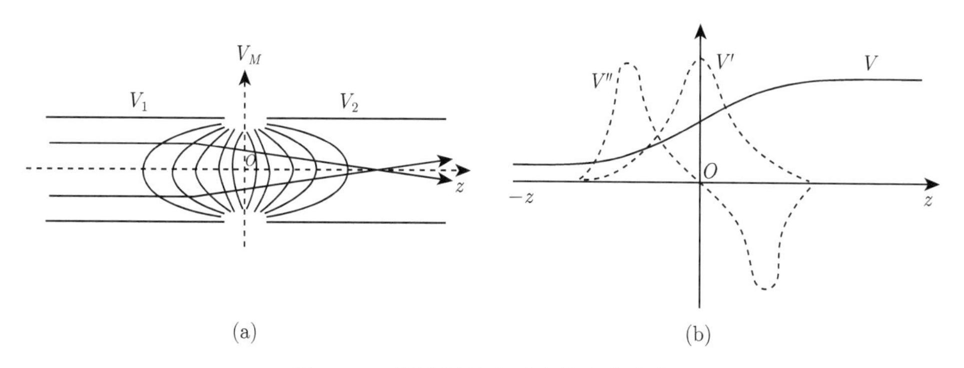

图 2.16 浸没透镜和对应的电势分布

当 $V_1 < V_2$ 时，由于 $V'(z) > 0$，电子在 $+z$ 方向被加速，在中心平面 M 左边电势差 V(下凹)，$V''(z) > 0$，电子受力 $-r$ 方向，电子束会聚；在中心平面 M 右边电势差 V (上凸)，$V''(z) < 0$，电子束发散。由于电子在左边速度较低，能量小于右半边，因此聚焦的作用大于发散，整个浸没透镜总的作用是会聚的。

单膜孔透镜：如图 2.17 所示，单膜孔透镜由三个相互平行的电极板组成，其中三者的电压满足 $V_3 > V_2 > V_1$，中间板与其他二板等距离且有一圆孔。以下按照三个电极板电压分布不同的两种情况，讨论单膜孔透镜对电子轨迹的聚焦和发散作用。

图 2.17(a)：$V_2 - V_1 > V_3 - V_2$，亦即左边电力线密于右边。在开孔处左边电力线要变疏以衔接右边电力线，故电力线向右要径向发散，亦即等势面向右凸，电子轨迹受电场作用沿力线方向行进而发散。图 2.17(b)：$V_2 - V_1 < V_3 - V_2$，左边电力线疏于右边。在开孔处右边电力线要变疏以衔接左边电力线，故电力线向左要径向发散，亦即等势面向左凸，电子轨迹受电场作用沿力线方向行进而会聚。

假设 $V_1 = 0$，并且电子在离开电极 1 时的速度可以忽略不计，那么当孔的半径比较小时，电子在电极 2 处的速度近似为

$$u_z = \left(2\frac{e}{m}V_2\right)^{1/2} \tag{2.60}$$

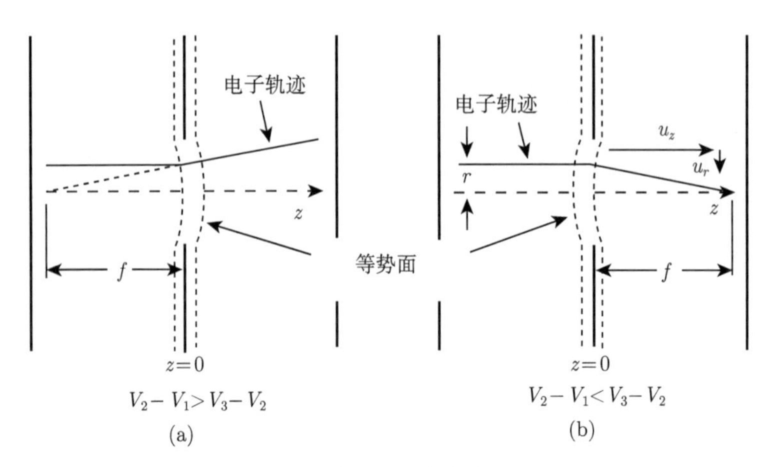

图 2.17　单光阑透镜的聚焦作用

在电极 2 的膜孔中心附近，等势面发生了弯曲，电场出现了径向分量 E_r。这一径向电场对电子产生径向作用力，使电子产生了径向速度分量 u_r：

$$\frac{\mathrm{d}}{\mathrm{d}t}mu_r = -eE_r \rightarrow u_r = -\frac{e}{m}\int_{-t_0}^{t_0} E_r \mathrm{d}t \tag{2.61}$$

时间 $-t_0$ 至 t_0 为电子受径向场影响所经历的时间。假设在这一期间 u_z 恒定不变，那么在这一期间 $-t_0$ 至 t_0 便对应于距离 $-z_0$ 至 z_0，由于 $u_z = \mathrm{d}z/\mathrm{d}t$，所以 u_r 可以写成

$$u_r = -\frac{e}{mu_z}\int_{-z_0}^{z_0} E_r \mathrm{d}z \tag{2.62}$$

考虑如图 2.18 所示的高斯柱面，其半径为 r，距离为 $2z_0$，位于图 2.17 单膜孔透镜中的某一透镜的中心。由于在高斯面里未包含电荷，故由高斯定理有

$$\int_{-z_0}^{z_0} E_r 2\pi r \mathrm{d}z + \int_0^r E_1 2\pi r \mathrm{d}r - \int_0^r E_2 2\pi r \mathrm{d}r = 0 \tag{2.63}$$

假设 E_1 和 E_2 恒定不变，于是上式可写为

$$\int_{-z_0}^{z_0} E_r 2\pi r \mathrm{d}z + \pi r^2 (E_1 - E_2) = 0 \tag{2.64}$$

$$\int_{-z_0}^{z_0} E_r \mathrm{d}z = -\frac{r}{2}(E_1 - E_2) \tag{2.65}$$

利用式 (2.62)，上式可改写为

$$u_r = \frac{e}{mu_z}\frac{r}{2}(E_1 - E_2) \tag{2.66}$$

$$\frac{u_r}{u_z} = \frac{r}{4}\frac{(E_1 - E_2)}{V_2} \tag{2.67}$$

由图 2.17 透镜有

$$\frac{u_r}{u_z} = -\frac{r}{f} \tag{2.68}$$

式中负号表示焦距在 z 轴的负方向，u_r 是正值，故焦距 f 可以表示为

$$f = -\frac{4V_2}{E_1 - E_2} \tag{2.69}$$

这就是戴卫森–卡尔比克 (Davisson-Calbick) 薄透镜方程，仅对 $u_r \ll u_z(z_0 \ll$ 圆孔半径) 有效。

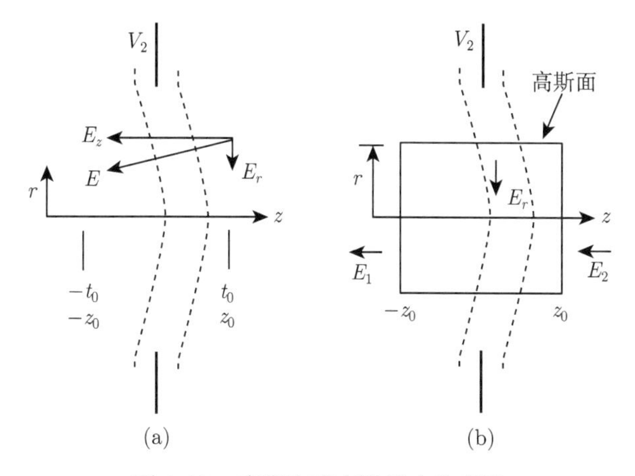

图 2.18 高斯定理在透镜中的应用

2.3.2 磁透镜

磁透镜：旋转对称磁场对电子的聚焦和发散，也指产生这种磁场的线圈装置，利用洛伦兹力控制带电粒子运动的系统。

电子在磁场作用下的受力方程为

$$\boldsymbol{F} = -e(\boldsymbol{u} \times \boldsymbol{B}) \tag{2.70}$$

式 (2.70) 表明：

(1) $\boldsymbol{u}//\boldsymbol{B}$，则 $\boldsymbol{F}=0$，电子运动的方向及速度均不变；

(2) $\boldsymbol{u}\perp\boldsymbol{B}$，只改变运动方向，不改变运动速率，电子在垂直于 $\boldsymbol{B}$ 的平面上做匀速圆周运动。

图 2.19 是螺旋管线圈产生的旋转对称磁场。按照右手螺旋定则，对于上半区域进入的电子，在进入磁场后电子的受力和运动体现为如下四点：

(1) B_r 作用于 u_z 产生指向纸面外的力 F_θ, 进而产生该力方向的 u_θ；

(2) B_z 作用于 u_r 产生指向纸面外的力 F_θ, 进而产生该力方向的 u_θ；

(3) B_r 作用于 u_θ 产生指向平行轴线的力 F_z, 不影响电子的会聚和发散；

(4) B_z 作用于 u_θ 产生指向轴心的力 F_r，电子注会聚。

同样，无论电子进入的方向或相对轴线上下位置如何变化，按照右手螺旋定则，都可以判定电子始终受到指向轴心的会聚力。也就是说，旋转对称磁场对运动电子具有聚焦作用。

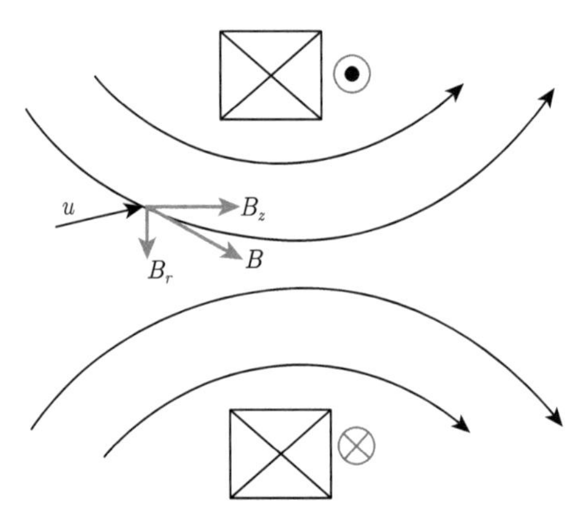

图 2.19　螺旋管线圈产生的旋转对称磁场

2.4　磁场空间缓慢变化对电子运动的影响

通常为简化起见假定磁场均匀恒定，但实际上由于制作上的困难、材料的不均匀性以及环境的影响，磁场均匀性和稳定性只能说是随时间和空间缓变，而非完全处于理想的均匀恒定状态。因此在实际应用中有必要讨论这种缓变非均匀性对电子运动具有什么样的影响。

2.4.1　磁场缓变非均匀性描述

非均匀恒定磁场中电子运动方程 ($\boldsymbol{F}=-e(\boldsymbol{u}\times\boldsymbol{B})$) 的右边通常是非线性。如果不均匀性是微小的，也就是说在电子回旋半径 r_L 尺度上磁场 $\boldsymbol{B}$ 的变化满足缓变条件：

$$|\boldsymbol{r}_L \cdot \nabla \boldsymbol{B}| \ll B \tag{2.71}$$

则粒子的运动仍可近似看成为在均匀磁场中的回旋和由作为微扰而存在的磁场不均匀性所引起漂移的叠加。简单地说，它仍旧是围绕一个动点 (导引中心) 的旋转。于是导引中心的漂移对电子回旋运动有什么程度的影响是控制电子运动走向的一个因素，因此有必要在了解磁场非均匀缓变特点的情况下讨论电子导引中心漂移。

选定磁场中所考察的某一点作为坐标原点，令 z 轴与原点上 B 的方向相重合，于是

$$B_x(0) = B_y(0) = 0, \quad B_z(0) = B \tag{2.72}$$

由于磁场随空间缓慢地变化，所以在原点附近除了有 z 分量以外，还将出现其他的分量。每一个分量都可随三个坐标 x、y、z 中的任何一个而改变，所以需要九个偏导数才能完全确定磁场在一点的空间变化率。换句话说，为了描述磁场的不均匀性，我们需要引入一个二阶张量/磁场的空间梯度 $\nabla \boldsymbol{B}$，把它写成矩阵形式就是：

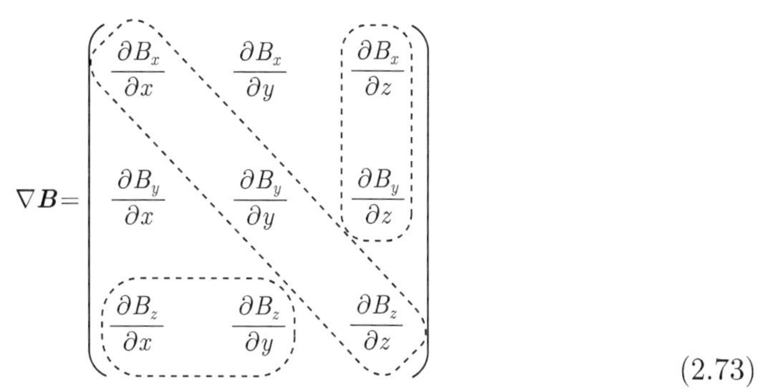

$$\nabla \boldsymbol{B} = \begin{pmatrix} \dfrac{\partial B_x}{\partial x} & \dfrac{\partial B_x}{\partial y} & \dfrac{\partial B_x}{\partial z} \\ \dfrac{\partial B_y}{\partial x} & \dfrac{\partial B_y}{\partial y} & \dfrac{\partial B_y}{\partial z} \\ \dfrac{\partial B_z}{\partial x} & \dfrac{\partial B_z}{\partial y} & \dfrac{\partial B_z}{\partial z} \end{pmatrix} \tag{2.73}$$

这里九个分量按其属性，可以写成四类，分别命名为：

(1) 散度项 $\dfrac{\partial B_x}{\partial x}, \dfrac{\partial B_y}{\partial y}, \dfrac{\partial B_z}{\partial z}$；

(2) 梯度项 $\dfrac{\partial B_z}{\partial x}, \dfrac{\partial B_z}{\partial y}$；

(3) 曲率项 $\dfrac{\partial B_x}{\partial z}, \dfrac{\partial B_y}{\partial z}$；

(4) 剪切项 $\dfrac{\partial B_x}{\partial y}, \dfrac{\partial B_y}{\partial x}$。

磁场可以形象地用磁力线表示出来。一条磁力线是这样的空间曲线，它各点的切线与各点上 $\boldsymbol{B}$ 的方向相重合。如果 $\mathrm{d}\boldsymbol{r}$ 是磁力线上一个线元矢量，那就有 $\boldsymbol{B}$

平行于 $\mathrm{d}\boldsymbol{r}$，或者 $\mathrm{d}\boldsymbol{r}\times\boldsymbol{B}=0$, 所以磁力线方程可以写为

$$\frac{\mathrm{d}x}{B_x}=\frac{\mathrm{d}y}{B_y}=\frac{\mathrm{d}z}{B_z} \tag{2.74}$$

考虑到磁场主要在 z 方向，把磁力线方程用 x、y 作为 z 的函数表示，则由式 (2.74) 有

$$\frac{\mathrm{d}x}{\mathrm{d}z}=\frac{B_x}{B_z}\ \text{和}\ \frac{\mathrm{d}y}{\mathrm{d}z}=\frac{B_y}{B_z} \tag{2.75}$$

2.4.2　散度项的影响 → 磁矩不变性 (绝热压缩)

假定磁场基本上是沿着 z 轴的轴对称场，纵向磁场 $B\approx B_z$ 缓慢变化，$B_\varphi=0$, $\partial/\partial\varphi=0$，但 $\partial B/\partial z=\partial B_z/\partial z\neq 0$。由于磁场是会聚或发散 (阴极区与注波互作用区，见图 2.20) 的，因此会存在径向磁场分量 $B_r\neq 0$。利用磁场散度方程，有

$$\nabla\cdot\boldsymbol{B}=\frac{1}{r}\frac{\partial}{\partial r}(rB_r)+\frac{\partial B_z}{\partial z}=0\rightarrow rB_r=-\int_0^r r\frac{\partial B_z}{\partial z}\mathrm{d}r \tag{2.76}$$

若磁场的空间变化缓慢，则可认为磁场导数在电子行进一个周期 (回旋轨道) 内近似不变，这样得到

$$B_r\approx-\frac{1}{2}r_L\frac{\partial B_z}{\partial z} \tag{2.77}$$

式中 r_L 是电子回旋拉莫尔半径，式 (2.77) 意味着轴向磁场的变化会产生径向磁场分量。

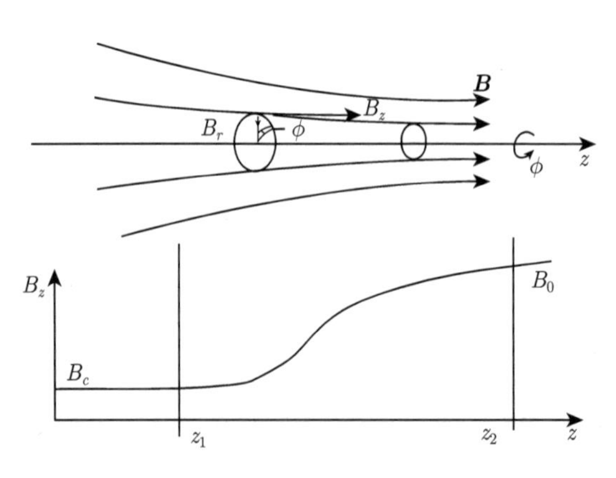

图 2.20　磁场渐变过渡

磁场沿轴向的变化产生径向磁场分量 B_r, 电子在纵向将受到一个附加的作用力 $F_z=eu_\perp B_r$，利用 $B_r=-\dfrac{1}{2}r_L\dfrac{\partial B_z}{\partial z}$ 和回旋半径、速度及回旋频率之间的相互

关系 $\Omega_c = \eta B_z, r_L = u_\perp/\Omega_c$ 有

$$F_z = eu_\perp B_r = -\frac{W_\perp}{B_z}\frac{\partial B_z}{\partial z} = m_0\frac{\mathrm{d}u_\parallel}{\mathrm{d}t} = m_0\frac{\mathrm{d}u_\parallel}{\mathrm{d}z}\frac{\mathrm{d}z}{\mathrm{d}t} = \frac{\mathrm{d}W_\parallel}{\mathrm{d}z} \tag{2.78}$$

$$W_T = W_\perp + W_\parallel = \text{const} \to \frac{\partial W_\perp}{\partial z} = -\frac{\partial W_\parallel}{\partial z} \tag{2.79}$$

$$B_z\frac{\partial W_\perp}{\partial z} - W_\perp\frac{\partial B_z}{\partial z} = 0 \to \frac{\mathrm{d}}{\mathrm{d}z}\left(\frac{W_\perp}{B_z}\right) = 0 \to \frac{W_\perp}{B_z} = \text{const} \tag{2.80}$$

式 (2.80) 表明，电子在轴向缓变磁场中运动时，电子的横向动能与纵向磁场之比是不变的，也常称这种关系为电子运动磁矩 (2.1.2 节中磁矩定义式) 的绝热不变性，亦即磁场增加的同时电子横向能量增加，但两者的比值保持不变。

2.4.3 梯度项的影响 → 梯度漂移 $\left(\frac{\partial \boldsymbol{B}_z}{\partial \boldsymbol{x}}, \frac{\partial \boldsymbol{B}_z}{\partial \boldsymbol{y}}\right)$

令 z 轴平行于磁场，设磁场随 x 而改变，且 $\dfrac{\partial B}{\partial x} > 0$。在图 2.21 中，一个带正电的粒子将沿顺时针方向绕磁力线旋转。当它旋转时，其由弱场地点 (点 1) 向强磁场地点运动 (对应上半部分轨道)，回旋半径会越来越小；相反地，相应旋转的下半部分轨道则由强场地点向弱场地点运动，回旋半径会越来越大。这样一来，引导中心就会产生一个沿 y 轴向上的漂移。对于带负电粒子来说，因为回旋方向和正电粒子相反，则将沿着 y 轴向下漂移。

现在来求磁场梯度引起的漂移速度 u_{DBG}。从粒子回旋轨道对称性我们看到，粒子每完成一个回旋时，它在 x 方向的力学状态 (点 1 和点 2 的坐标和动量) 就恢复原状。对于图 2.21 中带电粒子的运动方程可以写为

$$m\dot{u}_x = q\,(\boldsymbol{u}\times\boldsymbol{B})_x = qu_yB\,(x) \tag{2.81}$$

在一个回旋上，例如在图中的 1、2 两点之间，对式 (2.81) 积分将等于零，即

$$\int_{t_1}^{t_2}\dot{u}_x\mathrm{d}t = \frac{q}{m}\int_{t_1}^{t_2}u_yB\,(x)\mathrm{d}t = \frac{q}{m}\int_{y_1}^{y_2}B\,(x)\mathrm{d}y = 0 \tag{2.82}$$

这里 t_1、t_2 是粒子经过 1、2 两点之间的时间，y_1、y_2 是两点的 y 坐标。

把 $B(x)$ 对原点泰勒展开，略去高次项以后，有

$$B\,(x) = B + \frac{\partial B}{\partial x}x \tag{2.83}$$

其中 B 是原点处的磁通密度。将式 (2.83) 代入式 (2.82)，整理后可得

$$y_2 - y_1 = -\frac{1}{B}\frac{\partial B}{\partial x}\int_{y_1}^{y_2}x\mathrm{d}y = \frac{1}{B}\frac{\partial B}{\partial x}\pi r_L^2 \tag{2.84}$$

其中 y_2-y_1 表示在一个回旋周期 $T_L=2\pi/\Omega_c$ 内导引中心沿 y 方向的位移；计算上式右方时，假设 $\dfrac{1}{B}\dfrac{\partial B}{\partial x}$ 是符合缓变条件式 (2.71) 的小量，粒子回旋轨道可近似看成是圆，因此积分 $\displaystyle\int_{y_1}^{y_2}x\mathrm{d}y$ 等于拉莫尔圆所围面积 $-\pi r_c^2$。这里负号是因为正粒子拉莫尔圆旋转所围面积按右手螺旋规则与磁场方向相反。

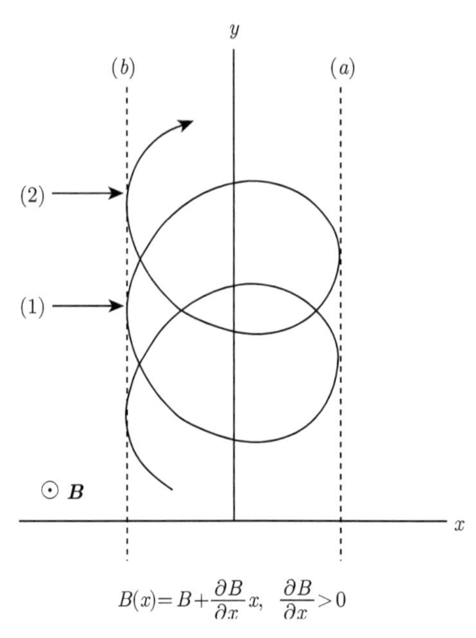

图 2.21　梯度变化对电子运动的影响

根据上述结果，我们求得正、负带电粒子梯度漂移速度，即

$$u_{DBG}=\frac{y_2-y_1}{2\pi/\Omega_c}=\pm\frac{1}{B}\frac{\partial B}{\partial x}\pi r_c^2\left(\frac{\pm qB}{2\pi m}\right)=\frac{W_\perp}{qB^2}\frac{\partial B}{\partial x}=\frac{\mu}{qB}\frac{\partial B}{\partial x}\tag{2.85}$$

同时考虑 y 方向梯度变化的影响，并将梯度对漂移速度的影响写成向量形式有

$$\boldsymbol{u}_{DBG}=\frac{W_\perp}{qB^3}\boldsymbol{B}\times\nabla B=\frac{\mu}{qB^2}\boldsymbol{B}\times\nabla B\tag{2.86}$$

$$\boldsymbol{u}_{DBG}=\frac{-\mu\nabla B}{qB^2}\times\boldsymbol{B}\tag{2.87}$$

上式与公式 (2.54) 相比较，可认为梯度漂移是由力 $\boldsymbol{F}_{B_G}=-\mu\nabla B$ 所引起的，这里 μ 是粒子的轨道磁矩。

2.4.4 曲率项的影响 → 曲率漂移 $\left(\dfrac{\partial \boldsymbol{B}_x}{\partial \boldsymbol{z}}, \dfrac{\partial \boldsymbol{B}_y}{\partial \boldsymbol{z}}\right)$

磁场的不均匀性除表现为梯度以外，一般还有磁场力线的弯曲；梯度相当于横向不均匀性，而弯曲则相当于纵向不均匀性。

如果 $\nabla \boldsymbol{B}$ 中仅有曲率项不等于零，则：

$$
\begin{aligned}
&B_x \approx \frac{\partial B_x}{\partial z} z, \quad B_y \approx \frac{\partial B_y}{\partial z} z, \quad B_z \approx B \\
&\frac{\mathrm{d}x}{\mathrm{d}z} = \frac{1}{B}\frac{\partial B_x}{\partial z} z, \quad \frac{\mathrm{d}y}{\mathrm{d}z} = \frac{1}{B}\frac{\partial B_y}{\partial z} z \quad \left(\frac{\mathrm{d}x}{\mathrm{d}z} = \frac{B_x}{B_z} \text{ 和 } \frac{\mathrm{d}y}{\mathrm{d}z} = \frac{B_y}{B_z}\right) \\
&x = \frac{1}{B}\frac{\partial B_x}{\partial z}\frac{z^2}{2} + x_0, \quad y = \frac{1}{B}\frac{\partial B_y}{\partial z}\frac{z^2}{2} + y_0
\end{aligned}
\tag{2.88}
$$

假如 $\dfrac{\partial B_x}{\partial z} > 0$，亦即磁力线是下凹的 (图 2.22)，$R$ 是曲率半径，θ 是曲率中心角，于是按照式 (2.88) 中最后一行公式和曲率的数学表达式，磁力线的曲率可以按以下公式计算：

$$
k_{zx} = \frac{\left|\dfrac{\mathrm{d}^2 x}{\mathrm{d}z^2}\right|}{\left[1+\left(\dfrac{\mathrm{d}x}{\mathrm{d}z}\right)^2\right]^{3/2}} \approx \frac{1}{B}\left|\frac{\partial B_x}{\partial z}\right|, \quad k_{zy} = \frac{\left|\dfrac{\mathrm{d}^2 y}{\mathrm{d}z^2}\right|}{\left[1+\left(\dfrac{\mathrm{d}y}{\mathrm{d}z}\right)^2\right]^{3/2}} \approx \frac{1}{B}\left|\frac{\partial B_y}{\partial z}\right|,
$$

$$
k = \sqrt{k_{zx}^2 + k_{zy}^2} = 1/R
$$

曲率半径可以用磁力线单位矢量的“方向导数”算符表示为

$$
k = \frac{\mathrm{d}\theta}{\mathrm{d}s} = \frac{1}{R} = \lim_{\Delta l \to 0}\left|\frac{\Delta\left(\dfrac{\boldsymbol{B}}{B}\right)}{\Delta l}\right| = \left|\frac{\mathrm{d}\left(\dfrac{\boldsymbol{B}}{B}\right)}{\mathrm{d}l}\right| \tag{2.89}
$$

对于这里的磁力线单位矢量情况 (图 2.23)，有

$$
\frac{\mathrm{d}\left(\dfrac{\boldsymbol{B}}{B}\right)}{\mathrm{d}l} = \frac{\partial}{\partial z}\left(\frac{\boldsymbol{B}}{B}\right) = \frac{1}{B}\frac{\partial \boldsymbol{B}}{\partial z} - \frac{\boldsymbol{B}}{B}\frac{\partial B}{B\partial z} \tag{2.90}
$$

式 (2.90) 右边第一项对应曲率，第二项则由缓变定义趋于零。结合单位矢量梯度算子表达式，并注意到 $\Delta(\boldsymbol{B}/B)$ 的方向与 $\boldsymbol{R}$ 的方向相反 (图 2.23) 有

$$\frac{\mathrm{d}\left(\dfrac{\boldsymbol{B}}{B}\right)}{\mathrm{d}l} = \left(\frac{\boldsymbol{B}}{B}\cdot\nabla\right)\frac{\boldsymbol{B}}{B} \rightarrow \frac{\boldsymbol{R}}{R^2} = -\left(\frac{\boldsymbol{B}}{B}\cdot\nabla\right)\frac{\boldsymbol{B}}{B} \tag{2.91}$$

假设磁场弯曲是轻微的，磁力线曲率半径 R 远大于电子回旋半径 r_L，亦即满足缓变条件，而带电粒子在弯曲磁场中的运动仍可看成是绕一个动点的回旋。不过这个动点现在以 $u_\parallel$ 的速度沿曲线运动着，在以它作为原点的坐标系中，带电粒子将感受到一个惯性离心力 $\boldsymbol{F}_{BC}$

$$\boldsymbol{F}_{BC} = \frac{mu_\parallel^2}{R^2}\boldsymbol{R} \tag{2.92}$$

根据公式 (2.54)、(2.91) 和 (2.92)，这个力使导引中心产生一个漂移速度：

$$\boldsymbol{u}_{DBC} = \frac{mu_\parallel^2}{qB^2R^2}\boldsymbol{R}\times\boldsymbol{B} = \frac{2W_\parallel}{qB^2R^2}\boldsymbol{R}\times\boldsymbol{B} = \frac{2W_\parallel}{qB^2}\boldsymbol{B}\times\left(\frac{\boldsymbol{B}}{B}\cdot\nabla\right)\frac{\boldsymbol{B}}{B} \tag{2.93}$$

曲率漂移速度：正、负粒子将沿相反方向进行漂移。

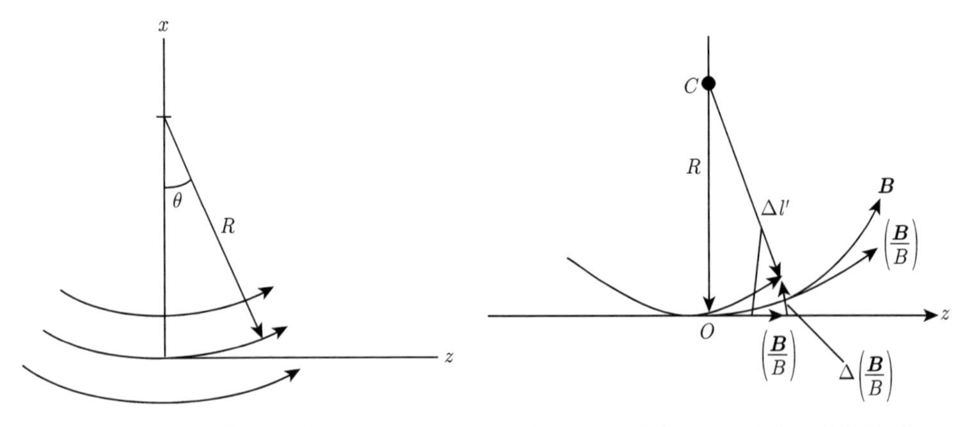

图 2.22　磁场曲率变化　　　图 2.23　曲率半径与方向导数的关系

带电粒子的漂移由电漂移、引力漂移、磁场梯度漂移和磁场曲率漂移叠加形成，其总漂移速度为

$$\begin{aligned}\boldsymbol{u}_D &= \boldsymbol{u}_{DE} + \boldsymbol{u}_{Dg} + \boldsymbol{u}_{DBG} + \boldsymbol{u}_{DBC} \\ &= \frac{\boldsymbol{E}\times\boldsymbol{B}}{B^2} + \frac{m}{q}\frac{\boldsymbol{g}\times\boldsymbol{B}}{B^2} + \frac{(-\mu\nabla B)}{qB^2}\times\boldsymbol{B} + \frac{2W_\parallel}{qB^2}\boldsymbol{B}\times\left(\frac{\boldsymbol{B}}{B}\cdot\nabla\right)\frac{\boldsymbol{B}}{B}\end{aligned} \tag{2.94}$$

2.4.5 剪切项的影响

由于 $\partial B_x/\partial y$ 和 $\partial B_y/\partial x$ 不等于零，所以磁力线将绕一中心线发生扭转，造成沿拉莫尔圆方向有一磁场分量，此分量与 $u_{\parallel}$ 叉乘引起一径向力，它会稍许改变回旋半径使拉莫尔圆稍稍变形，但在一级近似中不带来导引中心的漂移，不详细讨论。

2.4.6 绝热不变量

在物理力学中，广泛存在这样一种情况：一个系统在运动时，它的参量也在不断改变。于是属于这个系统的物理量当然都是变化的。不过，存在由变化的物理量组合起来的一些量，它们的改变是很小的，以致当系统的参量变化无限缓慢时，这些量将分别趋近于常量，因此它们是准静态过程中的不变量，简称绝热不变量或浸渐不变量。

绝热不变量并不是严格的运动常数，它们是在满足绝热条件时近似的守恒量，但由于有绝热不变性，所以在研究系统的运动时是非常有用的。

磁矩 μ 是绝热不变量。μ 在随空间缓慢变化的磁场中的近似不变性，前面基本论证过了，这里只剩下要证明 μ 在随时间缓慢变化的磁场中也是近似不变的。为此我们假设磁场随时间的变化满足缓慢变化条件：

$$\left|T_c\frac{\partial B}{\partial t}\right| \ll B \tag{2.95}$$

式 (2.95) 的意思就是说磁场在一个回旋周期内的变化与磁场本身相比可以忽略不计。

由麦克斯韦方程可知，随时间而变化的磁场会感生环向电场：

$$\nabla\times\boldsymbol{E} = -\frac{\partial \boldsymbol{B}}{\partial t} \tag{2.96}$$

按照斯托克斯定理，电场使粒子在一个回旋轨道上产生的横向动能增量

$$\Delta W_{\perp} = q\oint \boldsymbol{E}\cdot\mathrm{d}\boldsymbol{l} = q\int(\nabla\times\boldsymbol{E})\cdot\mathrm{d}\boldsymbol{S} \tag{2.97}$$

于是：

$$\Delta W_{\perp} = q\oint\frac{\partial \boldsymbol{B}}{\partial t}\cdot\mathrm{d}\boldsymbol{S} = q\frac{\partial B}{\partial t}\pi r_L^2 \quad (\text{先不考虑符号}) \tag{2.98}$$

如果以 ΔB 表示一个回旋周期内磁场的总增量，根据时间缓变条件，$\dfrac{\partial B}{\partial t}$ 近似可以写为

$$\frac{\partial \boldsymbol{B}}{\partial t} \approx \Delta B\frac{\Omega_c}{2\pi} \tag{2.99}$$

于是利用电荷回旋线速度公式结合式 (2.98) 和 (2.99) 有

$$\Delta W_{\perp} = \frac{W_{\perp}}{B}\Delta B \rightarrow B\Delta W_{\perp} = W_{\perp}\Delta B \tag{2.100}$$

式 (2.100) 中磁通密度增加，横向能量增加，故式 (2.98) 中符号是对的。于是有

$$\Delta\left(\frac{W_{\perp}}{B}\right) = 0 \rightarrow \mu = \frac{W_{\perp}}{B} = \text{常数} \quad (\mu\ \text{是绝热不变量}) \tag{2.101}$$

根据 μ 的不变性立即可以推出：回旋轨道所包围的磁通量 $\varPhi_c$ 也是绝热不变量；因为

$$\varPhi_c = \pi r_L^2 B = \pi\frac{u_{\perp}^2}{\varOmega_c^2}B = \frac{2\pi m}{q^2}\mu = \text{常量} \tag{2.102}$$

粒子回旋半径虽然随磁通密度的增加而缩小，但磁力线彼此挨近了，所以回旋轨道包围的磁力线条数依然没有改变。带电粒子在未发生碰撞以前，它的回旋中心总是保持在同一条磁力线上的，而回旋轨道则总是在同一个磁力线管的表面上 (见图 2.20)。

2.4.7 磁镜效应

粒子磁矩 μ 的不变性，对于用磁场来约束等离子体具有重要意义，因为它给磁镜效应提供了理论解释。从磁矩 μ 的守恒性我们可以看到，当粒子从弱磁场区向强磁场区运动时，由于 B 的不断增加，$W_{\perp}$ 也不断增加；但粒子在磁场中的总动能是不变的，因此横向动能 $W_{\perp}$ 的增加要以纵向动能的减少为代价。换句话说，$u_{\perp}$ 增加时 $u_{\parallel}$ 就减小。当 $W_{\perp} = \mu B$ 增加到与总动能 W_0 相等时，纵向速度 $u_{\parallel}$ 变成零，粒子就不再朝磁场增加的方向前进了。但是粒子仍在力 $\boldsymbol{F} = -\mu\nabla B$ 的作用下，于是它将被“反射”回到磁场较弱的区域。

实际上作为约束高温等离子体的磁镜装置如图 2.24 所示。两端加强的磁场区域构成一对磁镜。如果一个粒子开始处在中部磁场 $B = B_0$ 处, 纵向及横向速度分别为 $u_{0\parallel}$ 和 $u_{0\perp}$；总速度向量 $\boldsymbol{u}_0$ 与磁场夹角 (投射角) 为 $\theta_0 = \arctan(u_{0\perp}/u_{0\parallel})$。当粒子运动到最强磁场 $B_M = \alpha B_0$ (α 叫做磁镜比，恒大于 1) 处时, 由于 $B_M > B_0$, 所以 $u_{\perp}$ 比原来增大了, $u_{\parallel}$ 就比原来减小了，于是 B_M 处粒子速度与磁场的夹角 $\theta_M > \theta_0$。一般有

$$\mu = \frac{\frac{1}{2}mu_{\perp}^2}{B} = \frac{mu^2}{2}\frac{\sin^2\theta}{B} = \text{常数} \rightarrow \sin^2\theta_M = \frac{B_M}{B_0}\sin^2\theta_0 \tag{2.103}$$

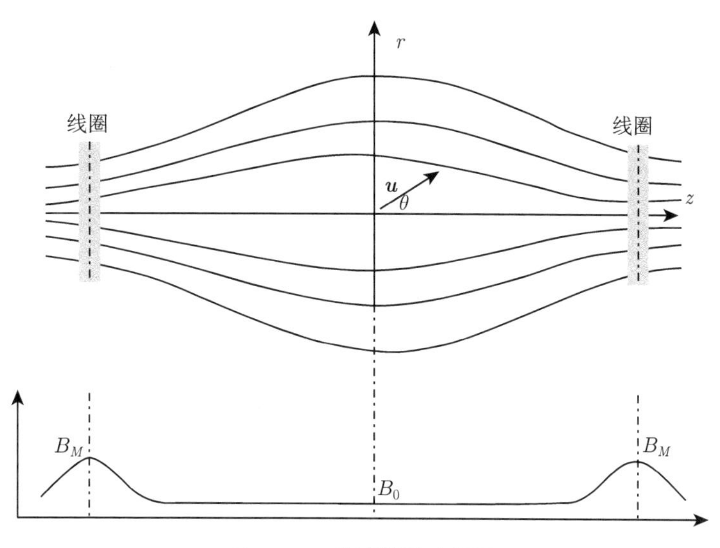

图 2.24 磁镜模型示意图

如果 $\theta_M = \pi/2$，则 $u_{\parallel} = 0$，粒子就被反射回来。与此相对应的角 $\theta_0 = \theta_c$，叫做临界投射角，它满足下面的关系：

$$1 = \frac{B_M}{B_0}\sin^2\theta_c \tag{2.104}$$

或者：

$$\sin\theta_c = \sqrt{\frac{B_0}{B_M}} = \sqrt{\frac{1}{\alpha}} \tag{2.105}$$

如果粒子在 B_0 处的速度向量与磁场夹角 θ_0 不小于临界角 θ_c，它就会被反射回来，结果粒子被约束在两磁镜之间的磁场中。如果在 B_0 处 $\theta_0 < \theta_c$，那么粒子可穿过磁镜逃逸出去。因此以 θ_c 为半顶角的圆锥体 (图 2.25)，称作“危险的圆锥”，也叫做逃逸锥或损失锥。

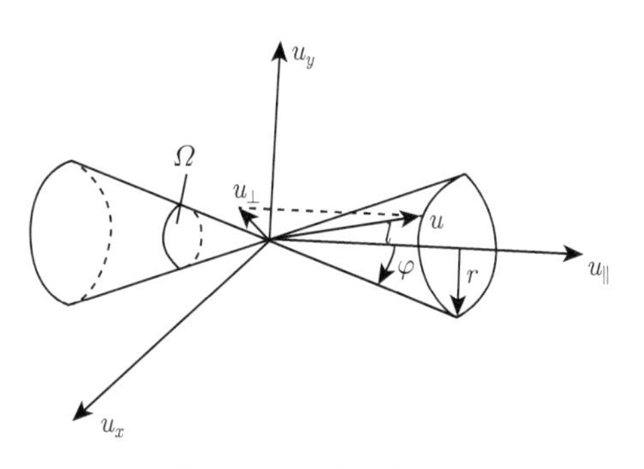

图 2.25 磁镜逃逸锥

2.5 多电子集体产生的场及其影响

2.5.1 多电子产生的电场

本章前面的内容讨论的都是单个电子在电磁场中的运动。不过，在真空微波管中参与相互作用的电子都是群体，因此多电子产生的场是一个特别值得关注的问题。针对器件中电子注产生和传输的特殊性，球体和圆柱体电子注受到特别的关注。

球体电荷的场：考虑均匀分布电子密度 $\rho = 3 \times 10^{11}$ 个/cm^3 (与行波管和速调管群聚块电子密度相近) 且半径 $b = 1\text{mm}$ 的球体，如图 2.26 所示。由于对称性，电场只有径向分量 E_r。

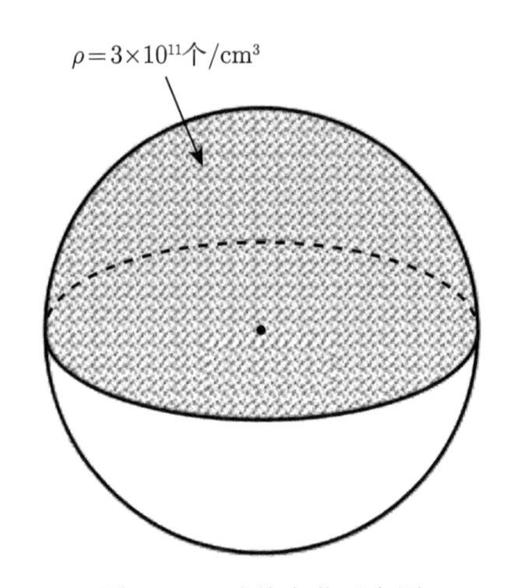

图 2.26 球体电荷示意图

在球内有

$$\oint \boldsymbol{E} \cdot \mathrm{d}\boldsymbol{S} = \frac{Q}{\varepsilon_0} = -\frac{\rho \dfrac{4}{3}\pi r^3}{\varepsilon_0}, \quad E_r = -\frac{\rho r}{3\varepsilon_0}$$

$$V = -\int \boldsymbol{E} \cdot \mathrm{d}\boldsymbol{l} = -\int_0^r E_r \mathrm{d}r = \int_0^r \frac{\boldsymbol{\rho} r}{3\boldsymbol{\varepsilon}_0}\mathrm{d}r = \frac{\boldsymbol{\rho} r^2}{6\boldsymbol{\varepsilon}_0} \tag{2.106}$$

在 $r = 0$ 处，$V = 0$；在 $r = b = 1\text{mm}$ 处

$$V = \frac{\rho b^2}{6\varepsilon_0} = \frac{1.6 \times 10^{-19}\text{C} \times 3 \times 10^{11}\text{cm}^{-3} \times 10^6\text{cm}^3/\text{m}^3 \times \left(10^{-3}\right)^2 \text{m}^2}{6 \times 8.85 \times 10^{-12}\text{F/m}} = 904\text{V} \tag{2.107}$$

式 (2.107) 表明，球面和球心电势相差 904V。

在球体外面

$$\oint \boldsymbol{E} \cdot \mathrm{d}\boldsymbol{S} = E_r \times 4\pi r^2 = -\frac{\rho \dfrac{4}{3}\pi b^3}{\varepsilon_0}, \quad E_r = -\frac{\rho b^3}{3\varepsilon_0 r^2}$$

$$
\begin{aligned}
V &= -\int_b^r E_r \mathrm{d}r + C = \int_b^r \frac{\rho b^3}{3\varepsilon_0 r^2}\mathrm{d}r + C \\
V &= -\frac{\rho b^3}{3\varepsilon_0 r} + \frac{\rho b^2}{3\varepsilon_0} + \frac{\rho b^2}{6\varepsilon_0} = \frac{\rho b^2}{2\varepsilon_0} - \frac{\rho b^3}{3\varepsilon_0 r}
\end{aligned}
\tag{2.108}
$$

图 2.27 给出了直径 2mm、电子密度 3×10^{11} 个/cm^3 圆球内外电势分布，这意味着在半径为 2mm 处的电势比球心高 1808V。

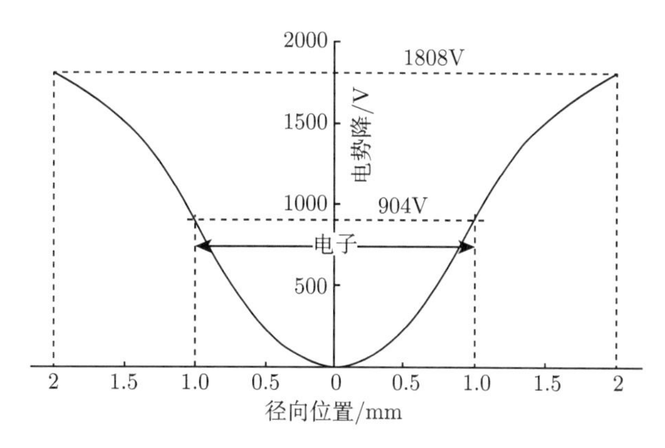

图 2.27　直径 2mm、电子密度 3×10^{11} 个/cm^3 圆球内外电势分布

空间电荷力：对于行波管和速调管电子枪中阴极的电子发射情况，通常阴极发射面为球面。图 2.28 是对应的电子枪模型，电子枪的设计使电子离开阴极后向阴极曲率中心移动。电子进入阳极孔后，电子自身电场的相互排斥和阳极电场力线吸引，会使电子流焦点距离比阴极曲率中心更远一些。电子越过阳极区后，影响电子轨迹的力只有空间电荷力。当电子运动到彼此靠近到一起时，增加的电子之间相互作用力使轨迹与中心轴线几乎平行 (图 2.28 区域 3)。要保持区域 3 电子不发散继续沿原有前进方向稳定行进，必须要有外加聚焦力以抵消引起电子注向外扩散的空间电荷力。

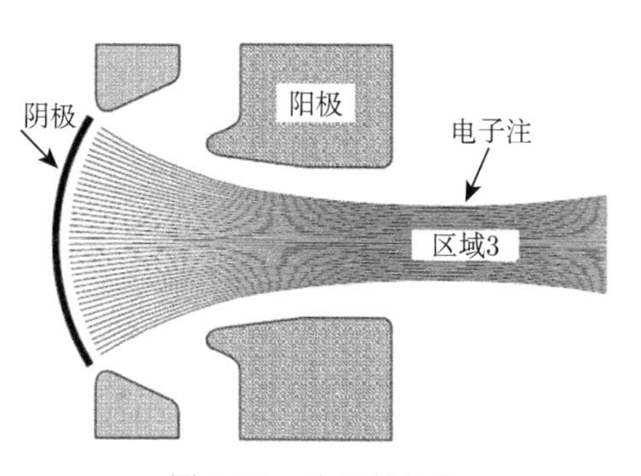

图 2.28　电子枪结构

使电子注收缩和扩张的力等同于电子注中的电势下降，依赖于电子注电荷密度，电势下降也取决于电子注与其通过的金属圆柱 (漂移管) 的靠近程度。图 2.29 示出圆柱电子注段等效于前面区域 3 电子具有平行的轨迹。下面对这段圆柱电子

注相对其金属通道电势下降进行分析。高斯定理在电子注内可以表示为

$$\oint \boldsymbol{E} \cdot \mathrm{d}\boldsymbol{S} = -\frac{\pi r^2 l \rho}{\varepsilon_0} \to E_r = -\frac{\pi r^2 l \rho}{2\pi r l \varepsilon_0} = -\frac{r\rho}{2\varepsilon_0} \tag{2.109}$$

电子注内的电势：

$$V = \frac{\rho r^2}{4\varepsilon_0}$$

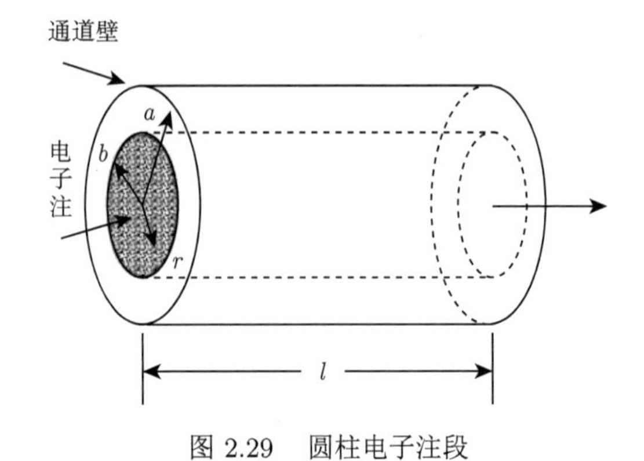

图 2.29　圆柱电子注段

横截面上所有电子穿过长度 l 的时间为

$$t = \frac{l}{u_0} \tag{2.110}$$

电流：

$$I = \frac{Q}{t} = \frac{\pi b^2 l \rho}{l/u_0} = \pi b^2 \rho u_0 \tag{2.111}$$

电流密度：

$$J = \rho u_0 \tag{2.112}$$

电子注速度：

$$u_0 = \sqrt{2\eta V_b} \tag{2.113}$$

电子注中心电势下降 V_0 与电子注电压 $V_b(r = b)$ 的关系：

$$V_0 = \frac{\rho b^2}{4\varepsilon_0} = \frac{\pi b^2 \rho u_0}{4\pi\varepsilon_0 u_0} = \frac{I}{4\pi\varepsilon_0\sqrt{2\eta V_b}} = 1.52 \times 10^4 \frac{I}{\sqrt{V_b}} \tag{2.114}$$

对于电压为 10000V，电流为 1A 的电子注，电势下降 152V；对于电压为 100000V，电流为 30A 的电子注，电势下降 1442V。

当漂移管半径大于电子注半径时，电场为

$$E_r = -\frac{\rho b^2}{2\varepsilon_0 r}$$

电子注中心电势下降为

$$V = 2V_0 \ln\frac{a}{b} + V_0 \tag{2.115}$$

假如 $a/b = 2$，对于电压为 10000V，电流为 1A 的电子注，电势下降 363V；对于电压为 100000V，电流为 30A 的电子注, 电势下降 3441V(图 2.30)。

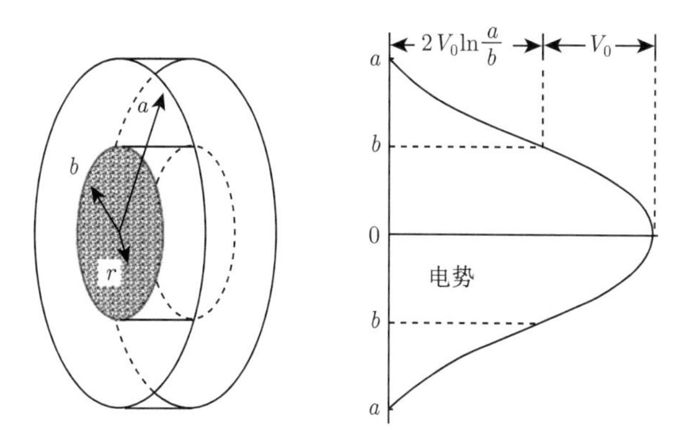

图 2.30 圆柱电子注及电势分布

通常外加电压不能直接加在电子注上，而是加在金属导体上，于是电势下降是所有真空电子器件实际存在的技术问题。理解电势下降对电子枪和注波耦合设计有实际帮助。

2.5.2 电子注通用发散曲线

假设电子注中只存在由电子产生的电场，所要分析的情况类似图 2.31 所示的情景。电子注在接近 $z = z_m$ 时处于会聚状态。但由于电子之间被称为空间电荷力的作用阻止了电子注的进一步会聚并使其最终发散。

假设整体朝纵向运动的电子注每一个圆形横截面上 (图 2.31) 具有均匀电子密度，电子径向加速度：

$$\frac{\mathrm{d}^2 r}{\mathrm{d}t^2} = -\eta E_r \tag{2.116}$$

按照公式 (2.109)、(2.111) 和 (2.112) 有

$$E_r = -\frac{r\rho}{2\varepsilon_0}, \quad I = \pi b^2 \rho u_0, \quad J = \rho u_0 \to E_r = -\frac{rI}{2\pi b^2 \varepsilon_0 u_0}$$

根据方程 (2.116)，边界处电子的运动方程可以写为

$$\frac{\mathrm{d}^2 b}{\mathrm{d}t^2} - \frac{\eta I}{2\pi b\varepsilon_0 u_0} = 0 \tag{2.117}$$

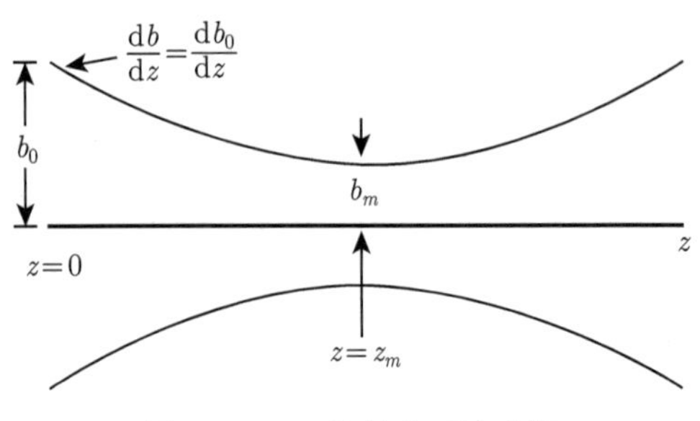

图 2.31　理想的电子注发散

假设在 $z=0$ 处电子注的初始半径为 b_0，且 $\mathrm{d}b/\mathrm{d}z = \mathrm{d}b_0/\mathrm{d}z$。我们需要得到 b 与 z 的函数关系，为此进行变换

$$\frac{\mathrm{d}b}{\mathrm{d}t} = \frac{\mathrm{d}b}{\mathrm{d}z}\frac{\mathrm{d}z}{\mathrm{d}t}$$

$$\frac{\mathrm{d}^2 b}{\mathrm{d}t^2} = \frac{\mathrm{d}}{\mathrm{d}z}\left(\frac{\mathrm{d}b}{\mathrm{d}z}\frac{\mathrm{d}z}{\mathrm{d}t}\right)\frac{\mathrm{d}z}{\mathrm{d}t} = \left(\frac{\mathrm{d}^2 b}{\mathrm{d}z^2}\frac{\mathrm{d}z}{\mathrm{d}t}\right)\frac{\mathrm{d}z}{\mathrm{d}t} + \left(\frac{\mathrm{d}b}{\mathrm{d}z}\frac{\mathrm{d}^2 z}{\mathrm{d}t^2}\right)\frac{\mathrm{d}z}{\mathrm{d}t}$$

但 $\mathrm{d}z/\mathrm{d}t = u_0$，$\mathrm{d}^2 z/\mathrm{d}t^2 = 0$，所以

$$\frac{\mathrm{d}^2 b}{\mathrm{d}t^2} = u_0^2\frac{\mathrm{d}^2 b}{\mathrm{d}z^2} \tag{2.118}$$

结合式 (2.117) 和 (2.118) 有

$$\frac{\mathrm{d}^2 b}{\mathrm{d}z^2} - \frac{\eta I}{2\pi b\varepsilon_0 u_0^3} = 0 \tag{2.119}$$

令：

$$A^2 = \frac{\eta I}{\pi\varepsilon_0 u_0^3} = \frac{\eta I}{\pi\varepsilon_0 (2\eta V)^{3/2}} = \frac{P_{\mathrm{er}}}{2\pi\varepsilon_0\sqrt{2\eta}} = 3.04\times 10^4 P_{\mathrm{er}} \tag{2.120}$$

于是：

$$A = 174\sqrt{P}_{\mathrm{er}},\quad P_{\mathrm{er}} = \frac{I}{V^{3/2}}$$

变量 $P_{\rm er}$ 称为导流系数，它只与二极管或电子枪的几何尺寸有关 (后续章节进一步介绍)。现在将式 (2.120) 的 A 代入式 (2.119)，便可以得到有关电子注半径的表达式：

$$\frac{\mathrm{d}^2 b}{\mathrm{d}z^2}-\frac{A^2}{2b}=0 \tag{2.121}$$

将式 (2.121) 归一化，有

$$\frac{\mathrm{d}^2\dfrac{b}{b_0}}{\mathrm{d}\left(A\dfrac{z}{b_0}\right)^2}-\frac{b_0}{2b}=0\rightarrow\frac{\mathrm{d}^2 B}{\mathrm{d}Z^2}-\frac{1}{2B}=0 \tag{2.122}$$

式 (2.122) 中 $B=\dfrac{b}{b_0}, Z=A\dfrac{z}{b_0}$，通过对两边同乘以 $\mathrm{d}B/\mathrm{d}Z$，式 (2.122) 经过整理和积分后得到

$$\left(\frac{\mathrm{d}B}{\mathrm{d}Z}\right)^2=\ln B+C \tag{2.123}$$

在 $Z=z=0$ 处，$b=b_0$ 所以 $B=1$，$\mathrm{d}b/\mathrm{d}z=\mathrm{d}b_0/\mathrm{d}z$，于是 $\mathrm{d}B/\mathrm{d}Z=\mathrm{d}B_0/\mathrm{d}Z$，

$$C=-\ln 1+\left(\frac{\mathrm{d}B_0}{\mathrm{d}Z}\right)^2=\left(\frac{\mathrm{d}B_0}{\mathrm{d}Z}\right)^2 \tag{2.124}$$

于是有

$$\left(\frac{\mathrm{d}B}{\mathrm{d}Z}\right)^2=\ln B+\left(\frac{\mathrm{d}B_0}{\mathrm{d}Z}\right)^2 \tag{2.125}$$

或

$$B=\mathrm{e}^{(\mathrm{d}B/\mathrm{d}Z)^2-(\mathrm{d}B_0/\mathrm{d}Z)^2} \tag{2.126}$$

当电子注半径达到最小值 b_m 时，$B=B_m$，于是 $\mathrm{d}B/\mathrm{d}Z=0$，所以

$$B_m=\mathrm{e}^{-(\mathrm{d}B_0/\mathrm{d}Z)^2} \tag{2.127}$$

将式 (2.125) 改写为

$$\mathrm{d}Z=\frac{\mathrm{d}B}{\left(\ln B+(\mathrm{d}B_0/\mathrm{d}Z)^2\right)^{1/2}}\ \text{或}\ Z=\int_1^B\frac{\mathrm{d}B}{\left(\ln B+(\mathrm{d}B_0/\mathrm{d}Z)^2\right)^{1/2}} \tag{2.128}$$

令：$v=\dfrac{\mathrm{d}B}{\mathrm{d}Z}=\pm\left[\ln B+\left(\dfrac{\mathrm{d}B_0}{\mathrm{d}Z}\right)^2\right]^{1/2}$，有

$$B=\mathrm{e}^{v^2-(\mathrm{d}B_0/\mathrm{d}Z)^2}\rightarrow \mathrm{d}B=2v\mathrm{e}^{v^2-(\mathrm{d}B_0/\mathrm{d}Z)^2}\mathrm{d}v \tag{2.129}$$

当 $B=1$ 时，$v=\dfrac{\mathrm{d}B_0}{\mathrm{d}Z}$，当 $B=B$ 时，$v=\dfrac{\mathrm{d}B}{\mathrm{d}Z}=\pm\left[\ln B+(\mathrm{d}B_0/\mathrm{d}Z)^2\right]^{1/2}$。于是，将式 (2.129) 代入式 (2.128) 有

$$Z=\int_1^B\frac{\mathrm{d}B}{\left(\ln B+(\mathrm{d}B_0/\mathrm{d}Z)^2\right)^{1/2}}=2\mathrm{e}^{-(\mathrm{d}B_0/\mathrm{d}Z)^2}\int_{\mathrm{d}B_0/\mathrm{d}Z}^{\mathrm{d}B/\mathrm{d}Z}\mathrm{e}^{v^2}\mathrm{d}v \tag{2.130}$$

通过选择 $\mathrm{d}B/\mathrm{d}Z$ 的值，计算式 (2.126) 中相应的 B 值以及式 (2.130) 中的 Z 值，便可以对不同 $\mathrm{d}B_0/\mathrm{d}Z$ 值绘出 B 与 Z 的关系曲线，这一结果示于图 2.32。

图 2.32 示出的曲线相对于电子注半径的最小点位置是对称的。随着 $\mathrm{d}B_0/\mathrm{d}Z$ 逐步向负值方向增大 (绝对值增大)，这一最小半径位置先是向右移动 (沿 $+Z$ 方向)，而后则向左移。因此，对于给定的导流系数，在渡越通道的最大长度上存在着 $\mathrm{d}B_0/\mathrm{d}Z$ 的最佳值，此时电子注能够穿过该渡越通道而不被通道壁所截获。

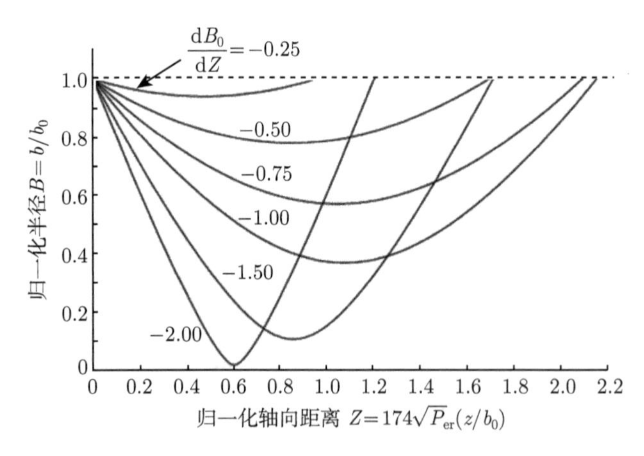

图 2.32　受空间电荷力影响的电子轨迹

在设计电子枪时，电子注最小半径处的位置受到特别的关注。这一位置 $Z_{\min}$ 作为 $\mathrm{d}B_0/\mathrm{d}Z$ 的函数可以通过在式 (2.130) 中令 $\mathrm{d}B/\mathrm{d}Z=0$ 加以求解：

$$Z_{\min}=2\mathrm{e}^{-(\mathrm{d}B_0/\mathrm{d}Z)^2}\int_{\mathrm{d}B_0/\mathrm{d}Z}^{0}\mathrm{e}^{v^2}\mathrm{d}v \tag{2.131}$$

其计算结果示于图 2.33。

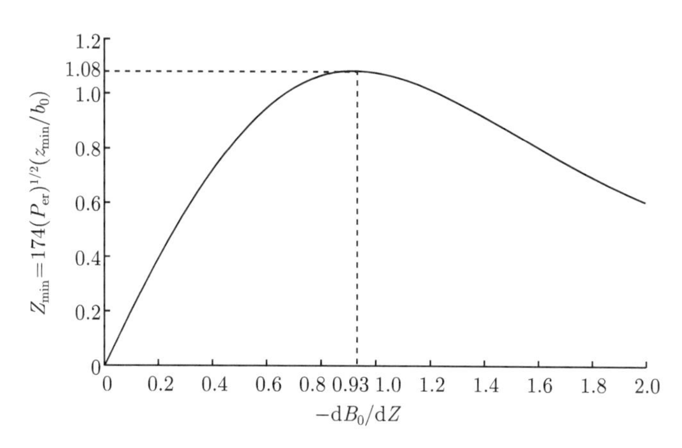

图 2.33 最小电子注半径轴向位置 $Z_{\min}$ 随 $\mathrm{d}B_0/\mathrm{d}Z$ 变化关系

通过将电子注初始位置移到最小半径处，并将电子注半径 b 和轴上距离 Z 对最小半径 b_m 归一化，便可得到图 2.34 所示归一化电子注通用发散曲线。该曲线相对于 $z = z_0$ 对称，描述无场空间电子注形状，它可以用于周期永磁聚焦系统描述两个透镜之间电子注的形状。

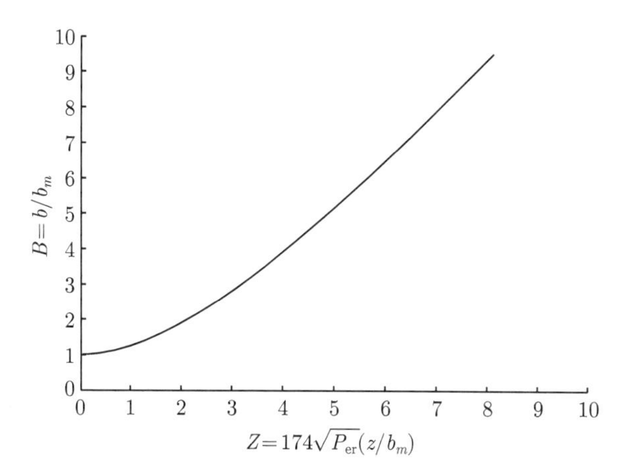

图 2.34 归一化电子注通用发散曲线

2.5.3 多电子产生的磁场

2.5.2 节讨论的电子自身电场对电子注运动的影响，发现其不仅影响电子运动过程中的聚焦与发散，而且对外加电压具有电势降低的作用。另外，电子注轴向运动也会产生磁场，电子自身磁场对电子运动有什么程度的影响也是一个应该重

视的问题。将电子注视为一段圆柱，由安培环路定律有

$$\oint \boldsymbol{B} \cdot \mathrm{d}\boldsymbol{l} = \mu I \rightarrow B = \frac{\mu I}{2\pi b} \tag{2.132}$$

以半径 1mm, 电流 1A(行波管) 为例, $B = 2 \times 10^{-4}$T=2Gs (1Gs=10^{-4}T)，如图 2.35 所示。这个量值比电子注聚焦的磁场大约小 3 个数量级。因此，电子注自身磁场通常被忽略。

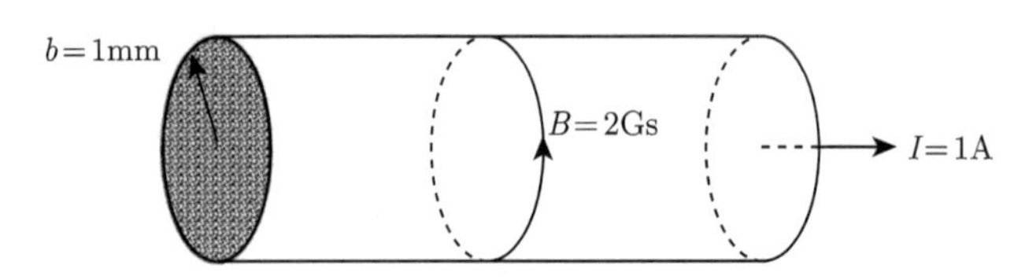

图 2.35　电子注自身产生的磁通密度

第 2 章习题

2-1　如图 2.36 所示，在 x-y 平面中，电子的初始位置和速度大小分别为 y_0 和 u_0，均匀电场方向与 y 方向相反，均匀磁场方向垂直纸面向内。如果 $E_y/B_z < u_0$，讨论电子在平面内的运动。

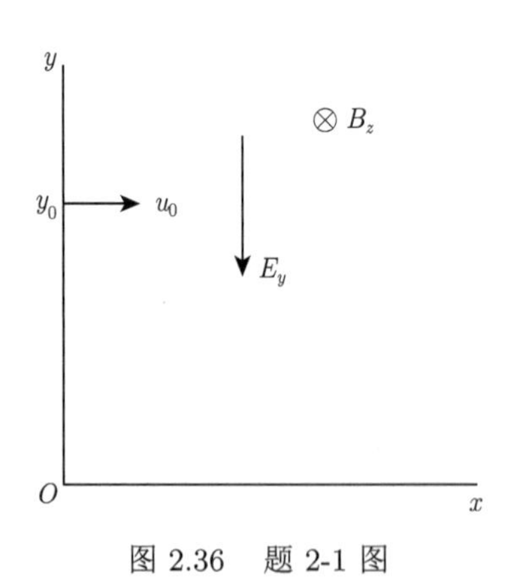

图 2.36　题 2-1 图

2-2　已知磁场在 $-z$ 方向，横向电场在 $-y$ 方向，纵向电场在 $-z$ 方向，带电粒子初始速度在 x 方向，讨论带正电粒子的电漂移运动及平行于磁场的纵向电场和垂直于磁场的横向电场对带电粒子运动的影响，给出带电粒子运动的空间轨迹示意图。

2-3　如图 2.37 所示浸没透镜，讨论当 $V_1 > V_2$ 时，电子是发散还是会聚？

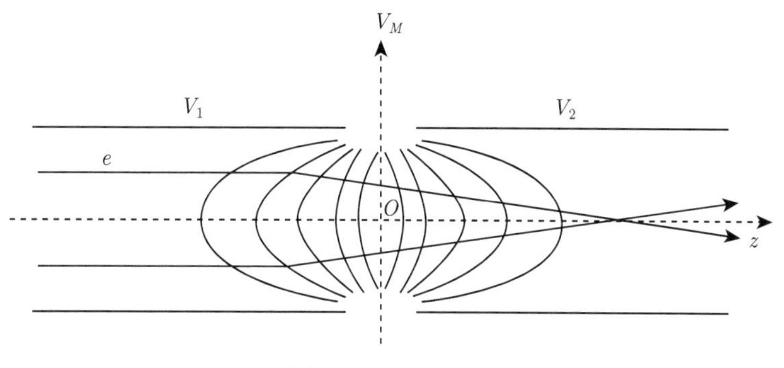

图 2.37　题 2-3 图

2-4　磁通密度 $-z$ 方向，且 $\partial B/\partial y > 0$；带正电粒子以恒定速度垂直于磁场进入，讨论 $\partial B/\partial y > 0$ 引起带电粒子的梯度漂移。

2-5　通过选择 $\mathrm{d}B/\mathrm{d}Z$ 的值，编程计算式 (2.126) 中相应的 B 值以及式 (2.130) 中的 Z 值，针对不同 $\mathrm{d}B_0/\mathrm{d}Z$ 值绘出 B 与 Z 的关系曲线 (图 2.32)，并进一步画出最小电子注半径轴向位置 $Z_{\min}$ 随 $\mathrm{d}B_0/\mathrm{d}Z$ 的变化曲线 (图 2.33)。

参考文献

[1] Gilmour A S. Principles of Traveling Wave Tubes. Norwood: Artech House, Inc., 1994.
[2] 杜秉初, 汪健如. 电子光学. 北京: 清华大学出版社, 2002.
[3] Gittins J F. Power Traveling-Wave Tubes. New York: American Elsevier, Inc., 1965.
[4] Longmire C L. Elementary Plasma Physics. New York, London: John Wiley & Sons, 1963.
[5] 徐家鸾, 金尚宪. 等离子体物理学. 北京: 原子能出版社, 1981.
[6] 金佑民, 樊友三. 低温等离子体物理基础. 北京: 清华大学出版社, 1983.

第 3 章 电子注的产生、传输和控制

在第 2 章中主要讨论了单个电子在静电磁场中的运动特点以及静电场和静磁场如何影响和控制电子的运动，同时也介绍了当多电子作为一个群体时相互之间的影响以及其对外场的作用。微波电子学主要是围绕如何将电子运动的动能转换为微波能，故如何产生具有合适电压和电流的电子注并让其在运动过程中有利于与微波相互作用，实现能量转换和放大以及有效控制电子注产生、传输和聚焦 (发散) 过程，实现注波互作用的高功率、高效率、高增益和宽频带等期待的电性能十分重要。本章将针对电子注产生、传输和控制，分别对产生电子注的电子源 (阴极)、适合与微波电路相互作用的电子注成形 (电子枪) 以及成形电子注聚焦控制的原理和方法进行系统讨论，为如何构建有益于注波相互作用的电子注奠定理论基础。

3.1 阴 极

3.1.1 概述

在微波管中，阴极是电子注的电子源。阴极电子发射的电流密度范围可以从每平方厘米阴极面积的几个毫安到几十安，甚至更高，依赖于器件对发射电流大小和工作寿命的要求。

1883 年爱迪生在研究白炽灯泡时，发现电流能从灼热的灯丝通过真空而到达灯泡内的金属电极上。14 年后英国汤姆孙根据放电管中的阴极射线在电场和磁场作用下的轨迹偏转确定阴极射线中的粒子带负电，并测出其荷质比，从而从实验上确定了电子 (阴极射线) 的存在。

电子除了作为电子源，完成电子与微波之间的相互作用，从而使微波被放大 (速调管、行波管、回旋管等) 或让电子获得加速 (高能粒子加速器等) 之外，还具有非常广泛的其他应用。例如，电子显微镜通过电磁透镜对电子束进行聚焦，可以在分辨率达到 0.1nm 的情况下实现 1000000 倍的放大；将电子束打在某些金属靶极上能产生 X 射线，可用于研究物质的晶体结构；电子还可直接应用于电子束切割、熔化、焊接等。

阴极电子发射方式及特点。

热发射： 加热金属使其中大量电子能克服表面势垒而逸出的现象。这种发射方式必须将电子源阴极加热到一定的温度以降低电子从基金属逃逸的逸出功，于

是需要对阴极进行预热使其达到额定温度，这便使得电子发射必须是阴极已经达到额定温度之后才能实现，从而阴极正常工作必须有一定的时间延迟。逸出功是电子克服原子核束缚，从材料表面逸出所需的最小能量。

二次电子发射：高能电子或离子轰击物体表面所引起的表面电子发射，所逸出的电子称为二次 (次级) 电子。典型的应用有电子显微镜，可以用于材料表面分析。电子显微镜利用电磁透镜替代光学透镜的成像系统，通过检测被调制的二次电子中的信息获取材料表层或内部的特征。电子显微镜的分辨率比光学显微镜的分辨率高三个量级，可以达到 0.1~0.2nm。

二次电子倍增：真空中自由电子撞击金属或介质表面并释放出大量二次电子，并由此引起雪崩效应。二次电子具有两方面的作用：其一，增大电子发射，这是其优点；其二，二次电子发射导致的雪崩效应，会引起材料温度升高，增大系统噪声，导致真空破坏产生放电击穿，最终材料损坏。

场致发射：通过外加强电场作用降低物体表面势垒 (势垒的高度降低、宽度变窄)，使物体内电子通过隧道效应穿过表面势垒逸出的现象。强电场的产生方法通常是采用尖端发射或者缩短阴阳极之间的距离。这种发射的优点是体形小，电流密度大 $10^7\mathrm{A/cm^2}$，无时延；缺点是电压高，发射不稳定，寿命短，总电流小。

光电 (效应) 发射：吸收辐照光能使电子克服材料表面势垒逸出的现象。光电发射具有以下特点：

(1) 光能转换成电能的一种方式，可以应用于光电管、光电倍增管、电视发送管等；

(2) 只有光频率不低于某个截止频率时，光电发射才能发生，否则无论多强的光也无法使电子逸出；

(3) 发射电流与光强成正比，而电子动能与光频率成正比 $E = h\nu$，与光强度无关，响应时间不超过 1ns；

(4) 能够在光电和电光之间相互转换，为不可见电磁信号与可见电磁信号之间提供桥梁。

理想阴极主要特性 (期望值)[1]：阴极是真空电子器件的电子源，无论从研究还是工程设计都对其电子发射性能有很高的期望值。从理想的角度，通常期望阴极发射具有以下特点：

(1) 能够自由发射电子，而无须任何诱导措施，比如加热或者轰击 (电子应能像在金属之间移动那样容易地离开阴极进入真空)；

(2) 发射能力强，可以无限制地提高电流密度；

(3) 经久耐用，只要需要它就可以连续恒定地发射电子；

(4) 均匀地发射电子，特别是在速度为零时仍能释放电子。

实际对阴极特性的限制：由于材料、技术和环境的限制，人们只能不断通过新材料的发现、新技术的突破以及提升阴极使用环境的质量和改善阴极本身的适应能力以进一步增加阴极的发射性能。实际有很多因素或多或少地限制阴极发射性能的提升。从实际出发，影响发射性能主要有以下这些因素：

(1) 由于发射速度和方向的随机性，这会引起噪声，破坏层流性，影响电子注的聚焦状态，导致电子注质量变差；

(2) 必须在相当高温下才能工作，一般氧化物阴极工作温度为 850℃, 钡钨阴极工作温度为 1050℃;

(3) 发射电流和寿命有限。在阴极本身发射能力容许的条件下，原则上，相同阴极发射电流越大，阴极的负荷越重，发射材料消耗越快，从而寿命越短，于是电流和寿命两者相互制约；电流大不仅仅是对电子来源自由钡消耗大，同时蒸发也会随之增大，进一步导致寿命终结速率加快。

实际对阴极特性的要求：由于实际器件使用时对阴极发射能力和寿命具有明确的要求，于是器件研制和工程设计人员会根据器件的指标要求权衡利弊，综合器件对输出功率、效率、增益、带宽和可靠性等技术参数的要求，基于当前阴极电子发射能力水平，折中选择阴极的发射性能和寿命。一般而言，大致会从以下几个方面考虑实际对阴极特性的要求：

(1) 发射能力要强 (无论脉冲还是直流)：相同尺寸发射能力强，则寿命长，反之，相同寿命，则可缩小阴极尺寸；

(2) 工作期间发射要稳定：发射电流的稳定性直接影响注波互作用输出特性增益、效率、功率的稳定可靠性；

(3) 发射在阴极表面上的分布要均匀：这主要体现在基金属孔度大小和分布均匀及发射表面加工精细光滑，否则会由于发射不均匀引起局部受力的不均匀，进而导致层流性变坏；

(4) 工作寿命要长：寿命长则意味着系统稳定可靠性好，维护费用低；

(5) 蒸发要小：相同发射电流条件下，蒸发小意味着自由钡消耗相对低，于是寿命相对增长，工作稳定性提高，阻抗匹配好，打火概率小；

(6) 耐场强作用性能要好：对于高电压工作的真空微波器件，耐高压性能好意味着打火概率小，故障率降低，器件工作稳定性提高和寿命增长；

(7) 工作温度要低：在相同发射能力情况下，工作温度低意味着自由钡消耗小，蒸发率降低，从而寿命增长。

阴极发射能力的较大增长恰好是在过去五十年中所取得的 (图 3.1)[2]。这些成就主要归功于现代表面分析技术的进展，使得人们可以更好地了解发射表面的微观结构变化及发射的物理和化学过程，进而可以更为精确地知道这些结构和过程如何影响电子发射的性能，再反过来可以有效控制阴极结构合理设计让发射过程涉及的物理和化学过程按照期待的目标进行以提升阴极电性能。

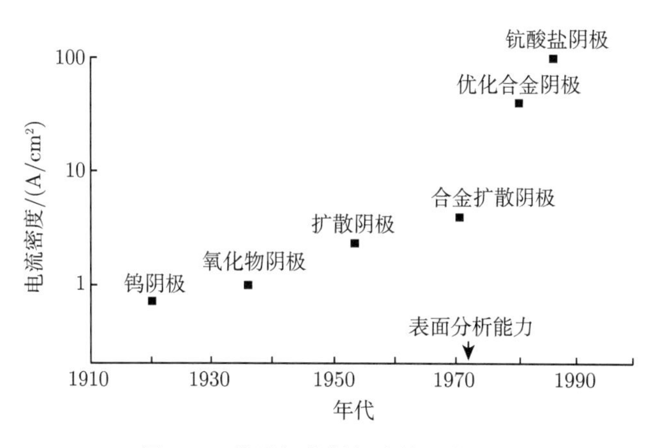

图 3.1 热阴极发射能力的历史回顾

3.1.2 热发射

热发射阴极是发明最早且应用时间最长的一种阴极，广泛应用于真空电子器件和加速器等相关领域。虽然场致发射的尖端发射可以产生很高的电流密度，但总电流比较小和尖端容易放电导致的寿命问题目前还没有相对完善的解决办法。二次电子发射虽然可以产生很大的电流，但由二次电子倍增和相应的雪崩效应控制难度使阴极的电流稳定性和寿命相对热阴极有一定的差距。光电阴极技术无论从发射能力还是技术进步方面都还处在研究发展过程中，离广泛应用尚有一定距离。为此本小节将集中讨论热阴极的热发射机理。

3.1.2.1 热发射机理 [3,4]

当温度高于绝对零度时，某些电子便具有足够的能量从阴极表面逃逸。随着温度的升高，具有足够能量逃逸的电子数量增加。除了温度之外，阴极表面的性质对电子发射的速率也有非常大的影响。通过在阴极表面加热引起的电子发射称为热发射。

金属内部的电势应该高于周围空间的电势。因为如果有一个电子从金属内部向真空的边界移动，当它越过边界时，它的电势必须下降。假如不是这样，那么，即使在绝对零度下, 由于电子具有能量的缘故，将有许多电子会离开金属, 于是金属点阵最后将分崩离析。也就是说, 在金属与真空的边界上，存在着一个势垒，这个势垒阻碍着电子向真空发射。

产生这个势垒的可能原因主要有两个，其一是电子云，其二是镜像力。

(1) 试图逃离金属表面的附近电子形成的电子云本身对其他电子产生排斥作用，从而阻碍这些电子穿过表面；

(2) 当电子欲离开金属表面进入真空时，受到镜像电荷吸引会使电子逃逸的能力下降。

图 3.2(a) 和 (b) 分别给出了电子云和镜像力建立势垒的模型示意图。

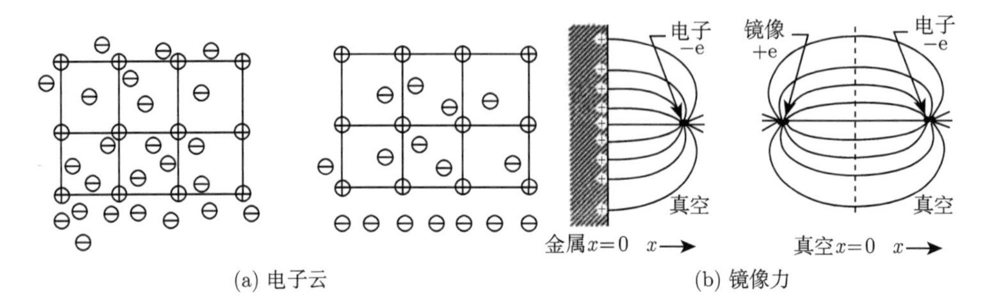

图 3.2　电子云和镜像力阻止电子从金属表面逃逸的模型

在温度的绝对零点处 (0K)，电子的能量均不大于某个恒定的能量值 E_0，E_0 是导带的顶端，称为费米 (Fermi) 能级。阴极中的导带顶端与阴极附近真空能级的能量之差称为逸出功，通常用 $e\varphi$ 表示。室温下部分电子能量大于费米能级, 但没有产生显著的电子发射，亦即，边界上的势垒 $E_a = E_0 + e\varphi$。如果电子的能量达到 $E_a = E_0 + e\varphi$ 或更大，这些电子便会脱离约束，从阴极表面发射出来 (图 3.3)。电子克服逸出功 $e\varphi$ 所需的临界动量 P_{xc} (即指向表面的临界动量) 可以由下式求得

$$\frac{P_{xc}^2}{2m} = \frac{1}{2}mu_x^2 = E_0 + e\varphi \tag{3.1}$$

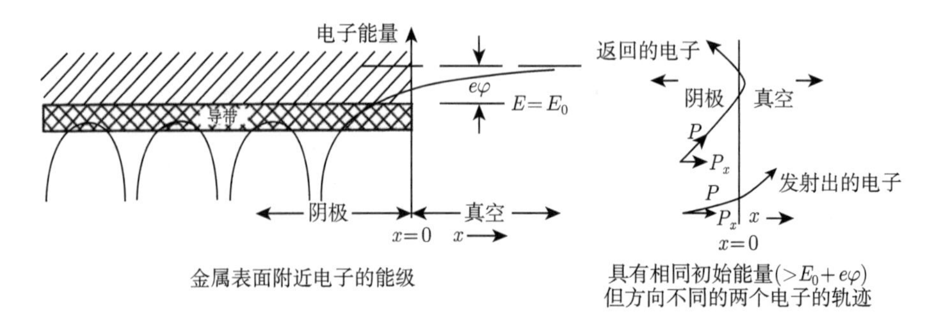

图 3.3　金属表面附近电子能级和电子逃逸必须具备的能量 (动量)

如果单位体积内具有动量 $P_x \geqslant P_{xc}$ 的电子数量能够求解的话，那么电流发射密度可按下式计算：

$$J = \rho u_x = en_e u_x \tag{3.2}$$

具有 $P_x \geqslant P_{xc}$ 的电子密度可以根据能级的密度以及考虑该能级密度概率的费米–狄拉克分布函数 f(量子统计) 来计算。根据量子统计理论，一个量子态相当于经典相空间的体积 h^3, 另外每个频率有两个量子态 (两个偏振方向)。量子态求和与相空间体积之间的变换为 [5]

$$\sum \overline{\omega}_l \rightarrow \iiint \left(\frac{2}{h^3}\right) \mathrm{d}p_x \mathrm{d}p_y \mathrm{d}p_z \tag{3.3}$$

式中 h 为普朗克 (Planck) 常量 (6.625×10^{-34}J/s)。

按照泡利不相容原理，电子所占据的能级由费米–狄拉克分布函数 f 给出：

$$f = \frac{1}{\mathrm{e}^{(E-E_0)/(kT)} + 1} \tag{3.4}$$

式中 k 为玻尔兹曼 (Boltzmann) 常量 (1.38×10^{-23}J/(°))。该函数示于图 3.4。可以注意到，$T = 0$K 处，$E < E_0$ 时，$f = 1$；$E > E_0$ 时，$f = 0$。这与前面介绍的电子能量不可能大于导带顶的观点是一致的。T 上升高于 0K，$E = E_0$ 时，$f = 1/2$；$E > E_0$ 时，$f > 0$，所以某些电子的能量将大于导带顶 (矩形右边)。

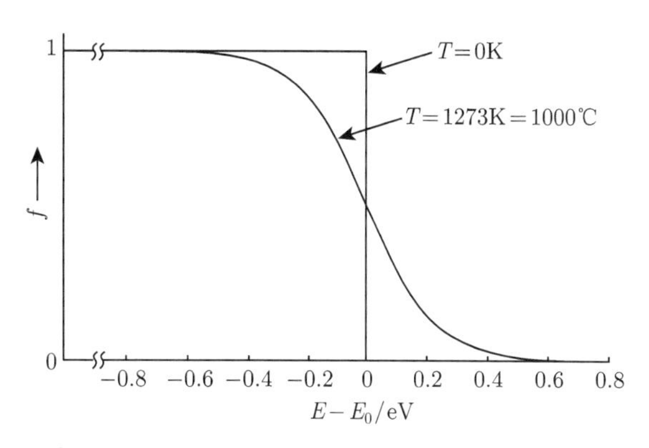

图 3.4　费米–狄拉克分布函数

由于 $E - E_0 \sim e\varphi$，为 1eV 数量级，且 $kT \sim 1/10$eV，所以

$$\mathrm{e}^{(E-E_0)/(kT)} \gg 1 \tag{3.5}$$

$$\rightarrow f = \mathrm{e}^{-(E-E_0)/(kT)} \tag{3.6}$$

一个电子的动能与其总动量的关系为

$$E = \frac{1}{2m}\left(p_x^2 + p_y^2 + p_z^2\right) \tag{3.7}$$

于是费米函数可以写成

$$f = \mathrm{e}^{-\left(p_x^2+p_y^2+p_z^2-2mE_0\right)/(2mkT)} \tag{3.8}$$

按照式 (3.3)，在动量 $\mathrm{d}p_x$、$\mathrm{d}p_y$、$\mathrm{d}p_z$ 范围内所具有的电子数量 $\mathrm{d}n_e$ 为

$$\mathrm{d}n_e = \frac{2}{h^3}\mathrm{d}P_x\mathrm{d}P_y\mathrm{d}P_z f = \frac{2}{h^3}\mathrm{d}P_x\mathrm{d}P_y\mathrm{d}P_z\mathrm{e}^{-\left(P_x^2+P_y^2+P_z^2-2mE_0\right)/(2mkT)} \tag{3.9}$$

由这些电子产生的电流密度增量 $\mathrm{d}J$ 为

$$\mathrm{d}J = e\mathrm{d}n_e u_x = e\mathrm{d}n_e\frac{P_x}{m} \tag{3.10}$$

因此，区间 $P_{xc} \leqslant P_x < \infty$，$-\infty < P_y < \infty$，$-\infty < P_z < \infty$ 中所有电子产生的总电流为

$$J = \frac{2e}{mh^3}\int_{P_y=-\infty}^{\infty}\int_{P_z=-\infty}^{\infty}\int_{P_x=P_{xc}}^{\infty} P_x\mathrm{d}P_x\mathrm{d}P_y\mathrm{d}P_z\mathrm{e}^{-\left(P_x^2+P_y^2+P_z^2-2mE_0\right)/(2mkT)} \tag{3.11}$$

利用下列定积分值：

$$\int_{-\infty}^{\infty}\mathrm{e}^{-ax^2\mathrm{d}x} = \left(\frac{\pi}{a}\right)^{1/2} \tag{3.12}$$

电流密度可写成

$$J = \frac{2e}{mh^3}\left(2\pi mkT\right)^{1/2}\left(2\pi mkT\right)^{1/2}\int_{P_{xc}}^{\infty}\mathrm{e}^{-\left(P_x^2-2mE_0\right)/(2mkT)}P_x\mathrm{d}P_x \tag{3.13}$$

在此，式 (3.13) 积分可借助下列变换求解：

$$v = \frac{P_x^2-2mE_0}{2mkT} \tag{3.14}$$

当 $P_x = P_{xc}$(参见式 (3.1)) 时，

$$v = \frac{e\varphi}{kT}$$

利用式 (3.14) 进行重新组合：

$$P_x\mathrm{d}P_x = mkT\mathrm{d}v \tag{3.15}$$

从而可以求解式 (3.13) 中积分：

$$\int_{\frac{e\varphi}{kT}}^{\infty}\mathrm{e}^{-v}mkT\mathrm{d}v = mkT\mathrm{e}^{-e\varphi/(kT)} \tag{3.16}$$

将该结果代入电流密度表达式 (3.13) 得到

$$J = \frac{2e}{mh^3}(2\pi mkT)\,mkT\mathrm{e}^{-e\varphi/(kT)} = \left(\frac{4\pi mek^2}{h^3}\right)T^2\mathrm{e}^{-e\varphi/(kT)} \tag{3.17}$$

或

$$J = A_0T^2\mathrm{e}^{-e\varphi/(kT)} \tag{3.18}$$

这就是理查德–杜希曼 (Richardson-Dushman) 热发射方程。A_0 为通用常数，其值为 $A_0 = 1.20\times10^6\mathrm{A}/(\mathrm{m}^2\cdot(°)^2)$。

理查德–杜希曼方程的核心内容是电流密度随逸出功和温度呈指数变化。经过对比，电流密度随 T^2 的变化可以忽略不计。举一个例子，通过温度微小变化对电流密度变化所产生的影响，可以揭示其中的原因。比如在 1000℃ 的典型工作温度下，T 变化 1%大致造成指数项 70%的变化，而 T^2 只有大概 2%的变化。

为了将理论计算与实验数据相比较，首先将理查德–杜希曼方程改写为

$$\ln\frac{J}{T^2} = \ln A_0 - \frac{e\varphi}{kT} \tag{3.19}$$

该方程说明 J/T^2 与 $1/T$ 的关系曲线为直线 (图 3.5)。该直线的斜率应为逸出功 $e\varphi$，对应于无穷大温度 $(1/T=0)$ 的延长线截距应为 $\ln A_0$。

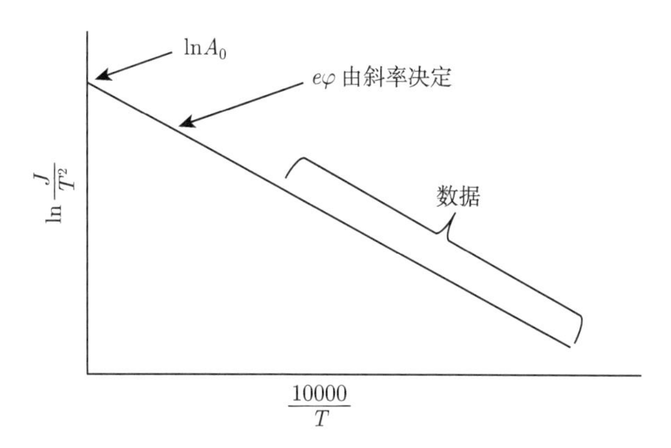

图 3.5　用于确定逸出功和通用常数 A_0 的理查德曲线

实际上 A_0 的实验值介于理论预测值的 $\frac{1}{4}$ 至 $\frac{1}{2}$ 范围。其原因有两个：

(1) 虽然假设逸出功与温度无关，但事实上 $e\varphi$ 随温度呈线性增长，常见的一级近似为

$$\varphi = \varphi_R + \alpha T \tag{3.20}$$

式中，$e\varphi_R$ 为理查德功函数，而 α 为逸出功变化的温度系数。于是，理查德–杜希曼方程可以写为

$$J = \left(A_0 \mathrm{e}^{-e\alpha T/(kT)}\right) T^2 \mathrm{e}^{-e\varphi_R/(kT)} \tag{3.21}$$

括号中的量为 A_0 的修正值。

(2) 虽然假设所有发射表面的逸出功 $e\varphi$ 均为相同的值，但事实上不同晶面的 $e\varphi$ 是有区别的。例如，假设有一半发射区域的逸出功为 $e\varphi_1$，而另一半发射区域的逸出功为 $e\varphi_2$。进一步假设 $e\varphi_2 > e\varphi_1$，由于发射逸出功取决于指数项，所以所有的发射实际上都来自 $e\varphi_1$ 区域。因此，实际发射区域只有阴极面积的一半，A_0 的测量值也仅为理论值的一半。

为了提高发射能力，必须降低逸出功并提高温度。表 3.1 给出各种金属在室温下的逸出功。那些逸出功低的材料熔点也低，铈的逸出功为 2.1eV，而熔化温度接近于室温 (28℃)，便是一个极端的例子。钡的逸出功也很低，但其融化温度适中 (725℃)。钡作为常用的热阴极材料并不是因为钡的逸出功低，而是因为钡与包括氧在内的其他元素一起能够降低基底金属表面的逸出功。即使有些金属如钨 (W) 和锇的逸出功高，但仍有可能通过引入钡和其他元素，降低它们的逸出功，在很高的温度下使用。

表 3.1　不同金属在室温条件下的逸出功

金属	逸出功/eV	熔化温度/℃
钡	2.7	725
钙	2.9	839
碳	5.0	3550
铈	2.1	28
铪	3.9	2227
铱	5.2	2410
钼	4.5	2620
镍	5.2	1455
锇	5.4	3045
铂	5.3	1773
铼	5.1	3180
钪	3.5	1539
钠	2.7	97
锶	2.6	769
钽	4.2	2996
钍	3.4	1750
钨	4.6	3410
锆	4.1	1852

注：逸出功与晶体取向有关，列出的数据是估计平均值。

图 3.6 示出了理论发射密度与温度和逸出功之间的函数关系 (虚线)[2]。对于钨和钍钨 (ThW)，它们的实验曲线与根据表 3.1 列出的 $e\varphi$ 预测结果相符 (对于钍钨，由于钍扩散到钨的表面，所以逸出功接近于钍的逸出功)。可以注意到，对于含有钡的阴极 (BaW、BaNi、Type B、合金、钪及氧化物)，实验曲线反映出逸出功大大低于钡的逸出功 ($\sim$ 2.7eV)。

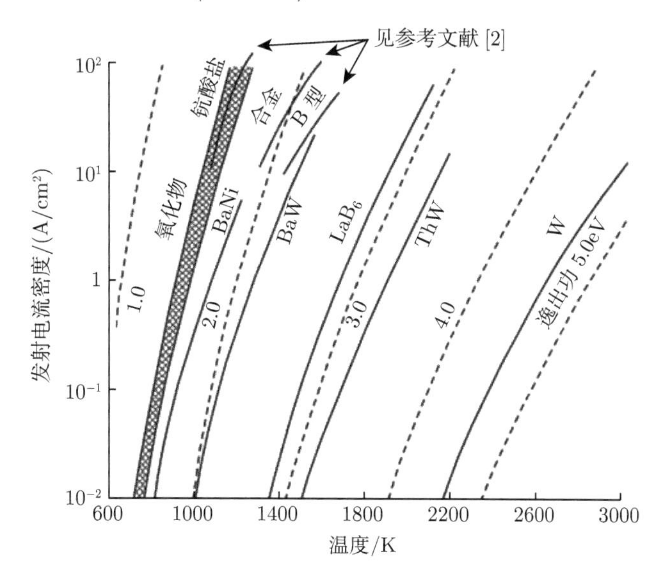

图 3.6　不同种类阴极的发射特性

3.1.2.2　肖特基效应 [3,4]

在推导理查德–杜希曼方程时，没有考虑阴极表面电场的影响，具体表现在理查德–杜希曼方程中也没有出现电压降或电场。实际上电子会在阴极表面产生电场。图 3.7(a) 示出某一试图离开阴极表面的电子受力形成的电力线。图 3.7(b) 示出一个电子和另一个与电子电荷量相同，安放位置为其“镜像”的正电荷所形成的电场。该场在 $x = 0$ 的右侧与图 3.7(a) 中相同。这表明与阴极表面相距 x 处电子所受的力等效于用 $-x$ 处的电荷 +e 取代阴极面时的情况。

两个电荷相等极性相反的点电荷之间产生的引力大小为

$$F = \frac{e^2}{16\pi\varepsilon_0 x^2} \tag{3.22}$$

这个力也等于该电子与金属表面间的引力。

在 x 处的势能 U_{Es} 为

$$U_{E_s} = \int_{\infty}^{x} F\mathrm{d}x = \int_{\infty}^{x} \frac{e^2}{16\pi\varepsilon_0 x^2}\mathrm{d}x = -\frac{e^2}{16\pi\varepsilon_0 x} \tag{3.23}$$

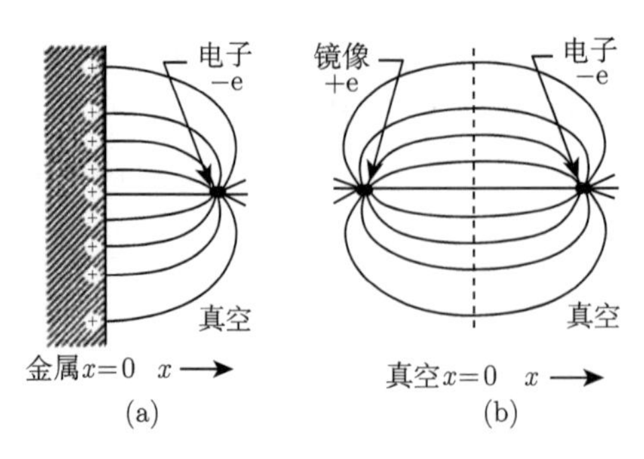

图 3.7 阴极表面附近单一电子逃逸受力示意图

这一势能曲线如图 3.8(a) 所示，随 x 的增加势能增加，但动能减小。如果在阴极附近存在阳极电压 V_a，那么在阴极和阳极之间的区域便存在着电场 E_a。如果在这个场作用下，阴极处电子的势能为零，那么随着电子向阳极移动，则势能减小而动能增加。在 x 处动能的增加为 $-eE_ax$，它与势能的减小是相同的，如图 3.8(b) 所示。电子所经历的综合场为表面场与施加场之和，所以电子的总势能为这两个场所产生的势能之和。修正后的电子势能分布如图 3.8(b) 所示，不难看出，电子发射所需的能量要比 $E_0+e\varphi$ 小 $e\Delta\varphi$，因而会有更多的电子得到发射，由此引起 J 的增大称为肖特基效应。

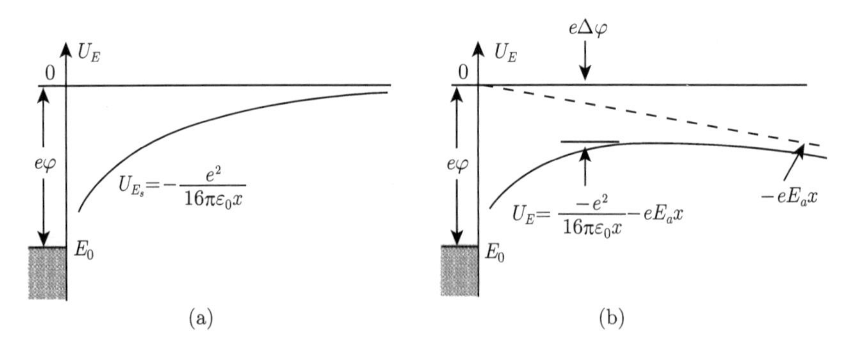

图 3.8 电子势能与电子和阴极表面之间距离的关系

为了计算电流的增加量，首先要求出势能达到最大值的位置 x_0。然后求出 $e\Delta\varphi$ 并由此求出电流的变化量。当表面存在电场时电子的势能为

$$U_E=U_{E_s}+U_{E_a}=\frac{-e^2}{16\pi\varepsilon_0 x}-eE_ax \tag{3.24}$$

在 $\mathrm{d}U_E/\mathrm{d}x=0$ 处势能达到最大值，此处

$$\frac{e^2}{16\pi\varepsilon_0 x^2}-eE_a=0\rightarrow x_0=\left(\frac{e}{16\pi\varepsilon_0 E_a}\right)^{1/2} \tag{3.25}$$

在 x_0 处电子的势能为 $-e\Delta\varphi$，所以

$$-e\Delta\varphi = \frac{-e^2}{16\pi\varepsilon_0 x_0} - eE_a x_0 \tag{3.26}$$

代入 x_0 值，便可以求出 $\Delta\varphi$

$$\Delta\varphi = \left(\frac{eE_a}{4\pi\varepsilon_0}\right)^{1/2} \tag{3.27}$$

利用 $\Delta\varphi$ 可以将理查德–杜希曼方程 (3.18) 改写成以下形式

$$J = A_0 T^2 \mathrm{e}^{\frac{-e}{kT}(\varphi-\Delta\varphi)} = A_0 T^2 \mathrm{e}^{\frac{-e}{kT}\left[\varphi-\left(\frac{eE_a}{4\pi\varepsilon_0}\right)^{1/2}\right]} \tag{3.28}$$

该式往往被写成：

$$J = J_0 \mathrm{e}^{\frac{e}{kT}\left(\frac{eE_a}{4\pi\varepsilon_0}\right)^{1/2}} \tag{3.29}$$

其中，J_0 为理查德–杜希曼电流密度，通常也称为零场发射电流密度。J_0 是不同种类的阴极之间进行特性比较的一个非常有用的物理参数。

在实践中为了用实验方法确定 J_0，必须根据在相对较高的电场处测量的结果进行外推。这是大量从阴极发射出来的电子造成空间电荷效应的结果。本文推导过程采用的是单电子，实际上从金属表面逃逸的电子会形成电子云 (见图 3.2(a))，电子云中电子之间会相互排斥，故电子自身产生的电场已经不能用库仑定律表示。

为了确定 J_0，首先要注意到式 (3.29) 可写为

$$\ln J = \ln J_0 + \frac{e}{kT}\left(\frac{eE}{4\pi\varepsilon_0}\right)^{1/2} \tag{3.30}$$

因此，除了当 $E=0$ 时推测出 $\ln J$ 等于 $\ln J_0$ 外，对于给定温度，$\ln J$ 与 $\sqrt{E}$ 的关系曲线为直线。该曲线示于图 3.9 中，其中虚线对应于式 (3.30) 计算曲线，实线为实际测量结果。可以注意到在电场较弱处，由于阴极表面区域电子的空间电荷效应，测出的电流密度值要小于预测值。J_0 的部分误差是由所施加的电场改变了实际逸出功而引起的。虽然由于空间电荷效应和外加电场对逸出功的改变，公式 (3.30) 对 J_0 的估计有一定的误差，但 J_0 能够体现在给定温度下不同材料本身发射能力的差异，这对阴极发射能力研究的作用和意义是非常明显的。

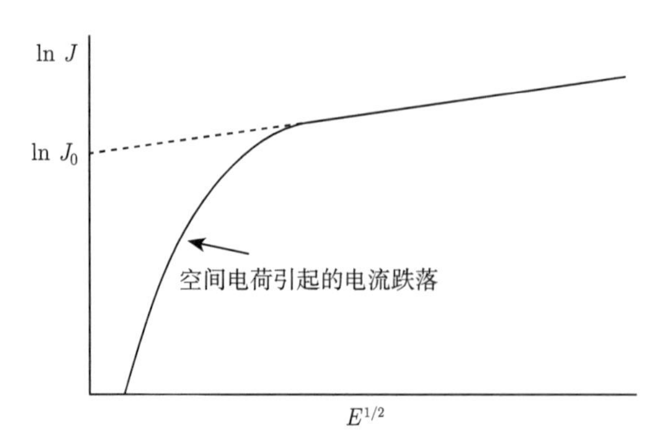

图 3.9　推测零场发射电流密度示意图

3.1.2.3　空间电荷限制

在平行平板二极管中，空间电荷限制的电压和电流关系可以用直观的方式来确定。假设阴极表面处的电场为零，如图 3.10 所示。从图中可以看出，没有电子时电势随距离线性变化；有电子存在时，电子本身电场与外加电场的相互抵消作用，会降低外加电场的作用，如图中虚线电势会向下有所跌落。

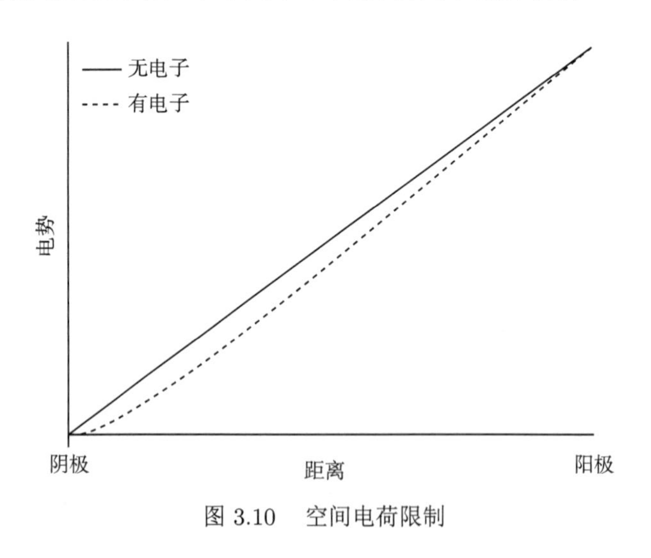

图 3.10　空间电荷限制

随着阴极加热温度的增加，阴极发射出来的电子在阴极表面附近数量增多，于是表面附近的电势会不断下降。当电势的下降足够多后，会使靠近阴极表面区域的电势降为零 (图 3.11 中曲线 c)，此时发射电流达到最大；当进一步增加温度 (发射电子增多) 时，这一接近阴极表面区域的电势变负，电子受到推斥作用返回阴极，电流不再增加 (发射自限制)。

在图 3.11 曲线 a 中，阴极表面电场为正，吸引电子离开阴极，导致阴极表面附近电势降低。在图 3.11 曲线 b 中，阴极表面电场为负，迫使电子返回阴极，促使阴极表面附近电势增加。而对应图 3.11 曲线 c 中，邻近阴极表面电势和电场都为零。假如电势变化倾向于变正，则更多电子流出阴极，降低电势。假如电势变化倾向于变负，则更少的电子流出阴极，抬高电势。也就是说阴极表面附近电势为零时，发射电流达到平衡。我们把阴极发射出来的电子云致使阴极表面电场为零时的发射叫做空间电荷限制发射。当足够多的电子存在使阴极处于空间电荷发射状态时，阴极温度和其表面状态将对发射没有影响。这将降低对阴极表面均匀性和热子电压电流稳定性的要求，对阴极的设计是非常有利的事情。对于一个空间电荷限制阴极，二极管电压的增加将使得阴极和阳极之间所有点的电势增加，结果有更多的电子流出阴极以平衡阴极表面电场保持为零，也就是说二极管电流随阳极电压的增加而增加。

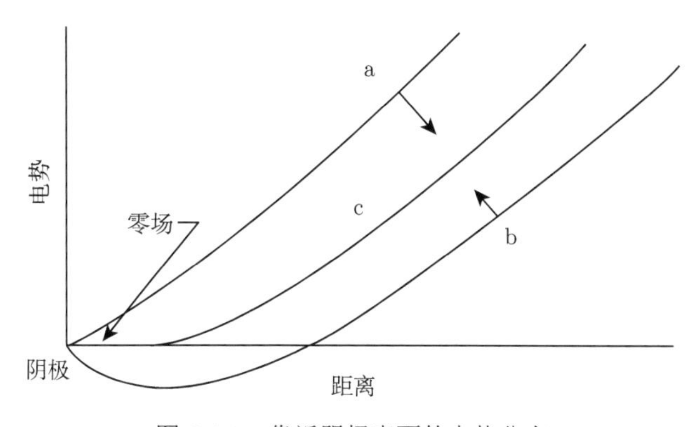

图 3.11　靠近阴极表面的电势分布

对于平行平板二极管空间电荷限制发射，由于阴极表面电势和电场为零，因此可以应用泊松方程来求解电压和电流之间的关系。在距阴极任意距离 x 处的电势可以表示为

$$\nabla^2 V = \frac{\rho}{\varepsilon_0} \tag{3.31}$$

式中，ρ 为电荷密度，ε_0 为自由空间的介电常数。假设平行平板二极管的横向尺寸趋于无限大，仅在 x 方向有电势的变化。于是，

$$\frac{\mathrm{d}^2 V}{\mathrm{d}x^2} = \frac{\rho}{\varepsilon_0} \tag{3.32}$$

电荷密度 ρ、电流密度 J 以及电子速度 u 有以下关系

$$J = \rho u \tag{3.33}$$

因此

$$\frac{\mathrm{d}^2V}{\mathrm{d}x^2} = \frac{J}{\varepsilon_0 u} \tag{3.34}$$

根据能量守恒定律：

$$u = \sqrt{2\eta V} \tag{3.35}$$

$$\frac{\mathrm{d}^2V}{\mathrm{d}x^2} = \frac{J}{\varepsilon_0\sqrt{2\eta V}} \tag{3.36}$$

上式两边都乘以 $2\mathrm{d}V/\mathrm{d}x$

$$2\frac{\mathrm{d}V}{\mathrm{d}x}\frac{\mathrm{d}^2V}{\mathrm{d}x^2} = \frac{2J}{\varepsilon_0\sqrt{2\eta}}V^{-1/2}\frac{\mathrm{d}V}{\mathrm{d}x} \tag{3.37}$$

此式可以直接积分得到

$$\left(\frac{\mathrm{d}V}{\mathrm{d}x}\right)^2 = \frac{4JV^{1/2}}{\varepsilon_0\sqrt{2\eta}} + C_1 \tag{3.38}$$

利用空间电荷限制发射边界条件，在 $x = 0$ 处，$V = 0$，并且对于电子没有初始速度的空间电荷限制发射 $\mathrm{d}V/\mathrm{d}x = 0$。所以 $C_1 = 0$，结果：

$$\frac{\mathrm{d}V}{\mathrm{d}x} = 2\left(\frac{J}{\varepsilon_0}\right)^{1/2}\left(\frac{V}{2\eta}\right)^{1/4} \tag{3.39}$$

对该式积分得到

$$\frac{4}{3}V^{3/4} = 2\left(\frac{J}{\varepsilon_0}\right)^{1/2}\left(\frac{1}{2\eta}\right)^{1/4}x + C_2 \tag{3.40}$$

因为在 $x = 0$ 处，$V = 0$，$C_2 = 0$，所以：

$$J = \frac{4}{9}\varepsilon_0\left(2\eta\right)^{1/2}\frac{V^{3/2}}{x^2} \tag{3.41}$$

代入 η 和 ε_0 的值，结果为

$$P_{\mathrm{er}} = I/V^{3/2} = 2.33\times10^{-6}\frac{A}{x^2} \tag{3.42}$$

这就是空间电荷限制平行平板二极管电子流的查尔德–朗缪尔 (Child-Langmuir) 定律。如果二极管的阴极与阳极距离 $x = d$，则该方程通常写成：

$$I = P_{\mathrm{er}}V^{3/2} \tag{3.43}$$

式中，$I = JA$，A 为阴极的面积。P_{er} 称为该二极管的导流系数，对于平行平板二极管：

$$P_{\text{er}} = \frac{4}{9}\frac{A\varepsilon_0}{d^2}(2\eta)^{1/2} = 2.33 \times 10^{-6}\frac{A}{d^2} \tag{3.44}$$

导流系数仅仅是二极管几何形状的函数。实际上所有空间电荷限制的非平面的其他形状二极管 (圆柱形、球形等形状) 均遵守 $I = P_{\text{er}}V^{3/2}$，其中导流系数均可以由所使用的几何尺寸来表达。

在阴极实际使用过程中，空间电荷限制的发射要比饱和发射小得多。这是因为由于大量电子的存在，恰好在阴极表面外形成了电势最低处。该电势最低处的电势比阴极电势低几分之一伏，只有能量高的电子能够越过这一电势最低处到达阳极。能量较低的电子则返回阴极。增加阳极电压可以拉出更多的电流，降低最低电势的深度并使其靠近阴极。当 J 接近饱和电流密度 J_0 时，阴极表面的 $\mathrm{d}V/\mathrm{d}x$ 接近于 0。如果进一步提高阳极电压，阴极电流将被限制到饱和电流密度，空间电荷的限制作用亦将结束。实际上空间电荷限制的二极管确实具有预测的特性。利用电流与电压的 3/2 次方曲线不难揭示这一结果。图 3.12 示出了最终得出的空间电荷限制下的直线关系曲线，该直线的斜率就是导流系数。

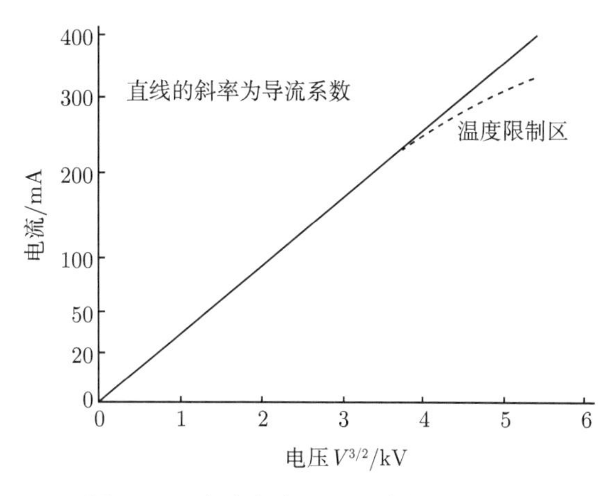

图 3.12　电流与电压 3/2 次方关系曲线

如果电压的增加超过了一定限度，使阴极无法提供足够的电流来维持空间电荷限制的条件，则称阴极处于温度限制区 (TL)。温度限制区在 3/2 次方的 I-V 曲线上的明显征兆是曲线偏离了直线 (图 3.12 虚线)。

图 3.13 中示出了热阴极的电流发射密度随温度的关系。在温度限制区，发射电流密度随温度增加而增加。当温度高于某一个值后，电流密度与温度无关，亦即进入空间电荷限制区。随着电压的上升，由温度限制区向空间电荷限制区转换

的温度也上升。由于发射材料的逐步消耗，温度限制下的电流密度与温度的关系曲线会随时间增长向高温区移动，如图 3.14 所示。在阴极的寿命期间，阴极的工作温度必须维持在曲线拐点温度 (通常定义为空间电荷限制线与温度限制线的交点) 以上。此外，温度限制曲线移动的速度会随着温度的提高而增加，所以过高的温度将使阴极寿命缩短。

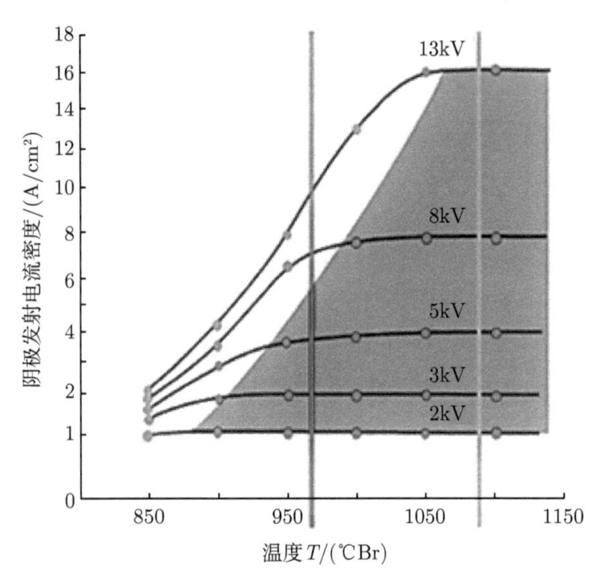

图 3.13　不同阳极电压下，阴极发射电流密度与温度的关系

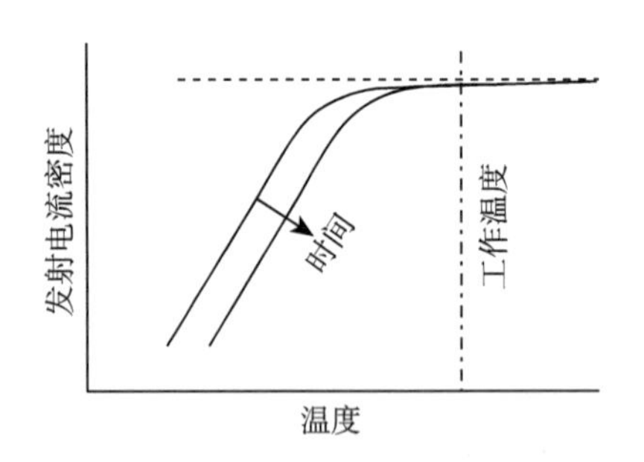

图 3.14　温度限制曲线随时间移动

图 3.15 归纳了热阴极发射电流形成的主要机理。在低电压处，发射电流受空间电荷的限制随着电压的升高而增大。当阴极达到了它的发射极限时，电流主要取决于阴极温度 T_c。由于肖特基效应，电流仍会随电压升高而缓慢增加。在高电压处，场致发射引起电流骤然增大。

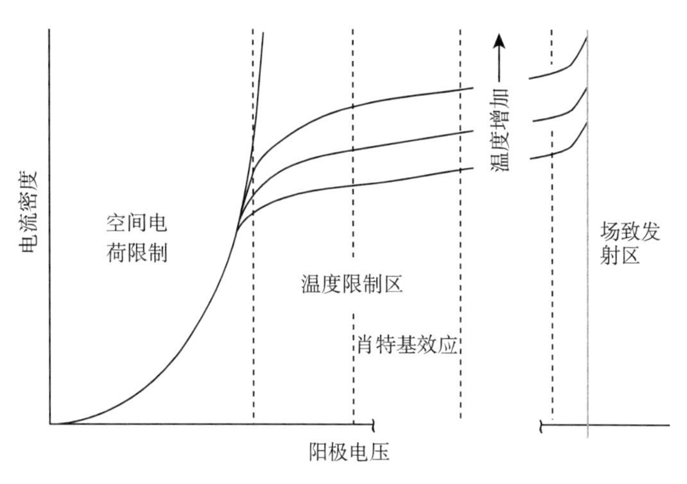

图 3.15　热阴极发射电流形成的机理总结

3.1.3　热阴极的演化历程 [4,6]

早期的阴极是用纯钨制造的。钨的性能非常可靠，但逸出功高 (∼4.6eV)，工作温度高，发射效率低。在 2200℃ 时的电流发射密度为 0.3A/cm^2。钍和钨结合可以降低逸出功到与钍的逸出功相近。在纯钨中加入 1%∼2%的氧化钍，可以大大提高阴极的发射效率。加入 2%氧化钍的钍钨阴极发射效率差不多可以达到纯钨阴极的 10 倍。钍钨 (ThW) 阴极目前仍广泛用于大功率开关管、发射管和微波炉的磁控管中。钍相对容易蒸发，通常表面往往会进行渗碳处理，以降低钍的蒸发速率。另外钍有低级别的放射性，应用上受到一定影响。

1904 年，威纳尔特 (Wehnelt) 发明了氧化物阴极 (钡、锶、钙碳酸盐的混合物，即 $BaCO_3$、$SrCO_3$ 和 $CaCO_3$)。这三种碳酸盐混合物在高温下分解为 BaO、SrO 和 CaO。BaO 提供自由电子来源，SrO 能阻止 BaO 的蒸发，CaO 可以有效缓解结块和脱落问题。三者的结合提高了阴极的实用和可靠性，从而发展出三元碳酸盐氧化物阴极。这种阴极具有以下特点：

(1) 极低逸出功 (∼1.5eV) 和低工作温度为阴极的发展开辟了新的途径。它在今天一些需要阴极发射能力适中、长寿命的应用场合仍相当流行。

(2) 氧化物阴极的工艺与技术已经发展到了相当高的水平。钡、锶、钙碳酸盐的混合物已得到了广泛的应用。直流发射能力从几个 mA/cm^2 增加到了数百 mA/cm^2。脉冲发射密度与脉冲宽度和重复频率有关，氧化物阴极的脉冲发射密度可以达到几十 A/cm^2。

(3) 氧化物阴极不适宜在高直流发射密度状态下工作，原因是氧化物涂层的电阻率较高，在大电流下工作时会产生大量的热量。氧化物阴极的另一不足之处是容易中毒。

由于氧化物阴极直流发射能力有限，促使人们去探索比氧化物阴极更好的阴极。菲利普公司 Lemmens 在 1950 年发明了小室储备式 L 型阴极。将碱土金属碳酸盐储存在支撑多孔钨基钼筒的小室内，受热时碳酸盐分解成氧化物迁移至多孔钨体内与钨反应，进而在钨表面形成一层低逸出功电子发射膜，这就是最早的扩散式钡钨阴极。这种阴极存在钨钼之间的钡蒸气泄漏、阴极表面温度不均匀以及除气和激活困难等问题。德国西门子公司制造出类似阴极并商品化。1952 年，Levi 和 Hughes 采用浸渍的方法把铝酸盐通过高温熔化浸入多孔钨体内，改善了扩散式阴极表面发射均匀性。1955 年，Levi 在铝酸钡中加入 CaO，发现 CaO 可以降低钡的蒸发率，同时显著提高阴极的发射性能，发展了浸渍钡钨阴极 (CPD)。

1953~1959 年，对发射电子材料铝酸盐配方的研究进入高峰，通过在铝酸盐制备过程中优化 BaO、CaO 和 Al_2O_3 各成分的比例，研究有利于电子发射的最佳配方，开发出多种类型的钡钨阴极。例如：B 型阴极使用的发射材料混合物中含有五份 BaO、三份 CaO 和二份 Al_2O_3，通常简称为 5∶3∶2。S 型阴极使用的混合物是 4∶1∶1，类似还有 6∶1∶2 等。这种阴极可以提供几 A/cm^2 的直流发射密度。由于这些阴极的逸出功较高，所以工作温度必须达到 1100℃ 以上才能给出如此高的发射密度。因此，它们的寿命被限制在几千小时。

为了在更低工作温度和更长寿命条件下，获取等于或高于 B 型和 S 型阴极的电流密度发射能力，20 世纪 60 年代研制出了 M 型阴极。M 型阴极就是在 B 型或 S 型阴极的表面覆上一层只有几千埃厚的锇 (Os)、铱 (Ir) 或钌 (Ru) 薄膜。这种薄膜可以使逸出功降低大约 0.2eV，使阴极的工作温度降低大约 90℃ (与薄膜的材料有关)，温度和发射更均匀，而发射电流密度与 B 型或 S 型阴极相同。不过，在器件工作时，钨基金属与薄膜金属之间会相互扩散，使得膜层组分随时间变化，导致工作过程中逸出功变化。当基金属和覆膜金属的比例各占 50%时，具有这种合金表面的阴极逸出功最低。因此早期 M 型阴极寿命期间，发射会先增加，然后下降，并随着表面钨成分的增加最终成为 B 型阴极。

为了克服这一缺点，人们研究了阴极发射表面膜的组成、状态和阴极基底组分对阴极性能的影响，以期进一步改善阴极的性能。如以铂族金属粉末 (Ir、Os、Ru、Rh) 与钨粉混合作为基底的合金基 (MM 和 MMM 型) 阴极，在合金基表面沉积 Ir、Os、Rh 等难熔金属膜 (CMM) 阴极以及受控掺杂的 CD 阴极 (沉积多层合金材料，每一层都有不同的成分。通过调整各层材料的成分，将钨与增加发射的金属间的相互扩散降至最低限度。在覆膜前可以在钨基体中加入百分之几的增加发射的金属，降低钨向膜层的扩散) 等。改进后阴极的逸出功从 1.9eV 降至 1.7~1.8eV，而且工作稳定。例如 CD 型阴极在工作温度发射能力达到 50~100A/cm^2(脉宽 2μS)；MMM 型阴极在直流 2A/cm^2 发射电流密度下试验，寿命长达 70000h。图 3.16 为覆膜和不覆膜阴极寿命随发射电流密度变化的曲线。从图中可以看出，覆膜以后寿命有非常明显的增加，大概提升一个量级左右。上述这类铝酸盐钡钨阴极的特点是具有较好的电子注质量和抗离子轰击能力，缺点是工作温度偏高。图 3.17 给出了各种扩散阴极性能的对比。

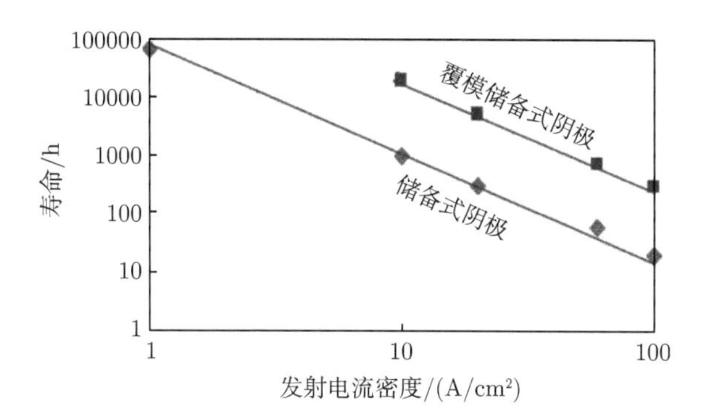

图 3.16　阴极寿命随发射电流密度的变化

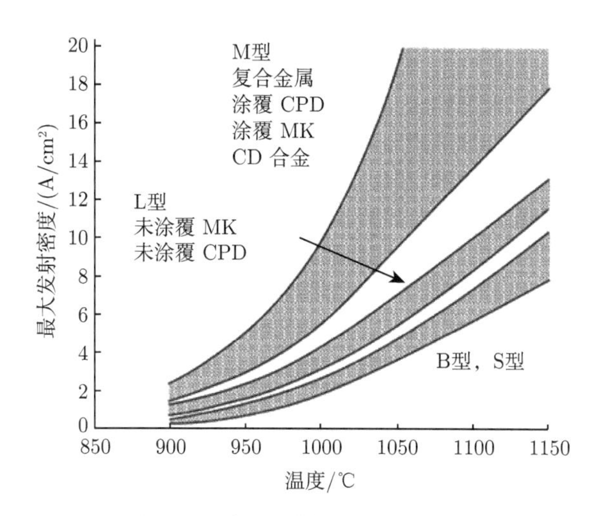

图 3.17　各种扩散阴极性能的对比

1967 年，Finger 在铝酸盐里添加钪成分，借助压制和浸渍的办法获得了具有低逸出功的钪酸盐钡钨阴极。它具有优于 M 型阴极的发射能力，但存在发射不均匀，工艺重复性差，耐离子轰击能力弱等问题，曾一度制约了这种阴极的发展。近些年来，人们给予了钪酸盐钡钨阴极极大的关注。这类阴极的逸出功非常低 (近似为 1.5eV)，发射能力在 100A/cm^2 量级上可以达到数千小时寿命。其发射表面是由一层钨和 Sc_2O_3 (通常不超过重量的 5%) 的混合物构成的。阴极的整个基体用 BaO、CaO 和 Al_2O_3 浸渍。由于逸出功低，发射电流密度大，为了适应器件小型化、高频率和高功率发展，目前对钪酸盐阴极的研究相当热门。期待技术进步继续提升钪酸盐阴极的稳定可靠性，使其能够很快获得广泛的应用。

3.1.4　浸渍扩散阴极

微波管中最常用的阴极是浸渍扩散阴极 (B 型、M 型)。阴极的制备过程是保证阴极质量和寿命的关键。图 3.18 给出了典型的 B 型浸渍阴极表面尺寸特征的比例放大图。覆膜阴极 (如 M 型阴极) 在阴极表面有一层很薄的增强金属膜。所有特征尺寸都是在几个微米，钨颗粒尺寸变化范围大，形状也不规则。由此可能由制备过程的不可控导致表面孔度不可控，同时可能引起逸出功的波动。多年来，人们已经做了许多工作试图控制阴极表面的孔度。但由于种种原因，这些尝试没有得到真正的实际应用。

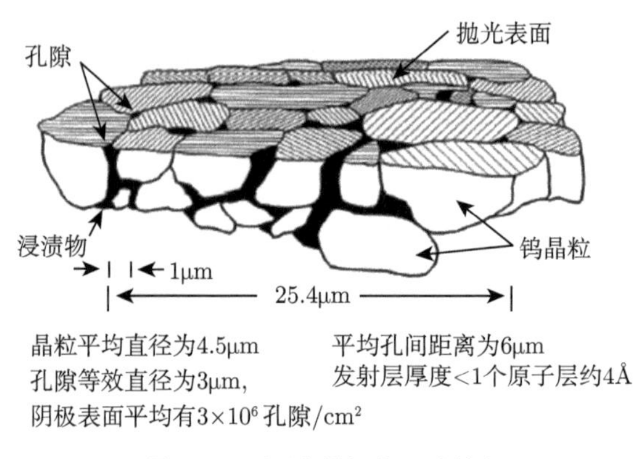

图 3.18　浸渍阴极的尺寸特征

3.1.4.1　浸渍扩散阴极的制备

浸渍扩散阴极的制备是一个集机械加工、材料高温处理、表面物理和化学为一体的非常复杂的技术过程，需要具备各种不同的真空高温获取和维持、材料制备、表面处理、质量检测等设备支撑这个过程的完成。此处不打算过度从技术角度强调制备过程的技术细节，只是在如下对制备技术关键点作一个简单的描述：

(1) 将钨粉颗粒 (4~6μm) 在高压力 (几十 MPa) 下压制到一起，而后在高温 2000℃ 左右烧结 0.5~2h, 形成多孔坯料 (保持适当孔度/检测 18%~30%)。孔度是通过选择钨粉颗粒尺寸、压制压力、烧结温度及保温时间综合决定的。

(2) 在 1600℃ 左右使铜粉熔化浸入这种多孔钨坯料孔隙，形成“钨铜”棒，增加材料的韧性和强度，使其能够适应机械加工过程，可以制造出要求的阴极形状。

(3) 阴极成型后先用硝酸去铜，再用高温 (1300℃) 高频等方法进一步去铜，恢复原有孔度的钨基体，按照多孔钨基体比重与理想金属钨比重的差别以确定钨基体的孔度。

(4) 浸盐：将混合均匀的铝酸盐 (含有氧化钡、氧化钙和氧化铝的混合物) 粉末在 1600~1700℃ 熔化后，通过 30s 到 1min 浸渍进入多孔钨基体。

(5) 去除表面浮盐，精加工到设计阴极尺寸，加工过程注意避免钨孔堵塞，用天平检测多孔钨基体铝酸盐的含量。

(6) 磁控溅射覆膜 (锇、钌、铱) 0.4~0.6μm，降低工作温度，改善阴极表面温度均匀性。

(7) 储存在真空度小于 10^{-4}Pa 的真空储存罐中待用。

图 3.19 给出了各种不同类型和大小的阴极实物照片。

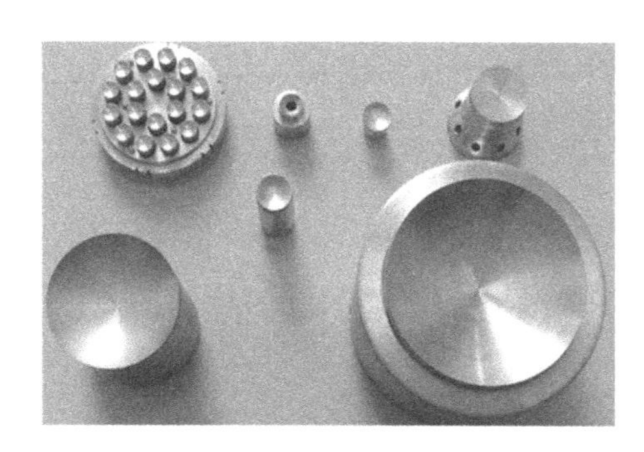

图 3.19　阴极实物照片

3.1.4.2　热子

扩散式阴极是一种间接加热式阴极，亦即阴极体和加热体是两个独立的部分，后者称为热子。热子具有以下特点：

(1) 典型的氧化物阴极工作在 850℃ 左右，B 型或 M 型阴极工作接近 1050℃ 左右；于是氧化物阴极工作热子温度在 1100℃ 左右，B 型或 M 型阴极工作热子温度在 1300℃ 左右。

(2) 热子材料：纯钨丝或掺有少许铼的钨丝，铼的掺入使钨作为热子的适应性更强 (热阻和冷阻差别减小，柔韧性改善)。

(3) 通常热子的制备成型遵循双螺旋绕制，尽可能确保相邻热丝电流方向相反，以尽可能地降低热子电流产生的磁场对阴极电子发射的影响。

(4) 热子成型 (典型的有盘状，也有螺旋状，还有热子组件，见图 3.20) 后，通过喷涂或电泳方法 (一种电解过程) 涂覆一层厚度为 50~100μm 的氧化铝绝缘层，并在高温中烧结，去除有机黏合剂，并形成坚硬耐磨的涂层。虽然成瓷坚硬，但加热和断电过程导致的热胀冷缩会逐步引起瓷层脱落，增加热子加热过程中局部短路的可能性。于是有两种解决方案：其一，利用夹板瓷将相邻热丝隔开固定在一个热子托盘上；其二，是将热子整个烧结封存于陶瓷中 (见图 3.20)。前者由于夹板瓷隔开了阴极和热子之间的距离，热效率下降，同时热子的安装定位增加了一定的复杂程度。后者由于陶瓷的存在，热子与阴极之间传热速率变慢，启动时间增长，但热效率、温度均匀性以及可靠性都有改善。

(5) 快速启动热子：有些时候要求阴极缩短预热时间，满足电子系统紧急开机的特殊情况，于是对热子提出快速启动的要求。快速启动热子通过减小热子电阻以使热子在超高电流的作用下，加快阴极的加热速率，使阴极预热时间成倍缩短。这种做法会因热子功率过大导致热子寿命缩短和加速阴极蒸散，对阴极热子组件的寿命有明显影响，非紧急情况不可使用。

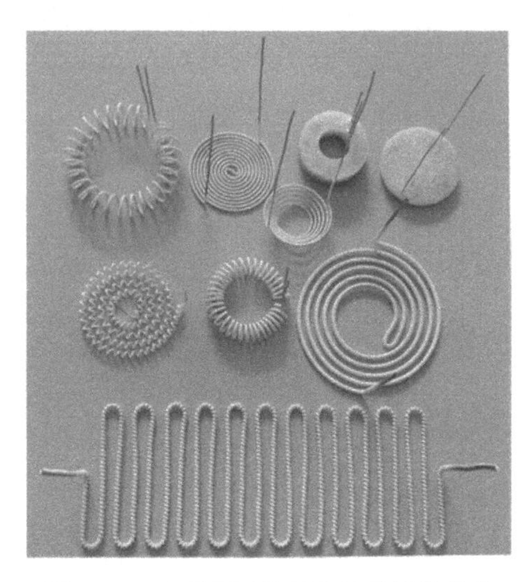

图 3.20　各种不同热子和热子组件照片

3.1.4.3　阴极加热效率的提高

(1) 将热子嵌埋于氧化铝粉中，同时封装在阴极背后，并采用一定压力压实氧化铝粉体，然后将这个组件高温烧结成瓷，于是热子和阴极之间的热传导大大改善，因而热子的工作温度只需比阴极高出 150~200℃。封装热子有一个缺点，其启动时间会增加 2~3min。

(2) 采用隔热屏：通常用钼皮卷成圆柱筒以阻挡热子热量朝侧面辐射；在热子的下面采用薄钼皮阻挡热子热量朝背面辐射，以减小热的损失。

(3) 支撑筒：支撑筒是用来支撑阴极热子组件的。为了提高热效率，并考虑其高温条件下具有足够强度，支撑筒采用钼作为基材，且要求横截面要尽可能薄并适当开槽，以减少其热容量、降低侧面的热辐射和纵向热传导，使热的损失尽可能小。

(4) 热子制作过程必须确保热子封装过程的一致性，避免热子、封装材料和阴极之间的接触发生变化。因为这种变化可能导致热子与阴极之间的距离有的地方变远，有的地方变近，从而可能出现非常危险的热子“热斑”和阴极“冷斑”。

(5) 热子供电：交流供电则其电场会调制电子的运动，而磁场则会扰动阴极表面电子轨迹。不过交流供电热效率相对高；直流供电没有噪声调制，磁场依然干扰电子轨迹，但热效率相对低；热子的双螺旋绕制在一定程度上可以降低磁场对电子轨迹的影响。采用直流供电时，电源极性的接法非常重要。接阴极一端必须是正极，另一端为负极，以阻止阴极向热子方向发射电子，避免工作期间电子长时间撞击热子导致可能的损坏。

3.1.4.4 阴极工作

(1) 当阴极加热到工作温度后，浸渍物与钨反应将使得钡从钨基体内部释放出来。自由钡通过孔隙迁徙到达阴极表面。钡一旦到达表面，将在表面上移动，最终蒸发掉。钡扩散到表面的速率和钡原子离开表面的脱附能 (决定蒸发率) 决定了表面的覆盖度 (设计合适孔度，减少蒸发)。保持合适的覆盖度和减少蒸发是提高阴极寿命的一个重要因素。

(2) 随着阴极工作时间的增长，孔隙中的浸渍物逐步被耗损，钡扩散到阴极表面的速率下降。结果，表面覆盖度降低，功函数增加，发射速率下降，空间电子云或许消失。如果这种现象发生，发射将变为受温度限制。提高阴极温度，钡扩散到表面的速率可能会增加，发射率也可能随之增加，有可能回到受空间电荷限制状态。当然，升高温度引起蒸发速率升高，这将会加速返回温度限制状态。

图 3.21 给出了逸出功函数随阴极表面钡覆盖度的变化曲线。从图中看出，阴极表面钡覆盖度为 1 (一个单原子层) 时功函数最小。此时阴极温度最低，蒸发率最小，钡的损失最小，寿命相对长 [7]。米兰姆 (Miram) 等在空间电荷限制区和温度限制区，对于不同阴极发射电流密度，给出阴极发射归一化电流随温度变化的曲线以表征扩散阴极的性能，叫做米兰姆曲线 [8]。这种曲线和相应的数据为比较

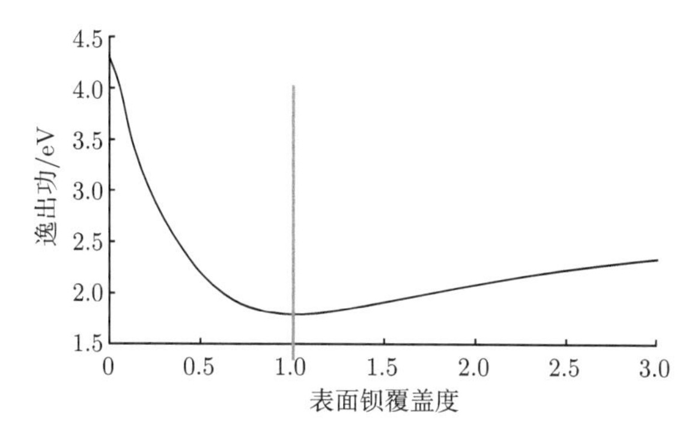

图 3.21　逸出功随表面钡覆盖度的变化

阴极、判断阴极的性能和帮助理解阴极工作原理提供了强有力手段。图 3.22 给出了归一化电流密度间隔为 2 倍时正品阴极的米兰姆曲线。按照理查德–杜希曼方程，电流相差 2 倍对应的温差约为 40℃，亦即温度限制曲线的间隔大约为 40℃。或者说以 2 倍电流密度间隔，电流密度提高一倍所需温度变化约 40℃，且间隔随电流密度的增加有所增加。基于图 3.21 和图 3.22 的理解，人们可以通过有效控制阴极工作温度，在尽可能降低逸出功和具备足够发射能力的基础上，确保阴极稳定可靠工作，增长阴极寿命。

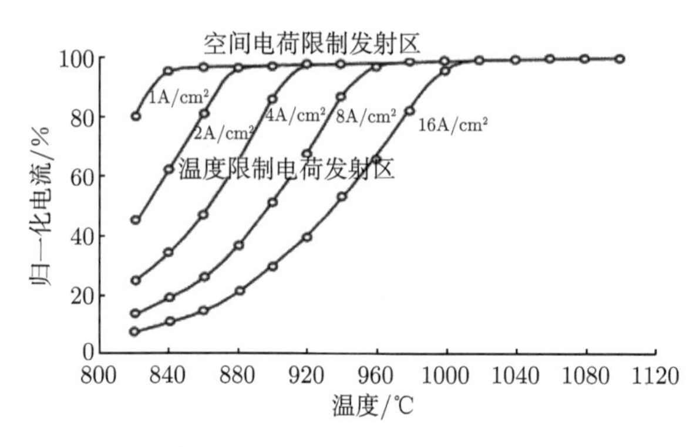

图 3.22 正品阴极的米兰姆曲线

3.1.5 阴极的寿命

在绝大多数情况下，长寿命是对阴极的基本要求。在保证工作可靠性、降低更换器件的费用、压低备用件的费用基础上，通常希望器件的寿命应尽可能地长。

寿命定义：发射电流拐点值 (图 3.23 中圆点) 对应的温度达到工作温度，或阴极发射电流下降到初始值的 90%。

寿命要求：长寿命阴极 (通常要求 1 万小时到超过 10 万小时，相对来说对空间应用有更高的要求)，大电流阴极 (多电子注通常要求 1 千 ~3 千小时，单电子注通常要求 3 千 ~5 千小时)。

(1) 工作温度比拐点温度高 50~60℃ 寿命最长，高 ~40℃ (过于靠近拐点温度，进入温度限制时间缩短) 或者高 ~100℃ (温度高会加速进入温度限制区) 都可能会牺牲稍许寿命。

(2) 根据图 3.23，对于 1A/cm^2 和 2A/cm^2 发射电流密度，可以根据 2500h 工作温度限制曲线移动速率推测拐点温度什么时候达到寿命测试温度 1050℃，以此决定其对应的寿命。

(3) 在 4A/cm^2 下，工作 2500h 后，曲线的拐点已经超过了 1030℃，电流下降了大于 5%(虚线 “x” 点)。在该电流密度下，发射电流很快就会下降 10%。

(4) 与 B 型阴极相比，由于覆膜降低逸出功的作用，M 型阴极寿命要高一个量级。

(5) 由于温度高低、蒸散大小、发射电流强度等因素直接影响阴极寿命，通常阴极电流发射能力随时间逐步减弱，因此米兰姆曲线随时间向高温方向移动的速率是阴极品质好坏的一种特殊表征。

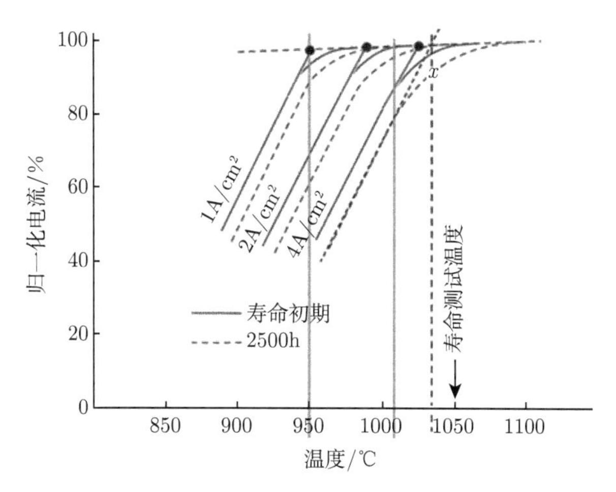

图 3.23　B 型阴极的米兰姆曲线

影响寿命的因素：浸渍在钨饼中钡的供给逐渐耗竭，电流越大，寿命越短 (温度高，蒸发大，钡损失大)，稳定性更难保证 (打火，二次电子发射)。在发射能力一定的情况下，改善寿命的主要途径有：

(1) 降低逸出功：选择逸出功尽可能低的发射材料，以便尽可能地降低工作温度；

(2) 让阴极表面钡的表面覆盖度接近于 1，从而使逸出功达到最小，让工作温度最低；

(3) 阴极热子组件优化设计，提高热效率，降低阴极周围环境的温度，从而减少发射材料的蒸散以及环境对阴极的污染;

(4) 合理设计阴极热子组件，在保证阴极发射能力的条件下，制定严格的阴极热子组件制备工艺过程，确保组件工作的稳定可靠性，避免在工作过程中出现热子短路或直径变细等非设计和材料本身性能决定的影响寿命问题。

3.2 电 子 枪

电子枪主要用于电子在电磁场作用下成形、聚束、偏转和成像，在电子显微镜、电子束加工 (例如：打孔、焊接、曝光等)、电子束分析仪器、高能加速器和真空微波器件等方面具有广泛的应用。针对不同应用，电子枪的种类很多，但微波电子学所涉及的电子枪多为皮尔斯电子枪 [9]，这里主要介绍的是皮尔斯电子枪。

3.2.1　皮尔斯电子枪 [4,10]

皮尔斯电子枪是用于将来自阴极的电子成形为适合与微波电路相互作用的电子注。由于受到电子注本身空间电荷力作用以及阴极发射能力和寿命的影响，电子枪的设计者们不可避免地会遇到以下两个基本问题：

(1) 电子之间的静电排斥力会引起电子注发散；

(2) 对电子注所要求的电流密度一般要比阴极在正常寿命条件下所允许提供的发射电流密度大得多。

针对上述问题，皮尔斯给出了如图 3.24 所示的电子枪方案。假设在电子枪区不存在磁场，忽略电子的热初速，并假定电子流具有层流特性。这种电子枪可分为三个区域。

(1) 首先，选定阴极面 (通常称为阴极饼) 的形状为球面。然后设计聚焦电极，使其产生的等势面在区域 1 内接近于球面，并与阴极面有相同的曲率中心，结果将使电子流向阴极的曲率中心。

(2) 在区域 2，由于阳极必须开孔使电子注通过，而阳极是一个等势体，这便造成了等势面要凸向阳极膜孔。它所形成的发散静电透镜会对电子注产生散焦作用。

(3) 在区域 3，电子从阴极–阳极之间的加速场出来之后在空间电荷力的作用下漂移，于是在电子注中的电子形成了通常的电子注发散轨迹。

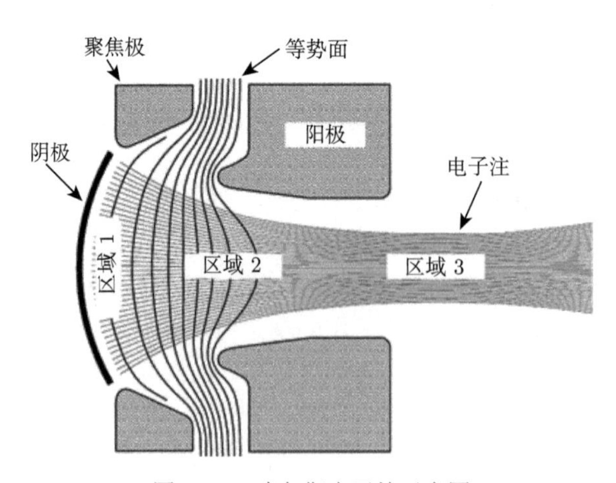

图 3.24　皮尔斯电子枪示意图

一旦阴极发射电流密度确定，如何选择球面阴极的曲率半径和底半径、聚焦极和阳极形状及大小以及三者之间的相对位置，使电子轨迹形状符合皮尔斯电子枪设计的基本构架和要求，是相关电子枪要讨论的主要内容。

3.2.1.1 形成平行电子流的聚焦电极

电子离开阴极向阳极移动时会受到电子本身的空间电荷力排斥而发散。为简单和便于理解起见，暂不考虑阴极是球面情况，而是在图 3.25 所示的情况下，考查电子注在离开平面阴极时通过什么样的方法能促使其以平行轨迹行进对后续皮尔斯电子枪研究会有启发作用。

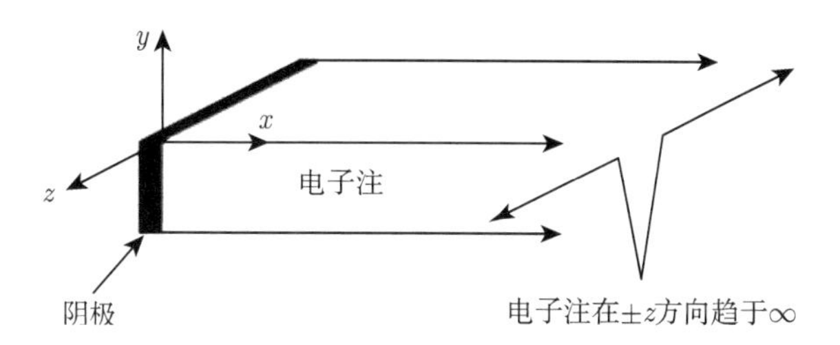

图 3.25 由平行平板二极管形成的平行电子流

平行平板二极管的等势线是平行的，压降相等的等势线其间距也相等，如图 3.26 中的虚线所示。当有电子存在时，电势下降和空间电荷力的共同作用，等势线向右偏移，同时电子轨迹向两边扩张，如图中的实线所示。受电场力的作用，电子趋于沿垂直于等势线的方向运动，因此随着电子离开阴极，电子轨迹便出现了发散。

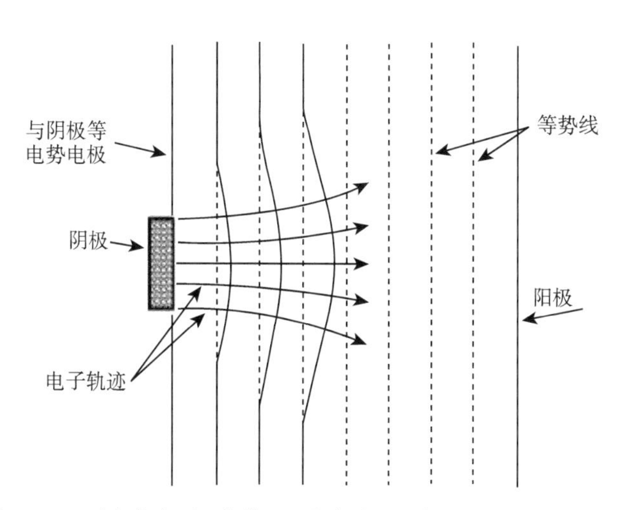

图 3.26 不存在电子 (虚线) 和存在电子 (实线) 时的等势线形状

如果临近阴极的电极向阳极倾斜 (如图 3.27 所示)，则等势线会受阴极电势的影响跟着向阳极方向倾斜，于是等势线变成向阴极方向凸。当电子到来时，等势线向阳极方向凸 (图 3.26)，有可能通过合理选择倾斜电极角度 (图 3.27) 使两者的共同作用将等势线拉直，从而使电子轨迹恢复平行。

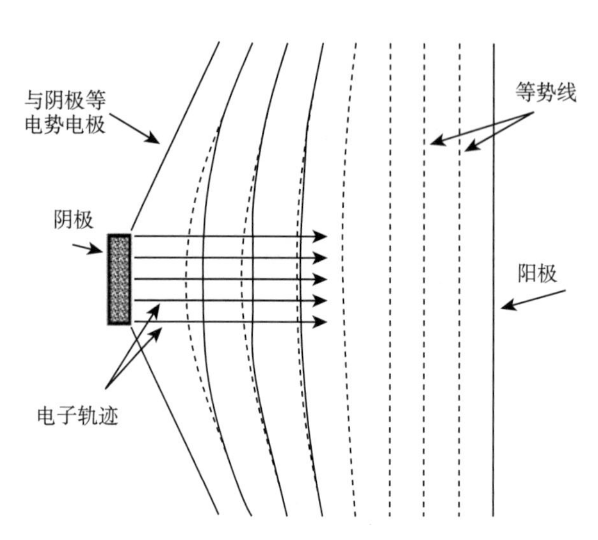

图 3.27　与阴极等电势电极倾斜拉直等势线

为确定形成平行电子流所需电极结构的数学解，这是类似于 3.1.2.3 小节中空间电荷限制流问题的解。其主要区别是必须同时解电子注外部和内部场的方程，且这些解在电子注的边界处连续。电子注内部满足泊松方程：

$$\nabla^2 V = \frac{\rho}{\varepsilon_0} = \frac{J}{u\varepsilon_0} = \frac{J}{\varepsilon_0\sqrt{2\eta V}} \tag{3.45}$$

如果电子相互之间以平行方式流动, 那么在 y 和 z 方向就不可能有电场存在，否则它将引起电子向 y 和 z 方向流动。由于电势 V 只在 x 方向有变化即 $V = f(x)$，于是有

$$\frac{\partial V}{\partial y} = 0, \quad \frac{\partial V}{\partial z} = 0 \tag{3.46}$$

于是泊松方程可写成

$$\frac{\partial^2 V}{\partial x^2} = \frac{J}{\varepsilon_0\sqrt{2\eta V}} \tag{3.47}$$

在电子注外部，即 $y > 0$，应用拉普拉斯方程得到

$$\nabla^2 V = 0 \tag{3.48}$$

在 $y=0$ 处必须满足的边界条件为

$$\frac{\partial V}{\partial y}=\frac{\partial V}{\partial z}=0,\quad V=f\left(x\right) \tag{3.49}$$

其次，假设阴极受空间电荷限制，于是查尔德–朗缪尔平板二极管定律 (见式 (3.41)) 可以写为

$$V=\left(\frac{J}{2.33\times10^{-6}}\right)^{2/3}x^{4/3} \tag{3.50}$$

因此，在电子注内部及 $y=0$ 处的 $V=f(x)$ 中所要寻求的 $f(x)$ 为

$$V=f\left(x\right)=Ax^{4/3} \tag{3.51}$$

现在有理由假设在电子注外部 (即 $y>0$ 处) 的电势可以用下列复函数来表示：

$$V\left(x,y\right)=\mathrm{Re}f\left(x+\mathrm{j}y\right)=\mathrm{Re}A(x+\mathrm{j}y)^{4/3} \tag{3.52}$$

此处只利用了复数的实部。如果能够证明该函数满足拉普拉斯方程和边界条件，那么它就是所要寻找的正确解。首先，我们来证明该函数满足拉普拉斯方程。函数 $f(x+\mathrm{j}y)$ 可以分解为下列实部和虚部:

$$f\left(x+\mathrm{j}y\right)=u\left(x,y\right)+\mathrm{j}\upsilon(x,y) \tag{3.53}$$

于是

$$\nabla^2f=\nabla^2\left(u+\mathrm{j}v\right)=\frac{\partial^2u}{\partial x^2}+\frac{\partial^2u}{\partial y^2}+\mathrm{j}\left(\frac{\partial^2v}{\partial x^2}+\frac{\partial^2v}{\partial y^2}\right) \tag{3.54}$$

还必须证实它的实部为 0。在解拉普拉斯方程过程中，实际仅需对具有下述特性的解析函数加以考虑

$$\frac{\partial u}{\partial x}=\frac{\partial v}{\partial y}\quad 及 \quad\frac{\partial v}{\partial x}=-\frac{\partial u}{\partial y} \tag{3.55}$$

也就是说

$$\frac{\partial^2u}{\partial x^2}+\frac{\partial^2u}{\partial y^2}=\frac{\partial^2v}{\partial x\partial y}-\frac{\partial^2v}{\partial x\partial y}=0 \tag{3.56}$$

由此得到实部满足拉普拉斯方程 (虚部也满足拉普拉斯方程)。

下面来考虑边界条件。在 $y=0$ 处，$f(x+\mathrm{j}y)=f(x)$ 因而满足边界条件，且有

$$\mathrm{Re}\frac{\partial}{\partial y}f\left(x+\mathrm{j}y\right)=\mathrm{Re}\frac{\partial}{\partial y}\left(x+\mathrm{j}y\right)^{4/3}=\mathrm{Re}\mathrm{j}\frac{4}{3}\left(x+\mathrm{j}y\right)^{1/3}=\mathrm{Re}\mathrm{j}\frac{4}{3}x^{1/3}=0 \tag{3.57}$$

于是在 $y=0$ 处满足 $\dfrac{\partial V}{\partial y}=0$，同时 $\partial V/\partial z\equiv 0$ 。因此所需要的解为

$$V=\mathrm{Re}A\left(x+\mathrm{j}y\right)^{4/3} \tag{3.58}$$

为了理解其含义，可以将它转换为极坐标，令：

$$x+\mathrm{j}y=\left|r\right|\mathrm{e}^{\mathrm{j}\theta} \tag{3.59}$$

于是

$$\mathrm{Re}\left(x+\mathrm{j}y\right)^{4/3}=\mathrm{Re}\left|r\right|^{4/3}\mathrm{e}^{\mathrm{j}(4/3)\theta}=\left|r\right|^{4/3}\cos\frac{4}{3}\theta \tag{3.60}$$

及

$$V\left(r,\theta\right)=A\left|r\right|^{4/3}\cos\frac{4}{3}\theta \tag{3.61}$$

我们可以注意到，如果令 $\dfrac{4}{3}\theta=\dfrac{\pi}{2}$ 或 $\theta=\dfrac{3}{8}\pi$，则 $V=0$；这表明如果将 $V=0$ 的平板电极放在与电子注边缘成 67.5° 的位置处，并且配备具有阳极电势 V 的曲线电极，如图 3.28 所示 [9]，便会形成平行电子流。阳极中膜孔上的栅丝是用于维持电子注中电极电势的，防止电子注穿过正电极后发散。这些成 67.5° 的电极称为皮尔斯电极，而 67.5° 角则称为皮尔斯角。

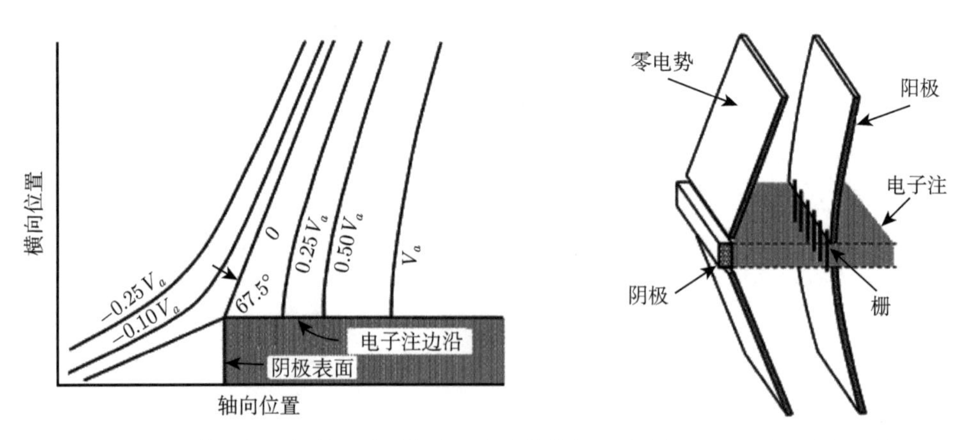

图 3.28　二维平板二极管形成平行电子流的等势线及对应矩形平行电子注电子枪

3.2.1.2　用于形成会聚电子流的聚焦电极

在微波管中，对电子注所要求的电流密度通常远高于阴极的发射能力。因而很有必要使用具有较大面积的阴极，同时对电子注进行压缩，形成与波相互作用

需要的电子注。这类分析的出发点就是球面二极管。将外球的内表面作为阴极，而内球作为阳极。其结构如图 3.29 所示。此处假定阴极发射受空间电荷的限制。

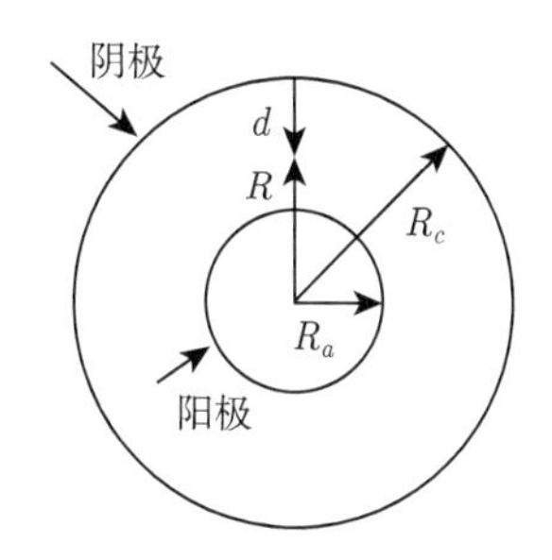

图 3.29 球面极管皮尔斯电子枪

分析球面二极管的过程与分析平板二极管很相似，唯一的区别是数学公式更为复杂。当场在角向没有变化时，球坐标系中的泊松方程为

$$\nabla^2 V = \frac{1}{R^2}\frac{\mathrm{d}}{\mathrm{d}R}\left(R^2\frac{\mathrm{d}V}{\mathrm{d}R}\right) = \frac{\rho}{\varepsilon_0} \tag{3.62}$$

式中 R 表示球坐标系统的径向坐标，以避免与电子注柱坐标系统中的径向坐标 r 相混淆。

电荷密度 ρ 为

$$\rho = \frac{J}{u} = \frac{J}{\sqrt{2\eta V}} = \frac{I_s}{4\pi R^2\sqrt{2\eta V}} \tag{3.63}$$

其中二极管的总电流为 I_s。于是泊松方程变为

$$\frac{\mathrm{d}}{\mathrm{d}R}\left(R^2\frac{\mathrm{d}V}{\mathrm{d}R}\right) = \frac{I_s}{4\pi\varepsilon_0\sqrt{2\eta V}} \tag{3.64}$$

朗缪尔和布劳吉特给出了该方程的解。首先假设

$$\gamma = \ln\left(\frac{R_c}{R}\right) = \ln\left(\frac{1}{1-\dfrac{d}{R_c}}\right) \tag{3.65}$$

及

$$(-\alpha) = \gamma + 0.3\gamma^2 + 0.075\gamma^3 + 0.0143\gamma^4 + 0.00216\gamma^5 + 0.00035\gamma^6$$

式中为了增加精度，已经将最后一项的系数由 0.00027 改为 0.00035。

于是电流为

$$I_s = \frac{16\pi\varepsilon_0}{9}\sqrt{2\eta}\frac{V^{3/2}}{(-\alpha)^2} \tag{3.66}$$

或写成

$$I_s = 29.33 \times 10^{-6}\frac{V^{3/2}}{(-\alpha)^2} \tag{3.67}$$

有关归一化径向坐标与朗缪尔和布劳吉特系数 $(-\alpha)^2$ 的关系曲线如图 3.30 所示。从式 (3.67) 可以看出，球面二极管的电流与平面二极管一样，随电压的 3/2 次方变化。

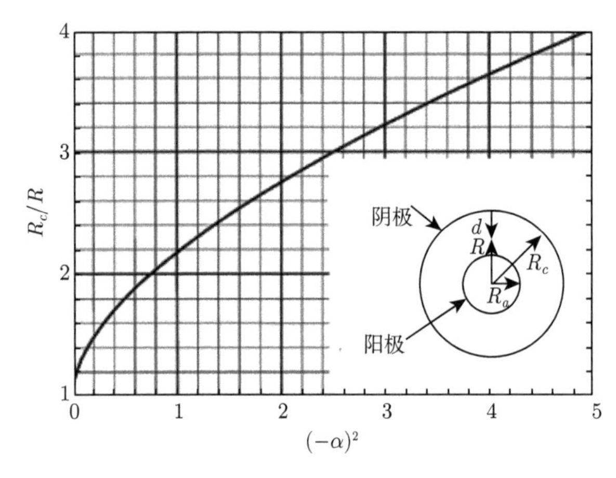

图 3.30　归一化径向坐标与朗缪尔和布劳吉特系数 $(-\alpha)^2$ 的关系

为了形成如图 3.31 所示的球面圆锥形二极管电子枪，就要使用球形二极管电子枪的结果。对于半锥角为 θ 的圆锥体，其相对于球面二极管的总电流 I 由下式给出：

$$I = \frac{1-\cos\theta}{2}I_s \tag{3.68}$$

所以

$$I = 14.67 \times 10^{-6}\frac{1-\cos\theta}{(-\alpha)^2}V^{3/2} \tag{3.69}$$

图 3.32 给出了导流系数与半锥角及归一化阴极–阳极之间距离的函数关系。在后面几节中我们还会证明，如果考虑到阳极的膜孔效应，那么如图 3.32 给出的过高导流系数值在真实的电子枪中是无法实现的。

像在平板二极管一样，圆锥形二极管也会因空间电荷力作用引起电子注的发散。本应具有球面形状的等势面，受电子的空间电荷力的影响因而产生如图 3.33

所示的畸变。为了在球体的其他部分移去后仍能维持电子的径向运动，也有必要像在平行板二极管中形成矩形电流那样，使用相应的聚焦电极使等势线具有与不存在电子时相同的形状。

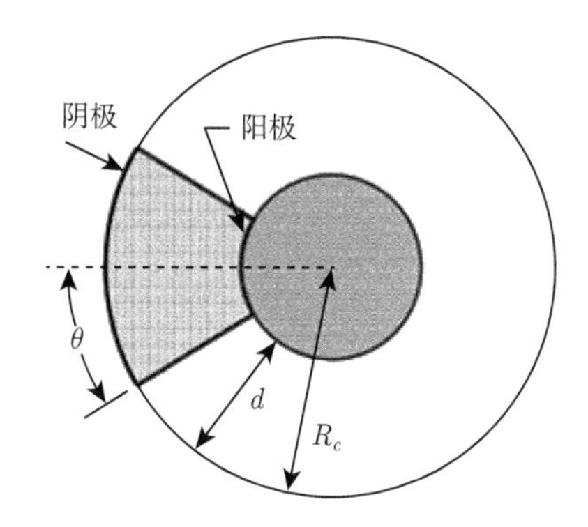

图 3.31 球面圆锥形二极管电子枪

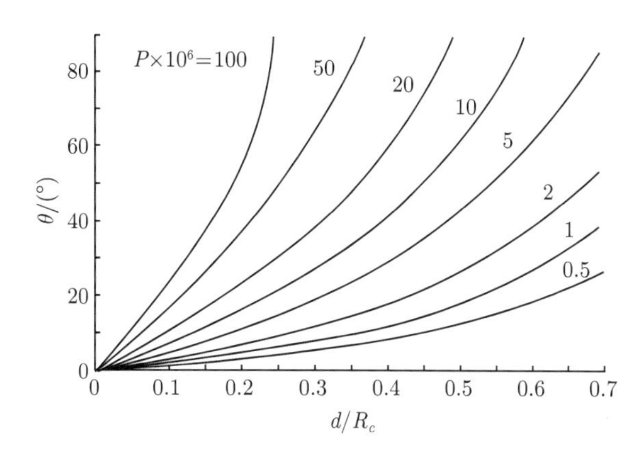

图 3.32 不同导流系数与半锥角及归一化阴极–阳极之间距离的关系

从原理中不难推测，同平板二极管一样，通过将临近阴极的电极向前倾斜，可使等势面更接近球形。事实上正如图 3.34(a) 所示的那样，在靠近阴极边缘处的电子几乎以垂直于阴极面的方向流出。因此，将电极相对于电子注边缘成 67.5° 放置，就可以使阴极边缘附近的等势面形成所要求的形状。对于半锥角不大的情况，这一效应会影响到阴极中央，因而无须进一步考虑聚焦电极的形状。

对于如图 3.34(b) 所示的较大锥角，等势面无法恢复成球面。这就造成了从阴极发射的电流不均匀 (这将导致阴极发射电流密度边沿比中心更大)。此外，当电子离开阴极区时，电子轨迹将不向阴极曲率中心会聚。为了解决这些问题，必须对聚焦电极的形状进行修正，使靠近阴极的等势面成为球面。研究人员已对许多可能的电极形状进行过实验，图 3.34(c) 是一种修正电极能够使电子注会聚到球面中心。不过，修正后的电极会使等势面离开阴极的边沿，但阴极中心区电势面几乎不受影响，中心区的电势主要受空间电荷场控制 (电势下降)。

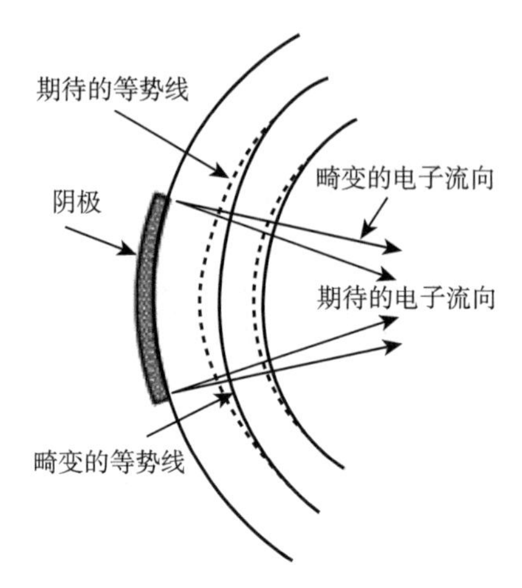

图 3.33 圆锥形二极管阴极因空间电荷效应引起的电势畸变

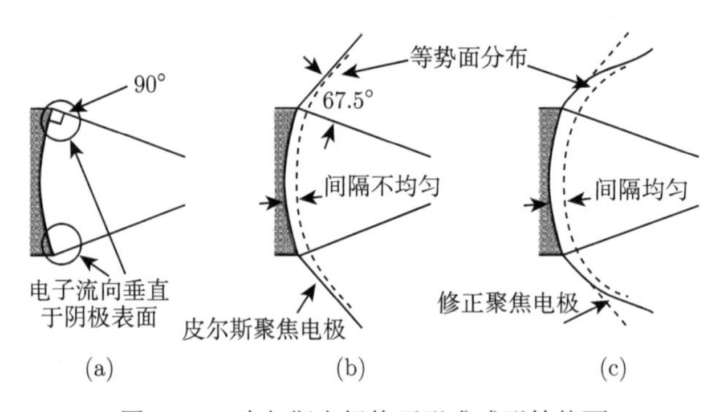

图 3.34 皮尔斯电极修正形成球形等势面

3.2.1.3 阳极膜孔的散焦作用

为了让电子离开圆锥形二极管，必须在阳极上开孔。在阳极膜孔附近所产生的等势面畸变如图 3.35 所示。可以注意到，在图 3.35(a) 中的低导流系数情况下，等势面的畸变被限制在阳极孔附近的较小范围内；随着图 3.35(b) 与 (c) 中导流系数的增加，阳极膜孔的尺寸要加大，而阴极与阳极之间的距离则要减小 (见公式 (3.42))。当导流系数为 3×10^{-6} 时，等势面的畸变已经接近于阴极面。于是在阴极与阳极区之间电子轨迹受到严重干扰，阴极发射呈不均匀状态。变形使边沿场强度大于中间 (边沿发射大)。改进聚焦电极 (见图 3.35(d))，可以降低等势面的畸变，但聚焦极过于靠近阳极，降低了阴极附近的场强，导流系数下降。

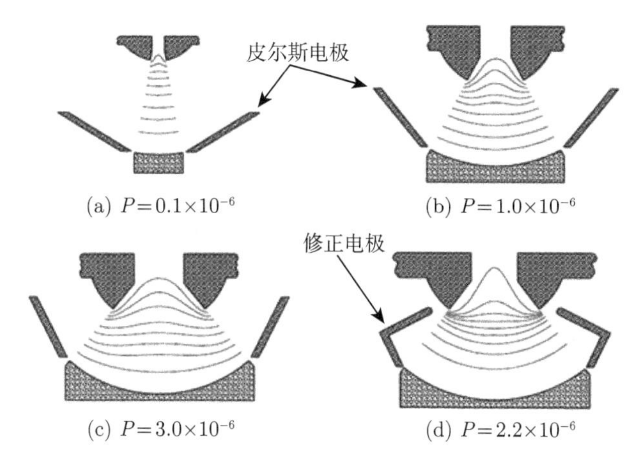

图 3.35 阳极膜孔对等势面的影响

阳极膜孔附近等势面的畸变形成了发散透镜，使电子流的会聚点越出了球的中心，如图 3.36 所示。安波斯 (Amboss) 给出了对阳极膜孔效应的综合处理方法 [11]。这里我们仅限于讨论皮尔斯提出的更加简单的分析方法 [9]，然后再对这一分析方法进行修正。皮尔斯的处理方法采用了戴维森–卡尔比克 (Davisson-Calbick) 薄透镜方程 (推导过程见 2.3.1 节中单膜孔透镜)。薄透镜是一种轴向长度比径向尺寸小得多的透镜 (即透镜的厚度要比焦距小得多)。从如图 3.24 和图 3.36 中可以明显看出，在阳极膜孔附近，等势面轴向畸变的长度与阳极膜孔的半径几乎可以比拟。这表明，采用薄透镜近似是有一定问题的。尽管如此，从分析的角度，戴维森–卡尔比克方程依然有一定的实用价值。随后通过对方程进行修正，以改善电子枪设计的准确性。

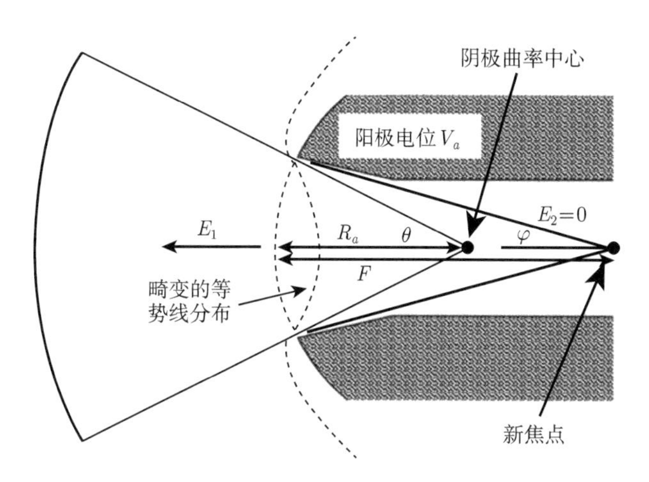

图 3.36 阳极膜孔的散焦作用

首先，暂假设在膜孔左边区域，电子平行于轴线行进，由戴维森–卡尔比克薄透镜方程可知焦距为

$$f = \frac{4V}{E_2 - E_1} \tag{3.70}$$

在所考察的电子枪中，电子通过膜孔后的加速电压为 0，所以 $E_2 = 0$。这表明：

$$f = -\frac{4V_a}{E_1} \tag{3.71}$$

根据光学原理，对于具有两个焦距 f_1 和 f_2 的一对透镜组，其合成焦距 F 为

$$\frac{1}{F} = \frac{1}{f_1} + \frac{1}{f_2} \tag{3.72}$$

在所考察的电子枪中，f_1 为阳极半径 R_a，f_2 为 $-4V_a/E_1$，因而：

$$\frac{1}{F} = \frac{1}{R_a} - \frac{E_1}{4V_a} \tag{3.73}$$

E_1 的值可由圆锥形二极管的电流–电压关系来求解，即

$$I = 14.67 \times 10^{-6} \frac{1-\cos\theta}{(-\alpha)^2} V^{3/2} \tag{3.74}$$

在表达式 (3.74) 中，V 和 α 均为阴极曲率半径 R_c 及所要确定 V 所在球面的曲率半径 R 的函数 (见式 (3.65))。如图 3.37 所示，半径是现在用于分析位置 z 的负数，于是可以按下述方法通过对式 (3.74) 求 $\frac{\mathrm{d}V}{\mathrm{d}R}$ 的方式求解 $E_1 = -\frac{\mathrm{d}V}{\mathrm{d}z}$。

$$V = \left[\frac{I}{14.67 \times 10^{-6}(1-\cos\theta)}\right]^{2/3} (-\alpha)^{4/3} \tag{3.75}$$

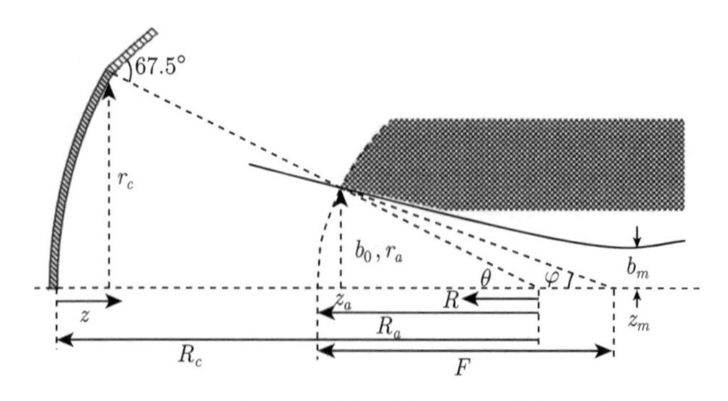

图 3.37 用于分析阳极膜孔散焦的物理量

$$\frac{\mathrm{d}V}{\mathrm{d}R} = \left[\frac{I}{14.67 \times 10^{-6}(1-\cos\theta)}\right]^{2/3} \frac{\mathrm{d}(-\alpha)^{4/3}}{\mathrm{d}R} \tag{3.76}$$

由于

$$\frac{\mathrm{d}(-\alpha)^{4/3}}{\mathrm{d}R} = \frac{\mathrm{d}(-\alpha)^{4/3}}{\mathrm{d}(R_c/R)} \frac{\mathrm{d}(R_c/R)}{\mathrm{d}R} = -\frac{R_c}{R^2} \frac{\mathrm{d}(-\alpha)^{4/3}}{\mathrm{d}(R_c/R)} \tag{3.77}$$

代入式 (3.74) 的 I:

$$\frac{\mathrm{d}V}{\mathrm{d}R} = -\frac{V}{(-\alpha)^{4/3}} \frac{R_c}{R^2} \frac{\mathrm{d}(-\alpha)^{4/3}}{\mathrm{d}(R_c/R)} = -\frac{4V}{3(-\alpha)} \frac{R_c}{R^2} \frac{\mathrm{d}(-\alpha)}{\mathrm{d}(R_c/R)} \tag{3.78}$$

在阳极处，$V = V_a, R = R_a$ 及 $\mathrm{d}V/\mathrm{d}R = -E_1$。于是，

$$\frac{E_1}{4V_a} = \frac{1}{3(-\alpha)} \frac{R_c}{R_a^2} \frac{\mathrm{d}(-\alpha)}{\mathrm{d}(R_c/R_a)} \tag{3.79}$$

因而焦距 F 为

$$\frac{1}{F} = \frac{1}{R_a}\left[1 - \frac{1}{3(-\alpha)} \frac{R_c}{R_a} \frac{\mathrm{d}(-\alpha)}{\mathrm{d}(R_c/R_a)}\right] \tag{3.80}$$

这一关系，可以利用 $(-\alpha) = f(\gamma)$ 来简化。于是:

$$\frac{\mathrm{d}(-\alpha)}{\mathrm{d}(R_c/R_a)} = \frac{\mathrm{d}f(\gamma)}{\mathrm{d}\gamma} \frac{\mathrm{d}\gamma}{\mathrm{d}(R_c/R_a)} \tag{3.81}$$

不过，由式 (3.65) 可知:

$$\frac{\mathrm{d}\gamma}{\mathrm{d}(R_c/R_a)} = \frac{\mathrm{d}\ln(R_c/R_a)}{\mathrm{d}(R_c/R_a)} = \frac{R_a}{R_c} \tag{3.82}$$

于是有关焦距的公式变为

$$\frac{1}{F} = \frac{1}{R_a}\left[1 - \frac{1}{3(-\alpha)} \frac{\mathrm{d}f(\gamma)}{\mathrm{d}\gamma}\right] \tag{3.83}$$

在电子的边缘处。电子轨迹的相应斜率变为

$$\tan\varphi = \frac{b_0}{F} = \frac{b_0}{R_a}\left[1 - \frac{1}{3(-\alpha)} \frac{\mathrm{d}f(\gamma)}{\mathrm{d}\gamma}\right] \tag{3.84}$$

由式 (3.65) 可知，用于计算 F 和 $\tan\varphi$ 的方程中的导数应为

$$\frac{\mathrm{d}f(\gamma)}{\mathrm{d}\gamma}=1+0.6\gamma+0.225\gamma^2+0.0573\gamma^3+0.0108\gamma^4+0.0021\gamma^5 \tag{3.85}$$

图 3.38 给出了由式 (3.83) 得出的 F/R_a 与 R_c/R_a 的函数关系曲线。该曲线表明了事情像我们期待的那样发生了。也就是说，随着阳极与阴极距离的缩短，焦距会因场畸变的增加而加长。正如图中的虚线所示，当 $R_c/R_a<1.46$ 时，电子注通过阳极透镜后发散 (焦距为负数)。

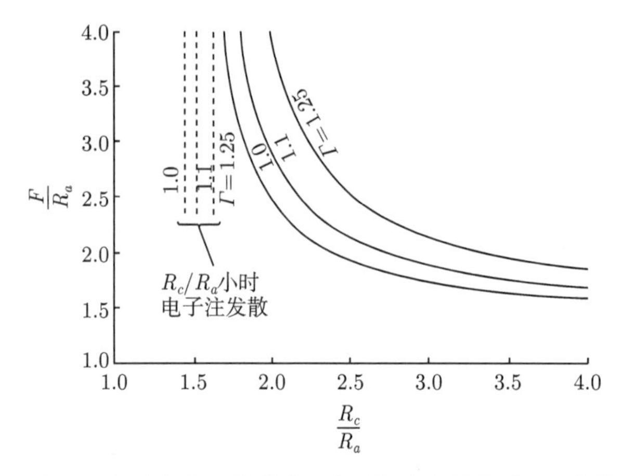

图 3.38　相对阳极半径归一化的焦距与阴极半径的关系 (Γ 为修正系数)

从本节开始曾经提到，戴维森–卡尔比克透镜公式在处理阳极膜孔散焦效应时存在一定问题。这是因为所考虑的大多数问题中，散焦区域的轴向距离均可以与阳极孔半径相比拟。因此，这是一种厚透镜，它的散焦效应估计要比近似的薄透镜严重得多。达尼尔森、卢森菲尔德和萨鲁姆 [12] 对阳极膜孔效应进行了更为详细的分析，并在戴维森–卡尔比克透镜公式中引入了修正系数 Γ (见图 3.38 和公式 (3.86))。他们用来计算 φ 的公式为

$$\tan\varphi=\frac{b_0}{F}=\frac{b_0}{R_a}\left[1-\frac{\Gamma}{3(-\alpha)}\frac{\mathrm{d}f(\gamma)}{\mathrm{d}\gamma}\right] \tag{3.86}$$

威尔逊和布鲁威尔用图 3.39 证实 Γ 的大小取决于阳极膜孔的尺寸 r_a 与阴极和阳极之间距离 R_c-R_a 的比值 [13]。该图的数据 [4,13] 来自哈瑞斯 (Harris) 和布克 (Buckey)。哈瑞斯发现，随阴极和阳极之间距离的变化，由于等效透镜位置会发生漂移，透镜的作用同样也会发生变化并在某个合适距离使修正系数 Γ 达到最大值。从达尼尔森等给出的大多数的结果来看 [12]，Γ 值取 1.1 被证实与实验相一致。沃恩将 Γ 取 1.25 以校正球差，结果相当符合实际情况 [14]。Γ 取 1.1 和 1.25 时会引起焦距增加，如图 3.38 所示。

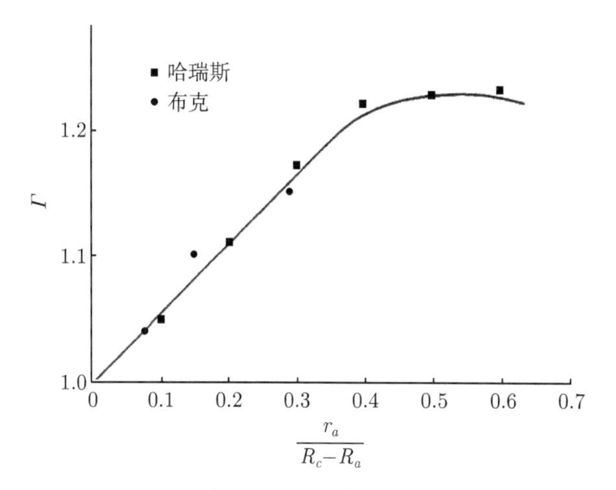

图 3.39 戴维森–卡尔比克方程的修正系数

3.2.1.4 最小电子注直径的形成

当电子注离开阳极膜孔之后，轴上电场趋于零，电子所受到的唯一作用力是由空间电荷引起的，于是电子注的形状由通用电子注发散曲线决定，如图 3.40 所示。根据对发散曲线的分析，最小电子注半径 b_m 及最小半径处的轴上位置 z_m 均为进入区域 3(图 3.24) 入射条件的函数。获取这些数据对于使电子正常地进入磁聚焦系统来说非常重要。

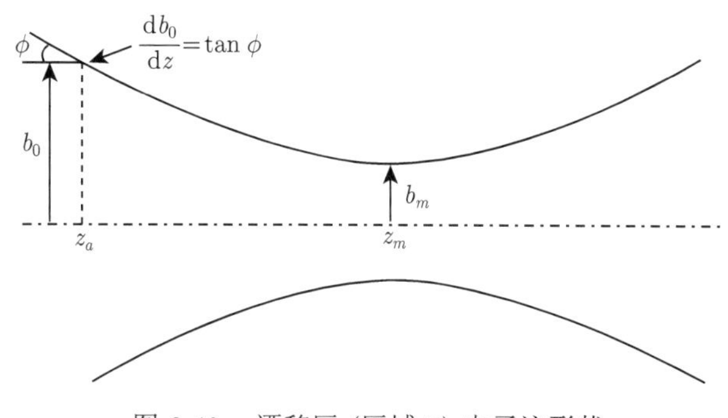

图 3.40 漂移区 (区域 3) 电子注形状

按照电子注通用发散曲线分析及公式 (2.127)，b_m 和 $\tan\phi$ 之间的关系可由下式求出:

$$B_m = \frac{b_m}{b_0} = \mathrm{e}^{-(\mathrm{d}B_0/\mathrm{d}Z)^2} = \mathrm{e}^{-(\mathrm{d}b_0/A\mathrm{d}z)^2} \tag{3.87}$$

所以

$$b_m = b_0\mathrm{e}^{-(\tan\phi/A)^2} \tag{3.88}$$

其中

$$A = 174\sqrt{P_{\text{er}}}$$

通用电子注发散曲线 (图 3.40) 通常以归一化的 b 与归一化的 z 之间的关系曲线给出。为方便电子枪设计，结构设计会先对束腰大小 b_m 给出限定，于是用 z 作为 b 的函数可能更合适。但通常 b_m 按式 (3.88) 求得，沃恩 [14] 对电子注通用发散曲线的公式进行变换，获得 z_m 与 b_m 的关系为

$$\begin{aligned} z_m = z_a + \frac{b_m}{A}\Bigg[&1.914\left(\frac{b_0}{b_m}-1\right)^{1/2} + 0.230\left(\frac{b_0}{b_m}-1\right) \\ &+ 0.0107\left(\frac{b_0}{b_m}-1\right)^2 - 0.000291\left(\frac{b_0}{b_m}-1\right)^3\Bigg] \end{aligned} \tag{3.89}$$

3.2.2　电子注的控制技术

在所有的微波管应用中，由电子枪产生的电子注必须被合理有效地控制，这不仅关系到电子注成形和质量差异，而且对电源制备要求和使用效率至关重要。通常最简单的要求是注电流必须能开能关，有些场合则需要进行连续控制。简单直接的注电流控制方式是在阴极和阳极之间加电压，如图 3.41(a) 所示。也可以在阴极和阳极之间安装调制阳极对电流进行控制，如图 3.41(b) 所示。在有些电子枪中 (一般是低导流系数枪) 还采用聚焦电极控制电流，如图 3.41(c) 所示。最后，还有在靠近阴极面采用一个或多个栅网来控制电流，如图 3.41(d) 所示。

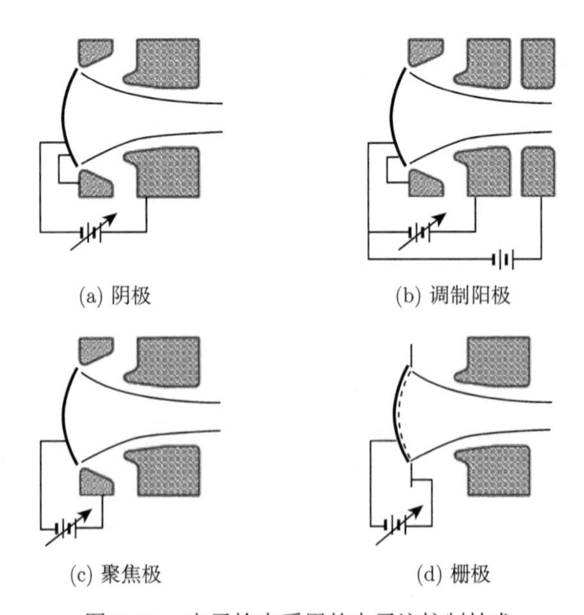

图 3.41　电子枪中采用的电子注控制技术

3.2.2.1 阴极控制

阴极控制是控制微波管开与关的最简单的技术。几乎在所有的应用场合中，这种控制方式的电子枪的阳极和管体都处在地电势；给阴极加负脉冲接通电子注，而使阴极返回地电势则关断电子注 (图 3.42)。阴极调制的主要问题是，必须用电源 (调制器) 来切断整个电子注功率，因而调制电源必定是大而笨重，效率一般都不高。这种控制方式经常用于高功率速调管的电子枪控制。

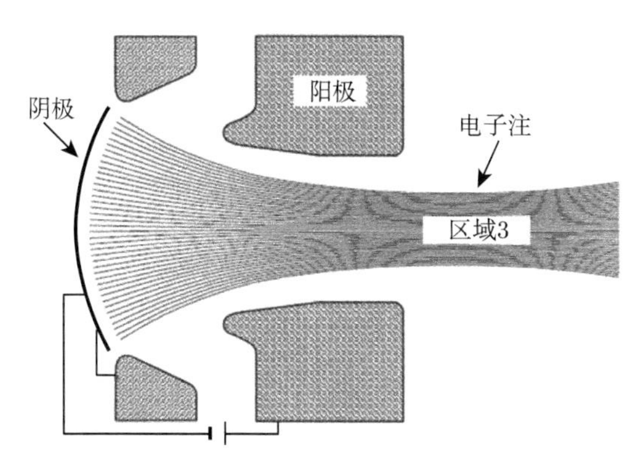

图 3.42 阴极控制的电子枪示意图

3.2.2.2 阳极控制

在阳极控制电子枪中，电子枪的阳极 (调制阳极) 与管体隔开，管体作为第二阳极。阳极调制的电子枪结构如图 3.43 所示。

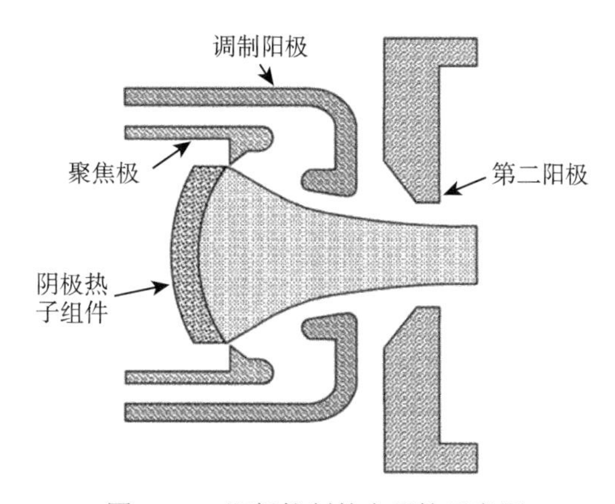

图 3.43 阳极控制的电子枪示意图

为了改变注电流，阳极调制所需的电压变化范围很大，但是阳极调制所需要的功率却并不大，原因是阳极截获的电流非常小。在介于导通和关断之间的电压处，可以用阳极调制来控制导流系数，而不会对电子注聚焦带来严重影响。这种控制方式通过高频信号与调制阳极导通信号同步开启，避免了像阴极控制那样电压一旦加上电路始终处于导通状态，导致电源工作处于满负荷的情况。

3.2.2.3　聚焦极控制

如果在皮尔斯电子枪的控制电极上施加足够大的负电压，就可以将注电流降至零。借助于在阴极中心安装附加电极的方式，如图 3.44 所示，可以降低电子注电流截止所需要的电压。

在聚焦极上加上等于或者非常接近于阴极电势的电压，就可以用聚焦极控制电子注的导通；而加上明显低于阴极电势的电压，则可以关断电子注。聚焦极控制无法用于介于导通和关断临界状态的电流控制，这种情况会在电子枪中引起强烈的散焦作用。

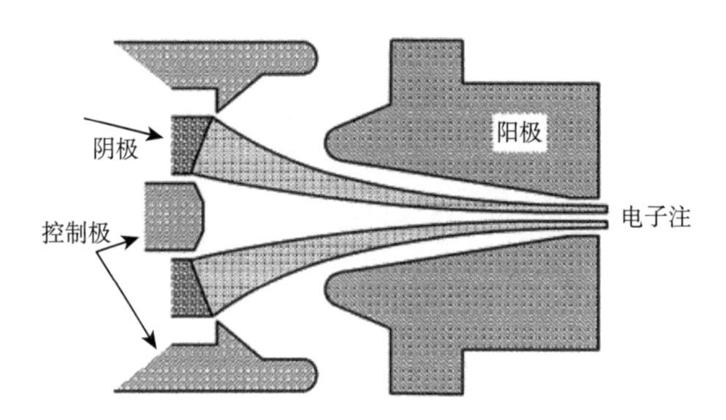

图 3.44　聚焦极控制电子枪示意图

3.2.2.4　栅极控制

在正常的工作条件下，用阳极调制和用其他控制极调制的电子枪都属于皮尔斯电子枪。不过，使用栅极时，阴极附近的电子轨迹要受到影响，殃及电子注的聚焦并影响到电子注的动态性能。即便如此，由于栅极控制可使电源调制器做得非常小，因而得到了非常广泛的应用。

图 3.45 示出了几种栅极结构。最简单的结构是在阴极附近增加一个栅网。对于包含单一栅网的皮尔斯枪，用计算机模拟出的电子流形状如图 3.46 所示。此处忽略了热初速，可以观察到电子流具有极佳的层流性。单一栅网电子枪所面临的问题是，栅网可能截获大量的阴极电流。在某些场合中可能截获 15%或更多的阴极电流。这种截获引起的后果：一是在工作比大时栅网发生过热；二是所需要的栅网调制功率比较大。

大多数栅控结构在控制栅和阴极面之间都包含阴影栅。阴影栅的电势等于或接近于阴极电位，可减少因电流截获引起的温升。阴影栅的栅丝与控制栅的栅丝对齐，使控制栅得到遮挡而几乎不截获电流。图 3.45 示出了几种阴影栅的结构。栅极除了截获阴极发射出来的电子之外，它通常离阴极很近。容易打火是栅极应用面临的另一个关键问题。因此，栅控电子枪主要应用于行波管等一些工作电压相对低的情况，对于单注高功率速调管少有应用。对于多注速调管，由于工作电压相对低，栅控也被作为一种控制方式，但对控制极表面处理有很高的要求，否则由于多电子注电流大依然会导致频繁打火。图 3.47 是两种基本的栅网结构，左边的通常用于截获栅，右边的通常用于阴影栅。

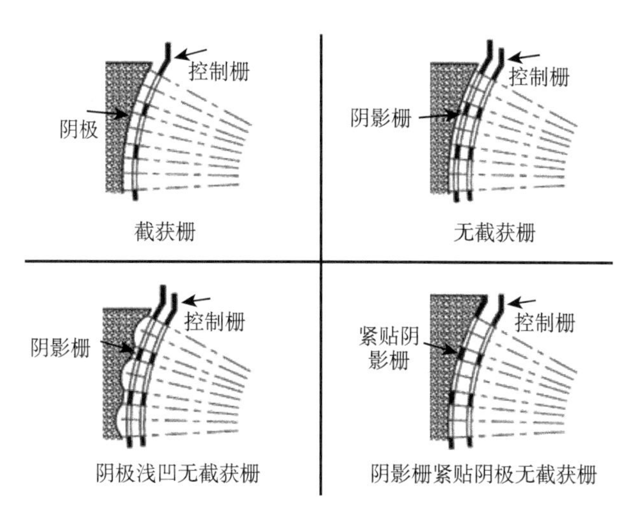

图 3.45 皮尔斯电子枪控制电流的各种栅结构

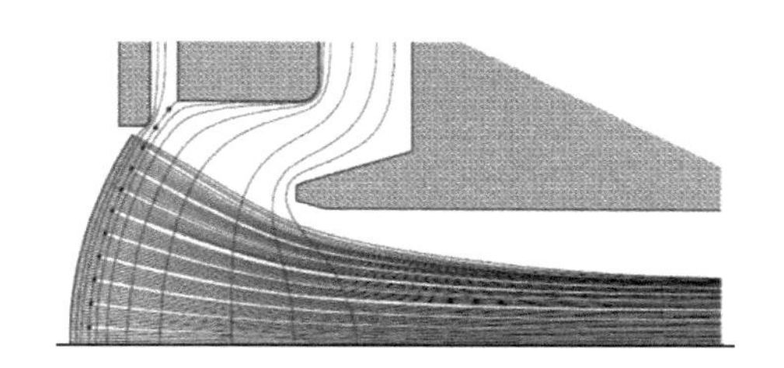

图 3.46 单栅皮尔斯电子枪轨迹计算机模拟

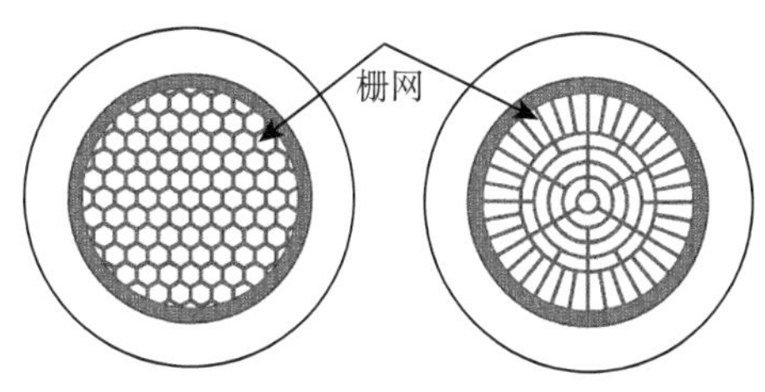

图 3.47 栅网结构例子

3.3 电 子 注

3.3.1 概述

在 3.2 节讨论了皮尔斯电子枪。这一节要讨论对来自皮尔斯电子枪的电子注进行磁聚焦。微波管出现以来，人们曾经探索过多种静电聚焦技术，但目前除少数几种设计采用通用发散曲线形状电子注的管子无须采用聚焦措施之外，只有磁场约束是目前器件生产和发展使用的聚焦技术。

图 3.48 以简化的方式示出了聚焦所面临的首要问题，即微波管中所使用的典型电子注的空间电荷力非常强，在没有“聚焦力”的作用下会迅速发散。利用大小相同方向相反的聚焦力，可以防止电子注的发散。

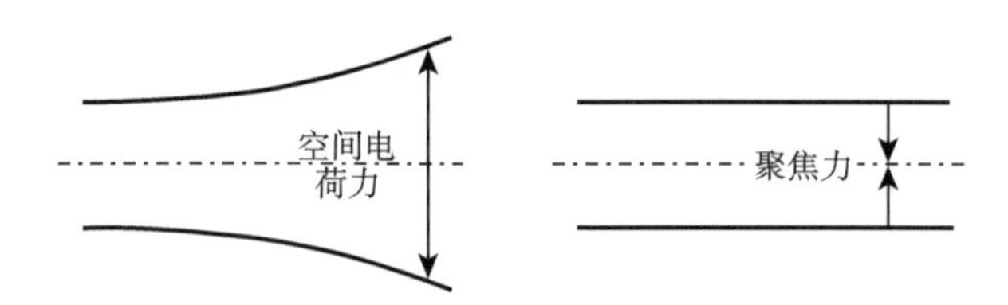

图 3.48　空间电荷力与聚焦力作用的示意图

在微波管中，这种聚焦力是由与电子注处于同一轴线的磁场提供的。人们经常使用如图 3.49 所示的电磁线包来形成磁场。在建立有聚焦磁场存在的电子注运动方程之前，有必要对磁聚焦是如何工作的这一问题进行定性讨论。

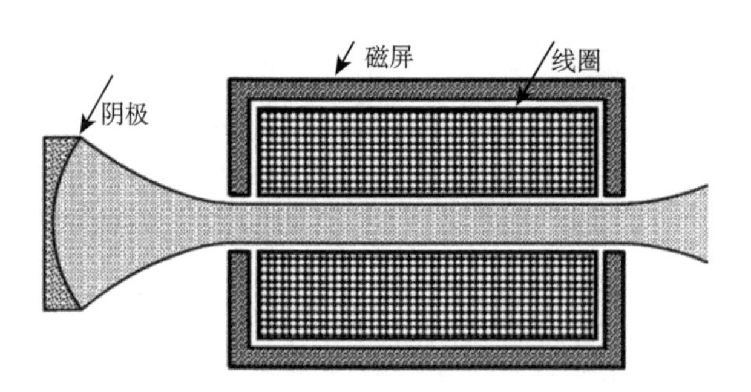

图 3.49　行波管或速调管电子注磁聚焦线包示意图

3.3.2　均匀磁场聚焦 [4,10]

为了简化聚焦过程的叙述，首先假设磁力线不穿过阴极，电子注在进入电磁线包时才第一次遇到磁场，同时假设不存在横向速度分量 (亦即不考虑热初速效应、阴极发射不均匀或栅极效应)。具体如图 3.50 所示，电子注切割力线的径向分量便形成了电子注的磁聚焦。比如，电子注 (及电磁线包) 轴线上方的一个电子遇到的是径向朝下的磁通密度分量，按照右手螺旋定则，作用在电子上的力指向纸面外。位于轴线下方的一个电子，其遇到的是径向朝上的磁通分量，则受到的磁场力指向纸面内。

如果考虑磁场力对所有电子的作用，那么最终效果是：随着电子沿图 3.50 所示方向的磁力线进入磁场，电子注开始沿顺时针方向旋转。如果，把磁力线的方向反过来，那么电子注将沿逆时针方向旋转。

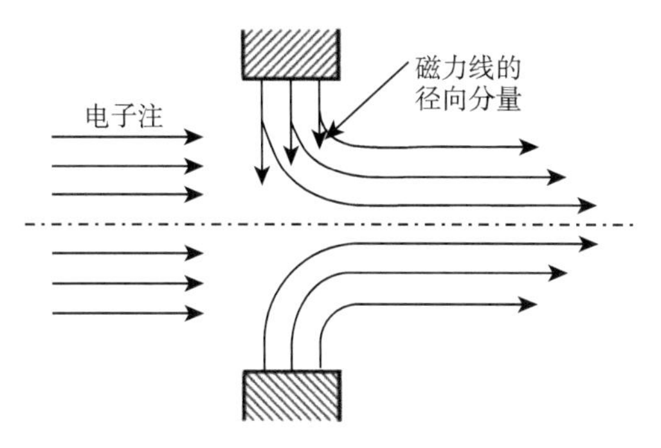

图 3.50 电子注进入磁聚焦线包磁力线分布

随着电子注进一步进入磁场，会遇到逐渐增强的磁通密度沿轴分量。考察位于轴线上方的电子作为切割磁力线径向分量的结果，该电子获得了指向纸面外的速度分量。该速度分量与沿轴磁通密度的矢量叉积是一个离开轴中心沿径向朝外的矢量，于是作用在电子上的力指向轴心。对于其他电子所做的类似考察表明，这些电子都将受到朝向轴心的磁场力作用。

因此，正是电子注轴向运动进入磁场切割径向磁力线产生的旋转与沿轴磁力线分量的相互作用形成了磁聚焦力。如果对电子注中的每个电子进行跟踪便会发现，电子是沿电磁线包轴线周围的螺旋轨迹前行的，如图 3.51 所示。

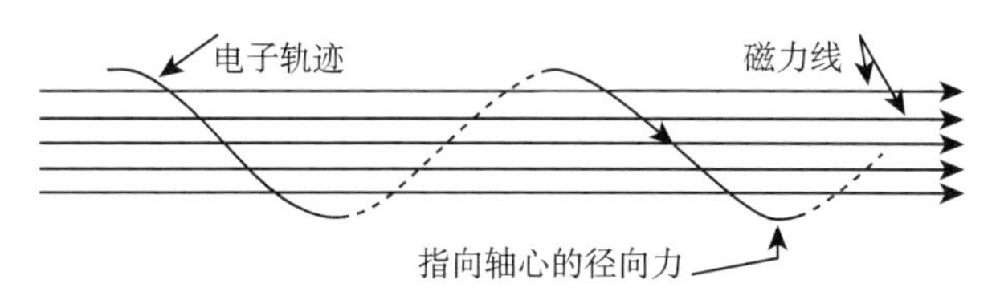

图 3.51 在轴向磁场中的电子轨迹

3.3.2.1 布里渊流

如果使电子注发散的空间电荷力 (加上由电子旋转引起的离心力) 正好与使电子注压缩且大小相同方向相反的磁场力平衡，并假设电子进入磁场时没有径向速度分量，那么电子注旋转通过磁场时，其直径将保持不变。当电子注整体具有均匀电荷密度，且磁力线不穿过阴极时，所产生的磁场力正好与空间电荷力和离心力平衡的磁通密度值称为布里渊磁场，通常用 B_B 表示。由此导致以固定直径旋转并沿轴向前行的电子流称为布里渊流。用于形成布里渊流的电子枪与极靴的配置近似用如图 3.52 展示。

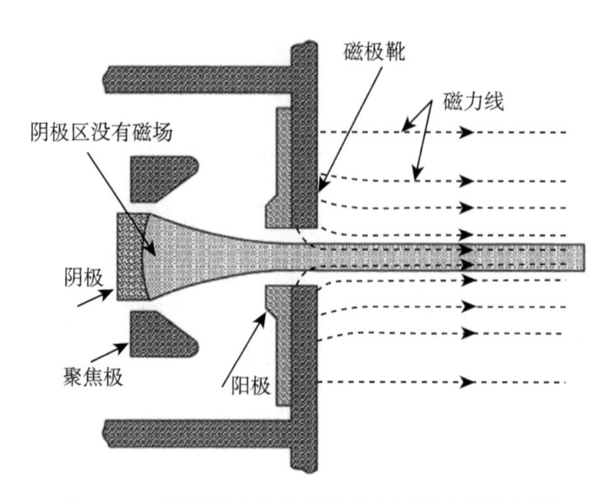

图 3.52　用于形成布里渊流的电子枪和极靴配置

为了形成布里渊流，电子注必须具有均匀的电荷密度，并且必须在没有电子的径向运动以及电子注半径 b_0 等于平衡半径 a(在该半径处空间电荷力和离心力与磁场力平衡) 的条件下沿轴线进入磁场，其具体情如图 3.53 所示。在本章下面的分析中还将证明，对于布里渊流电子注的平衡半径 a 为

$$a=\frac{1}{B_z}\left(\frac{2I}{\pi\eta\varepsilon_0 u_0}\right)^{1/2} \tag{3.90}$$

其中 B_z 为沿轴磁通密度，I 为注电流，u_0 为电子注沿轴向速度，η 为电子的荷质比，ε_0 为自由空间的介电常数。

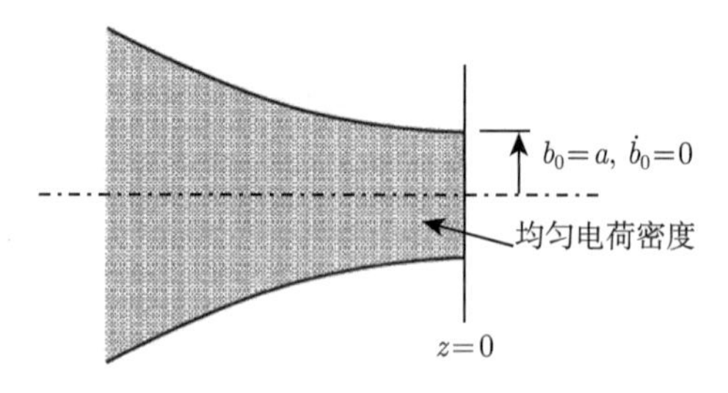

图 3.53　布里渊流的入射条件

从式 (3.90) 可以看出，如果 B_z 增大，磁场力亦增大，因而使平衡半径减小；如果电流增加，电子注的电荷密度亦增大，则空间电荷力与平衡半径也必然须增加。如果电流不变，电子速度增大，空间电荷密度和空间电荷力随之减小 ($J=\rho u_0$)，则电子注平衡半径必然也要减小。这几种情况的实际存在，必然导致电子束在径向产生“脉动”。

3.3.2.2 脉动

对于实际情况，如果电子枪完全屏蔽磁力线，通常很难实现布里渊流所需的理想平衡。外加电压的波动和阴极发射的涨落，使得很难维持电子速度和电子注电流处于恒定值，外加磁场也会受电源稳定度或环境干扰的影响。于是空间电荷力和离心力与外加磁场聚焦力的平衡随时可能打破。例如，电子注以小于平衡半径进入磁场的情况，便会发生如图 3.54 所示情况。

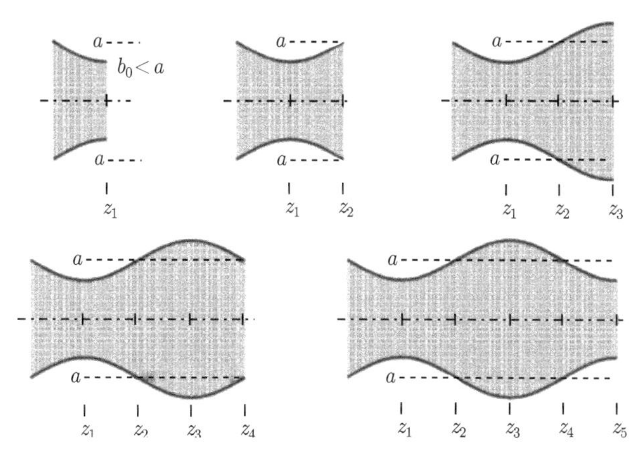

图 3.54 电子注小于平衡半径进入磁场时的动态特性

图 3.54 表明，则电子注进入磁场的 z_1 平面 $(b_0 < a)$ 时，空间电荷力大于磁聚焦力，因此电子注开始发散。当电子注到达 z_2 平面 $(b_0 = a)$ 时，发散和聚焦的径向力相等，但电子因加速达到径向朝外的速度最大，电子将冲过平衡半径，沿径向朝外做减速运动。当电子到达 z_3 平面 $(b_0 > a)$ 时，电子因受磁场聚焦力减速作用，径向运动被迫停止，此时空间电荷力与离心力之和已小于磁场力，电子随后将受磁场聚焦力作用开始沿径向向内加速运动。电子注向内加速运动过程中，速度增加，但受力逐渐减小，在 z_4 平面 $(b_0 = a)$ 电子又返回到平衡半径，此时速度又一次达到最大，使电子向内冲过平衡半径。当电子到达 z_5 平面 $(b_0 < a)$ 时，空间电荷力与离心力之和超过磁聚焦力，电子沿径向朝内的减速运动被迫中止。在均匀轴向磁场中，电子注在 z_5 平面处的半径与 z_1 平面处相同，在 z_1 和 z_5 之间发生的整个过程会不断重复。其结果是，随着电子注沿轴向运动，其半径会不断地周期性波动。电子注半径的这种周期性变化称为脉动。

如果电子注小于平衡半径平行进入磁场，可以通过增加磁场以抑制脉动恢复平衡；如果电子注大于平衡半径平行进入磁场，可以通过降低磁场以抑制脉动恢复平衡。如果电子枪的轴向位置不合适，使电子注进入磁场时不是发散就是收敛，那么即使调节磁场强度，也无法抑制所形成的脉动。

电子枪在制造时可能就存在定位对中不太准确等问题。电子枪的轴线相对于管子的中心轴既可能出现偏心，也有可能出现倾斜。引起对中问题的其他因素还有：阴极、栅极或控制极的安装误差，以及磁极靴材料性能的不一致。这种对中问题不仅可能引起脉动，还有可能导致某种程度的扭曲。图 3.55 总结了为形成平行于中心轴的布里渊电子流会遇到的种种问题。其中包括：

(1) 磁通密度过小；

(2) 磁通密度过大；

(3) 电子注在入口处会聚；

(4) 电子注在入口处发散；

(5) 电子注轴偏离磁场轴；

(6) 电子注轴相对于磁场轴倾斜。

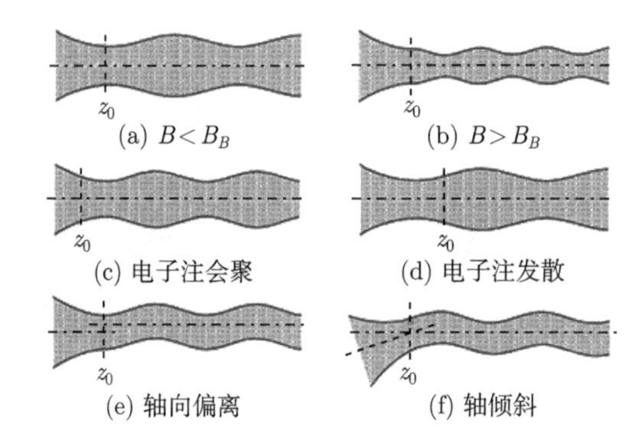

图 3.55　平行于轴向形成布里渊流遇到的各种问题

布里渊流的优点是所需磁场比其他任何聚焦方式都要低。其缺点主要是电子注对偏心与扰动 (如高频调制引起的) 极为敏感。由高频电子群聚所引起的注电流变化所产生的影响如图 3.56 所示 [10]。可以注意到，电流增加 50%会导致电子注直径增大 40%以上。

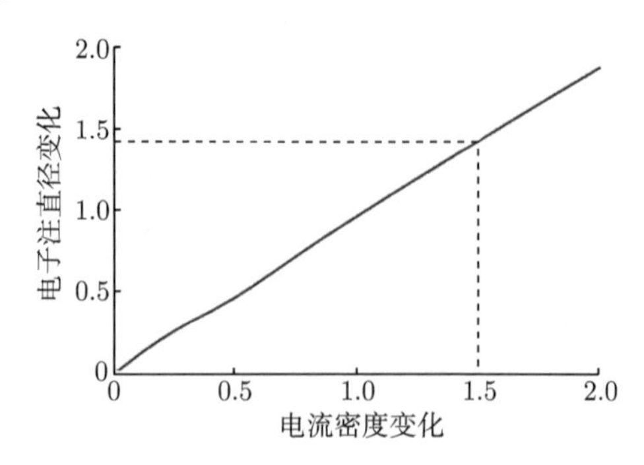

图 3.56　布里渊电子注电流密度变化引起电子注直径的变化

3.3.2.3 限制流 (浸没流)

由于电子注对扰动的影响极为敏感，所以实际应用中应避免使用布里渊聚焦。如图 3.57 所示，应有目的地为管子设计聚焦磁场的磁路，使磁力线能穿过阴极。这样便有可能使用比布里渊值更强的磁场对电子注聚焦。由于磁场的增强，相比布里渊流，电子注在径向将会受到压缩。于是这一措施不仅不会引起电子注的脉动，还会对脉动有抑制作用。这种形式的聚焦被称为限制流聚焦或浸没流聚焦。

为了说明限制流中穿过阴极的磁场所起的作用，一个比较好的方法是假设电子枪中电子与磁力线不交叉，因为这样一定程度上可以保证电子注进入均匀磁场之前的形状与电子枪区无磁场情况一致。也就是说，利用这一假设，电子枪区中的磁场便不会影响到电子。应当指出的是，事实上在电子枪区电子很难不切割磁力线 (如图 3.57 所示)。不过，电子注的最终表现还是有可能基本上可以符合电子轨迹与磁力线不交叉的假设。

由于轴向磁场要比布里渊磁场大，这种情况电子注的旋转要比布里渊流慢 (见式 (2.46))。同时应该注意到，随着轴向磁场的增强，径向磁场越来越弱，电子角向速度也越来越小，这将进一步降低平衡所需的旋转速率，因而电子注的旋转速度随着磁场变均匀而趋于恒定值。以图 3.57 为例，最终有 $B_r = 0$，$\dot{r} = 0$，$\dot{z} = C$，同一半径旋转速度大小恒定，从而电子注径向受力大小恒定。

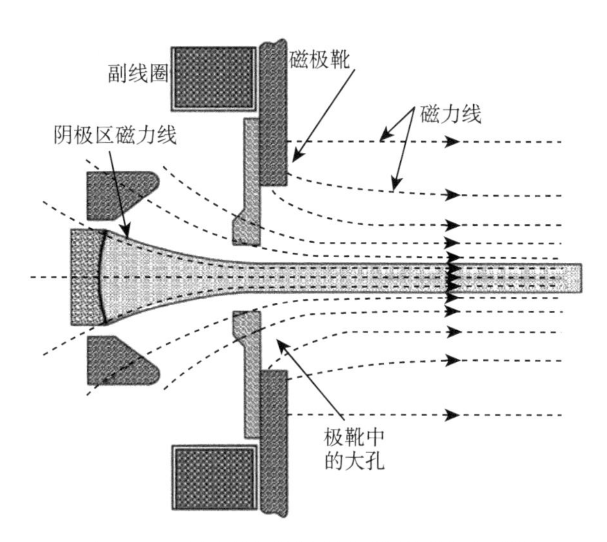

图 3.57 用于产生限制流 (或浸没流) 的磁路

限制流聚焦的主要优点是电子注比布里渊聚焦明显容易控制，这可以用图 3.58 说明。该图在图 3.56 的基础上增添了磁场为布里渊磁场的 2 倍 ($m = 2$) 和 3 倍 ($m = 3$) 时的曲线。如果电子注电流密度增加 50%，则布里渊聚焦电子注直径变化大于 40%；而对于 $m=2$ 和 $m=3$，电子注直径的变化分别为 8%和 4%。限制流聚焦的主要缺点是必须使用比布里渊聚焦更大、更笨重的磁铁来产生所需的强磁场。如果采用电磁方案的话，其功率消耗及散热要求均要高于布里渊流。

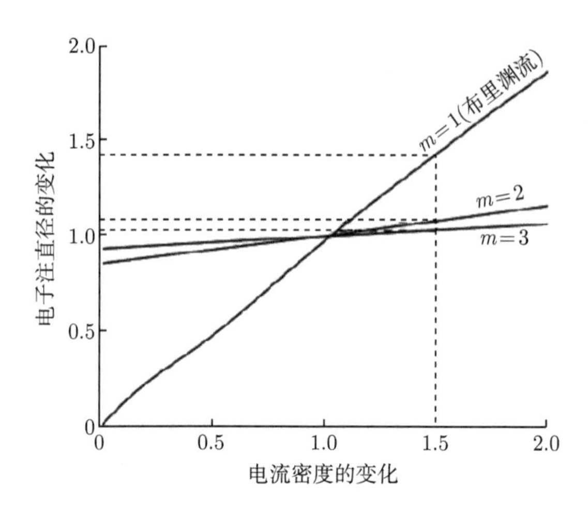

图 3.58　大于布里渊流磁场，电子注直径与电流密度的关系

3.3.3　均匀场聚焦与层流性 [4,10]

3.3.3.1　电子注方程

在所要研究的电子注中，电场与磁场均为轴对称分布。径向电场 E_r 是电子注所产生的，而用于聚焦电子注的磁通密度 B 则与轴线同方向。假设电荷密度 ρ 和轴向速度 u_z 在径向是均匀的 (在轴向则无此限制)。用于求解电子运动的径向力方程为

$$\ddot{r}-r\dot{\theta}^2=-\eta\left(E_r+Br\dot{\theta}\right) \tag{3.91}$$

其中 $\dot{\theta}$ 由布许定律确定:

$$\dot{\theta}=\frac{\eta}{2}\left(B-B_c\frac{r_c^2}{r^2}\right) \tag{3.92}$$

此处假设电子在阴极的位置为 r_c，该处的磁通密度为 B_c。在给定的轴向位置处可以注意到，如果假定电子枪中电子密度在径向是均匀的，并且电子注具有层流特性 (电子轨迹不交叉)，那么 $\dfrac{r_c}{r}$ 便为常数。因而在轴的任意位置处，整个电子注的 $\dot{\theta}$ 保持不变。

针对电子注通用发散曲线的讨论，用高斯定理得出的电场为

$$E_r = -\frac{rI}{2\pi b^2 \varepsilon_0 u_0} \tag{3.93}$$

现在需要加以说明的是，空间电荷力 (式 (3.93))、离心力 ($m\dot{\theta}^2 r$) 及磁场力 ($-e\Omega_c Br$) 均与径向位置成正比。结果，电子的径向加速度和横向运动速度均与 r 成正比，所以组成电子注的电子具有层流特性。

在 $r = b$ 的电子注边界处，电场 $E_r(b)$ 为

$$E_r(b) = -\frac{I}{2\pi b \varepsilon_0 u_0} \tag{3.94}$$

通过综合布许定律式 (3.92)、高斯定理式 (3.94) 和受力方程 (3.91)，便可以获得电子注边缘处的电子运动方程:

$$\ddot{b} - b\left(\frac{\eta}{2}\right)^2 \left(B - B_c \frac{b_c^2}{b^2}\right)^2 = -\eta\left[-\frac{I}{2\pi b \varepsilon_0 u_0} + Bb\frac{\eta}{2}\left(B - B_c\frac{b_c^2}{b^2}\right)\right] \tag{3.95}$$

对该方程各项重新组合后得到

$$\ddot{b} + b\omega_L^2\left[1 - \left(\frac{B_c}{B}\frac{b_c^2}{b^2}\right)^2\right] - \frac{\eta I}{2\pi b \varepsilon_0 u_0} = 0 \tag{3.96}$$

式中 $\omega_L = \eta B/2$ 为拉莫尔频率，它等于回旋频率的一半，该方程通常称为电子注方程。

在着手分析电子注之前，有必要先讨论一下拉莫尔频率的意义和重要性。忽略空间电荷力 (即，令 $I = 0$) 并且假设 $B_c = 0$，于是电子注方程简化为

$$\ddot{b} + b\omega_L^2 = 0 \tag{3.97}$$

这是简单的简谐运动方程，其通解为

$$b = A_1 \sin\omega_L t + A_2 \cos\omega_L t \tag{3.98}$$

假设在 $t = 0$ 处电子注半径为 b_0，且无径向速度分量 (即 $\dot{b}_0 = 0$，因而电子注既不膨胀也不收缩)，于是 $A_2 = b_0$ 及 $A_1 = 0$。所以

$$b = b_0 \cos\omega_L t \tag{3.99}$$

正如图 3.59 极坐标中的图形所表明的那样，当 $\omega_L t$ 经过弧度 π 时，电子完整地旋转了一周。电子的实际回旋频率应为 $\omega_c = 2\omega_L$。这表明电子注纵向运动的

径向脉动频率是由其横向运动回旋频率决定 (回旋频率的一半) 的。或者说，外加磁场决定电子注脉动的拉莫尔频率。

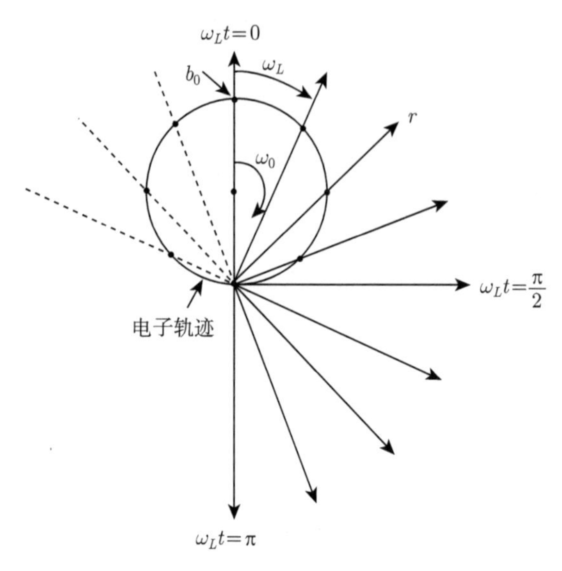

图 3.59　不考虑空间电荷且 $B_c = 0$ 时的电子轨迹

电子注与沿轴距离 z 的函数关系如图 3.60 所示。电子注半径周期性地减小到零，然后增加到初始值 b_0。具有低空间电荷密度且聚焦不良的电子注，其实际表现与此很相似。

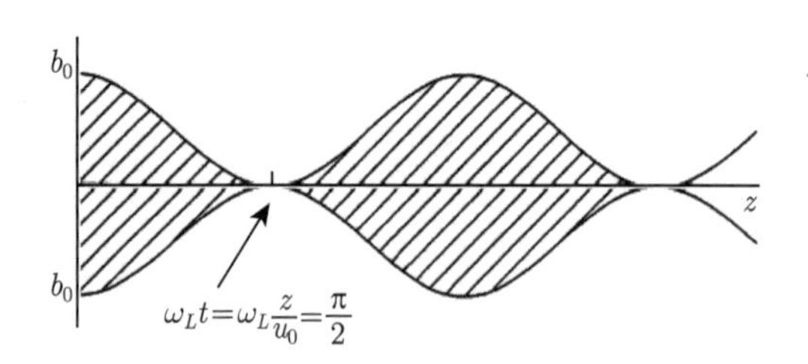

图 3.60　电子注形状与距离的关系

为了获取电子注方程通解，第一步是考察方程 (3.96) 中以下相关于磁通量的比值:

$$\left(\frac{B_c}{B}\frac{b_c^2}{b^2}\right)^2 \rightarrow \left(\frac{B_c}{B}\frac{\pi b_c^2}{\pi b^2}\right)^2 \tag{3.100}$$

通过阴极面的总磁通量为 $\pi b_c^2 B_c$，它与通过由半径 g(如图 3.61 所示) 所确定的面积上的总磁通量 $\pi g^2 B$ 相等。须注意的是，$g = 0$ 时，磁力线不经过阴极。

$g=b$ 时，穿过阴极的总磁通量与电子注在位置 z 处所包含的总磁通量相等。

$$\frac{B_c}{B}\frac{b_c^2}{b^2}=\frac{g^2}{b^2} \tag{3.101}$$

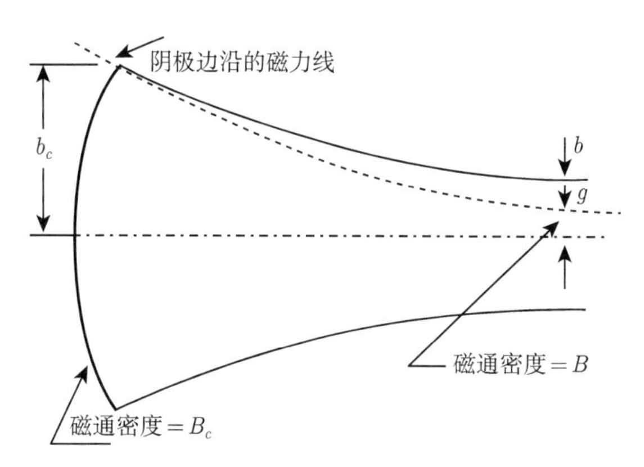

图 3.61 有关 g 的定义

利用上式结果并且令:

$$a=\frac{1}{\omega_L}\left(\frac{\eta I}{2\pi\varepsilon_0 u_0}\right)^{1/2} \tag{3.102}$$

电子注方程 (3.96) 可以写成

$$\ddot{b}+\omega_L^2\left[b\left(1-\frac{g^4}{b^4}\right)-\frac{a^2}{b}\right]=0 \tag{3.103}$$

然后利用归一化值

$$R=\frac{b}{a}\ 和\ R_g=\frac{g}{a} \tag{3.104}$$

将电子注方程改写为

$$\ddot{R}+\omega_L^2\left[R\left(1-\frac{R_g^4}{R^4}\right)-\frac{1}{R}\right]=0 \tag{3.105}$$

为了说明该方程的含义并从中获取电子注的信息，可以将该方程写为

$$\frac{\ddot{R}}{\omega_L^2}=-\left[R\left(1-\frac{R_g^4}{R^4}\right)-\frac{1}{R}\right] \tag{3.106}$$

针对方程 (3.106)，我们考察方程右边项与 R 的函数关系。首先，可以注意到该方程的左边项正比于径向加速度，因而也正比于电子所受到的径向力。也

就是说，当该方程的右边项为零时，电子所受到的径向力亦为零。如果引起电子注发散的空间电荷力和离心力之和恰好与压缩电子注的磁聚焦力大小相同方向相反，便会出现这种情况。当径向受力为零时，电子注处于平衡状态，不再存在能使其发散或收缩的力。若能维持这种状态，那么电子注的直径便可以保持为常数，从而形成圆柱形电子注。通常在微波管中，这就是所需要的电子注形状。

图 3.62 绘出了 R_g 取某些值时式 (3.106) 的右边项 (RHS) 与 R 的函数关系。可以注意到，当 $R\approx 1$ 时式 (3.106) 的右边项接近于零。如果 $R\leqslant 1$，力为正值，电子注发散。如果 $R\geqslant 1$，则力为负值，电子注收缩。显然，我们期望电子注维持在 $R=1$，即受力为零的状态。我们将受力为零的归一化半径 R_e 称为平衡半径，于是式 (3.106) 的右边项可以写为

$$R_e\left(1-\frac{R_g^4}{R_e^4}\right)-\frac{1}{R_e}=0 \text{ 或 } R_e^4-R_e^2-R_g^4=0 \tag{3.107}$$

所以

$$R_e=\pm\left(\frac{1}{2}\pm\frac{1}{2}\sqrt{1+4R_g^4}\right)^{1/2} \tag{3.108}$$

当 $R_g=0, R_e=1$ 时，电子注半径 $b=a$。因此，当磁力线不经过阴极 $(R_g=0)$ 时，式 (3.102) 给出的 a 值便是平衡半径。

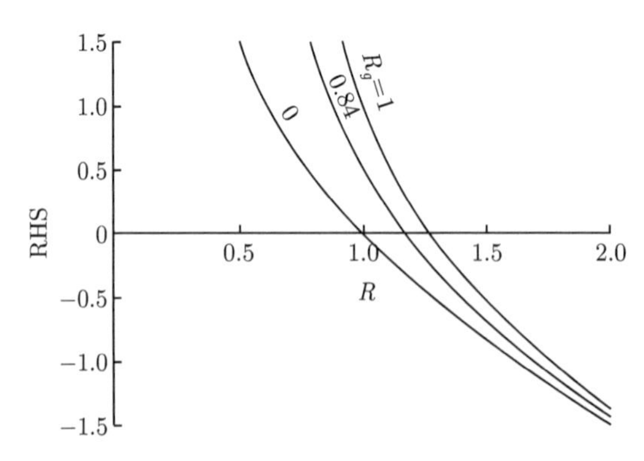

图 3.62　对 R_g 取某些值时 (3.106) 式右边项 (RHS) 与 R 的函数关系

如果电子注聚焦得当，那么 R 通常将接近于 R_e。于是，可以用 $R=R_e$ 来寻找电子方程的解。为此令

$$R=R_e\,(1+\delta) \tag{3.109}$$

因而电子注方程可以写成

$$R_e\ddot{\delta}+\omega_L^2\left[R_e\left(1+\delta\right)\left[1-\frac{R_g^4}{R_e^4\left(1+\delta\right)^4}\right]-\frac{1}{R_e\left(1+\delta\right)}\right]=0 \tag{3.110}$$

现假设 δ 足够小且

$$\frac{1}{1+\delta}\approx 1-\delta \text{ 及 } \frac{1}{\left(1+\delta\right)^3}\approx 1-3\delta \tag{3.111}$$

于是

$$\ddot{\delta}+\omega_L^2\left[\left(1+\delta\right)-\frac{R_g^4}{R_e^4}\left(1-3\delta\right)-\frac{1}{R_e^2}\left(1-\delta\right)\right]=0 \tag{3.112}$$

$$\ddot{\delta}+\omega_L^2\delta\left(1+\frac{3R_g^4}{R_e^4}+\frac{1}{R_e^2}\right)=\omega_L^2\left(-1+\frac{R_g^4}{R_e^4}+\frac{1}{R_e^2}\right) \tag{3.113}$$

由于该方程的右边与式 (3.107) 相同，所以应等于 0；再进行下列替代：

$$1+\frac{3R_g^4}{R_e^4}+\frac{1}{R_e^2}=2\varpi \tag{3.114}$$

其中，借助于式 (3.107)

$$\varpi=2-\frac{1}{R_e^2} \tag{3.115}$$

当 R_e 从 1 变化到无穷大时，该值的范围为 $1\leqslant\varpi\leqslant 2$。将式 (3.114) 代入式 (3.113)，

$$\ddot{\delta}+2\varpi\omega_L^2\delta=0 \tag{3.116}$$

这是简谐运动方程，其通解为

$$\delta=A_1\sin\sqrt{2\varpi}\omega_L t+A_2\cos\sqrt{2\varpi}\omega_L t \tag{3.117}$$

由于 $t=\dfrac{z}{u_0}$ 及 $R=R_e(1+\delta)$，于是：

$$R=R_e\left(1+A_1\sin\sqrt{2\varpi}\frac{\omega_L}{u_0}z+A_2\cos\sqrt{2\varpi}\frac{\omega_L}{u_0}z\right) \tag{3.118}$$

电子注半径 b 为

$$b=Ra=R_e a+A_1'\sin\sqrt{2\varpi}\frac{\omega_L}{u_0}z+A_2'\cos\sqrt{2\varpi}\frac{\omega_L}{u_0}z \tag{3.119}$$

或

$$b = R_e a + C \sin\left(\sqrt{2\varpi}\frac{\omega_L}{u_0}z + \phi\right) \tag{3.120}$$

式中

$$C = \sqrt{A_1'^2 + A_2'^2} \tag{3.121}$$

$$\phi = \arctan\frac{A_2'}{A_1'} \tag{3.122}$$

其中 $A_1' = R_e a A_1$ 而 $A_2' = R_e a A_2$。

A_1' 和 A_2' 值可以由 $z = 0$ 处电子注进入主聚焦磁场的入射条件来确定。其中初始条件如图 3.63 所示，可以写成

$$b = b_0 \text{ 及 } \frac{\mathrm{d}b_0}{\mathrm{d}z} = \tan\gamma_0 \tag{3.123}$$

结果，在 $z = 0$ 处，由式 (3.119) 以及对式 (3.119) 求导数 $\mathrm{d}b/\mathrm{d}z$ 可得

$$b_0 = R_e a + A_2' \text{ 及 } \frac{\mathrm{d}b_0}{\mathrm{d}z} = \tan\gamma_0 = A_1'\sqrt{2\varpi}\frac{\omega_L}{u_0} \tag{3.124}$$

所以

$$A_1' = \frac{\tan\gamma_0}{\sqrt{2\varpi}\dfrac{\omega_L}{u_0}} \tag{3.125}$$

$$A_2' = b_0 - R_e a \tag{3.126}$$

为了确定式 (3.120) 的意义，可以考虑线性注器件中使用的典型聚焦技术。

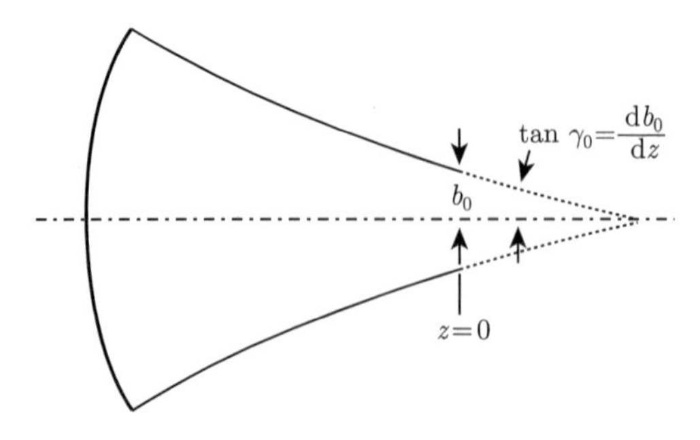

图 3.63　电子注进入聚焦磁场初始条件图

3.3.3.2 布里渊流

使用布里渊流聚焦时，阴极区不存在磁场 $R_g = 0$，因此，在磁聚焦入口处磁场结构如图 3.64 所示。

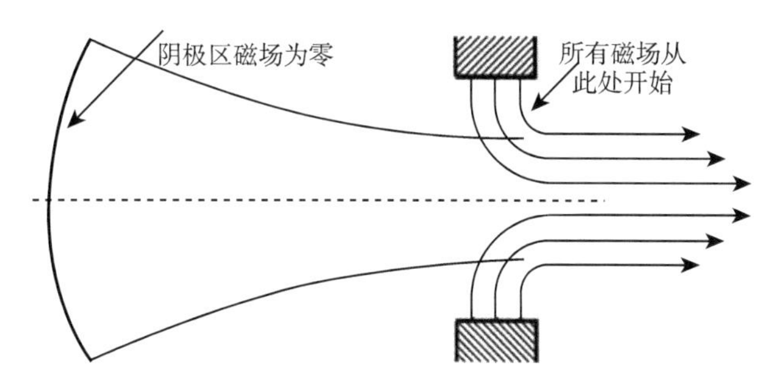

图 3.64 布里渊流聚焦入口处磁场结构

因为 $R_e = 1$ 所以 $\varpi = 1$，于是式 (3.120) 变成

$$b = a + C\sin\left(\sqrt{2}\frac{\omega_L}{u_0}z + \phi\right) \tag{3.127}$$

其中

$$C = \left[\left(\frac{\tan\gamma_0}{\sqrt{2}\dfrac{\omega_L}{u_0}}\right)^2 + (b_0 - a)^2\right]^{1/2} \tag{3.128}$$

$$\phi = \tan^{-1}\left[(b_0 - a)\frac{\sqrt{2}\dfrac{\omega_L}{u_0}}{\tan\gamma_0}\right] \tag{3.129}$$

首先,让电子注以平衡半径平行于轴进入聚焦磁场,即 $b_0 = a$,$\gamma_0 = 0$,$\tan\gamma_0 = 0$。因而，$C = 0$，式 (3.129) 简化为 $b = a$。这样便可以使电子注通过聚焦磁场时其半径维持不变。

在阴极没有磁力线穿过的情况下，能够使电子注半径维持不变的磁通密度称为布里渊磁通密度，通常用 B_B 标注。由此形成的电子注与电子的运动分别称为布里渊电子注和布里渊流，形成布里渊流所需的磁通密度比任何其他磁聚焦技术均要小。布里渊磁通密度可以根据式 (3.102) 由下式确定:

$$a = \frac{1}{\omega_L}\left(\frac{\eta I}{2\pi\varepsilon_0 u_0}\right)^{1/2} = \frac{2}{\eta B}\left(\frac{\eta I}{2\pi\varepsilon_0 u_0}\right)^{1/2} \tag{3.130}$$

所以，对于布里渊流所需的磁通密度为

$$B = \frac{2}{a}\left(\frac{I}{2\pi\varepsilon_0\eta u_0}\right)^{1/2} = 0.83 \times 10^{-3}\frac{I^{1/2}}{aV^{1/4}}\ (\mathrm{T}) \tag{3.131}$$

由于该磁通密度是最小磁通密度，因此布里渊流所需要的磁场结构 (无论是采用周期磁场结构还是电磁线包) 的尺寸是最小的。不过，布里渊流应用的主要障碍是电子注对于对中误差、磁场调配不当及高频激励等因素过于敏感。

如果磁通密度发生了变化，且小于布里渊值即 $B < B_B$，那么根据式 (3.130)，平衡半径 a 的值将增大，于是当电子注进入聚焦磁场时，电子注的直径也会增大。此外，电子注直径还要在平衡半径周围振荡，如图 3.65 所示。

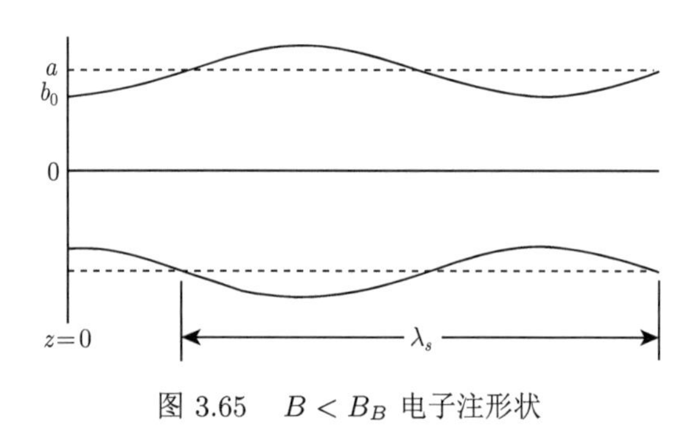

图 3.65　$B < B_B$ 电子注形状

电子注半径随距离而呈现出周期性变化的这种状态称为脉动。根据式 (3.127) 脉动的波长可按下式求解：

$$\sqrt{2}\frac{\omega_L}{u_0}z = \sqrt{2}\frac{\omega_L}{u_0}\lambda_s = 2\pi \tag{3.132}$$

由此得出

$$\lambda_s = \frac{2\pi u_0}{\sqrt{2}\omega_L} = \frac{4\pi u_0}{\sqrt{2}\eta B} = 0.030 \times 10^{-3}\frac{V_0^{1/2}}{B}(\mathrm{m}) \tag{3.133}$$

所以当 $B < B_B$ 时，$\lambda_s > \lambda_{sB}$，其中 λ_{sB} 为布里渊脉动波长 (当然在布里渊流中，电子注半径波动的幅度为零，因而不会产生脉动)。当 $B > B_B$ 时，$a < b_0$，因而电子注脉动由初始入口半径 b_0 向内而不是向外运动。此时，$\lambda_s < \lambda_{sB}$。总之，电子注形状随 B 而变化的方式如图 3.66 所示。从式 (3.133) 还可以看出，布里渊脉动波长与电子注加速电压的 1/2 次方成正比，而与外加磁场成反比。

下面考虑电子注以 $b_0 = a$，但 γ_0 不为 0 的条件进入聚焦磁场的情况。这就是说，电子注以发散或会聚的方式进入磁场，如图 3.67 所示。这种情况下，

$$b = a + \frac{\tan \gamma_0}{\sqrt{2}\frac{\omega_L}{u_0}} \sin \sqrt{2}\frac{\omega_L}{u_0} z \tag{3.134}$$

于是当 γ_0 取正值时，电子注随磁通量 B 的变化如图 3.68 所示。

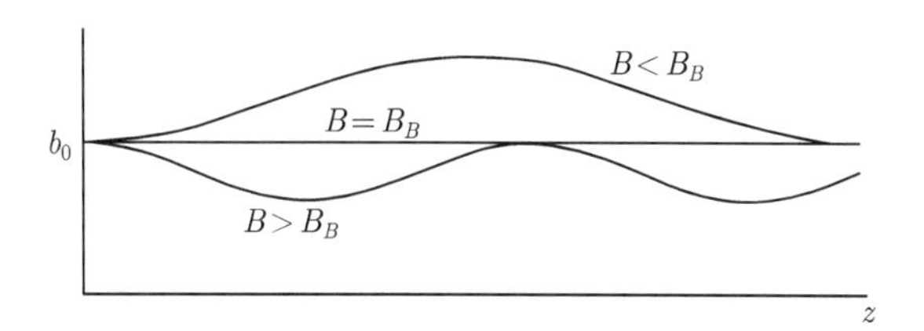

图 3.66 电子注形状随磁通密度变化关系

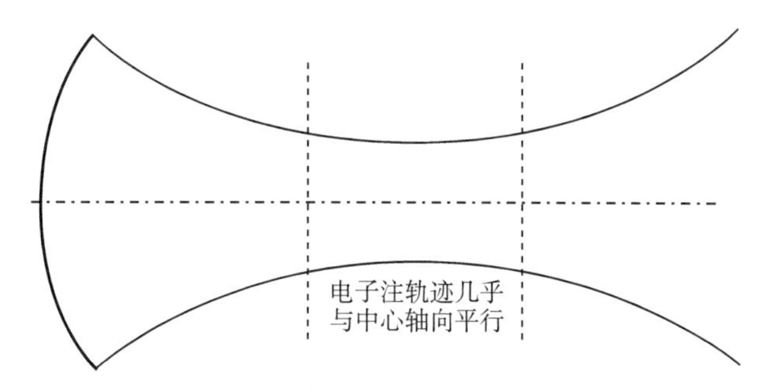

图 3.67 γ_0 不为零时的入射条件

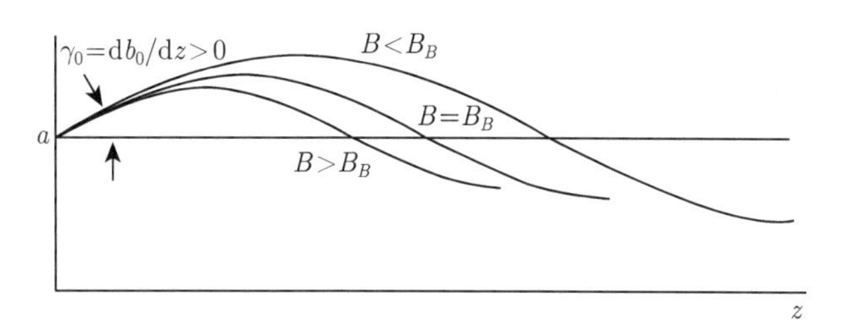

图 3.68 γ_0 取正值时电子注形状

事实上，当电子注平行于磁场进入时，对布里渊聚焦电子注进行详细的测量，已证实了这些电子注可能非常接近于分析计算所预计的特性。在轴向间隔相同的位置，通过电流探针横向穿过电子注中心扫描所得到的结果如图 3.69 所示。当 $B > B_B$ 时，可以明显地看到电子注的内向脉动。当 $B = B_B$ 时，电子注直径基本维持不变。

在理想的条件下，图 3.69 所示的每一条电流分布曲线都应为矩形 [15,16]。至少有三个因素妨碍了电流在电子注分布边缘从 0 迅速上升到常数值，其中之一是用于电流取样的电流探针的孔径是有限的 (0.010in (0.25mm, 1in=2.54cm))。第二个因素是电子的热初速度。第三个因素是有氧化层的阴极发射不均匀与表面粗糙。

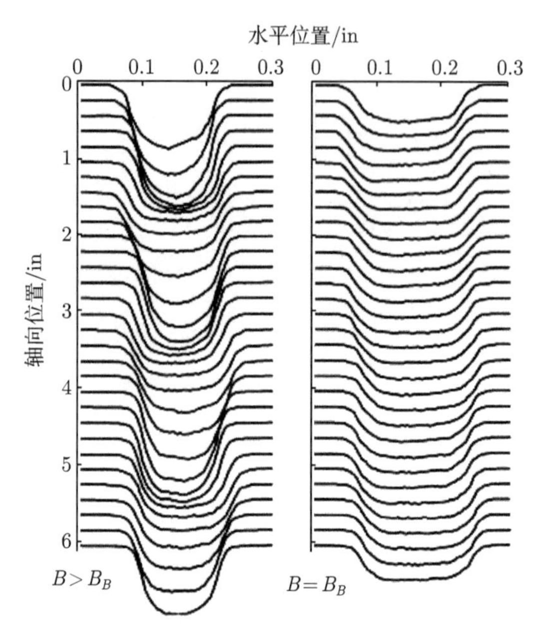

图 3.69　利用屏蔽电子枪获得的电子注电流分布

根据图 3.69 对应的实验数据，可以确定电子注半径与沿轴位置及磁通密度的函数关系，如图 3.70 所示 [15,16]。在所预计的布里渊流磁通密度 285Gs 处，电子的注直径的变化小于 2%。这些结果已经很好地证实了理论与实验的一致性。

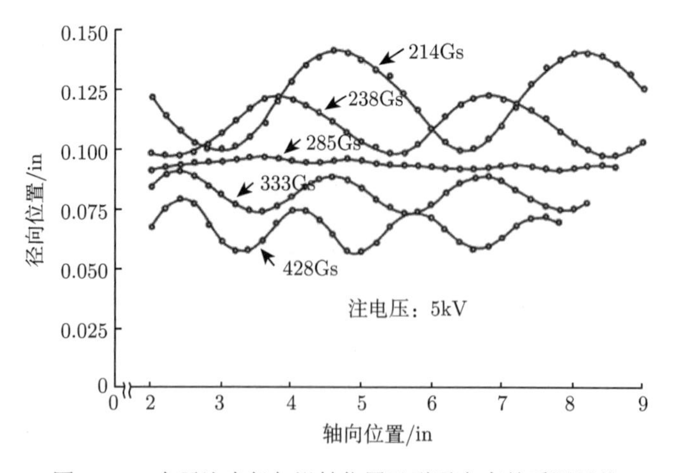

图 3.70　电子注半径与沿轴位置及磁通密度关系测量值

3.3.3.3 限制流 (浸没流)

当聚焦电子注的磁力线有一部分穿过阴极时，称电子注处在部分限制流或限制流状态 (有时也称为部分浸没流或浸没流)，这种电子注的行为与布里渊流有很大的不同。首先，无论电子注是以发散还是以会聚的方式进入聚焦磁场，其脉动都要下降。其次，当电子注的条件发生变化时，如因高频场的作用而产生电子群聚，由此引起的电子注波动也显著减少。

假设在聚焦磁场的入口处对所有考察的情况电子注半径 b 都相同，均为平衡半径，于是 $b = b_0 = R_e a$。当 g 或 R_g 增加时，R_e 也一定增加，因而，a 必然降低以保持 b_0 为常数。因为 $a \propto 1/\omega_L$，且 $\omega_L \propto B$ (聚焦磁场的磁通密度)。所以 B 必然要增大维持 b_0 不变。

根据受力方程 (3.91)，可以确定穿过阴极的那一部分磁通密度 B 的值及 B_B。在平衡处径向加速度为 0，于是对于布里渊流有

$$-b_0\dot{\theta}_B^2 = -\eta\left(E_r + B_B b_0 \dot{\theta}_B\right) \tag{3.135}$$

或

$$E_r\eta = -\eta B_B b_0 \dot{\theta}_B + b_0 \dot{\theta}_B^2 \tag{3.136}$$

式中 $\dot{\theta}_B$ 为布里渊流的 $\dot{\theta}$ 值。对于限制流，

$$-b_0\dot{\theta}^2 = -\eta\left(E_r + B b_0 \dot{\theta}\right) \tag{3.137}$$

或

$$E_r\eta = -\eta B b_0 \dot{\theta} + b_0 \dot{\theta}^2 \tag{3.138}$$

但在这两种情况下电流、速度和电子注半径都是相等的，故 E_r 均相同。所以，

$$\eta B_B \dot{\theta}_B - \dot{\theta}_B^2 = \eta B \dot{\theta} - \dot{\theta}^2 \tag{3.139}$$

根据布许定理：

$$\dot{\theta}_B = \frac{\eta}{2} B_B \text{ 及 } \dot{\theta} = \frac{\eta}{2}\left(B - B_c \frac{b_c^2}{b_0^2}\right) \tag{3.140}$$

将式 (3.140) 代入式 (3.139) 并化简，于是

$$B^2 = B_B^2 + B_c^2 \frac{b_c^4}{b_0^4} = B_B^2 + B_c^2 \frac{A_c^2}{A_0^2} \tag{3.141}$$

式中 A_c 为阴极面积，A_0 为聚焦磁场入口处电子注的截面面积。比值 $\dfrac{A_c}{A_0}$ 称为电子枪的面压缩比。这一结果非常重要，因为 $\dfrac{A_c}{A_0}$ 往往在 25 以上，因此阴极面积

处的几十高斯磁通密度所产生的效果相当于 500~1000Gs 或者更高的布里渊磁通密度。

为了方便，常常采用限制因子 m 来反映聚焦所用的实际磁通密度 B 与布里渊磁通密度 B_B 的关系，其定义为

$$B = mB_B \tag{3.142}$$

借助于式 (3.101) 和式 (3.141) 可以求出 m 与 g 的关系，

$$b_c^2 B_c = g^2 B = g^2 m B_B \tag{3.143}$$

于是

$$B^2 = m^2 B_B^2 = B_B^2 + \frac{g^4 m^2 B_B^2}{b_0^4} \tag{3.144}$$

或

$$g = \left(1 - \frac{1}{m^2}\right)^{\frac{1}{4}} b_0 \tag{3.145}$$

利用归一化半径，$R_g = \dfrac{g}{a}$ 和 $R_e = \dfrac{b_0}{a}$

$$R_g = \left(1 - \frac{1}{m^2}\right)^{1/4} R_e \tag{3.146}$$

将其与式 (3.107) 合并，有

$$R_e = m \tag{3.147}$$

所以

$$R_g = \left[m^2\left(m^2 - 1\right)\right]^{1/4} \tag{3.148}$$

可以注意到，对于合理的 m 值，g 非常接近于 b_0。例如，当 $m = 2$ 时，$g = 0.93b_0$。因此，只有比 g 大的外部占电子注半径 b_0 约 7%的电子注处在引起电子注旋转的磁通量之外。

根据式 (3.147)，按照 m 和 R_e 的定义，有

$$B/B_B = b_0/a = m \tag{3.149}$$

式 (3.149) 表明，在电子注入口处，磁通密度 B 与布里渊磁通密度 B_B 的比值等于电子注半径 b_0 与平衡半径 a 的比值。这是一个很有意思的结果，它意味着对于限制流情况，通常电子注入射半径比布里渊流的平衡半径大，至于大多少由限制因子 m 决定。

利用式 (3.140) 和式 (3.141) 可以清楚地了解限制流聚焦的细节。例如，电子注旋转速度 $\dot{\theta}$ 与布里渊聚焦电子注旋转速度 $\dot{\theta}_B$ 之比为

$$\frac{\dot{\theta}}{\dot{\theta}_B}=\frac{\dfrac{\eta}{2}\left(B-B_c\dfrac{b_c^2}{b_0^2}\right)}{\dfrac{\eta}{2}B_B}=\frac{B-(B^2-B_B^2)^{1/2}}{B_B} \tag{3.150}$$

由于 $B=mB_B$

$$\frac{\dot{\theta}}{\dot{\theta}_B}=m-\left(m^2-1\right)^{1/2} \tag{3.151}$$

图 3.71 示出了用式 (3.151) 绘出的曲线。可以注意到，随着 m 从 1(布里渊值) 增加到限制流聚焦常用的 2~3 倍范围，电子注的旋转速度下降到了大约布里渊值时的 1/4 至 1/5。

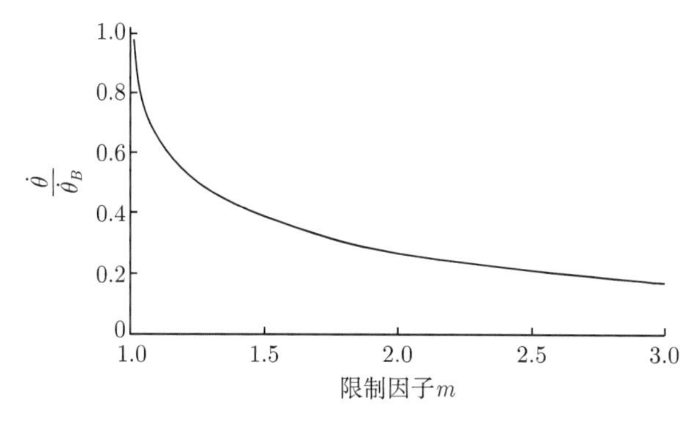

图 3.71 限制流与布里渊流旋转速率之比与限制因子的关系

由于限制流聚焦时电子注的旋转速度较慢，离心力作用占的比重非常弱，因此在强聚焦磁场中由缓慢旋转的电子注产生的聚焦力几乎都被用来抑制空间电荷力。

将限制流聚焦时的电子注动态特性与布里渊聚焦时的情况相比较是很有必要的。首先，假设以平衡半径进入聚焦磁场，但同时又具有径向速度分量，例如 $\gamma_0>0$。根据式 (3.121)、(3.125) 和 (3.126)，由此引起的脉动幅度为

$$C=\frac{\tan\gamma_0}{\sqrt{2\varpi}\dfrac{\omega_L}{u_0}} \tag{3.152}$$

在相同的入口条件下将该幅度与布里渊电子注的脉动幅度 C_B 相对比，

$$
\frac{C}{C_B}=\frac{\dfrac{\tan\gamma_0}{\sqrt{2\varpi}\dfrac{\omega_L}{u_0}}}{\dfrac{\tan\gamma_0}{\sqrt{2}\dfrac{\omega_{LB}}{u_0}}}=\frac{\omega_{LB}}{\sqrt{\varpi}\omega_L} \tag{3.153}
$$

式中，ω_{LB} 为布里渊流的拉莫尔频率。由于 $B=mB_B,\omega_L=m\omega_{LB}$ ，所以

$$
\frac{C}{C_B}=\frac{1}{m\sqrt{\varpi}} \tag{3.154}
$$

由式 (3.115) 定义的 ϖ 以及 $R_e=m$

$$
\varpi=2-\frac{1}{R_e^2}=2-\frac{1}{m^2} \tag{3.155}
$$

所以

$$
\frac{C}{C_B}=\frac{1}{\left(2m^2-1\right)^{1/2}} \tag{3.156}
$$

该结果用于图 3.72。可以注意到，随着磁通密度的增加，脉动幅度出现了明显的下降。

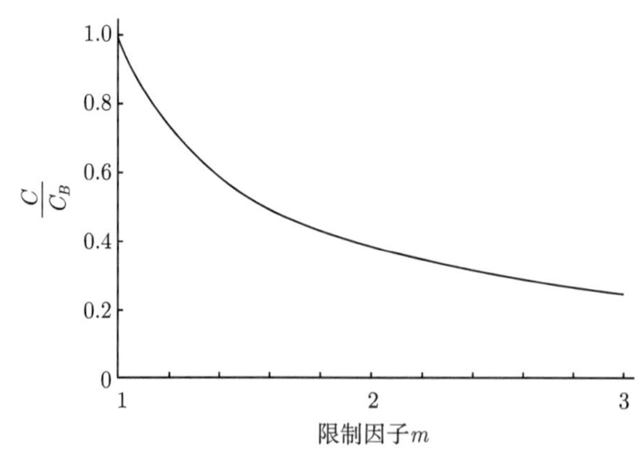

图 3.72　当 $\tan\gamma_0>0$ 时，脉动幅度随限制因子的变化

下面考虑电子注的电流变化对电子注半径的影响，此处假设电子注的速度保持不变。电流的改变是通过电子枪中诸如栅极之类的控制电极对电子流进行调制而实现的。此外，当电子注与慢波线附近的高频场相互作用产生电子注的群聚时，局部区域处的电流也会发生变化。

假设在电流变化之前，电子处于平衡状态，因而电子无径向运动。结果，根据式 (3.103) 或式 (3.106) 给出的电子注方程，

$$0 = -b_0 + \frac{g^4}{b_0^3} + \frac{a^2}{b_0} \tag{3.157}$$

或

$$b_0^2 - \frac{g^4}{b_0^2} = a^2 \tag{3.158}$$

由于 a (见式 (3.130)) 含了电子注电流，即

$$a \propto I^{1/2} \text{ 或 } a^2 \propto I \tag{3.159}$$

当电流变化 $\varDelta$ 后变为 I_2 时，即 $I_2 = I(1+\varDelta)$ 且 $a_2^2 = a^2(1+\varDelta)$，于是电子注半径变化到

$$b_2 = b_0(1+\delta) \tag{3.160}$$

在平衡处，

$$b_2^2 - \frac{g^4}{b_2^2} = a_2^2 \tag{3.161}$$

或

$$b_0^2(1+\delta)^2 - \frac{g^4}{b_0^2(1+\delta)^2} = a^2(1+\varDelta) \tag{3.162}$$

通过除以 b_0^2 并代入由式 (3.146) 和式 (3.147) 中得到的 $g/b_0(R_g/R_e)$ 和 a/b_0 $(1/R_e = 1/m)$，于是有

$$(1+\delta)^2 - \left(1 - \frac{1}{m^2}\right)\frac{1}{(1+\delta)^2} = \frac{1}{m^2}(1+\varDelta) \tag{3.163}$$

δ 较小时，可以得到如下近似关系：

$$(1+\delta)^2 \approx 1 + 2\delta \text{ 及 } \frac{1}{(1+\delta)^2} \approx 1 - 2\delta \tag{3.164}$$

于是

$$1 + 2\delta - \left(1 - \frac{1}{m^2}\right)(1 - 2\delta) = \frac{1}{m^2}(1+\varDelta) \tag{3.165}$$

或

$$\delta = \frac{\varDelta}{4m^2 - 2} \tag{3.166}$$

对于布里渊流当 $m=1$ 时，δ 值为

$$\delta_B = \frac{\Delta}{2} \tag{3.167}$$

因此当 $m > 1$ 时，δ 与 δ_B 之比为

$$\frac{\delta}{\delta_B} = \frac{1}{2m^2 - 1} \tag{3.168}$$

由图 3.73 给出的比值 δ/δ_B 与限制因子 m 间的关系，可以清楚地看到，限制流在抑制电流变化对电子注的干扰作用是很明显的。使用限制流有利于克服电子注的此类干扰。同时，利用阴极磁通量还可以防止电子轨迹交叉或电子注与中心轴相交，有利于改善电子注的层流特性。

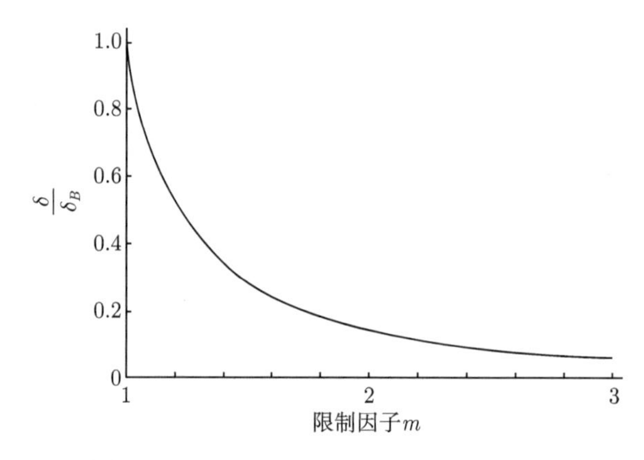

图 3.73　注电流变化引起限制流与布里渊流注半径之比随限制因子的变化

本小节利用限制因子 m，建立起限制流磁场与布里渊流磁场之间的关系。通过比较限制流和布里渊流电子注旋转速度、脉动幅度以及电子注半径变化，定量展示了限制流对降低电子注脉动的显著作用。

3.3.4　均匀磁场聚焦与非层流电子注

在讨论阴极和电子枪的有关章节中，已经指出了能使电子运动产生横向速度分量的因素主要有以下几个方面：

(1) 热初速效应；

(2) 发射不均匀；

(3) 阴极表面粗糙不平；

(4) 灯丝产生的磁场；

(5) 栅网引起的场畸变；

(6) 电子枪的相差。

由于上述因素对横向速度分量的影响，电子轨迹出现了交叉，这种电子流被称为非层流电子注。图 3.74 ~ 图 3.76 分别给出了层流电子注模型、一个 C 波段永磁聚焦阴控静态电子注计算具有层流性轨迹以及非层流的从阴影栅电子枪出来的周期永磁聚焦 (PPM) 电子注轨迹 [17]。现在还没有一种单独的理论能解决所有非层流电子注的问题。事实上能以一定精度确定非层流电子注中电子运动的唯一途径是用数值计算方法求解电子运动轨迹。

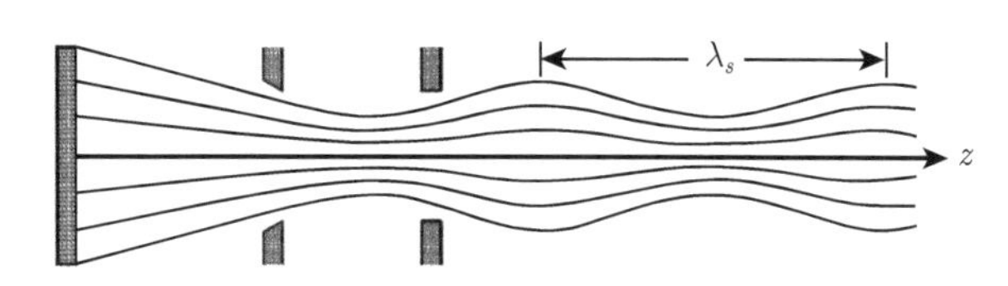

图 3.74 层流电子注模型

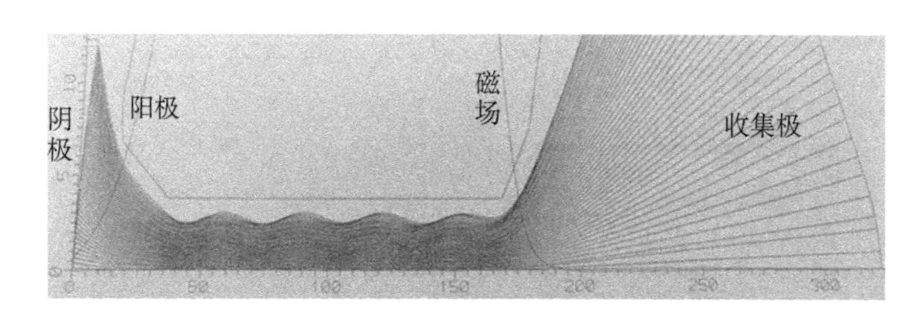

图 3.75 C 波段永磁聚焦阴控静态电子注计算轨迹 (层流性)

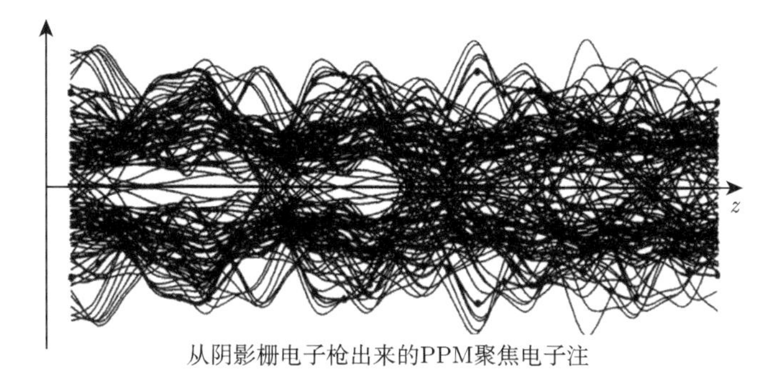

图 3.76 非层流性示例 [17]

3.3.5 周期永磁聚焦 (层流电子注)

3.3.5.1 概述

在需要减小行波管的体积与重量的场合经常会使用周期永磁聚焦。与电磁线包相比，周期永磁聚焦可以将聚焦系统的重量减轻一至二个数量级。图 3.77 示出了用周期永磁聚焦的电子注。周期永磁聚焦的基本原理并不复杂。当电子进入某一段磁场 (对应一块磁铁/半个周期，见图 3.77) 时，电子受力的方式与布里渊聚焦一节所介绍的完全相同。电子注首先开始旋转，旋转运动与轴向磁场相互作用的结果产生了对电子注压缩的径向力。当电子注离开这段磁场时，旋转中止，聚焦力消失。但是在电子注还没有来得及受空间电荷力的作用发散时，电子注又进入下一段磁场，其场方向与前一段相反。结果，电子注以相反的方向旋转，但聚焦作用与前一段完全相同。

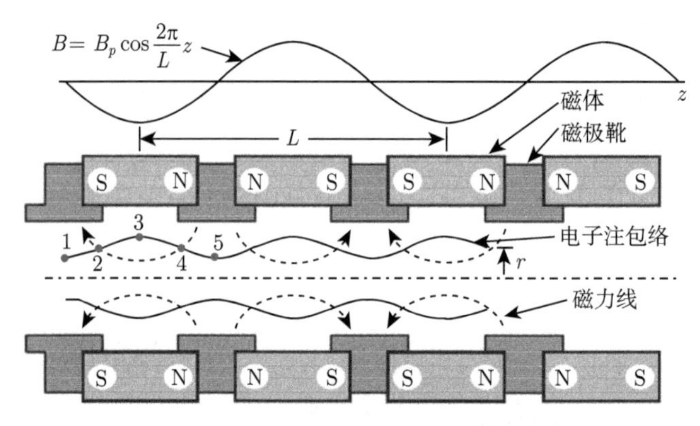

图 3.77　采用永磁铁对电子注周期聚焦

具体平行入射电子注在周期永磁聚焦作用下运动的物理过程依据图 3.77 描述如下：当电子注平行进入周期永磁聚焦磁场时，电子注半径最小 (点 1)，空间电荷力最大；此时轴向磁场为零，径向朝外方向磁场最大，电子轴向运动与径向磁场作用对电子产生指向纸面向内的力，电子开始逆时针旋转；电子旋转运动与逐步增加的轴向磁场作用产生径向向内的会聚力；这个径向力 (轴向磁场大小逐步增大) 的大小随电子的轴向运动而逐渐增加。

当电子受空间电荷力作用沿径向向外扩散到点 2 时，空间电荷力与磁场径向聚焦力相等；此时电子受空间电荷力作用获得径向向外的速度最大，电子越过力平衡点，开始减速；当电子轴向运动到轴向磁场最大/径向磁场为零位置时，电子处于点 3，电子受到的径向向内的力最大，径向速度减到零并且向内旋转的速度达到最大。

当电子沿轴向继续向前时，径向磁场向相反方向逐步增加，轴向磁场沿原有方向逐步减小，电子将受到指向纸面向外的角向力，旋转速度将逐步减小；受径向力的作用，电子径向向内加速；当电子径向和轴向结合运动到点 4 时，电子径向聚焦力和空间电荷力再一次相等，但电子向内速度达到最大，电子越过径向平衡点因空间电荷力增加做径向减速运动。

当电子到达位置 5 时，径向磁场反向达到最大，轴向磁场降为零，电子所受空间电荷力再一次达到最大；由于径向磁场的反对称作用，电子旋转速度降为零，电子恢复到在点 1 处的状态，等待进入下一段磁场。下一段磁场无论径向还是轴向都与刚越过的那段磁场方向相反，由此产生的效果是电子注在这段磁场作用下的运动仅仅旋转方向相反，其他不变。

作为电子注穿过周期永磁结构交替变化磁场的最终结果，电子注在两个方向上的旋转不断交替，产生周期性变化的电子注聚焦和发散。这种电子注的形状类似于布里渊电子注的脉动，如图 3.77 所示。应当特别注意的是虽然旋转会改变电子注径向受力的状态，但由于电子注在每一段磁场中前半段受力和后半段受力的大小相等方向相反，从而电子注角向运动前后相互抵消，电子注的运动和仅仅受到一个轴向磁场 $B = B_p\cos(2\pi z/L)$ 作用产生的效果相同。

3.3.5.2 层流电子注 [4]

假设，磁场只是沿轴位置 z 的函数，在径向不发生变化 (用拉普拉斯方程可以证明，当磁场与轴向呈正弦分布时这种假设是合理的；同样前面的分析也支撑这一假设)。为了便于计算，还将假定：

$$B = B_z = B_p\cos\frac{2\pi z}{L} \tag{3.169}$$

式中 B_p 为磁场峰值，L 为磁场周期或极靴间距离的 2 倍，如图 3.77 所示。

下面再假定阴极区没有磁场，按照方程 (3.96)，电子注方程可以写成

$$\ddot{b} + b\left(\frac{\eta}{2}B_z\right)^2 - \frac{\eta I}{2\pi b\varepsilon_0 u_0} = 0 \tag{3.170}$$

或

$$\ddot{b} + b\left(\frac{\eta}{2}B_p\cos\frac{2\pi z}{L}\right)^2 - \frac{\eta I}{2\pi b\varepsilon_0 u_0} = 0 \tag{3.171}$$

为了获取关于距离函数的电子运动方程，令 $z = u_0 t$，于是，

$$\frac{\mathrm{d}^2 b}{\mathrm{d}z^2} + b\left(\frac{\eta B_p}{2u_0}\cos\frac{2\pi z}{L}\right)^2 - \frac{\eta I}{2\pi b\varepsilon_0 u_0^3} = 0 \tag{3.172}$$

现在，沿用分析布里渊电子注所用的过程，设电子注形成平衡半径 a 所等效的布里渊磁通密度为 B_B。a 与 B_B 之间的关系与布里渊流相同：

$$a = \frac{1}{\dfrac{\eta}{2}B_B}\left(\frac{\eta I}{2\pi\varepsilon_0 u_0}\right)^{1/2} \tag{3.173}$$

利用该平衡半径，可以将运动方程写成

$$\frac{\mathrm{d}^2 b}{\mathrm{d}z^2}+b\left(\frac{\eta}{2u_0}\right)^2\left(B_p^2\cos^2\frac{2\pi z}{L}-B_B^2\frac{a^2}{b^2}\right)=0 \tag{3.174}$$

使偏离电子注半径最大与最小处的恢复力相等,便可以建立 B_p 与 B_B 之间的关系。最大电子注半径处,令 $b=b_M$。此处,磁通密度处于最大值 $\cos(2\pi z/L)=1$,所以

$$\frac{\mathrm{d}^2 b_M}{\mathrm{d}z^2}=-b_M\left(\frac{\eta}{2u_0}\right)^2\left(B_p^2-B_B^2\frac{a^2}{b_M^2}\right) \tag{3.175}$$

在最小电子注半径处，令 $b=b_m$。此处，磁通密度达到零 $\cos(2\pi z/L)=0$，所以

$$\frac{\mathrm{d}^2 b_m}{\mathrm{d}z^2}=b_m\left(\frac{\eta}{2u_0}\right)^2 B_B^2\frac{a^2}{b_m^2} \tag{3.176}$$

现在令恢复力的大小相等：

$$b_M\left(B_p^2-B_B^2\frac{a^2}{b_M^2}\right)=b_m B_B^2\frac{a^2}{b_m^2} \tag{3.177}$$

当电子注的波动幅度较小时，$b_M\approx b_m\approx a$，于是：

$$B_p^2-B_B^2=B_B^2 \tag{3.178}$$

或

$$B_p=\sqrt{2}B_B \tag{3.179}$$

因此，周期磁场的有效值等于布里渊磁场值。这里所讨论的周期永磁聚焦与布里渊聚焦的相同之处在于它们都利用磁场力来平衡空间电荷力，并且在阴极处均不存在磁场。

下面考虑周期永磁聚焦的稳定性。稳定性之所以重要是因为磁通密度、磁周期 L、注电流和注电压的某些取值范围可能引起电子注发散，使注电流无法穿过周期永磁聚焦系统。

按皮尔斯 [18] 和曼德尔等 [19] 的介绍，进行替换：

$$T=\frac{2\pi z}{L} \tag{3.180}$$

及

$$\omega=\frac{2\pi u_0}{L} \tag{3.181}$$

通过频率可以反映出场如何驱动电子交替运动，式 (3.172) 可以改写为

$$\frac{\mathrm{d}^2 b}{\mathrm{d}T^2}+b\left(\frac{\eta B_p}{2\omega}\right)^2\cos^2 T-\frac{\eta I}{2\pi b\varepsilon_0 u_0\omega^2}=0 \tag{3.182}$$

$\eta B_p/2$ 是拉莫尔频率 ω_L 的峰值，且：

$$\frac{\eta I}{2\pi\varepsilon_0 u_0}=\frac{\eta\rho a^2}{2\varepsilon_0}=\frac{\omega_p^2 a^2}{2} \tag{3.183}$$

式中，ρ 为电子注的平均电荷密度，ω_p 为平均等离子体频率。

于是

$$\frac{\mathrm{d}^2 b}{\mathrm{d}T^2}+b\left(\frac{\omega_L}{\omega}\right)^2\cos^2 T-\frac{\omega_p^2 a^2}{2\omega^2 b}=0 \tag{3.184}$$

令 $b/a=\sigma$ 为归一化电子注半径，由于 $\cos^2\theta=\frac{1}{2}(1+\cos 2\theta)$，于是，

$$\frac{\mathrm{d}^2\sigma}{\mathrm{d}T^2}+\frac{1}{2}\left(\frac{\omega_L}{\omega}\right)^2(1+\cos 2T)\,\sigma-\frac{1}{2}\left(\frac{\omega_p}{\omega}\right)^2\frac{1}{\sigma}=0 \tag{3.185}$$

最后，令 α 为磁场系数：

$$\alpha=\frac{1}{2}\left(\frac{\omega_L}{\omega}\right)^2 \tag{3.186}$$

β 为空间电荷系数：

$$\beta=\frac{1}{2}\left(\frac{\omega_p}{\omega}\right)^2 \tag{3.187}$$

那么，电子注归一化半径的方程为

$$\frac{\mathrm{d}^2\sigma}{\mathrm{d}T^2}+\alpha\,(1+\cos 2T)\,\sigma-\frac{\beta}{\sigma}=0 \tag{3.188}$$

利用计算机模拟已获得了该方程的解。假设在 $z=0$ 的磁场强度峰值处，入射到磁场的电子没有径向速度。在三种磁场强度值处，典型的电子注包络形状如图 3.78 所示 [20]。对于较大范围的 β 值均可以获取类似的曲线。从这些曲线，还可以建立图 3.79 中的通用最佳聚焦曲线。可以注意到当：

$$\alpha=\beta \tag{3.189}$$

或

$$\omega_L=\omega_p \tag{3.190}$$

时便实现了最佳聚焦。代入磁通密度、空间电荷和电子速度时，这一关系便成为布里渊流给出的式 (3.173) (平衡半径公式)。这一结果并不奇怪，因为总的看来它与布里渊条件下的空间电荷力是相同的，其磁场的有效值就是布里渊值。因为其离心力与磁聚焦力也与布里渊流的情况相一致。

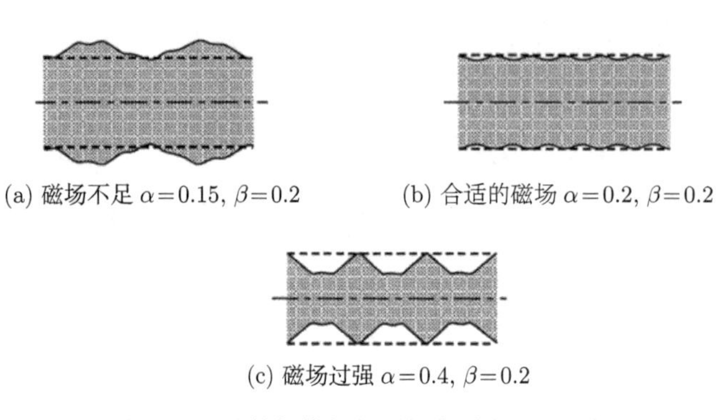

(a) 磁场不足 $\alpha=0.15$, $\beta=0.2$

(b) 合适的磁场 $\alpha=0.2$, $\beta=0.2$

(c) 磁场过强 $\alpha=0.4$, $\beta=0.2$

图 3.78　计算机模拟得到的典型电子注包络

图 3.79[20] 还示出了最佳聚焦所对应的最小波动，β 值低于 0.35 左右，波动幅度相当小。当 β 值超过 0.35 时，波动幅度迅速上升，实际当 $\beta > 0.66$ 时，电子注发散。

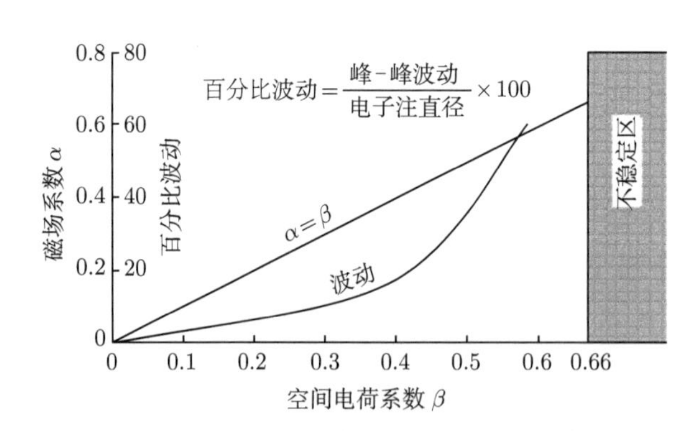

图 3.79　最佳聚焦条件和最小波动幅度

通过进一步考察关于归一化电子注半径的式 (3.188)，可以了解更多有关图 3.79 不稳定区起始点的情况。其中包含 β 项是空间电荷项，它反映了发射能力的大小。如果忽略该项并保持该方程仍发散，那么包含空间电荷力的解也必定发散。现在忽略空间电荷项，式 (3.188) 成为

$$\frac{\mathrm{d}^2\sigma}{\mathrm{d}T^2}+\alpha\left(1+\cos 2T\right)\sigma=0 \tag{3.191}$$

该方程为马修方程的一种形式，它所描述关于 α 的解对于某些范围的 α 以 T 为周期，而对于其他 α 解是不稳定的。图 3.80 示出了稳定解所对应的 α 值范围。可以注意到当 α 由零增大时，第一个不稳定区的起始位置为

$$\alpha = 0.66 \tag{3.192}$$

这也就是说，当 $\alpha = \beta$ 时，$\beta > 0.66$ 开始进入非稳定区，如图 3.79 所示。

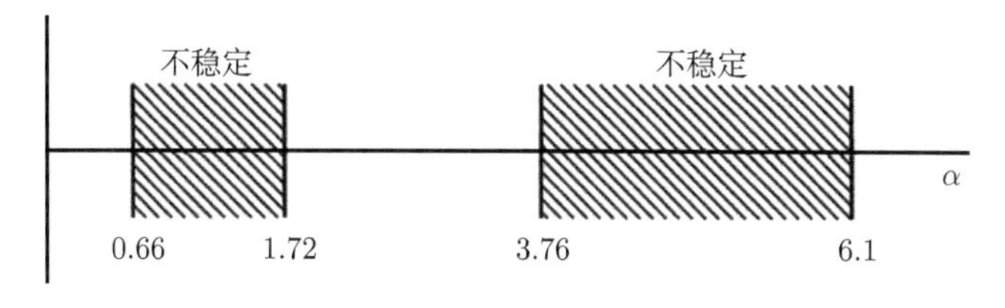

图 3.80 式 (3.191) 的不稳定区域

根据式 (3.186) 及式 (3.187)，不稳定区起始位置对应的 ω_L、ω_p 和 ω 的关系分别为

$$\omega_L = 1.15\omega \tag{3.193}$$

$$\omega_p = 1.15\omega \tag{3.194}$$

因此，如果电子注的拉莫尔频率 ω_L 接近于周期磁场相对电子注直流速度 u_0 呈现出的交替频率 ω 的话，那么电子注便会发散。同理，如果电子的自然振荡频率 ω_p 接近于 ω，电子注也会发散。在每一种情况下，由周期磁场引起的电子注不稳定几乎与电子注的自然频率同步，并由此导致电子注的振荡随时间增大。

第 3 章习题

3-1 根据电子注方程 (3.105) $\ddot{R} + \omega_L^2 \left[R\left(1 - \dfrac{R_g^4}{R^4}\right) - \dfrac{1}{R}\right] = 0$，电子注受力正比于函数 $f(R, R_g) = R\left(1 - \dfrac{R_g^4}{R^4}\right) - \dfrac{1}{R}$。由图 3.62 给出的 $f(R, R_g)$ 曲线可知，当 R_g=0, 没有磁场通过阴极时，R_e=1，平衡半径 $b = a$ 为最小值；而有磁场通过阴极区时，$R_e > 1$，$b = R_e a > a$。讨论产生这一现象的可能原因。

3-2 假设电子以平衡半径进入聚焦磁场，但同时又具有径向速度分量，且 $\gamma_0 < 0$。从公式 (3.120) $b = R_e a + C\sin\left(\sqrt{2\varpi}\dfrac{\omega_L}{u_0}z + \phi\right)$ 出发，讨论电子注的平衡与脉动过程。

3-3 分析布许定理中的旋转频率、电子回旋频率各自的意义，讨论为什么旋转频率随磁场增加而减小，而回旋频率随磁场增加而增加？

参 考 文 献

[1] Coupling J J (Pierce J R 的笔名). Astounding Science Fiction. Street and Smith Publication, 1946.

[2] Thomas R E, Gibson J W, Haas G A, et al. Thermionic sources for high-brightness electron beams. IEEE Trans. on-ED, 1990, 37: 850-861.

[3] 林祖伦, 王小菊. 阴极电子学. 北京: 国防工业出版社, 2013.

[4] Gilmour A S. Principles of Traveling Wave Tubes. Boston/London: Artech House, INC., 1994.

[5] 王竹溪. 统计物理学导论. 2 版. 北京: 人民教育出版社, 1965/陈仁烈. 统计物理引论. 2 版. 北京: 人民教育出版社, 1978.

[6] 王小霞. 新型贮存式氧化物阴极的研究. 北京: 中国科学院电子学研究所, 2005.

[7] Falce L R, Garbini L. Chemistry and surface physics phenomena involved in the activation of impregnated tungsten dispenser cathodes. 5th IEEE International Vacuum Electronics Conference, 2004: 295-296.

[8] Grant T I. A powerful quality assurance technique for dispenser cathodes and electron guns. International Electron Devices Meeting, 1984: 334-337.

[9] Pierce J R. Theory and Design of Electron Guns. 2nd ed. New York: Van Nostrand, 1954.

[10] Gittins J F. Power Taveling Wave Tubes. New York: American Elsevier, Inc., 1965.

[11] Amboss K. The effect of the anode aperture in conical flow Pierce guns. Jour. Electronics and Control, 1962, 13: 545-572.

[12] Danielson W E, Rosenfeld J L, Saloom J A. A detailed analysis of beam formation with electron guns of the Pierce type. Bell Sys. Tech. Jour., 1956, 35: 375-420.

[13] Wilson R G, Brewer G R. Ion Beams with Application to Ion Implantation. New York: John Wiley and Sons, 1973.

[14] Vaughan J R M. Synthesis of the Pierce gun. IEEE Trans. on-ED, 1981, 28: 37-41.

[15] Gilmour A S, Dalman G C, Eastman L F. The current and velocity distributions in a velocity modulated Brillouin focused electron beam. Proc. 4th International Congress on Microwave Tubes, 1963: 675-688.

[16] Gilmour A S, Hallock D. Advances in Electron Tube Techniques//A Demountable Beam Analyzer for Studying Magnetically Confined Electron Beams. New York: Pergammon Press, 1963: 153-157.

[17] True R. Emitance and the design of beam formation, transport, and collection systems in periodically focussed TWTs. IEEE Trans. on-ED, 1987, 34: 473-485.

[18] Pierce J R. Magnetic focusing system: 2847607. U.S. Patent, 1958.

[19] Mendel J T, Quate C F, Yocom W H. Electron beam focusing with periodic permanent magnet fields. Proc. IRE, 1954, 42: 800-810.

[20] Mendel J T. Magnetic focusing of electron beams. Proc. IRE, 1955: 473-482.

第 4 章　快波与慢波

4.1　导波的分类

无论是快波还是慢波，除了相对光速其相速更快或更慢之外，都是沿某种特殊导波结构朝限定方向传播的电磁波。如果不考虑导波结构中有电荷及其运动存在，在导波结构满足无源、均匀、各向同性、媒质不导电条件下，电磁波均服从亥姆霍兹方程：

$$\begin{aligned} \nabla^2 \boldsymbol{E} + k^2 \boldsymbol{E} = 0 \\ \nabla^2 \boldsymbol{H} + k^2 \boldsymbol{H} = 0 \end{aligned} \tag{4.1}$$

如果把场矢量视为横向分量和纵向分量的叠加，亦即，令：$\boldsymbol{E} = \boldsymbol{E}_T + \boldsymbol{E}_z$，$\boldsymbol{H} = \boldsymbol{H}_T + \boldsymbol{H}_z$，则方程 (4.1) 中第一式可以写为

$$\nabla^2(\boldsymbol{E}_T + \boldsymbol{E}_z) + k^2(\boldsymbol{E}_T + \boldsymbol{E}_z) = 0 \tag{4.2}$$

由于 $\boldsymbol{E}_T$ 和 $\boldsymbol{E}_z$ 矢量不相关，于是有

$$\nabla^2 \boldsymbol{E}_T + k^2 \boldsymbol{E}_T = 0, \quad \nabla^2 \boldsymbol{E}_z + k^2 \boldsymbol{E}_z = 0 \tag{4.3}$$

如果把算子 ∇^2 也分解成横向和纵向的叠加，亦即令：

$$\nabla^2 = \nabla_T^2 + \frac{\partial^2}{\partial z^2}$$

则式 (4.3) 中的第二式可以表示为

$$\left(\nabla_T^2 + \frac{\partial^2}{\partial z^2}\right)\boldsymbol{E}_z + k^2 \boldsymbol{E}_z = 0 \rightarrow \left(\nabla_T^2 + \frac{\partial^2}{\partial z^2}\right)E_z + k^2 E_z = 0 \tag{4.4}$$

如果把坐标变量分成横向和纵向 (T, z)，则电场的纵向分量可以写成

$$E_z = E_z(T, z) = E_z(T)Z(z) \tag{4.5}$$

将式 (4.5) 代入式 (4.4) 得

$$\frac{\nabla_T^2 E_z(T)}{E_z(T)} + \frac{\dfrac{\mathrm{d}^2 Z(z)}{\mathrm{d}z^2}}{Z(z)} = -k^2 \tag{4.6}$$

由于式 (4.6) 中左边两项彼此不相关，而且它们的和是一个常数 $-k^2$，故每一项都应该是常数。亦即式 (4.6) 可分解为

$$\frac{\dfrac{\mathrm{d}^2 Z(z)}{\mathrm{d}z^2}}{Z(z)} = -\beta^2, \quad \frac{\nabla_T^2 E_z(T)}{E_z(T)} = -k_c^2 \tag{4.7}$$

式 (4.7) 中左边方程的解可以表示为

$$Z(z) = Z_1 \mathrm{e}^{-\mathrm{j}\beta z} + Z_2 \mathrm{e}^{\mathrm{j}\beta z} \rightarrow \mathrm{e}^{-\mathrm{j}(\beta z \mp \omega t)} \tag{4.8}$$

式中 $\beta = \sqrt{k^2 - k_c^2}$，$\beta$ 是导波的纵向传播常数, 式 (4.7) 中 k_c 是微分方程在特定边界条件下的本征值, 与传输系统横截面形状、尺寸及传输的场结构 (模式) 相关。

根据相速、群速和导波波长的定义，结合导波的传播常数，有

$$k^2 = \left(\frac{\omega}{\upsilon}\right)^2 = \beta^2 + k_c^2$$

$$\upsilon = \omega/k, \quad \upsilon = 1/\sqrt{\mu\varepsilon} \quad (\text{均匀介质中的光速})$$

$$\upsilon_p = \omega/\beta = \upsilon\Big/\sqrt{1-\left(\frac{k_c}{k}\right)^2} \rightarrow \text{相速} \quad (\beta z - \omega t = \text{常数})$$

$$\lambda_g = 2\pi/\beta = \lambda_0/\sqrt{\mu_r\varepsilon_r}\Big/\sqrt{1-\left(\frac{k_c}{k}\right)^2} \rightarrow \text{导波波长}$$

$$\upsilon_g = \mathrm{d}\omega/\mathrm{d}\beta = \upsilon\sqrt{1-\left(\frac{k_c}{k}\right)^2} \rightarrow \text{群速} \rightarrow \upsilon_p \times \upsilon_g = \upsilon^2$$

从式 (4.1) 中的磁场方程出发，可以得到同样的结果。

为了能够求解横向电磁场分量，本节以下内容致力于寻找横向场分量与纵向场分量之间的关系。基于麦克斯韦方程组的两个旋度方程，同时利用场和微分算子的横向和纵向叠加，有

$$\nabla \times \boldsymbol{H} = \mathrm{j}\omega\varepsilon\boldsymbol{E}, \quad \nabla \times \boldsymbol{E} = -\mathrm{j}\omega\mu\boldsymbol{H}$$

令：$\nabla = \nabla_T + \boldsymbol{e}_z \dfrac{\partial}{\partial z}$, 则：

$$\left(\nabla_T + \boldsymbol{e}_z \frac{\partial}{\partial z}\right) \times (\boldsymbol{H}_T + \boldsymbol{e}_z H_z) = \mathrm{j}\omega\varepsilon(\boldsymbol{E}_T + \boldsymbol{e}_z E_z) \tag{4.9}$$

$$\left(\nabla_T + \boldsymbol{e}_z \frac{\partial}{\partial z}\right) \times (\boldsymbol{E}_T + \boldsymbol{e}_z E_z) = -\mathrm{j}\omega\mu(\boldsymbol{H}_T + \boldsymbol{e}_z H_z) \tag{4.10}$$

利用矢量本身的特性，于是有

$$\nabla_T \times \boldsymbol{H}_T = \boldsymbol{e}_z \mathrm{j}\omega\varepsilon E_z, \quad \nabla_T \times \boldsymbol{e}_z H_z + \boldsymbol{e}_z \times \frac{\partial \boldsymbol{H}_T}{\partial z} = \mathrm{j}\omega\varepsilon \boldsymbol{E}_T \tag{4.11}$$

$$\nabla_T \times \boldsymbol{E}_T = -\boldsymbol{e}_z \mathrm{j}\omega\mu H_z, \quad \nabla_T \times \boldsymbol{e}_z E_z + \boldsymbol{e}_z \times \frac{\partial \boldsymbol{E}_T}{\partial z} = -\mathrm{j}\omega\mu \boldsymbol{H}_T \tag{4.12}$$

将 $\mathrm{j}\omega\mu$ 乘以式 (4.11) 第二式与 $\boldsymbol{e}_z \times \dfrac{\partial}{\partial z}$ 乘以式 (4.12) 第二式进行相减消除 $\boldsymbol{H}_T$; 将 $\boldsymbol{e}_z \times \dfrac{\partial}{\partial z}$ 乘以式 (4.11) 第二式与 $\mathrm{j}\omega\varepsilon$ 乘以式 (4.12) 第二式相加消除 $\boldsymbol{E}_T$, 可以获得

$$\begin{aligned}
\left(k^2 + \frac{\partial^2}{\partial z^2}\right)\boldsymbol{E}_T &= \frac{\partial}{\partial z}\nabla_T E_z + \mathrm{j}\omega\mu \boldsymbol{e}_z \times \nabla_T H_z \\
\left(k^2 + \frac{\partial^2}{\partial z^2}\right)\boldsymbol{H}_T &= \frac{\partial}{\partial z}\nabla_T H_z - \mathrm{j}\omega\varepsilon \boldsymbol{e}_z \times \nabla_T E_z
\end{aligned} \tag{4.13}$$

由于场沿 z 变化的函数是 $\mathrm{e}^{-\mathrm{j}\beta z}$ 和 $\mathrm{e}^{\mathrm{j}\beta z}$，因此 $\dfrac{\partial^2}{\partial z^2} = -\beta^2$，于是上两式可写为

$$\begin{aligned}
\boldsymbol{E}_T &= \frac{1}{k_c^2}\left(\frac{\partial}{\partial z}\nabla_T E_z + \mathrm{j}\omega\mu \boldsymbol{e}_z \times \nabla_T H_z\right) \\
\boldsymbol{H}_T &= \frac{1}{k_c^2}\left(\frac{\partial}{\partial z}\nabla_T H_z - \mathrm{j}\omega\varepsilon \boldsymbol{e}_z \times \nabla_T E_z\right)
\end{aligned} \tag{4.14}$$

式 (4.14) 是导波场解的一般形式，这意味着只要知道场的纵向分量，便可获得场的横向分量。

根据 k_c 的不同情况，由式 (4.14) 定义的导波可划分为:

(1) $k_c^2 = 0$, 亦即 $k_c = 0 \to \beta = k, \upsilon_p = \upsilon_g = \upsilon, \lambda_g = \lambda_0$。

由式 (4.14) 可知，仅仅当 $E_z = H_z = 0$ 时，横向电磁场存在有限解。否则 $\boldsymbol{E}_T$、$\boldsymbol{H}_T$ 将无限大。纵向电场和磁场分量为零时对应的是横电磁波 (TEM)。

(2) $k_c^2 > 0$，此时有

$$\frac{\nabla_T^2 E_z(T)}{E_z(T)} = -k_c^2 \tag{4.15}$$

这是一个本征值问题，对应三种不同状态:

(a) $k^2 > k_c^2 \to \beta^2 = k^2 - k_c^2 > 0, \beta < k$，相速大于光速，对应快波。

$$\upsilon_p = \upsilon \Big/ \sqrt{1 - \left(\frac{k_c}{k}\right)^2} \to \upsilon_p > \upsilon, \quad \upsilon_g < \upsilon, \quad \lambda_g > \lambda_0/\sqrt{\varepsilon_r\mu_r} \tag{4.16}$$

波长大于无界媒质中的波长, 群速小于光速。

(b)

$$k^2 = k_c^2 \to \beta = 0, \quad \omega_c = k_c/\sqrt{\mu\varepsilon}, \quad \lambda_c = 2\pi/k_c \tag{4.17}$$

沿 z 方向各点场的振幅和相位都相同，沿 z 方向没有波传播，这是临界截止。

(c)

$$k^2 < k_c^2, \quad \beta^2 = k^2 - k_c^2 < 0 \tag{4.18}$$

$\beta = \sqrt{k^2 - k_c^2}$ 是虚数，

$$\alpha = -\mathrm{j}\beta = \sqrt{k_c^2 - k^2}, \quad Z(z) = Z_1 \mathrm{e}^{-\alpha z} + Z_2 \mathrm{e}^{\alpha z} \to \text{截止场}$$

当 $k_c^2 > 0$ 时, E_z、H_z 不能同时为零，否则 $\boldsymbol{E}_T$、$\boldsymbol{H}_T$ 都为零。一般只要 E_z、H_z 有一个不为零，即可满足边界条件。

当 $E_z = 0, H_z \neq 0$，电场没有纵向分量，称为横电模 (TE) 或磁模 (H)；$E_z \neq 0, H_z = 0$，磁场没有纵向分量，称为横磁模 (TM) 或电模 (E)；$E_z \neq 0, H_z \neq 0$，电场和磁场都有纵向分量，称为磁电模 (HE) 或电磁模 (EH)。

(3) $k_c^2 < 0$。

$$\beta = \sqrt{k^2 - k_c^2} > k, \quad v_p = \omega/\beta < v, \quad \lambda_g = 2\pi/\beta < \lambda_0/\sqrt{\varepsilon_r \mu_r} \tag{4.19}$$

由式 (4.19) 决定的电磁波具有以下特点：

(a) 相速小于无界媒质中的波速 (慢波)；

(b) 波长小于无界媒质中的波长；

(c) 是一类能够降低波相速的特殊几何结构传播的电磁波，这种几何结构被称为慢波线，在真空电子器件 (例如：行波管) 和高能粒子加速器等方面有广泛应用；

(d) 慢波线中 k_c^2 不再是常数 (群速不会超过光速)。

4.2 慢　　波

4.2.1 慢波的起源及其实现途径

根据爱因斯坦狭义相对论，光速是不可以超过的，因此，不可能将带电粒子加速到超过光速。为了将电子的能量转换为电磁波能量 (微波产生) 或将电磁波的能量转换为电子能量 (加速器)，通常必须想办法将电磁波的速度慢下来，于是慢波成为一种电子注与电磁波之间能量转换的可能方式。

最简单最直接的慢波方式是采用介质。波在介质中的速度为 $v = (LC)^{-1/2} = (\mu_0 \varepsilon_0 \varepsilon_r)^{-1/2}$。这种慢波方式主要有以下几点不足：

(1) ε_r 有限，难以满足实际电磁波与带电粒子同步的要求。

(2) 介质引入将使导波介质波长变大 (以矩形波导最低次模式 TE_{10} 为例，单模工作波长范围在 $\lambda_c^{\mathrm{TE}_{10}}=2a\sqrt{\varepsilon_r}$ 和 $\lambda_c^{\mathrm{TE}_{20}}=a\sqrt{\varepsilon_r}$ 之间)，这使得相比无介质情况相同频率 (波长) 导波结构尺寸减小。

(3) 当波或者电子穿过介质时，会引起电荷的积累或者二次电子的产生和倍增，由此引起损坏和不稳定性。通常在有电子通过的地方引入介质是一件令人忌讳的事情，这可能因二次电子倍增导致雪崩效应。因此在设计慢波结构时，不是非必要的话，会尽可能地避免引入介质。

从 4.1 节自然想到，只有非均匀系统才能传输慢波，而非均匀系统显然 k_c 不是一个常数，符合 4.1 节关于慢波结构群速不会超过光速这一对慢波结构自身特点的表征。这就是说，慢波结构是由非均匀结构组成的。最简单、最容易从结构上实现的非均匀结构就是周期结构，如图 4.1 所示。从慢波结构出现以来，无论从结构的简单还是可实现性考虑，周期结构一直是科学家和工程技术专家崇尚和创新的慢波结构。为了避免介质可能带来的不稳定性问题，通常希望周期慢波结构是全金属结构。

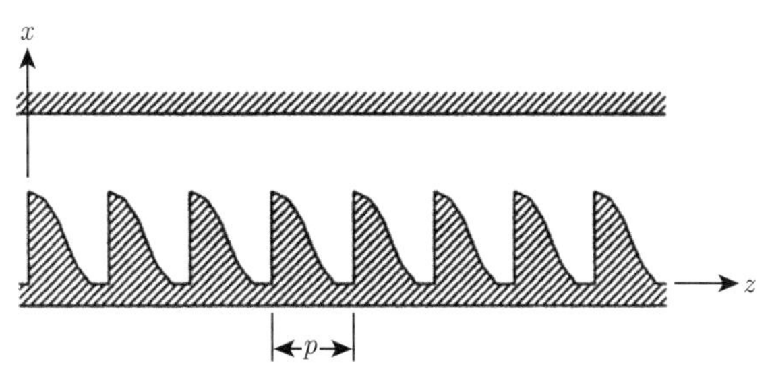

图 4.1　周期结构示意图

图 4.2 给出了由矩形波导折叠而成的折叠波导慢波结构中电磁波传输的慢波过程。高频信号从折叠波导慢波结构的一端输入。从图中可以看到，由于电子注通道 (半径为 r_0) 对波是截止的，电磁波从 A 到 B 通过波导沿曲折线走过的距离为 L，而电子从 A 到 B 走直线的距离为 p(空间周期)。支撑波在波导中传输的电场主要是平行于轴向的。如果在 A 点电子处于减速状态，可以设计波传输的长度 L 使电子到达 B 点时依然处于减速状态，则这种以周期 p 不断重复的折叠波导可以让电子注与电磁波保持持续的相互作用，并释放能量给波。从上述传输过程中看到，电子沿电子注通道走直线，而电磁波走的是曲折线，亦即相对于电子的运动而言，波的速度减慢了，于是电子和波有可能同步相互作用了。

从图 4.2 中 A 点出发沿轴向行进的电子和沿曲折线 L 行进的电磁波在 B 处相遇。不同时刻从 A 点出发的电子，将在 B 点遇到什么样的电磁场作用，是我们要关心的主要问题。电子经过一个空间周期 p 从 A 到达 B 遇到的电场主要

是在 z 方向，矩形波导中最低价模式 TE_{10} 模电场分布可以用正弦函数描述 (如图 4.3(a) 所示)。由于电子是在不同时刻进入间隙的，它们有的将被加速 (点 1、2、3 附近)、有的将被减速 (点 3、4、1 附近)、有的速度不变 (点 1 和点 3)。如果电子的速度完全与波的速度一致，电子将会在点 1、点 3 附近聚集，亦即发生群聚。不过，点 1 是一个不稳定点。一旦有任何扰动，使电子偏离该点，则电子会因受到加速或减速而向点 3 靠近。处在点 3 附近的电子，在任何扰动后纵向力始终是将

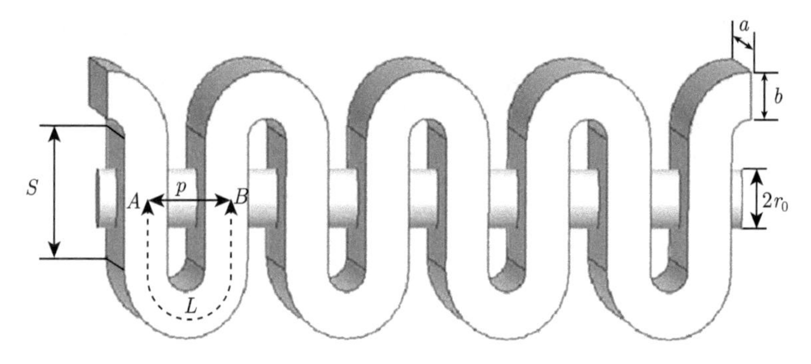

图 4.2　折叠波导中的慢波过程

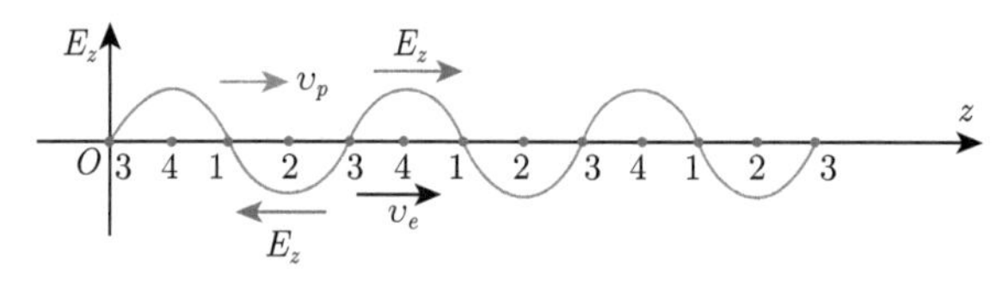

(a) 电子在电场作用下的受力和运动

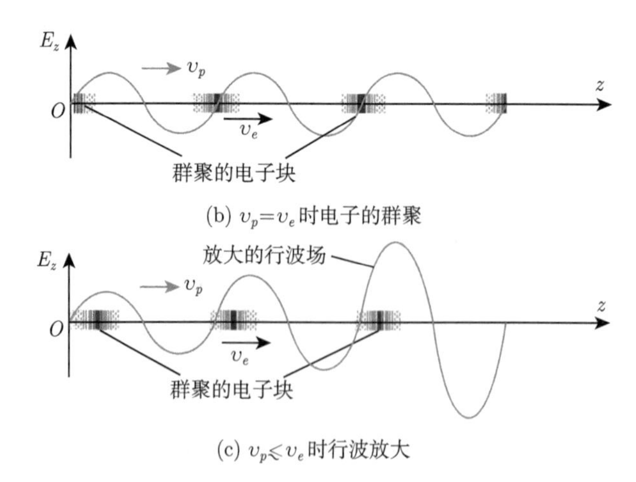

(c) $v_p \leqslant v_e$ 时行波放大

图 4.3　电子与行波互作用示意图

其拉回到点 3，如图 4.3(b) 所示。如果让相速略小于电子的速度，则电子的群聚中心会处于减速相位，于是多数电子处于减速状态，电子释放能量给电磁波，波得到放大, 如图 4.3(c) 所示。

上述相关慢波的讨论过程中有如下几点值得注意：① 电子与波会在两者纵向速度相近 (亦即同步) 时发生群聚；②慢波是由加长波传播路径 (或者是增加传播路径的复杂性) 实现的；③同步和群聚可能因频率变化导致的相速变化出现偏离，也就是说如果需要电子与波对不同频率同样可以实现同步和群聚，波的相速必须是相等或相近。根据以上三点，这便对慢波结构相速随频率变化的关系提出了特定的要求。也就是说，慢波结构的色散特性在一定频带范围内必须能够与电子注电压同步；或者是其色散在一定频率范围内比较小，以便电子注能够在这个频率范围内与波持续发生相互作用。发生相互作用的同步条件是：① $v_p \leqslant v_e$ 电子释放能量；② $v_p \geqslant v_e$ 电子吸收能量。前者是行波放大机制，对展宽频带宽度具有优势，可以规避谐振式放大的频率选择性，但注波耦合相对弱，互作用时间相对长；后者电子被加速，是高能粒子加速器的物理基础，是推动高能粒子物理研究和发展的一种重要手段。

4.2.2 慢波特性基本参量

通常表征慢波结构特性的基本参数有两个，一个是色散，另一个是耦合阻抗。色散特性主要讨论相速随频率的变化，以此表征慢波结构相速与电子速度同步频率范围的可能性。耦合阻抗则强调慢波结构中不同频率波电场与电子注之间相互耦合的强度。

4.2.2.1 色散特性

同步要求 $v_p \leqslant v_e$ 或 $v_p \geqslant v_e$，电子才能与波之间有相互作用。电子的速度由加速电压决定，因此，慢波必须具有一定的相速才能与电子同步。不过，一般慢波系统是色散的，亦即相速随频率变化，故必须知道相速在整个频带内的变化规律。由于相速 $v_p = \omega/\beta$，于是通常我们要讨论的色散曲线图多为 ω-β 图 (图 4.4) 或 k-β 图，曲线上某点与原点连线的斜率就是相速 $v_p = \omega/\beta$，该点曲线的斜率就是群速 $v_g = \mathrm{d}\omega/\mathrm{d}\beta$；$k$-$\beta$ 图对应的是它们与光速的比值。本文的色散方程写为

$$\omega = f(\beta) \tag{4.20}$$

按照相速和群速的定义有

$$v_p = \frac{\omega}{\beta} = \frac{f(\beta)}{\beta} = \tan\varphi \tag{4.21}$$

$$v_g = \frac{\mathrm{d}\omega}{\mathrm{d}\beta} = \frac{\mathrm{d}f(\beta)}{\mathrm{d}\beta} = \tan\psi \tag{4.22}$$

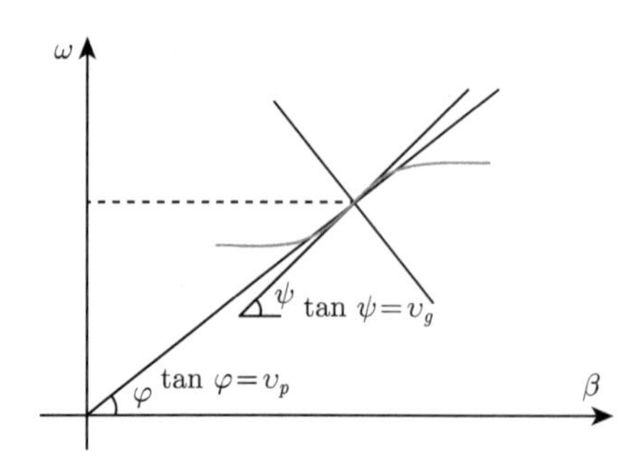

图 4.4　慢波系统的色散曲线

于是由以上两式，慢波相速 v_p 与群速 v_g 的关系可以演化为

$$\frac{1}{v_g}=\frac{\mathrm{d}\beta}{\mathrm{d}\omega}=\frac{\mathrm{d}}{\mathrm{d}\omega}\left(\frac{\omega}{v_p}\right)=\frac{1}{v_p}\left(1-\frac{\omega}{v_p}\cdot\frac{\mathrm{d}v_p}{\mathrm{d}\omega}\right) \tag{4.23}$$

$$\frac{v_p}{v_g}=1-\frac{\omega}{v_p}\cdot\frac{\mathrm{d}v_p}{\mathrm{d}\omega} \tag{4.24}$$

$v_p\approx v_g$ 则意味着 $\dfrac{\mathrm{d}v_p}{\mathrm{d}\omega}\approx 0$, 也就是说弱色散必须相速接近群速。

图 4.5 为两张描述慢波系统色散特性的 ω-β 图。图 4.5(a) 色散特性斜率为正，相速与群速方向相同，这种波称为前向波，简记为 FW；图 4.5(b) 色散特性斜率为负，相速与群速方向相反，这种波称为返波，简记为 BW。一般来说，传输系统中有的模式是前向波，有的模式是返波，甚至同一模式也可能出现前向波和返波的情况，这依赖于模式工作的状态。对于前向波，从 ω-β 图原点出发的 $\varphi=45°$ 斜线表示相速与群速都等于光速的波，TEM 波。45° 斜线左上方表示相速大于空间光速的波，称为快波；45° 斜线右下方表示相速小于空间光速的波，称为慢波。

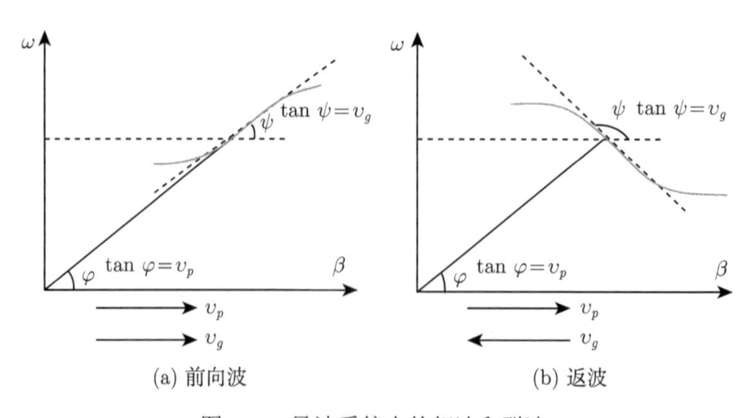

(a) 前向波　　(b) 返波

图 4.5　导波系统中的相速和群速

4.2.2.2 耦合阻抗

为了增强慢波与电子之间的相互作用, 必须在电子注通过的地方有很强的有效电场分量 E_{z0}。不过，电场强度的大小必须由外加激励场强大小来决定，不能有效体现慢波结构本身在外加相关激励信号条件下建立电场强度的能力。为此定义慢波系统的耦合阻抗 (通常又称为互作用阻抗) 为

$$K = \frac{|\dot{V}|^2}{2P} \tag{4.25}$$

式中 P 是进入慢波系统中传播的总功率, V 是慢波系统中的纵向电压。从式 (4.25) 定义可以看出，在相同输入电磁功率情况下，耦合阻抗越大，则慢波结构能够建立电磁场的能力越强。因此，耦合阻抗是注波耦合强弱的标志。

考虑纵向电场可以表示为 $|E_z|\sin(\beta z)$，电压可以用电场沿轴向相差 $\lambda_g/4$ 的积分获得

$$\left|\dot{V}\right| = \int_0^{\lambda_g/4} |E_z|\sin(\beta z)\mathrm{d}z = \frac{|E_z|}{\beta} \rightarrow K = \frac{|E_z|^2}{2\beta^2 P} \tag{4.26a}$$

式 (4.26a) 就是一般意义上的耦合阻抗。不过，在慢波结构中，电子注横截面上的纵向场通常是不均匀的，这时应该取电子注截面 S 上的平均耦合阻抗：

$$K = \frac{\iint_S |E_z|^2\,\mathrm{d}s}{2S\beta^2 P} \tag{4.26b}$$

色散特性和耦合阻抗是周期慢波结构研究和应用中两个最基本也是最重要的参量。

4.3 周 期 系 统

传输系统可以简单分为均匀系统和非均匀系统。均匀传输系统就是横截面形状、尺寸和材料属性沿 z 轴不变，即边界条件沿 z 轴是均匀的。例如：传输线、波导、表面波导等。非均匀传输系统就是边界条件在 z 方向上出现不均匀性。例如：波导弯曲、渐变、过渡、耦合和变换等过程中出现的非均匀性。

周期性非均匀传输系统：边界条件沿 z 方向周期性地出现完全相同的不均匀性，简称周期系统。例如：螺旋线、折叠波导、交错双栅、耦合腔链等。图 4.6 给出了几种慢波结构的示意图。

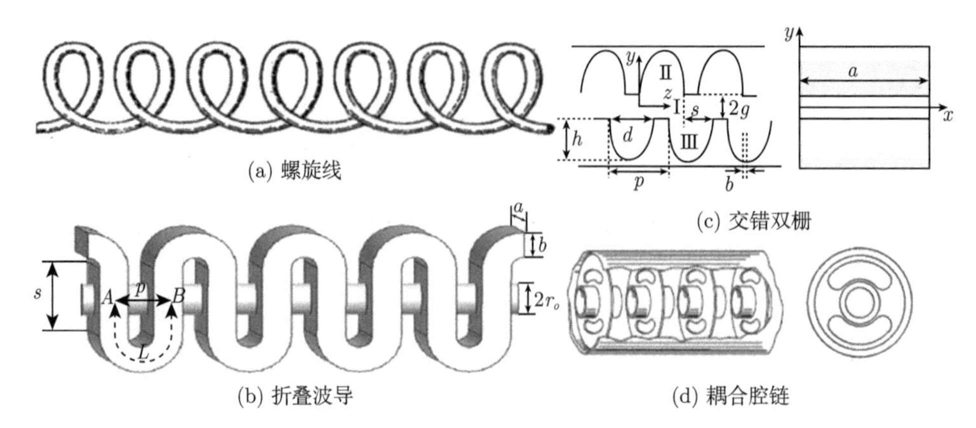

(a) 螺旋线　(b) 折叠波导　(c) 交错双栅　(d) 耦合腔链

图 4.6　几种常见的慢波结构

4.3.1　均匀系统

所谓均匀系统就是把一个无穷长的系统沿波传输方向移动任意距离后，其与移动前的系统重合。在稳定简谐状态下，系统中的任意两个截面 $z_1 = z, z_2 = z + \Delta z$ 上的电磁场之间仅仅差一个与距离有关的复数：

$$\mathrm{e}^{-\gamma(z_1 - z_2)} = \mathrm{e}^{-\gamma \Delta z} \tag{4.27}$$

$$E(x, y, z, t) = F(x, y)\,\mathrm{e}^{-\gamma z}\mathrm{e}^{\mathrm{j}\omega t} \tag{4.28}$$

$$\gamma = \alpha + \mathrm{j}\beta \tag{4.29}$$

$F(x, y)$ 表示 z 的变化不影响场的横向分布，或者说均匀传输系统横向结构特征不随 z 的变化而改变。γ 是传输和损耗的特征描写，α 是边界损耗或反射引起的衰减常数，β 是波传输常数，$\alpha = 0$ 则意味着系统无损耗存在。

4.3.2　周期系统——弗洛凯定理

所谓周期系统就是当移动的距离是空间周期的整数倍时，移动后的系统才与移动前的系统重合，无法识别哪个是移动前的系统，哪个是移动后的系统。

在稳定简谐状态下，系统沿 z 相距为空间周期 p 的 m 倍的两个截面上，$\Delta z = mp$，m 为整数，场沿横截面的分布函数相同，只是相差一个复数 $\mathrm{e}^{-\gamma_0 mp}$，这就是弗洛凯 (Floquet) 定理。亦即

$$E(x, y, z + mp) = E(x, y, z)\,\mathrm{e}^{-\gamma_0 mp} \tag{4.30}$$

在非均匀系统中，场的形式总可以写为

$$E(x, y, z, t) = E(x, y, z)\,\mathrm{e}^{\mathrm{j}\omega t} = F(x, y, z)\,\mathrm{e}^{-\gamma_0 z}\mathrm{e}^{\mathrm{j}\omega t} \tag{4.31}$$

对于一个周期系统

$$F(x,y,z+mp)=F(x,y,z) \tag{4.32}$$

$$E(x,y,z+mp)=F(x,y,z+mp)\,\mathrm{e}^{-\gamma_0(z+mp)} \tag{4.33}$$

$$E(x,y,z+mp)=F(x,y,z)\,\mathrm{e}^{-\gamma_0 z}\mathrm{e}^{-\gamma_0 mp}=E(x,y,z)\,\mathrm{e}^{-\gamma_0 mp} \tag{4.34}$$

无损周期系统，在传输状态下，衰减系数为零，于是有

$$E(x,y,z)=F(x,y,z)\,\mathrm{e}^{-\mathrm{j}\beta_0 z} \tag{4.35}$$

4.3.3 空间谐波

对于周期系统，$F(x,y,z)$ 是 z 的周期函数，其周期为 p

$$F(x,y,z)=\sum_{n=-\infty}^{\infty}E_n(x,y)\,\mathrm{e}^{-\mathrm{j}n\frac{2\pi}{p}z} \tag{4.36}$$

根据正交性原理可求出级数的系数 $E_n(x,y)$，将上式两端乘以 $\mathrm{e}^{\mathrm{j}m\frac{2\pi}{p}z}$，并从 $z-p/2$ 到 $z+p/2$ 积分。

$$\int_{z-\frac{p}{2}}^{z+\frac{p}{2}}F(x,y,z)\,\mathrm{e}^{\mathrm{j}m\frac{2\pi}{p}z}\mathrm{d}z=\sum_{n=-\infty}^{\infty}\int_{z-\frac{p}{2}}^{z+\frac{p}{2}}E_n(x,y)\,\mathrm{e}^{\mathrm{j}(m-n)\frac{2\pi}{p}z}\mathrm{d}z \tag{4.37}$$

由正交性原理有

$$\int_{z-\frac{p}{2}}^{z+\frac{p}{2}}\mathrm{e}^{\mathrm{j}(m-n)\frac{2\pi}{p}z}\mathrm{d}z=\begin{cases}0 & (m\neq n)\\ p & (m=n)\end{cases} \tag{4.38}$$

$$\begin{aligned}E_n(x,y)&=\frac{1}{p}\int_{z-\frac{p}{2}}^{z+\frac{p}{2}}F(x,y,z)\,\mathrm{e}^{\mathrm{j}n\frac{2\pi}{p}z}\mathrm{d}z\\&=\frac{1}{p}\int_{z-\frac{p}{2}}^{z+\frac{p}{2}}\left[F(x,y,z)\,\mathrm{e}^{-\mathrm{j}\beta_0 z}\right]\mathrm{e}^{\mathrm{j}\left(\beta_0+n\frac{2\pi}{p}\right)z}\mathrm{d}z\\&=\frac{1}{p}\int_{z-\frac{p}{2}}^{z+\frac{p}{2}}E(x,y,z)\,\mathrm{e}^{\mathrm{j}\beta_n z}\mathrm{d}z\end{aligned} \tag{4.39}$$

$$\beta_n=\beta_0+\frac{2\pi n}{p} \tag{4.40}$$

于是，周期系统中场的表达式可以表示为

$$E(x,y,z,t) = E(x,y,z)\,\mathrm{e}^{\mathrm{j}\omega t} = \sum_{n=-\infty}^{\infty} E_n(x,y)\mathrm{e}^{-\mathrm{j}\beta_n z}\mathrm{e}^{\mathrm{j}\omega t} \tag{4.41}$$

$$E(x,y,z) = \sum_{n=-\infty}^{\infty} E_n(x,y)\mathrm{e}^{-\mathrm{j}\beta_n z} \tag{4.42}$$

$E_n(x,y)$ 已是一个与 z 无关的函数。在稳态简谐时变状态下，在均匀系统中存在的是一个空间等幅简谐行波；但在周期系统中不可能是单一的空间等幅简谐行波，而是一个沿空间坐标 z 的非简谐行波。这个非简谐谐波可以由一系列空间简谐谐波线性叠加而成 (见式 (4.42))。

各次空间谐波的相速不同 (n=0 为基波)，即

$$v_{pn} = \frac{\omega}{\beta_n} = \frac{\omega}{\beta_0 + \dfrac{2\pi n}{p}} \tag{4.43}$$

n 越大，空间谐波的相速越低。n 次空间谐波的群速为

$$v_{gn} = \frac{\mathrm{d}\omega}{\mathrm{d}\beta_n} = \frac{\mathrm{d}\omega}{\mathrm{d}\left(\beta_0 + \dfrac{2\pi n}{p}\right)} = \frac{\mathrm{d}\omega}{\mathrm{d}\beta_0} = v_{g0} \tag{4.44}$$

所有空间谐波都有相同的群速，以相同的信号速度传播，但相速不同，有时相速会出现负值，即出现相速与群速方向相反的现象。

非简谐行波是就空间关系而言，场沿 z 呈非简谐周期函数 (可以表示成一系列空间谐波的叠加)，但就时间关系而言仍然是呈简谐关系变化，并不存在谐波。各次空间谐波是一个整体，它们的特定组成在整体上满足周期系统的边界条件，因此不可能使某一个或者某几个空间谐波单独地增强或者减弱。当带电粒子的速度或者其他某种波的相速与某一空间谐波的相速相等时，称为同步。这时它们之间会持续地发生相互作用，其作用的有效程度取决于该空间谐波的场强，但作用的结果是增强或者减弱系统中的总场，即各次空间谐波的场有效结合。因为只有如此才能继续满足该周期系统的边界条件。

4.3.4　周期系统的色散特性，布里渊图

周期系统中空间谐波的相位传输常数 β_n 与基波相位传输常数 β_0 的关系式为

$$\beta_n = \beta_0 + \frac{2\pi n}{p} \tag{4.45}$$

在 ω-β 图上就是把基波 (β_0) 的 ω-β 曲线沿 β 轴方向平移 $\dfrac{2\pi n}{p}$，周期系统的 ω-β 图是一周期曲线。它是由 n=0 的曲线平移重复而成。

$$\beta_0 = f(\omega) \rightarrow \beta_n = f(\omega) + \frac{2\pi n}{p} \tag{4.46}$$

典型的周期系统色散特性曲线如图 4.7(a) 所示，它是由 n=0 的曲线平移重复而成。在一定频率下曲线上的各点与原点连线的斜率不同，该斜率表示相速，因此不同的空间谐波具有不同的相速，n 越大相速越低，但曲线上各点在同一 ω 时其切线斜率相同，该切线斜率表示群速，因此各次空间谐波具有相同的群速。

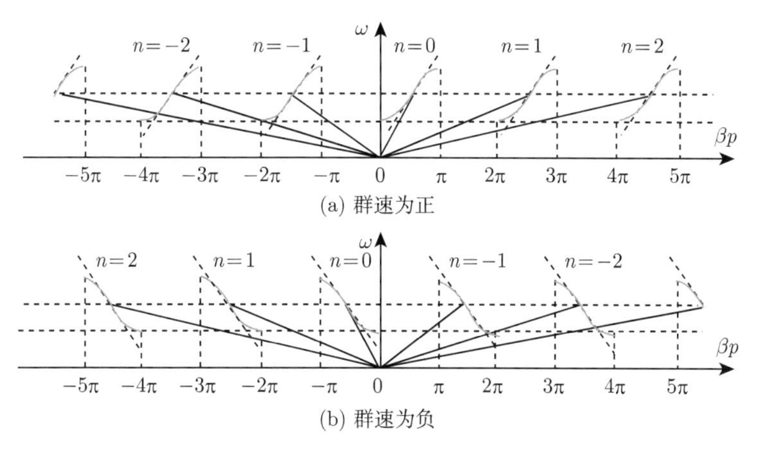

(a) 群速为正

(b) 群速为负

图 4.7 周期系统典型色散曲线

当群速为负时，基波为前向波的模式的相移因子成为 $\mathrm{e}^{\mathrm{j}\beta_0 z-\mathrm{j}n\frac{2\pi}{p}z}$，空间谐波相位传输常数与基波相位传输常数的关系成为

$$\beta_n = \beta_0 - \frac{2\pi n}{p} \tag{4.47}$$

其色散特性曲线如图 4.7(b) 所示。群速为正和群速为负的两组曲线画在一张图上，这就是周期系统的完整的 ω-β 图，即布里渊 (Brillouin) 图 (图 4.8)。对于周期结构，$-\pi < \beta p < \pi$ 区域对应于 n=0 时的色散，即基波的色散。在此区域两边，以 $\pm\pi/p$ 为间距，依次为 $n = -1, +1, -2, +2, \cdots$ 各次空间谐波的色散。除此之外，图 4.8 中还给出了另外两个更高阶的模式的布里渊图以及相互之间的禁带。实际的周期结构中存在许多通带，其间是禁带，这与均匀波导传输结构具有高通特性不同。每一个通带对应结构中的一种传播模式，每个传播模式均包含无穷多个空间谐波。空间谐波与传播模式是不同的，主要区别如下：①空间谐波是

结构周期性的产物，是一个统一的波动过程在空间的分解，它不能单独存在；传播模式代表了一种场的总分布，能够在结构中单独存在。②每个传播模式不仅能满足波动方程，而且能满足结构的全部边界条件；单独的空间谐波虽然可以满足波动方程，但不能满足所有的边界条件。③单独的空间谐波在时间和空间上都是简谐变化的，而它们合成的传播模式在时间上是简谐变化的，在空间上具有周期性但不简谐。④每个模式的各个空间谐波场的振幅是严格成比例的，该比例由周期结构的边界和初始条件决定。当带电粒子的运动速度与其中某一次空间谐波的相速接近达到同步状态时，二者之间发生互作用的有效程度取决于该空间谐波的场强，作用结果不能单独地使某一次谐波减弱或增强，而是增强或减弱结构中的总场，以继续满足结构的边界条件。应该特别注意的是，存在某些周期系统结构(如折叠波导、耦合腔等，后面的章节会相继有相对详细的介绍)，基波是返波，n 大于零是返波，n 小于零是前向波。

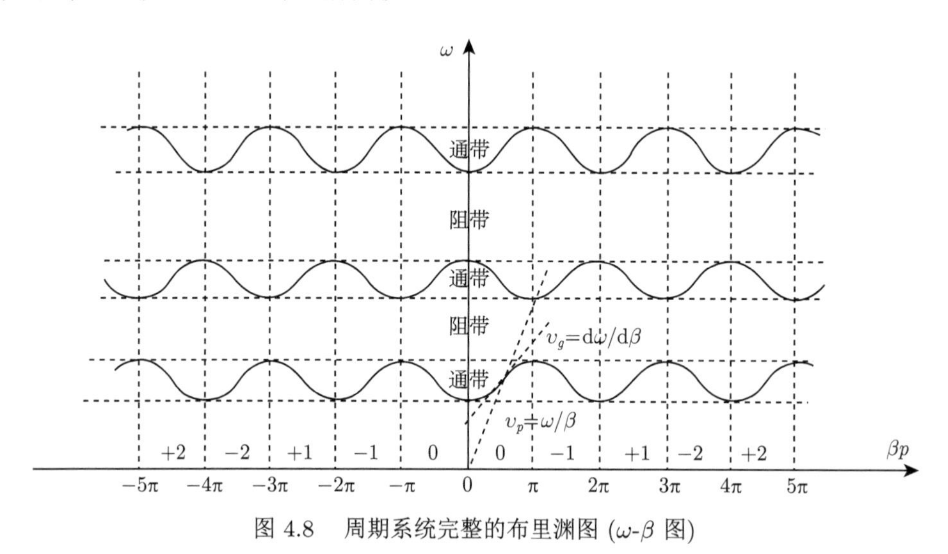

图 4.8　周期系统完整的布里渊图 (ω-β 图)

4.4　周期系统等效电路 [1,2]

假定在周期性系统的终端接上匹配负载，则可把这个系统看作一无穷长线，具有一定的频率和阻抗特性。取周期性系统的任一个周期，作为一个四端网络来处理，它可以是 T 型或 π 型网络，而整个周期性系统则是许多具有对称性的四端网络级联起来的，如图 4.9 所示。

4.4.1　T 型网络级联的基本特性

为了求出 T 型网络级联的基本特性，我们取如图 4.10 所示的由两节 T 型网络级联在一起的电路，并设环路电流 I_1,I_2 和 I_3。由基尔霍夫电压定理，有回路

电压和等于零。于是可以写出

$$(I_2 - I_1) Z_2 + I_2 Z_1 + (I_2 - I_3) Z_2 = 0 \tag{4.48}$$

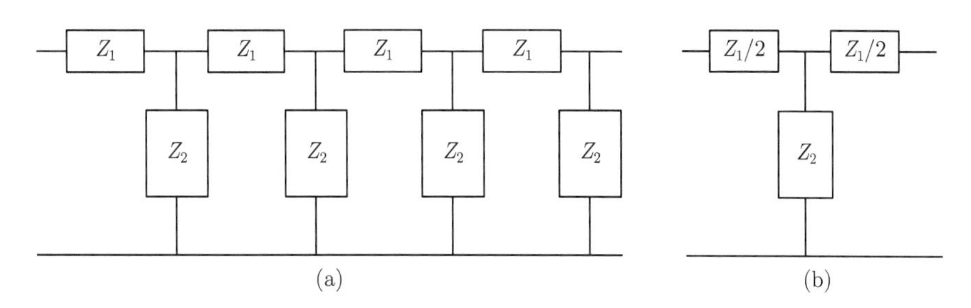

图 4.9 周期系统的等效电路

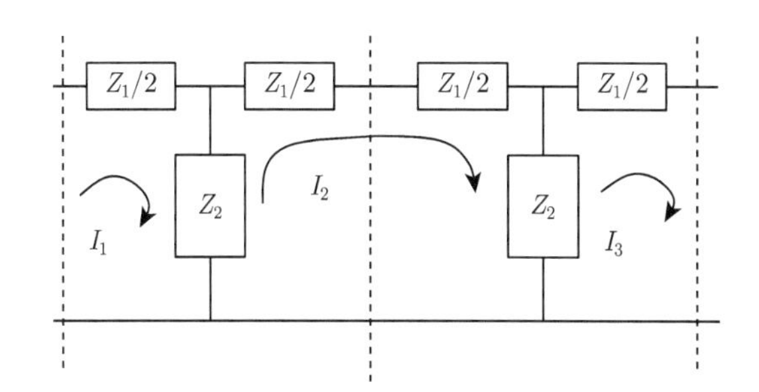

图 4.10 等效电路的两个基本单元

由弗洛凯定理有

$$I_2 = I_1 \mathrm{e}^{-\gamma L}, \quad I_3 = I_2 \mathrm{e}^{-\gamma L} \tag{4.49}$$

将式 (4.49) 代入式 (4.48), 并消去 I_2 得

$$Z_2 \left(2 - \mathrm{e}^{\gamma L} - \mathrm{e}^{-\gamma L}\right) + Z_1 = 0 \to 2Z_2 (1 - \cosh \gamma L) + Z_1 = 0 \tag{4.50}$$

于是有

$$\cosh \gamma L = 1 + \frac{Z_1}{2Z_2} \tag{4.51}$$

当网络中无损耗时，令 $\gamma = \mathrm{j}\beta$，并且 $\beta L = \theta$ 为每节四端网络的相位移，于是得

$$\cos \theta = 1 + \frac{Z_1}{2Z_2} \tag{4.52}$$

设无穷长线的特性阻抗为 Z_0，则当周期系统等效电路右端接上 Z_0 时，从左端看到的输入阻抗也应为 Z_0 ，即

$$Z_0 = \frac{V_1}{I_1} = \frac{1}{I_1}\left[\frac{Z_1}{2} I_1 + Z_2 (I_1 - I_2)\right] = \frac{Z_1}{2} + Z_2 \left(1 - \mathrm{e}^{-\gamma L}\right) \tag{4.53}$$

将式 (4.51) 的关系代入，经过运算得

$$Z_0 = \frac{Z_1}{2} \coth \frac{\gamma L}{2} \tag{4.54}$$

当 $\gamma = \mathrm{j}\beta$，$\beta L = \theta$ 时

$$Z_0 = -\mathrm{j}\frac{Z_1}{2} \cot \frac{\theta}{2} \tag{4.55}$$

在式 (4.52) 和 (4.55) 中，对于高频电路，阻抗 Z_1 和 Z_2 是频率 (ω) 的函数，θ 是空间周期 L 与传播常数 β 的乘积。也就是说，这两个方程表征频率 ω 与传播常数 β 之间的关系，是电路的色散方程的一种表现形式。

4.4.2 几种典型的滤波网络

为了从基本的 T 型网络出发来讨论其色散关系及通带与禁带等特性，我们将以上公式用到下列几种典型的滤波器网络上。

4.4.2.1 低通网络

图 4.11(a) 给出了一个由 L 和 C 组成的低通滤波网络，其中 $Z_1 = \mathrm{j}\omega L$，$Z_2 = 1/(\mathrm{j}\omega C)$, 代入式 (4.52) 得

$$\cos\theta = 1 - \frac{1}{2}\left(\omega/\omega_0\right)^2 \tag{4.56}$$

式中 ω_0^2=$1/(LC)$。

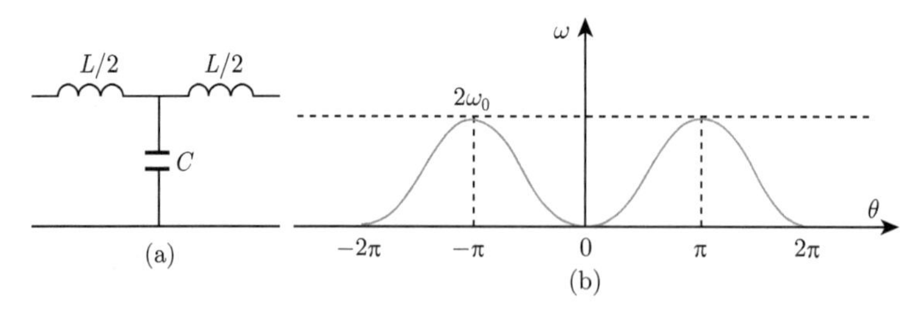

图 4.11　低通滤波器及色散特性

很容易看出，当 $\omega > 2\omega_0$ 时，$\cos\theta < -1$, 色散方程无实数解，代表禁带。而当 $2\omega_0 \geqslant \omega \geqslant 0$ 时，色散方程有实数解，代表通带。图 4.11(b) 表示这种低通滤波网络的 ω-β 图 (色散)，在 $-\pi \leqslant \theta \leqslant \pi$ 的基波范围内，相速和群速方向相同，因此是一种前向波。基波为前向波，具有正色散特性。

4.4.2.2 高通网络

图 4.12(a) 给出了由 C 和 L 组成的高通滤波网络，其中 $Z_1 = 1/(\mathrm{j}\omega C)$, $Z_2 = \mathrm{j}\omega L$, 代入式 (4.52) 得

$$\cos\theta = 1 - \frac{1}{2}\left(\frac{\omega_0}{\omega}\right)^2 \tag{4.57}$$

很容易看出，当 $\omega < \omega_0/2$ 时，$\cos\theta < -1$, θ 无实数解，代表禁带。而当 $\omega \geqslant \omega_0/2$ 时，$-1 \leqslant \cos\theta \leqslant 1$, θ 有实数解，代表通带。

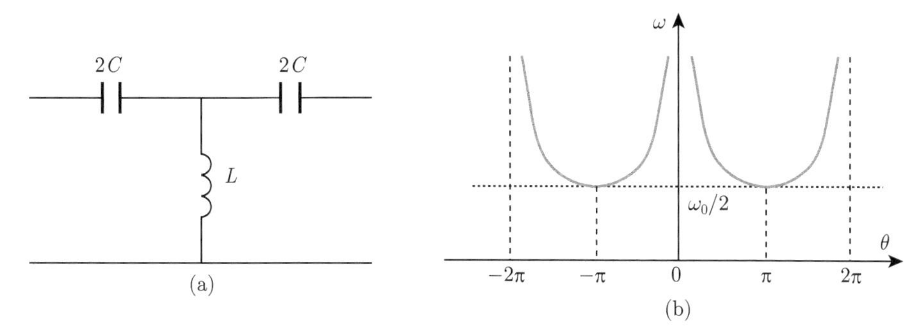

图 4.12 高通滤波器及色散特性曲线

图 4.12(b) 给出了这种高通滤波网络的 ω-β 图 (色散)，在 $-\pi \leqslant \theta \leqslant \pi$ 的基波范围内，相速和群速方向相反，因此是一种反向波。基波为反向波，具有负色散特性。

4.4.2.3 带通网络

图 4.13(a) 给出了由 L_1, C_1 和 L_2, C_2 分别组成的带通滤波器，其中 $1/Z_1 = \mathrm{j}\omega C_1 + 1/(\mathrm{j}\omega L_1), 1/Z_2 = \mathrm{j}\omega C_2 + 1/(\mathrm{j}\omega L_2)$ 令 $\omega_1^2 = 1/(L_1C_1)$, $\omega_2^2 = 1/(L_2C_2)$，由式 (4.52) 有

$$\cos\theta = 1 + \frac{\mathrm{j}\omega C_2 + 1/(\mathrm{j}\omega L_2)}{2\left(\mathrm{j}\omega C_1 + 1/(\mathrm{j}\omega L_1)\right)} = 1 + \frac{L_1}{2L_2}\frac{1-(\omega/\omega_2)^2}{1-(\omega/\omega_1)^2} \tag{4.58}$$

假设 $\omega_1 > \omega_2$，当 $\omega < \omega_2 < \omega_1$ 时，Z_1 和 Z_2 都呈感性，$\cos\theta > 1$, 滤波网络呈现禁带特性，电磁波通不过去；当 $\omega > \omega_1 > \omega_2$ 时，Z_1 和 Z_2 都呈容性，$\cos\theta>1$, 滤波网络也是禁带。只有当 ω 在 ω_1 和 ω_2 之间某一范围内时，Z_1 呈感性，Z_2 呈容性，才构成一个通带。数学证明只有当 $\omega_3 > \omega > \omega_2$ 时, $1 \geqslant \cos\theta \geqslant -1$，$\theta$ 有实数解代表通带，其余频率范围均为禁带。而

$$\omega_3 = \omega_2 \left\{ \left(1 + \frac{4L_2}{L_1}\right) \Big/ \left[1 + \frac{4L_2}{L_1}\left(\frac{\omega_2}{\omega_1}\right)^2\right] \right\}^{1/2} < \omega_1 \tag{4.59}$$

图 4.13(b) 是这种带通滤波器的 ω-β 图，由于它的基波是前向波，具有正色散特性。

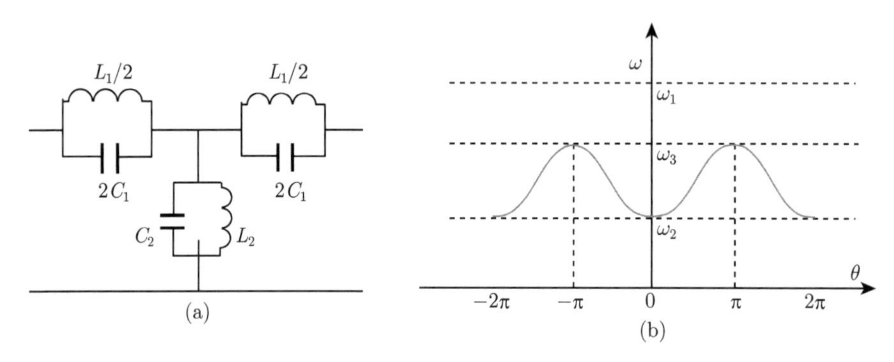

图 4.13　带通滤波器及色散特性曲线

4.4.3　周期加载的均匀传输线

在微波电子管中得到实际应用的慢波线往往是一有周期性加载的均匀传输线，如图 4.14(a) 所示的盘荷波导。图 4.14(b) 为其基本单元的等效电路，其中包括长为 $\theta_0/2$ 的两臂的均匀传输线，在中间接上一个由圆盘加载形成的阻抗 Z。

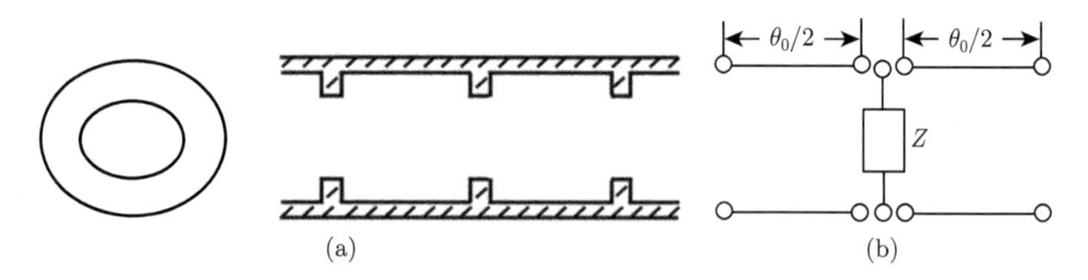

图 4.14　盘荷波导及其等效电路

这里我们引用通常的电压–电流传输矩阵 ($ABCD$ 矩阵)。由传输线理论已知相移为 $\theta_0/2 = 1/2(\beta_0 L)$, 特性阻抗为 Z_0 的均匀传输线的 $ABCD$ 矩阵为

$$\begin{pmatrix} A & B \\ C & D \end{pmatrix}_1 = \begin{pmatrix} \cos\dfrac{\theta_0}{2} & \mathrm{j}Z_0\sin\dfrac{\theta_0}{2} \\ \dfrac{\mathrm{j}}{Z_0}\sin\dfrac{\theta_0}{2} & \cos\dfrac{\theta_0}{2} \end{pmatrix} \tag{4.60}$$

并联元件 Z 的 $ABCD$ 矩阵为

$$\begin{pmatrix} A & B \\ C & D \end{pmatrix}_2 = \begin{pmatrix} 1 & 0 \\ 1/Z & Z \end{pmatrix} \tag{4.61}$$

因此整个基本单元的矩阵可写为

$$\begin{aligned} \begin{pmatrix} A & B \\ C & D \end{pmatrix} &= \begin{pmatrix} A & B \\ C & D \end{pmatrix}_1 \begin{pmatrix} A & B \\ C & D \end{pmatrix}_2 \begin{pmatrix} A & B \\ C & D \end{pmatrix}_1 \\ &= \begin{pmatrix} \cos\theta_0 + \mathrm{j}\dfrac{Z_0}{2Z}\sin\theta_0 & \mathrm{j}Z_0\sin\theta_0 - \dfrac{Z_0^2}{Z}\sin^2\dfrac{\theta_0}{2} \\ \dfrac{1}{Z}\cos^2\dfrac{\theta_0}{2} + \dfrac{\mathrm{j}}{Z_0}\sin\theta_0 & \cos\theta_0 + \mathrm{j}\dfrac{Z_0}{2Z}\sin\theta_0 \end{pmatrix} \end{aligned} \tag{4.62}$$

于是有

$$\begin{aligned} A &= D = \cos\theta_0 + \mathrm{j}\frac{Z_0}{2Z}\sin\theta_0 \\ B &= \mathrm{j}Z_0\sin\theta_0 - \frac{Z_0^2}{Z}\sin^2\frac{\theta_0}{2} \\ C &= \frac{1}{Z}\cos^2\frac{\theta_0}{2} + \frac{\mathrm{j}}{Z_0}\sin\theta_0 \end{aligned} \tag{4.63}$$

根据定义

$$\begin{pmatrix} V_n \\ I_n \end{pmatrix} = \begin{pmatrix} A & B \\ C & D \end{pmatrix} \begin{pmatrix} V_{n+1} \\ I_{n+1} \end{pmatrix} \tag{4.64}$$

由弗洛凯定理

$$\begin{pmatrix} V_n \\ I_n \end{pmatrix} = \begin{pmatrix} \mathrm{e}^{\gamma L} & 0 \\ 0 & \mathrm{e}^{\gamma L} \end{pmatrix} \begin{pmatrix} V_{n+1} \\ I_{n+1} \end{pmatrix} \tag{4.65}$$

联解上两式，消去诸变量得

$$\mathrm{e}^{2\gamma L} - (A+D)\,\mathrm{e}^{\gamma L} + AD - BC = 0 \tag{4.66}$$

将式 (4.63) 中 A, B, C, D 的值代入上式，得

$$\mathrm{e}^{2\gamma L} - 2\left(\cos\theta_0 + \mathrm{j}\frac{Z_0}{2Z}\sin\theta_0\right)\mathrm{e}^{\gamma L} + 1 = 0 \tag{4.67}$$

于是有

$$\cosh \gamma L = \cos \theta_0 + \mathrm{j}\frac{Z_0}{2Z}\sin \theta_0 \tag{4.68}$$

当无损耗时，$\gamma = \mathrm{j}\beta, \beta L = \theta$ ，于是得

$$\cos \theta = \cos \theta_0 + \mathrm{j}\frac{Z_0}{2Z}\sin \theta_0 \tag{4.69}$$

若 Z 为一纯电抗，并令 $Z_0/Z = \mathrm{j}b_0$ ，于是

$$\cos \theta = \cos \theta_0 - \frac{b_0}{2}\sin \theta_0 \tag{4.70}$$

用网络链来等效，这些周期性加载元件间的距离必须足够大，以致它们之间的相互作用完全可以忽略。式 (4.70) 可以写成

$$\cos \theta = A_0 \cos(\theta_0 + \phi) \tag{4.71}$$

式中 $A_0 = \sqrt{1 + (b_0/2)^2}$ 以及 $\phi = \arctan(b_0/2)$。

当 $\theta_0 + \phi \to n\pi, \cos(\theta_0 + \phi) \to \pm 1$ 时，由于 $A_0 > 1, |A_0 \cos(\theta_0 + \phi)| > 1$，因此 θ 无实数解代表禁带。当 b_0 值很小时，禁带非常靠近 $\theta_0 = n\pi$ 的值。只有满足 $|A_0 \cos(\theta_0 + \phi)| \leqslant 1$ 时，方程 (4.71) 的解才是一般色散特性的解。

图 4.15 是这种周期加载均匀传输线的 ω-β 曲线，其中通带和禁带交替相间。由图看出，第一 (最低) 通带的基波中 v_p 和 v_g 方向相同，为前向波；第二通带的基波内 v_p 和 v_g 方向相反，故为反向波。

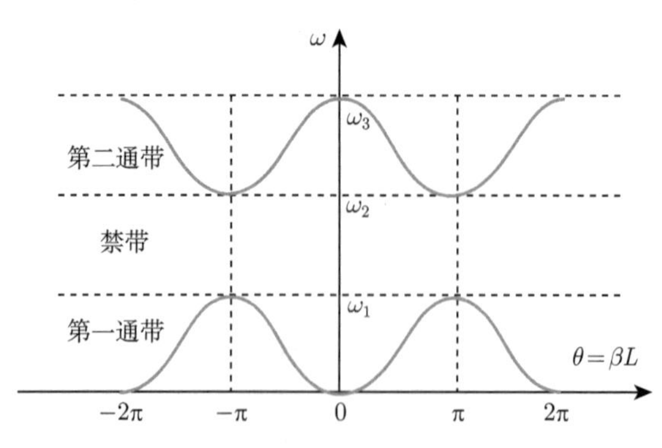

图 4.15　周期加载均匀传输线的 ω-β 图

4.5 螺 旋 线

4.5.1 定性分析

螺旋线慢波系统是单根导线按照一定的直径和螺旋角绕制成的。在单根直导线上，平面电磁波的传播情况如图 4.16 所示 (以地为另一极)。图中下半部分示出了某一瞬间该传输线上电荷和高频电场分布的图形。导体中电场以恒定幅度和相速为光速沿 z 轴传播，与频率无关，具有非色散特性。

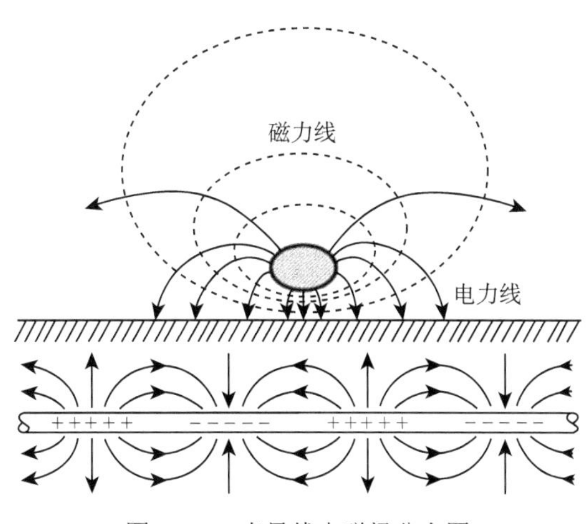

图 4.16 直导线电磁场分布图

如果把单根导线绕成螺旋线，螺旋线相邻匝间在任意一瞬时的电荷分布不同，从带正电的匝上出发的电力线可以沿轴向弯曲而终止于带负电的匝上，从而出现行波电场的纵向分量 E_z。假如电子在越过第一个减速区要进入加速区之前，电场正好反向 (同步)，则电子始终可以处于减速状态。图 4.17 给出了螺旋线中电场分布示意图。

螺旋线作为慢波系统是如何将波沿 z 轴传播的速度降下来的，是我们要关注的重点。螺旋线的平均半径为 a，螺距为 p，螺旋角为 ψ。电磁波沿螺旋线导丝以光速 c 传播，则波沿导丝走过一匝的路径为 (见图 4.18)

$$S=\left[(2\pi a)^2+p^2\right]^{1/2} \tag{4.72}$$

走过这段距离所需时间为

$$\tau=\frac{\left[(2\pi a)^2+p^2\right]^{1/2}}{c} \tag{4.73}$$

故慢波在 z 轴方向传播的相速为

$$v_p = \frac{p}{\tau} = c \cdot \frac{p}{\left[(2\pi a)^2 + p^2\right]^{1/2}} = c \sin\psi \tag{4.74}$$

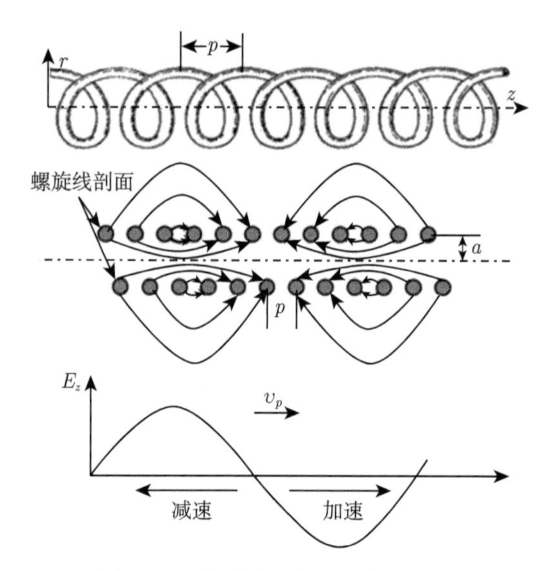

图 4.17　螺旋线及其中的电场分布

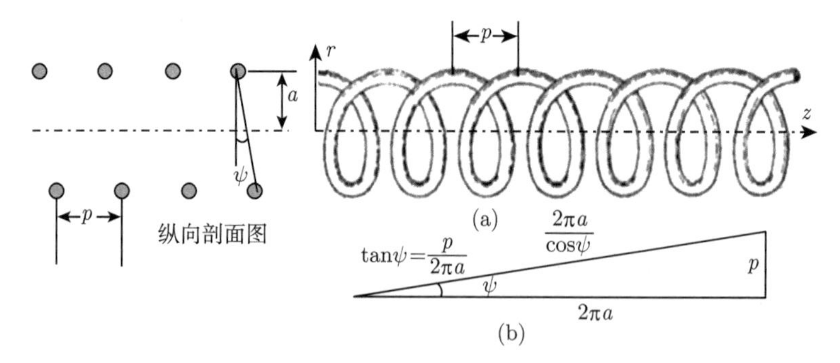

图 4.18　螺旋线展开及慢波过程计算示意图

从式 (4.74) 看出 $v_p < c$，也就是说波在螺旋线中沿纵向的传播速度小于光速。当 $p \ll 2\pi a$ 时，$\sin\psi \approx \tan\psi$，故对于密匝螺旋线有

$$v_p \approx c \cdot \frac{p}{2\pi a} = c \tan\psi \tag{4.75}$$

4.5.2 定量分析 [2,3]

4.5.2.1 “螺旋导片”模型

基本模型：将实际的螺旋线看成一个螺旋导片圆筒。设圆筒为无限薄，其厚度可以忽略不计，圆筒的半径即为实际螺旋线的平均半径，圆筒仅在螺旋角为ψ的螺旋线导丝方向导电，而在垂直于导丝的方向是理想绝缘的。图 4.19 给出了模型的转换等效过程示意图。

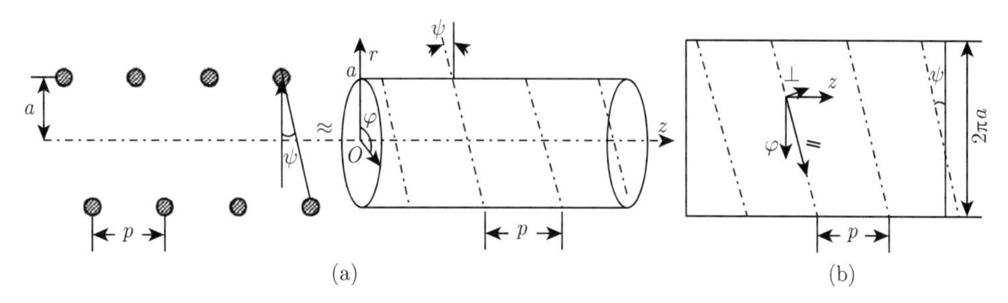

图 4.19 (a) 螺旋导片圆筒；(b) 螺旋导片圆筒展开示意图

假定：

(1) 在圆柱坐标系中，只分析角向 (φ 向) 无变化的基本模式；

(2) 螺旋导片圆筒处在真空中，即不考虑其周围介质的影响；

(3) 不考虑电路的损耗，即波的传播常数为 $\gamma=\alpha+\mathrm{j}\beta=\mathrm{j}\beta$；

(4) $\lambda_g/2\gg p\rightarrow\beta p\ll\pi$ (一个周期内相移非常小，亦即可以视为均匀系统)。

4.5.2.2 场解和色散特性

导电薄壳的导电方向沿 ψ 方向是倾斜的和各向异性的，单独 TE 和 TM 模不能满足边界条件。采用圆柱坐标系，用分离变量法解圆波导中齐次亥姆霍兹方程，可得场的纵向分量之通解为

$$E_z\left(r,\varphi,z;t\right)=D_1\cos\left(n\varphi-\varphi_0\right)R\left(k_cr\right)\mathrm{e}^{\mathrm{j}(\omega t-\beta z)}\tag{4.76}$$

$$H_z\left(r,\varphi,z;t\right)=D_2\cos\left(n\varphi-\varphi_0\right)R\left(k_cr\right)\mathrm{e}^{\mathrm{j}(\omega t-\beta z)}\tag{4.77}$$

$$u^2\frac{\mathrm{d}^2R}{\mathrm{d}u^2}+u\frac{\mathrm{d}R}{\mathrm{d}u}+\left(u^2-n^2\right)R=0\tag{4.78}$$

注意到螺旋线慢波, $v_p<c$，有

$$k_c=\left(k^2+\gamma^2\right)^{1/2}=\left(k^2-\beta^2\right)^{1/2}=\frac{\omega}{c}\left[1-\left(\frac{c}{v_p}\right)^2\right]^{1/2}\tag{4.79}$$

k_c 显然是虚数，因此令：$k_c = \mathrm{j}\alpha, u = k_c r = \mathrm{j}\alpha r = \mathrm{j}\xi$，有

$$\xi^2 \frac{\mathrm{d}^2 R}{\mathrm{d}\xi^2} + \xi \frac{\mathrm{d}R}{\mathrm{d}\xi} - \left(\xi^2 + n^2\right) R = 0 \tag{4.80}$$

式 (4.80) 是 n 阶变态贝塞尔方程，它的解可以表示为

$$R(\xi) = C_1 I_n(\xi) + C_2 K_n(\xi) = C_1 I_n(\alpha r) + C_2 K_n(\alpha r) \tag{4.81}$$

$I_n(\xi)$ 和 $K_n(\xi)$ 分别为第一和第二类变态贝塞尔函数。它们具有下列渐近性质：

$$\lim_{\xi\to\infty} I_n(\xi) = \sqrt{\frac{1}{2\pi\xi}}\mathrm{e}^{\xi}, \quad \lim_{\xi\to\infty} K_n(\xi) = \sqrt{\frac{\pi}{2\xi}}\mathrm{e}^{-\xi} \tag{4.82}$$

在 $\xi=0$ 点的值为

$$I_n(0) = \begin{cases} 1, & n=0 \\ 0, & n\neq 0 \end{cases}, \quad K_n(0) \to \infty \tag{4.83}$$

限于无角向变化 ($n=0$) 的模式，有

$$E_z(r,\varphi,z;t) = \left[A_1 I_0(\alpha r) + A_2 K_0(\alpha r)\right]\mathrm{e}^{\mathrm{j}(\omega t-\beta z)} \tag{4.84}$$

$$H_z(r,\varphi,z;t) = \left[B_1 I_0(\alpha r) + B_2 K_0(\alpha r)\right]\mathrm{e}^{\mathrm{j}(\omega t-\beta z)} \tag{4.85}$$

式中 $\alpha^2 = -k_c^2 = \beta^2 - k^2 = \left(\dfrac{\omega}{v_p}\right)^2 - \left(\dfrac{\omega}{c}\right)^2 > 0$。

在螺旋导片圆筒的内部区域 ($r<a$)，基于式 (4.14) 和 $K_n(0)\to\infty$，可将导片圆筒内的场 (以上标 “i” 表示) 写成

$$E_z^i(r,\varphi,z;t) = A^i I_0(\alpha r)\mathrm{e}^{\mathrm{j}(\omega t-\beta z)} \tag{4.86a}$$

$$H_z^i(r,\varphi,z;t) = B^i I_0(\alpha r)\mathrm{e}^{\mathrm{j}(\omega t-\beta z)} \tag{4.86b}$$

$$E_r^i(r,\varphi,z;t) = \frac{\mathrm{j}\beta}{\alpha} A^i I_1(\alpha r)\mathrm{e}^{\mathrm{j}(\omega t-\beta z)} \tag{4.86c}$$

$$E_\varphi^i(r,\varphi,z;t) = -\frac{\mathrm{j}\omega\mu_0}{\alpha} B^i I_1(\alpha r)\mathrm{e}^{\mathrm{j}(\omega t-\beta z)} \tag{4.86d}$$

$$H_r^i(r,\varphi,z;t) = \frac{\mathrm{j}\beta}{\alpha} B^i I_1(\alpha r)\mathrm{e}^{\mathrm{j}(\omega t-\beta z)} \tag{4.86e}$$

$$H_\varphi^i(r,\varphi,z;t) = \frac{\mathrm{j}\omega\varepsilon_0}{\alpha} A^i I_1(\alpha r)\mathrm{e}^{\mathrm{j}(\omega t-\beta z)} \tag{4.86f}$$

在导片圆筒的外部区域 ($r>a$)，基于式 (4.14) 和 $I_0(\infty)\to\infty$，可将导片圆筒外的场 (以上标“o”表示) 写成

$$E_z^o(r,\varphi,z;t)=A^oK_0(\alpha r)\mathrm{e}^{\mathrm{j}(\omega t-\beta z)} \tag{4.87a}$$

$$H_z^o(r,\varphi,z;t)=B^oK_0(\alpha r)\mathrm{e}^{\mathrm{j}(\omega t-\beta z)} \tag{4.87b}$$

$$E_r^o(r,\varphi,z;t)=-\frac{\mathrm{j}\beta}{\alpha}A^oK_1(\alpha r)\mathrm{e}^{\mathrm{j}(\omega t-\beta z)} \tag{4.87c}$$

$$E_\varphi^o(r,\varphi,z;t)=\frac{\mathrm{j}\omega\mu_0}{\alpha}B^oK_1(\alpha r)\mathrm{e}^{\mathrm{j}(\omega t-\beta z)} \tag{4.87d}$$

$$H_r^o(r,\varphi,z;t)=-\frac{\mathrm{j}\beta}{\alpha}B^oK_1(\alpha r)\mathrm{e}^{\mathrm{j}(\omega t-\beta z)} \tag{4.87e}$$

$$H_\varphi^o(r,\varphi,z;t)=-\frac{\mathrm{j}\omega\varepsilon_0}{\alpha}A^oK_1(\alpha r)\mathrm{e}^{\mathrm{j}(\omega t-\beta z)} \tag{4.87f}$$

式 (4.86) 和式 (4.87) 中的 A^o,B^o,A^i,B^i,α 可以利用 $r=a$ 处的边界条件和初始激励求得。

根据导电薄壳模型的假设，可以把 $r=a$ 处的边界条件归结如下：

(1) 在螺旋导丝方向 (ψ 方向) 是理想导体，导电薄壳上平行于ψ 方向的电场应为零 (如图 4.20 所示)，即

$$E_\parallel^i=0 \text{ 或 } E_z^i\sin\psi+E_\phi^i\cos\psi=0 \tag{4.88}$$

$$E_\parallel^o=0 \text{ 或 } E_z^o\sin\psi+E_\phi^o\cos\psi=0 \tag{4.89}$$

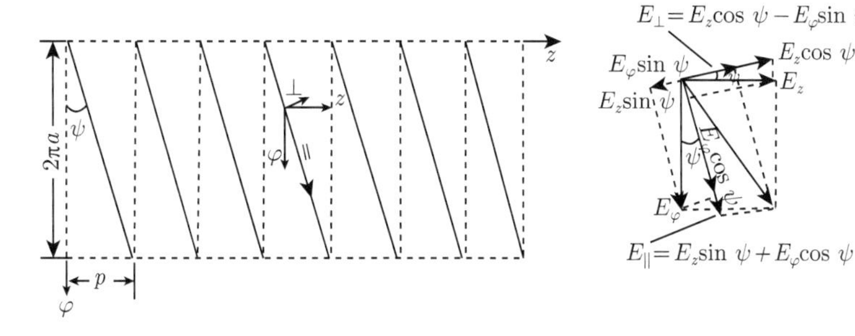

图 4.20 螺旋导片展开图

(2) 在螺旋导丝之间是绝缘的，在垂直于 ψ 方向上无电流通过，故导电薄壳两边在垂直于 ψ 方向上的电场和平行于 ψ 方向的磁场都应该连续 (如图 4.20 所示)，即

$$E_\perp^i=E_\perp^o \text{ 或 } E_z^i\cos\psi-E_\phi^i\sin\psi=E_z^o\cos\psi-E_\phi^o\sin\psi \tag{4.90}$$

$$H_{\parallel}^{i} = H_{\parallel}^{o} \text{或 } H_z^i \sin\psi + H_\phi^i \cos\psi = H_z^o \sin\psi + H_\phi^o \cos\psi \tag{4.91}$$

A^o, B^o, A^i, B^i 的齐次联立方程组，方程组有非零解的充要条件是其系数行列式应等于零。

利用方程组 (4.88)~(4.91) 有非零解的充要条件是其系数行列式应等于零，求得“螺旋导片”模型的色散方程为

$$(ka\cot\psi)^2 = \frac{K_0(\alpha a)I_0(\alpha a)}{K_1(\alpha a)I_1(\alpha a)}(\alpha a)^2 \tag{4.92}$$

因为 $k = \dfrac{\omega}{c}, \alpha^2 = \beta^2 - k^2$，故在高频时，$\alpha$ 值随 ω 的提高而增大。

$$\frac{K_0(\alpha a)\, I_0(\alpha a)}{K_1(\alpha a)\, I_1(\alpha a)} \to 1,\ \alpha a \to \infty \tag{4.93}$$

色散方程 (4.92) 趋近于

$$\begin{aligned} k^2\cot^2\psi = \alpha^2 = \beta^2 - k^2 \to k = \beta\left(1+\cot^2\psi\right)^{-1/2} \\ = \beta\sin\psi \to \frac{\omega}{\beta} = c\sin\psi < c \end{aligned} \tag{4.94}$$

螺旋线在高频时，其相速与群速很接近，在很宽的频率范围内是弱色散的，适合于作为宽带行波管的慢波系统。图 4.21 给出了“螺旋导片”模型螺旋线的色散曲线。

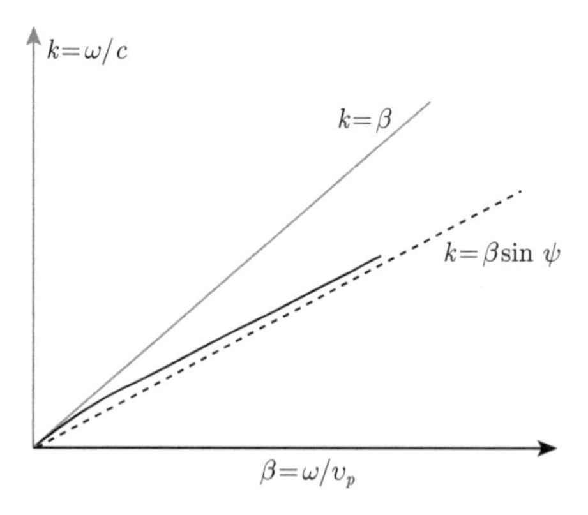

图 4.21 螺旋导片的色散曲线

4.5.2.3 耦合阻抗

根据 4.5.2.2 节色散特性分析结果，A^o, B^o, A^i, B^i 的齐次联立方程组的系数行列式应等于零，有非零解意味着螺旋线能够存在慢波，将 A^o, B^o, B^i 用 A^i 表示：

$$B^i = \frac{\alpha}{\mathrm{j}\omega\mu_0} \times \frac{I_0(\alpha a)}{I_1(\alpha a)}\tan\psi \times A^i \tag{4.95}$$

$$A^{o}=\frac{I_{0}\left(\alpha a\right)}{K_{0}\left(\alpha a\right)}\times A^{i} \tag{4.96}$$

$$B^{o}=\frac{\alpha}{\mathrm{j}\omega\mu_{0}}\times\frac{I_{0}\left(\alpha a\right)}{K_{1}\left(\alpha a\right)}\tan\psi\times A^{i} \tag{4.97}$$

A^i 取决于螺旋线中的通过功率和初相位。

根据耦合阻抗公式 $K=\dfrac{|E_z|^2}{2\beta^2 P}$，利用场解先求出波导功率 P

$$P=\frac{1}{2}\mathrm{Re}\left[\int_{S}\left(\boldsymbol{E}\times\boldsymbol{H}^{*}\right)\cdot\mathrm{d}\boldsymbol{S}\right]=\frac{1}{2}\mathrm{Re}\left[\int_{0}^{2\pi}\int_{0}^{a}\left(\boldsymbol{E}^{i}\times\boldsymbol{H}^{i*}\right)\cdot\boldsymbol{e}_{z}r\mathrm{d}r\mathrm{d}\varphi\right]+\frac{1}{2}\mathrm{Re}\left[\int_{0}^{2\pi}\int_{a}^{\infty}\left(\boldsymbol{E}^{o}\times\boldsymbol{H}^{o*}\right)\cdot\boldsymbol{e}_{z}r\mathrm{d}r\mathrm{d}\varphi\right] \tag{4.98}$$

$$\int_{0}^{2\pi}\mathrm{d}\varphi=2\pi\quad(\text{对于角向均匀模式，}n=0\text{，}P\text{ 与角向无关}) \tag{4.99}$$

$$P=\pi\mathrm{Re}\left[\int_{0}^{a}\left(E_{r}^{i}\times H_{\varphi}^{i*}-E_{\varphi}^{i}\times H_{r}^{i*}\right)r\mathrm{d}r+\int_{a}^{\infty}\left(E_{r}^{o}\times H_{\varphi}^{o*}-E_{\varphi}^{o}\times H_{r}^{o*}\right)r\mathrm{d}r\right] \tag{4.100}$$

将各场分量代入上式求积分，同时将求得的功率 P 值代入前面给出的耦合阻抗公式，则圆筒轴线上 (r=0) 的耦合阻抗为

$$K\left(0\right)=\frac{1}{2}\left(\frac{\beta}{k}\right)\left(\frac{\alpha}{\beta}\right)^{4}\left[F\left(\alpha a\right)\right]^{3} \tag{4.101}$$

$$F\left(\alpha a\right)=\left\{\frac{\left(\alpha a\right)^{2}}{240}\left[\left(1+\frac{I_{0}K_{1}}{I_{1}K_{0}}\right)\left(I_{1}^{2}-I_{0}I_{2}\right)+\left(\frac{I_{0}}{K_{0}}\right)^{2}\left(1+\frac{I_{1}K_{0}}{I_{0}K_{1}}\right)\left(K_{0}K_{2}-K_{1}^{2}\right)\right]\right\}^{-1/3} \tag{4.102}$$

在通常αa 取值范围内, $F(\alpha a)$ 可采用经验公式 [4]：

$$F\left(\alpha a\right)\approx7.154\mathrm{e}^{-0.6664(\alpha a)} \tag{4.103}$$

当 αa 增加时，$K(0)$ 以近似于指数规律很快下降 (图 4.22)，即螺旋线轴上的耦合阻抗随频率以及螺旋线半径的增大而迅速降低。这是由螺旋线内部场结构的特点决定的。螺旋线内的有效电场 E_z^i 在径向的分布是按 $I_0(\alpha r)$ 的形式变化的，

轴上的场最弱，越近螺旋线表面则场越强。当频率提高或者螺旋半径增加时，电场更加依附于螺旋线表面，因而轴上的场强下降，这导致 $K(0)$ 值下降。

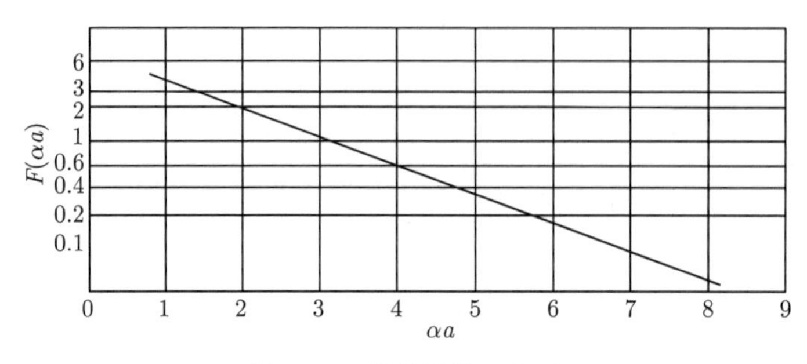

图 4.22　阻抗函数 $F(\alpha a)$

耦合阻抗与纵向电场 E_z 的平方成正比，E_z 与 $I_0(\alpha r)$ 成正比，因而离轴 r 处的阻抗为

$$K(r) = K(0)\left[I_0(\alpha r)\right]^2 \tag{4.104}$$

轴上的耦合阻抗最小，越靠近螺旋线其值越大。为了增强电子注与慢波的相互作用，可以采用空心的电子注紧贴着螺旋线表面通过，这样可以提高耦合阻抗。

实心电子注半径为 b, 截面积为 $S_0 = \pi b^2$，通常定义平均耦合阻抗为

$$K_s = \frac{1}{S_0}\int_{S_0} K(r)\,\mathrm{d}S = \frac{1}{\pi b^2}\int_0^{2\pi}\mathrm{d}\varphi\int_0^b K(r)\,r\mathrm{d}r = \frac{2}{b^2}\int_0^b K(r)\,r\mathrm{d}r \tag{4.105}$$

于是有：

$$K_s = K(0)\left[I_0^2(\alpha b) - I_1^2(\alpha b)\right] \tag{4.106}$$

图 4.23 为实心电子注耦合阻抗的理论曲线，其中 a 为螺旋线的平均半径，b 为实心电子注的半径，选择较大的 b/a 值和较小的αa($K(0)$ 大) 值可以得到较高的耦合阻抗。一个慢波波长 (λ_g) 内的匝数太少时，螺旋线的周期结构开始显示出来，“螺旋导片” 模型就不再适用了。

通常螺旋线不可能是悬空的，必需使用某种介质来夹持支撑。由于介质的高频损耗和电场能量在介质中的聚集，一定程度将削弱螺旋线内壁空间的场，于是介质的存在将使波的相速及耦合阻抗下降。另外，为了保持螺旋线处在真空状态，螺旋线行波管还得有一个金属外壳。这个金属外壳的存在，也会起到分散电场的作用，从而也会影响耦合阻抗。这将在相关行波管的章节进一步介绍。

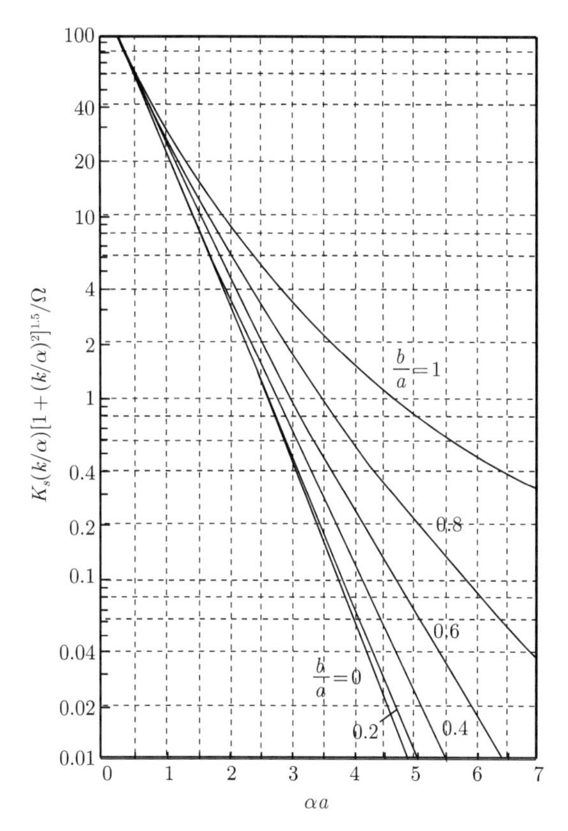

图 4.23 实心电子注的耦合阻抗

4.5.2.4 高阶模式色散特性

对于高阶模式，色散特性的求解比较困难，本文不在这里做特别详细的介绍。但给出高阶模式的色散方程，并在一定近似条件下讨论色散特性的变化和特点。

高阶模式色散方程可以表示为 [3]：

$$\frac{K_n(\alpha a)\,I_n(\alpha a)}{K_n'(\alpha a)\,I_n'(\alpha a)}=\frac{(ka\alpha a\cot\psi)^2}{(\alpha^2a^2-n\beta a\cot\psi)^2} \tag{4.107}$$

对于 $\alpha \geqslant 0$, $|n| \geqslant 1$, 可以用近似式

$$\frac{K_n(\alpha a)\,I_n(\alpha a)}{K_n'(\alpha a)\,I_n'(\alpha a)}=\frac{\alpha^2a^2}{n^2+\alpha^2a^2} \tag{4.108}$$

式 (4.108) 在 $n=1$, $\alpha a=0.5$ 时与式 (4.107) 计算的色散曲线精确值的最大误差为 8.5%; $n=2$, $\alpha a=1.2$ 时为 2.6%，从工程应用的角度是可以接受的。

利用式 (4.108) 与式 (4.107) 右边相等，有

$$\alpha^2 a^2 \left[(\alpha^2 a^2 - n\beta a \cot\psi)^2 - \left(n^2 + \alpha^2 a^2\right)(ka \cot\psi)^2 \right] = 0 \tag{4.109}$$

第一个因子等于零，这是光线方程

$$\alpha a = 0 \rightarrow \beta a = \pm ka \tag{4.110}$$

第二个因子等于零，有

$$(\alpha^2 a^2 - n\beta a \cot\psi)^2 = \left(n^2 + \alpha^2 a^2\right)(ka \cot\psi)^2 \tag{4.111}$$

对于 $\alpha a \gg 1$，$\cot\psi \gg 1$ 和 n 小的情况下 (ω 和 β 远大于 1)，近似有

$$\alpha^2 = \beta^2 - k^2, \quad \alpha^2 a^2 \approx \beta^2 a^2, \quad \alpha^2 a^2 \gg n^2 \rightarrow \beta a = (n \pm ka) \cot\psi \tag{4.112}$$

图 4.24 是螺旋线“螺旋导片”模型色散特性曲线，实线是精确解, 虚线是近似解。近似解的误差主要在接近截止附近。αa 接近零和禁区 (阴影) 较大时，因为螺旋线开敞, 当 $\beta < k$ 时, 成为辐射模, 此时螺旋线已成为一螺旋天线。

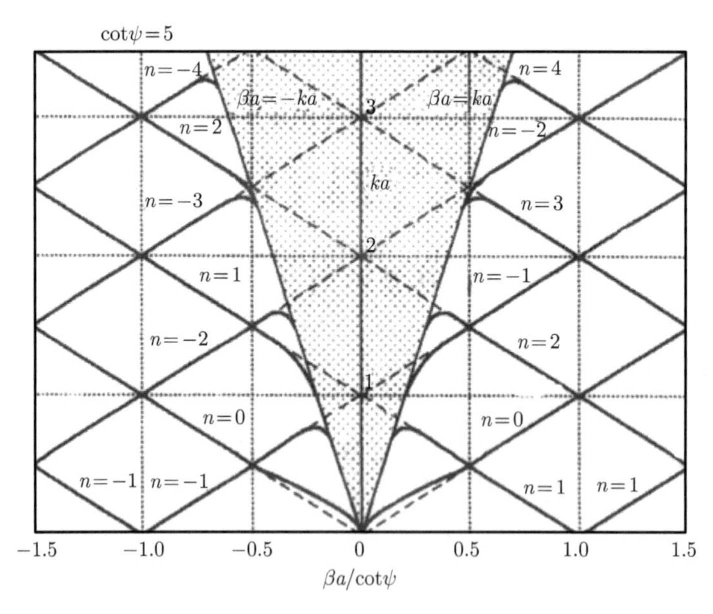

图 4.24　螺旋导片 k-β 全图

4.5.2.5　“螺旋导片”模型的特点

由于“导电薄壳”模型结构的独特性，其在色散特性上具有以下特点：

(1) 模型是一个均匀系统, 可以存在单一的空间简谐行波, 每一个 n 值对应一个模式, 独立满足边界条件。

(2) 不同 n 模式, 角向相位系数不同 (见式 (4.112)), 代表不同的旋进波,n=0(基波) 主模是轴对称的前向波，对应于行波放大；$n \neq 0$ 的模式存在前向波和反向波，亦即螺旋线也可作为返波系统，可用于返波振荡器。

(3) n 值相同而传输方向相反的波模式 k-β 曲线是对称的, $+n$ 和 $-n$ 模的色散特性不同, 即同一频率下右旋模式和左旋模式的纵向相位系数不同。这不同于金属波导和介质波导情况。

4.6 耦 合 腔

4.6.1 色散特性

4.6.1.1 波导处理方法

如图 4.25 所示，为了研究波导中的波与电子注的相互作用，设想某单个电子沿图 4.25 所示的弯曲路径穿过。首先，假设波在波导内由 A 行进到 B 的同一时间内，电子从 A 行进到 B。相对于电子移动方向，电场的相位扭转了 180°。所以，正如电子所 “看到” 的那样，ω-β 图移动了 π 弧度，如图 4.26(a) 所示。此处给出的例子存在的问题特别明显，电子必须在波行进的时间内以快于光的行进速度从 A 移动到 B。利用如图 4.27 所示的折叠波导可以解决这一问题。假设没有发生其他的阻抗变化，于是波色散 ω-β 图不变化。从电子的观点看，波的相速以及沿路径 L 从 A 到 B 的电子速度是非常重要的。所以，必须在图 4.26 横轴上用 βL 替换 βL_W，才能考虑电子的相互作用问题。

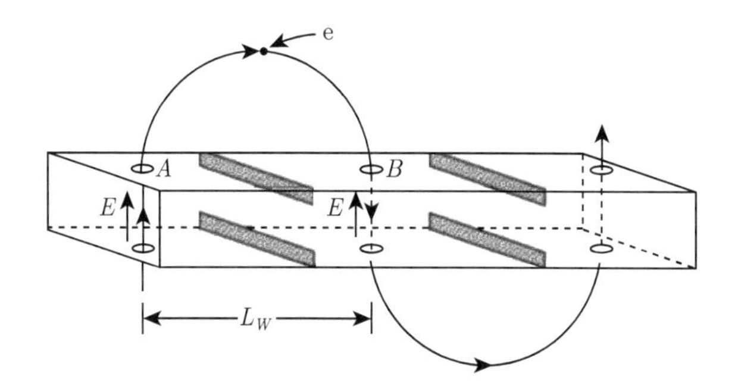

图 4.25　电子沿弯曲路径穿过翼片加载波导

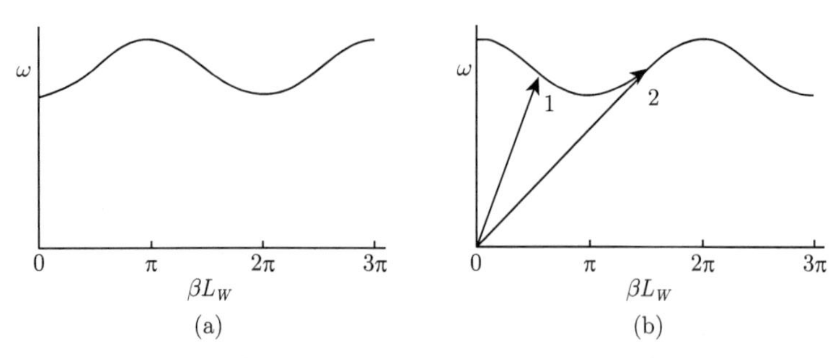

图 4.26　(a) 翼片加载波导的 ω-β 图；(b) 电子沿图 4.25 的弯曲路径“看到”的 ω-β 图

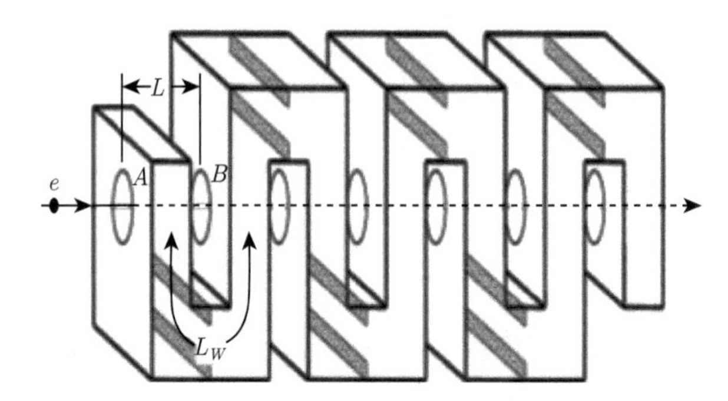

图 4.27　允许电子以低于光速的速度进行互作用的折叠波导

如果满足下列条件之一，那么在 A 处受到加速的电子在 B 处能够再次被加速：

(1) 颠倒波的传播方向，并调整电子的速度，使得当来自右边的波行进到达 B 处时，电子亦到达 B 处 (参见图 4.28(a))。这一返波互作用可用图 4.26(b)ω-β 图中的箭头 1 表示。对于这一互作用，电子的渡越角约为 $\pi/2$ 弧度。

(2) 降低电子的速度，使得当电子到达 B 处时，下一个向右行进的波也到达 B(参见图 4.28(b)) 处。这属于前向波互作用，用图 4.26(b) 中用箭头 2 表示。为了产生这一互作用，电子的渡越角约为 $3\pi/2$ 弧度。

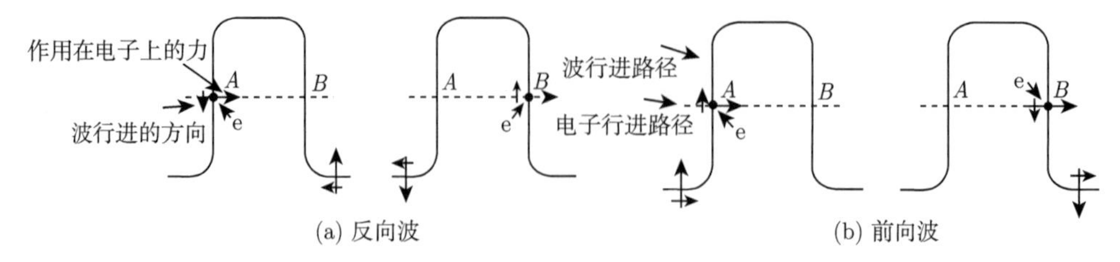

图 4.28　波的传播使电子重新获得加速

以上讨论的折叠波导的工作原理类似于一大类耦合腔行波管的工作原理。在这些行波管中使用基波为返波的慢波电路。另一类耦合腔行波管使用的结构基波为前向波的慢波电路。这类电路的工作原理可以利用图 4.29 和图 4.30 帮助理解。在这些电路中，存在着将高频信号的相位移动 180° 的装置。图 4.29 所示的 180° 扭转波导是希望实现这一相移的简单方式，但在折叠波导中，实际上是不可能实现的。

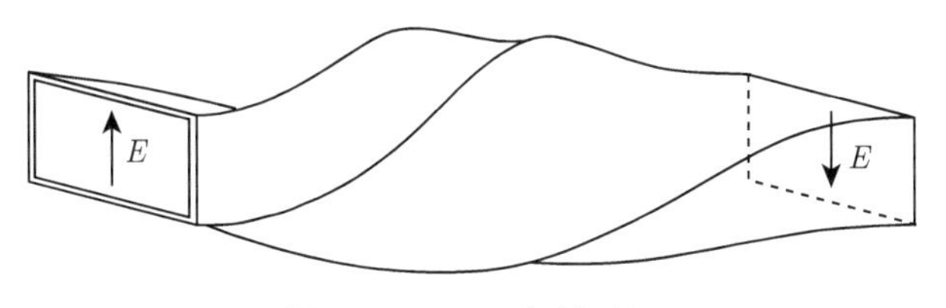

图 4.29　180° 扭转波导

图 4.30(b) 所示的双耦合环可以在耦合孔处颠倒磁场的方向。结果使电场产生 180° 的相位移。为了理解其作用，首先考虑在有翼片的折叠波导中耦合孔处的磁场。正如图 4.30(a) 表示出的那样，在耦合孔两侧 H 的方向是相同的。在图 4.30(b) 中，耦合孔左侧的磁场引起的电流流过耦合环。该电流接下来在耦合孔的右侧产生磁场，其方向与左侧的相反。这一反向磁场亦产生反向电场。在 A 处受到加速的电子用与波从 A 到 B 相同的时间从 A 行进到 B，在 B 处再次受到加速。

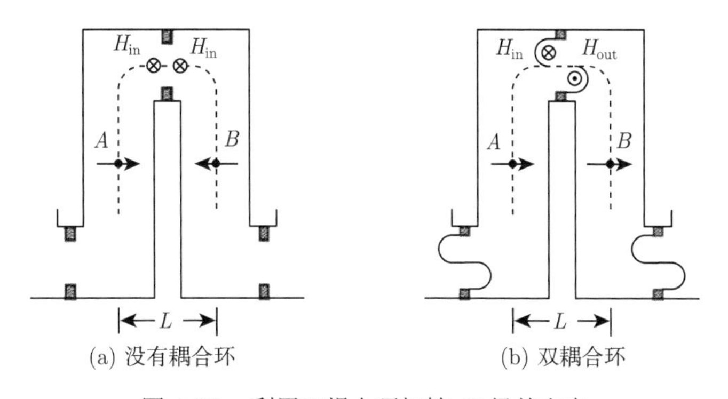

图 4.30　利用双耦合环扭转 H 场的方向

耦合环结构的 ω-β 特性示于图 4.31，伴随着电子约 π/2 的渡越角，这一基波为前向波结构与电子将产生相互作用。应注意，这一渡越角要比基波为返波的电子渡越角 (约 3π/2) 小得多。因此，基波为前向波的管子比起基波为返波结构的管子，电子注速度快，所以电压高，功率大。基波为前向波的管子可以达到几个兆瓦的功率量级，而基波为返波的管子只能达到几千瓦到几十千瓦的功率量级。

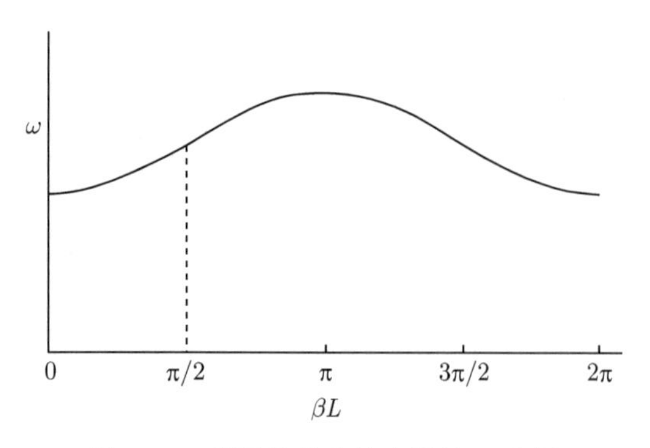

图 4.31　基波为前向波电路的 ω-β 图

4.6.1.2　柯诺–吉廷斯等效电路处理方法 [5–8]

在耦合腔行波管开发的早期，等效电路已经用于帮助理解电路的工作情况。柯诺和吉廷斯提出了最富有成效的等效电路，构建这些等效电路的基础是研究腔体中的电流路径。在没有耦合孔的腔体中电流均匀分布，如图 4.32(a) 所示。电流从腔体一侧的间隙处经过腔壁流向另一侧间隙。间隙属于腔体的电容部分，而腔壁属于电感部分。因此，其等效电路如图 4.32(b) 所示。谐振频率为 f_c。

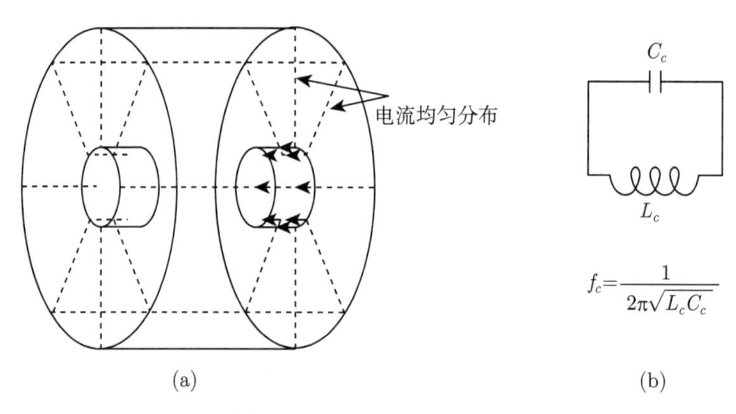

图 4.32　没有耦合孔时的腔体电流路径激起等效电路

当腔壁上存在耦合槽时，部分电流路径被截断，如图 4.33 所示。一般情况下，存在着四条电流路径：

(1) 未被任何槽截断 (I_1)；

(2) 被通向前一腔体的耦合槽截断 (I_2)；

(3) 被通向后一腔体的耦合槽截断 (I_3)；

(4) 被腔体上的两个耦合槽截断 (I_4)。

为了构建反映这一电流分布的等效电路，将腔体电感 L_c 分为四个部分：

(1) L_c/p, 其中 p 为不涉及耦合的那一部分电流;

(2) $2L_c/k$, 其中 k 为涉及后一级的耦合系数;

(3) $2L_c/k$, 其中 k 为涉及前一级的耦合系数;

(4) L_c/n, 其中 n 为同时涉及以上两种耦合方式的耦合系数。

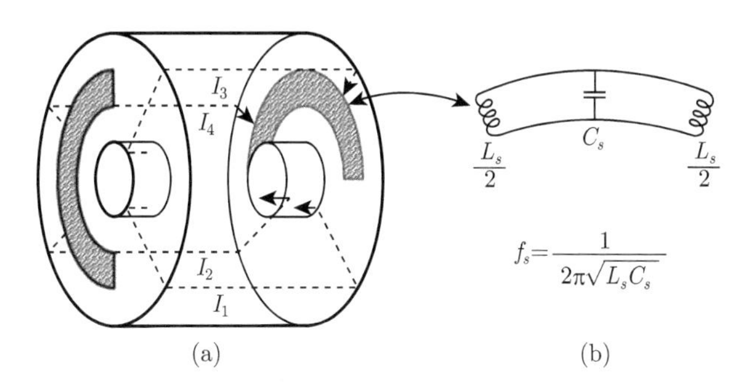

图 4.33 (a) 用于确定等效电路电感的腔体电流; (b) 耦合槽的等效电路

作为一般情况，在通常情况下假设两个耦合槽完全相同。上述四个电流之和就是腔体的总电流, 所以

$$p+k+n=1 \tag{4.113}$$

耦合槽频率可以用谐波频率为 f_s 的并联谐振电路表示，如图 4.33(b) 所示。于是，腔体和它的等效电路如图 4.34 所示。由此得到的等效电路的一般形式如图 4.35 所示。

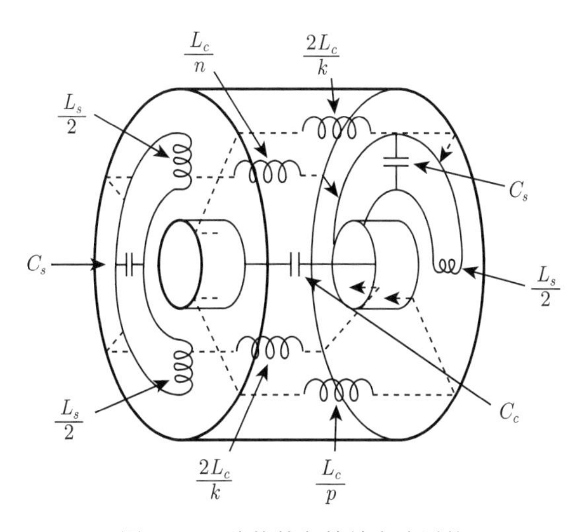

图 4.34 腔体的各等效电路原件

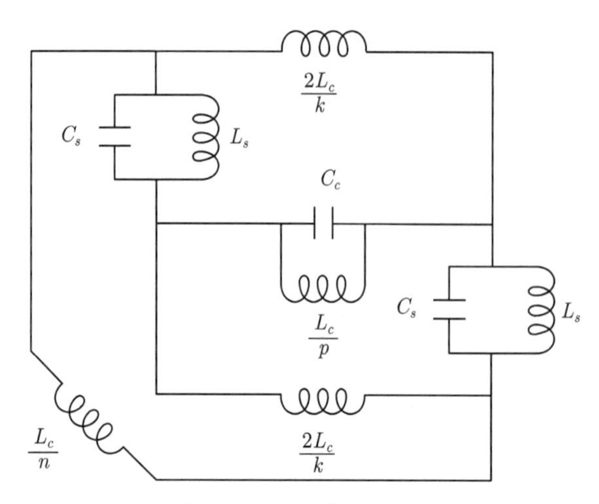

图 4.35　腔体的等效电路

利用图 4.35 中的等效电路，可以建立腔与腔之间相位移 Φ 的表达公式。利用测量腔与槽的谐振频率值，并估算出电流耦合系数，就可以构建 ω-β 图。还可以计算等效电路的阻抗。然后，在与实验获得的结果和耦合阻抗测量的结果相比较的基础上，对电流耦合系数进行修正，于是，这样的等效电路便可以相当好的精度模拟耦合腔。

4.6.1.3　柯诺–吉廷斯等效电路应用实例

作为柯诺–吉廷斯等效电路的应用实例，我们来研究最常用的耦合腔电路/单孔交错耦合槽结构 (亦称休斯结构)，如图 4.36 所示。在这一电路中，不存在同时被两个耦合槽截断的电流路径。因而在前面介绍过的耦合系数 n 为零，所以

$$p = 1 - k \tag{4.114}$$

其中 k 为涉及电流耦合的总耦合系数。这种情况的等效电路如图 4.37 所示，图中还给出了相邻腔的等效电路，以便于下一步的分析。

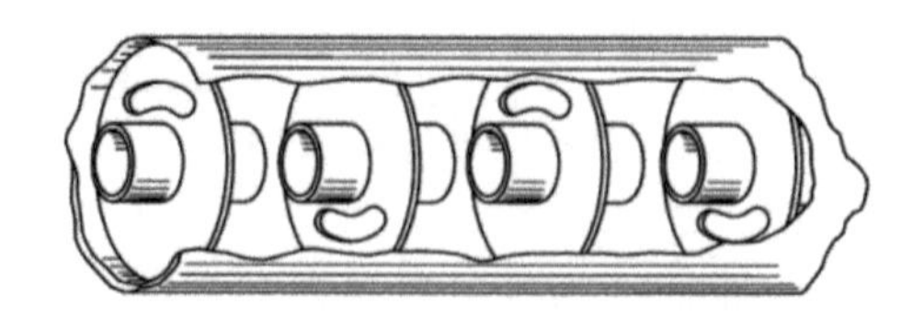

图 4.36　基波为返波的休斯结构耦合腔

为了分析方便，有必要对电路的表现形式做适当的转换。不过，电路转换时，维持电子通过有关电路 (即 C_c) 的方向一致是非常重要的。这一方向用线路电容

旁边的箭头 (→) 标注。通过仔细观察和分析电路，只要将图 4.37 中 A、C 点往上提，B、D 点往下拉，就可以将电路转换成如图 4.38 所示的电路。该等效电路的一个单元 (腔体中心至腔体中心) 如图 4.39(a) 所示，其等效阻抗如图 4.39(b) 所示。由该电路的形式很容易确定腔与腔之间的相位移 ϕ。另外，在 X-X 处观测到的阻抗就是电子注“看到”的阻抗，而这一阻抗亦是计算皮尔斯参量所用到的阻抗。

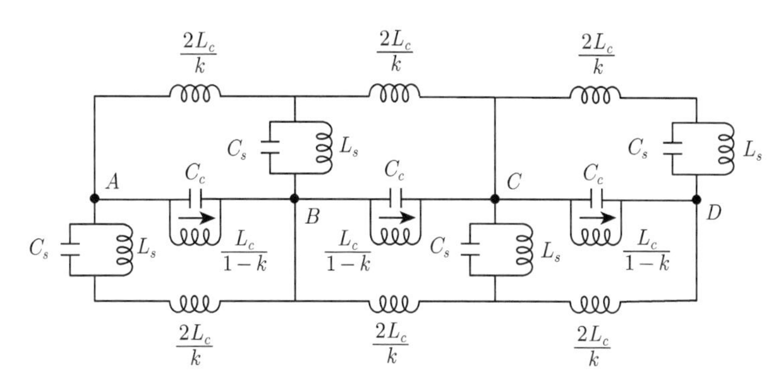

图 4.37 休斯结构耦合腔等效电路

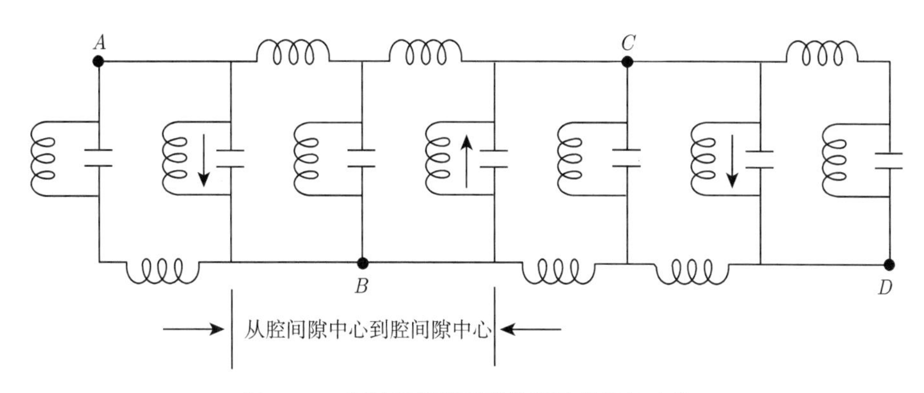

图 4.38 经过重新排列的休斯结构等效电路

根据滤波电路理论，构建 ω-β 图所需要的相位移 ϕ 的求解方程为

$$\cos\phi = \left(\frac{Z_{oc}}{Z_{oc}-Z_{sc}}\right)^{1/2} \tag{4.115}$$

式中，Z_{oc} 为从 X-X 面观测到的开路阻抗，而 Z_{sc} 为 Y-Y 面短路时从 X-X 面观察到的阻抗，电子看到的相位移 θ 为 $\phi+\pi$ (注意，箭头指示的方向表示电子流动的方向)，所以

$$\cos\theta = -\left(\frac{Z_{oc}}{Z_{oc} - Z_{sc}}\right)^{1/2} \tag{4.116}$$

该电路的阻抗 K 为

$$K = (Z_{oc}Z_{sc})^{1/2} \tag{4.117}$$

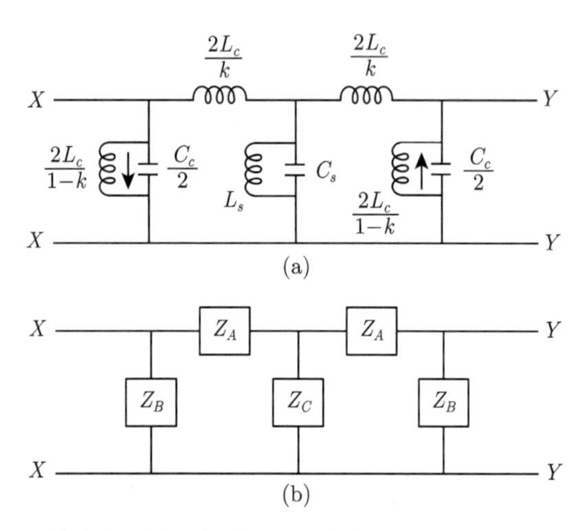

图 4.39　(a) 等效电路的一个单元 (腔体中心至腔体中心)；(b) 等效阻抗

参考图 4.39(b), 经过复杂的代数运算, Z_{oc} 和 Z_{sc} 可以分别表示为

$$Z_{oc} = \frac{Z_A^2 + 2Z_AZ_C + Z_AZ_B + Z_BZ_C}{Z_A^2 + Z_B^2 + 2Z_AZ_B + 2Z_AZ_C + 2Z_BZ_C}Z_B \tag{4.118}$$

$$Z_{sc} = \frac{Z_A^2 + 2Z_AZ_C}{Z_A^2 + 2Z_AZ_C + Z_AZ_B + Z_BZ_C}Z_B \tag{4.119}$$

利用 Z_{sc} 和 Z_{oc} 的计算公式，相位移的方程可以表示为

$$\cos\theta = -\left(1 + \frac{2Z_A}{Z_B} + \frac{Z_A}{Z_C} + \frac{Z_A^2}{Z_BZ_C}\right) \tag{4.120}$$

由图 4.39 可知

$$Z_A = \frac{2\mathrm{j}\omega L_c}{k} \tag{4.121}$$

$$Z_B = \frac{2\mathrm{j}\omega L_c}{1 - k - \omega^2 L_cC_c} \tag{4.122}$$

$$Z_C = \frac{\mathrm{j}\omega L_s}{1 - \omega^2 L_sC_s} \tag{4.123}$$

利用上述阻抗计算公式，相位移方程转换为

$$\cos\theta = 1 - \frac{2L_c}{k^2 L_s}\left(1 - \omega^2 L_s C_c\right)\left(1 + \frac{kL_s}{L_c} - \omega^2 L_s C_s\right) \tag{4.124}$$

定义下列谐振频率：

$$\omega_c = \frac{1}{\sqrt{L_c C_c}} \tag{4.125}$$

$$\omega_s = \frac{1}{\sqrt{L_s C_s}} \tag{4.126}$$

定义耦合系数 k_c：

$$k_c = \frac{kL_s}{L_c} \tag{4.127}$$

可以将式 (4.124) 变换为以下方便的形式：

$$\cos\theta = 1 - \frac{2}{kk_c}\left(1 - \frac{\omega^2}{\omega_c^2}\right)\left(1 + k_c - \frac{\omega^2}{\omega_s^2}\right) \tag{4.128}$$

需要注意的是，在下列条件下 $\cos\theta = 1$ (即 $\theta = 0$)：

$$\omega = \omega_c \tag{4.129}$$

$$\omega = \omega_s\sqrt{1 + k_c} \tag{4.130}$$

这两个条件之所以“截止”的原因，将在下面的讨论中加以说明。第一个原因当然就是腔的谐振条件。第二个原因的确认要借助于图 4.39。它属于由 Z_A、Z_C 和 Z_A 构成的 T 型耦合元件的串联谐振 (图 4.39(b))，即受腔电感影响的槽谐振 (图 4.39(a))。

为了理解相位移是如何随着频率变化的，我们将首先假设 $\omega_s = \omega_c$。由于 k_c 总为正值，于是被修正的槽谐振频率大于腔谐振频率 ω_c。对于那些介于 ω_c 和被修正的槽谐振频率之间的频率，$\cos\theta > 1$, 所以不可能存在信号的传播。因此，对于这些频率便出现了禁带。继续利用假设 $\omega_s = \omega_c$，就可以注意到，随着 ω 由某一截止条件处降低或者升高，即

$$\omega < \omega_c \tag{4.131}$$

或

$$\omega > \omega_s\sqrt{1 + k_c} \tag{4.132}$$

式 (4.128) 的右边将小于 1，这表明通过该电路的传播又能够实现。利用 k 和 k_c 的假定值，就可以确定相位移与频率之间的关系。例如，假定 k=0.5 而 k_c=0.35，绘制的 ω-β 特性如图 4.40 所示。当 $\theta = \pi$ 或者 $\cos\theta = -1$ 时，下边的曲线达到下限，而上边的曲线达到上限。

于是，据式 (4.128)，

$$kk_c = \left(1 - \frac{\omega^2}{\omega_c^2}\right)\left(1 + k_c - \frac{\omega^2}{\omega_c^2}\right) \tag{4.133}$$

或者

$$\frac{\omega^2}{\omega_c^2} = \frac{1}{2}\left[2 + k_c \pm \sqrt{(k_c^2 + 4kk_c)}\right] \tag{4.134}$$

在低于下限以及高于上限的频率处，$\cos\theta < -1$，所以波不能传播。

因此，存在着可供波传播的两个频带。下边的一个称为腔通带，因为其特性主要受腔的谐振条件控制。类似地，上边的频带称为槽通带，其特性主要受槽的谐振条件控制。

图 4.40 中用实线绘制出的曲线反映的是从整个耦合腔结构等效电路的一个单元 (腔体中央到腔体中央) 中推导的 ω-β 特性。由于只采用了一个单元，所以不能获得如图 4.40 所示的那些用虚线表示的 ω-β 特性的结果。不过，由第 4 章关于 ω-β 特性的讨论中却可以推得这些结果。因此，从 π 到 2π 弧度的曲线只不过是 0 到 π 弧度曲线的镜像影射。对于交错耦合槽电路，下方用虚线绘制的代表前向波互作用的曲线，就是所需要的 ω-β 特性。

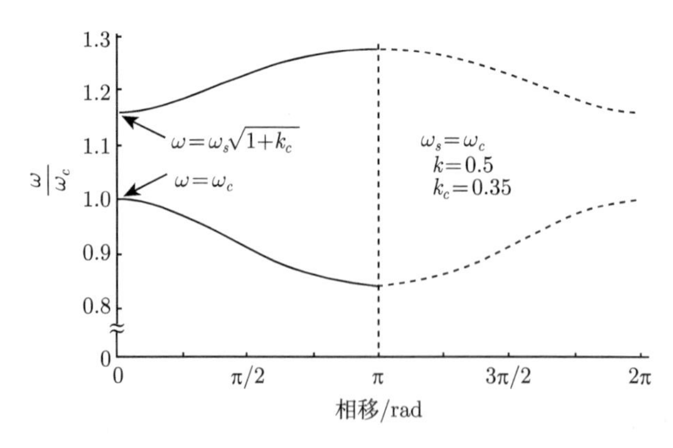

图 4.40　休斯结构等效电路的 ω-β 图

4.6.2　双槽型耦合腔行波管 [9-11]

4.6.1 小节介绍的例子是针对休斯结构耦合腔的。这种结构波的传输要经过 180℃ 的转折向前，相速相对比较慢。通常这种休斯结构耦合腔行波管的工作电压较低，输出功率在几十千瓦之下。为了提高输出功率，双槽型耦合腔被采用来提高工作电压。

4.6.2.1 双槽型耦合腔慢波结构的场论模型

对于双槽型耦合腔结构而言，无论相邻两腔的交错角为多少，前一个腔上某一个槽的能流都是平均流向后一个腔上的两个槽孔的。由于结构对称性，所以通过每个腔上两个槽的能流是一致的，这就保持了通过每个腔上两个槽的能流的平衡。

由场的叠加原理，将双槽耦合腔慢波结构的一个腔体单元分成 −2、−1、0、1、2、3、4 七个区域，并用 $S_0 \sim S_9$ 表示相邻区域公共界面，如图 4.41 所示。图中 ψ 为邻腔耦合槽的交错角，$\psi \in [0^\circ, 90^\circ]$。

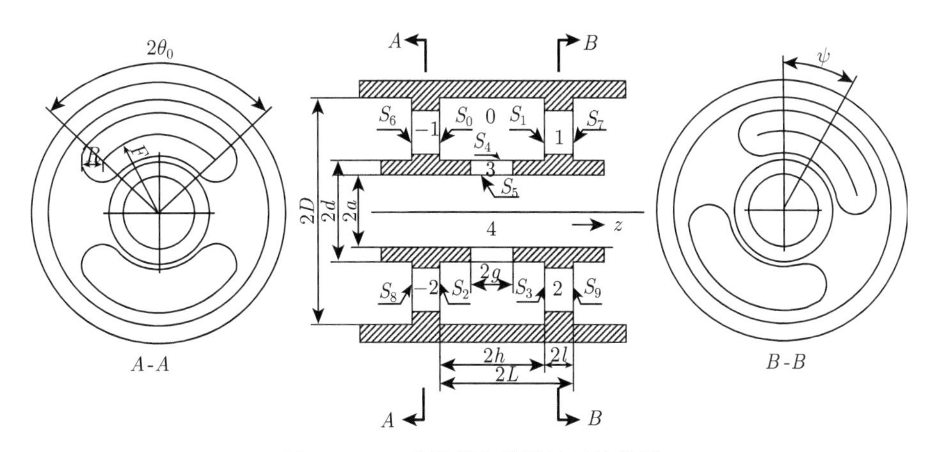

图 4.41 双槽型耦合腔慢波结构模型

设公共界面 S_i 的切向电场为 $\boldsymbol{e}_i$，将其看作场源。又由于基波是返波，设场随 z 轴的变化取决于因子 $\mathrm{e}^{-\mathrm{j}\beta z}$，即 $\mathrm{e}^{-\mathrm{j}\varphi}$，由周期性定理可知

$$\boldsymbol{e}_6 = \boldsymbol{e}_1\mathrm{e}^{\mathrm{j}\varphi}, \quad \boldsymbol{e}_7 = \boldsymbol{e}_0\mathrm{e}^{-\mathrm{j}\varphi}, \quad \boldsymbol{e}_8 = \boldsymbol{e}_3\mathrm{e}^{\mathrm{j}\varphi}, \quad \boldsymbol{e}_9 = \boldsymbol{e}_2\mathrm{e}^{-\mathrm{j}\varphi} \tag{4.135}$$

式中，φ 为单腔体相移。在各区域中被这些等效场源激发的磁场为

$$\boldsymbol{H}_{-1} = L_{-1}\{\boldsymbol{e}_6, \boldsymbol{e}_0\} = L_{-1}\left\{\boldsymbol{e}_1\mathrm{e}^{\mathrm{j}\varphi}, \boldsymbol{e}_0\right\}, \quad \boldsymbol{H}_1 = L_1\{\boldsymbol{e}_1, \boldsymbol{e}_7\} = L_1\left\{\boldsymbol{e}_1, \boldsymbol{e}_0\mathrm{e}^{-\mathrm{j}\varphi}\right\}$$

$$\boldsymbol{H}_{-2} = L_{-2}\{\boldsymbol{e}_8, \boldsymbol{e}_2\} = L_{-2}\left\{\boldsymbol{e}_3\mathrm{e}^{\mathrm{j}\varphi}, \boldsymbol{e}_2\right\}, \quad \boldsymbol{H}_2 = L_2\{\boldsymbol{e}_3, \boldsymbol{e}_9\} = L_2\left\{\boldsymbol{e}_3, \boldsymbol{e}_2\mathrm{e}^{-\mathrm{j}\varphi}\right\}$$

$$\boldsymbol{H}_0 = L_0\{\boldsymbol{e}_0, \boldsymbol{e}_1, \boldsymbol{e}_2, \boldsymbol{e}_3, \boldsymbol{e}_4\}, \quad \boldsymbol{H}_3 = L_3\{\boldsymbol{e}_4, \boldsymbol{e}_5\}, \quad \boldsymbol{H}_4 = L_4\{\boldsymbol{e}_5\} \tag{4.136}$$

式中，$L_i(i = -2 \sim 4)$ 均为电磁场矢量算子。根据磁场切向分量在界面上的连续性，列出场匹配方程：

$$L_0\{\boldsymbol{e}_0, \boldsymbol{e}_1, \boldsymbol{e}_2, \boldsymbol{e}_3, \boldsymbol{e}_4\}_t|_{s_0} = L_{-1}\left\{\boldsymbol{e}_1\mathrm{e}^{\mathrm{j}\varphi}, \boldsymbol{e}_0\right\}_t|_{s_0}$$

$$
\begin{aligned}
&L_0\left\{\boldsymbol{e}_0,\boldsymbol{e}_1,\boldsymbol{e}_2,\boldsymbol{e}_3,\boldsymbol{e}_4\right\}_t|_{s_1}=L_1\left\{\boldsymbol{e}_1,\boldsymbol{e}_0\mathrm{e}^{-\mathrm{j}\varphi}\right\}_t|_{s_1}\\
&L_0\left\{\boldsymbol{e}_0,\boldsymbol{e}_1,\boldsymbol{e}_2,\boldsymbol{e}_3,\boldsymbol{e}_4\right\}_t|_{s_2}=L_{-2}\left\{\boldsymbol{e}_3\mathrm{e}^{\mathrm{j}\varphi},\boldsymbol{e}_2\right\}_t|_{s_2}\\
&L_0\left\{\boldsymbol{e}_0,\boldsymbol{e}_1,\boldsymbol{e}_2,\boldsymbol{e}_3,\boldsymbol{e}_4\right\}_t|_{s_3}=L_2\left\{\boldsymbol{e}_3,\boldsymbol{e}_2\mathrm{e}^{-\mathrm{j}\varphi}\right\}_t|_{s_3}\\
&L_0\left\{\boldsymbol{e}_0,\boldsymbol{e}_1,\boldsymbol{e}_2,\boldsymbol{e}_3,\boldsymbol{e}_4\right\}_t|_{s_4}=L_3\left\{\boldsymbol{e}_4,\boldsymbol{e}_5\right\}_t|_{s_4}\\
&L_3\left\{\boldsymbol{e}_4,\boldsymbol{e}_5\right\}_t|_{s_5}=L_4\left\{\boldsymbol{e}_5\right\}_t|_{s_5}
\end{aligned}
\tag{4.137}
$$

如果方程组 (4.137) 能够完全满足，则能得到精确解。下面用矩量法求解方程组 (4.137) 的近似解。根据不同界面上切向电场方向不同，定义五组基函数 ($\boldsymbol{\Psi}_n$, $\boldsymbol{\Theta}_n$, $\boldsymbol{\Xi}_n$, $\boldsymbol{\Omega}_n$, $\boldsymbol{\Phi}_n, n=0,1,\cdots,N,\cdots$)。$\boldsymbol{e}_i$ 可展开为如下的级数形式：

$$
\begin{aligned}
&\boldsymbol{e}_0=\sum_n V_n\boldsymbol{\Psi}_n,\quad \boldsymbol{e}_1=\sum_n U_n\boldsymbol{\Theta}_n\\
&\boldsymbol{e}_2=\sum_n C_n\boldsymbol{\Xi}_n,\quad \boldsymbol{e}_3=\sum_n D_n\boldsymbol{\Omega}_n\\
&\boldsymbol{e}_4=\sum_n M_n\boldsymbol{\Phi}_n,\quad \boldsymbol{e}_5=\sum_n N_n\boldsymbol{\Phi}_n
\end{aligned}
\tag{4.138}
$$

式中，V_n,U_n,C_n,D_n,M_n,N_n 都是待定的展开系数，可以根据边界条件和所设定的初始条件求得，在实际的计算中，取前 $N+1$ 项。将式 (4.138) 代入式 (4.137) 中，由于电磁场的线性特性，可以根据叠加原理得到

$$
\begin{aligned}
&\Big(\sum_n V_nL_0\left\{\boldsymbol{\Psi}_n,0,0,0,0\right\}+\sum_n U_nL_0\left\{0,\boldsymbol{\Theta}_n,0,0,0\right\}+\sum_n C_nL_0\left\{0,0,\boldsymbol{\Xi}_n,0,0\right\}\\
&+\sum_n D_nL_0\left\{0,0,0,\boldsymbol{\Omega}_n,0\right\}+\sum_n M_nL_0\left\{0,0,0,0,\boldsymbol{\Phi}_n\right\}\Big)_{s_0}\\
=&\Big(\mathrm{e}^{\mathrm{j}\varphi}\sum_n U_nL_{-1}\left\{\boldsymbol{\Theta}_n,0\right\}+\sum_n V_nL_{-1}\left\{0,\boldsymbol{\Psi}_n\right\}\Big)_{s_0}\\
&\Big(\sum_n V_nL_0\left\{\boldsymbol{\Psi}_n,0,0,0,0\right\}+\sum_n U_nL_0\left\{0,\boldsymbol{\Theta}_n,0,0,0\right\}+\sum_n C_nL_0\left\{0,0,\boldsymbol{\Xi}_n,0,0\right\}\\
&+\sum_n D_nL_0\left\{0,0,0,\boldsymbol{\Omega}_n,0\right\}+\sum_n M_nL_0\left\{0,0,0,0,\boldsymbol{\Phi}_n\right\}\Big)_{s_1}\\
=&\Big(\sum_n U_nL_1\left\{\boldsymbol{\Theta}_n,0\right\}+\mathrm{e}^{-\mathrm{j}\varphi}\sum_n V_nL_1\left\{0,\boldsymbol{\Psi}_n\right\}\Big)_{s_1}\\
&\Big(\sum_n V_nL_0\left\{\boldsymbol{\Psi}_n,0,0,0,0\right\}+\sum_n U_nL_0\left\{0,\boldsymbol{\Theta}_n,0,0,0\right\}+\sum_n C_nL_0\left\{0,0,\boldsymbol{\Xi}_n,0,0\right\}
\end{aligned}
$$

$$
\begin{aligned}
&+\sum_n D_n L_0\{0,0,0,\boldsymbol{\Omega}_n,0\}+\sum_n M_n L_0\{0,0,0,0,\boldsymbol{\Phi}_n\}\Big)_{s_2} \\
=&\Big(\mathrm{e}^{\mathrm{j}\varphi}\sum_n D_n L_{-2}\{\boldsymbol{\Omega}_n,0\}+\sum_n C_n L_{-2}\{0,\boldsymbol{\Xi}_n\}\Big)_{s_2} \\
&\Big(\sum_n V_n L_0\{\boldsymbol{\Psi}_n,0,0,0,0\}+\sum_n U_n L_0\{0,\boldsymbol{\Theta}_n,0,0,0\}+\sum_n C_n L_0\{0,0,\boldsymbol{\Xi}_n,0,0\} \\
&+\sum_n D_n L_0\{0,0,0,\boldsymbol{\Omega}_n,0\}+\sum_n M_n L_0\{0,0,0,0,\boldsymbol{\Phi}_n\}\Big)_{s_3} \\
=&\Big(\sum_n D_n L_2\{\boldsymbol{\Omega}_n,0\}+\mathrm{e}^{-\mathrm{j}\varphi}\sum_n C_n L_2\{0,\boldsymbol{\Xi}_n\}\Big)_{s_3} \\
&\Big(\sum_n V_n L_0\{\boldsymbol{\Psi}_n,0,0,0,0\}+\sum_n U_n L_0\{0,\boldsymbol{\Theta}_n,0,0,0\}+\sum_n C_n L_0\{0,0,\boldsymbol{\Xi}_n,0,0\} \\
&+\sum_n D_n L_0\{0,0,0,\boldsymbol{\Omega}_n,0\}+\sum_n M_n L_0\{0,0,0,0,\boldsymbol{\Phi}_n\}\Big)_{s_4} \\
=&\Big(\sum_n M_n L_3\{\boldsymbol{\Phi}_n,0\}+\sum_n N_n L_3\{0,\boldsymbol{\Phi}_n\}\Big)_{s_4} \\
&\Big(\sum_n M_n L_3\{\boldsymbol{\Phi}_n,0\}+\sum_n N_n L_3\{0,\boldsymbol{\Phi}_n\}\Big)_{s_5}=\Big(\sum_n N_n L_4\{\boldsymbol{\Phi}_n\}\Big)_{s_5}
\end{aligned} \tag{4.139}
$$

定义矢量 $\boldsymbol{A}$、$\boldsymbol{B}$ 在界面 S 上的外积

$$
\langle\boldsymbol{A},\boldsymbol{B}\rangle=\int_s \boldsymbol{A}\times\boldsymbol{B}\cdot\mathrm{d}\boldsymbol{S} \tag{4.140}
$$

这里 $\boldsymbol{S}$ 的方向定为区域的内法向。

采用伽辽金法，在 S_0,S_1,S_2,S_3 上分别取检验函数 $\boldsymbol{W}_m=\boldsymbol{\Psi}_m$，$\boldsymbol{\Theta}_m$，$\boldsymbol{\Xi}_m$，$\boldsymbol{\Omega}_m(m=0,1,\cdots,N)$，在 S_4,S_5 上取 $\boldsymbol{W}_m=\boldsymbol{\Phi}_m$，对方程组 (4.139) 的各式作外积，得到如下几式：

$$
\begin{aligned}
&\sum_n V_n\left[\langle\boldsymbol{\Psi}_m,L_0\{\boldsymbol{\Psi}_n,0,0,0,0\}\rangle_{s_0}-\langle\boldsymbol{\Psi}_m,L_{-1}\{0,\boldsymbol{\Psi}_n\}\rangle_{s_0}\right] \\
&+\sum_n U_n\left[\langle\boldsymbol{\Psi}_m,L_0\{0,\boldsymbol{\Theta}_n,0,0,0\}\rangle_{s_0}-\mathrm{e}^{\mathrm{j}\varphi}\langle\boldsymbol{\Psi}_m,L_{-1}\{\boldsymbol{\Theta}_n,0\}\rangle_{s_0}\right] \\
&+\sum_n C_n\langle\boldsymbol{\Psi}_m,L_0\{0,0,\boldsymbol{\Xi}_n,0,0\}\rangle_{s_0}+\sum_n D_n\langle\boldsymbol{\Psi}_m,L_0\{0,0,0,\boldsymbol{\Omega}_n,0\}\rangle_{s_0} \\
&+\sum_n M_n\langle\boldsymbol{\Psi}_m,L_0\{0,0,0,0,\boldsymbol{\Phi}_n\}\rangle_{s_0}=0
\end{aligned}
$$

$$
\begin{aligned}
&\sum_n V_n\left[\langle\boldsymbol{\Theta}_m, L_0\{\boldsymbol{\Psi}_n,0,0,0,0\}\rangle_{s_1}-\mathrm{e}^{-\mathrm{j}\varphi}\langle\boldsymbol{\Theta}_m, L_1\{0,\boldsymbol{\Psi}_n\}\rangle_{s_1}\right]\\
&+\sum_n U_n\left[\langle\boldsymbol{\Theta}_m, L_0\{0,\boldsymbol{\Theta}_n,0,0,0\}\rangle_{s_1}-\langle\boldsymbol{\Theta}_m, L_1\{\boldsymbol{\Theta}_n,0\}\rangle_{s_1}\right]\\
&+\sum_n C_n\langle\boldsymbol{\Theta}_m, L_0\{0,0,\boldsymbol{\Xi}_n,0,0\}\rangle_{s_1}+\sum_n D_n\langle\boldsymbol{\Theta}_m, L_0\{0,0,0,\boldsymbol{\Omega}_n,0\}\rangle_{s_1}\\
&+\sum_n M_n\langle\boldsymbol{\Theta}_m, L_0\{0,0,0,0,\boldsymbol{\Phi}_n\}\rangle_{s_1}=0\\
&\sum_n V_n\langle\boldsymbol{\Xi}_m, L_0\{\boldsymbol{\Psi}_n,0,0,0,0\}\rangle_{s_2}+\sum_n U_n\langle\boldsymbol{\Xi}_m, L_0\{0,\boldsymbol{\Theta}_n,0,0,0\}\rangle_{s_2}\\
&+\sum_n C_n\left[\langle\boldsymbol{\Xi}_m, L_0\{0,0,\boldsymbol{\Xi}_n,0,0\}\rangle_{s_2}-\langle\boldsymbol{\Xi}_m, L_{-2}\{0,\boldsymbol{\Xi}_n\}\rangle_{s_2}\right]\\
&+\sum_n D_n\left[\langle\boldsymbol{\Xi}_m, L_0\{0,0,0,\boldsymbol{\Omega}_n,0\}\rangle_{s_2}-\mathrm{e}^{\mathrm{j}\varphi}\langle\boldsymbol{\Xi}_m, L_{-2}\{\boldsymbol{\Omega}_n,0\}\rangle_{s_2}\right]\\
&+\sum_n M_n\langle\boldsymbol{\Xi}_m, L_0\{0,0,0,0,\boldsymbol{\Phi}_n\}\rangle_{s_2}=0\\
&\sum_n V_n\langle\boldsymbol{\Omega}_m, L_0\{\boldsymbol{\Psi}_n,0,0,0,0\}\rangle_{s_3}+\sum_n U_n\langle\boldsymbol{\Omega}_m, L_0\{0,\boldsymbol{\Theta}_n,0,0,0\}\rangle_{s_3}\\
&+\sum_n C_n\left[\langle\boldsymbol{\Omega}_m, L_0\{0,0,\boldsymbol{\Xi}_n,0,0\}\rangle_{s_3}-\mathrm{e}^{-\mathrm{j}\varphi}\langle\boldsymbol{\Omega}_m, L_2\{0,\boldsymbol{\Xi}_n\}\rangle_{s_3}\right]\\
&+\sum_n D_n\left[\langle\boldsymbol{\Omega}_m, L_0\{0,0,0,\boldsymbol{\Omega}_n,0\}\rangle_{s_3}-\langle\boldsymbol{\Omega}_m, L_2\{\boldsymbol{\Omega}_n,0\}\rangle_{s_3}\right]\\
&+\sum_n M_n\langle\boldsymbol{\Omega}_m, L_0\{0,0,0,0,\boldsymbol{\Phi}_n\}\rangle_{s_3}=0\\
&\sum_n V_n\langle\boldsymbol{\Phi}_m, L_0\{\boldsymbol{\Psi}_n,0,0,0,0\}\rangle_{s_4}+\sum_n U_n\langle\boldsymbol{\Phi}_m, L_0\{0,\boldsymbol{\Theta}_n,0,0,0\}\rangle_{s_4}\\
&+\sum_n C_n\langle\boldsymbol{\Phi}_m, L_0\{0,0,\boldsymbol{\Xi}_n,0,0\}\rangle_{s_4}+\sum_n D_n\langle\boldsymbol{\Phi}_m, L_0\{0,0,0,\boldsymbol{\Omega}_n,0\}\rangle_{s_4}\\
&+\sum_n M_n\left[\langle\boldsymbol{\Phi}_m, L_0\{0,0,0,0,\boldsymbol{\Phi}_n\}\rangle_{s_4}-\langle\boldsymbol{\Phi}_m, L_3\{\boldsymbol{\Phi}_n,0\}\rangle_{s_4}\right]\\
&-\sum_n N_n\langle\boldsymbol{\Phi}_m, L_3\{0,\boldsymbol{\Phi}_n\}\rangle_{s_4}=0\\
&\sum_n M_n\langle\boldsymbol{\Phi}_m, L_3\{\boldsymbol{\Phi}_n,0\}\rangle_{s_5}\\
&+\sum_n N_n\left[\langle\boldsymbol{\Phi}_m, L_3\{0,\boldsymbol{\Phi}_n\}\rangle_{s_5}-\langle\boldsymbol{\Phi}_m, L_4\{\boldsymbol{\Phi}_n\}\rangle_{s_5}\right]=0
\end{aligned}
\tag{4.141}
$$

由于边界上是磁场连续的，而磁场是用边界面上切向电场表示的，亦即 $V_n \sim N_n$ 是电场幅度系数，于是方程组 (4.141) 中所有 $\langle \boldsymbol{W}_m, L_x\{0,0,0,\boldsymbol{W}_n,0\}\rangle$ 外积项对应的是导纳。相应定义导纳矩阵元 $Y_{00,mn} \sim Y_{93,mn}$，则关于 $V_n \sim N_n$ 的方程式 (4.141) 可以写作如下形式：

$$\begin{aligned}
&\sum_n Y_{00,mn}V_n + \sum_n \left(Y_{10,mn} - \mathrm{e}^{\mathrm{j}\varphi}Y_{60,mn}\right)U_n + \sum_n Y_{20,mn}C_n \\
&+ \sum_n Y_{30,mn}D_n + \sum_n Y_{40,mn}M_n = 0 \\
&\sum_n \left(Y_{01,mn} - \mathrm{e}^{-\mathrm{j}\varphi}Y_{71,mn}\right)V_n + \sum_n Y_{11,mn}U_n + \sum_n Y_{21,mn}C_n \\
&+ \sum_n Y_{31,mn}D_n + \sum_n Y_{41,mn}M_n = 0 \\
&\sum_n Y_{02,mn}V_n + \sum_n Y_{12,mn}U_n + \sum_n Y_{22,mn}C_n \\
&+ \sum_n \left(Y_{32,mn} - \mathrm{e}^{\mathrm{j}\varphi}Y_{82,mn}\right)D_n + \sum_n Y_{42,mn}M_n = 0 \\
&\sum_n Y_{03,mn}V_n + \sum_n Y_{13,mn}U_n + \sum_n \left(Y_{23,mn} - \mathrm{e}^{-\mathrm{j}\varphi}Y_{93,mn}\right)C_n \\
&+ \sum_n Y_{33,mn}D_n + \sum_n Y_{43,mn}M_n = 0 \\
&\sum_n Y_{04,mn}V_n + \sum_n Y_{14,mn}U_n + \sum_n Y_{24,mn}C_n \\
&+ \sum_n Y_{34,mn}D_n + \sum_n Y_{44,mn}M_n - \sum_n Y_{54,mn}N_n = 0 \\
&\sum_n Y_{45,mn}M_n + \sum_n Y_{55,mn}N_n = 0
\end{aligned} \tag{4.142}$$

可将线性代数方程组 (4.142) 写成如下的矩阵形式：

$$\begin{pmatrix}
Y_{00} & Y_{10} - \mathrm{e}^{\mathrm{j}\varphi}Y_{60} & Y_{20} & Y_{30} & Y_{40} & 0 \\
Y_{01} - \mathrm{e}^{-\mathrm{j}\varphi}Y_{71} & Y_{11} & Y_{21} & Y_{31} & Y_{41} & 0 \\
Y_{02} & Y_{12} & Y_{22} & Y_{32} - \mathrm{e}^{\mathrm{j}\varphi}Y_{82} & Y_{42} & 0 \\
Y_{03} & Y_{13} & Y_{23} - \mathrm{e}^{-\mathrm{j}\varphi}Y_{93} & Y_{33} & Y_{43} & 0 \\
Y_{04} & Y_{14} & Y_{24} & Y_{34} & Y_{44} & -Y_{54} \\
0 & 0 & 0 & 0 & Y_{45} & Y_{55}
\end{pmatrix}$$

$$\cdot \begin{pmatrix} V \\ U \\ C \\ D \\ M \\ N \end{pmatrix} = 0 \tag{4.143}$$

式中，$V \sim N$ 为 $N+1$ 维列向量，其所有系数矩阵 $Y_{00} \sim Y_{55}$ 均为 $N+1$ 阶方阵，各矩阵元仅与几何尺寸和频率相关。基函数一旦给出后，各导纳矩阵元的具体形式可由并矢格林函数法求出。

各公共界面上切向电场的基函数应是一组线性无关且能充分描述切向电场性质的函数组合 [12]，根据边界上切向电场的性质，定义如下形式的基函数 [13,14]：

$$\begin{aligned}
&\boldsymbol{\Psi}_0 = \frac{\boldsymbol{e}_r}{r}\cos\left(\frac{\pi\theta}{2\theta_0}\right), \quad \boldsymbol{\Theta}_0 = \frac{\boldsymbol{e}_r}{r}\cos\left(\frac{\pi(\theta-\psi)}{2\theta_0}\right) \\
&\boldsymbol{\Xi}_0 = \frac{\boldsymbol{e}_r}{r}\cos\left(\frac{\pi(\theta-\pi)}{2\theta_0}\right), \quad \boldsymbol{\Omega}_0 = \frac{\boldsymbol{e}_r}{r}\cos\left(\frac{\pi(\theta-\pi-\psi)}{2\theta_0}\right) \\
&\boldsymbol{\Phi}_n = \boldsymbol{e}_z\sqrt{\frac{(1+\delta_n)}{2}}\cdot\frac{1}{g}\cos\left(\frac{n\pi z}{g}\right)
\end{aligned} \tag{4.144}$$

式中 $\delta_n = \begin{cases} 1, & n=0 \\ 0, & n>0 \end{cases}$，耦合槽边界上的基函数为 $\boldsymbol{\Psi}_0$、$\boldsymbol{\Theta}_0$、$\boldsymbol{\Xi}_0$ 和 $\boldsymbol{\Omega}_0$。$\boldsymbol{\Phi}_n$ 是一组在 $(-g，g)$ 上正交完备的函数组。

对于双槽型耦合腔结构，由于是内部没有电流源的开孔腔体，根据并矢格林函数理论，其内部的磁场可通过边界处的电场源与腔体内部的并矢格林函数点乘后的积分来获得

$$\boldsymbol{H}(\boldsymbol{R}) = -\mathrm{j}\omega\varepsilon_0 \iint_S \overleftrightarrow{\boldsymbol{G}}_{e2}(\boldsymbol{R},\boldsymbol{R}')\cdot[\boldsymbol{n}'\times\boldsymbol{E}(\boldsymbol{R}')]\,\mathrm{d}\boldsymbol{S}' \tag{4.145}$$

式中 $\overleftrightarrow{\boldsymbol{G}}_{e2}$ 为第二类电型并矢格林函数，$\boldsymbol{R}$ 和 $\boldsymbol{R}'$ 则分别表示场点和源点的位置矢量，在后面的公式中，上标 “′” 表示 “源” 及其相关的函数，$\boldsymbol{n}'$ 指腔体上 S' 面的外法向。

由式 (4.145) 可知，要求解各区域内的磁场，进而求解各导纳矩阵元，必须先求解各区域内的第二类电型并矢格林函数 $\overleftrightarrow{\boldsymbol{G}}_{e2}$，再求解各磁场分量 (即各矢量算子的具体形式)，最后则在前面工作的基础上，求解各导纳矩阵元的具体形式并讨

论其对称关系，从而对方程 (4.143) 进行化简。由于求解的过程非常复杂，这里将不去演绎这个过程，有兴趣的可以参考文献 [9,10]。以下仅根据几何结构的对称性进行相应的简化，同时讨论各种特殊情况，分析不同高频结构时色散和耦合阻抗的特点及物理意义。

4.6.2.2 色散方程和耦合阻抗

由结构的对称性，有

$$
\begin{aligned}
&Y_{00,mn}=Y_{22,mn}, \quad Y_{11,mn}=Y_{33,mn}, \quad Y_{01,mn}=Y_{10,mn}=Y_{23,mn}=Y_{32,mn}\\
&Y_{20,mn}=Y_{02,mn}, \quad Y_{13,mn}=Y_{31,mn}, \quad Y_{30,mn}=Y_{21,mn}=Y_{12,mn}=Y_{03,mn}\\
&Y_{41,mn}=Y_{43,mn}=-Y_{40,mn}=-Y_{42,mn}, \quad Y_{14,mn}=Y_{34,mn}=-Y_{04,mn}=-Y_{24,mn}\\
&Y_{60,mn}=Y_{82,mn}=Y_{71,mn}=Y_{93,mn}, \quad V_n=C_n, \quad U_n=D_n
\end{aligned} \tag{4.146}
$$

可将线性代数方程组 (4.143) 简化为如下形式：

$$
\begin{pmatrix}
Y_{00}+Y_{20} & Y_{10}+Y_{30}-\mathrm{e}^{\mathrm{j}\varphi}Y_{60} & Y_{40} & 0\\
Y_{10}+Y_{30}-\mathrm{e}^{-\mathrm{j}\varphi}Y_{60} & Y_{11}+Y_{31} & -Y_{40} & 0\\
2Y_{04} & -2Y_{04} & Y_{44} & -Y_{54}\\
0 & 0 & Y_{45} & Y_{55}
\end{pmatrix}
\begin{pmatrix} V\\ U\\ M\\ N \end{pmatrix}=0 \tag{4.147}
$$

对于 Chodorow 结构，ψ=0，则

$$
Y_{00}=Y_{11}, \quad Y_{20}=Y_{31} \tag{4.148}
$$

方程组 (4.147) 具有非零解的条件是系数矩阵行列式的值为零，即

$$
\begin{vmatrix}
Y_{00}+Y_{20} & Y_{10}+Y_{30}-\mathrm{e}^{\mathrm{j}\varphi}Y_{60} & Y_{40} & 0\\
Y_{10}+Y_{30}-\mathrm{e}^{-\mathrm{j}\varphi}Y_{60} & Y_{11}+Y_{31} & -Y_{40} & 0\\
2Y_{04} & -2Y_{04} & Y_{44} & -Y_{54}\\
0 & 0 & Y_{45} & Y_{55}
\end{vmatrix}=0 \tag{4.149}
$$

对于双槽耦合腔链系统，改变 φ 的值，由式 (4.149) 求出相应的频率即为它的色散关系。

假如耦合腔结构每一个圆盘上只有一个耦合槽，邻腔交错角 $\psi\in[0^\circ,180^\circ]$，此时区域 -2 和 2，面 S_2、S_3、S_8、S_9 不存在，则式 (4.143) 中与这些面相关的导

纳矩阵元 $Y_{20}\sim Y_{24}$，$Y_{30}\sim Y_{34}$，$Y_{02}\sim Y_{82}$，$Y_{03}\sim Y_{93}$ 均为 0，式 (4.143) 可化为

$$\begin{pmatrix} Y_{00} & Y_{10}-\mathrm{e}^{\mathrm{j}\varphi}Y_{60} & Y_{40} & 0 \\ Y_{10}-\mathrm{e}^{-\mathrm{j}\varphi}Y_{60} & Y_{00} & -Y_{40} & 0 \\ Y_{04} & -Y_{04} & Y_{44} & -Y_{54} \\ 0 & 0 & Y_{45} & Y_{55} \end{pmatrix}\begin{pmatrix} V \\ U \\ M \\ N \end{pmatrix}=0 \tag{4.150}$$

则除了符号表示不同外，与张昭洪和吴鸿适得到的休斯型耦合腔结构的场匹配方程的最终形式完全一致 [15]。将前面求得的各导纳矩阵元的具体形式代入式 (4.150) 并令系数矩阵行列式为零，即可求得休斯型耦合腔结构的色散关系。

更进一步，假如腔体圆盘上不存在耦合槽，漂移管在 $-h$ 和 h 处短路。此时区域 -1 和 1，面 S_0、S_1、S_6、S_7 不存在，则式 (4.150) 中与这些面相关的导纳矩阵元 $Y_{00}\sim Y_{60}$，$Y_{01}\sim Y_{41}$，$Y_{04}\sim Y_{14}$ 均为 0，式 (4.143) 可化为

$$\begin{pmatrix} Y_{44} & -Y_{54} \\ Y_{45} & Y_{55} \end{pmatrix}\begin{pmatrix} M \\ N \end{pmatrix}=0 \tag{4.151}$$

该式即为双重入式谐振腔场匹配方程的矩阵形式。将前面求得的各导纳矩阵元的具体形式代入，并令式 (4.151) 的系数矩阵行列式为零，即可求得双重入式谐振腔的谐振频率。

对于休斯结构，假如不存在耦合槽和漂移头，就变成了盘荷波导，此时，区域 4，面 S_4 不存在，则式 (4.151) 中与这些面相关的导纳矩阵元 Y_{44}、Y_{54}、Y_{45} 均为 0，式 (4.151) 可化为

$$Y_{55}\cdot N=0 \tag{4.152}$$

亦即

$$|Y_{55}|=0 \tag{4.153}$$

$|Y_{55}|=0$，式 (4.152) 有解，即可由此求得盘荷波导的色散特性。

下面讨论耦合阻抗。根据第 4 章的定义，在轴上第 s 次空间谐波的耦合阻抗定义为

$$K_s=|A_s|^2/(2\beta_s^2 P) \tag{4.154}$$

式中 A_s 是第 s 次空间谐波电场振幅，β_s 是对应的传播常数，P 为系统中传输的功率。

对于双槽型耦合腔慢波结构，考虑到轴上的自然边界条件，诺依曼函数消失，电子注通道间隙电场可写作

$$E_z=\sum_{s=-\infty}^{\infty} A_s\left\{\begin{array}{ll} J_0(\gamma_s r), & k>|\beta_s| \\ I_0(\gamma_s r), & k<|\beta_s| \end{array}\right\}\mathrm{e}^{-\mathrm{j}\beta_s z} \tag{4.155}$$

在 $r=a$ 处，满足边界条件

$$E_z\big|_{r=a}=\begin{cases} e_5, & |z|<g \\ 0, & g\leqslant |z|\leqslant L \end{cases} \tag{4.156}$$

那么

$$\sum_{s=-\infty}^{\infty} A_s\begin{Bmatrix} J_0(\gamma_s a), & k>|\beta_s| \\ I_0(\gamma_s a), & k<|\beta_s| \end{Bmatrix}\mathrm{e}^{-\mathrm{j}\beta_s z}=\sum_{n=0}^{\infty} N_n\sqrt{\frac{1+\delta_n}{2}}\cdot\frac{1}{g}\cos\left(\frac{n\pi z}{g}\right), |z|\leqslant g \tag{4.157}$$

在式 (4.157) 两边同乘以 $\mathrm{e}^{\mathrm{j}\beta_q z}$ 并在区间 $(-g，g)$ 上积分，仅当 $q=s$ 时，有

$$A_s=\frac{1}{L}\sum_{n=0}^{\infty} N_n\frac{(-1)^n}{1-(n\pi/(\beta_s g))^2}\sqrt{\frac{1+\delta_n}{2}}\frac{\sin(\beta_s g)}{\beta_s g}\begin{Bmatrix} J_0^{-1}(\gamma_s a), & k>|\beta_s| \\ I_0^{-1}(\gamma_s a), & k<|\beta_s| \end{Bmatrix} \tag{4.158}$$

式中，

$$\gamma_s^2=\left|k^2-\beta_s^2\right|$$

对于耦合腔结构，慢波能量的传输通道是耦合槽，因此，忽略电子注通道能量传输的作用，由坡印亭 (Poynting) 定理及对称性得系统中传输的功率：

$$\begin{aligned} P&=\frac{1}{2}\mathrm{Re}\int_{S_1}(\boldsymbol{e}_1\times\boldsymbol{H}_1^*)\cdot\mathrm{d}\boldsymbol{S}+\frac{1}{2}\mathrm{Re}\int_{S_3}(\boldsymbol{e}_3\times\boldsymbol{H}_2^*)\cdot\mathrm{d}\boldsymbol{S}=\mathrm{Re}\int_{S_1}(\boldsymbol{e}_1\times\boldsymbol{H}_1^*)\cdot\mathrm{d}\boldsymbol{S} \\ &=\mathrm{Re}\left[\int_{S_1}\left[\sum_m U_m\boldsymbol{\Theta}_m\right]\times\left[\left(\sum_n U_n L_1\{\boldsymbol{\Theta}_n,0\}+\mathrm{e}^{-\mathrm{j}\varphi}\sum_n V_n L_1\{0,\boldsymbol{\Theta}_n\}\right)_{s_1}\right]^*\cdot\mathrm{d}S_1\right] \\ &=\mathrm{Re}\left(\mathrm{e}^{\mathrm{j}\varphi}\sum_{m,n}U_m V_n^* Y_{71,mn}^*\right)=\mathrm{Re}(\mathrm{e}^{\mathrm{j}\varphi}U_0V_0^*Y_{60}^*) \end{aligned} \tag{4.159}$$

在轴上第 s 次空间谐波的耦合阻抗为

$$\begin{aligned} K_s&=|A_s|^2/(2\beta_s^2P) \\ &=\frac{\left|\dfrac{1}{L}\displaystyle\sum_{n=0}^{\infty}\frac{N_n}{|U_0|}\frac{(-1)^n}{1-(n\pi/(\beta_s g))^2}\sqrt{\frac{1+\delta_n}{2}}\frac{\sin(\beta_s g)}{\beta_s g}\begin{Bmatrix} J_0^{-1}(\gamma_s a), & k>|\beta_s| \\ I_0^{-1}(\gamma_s a), & k<|\beta_s| \end{Bmatrix}\right|^2}{2\beta_s^2\mathrm{Re}\left(\mathrm{e}^{\mathrm{j}\varphi}\left(\dfrac{V_0}{U_0}\right)^*Y_{60}^*\right)} \end{aligned} \tag{4.160}$$

至此，得到了场论模型下邻腔交错角任意的双槽型耦合腔慢波结构的色散特性和耦合阻抗的计算式。

4.6.2.3　双槽型耦合腔慢波结构高频特性的比较

表 4.1 给出了一个 X 波段耦合腔慢波结构尺寸表。基于表 4.1 中几何结构参数，利用式 (4.149) 和 (4.160)，分别对 Hughes 结构、Chodorow 结构和正交 Chodorow 结构 -1 次谐波的色散和耦合阻抗进行计算，结果画于图 4.42 中。相对 Hughes 型慢波结构，Chodorow 型慢波结构的通带整个向低频移动，带宽略有增加，耦合阻抗下降。正交 Chodorow 型慢波结构相比 Chodorow 型结构，上截止频率近似不变，下截止频率向低频端延展，在三种结构中带宽最宽，并且在高频端耦合阻抗介于 Hughes 型慢波结构和 Chodorow 型结构之间，即正交 Chodorow 型慢波结构具有宽而平坦的色散曲线以及适中的耦合阻抗。

表 4.1　X 波段耦合腔慢波结构尺寸表

参数	几何尺寸
耦合腔半径 D	7.8mm
漂移管外半径 d	3.5mm
漂移管内半径 a	2.5mm
耦合槽中心半径 F	5.4mm
耦合槽半径 R	1.5mm
漂移管间隙半宽度 g	1.5mm
耦合腔半周期 L	4.7mm
耦合腔半壁厚 l	1mm
耦合槽半张角 θ_0	47.5°

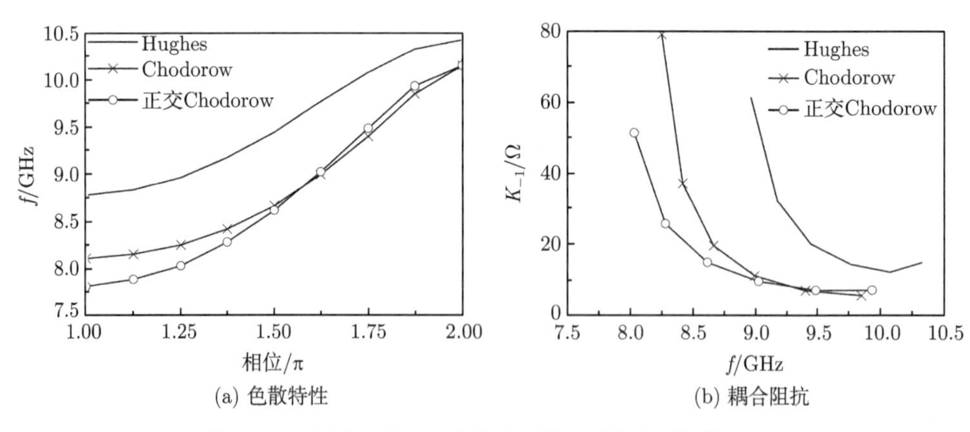

(a) 色散特性　　(b) 耦合阻抗

图 4.42　相同尺寸下三种耦合腔慢波结构高频特性对比

为了进一步验证场论方法的精度，将实测得到的 X 波段正交 Chodorow 结构的腔模色散特性和耦合阻抗与场论模型、等效电路、Ansoft HFSS 软件仿真等方法的计算结果进行对比，如图 4.43 所示。可以看出，就色散曲线来说，实测值与 HFSS 仿真以及场论方法的计算结果符合得很好，误差不超过 0.5%；而对于等效电路法来说，通过调整修正参数 σ 使得曲线的高频端一致，这样，在低频端有约 3%的误差。场论模型计算得到的耦合阻抗也与软件仿真结果和实测结果较接近。

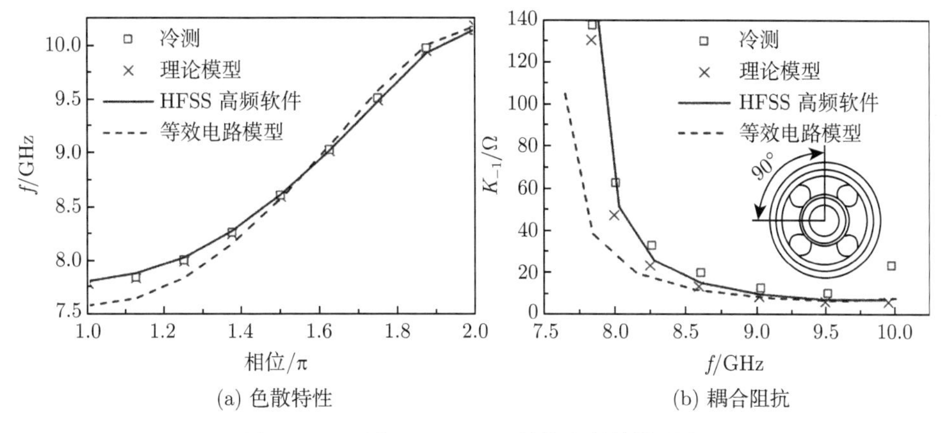

(a) 色散特性　　(b) 耦合阻抗

图 4.43　正交 Chodorow 结构高频特性对比

4.7 交错双栅 [16,17]

交错双栅是基于矩形波导的传统梳状结构的推广，是行波管适应短毫米波和太赫兹频段发展要求出现的一种平面化结构，其采用带状电子注拓展互作用范围，是一种备受重视的慢波结构。本节在 4.1 节、4.2 节和 4.3 节的理论基础上，首先对任意槽交错双栅周期慢波结构的高频特性进行研究，导出其色散方程和耦合阻抗表达式，并将从任意槽交错双栅推广至对称双栅和单排栅。

4.7.1 任意形状交错双栅模型和场解

任意槽交错双栅慢波结构模型如图 4.44 所示。在图中 p 代表慢波周期，d 代表槽口宽度，b 代表槽底宽度，h 代表槽深，$2g$ 为上下两排栅间距，s 为上下两排栅纵向位错，a 为栅宽度。分析这种基于矩形波导慢波结构的电磁传播时，适合采用直角坐标系。这种通过在矩形波导宽边沿纵向周期放置金属栅 (单边或者双边) 获取慢电磁波的结构中存在的是相对于 x 方向的横电模，$E_x=0$，模式用符号 TE_x 表示。TE_x 模是混合模，电场和磁场都存在沿着传播方向的分量 (E_z 和 H_z)。推导 TE_x 模场解的过程中，先根据各区域的相应边界条件写出磁场分量 H_x 的表达式，获得完整的电磁场表达式如下：

其中，μ_0 为真空中的磁导率，$k_0 = \omega/c$ 表示自由空间中的波数，c 为真空中的光速。为简单起见，下面仅写出匹配所需的 H_x 和 E_z 分量。考虑具有因子 $\mathrm{e}^{\mathrm{j}\omega t}$ 的时谐场，该因子对于各个场分量是一致的，故将其略去。

$$\begin{cases} E_y = \dfrac{-\mathrm{j}\omega\mu_0}{k_0^2 - k_x^2}\dfrac{\partial}{\partial z}H_x \\ E_z = \dfrac{\mathrm{j}\omega\mu_0}{k_0^2 - k_x^2}\dfrac{\partial}{\partial y}H_x \\ H_y = \dfrac{1}{k_0^2 - k_x^2}\dfrac{\partial}{\partial x}\left(\dfrac{\partial}{\partial y}H_x\right) \\ H_z = \dfrac{1}{k_0^2 - k_x^2}\dfrac{\partial}{\partial x}\left(\dfrac{\partial}{\partial z}H_x\right) \end{cases} \tag{4.161}$$

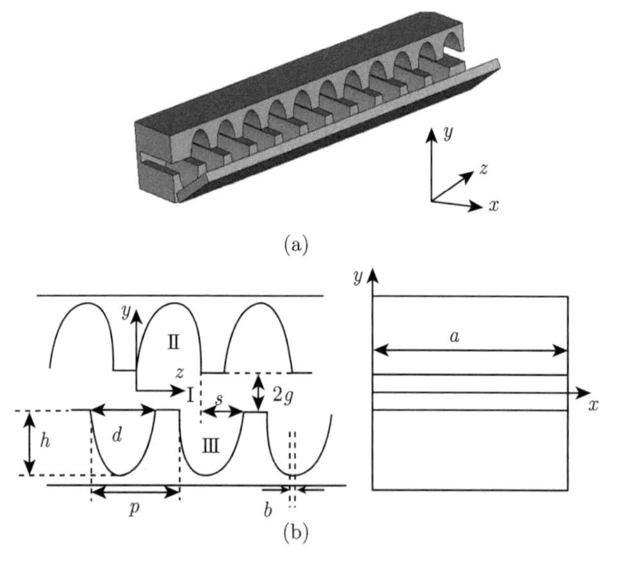

图 4.44　任意槽交错双栅慢波结构模型: (a) 三维模型；(b) 尺寸标注

可将任意槽交错双栅慢波结构的空间分为三个区：互作用区 I $(-g < y < g)$、槽区 II $(g < y < g + h)$ 和槽区 III $(-g - h < y < -g)$。由于受 x 方向光滑金属导体边界条件的限制，场在该方向为驻波态, 则 x 方向的波数 $k_x = l\pi/a(l = 1, 2, 3, \cdots)$。

在互作用区 I，空间在 z 方向具有周期性，根据弗洛凯定理，将场展开为无限项布洛赫 (Bloch) 分量的级数求和形式。I 区中的电磁场具体表示为

$$
\left.\begin{aligned}
H_x^I &= \sum_{n=-\infty}^{\infty} [a_n F(\nu_n y) + b_n G(\nu_n y)]\,\mathrm{e}^{-\mathrm{j}\beta_n z} \sin(k_x x) \\
E_z^I &= \frac{\mathrm{j}\omega\mu_0}{k_0^2 - k_x^2} \sum_{n=-\infty}^{\infty} \nu_n\,[a_n F'(\nu_n y) + b_n G'(\nu_n y)]\,\mathrm{e}^{-\mathrm{j}\beta_n z} \sin(k_x x)
\end{aligned}\right\} \tag{4.162}
$$

a_n、b_n 表示场幅度系数；ν_n、β_n 分别表示第 n 次空间谐波在 y、z 方向上的波数；$\beta_n = \beta_0 + 2n\pi/p(n = \pm1, \pm2, \cdots)$，$\beta_0$ 表示基波的纵向波数。$\nu_n = \sqrt{|k_0^2 - k_x^2 - \beta_n^2|}$，当 $k_0^2 - k_x^2 - \beta_n^2 > 0$ 时，$F(\nu_n y), F'(\nu_n y) = \sin(\nu_n y), \cos(\nu_n y)$；$G(\nu_n y), G'(\nu_n y) = \cos(\nu_n y), -\sin(\nu_n y)$；当 $k_0^2 - k_x^2 - \beta_n^2 < 0$ 时，$F(\nu_n y), F'(\nu_n y) = \sinh(\nu_n y), \cosh(\nu_n y)$；$G(\nu_n y), G'(\nu_n y) = \cosh(\nu_n y), \sinh(\nu_n y)$。

对于槽区 Ⅱ，在 z 向由于金属栅的阻挡，场在该方向为驻波态，但当槽的轮廓不是矩形时，不能直接给出其中的场表达式。因此，采用 K 个相连的阶梯矩形系列来代替这种任意槽，通过合理选择阶梯数量 K 使其轮廓逼近任意槽，如图 4.45 所示。图中 d_k、y_k、z_k 分别表示第 k 阶梯的阶梯宽度、阶梯在 y 向的终端坐标、z 向的起始端坐标。当 K 的取值足够大时，轮廓的逼近程度足够高。将任意槽用阶梯矩形系列代替后，认为第 k 个阶梯内的场是 z 方向的驻波场，满足边界条件 $E_y=0$ $(z = z_k,\ z = z_k + d_k)$。利用模式展开法，将场表示为无限本征驻波函数的傅里叶级数求和形式，第 k 个矩形阶梯内的场表达式写为

$$
\left.\begin{aligned}
H_{x,k}^{\mathrm{II}} &= \sum_{m=0}^{\infty} [a_{m,k} F(l_{m,k} y) + b_{m,k} G(l_{m,k} y)] \cos[k_{z,m,k}(z - \boldsymbol{z}_k)] \sin(k_x x) \\
E_{z,k}^{\mathrm{II}} &= \sum_{m=0}^{\infty} \frac{\mathrm{j}\omega\mu_0 l_{m,k}}{k_0^2 - k_x^2} \cdot [a_{m,k} F'(l_{m,k} y) + b_{m,k} G'(l_{m,n} y)] \cos[k_{z,m,k}(z - \boldsymbol{z}_k)] \sin(k_x x)
\end{aligned}\right\} \tag{4.163}
$$

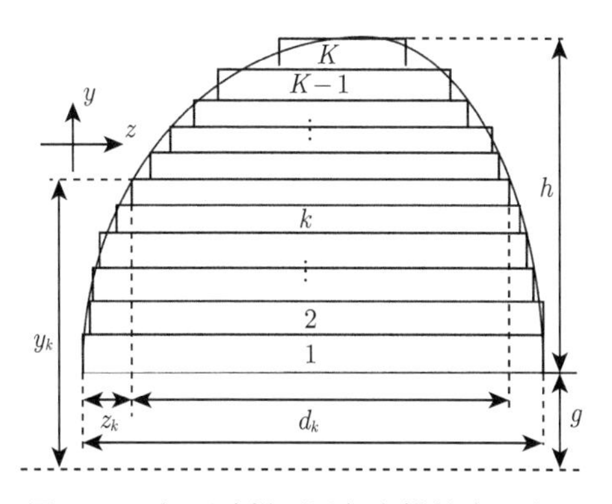

图 4.45 矩形阶梯逼近任意槽轮廓示意图

这里，$a_{m,k}$、$b_{m,k}$ 是 m 阶本征驻波的幅值系数，$l_{m,k}$、$k_{z,m,k}$ 分别是其 y、z 方向的波数，$k_{z,m,k}=m\pi/d_k$ $(m=0,1,2,\cdots)$。$l_{m,k}=|k_0^2-k_x^2-k_{z,m,k}^2|^{1/2}$，当 $k_0^2-k_x^2-k_{z,m,k}^2>0$ 时，$F(l_{m,k}y)$, $F'(l_{m,k}y)$=$\sin(l_{m,k}y)$, $\cos(l_{m,k}y)$；$G(l_{m,k}y)$, $G'(l_{m,k}y)$=$\cos(l_{m,k}y)$, $-\sin(l_{m,k}y)$；当 $k_0^2-k_x^2-k_{z,m,k}^2<0$ 时，$F(l_{m,k}y)$、$F'(l_{m,k}y)$= $\sinh(l_{m,k}y)$, $\cosh(l_{m,k}y)$；$G(l_{m,k}y)$, $G'(l_{m,k}y)$=$\cosh(l_{m,k}y)$, $\sinh(l_{m,k}y)$。

采用同样的方法处理槽区 Ⅲ，在考虑纵向位错 s 后，该区第 k 个矩形阶梯内的场表达式写为

$$\left.\begin{aligned}H_{x,k}^{\mathrm{III}}&=\sum_{m=0}^{\infty}\left[c_{m,k}F\left(l_{m,k}y\right)+d_{m,k}G\left(l_{m,k}y\right)\right]\cos\left[k_{z,m,k}(z-z_k-s)\right]\sin(k_xx)\\E_{z,k}^{\mathrm{III}}&=\sum_{m=0}^{\infty}\frac{\mathrm{j}\omega\mu_0l_{m,k}}{k_0^2-k_x^2}\cdot\left[c_{m,k}F'\left(l_{m,k}y\right)+d_{m,k}G'\left(l_{m,n}y\right)\right]\\&\quad\cdot\cos\left[k_{z,m,k}(z-z_k-s)\right]\sin(k_xx)\end{aligned}\right\}\tag{4.164}$$

其中，$c_{m,k}$、$d_{m,k}$ 是 m 阶本征驻波的幅值系数，$l_{m,k}$、$k_{z,m,k}$、$F(l_{m,k}y)$、$F'(l_{m,k}y)$、$G(l_{m,k}y)$ 以及 $G'(l_{m,k}y)$ 和式 (4.163) 中的含义相同。

4.7.2　色散、耦合阻抗和高频损耗

慢波结构高频特性好坏主要取决于色散、耦合阻抗和高频损耗。前两者决定高频场与电子注的同步和耦合；后者决定高频产生和负荷能力，尤其在高频率情况损耗对高频产生的功率和效率影响极为明显。基于 4.7.1 节给出的模式和场分布公式，利用场匹配法找出各区域场幅度系数之间的关系、正交场积分特性以及相关物理和数学措施，可以利用相应的定义式，通过复杂的积分运算获得交错双栅的色散方程、耦合阻抗和金属欧姆损耗表达式。

色散特性 (具体推导过程见附录 A1)：

$$\det\begin{bmatrix}M,N\\P,Q\end{bmatrix}=0\tag{4.165}$$

$$M_{n,n'}=\delta_{n'n}p\mathrm{d}\nu_{n'}F'(\nu_{n'}g)-F(\nu_ng)\sum_{m=0}^{\infty}\frac{2}{1+\delta_{0m}}O_mR\left(\beta_{n'},\frac{m\pi}{d}\right)R\left(-\beta_n,\frac{m\pi}{d}\right)$$

$$N_{n,n'}=\delta_{n'n}p\mathrm{d}\nu_{n'}G'(\nu_{n'}g)-G(\nu_ng)\sum_{m=0}^{\infty}\frac{2}{1+\delta_{0m}}O_mR\left(\beta_{n'},\frac{m\pi}{d}\right)R\left(-\beta_n,\frac{m\pi}{d}\right)$$

$$P_{n,n'}=\delta_{n'n}p\mathrm{d}\nu_{n'}F'(\nu_{n'}g)+F_n(\nu_ng)\sum_{m=0}^{\infty}\frac{2}{1+\delta_{0m}}T_mR\left(\beta_{n'},\frac{m\pi}{d}\right)$$

$$\cdot R\left(-\beta_n, \frac{m\pi}{d}\right) \mathrm{e}^{\mathrm{j}(\beta_{n'}-\beta_n)s}$$

$$Q_{n,n'} = -\delta_{n'n} p\mathrm{d}\nu_{n'} G'(\nu_{n'} g) - G(\nu_n g) \sum_{m=0}^{\infty} \frac{2}{1+\delta_{0m}} T_m R\left(\beta_{n'}, \frac{m\pi}{d}\right)$$
$$\cdot R\left(-\beta_n, \frac{m\pi}{d}\right) \mathrm{e}^{\mathrm{j}(\beta_{n'}-\beta_n)s}$$

这里的 $\delta_{n'n}$ 为克罗内克 (Kronecker) 函数，$n' = n$ 时，$\delta_{n'n} = 1$；$n' \neq n$ 时，$\delta_{n'n} = 0$，另外，$O_m = \dfrac{l_{m,1}\left[F'\left(l_{m,1}g\right) + (b_{m,1}/a_{m,1})G'\left(l_{m,1}g\right)\right]}{F\left(l_{m,1}g\right) + (b_{m,1}/a_{m,1})G\left(l_{m,1}g\right)}$，$T_m = l_{m,1}[F'\left(l_{m,1}g\right) - (d_{m,1}/c_{m,1})G'\left(l_{m,1}g\right)]/[-F\left(l_{m,1}g\right) + (d_{m,1}/c_{m,1})G\left(l_{m,1}g\right)]$。

耦合阻抗：

对于双排栅，在 $x_1 \leqslant x \leqslant x_2, y_1 \leqslant y \leqslant y_2$(其中，$0 \leqslant x_1 < x_2 \leqslant a$，$-g \leqslant y_1 < y_2 \leqslant g$) 范围内的带状电子注区域，$n$ 次空间谐波的平均耦合阻抗为

$$\overline{K_{c,n}} = \frac{\displaystyle\int_{x_1}^{x_2} \int_{y_1}^{y_2} \left|E_{z,n}\right|^2 \mathrm{d}y\mathrm{d}x}{2S\beta_n^2 P} \tag{4.166}$$

式 (4.166) 中，$S = (x_2 - x_1)(y_2 - y_1)$ 为带状注横截面积。$P = \sum\limits_{n=-\infty}^{+\infty} P_n$，谐波数为 n 的空间谐波功率流 P_n：

$$P_n = \frac{1}{2}\mathrm{Re}\int_0^a \int_{-g}^{g} \left[-\boldsymbol{e}_y E_y^{\mathrm{I}} \times \boldsymbol{e}_x \left(H_x^{\mathrm{I}}\right)^*\right]_n \cdot\ \boldsymbol{e}_z \mathrm{d}y\mathrm{d}x \tag{4.167}$$

将式 (4.166) 的分子代入电场分量 $E_{z,n}$ 表达式，对下式积分得

$$\begin{aligned}&\int_{x_1}^{x_2} \int_{y_1}^{y_2} \left|E_{z,n}\right|^2 \mathrm{d}y\mathrm{d}x \\ &= G \cdot \nu_n^2 \left[\left|a_n\right|^2 \left(1 + \frac{F\left(2\nu_n y_2\right) - F\left(2\nu_n y_1\right)}{2\nu_n\left(y_2 - y_1\right)}\right)\right. \\ &\quad \left. +(-1)^\alpha \left|b_n\right|^2 \left(1 - \frac{F\left(2\nu_n y_2\right) - F\left(2\nu_n y_1\right)}{2\nu_n\left(y_2 - y_1\right)}\right)\right]\end{aligned} \tag{4.168}$$

将 y 方向电场分量和 x 方向磁场分量代入式 (4.167) 积分得

$$P_n = \frac{1}{4}\frac{\omega\mu_0\beta_n}{k^2 - k_x^2} ag \left[(-1)^\alpha \left|a_n\right|^2 \left(1 - \frac{F(2\nu_n g)}{2\nu_n g}\right) + \left|b_n\right|^2 \left(\frac{F(2\nu_n g)}{2\nu_n g} + 1\right)\right] \tag{4.169}$$

其中 F 和 α 由 $k_0^2-k_x^2-\beta_n^2>0$ 或者 <0 决定其是取正弦和 0 还是取双曲正弦和 1，

$$G=\frac{S}{4}\left(1-\frac{\sin(2k_xx_2)-\sin(2k_xx_1)}{2k_x(x_2-x_1)}\right)\left(\frac{\omega\mu_0}{k_0^2-k_x^2}\right)^2$$

对于单排栅，在 $x_1\leqslant x\leqslant x_2, y_1\leqslant y\leqslant y_2$(其中，$0\leqslant x_1<x_2\leqslant a$，$0\leqslant y_1<y_2\leqslant g$) 范围内的带状电子注区域，$n$ 次空间谐波的平均耦合阻抗式 (4.166) 的分子和分母的 P_n 可以分别表示为

$$\int_{x_1}^{x_2}\int_{y_1}^{y_2}\left|E_{z,n}\right|^2\mathrm{d}y\mathrm{d}x=(-1)^{\alpha}G\cdot\nu_n^2\left|b_n\right|^2\left(1-\frac{F(2\nu_ny_2)-F(2\nu_ny_1)}{2\nu_n(y_2-y_1)}\right)\tag{4.170}$$

$$P_n=\frac{1}{4}\frac{\omega\mu_0\beta_n}{k_0^2-k_x^2}ag\left|b_n\right|^2\left(\frac{F(2\nu_ng)}{2\nu_ng}+1\right)\tag{4.171}$$

金属欧姆损耗表达式 (具体推导过程见附录 A2)：

计算周期为 p 的金属慢波结构的趋肤损耗，取单位 Np/period 时，其表达式为

$$\alpha_p=\frac{P_{\text{loss}}}{2P}=\frac{R_s\displaystyle\int_S\left|\boldsymbol{H}_t\right|^2\mathrm{d}S}{2\dfrac{1}{p}\displaystyle\int_0^p\int_{S_T}\mathrm{Re}\left(\boldsymbol{E}_T\times\boldsymbol{H}_T^*\right)\mathrm{d}S\mathrm{d}z}\tag{4.172}$$

这里 P_{loss} 表示一个周期 p 内的趋肤损耗；$R_s=\sqrt{\dfrac{\omega\mu_0}{2\sigma}}$ 表示表面电阻；σ 代表电导率；$\boldsymbol{H}_t$ 表示导体表面的切向磁场；$\boldsymbol{E}_T$，$\boldsymbol{H}_T$ 分别表示结构中的横向电场和横向磁场；$\displaystyle\int_S$ 表示对一个周期慢波结构的导体表面积分；$\displaystyle\int_{S_T}$ 表示积分范围是慢波结构的横截面。对于矩形槽交错双栅，经过复杂的数学运算，可以得到

$$\alpha_p=\frac{R_s\displaystyle\sum_{k=1}^{11}H_k}{4P}\tag{4.173}$$

其中 H_k 的表达式过于复杂已列于附录 A 中。

同理，对于单排矩形栅，经过复杂的数学运算可以得到

$$\alpha_p=\frac{R_s\left[(A+B+C)+(D+E+F)\right]}{4P}\tag{4.174}$$

其中 A, B, C, D, E, F 的表达式过于复杂已列于附录 A 中。

4.7.3 计算实例和比较

图 4.46 给出了利用色散方程、耦合阻抗和欧姆损耗表达式计算的结果。计算获得的三种结构 (矩形单栅、矩形对称双栅和矩形交错双栅) 的色散曲线如图 4.46(a) 所示,交错双栅的基模带宽最宽 (194.6~265.2GHz),单排栅其次 (194.6~256.2GHz),对称双栅最小 (194.6~243.3GHz)。三种结构的基模 +1 次空间谐波的耦合阻抗如图 4.46(b) 所示,计算时,取的是矩形截面带状电子注横截面上的平均值,电子注尺寸与边界的相对比值 $w/a \times t/2g$=0.6×0.8,电子注位于通道中间位置。由图可知,交错双栅的平均耦合阻抗具有显著优势,在 1Ω 以上,而对称双栅和单排栅的仅为 0.65Ω 和 0.4Ω。三种结构基模 −1 次空间谐波的耦合阻抗如图 4.46(c) 所示,电子注截面取法同上,可以看出交错双栅返波耦合阻抗也具有显著优势,对称双栅其次,单排栅最小。最后模拟计算了三种结构的欧姆损耗,结果显示于图 4.46(d),在低频段,三者欧姆损耗相当,但随着频率的升高,交错双栅欧姆损耗逐渐小于对称双栅和单排栅。

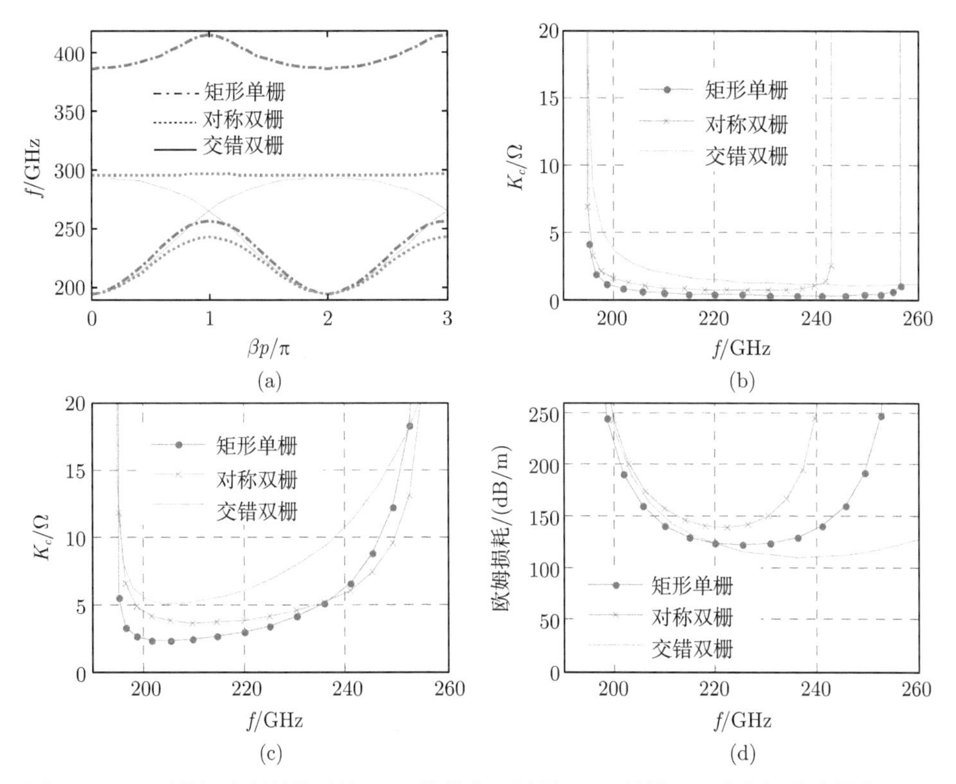

图 4.46 平面格栅高频特性对比: (a) 基模布里渊图; (b) 基模 +1 次空间谐波耦合阻抗; (c) 基模 −1 次空间谐波耦合阻抗; (d) 基模欧姆损耗

值得说明的是，图 4.46(a) 的形成机理可解释如下：矩形栅横向宽度 a 决定了此类慢波结构基模的最低截止频率，如同在矩形波导中。当频率高于此截止频率时，容许电磁波在这种周期结构中传播。电磁波传播过程中遇到矩形栅会发生反射，但矩形栅是周期放置的，无穷长的周期系统中任何一个栅的反射总可以找到来自另一个栅的反射与其相位相反，这两个反射波相互抵消，使得总反射为零。于是电磁波就可以看作是在周期系统中无反射的传播，形成了系统的通带。但是当周期相移增大到 π 时，对于单排栅和对称双栅，周期系统中任意两个栅 (同一排) 的反射波达到同一点的相位差总是 2π 的整数倍，也就是同相的，这些反射波相互叠加而不是相互抵消，最终形成全反射，此时电磁波就不能在周期结构中传播，群速为零，形成了纵向传输截止频率。而对于交错双栅，当 $\beta p = \pi$ 时，虽然同一排的任意两个栅的反射波同相叠加，但对于上下排的任意两个栅 (上排和下排分别取一个)，反射波在相位上刚好相差 π，互相抵消，此时电磁波仍然能在周期结构中传播，群速不为零。只有当 $\beta p = 2\pi$ 时，任意两个栅 (同排或异排) 的反射波达到同一点的相位差总是 2π 的整数倍，反射波同相叠加，形成全反射，群速为零，纵向传输截止频率产生。

以 220GHz 行波管所用交错双栅为例，本文计算了如图 4.47 所示矩形、梯形、余弦形和三角形共四种槽形状交错双栅结构的慢波特性。这四种结构的具体几何参数如表 4.2 所示。四种结构的栅宽度 a、慢波周期 p、上下两排栅间距 $2g$ 和上下两排栅位错 s 都取相同值以增加可比性 (几何参数相关定义见图 4.44)。

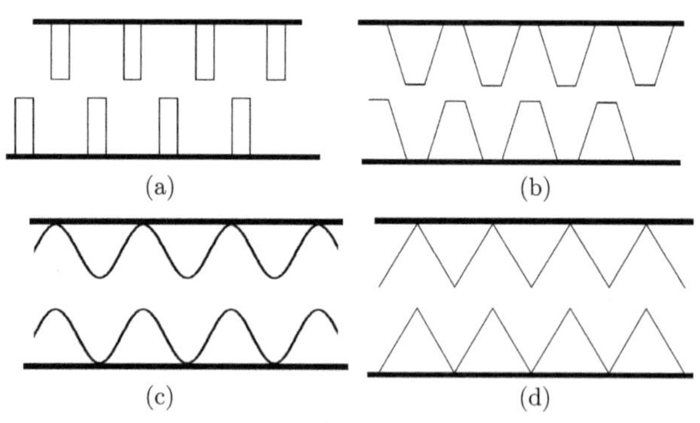

图 4.47　四种槽形状交错双栅: (a) 矩形槽; (b) 梯形槽; (c) 余弦形槽; (d) 三角形槽

首先对任意交错双栅的理论模型进行计算，阶梯数量 K 取为 100，互作用区截取 −5 至 +5 共 11 项空间谐波，槽区的驻波取 m=0, 1, 2, 3, 4, 5 共 6 项，这样得到的色散方程式 (4.165) 是一个 22×22 大小的行列式。给定特定的周期相移，通过 Matlab 编程数值求解该行列式得到对应的本征频率，将各点连成曲线，作出布里渊图。在此基础上，求出场幅值系数的关系，利用式 (4.166) 获得耦合阻抗，计算时，带状注分布在通道中间区域 (其电子注宽度和厚度相对波导宽度和电子注通道高度按 $w/a \times t/(2g)$=0.6×0.8 界定)。

表 4.2 四种槽形状交错双栅慢波结构几何尺寸

几何参数	尺寸/mm			
	矩形槽	梯形槽	余弦形槽	三角形槽
a	0.77	0.77	0.77	0.77
h	0.28	0.32	0.43	0.49
$2g$	0.15	0.15	0.15	0.15
p	0.46	0.46	0.46	0.46
d	0.345	0.345	p	p
b	0.345	0.23	0	0
s	0.23	0.23	0.23	0.23

以余弦形槽为例，采用了理论计算与 HFSS 仿真作比较的方法来验证理论的正确性。图 4.48 和图 4.49 是对余弦形槽交错双栅高频特性的理论计算和仿真模拟的结果对比，可以看出，理论模型与 HFSS 仿真模拟对基模 TE_{x10} 模和第一高次模 TE_{x11} 模布里渊图的计算偏差全频带内不超过 1%(图 4.48)，其中基模 TE_{x10} 的偏差小于 0.4%。对基模 +1 次空间谐波耦合阻抗的计算偏差在大部分频点控制在 10% 以内 (图 4.49)。获得图 4.48 和图 4.49 的结果，理论模型所需计算机机时为 1min 32s，不到 HFSS 仿真消耗机时的 1/10(测试计算机为 E7500@ 2.93GHz，4G DDR2)，因此理论模型具有高效的优点。

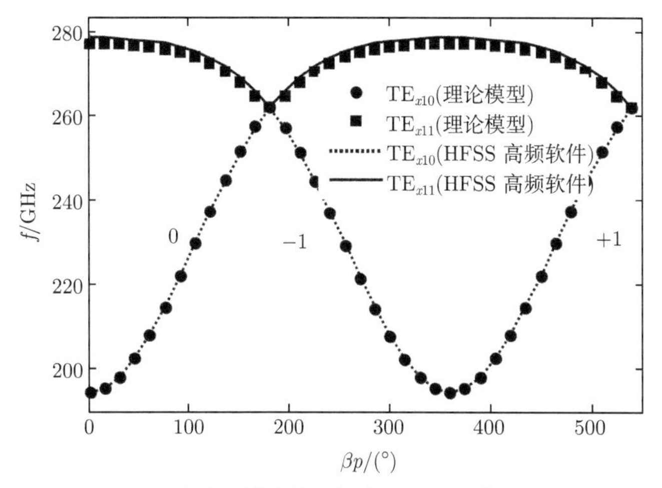

图 4.48 余弦形槽交错双栅布里渊图计算结果对比

接下来基于“多波近似”模型讨论槽形状变化对慢波特性的影响。在表 4.2 参数下，前述四种结构的慢波特性如图 4.50 所示。可以看出，四种结构的基模下截止频率因为矩形栅宽度 a 的限制保持一致，而基模上截止频率也几乎相同。在中间频率，取相同周期相移时，矩形、梯形、余弦形、三角形槽对应的本征频率依次抬高 (图 4.50(a))。基模布里渊图的变化规律反映到其 +1 次空间谐波相速上时表现为：低频端和高频端几乎一致，而在中间频率，矩形、梯形、余弦形、三角形槽的相速依次上升，所需的最佳同步电压依次上升 (图 4.50(b))。在注波互作用

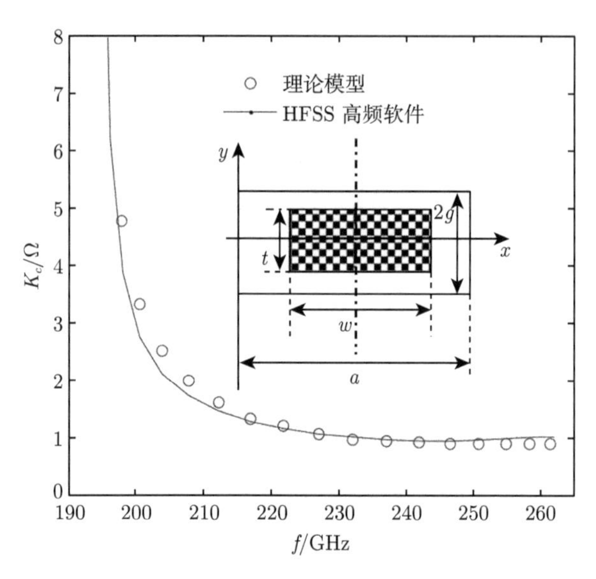

图 4.49　余弦形槽交错双栅耦合阻抗计算结果对比

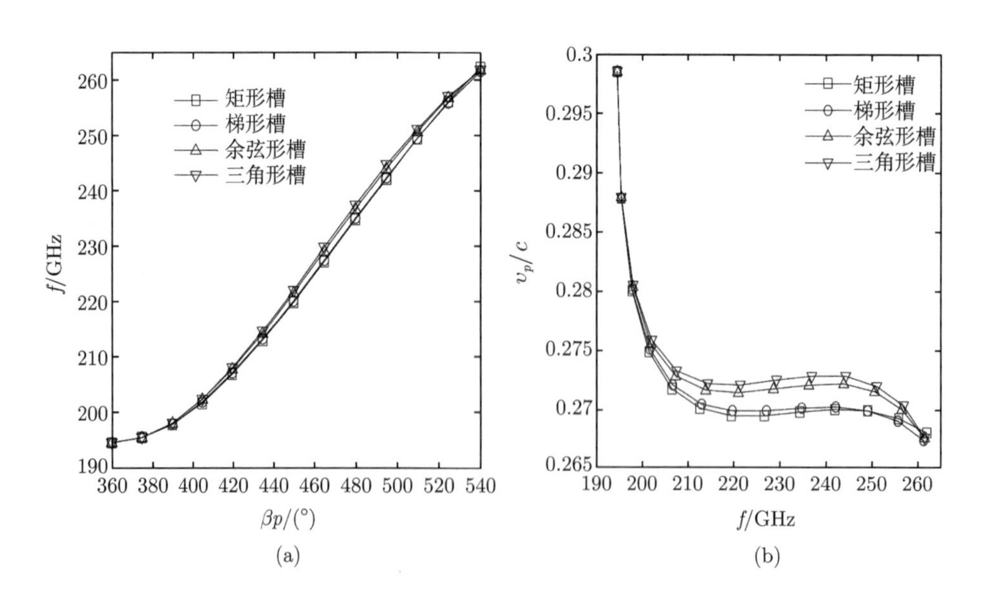

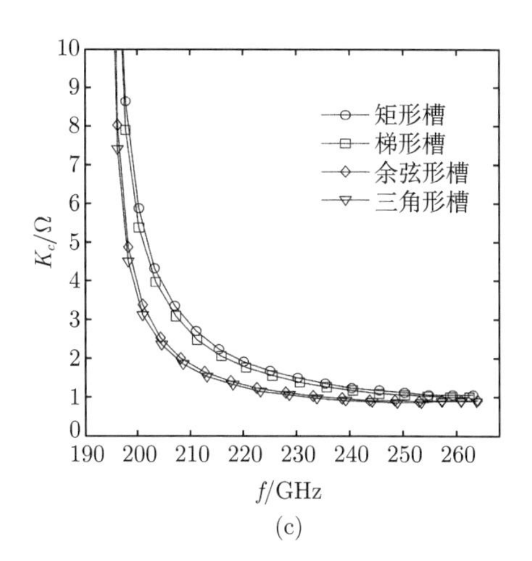

图 4.50 槽形状对交错双栅高频特性的影响: (a) 布里渊图; (b) 归一化相速; (c) 耦合阻抗

强度方面，矩形、梯形、余弦形、三角形槽的基模 +1 次空间谐波耦合阻抗依次下降，其中，在中低频范围，矩形槽的耦合阻抗要比三角形槽的大 30% 以上，但随着频率的升高，这种差别逐渐减小 (图 4.50(c))。

4.8 快 波 [18,19]

4.8.1 快波的起源及其实现途径

快波就是波相速大于媒质中光速的电磁波，只能存在于均匀传输系统中 (例如：矩形波导、圆波导等)。这种波的自由空间波数 k 大于截止波数 k_c，从而使得其纵向传播常数 $0 < k_z < k$。数学上，光速 υ、相速 υ_p、群速 υ_g 和波导波长 λ_g 具有以下特点：

$$k^2 > k_c^2 \rightarrow k_z^2 = k^2 - k_c^2 > 0, \quad k_z < k, \quad \upsilon_p = \omega/k_z = \upsilon\Big/\sqrt{1-\left(\frac{k_c}{k}\right)^2}$$

$$\rightarrow \upsilon_p > \upsilon, \quad \upsilon_g = \upsilon\sqrt{1-\left(\frac{k_c}{k}\right)^2} < \upsilon, \quad \lambda_g > \lambda_0/\sqrt{\mu_r\varepsilon_r} \tag{4.175}$$

随着慢波器件研制进入短毫米波和太赫兹范围，几何结构的逐步缩小和加工精度的不断提升使科学家开始对快波是否能够与电子注互作用发生兴趣，尝试能够找到新的物理机理和技术手段，为真空电子器件向更高频率和更高功率发展寻求突破。回旋管就是基于相对论效应，通过快波、高次模式与磁控注入电子枪有效结合能够在短毫米波甚至太赫兹频段产生大功率输出的真空电子器件。

4.8.1.1　快波的起源

如图 4.51 所示，一平面波在自由空间沿波矢 $\boldsymbol{k}$ 方向超前传播，在不考虑遇到金属边界反射影响的情况下，可以看到波与金属边界方向平行的速度 (相速)υ_p 比平面波的速度 c 快，且满足：

$$c = \upsilon_p \sin\theta \tag{4.176}$$

而平面波平行于金属边界的速度，亦即波的有用 (不被金属阻挡，沿平行金属边界传递能量) 速度 (群速)υ_g 可以表示为

$$\upsilon_g = c\sin\theta \tag{4.177}$$

将式 (4.176) 和 (4.177) 相结合，于是有

$$c^2 = \upsilon_p \upsilon_g \tag{4.178}$$

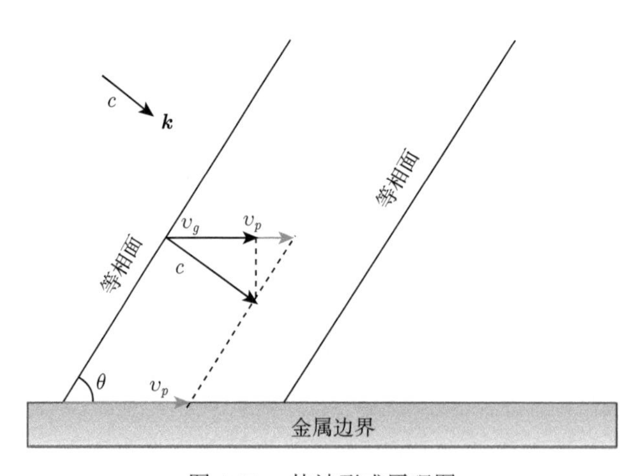

图 4.51　快波形成原理图

如果平面波的电场在 y 方向垂直入射平面朝外，斜入射理想导体 (图 4.52)，根据短路边界条件：

$$\boldsymbol{n} \times \left(\boldsymbol{E}^i + \boldsymbol{E}^r\right)\Big|_{x=0} = 0 \tag{4.179}$$

于是有

$$\left(E_{ym}^i + E_{ym}^r\right)_{x=0} = 0 \tag{4.180}$$

这意味着反射系数：

$$\varGamma = \left.\frac{E_{ym}^r}{E_{ym}^i}\right|_{x=0} = -1 \tag{4.181}$$

利用平面波电场在 y 方向，根据理想导体反射条件，入射和反射叠加合成的电场为

$$E_y = E_y^i + E_y^r = E_{ym}^i \left(\mathrm{e}^{-\mathrm{j}\boldsymbol{k}_i\cdot\boldsymbol{r}} - \mathrm{e}^{-\mathrm{j}\boldsymbol{k}_r\cdot\boldsymbol{r}}\right)\mathrm{e}^{\mathrm{j}\omega t}$$

$$\boldsymbol{k}_i\cdot\boldsymbol{r} = (k_z\cdot z - k_x\cdot x),\quad \boldsymbol{k}_r\cdot\boldsymbol{r} = (k_z\cdot z + k_x\cdot x) \tag{4.182}$$

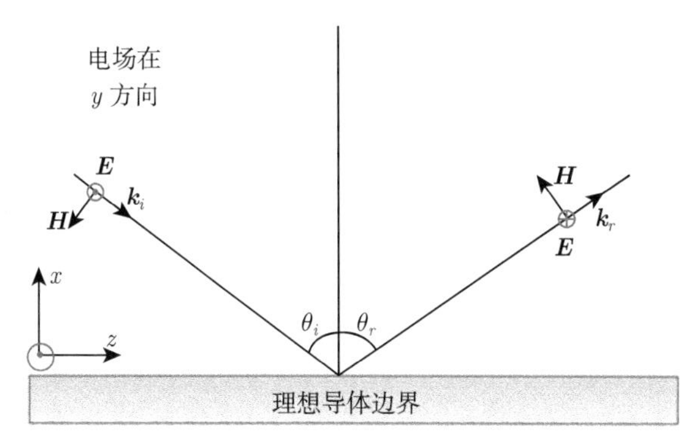

图 4.52　平面波斜入射理想导体传播

利用波矢关系转换，式 (4.182) 可以改写为

$$E_y = E_{ym}^i\left(\mathrm{e}^{\mathrm{j}k_x x} - \mathrm{e}^{-\mathrm{j}k_x x}\right)\mathrm{e}^{-\mathrm{j}k_z z}\mathrm{e}^{\mathrm{j}\omega t} = 2\mathrm{j}E_{ym}^i\sin(k_x x)\,\mathrm{e}^{\mathrm{j}(\omega t - k_z z)} \tag{4.183}$$

令 $E_m = 2\mathrm{j}E_{ym}^i$，于是有

$$E_y = E_m\sin(k_x x)\,\mathrm{e}^{\mathrm{j}(\omega t - k_z z)} \tag{4.184a}$$

利用 $\boldsymbol{H} = \dfrac{1}{\eta_0}\boldsymbol{e}_k\times\boldsymbol{E}$($\eta_0$ 为自由空间波阻抗)，有

$$\boldsymbol{H} = \boldsymbol{e}_x H_x + \boldsymbol{e}_z H_z = \frac{\boldsymbol{e}_k\times\boldsymbol{E}}{\eta_0} = \boldsymbol{e}_x\frac{\sin\theta_i}{\eta_0}(-E_y^i - E_y^r) + \boldsymbol{e}_z\frac{\cos\theta_i}{\eta_0}(-E_y^i + E_y^r)$$

$$H_x = -\frac{E_m\sin\theta_i}{\eta_0}\sin(k_x x)\,\mathrm{e}^{\mathrm{j}(\omega t - k_z z)} \tag{4.184b}$$

$$H_z = \mathrm{j}\frac{E_m\cos\theta_i}{\eta_0}\cos(k_x x)\,\mathrm{e}^{\mathrm{j}(\omega t - k_z z)} \tag{4.184c}$$

从公式 (4.184) 可知，入射波与反射波的合成场沿 z 呈行波，沿 x 呈驻波。电场只有 y 分量，同时也是垂直于平面波传播方向的分量；磁场则有 x 分量及 z 分量，即磁力线是 x-z 平面上的闭合曲线。这种电场只有横向分量而磁场既有横向分量又有纵向分量的行波模式称为横电 (TE) 模或磁 (H) 模。对应于 x 和 z 方向的波长以及 z 方向的波速可以分别写为

$$\lambda_x = \frac{2\pi}{k_x} = \frac{2\pi}{k\cos\theta_i} = \frac{\lambda}{\cos\theta_i} > \lambda \tag{4.185}$$

$$\lambda_z = \frac{2\pi}{k_z} = \frac{\frac{2\pi}{k}}{\sin\theta_i} = \frac{\lambda}{\sqrt{1-\left(\frac{k_x}{k}\right)^2}} > \lambda \tag{4.186}$$

$$v_{pz} = \frac{\omega}{k_z} = \frac{c}{\sin\theta_i} = c\frac{1}{\sqrt{1-\frac{k_x^2}{k^2}}} > c \tag{4.187}$$

从式 (4.187) 可以看出，波在 z 方向的传播速度大于光速。与前面针对图 4.51 讨论的结果一致。如果在 $x = n\lambda_x/2(E_y=0, n$ 为整数) 位置的等效短路面上沿 y-z 面放置一块理想导体板，由于在该面上切向电场原本就是零，因此放置导体板后并不影响两导体板中的电磁场，这就形成双平板传输线中的模式 TE_{n0} 的行波。如果同时在垂直于电场的方向 x-z 面再放两块平行的理想导体板，它们也不会影响两板间的电磁场分布，这就形成矩形波导中的 TE_{n0} 模。无论在平行平板还是矩形波导中的反射，按照相关图 4.51 和图 4.52 的描述，平行于 y-z 平面边界反射沿波矢 $\boldsymbol{k}$ 方向的波速 (c) 小于平行于边界沿 z 方向的波速 (v_p)。具有这一特点的电磁波统称为快波。

4.8.1.2　矩形波导中的快波传输

假设一平面波电场在 y 方向，其等相位面以与 z 轴成夹角 $+\alpha$ 在波导中传播，实线对应波峰，虚线对应波谷；当其遇到金属边界时发生反射会改变方向使传输方向与 z 轴成 $-\alpha$ 夹角。这意味着波导中的传播模式可以用两个等幅度，入射方向分别与 z 轴成 $\pm\alpha$ 的平面波叠加而成 (如图 4.53 所示)。波峰和波谷之间的距离为 $\lambda/2$，$c=v_p\sin(90°-\alpha)$, $v_g = c\sin(90°-\alpha)$, $v_pv_g = c^2$，于是有 $v_p > c$, $v_g < c$。对于这样一个矩形波导，如果传输三种不同频率 ($f_1 > f_2 > f_3$) 的波，则波在波导中传输的结构如图 4.54 所示。从图中可以看出，随着频率的降低，波长增加，对应的角度 α 必须增大，以使波与波导匹配。当 $\lambda/2$ 为波导的宽度 a 时，$\alpha=90°$，此时，波仅在波导之间来回反射，波停止前进，对应于截止。产生截止的波长和频率分别用 λ_c 和 f_c 表示。随着频率从 f_1 降到 f_2 再降到 f_3 及 f_c，相速稳步增加，并在截止处达到无穷大；与此同时，群速稳步减小，在截止处降为零，对应于 $\lambda_c/2=a$。

从频率由高向低变化的波结构图 (图 4.54) 和上述讨论结果 ($\lambda_c/2 = a$) 以及波峰波谷之间的关系 (两者相距 $\lambda/2$)，可以获得矩形波导波传输过程中波长与截止波长之间的几何关系图 (图 4.55)。由图 4.55 的几何关系可知：

$$\left(\frac{\lambda_c}{2}\right)^2 = \left(\frac{\lambda}{2}\right)^2 + \left(\frac{\lambda_c}{2}\cos\alpha\right)^2 \to 1 = \left(\frac{\lambda}{\lambda_c}\right)^2 + \cos^2\alpha \tag{4.188}$$

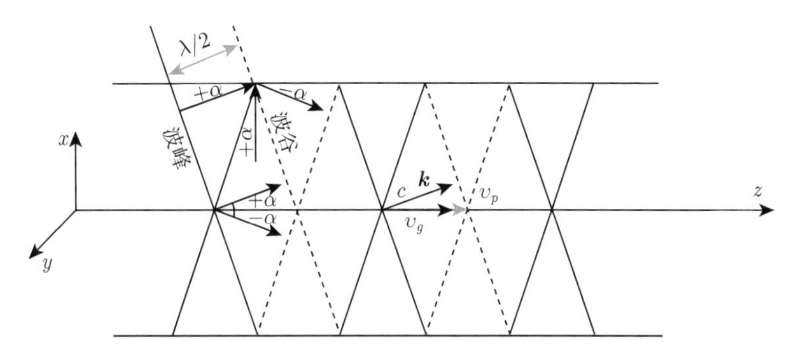

图 4.53　平面波叠加形成波导中快波

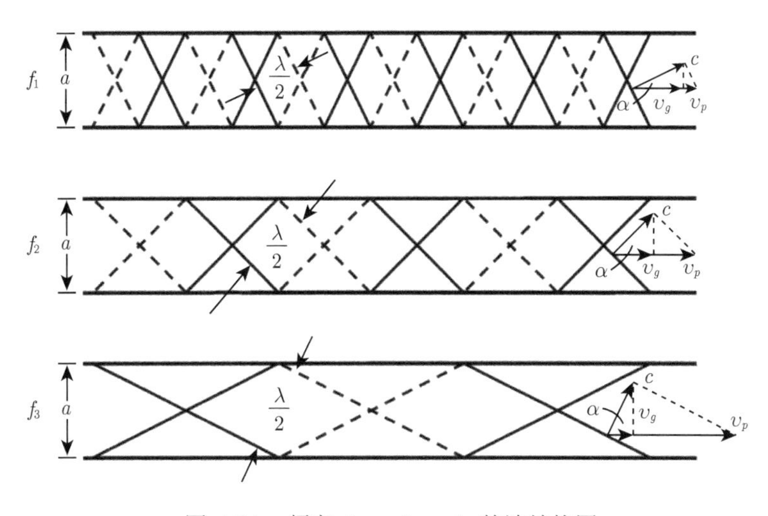

图 4.54　频率 $f_1 > f_2 > f_3$ 的波结构图

将 $\cos\alpha = c/v_p = \dfrac{\omega}{v_p}\dfrac{c}{\omega} = k_z\dfrac{c}{\omega}, \dfrac{\lambda}{\lambda_c} = \dfrac{f_c}{c}\dfrac{c}{f} = \dfrac{\omega_c}{\omega}$ 代入上式，有

$$1 = \left(\frac{\omega_c}{\omega}\right)^2 + \left(\frac{k_z c}{\omega}\right)^2 \tag{4.189}$$

于是色散 $(\omega - k_z)$ 关系可以表示为

$$\omega = \sqrt{\omega_c^2 + (k_z c)^2} \tag{4.190}$$

图 4.56 给出了对应的色散曲线。由于 $k_z = \omega/v_p$，所以对应一组 (ω,k_z), v_p 就是经过原点与 (ω, k_z) 连接的直线的斜率。

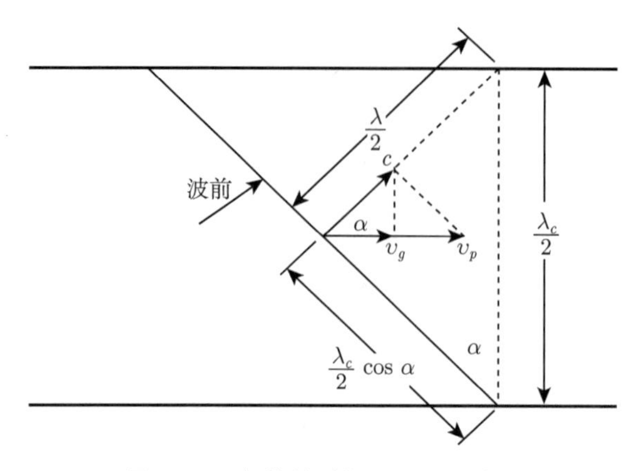

图 4.55　色散关系推导几何关系图

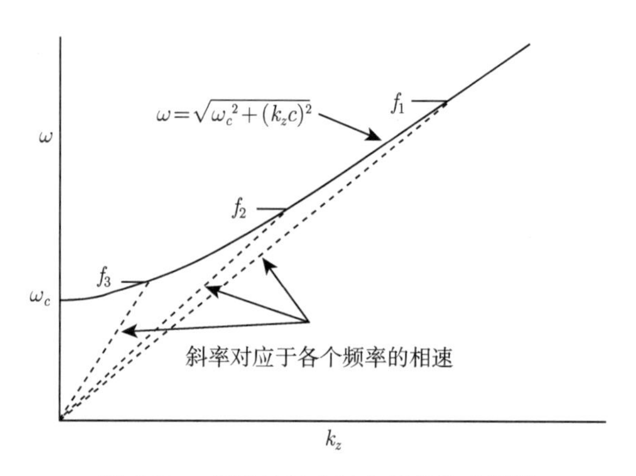

图 4.56　矩形波导中波传播色散关系图

4.8.2　色散曲线与横向同步

快波的色散方程 (4.190) 的一般形式可以写为

$$\omega^2=\omega_c^2+k_z^2c^2$$

$$\left(\frac{\omega}{\omega_c}\right)^2-\left(\frac{k_z}{k_c}\right)^2=1 \tag{4.191}$$

方程 (4.191) 表明，快波的色散曲线是双曲线。

图 4.57 画出了快波的色散曲线。双曲线的顶点是 $(0,\omega_c)$, 渐近线是 $\omega=\pm k_zc$。渐近线相速是光速，也就是说，电子要在纵向与波同步的话，其速度必须是光速。因此，电子无法与快波纵向同步。电子是否可以与波在横向同步？波在角向分为

左旋和右旋，故波的传输可以表示为

$$\mathrm{e}^{\mathrm{j}(\omega t \pm s\varphi - k_z z)} \tag{4.192}$$

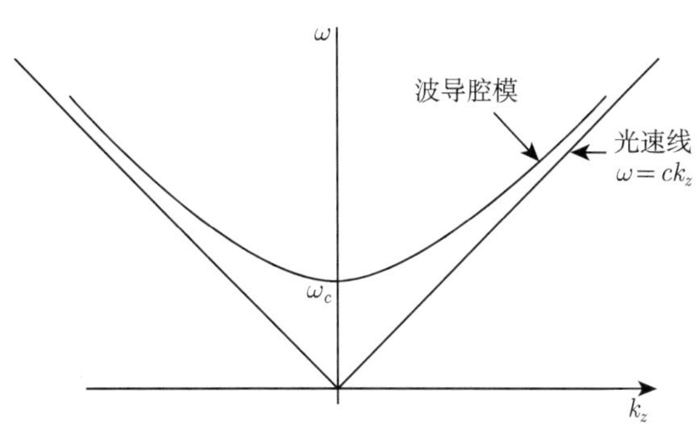

图 4.57　快波的色散曲线

假如电子的运动是由旋转角速度 Ω_c 和纵向线速度 u_z 共同决定，欲使波与电子同步，必须有 $z = u_z t$, $\varphi = \Omega_c t$, 故有

$$\omega \pm s\Omega_c - k_z u_z = 0 \tag{4.193}$$

式 (4.193) 是电子束色散方程。在仅考虑色散方程左边第二项为负的情况，有

$$\omega - s\Omega_c - k_z u_z = 0 \tag{4.194}$$

$$v_p = \frac{\omega}{k_z} = \frac{s\Omega_c + k_z u_z}{k_z} = u_z + \frac{s\Omega_c}{k_z} = u_z\left(1 + \frac{s\Omega_c}{k_z u_z}\right) = u_z\left(1 + \frac{1}{\dfrac{\omega}{s\Omega_c} - 1}\right) \tag{4.195}$$

假如电子旋转角频率 $s\Omega_c$ 略小于波的角频率ω，则存在 $0 < \dfrac{\omega}{s\Omega_c} - 1 \ll 1$ 成立，亦即，电子的相速可以大于光速；此时，电子的群速：

$$v_g = \frac{\mathrm{d}\omega}{\mathrm{d}k_z} = u_z \tag{4.196}$$

对于快波色散方程 (4.191)，有

$$v_p = \frac{\omega}{k_z} = \pm\frac{\omega c}{\sqrt{\omega^2 - \omega_c^2}} = \frac{\pm c}{\sqrt{1 - \left(\dfrac{\omega_c}{\omega}\right)^2}} \tag{4.197}$$

对于快波，式 (4.197) 的相速始终大于光速，但只要选择式 (4.197) 和 (4.195) 相同方向，则有可能通过控制电子的回旋频率使电子和快波实现同步。此时，波的群速为

$$v_g = \frac{\mathrm{d}\omega}{\mathrm{d}k_z} = \pm c\sqrt{1-\left(\frac{\omega_c}{\omega}\right)^2} \tag{4.198}$$

快波的群速小于光速，但随频率变化。

在 $s=1$ 时，针对式 (4.193)~(4.198)，有当 $\omega > \Omega_c$ 时，对电子束色散，$v_p > 0$，$v_g>0$；对波导色散 (相同耦合点)，$v_p > 0$，$v_g>0$(见图 4.58 中右边两色散线的交点)。当 $\omega<\Omega_c$ 时，对电子束色散，$v_p < 0$，$v_g>0$(返波)；对波导色散 (相同耦合点)，$v_p < 0$，$v_g<0$(见图 4.58 中左边两色散线的交点)。

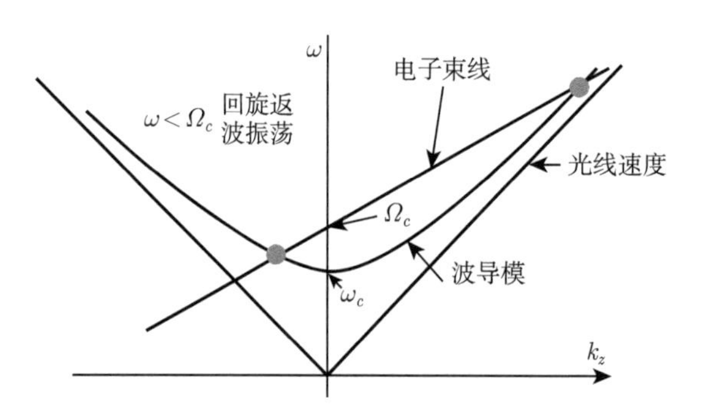

图 4.58　电子束线与波色散线相交于 $\omega>\omega_c$

对于 $s=1$, $k_z\to0$, 有 u_z 的影响可以忽略, 故式 (4.193) 变为 $\omega\geqslant\Omega_c\approx\omega_c$。此时, 电子束色散特性在 $k_z\to0$ 处与波导色散曲线相切, 电子束能够有效与波导模式发生相互作用。相切点的频率就是电子束与波导模式耦合产生振荡的波频率 (图 4.59)。这种振荡作用通常应用于回旋振荡器或回旋速调管。

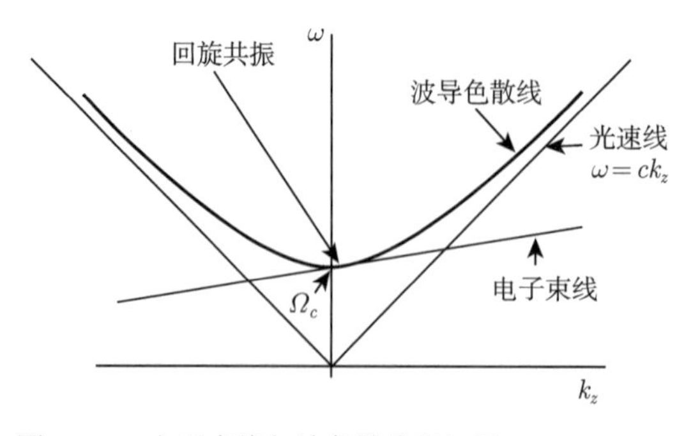

图 4.59　电子束线与波色散线相切于 $\omega\geqslant\Omega_c\approx\omega_c$

如果 $s \geqslant 2$ 且 $k_z \to 0$, 有 u_z 的影响可以忽略, 故式 (4.193) 变为 $\omega \geqslant s\Omega_c \approx \omega_c$。对于相对论情况，有 $\Omega_c = \dfrac{eB}{\gamma m_0}$。对应的色散特性如图 4.60 所示，此时电子束色散特性在 $k_z \to 0$ 处与波导色散曲线相切，电子束的空间谐波与波导模耦合发生相互作用。对于采用谐波的回旋振荡器：① 相同谐振频率，磁场可以降到为基波的 $1/s$；② 高次谐波振荡频率高于基波，低次谐波都可能对其工作的稳定性产生干扰；③高次谐波的耦合系数相对小，转换效率降低。

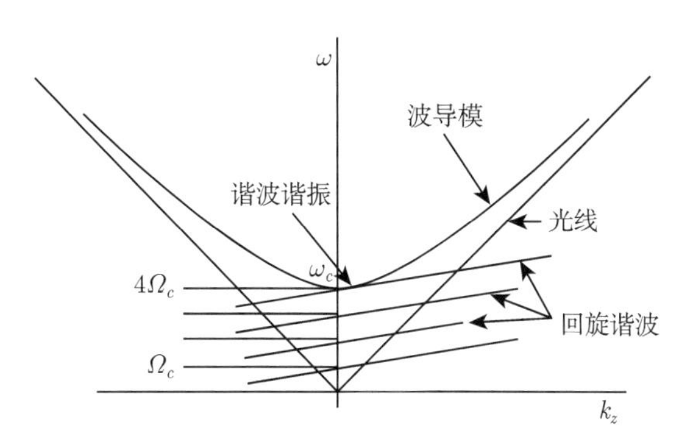

图 4.60　电子束线与波色散线相切于 $\omega \geqslant s\Omega_c \approx \omega_c$

电子束色散线与波导色散线在 k_z 不等于零处相切，电子注与行波发生互作用。电子束模与波导模之间的耦合相关于电子束的轴向速度 $\omega - \Omega_c - k_z u_z = 0$，故电子束的速度分散直接影响束模与波导模之间的相互作用 (图 4.61)。

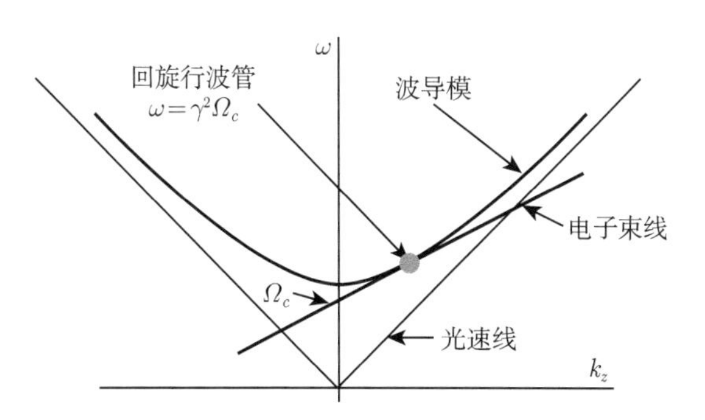

图 4.61　电子束线与波色散线相切于 $k_z>0$

当波导模与电子束模的相互耦合点的相速趋于光速时，由电子能量损失引起的回旋频率增长可被多普勒频移项的减小抵消 ($u/c \downarrow \to \gamma\downarrow \to \Omega_c \uparrow \to u_z \downarrow$)，从而保持总的频率不变 ($\omega - \Omega_c - k_z u_z = 0$)。这样，如果初始时就满足相位同步条件，则在互作用的过程中仍会满足 (图 4.62)。这就是自谐振脉塞 (CARM)。CARM

对轴向速度分散敏感 (k_z 大)，互作用效率通常很低。

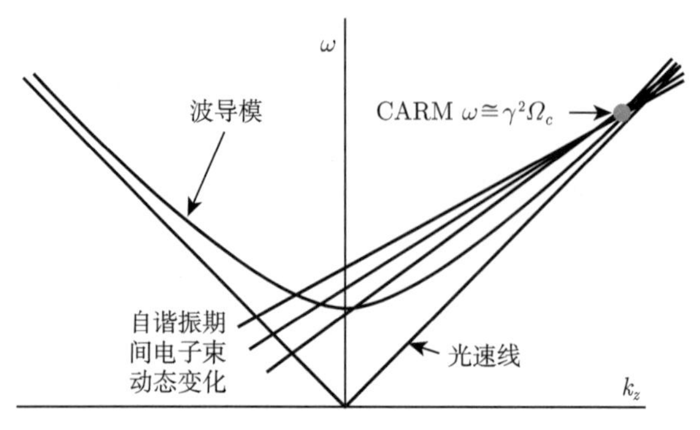

图 4.62　电子束线与波色散线相交于 $k_z \gg 0$

第 4 章习题

4-1　将周期结构等效为 π 型网络级联讨论电路的基本特性，同时对低通、高通和带通三种情况进行相应分析。

4-2　在式 (4.58) 中，如果 $\omega_1<\omega_2$，讨论带通电路的特点，画出 ω-β 的示意图，比较电路与 $\omega_1>\omega_2$ 情况的差异。

4-3　基于本章盘荷波导色散特性等效电路方法，自行选定参数，设计程序计算盘荷波导的色散特性。

参考文献

[1] 吴鸿适. 微波电子学原理. 北京: 科学出版社, 1987.
[2] 刘盛纲. 微波电子学导论. 北京: 国防工业出版社, 1985.
[3] 张克潜, 李德杰. 微波与光电子学中的电磁理论. 2 版. 北京: 电子工业出版社, 2001.
[4] 沈致远. 微波技术. 北京: 国防工业出版社, 1980.
[5] Curnow H J. A general equivalent circuit for coupled-cavity slow wave structures. IEEE Trans. on-MTT, 1965, 13: 671-675.
[6] Curnow H J. A new equivalent circuit for coupled-cavity structures. 5th International Congress on Microwave Tubes, 1964: 14-18.
[7] Gittins J F. Power Travelling Wave Tubes. New York: American Elsevier, Inc., 1965.
[8] Gilmour A S. Principles of Traveling Wave Tubes. Boston/London: Artech House, Inc., 1994.
[9] 何昉明. 双槽型耦合腔慢波结构高频特性及线性理论研究. 北京: 中国科学院大学, 2014.
[10] He F M, Luo J R, Zhu M, et al. Theory, simulations and experiments of the dispersion and interaction impedance for the double slot coupled cavity slow wave structure in TWT. IEEE Trans. on-ED, 2013, 60: 3576-3583.

[11] 何昉明, 罗积润, 朱敏, 等. Chodorow 型耦合腔慢波结构色散特性和耦合阻抗理论分析. 物理学报, 2013, 62: 174101.

[12] Harrington R F. Field Computation by Moment Methods. New York: IEEE Press, 1993.

[13] Levchenko E G. Investigation of symmetric slow-wave structutes of the coupled-resonator-network type. Radio Engineering and Electronic Physics, 1969, 14: 1260-1268.

[14] Kosmahl H G, Branch G M. Generalized representation of electric fields in interaction gaps of klystrons and traveling-wave tubes. IEEE Trans. on-ED, 1973, 20: 621-629.

[15] 张昭洪, 吴鸿适. 耦合腔慢波结构特性研究. 电子学报, 1986, 14: 7-15.

[16] 谢文球. 平面格栅慢波结构高频特性及注波互作用的研究. 北京: 中国科学院大学，2016.

[17] Xie W Q, Wang Z C, Luo J R, et al. Theory and simulation of arbitrarily shaped groove staggered double grating array waveguide. IEEE Trans. on-ED, 2014, 61: 1707-1714.

[18] Gilmour A S. Klystrons, traveling wave tubes, magnetrons, crossed-field amplifiers, and gyrotrons. Boston/London: Artech House, Inc., 2011.

[19] Thumm M. State-of-the-art of high-power gyro-devices and free electron masers. Journal of Infrared, Millimeter, and Terahertz Waves, 2020, 41: 1-140.

第 5 章　速　调　管

速调管是一种用于微波功率放大的真空电子器件。这种器件中的电子首先从直流或视频脉冲场中得到加速获得动能，再通过输入微波信号在一定数量谐振腔中对电子束进行调制和群聚，一方面不断增强电子束中输入信号强度，另外在协同电子沿运动方向速度大小和相位尽可能一致的基础上，压缩电子束的纵向宽度，以便在输出腔间隙上受到减速电场作用后将电子注中与输入信号同频率的信号高效率地转换输出。由于谐振腔的采用，速调管是一种高增益、高效率和高功率微波电子器件，也可以通过适当降低谐振腔 Q 值和增加腔的数量在一定范围内改善带宽和输出功率。本章基于由浅入深的原则，结合实际工程例子，讲解电子注调制、群聚、谐振腔、速调管原理和特性以及各种特殊用途速调管等方面的知识。

5.1　电子注与间隙的相互作用

5.1.1　平面栅控间隙

最简单的栅控间隙是由两个布满细孔支撑电子注通过的平行平板构成。这种平面栅控间隙之间的电场能够用平行平板的均匀电场描述，同时容许电子从网状孔中通过，可以在数学和物理上相对简单和清晰地描述，便于对电子注被交流电场调制和群聚概念的理解。

5.1.1.1　电子注的调制

首先考虑如图 5.1 所示的电子注与平面栅控间隙电场的相互作用。电子注进入间隙时的速度为 u_0，电子注穿过间隙时受到的调制大小为 Δu。间隙入口处的时间与位置分别为 t_0 和 z=0。间隙的宽度为 l，间隙两端所施加的电压为

$$V = V_1 \sin \omega t \tag{5.1}$$

电子在间隙中的运动方程为

$$\ddot{z} = -\eta E = \eta \frac{V_1}{l} \sin \omega t \tag{5.2}$$

经过一次积分之后，电子的速度方程变为

$$\dot{z} = -\frac{\eta V_1}{\omega l} \cos \omega t + C_1 \tag{5.3}$$

当 $t=t_0$ 时，$\dot{z}=u_0$，所以

$$C_1=u_0+\frac{\eta V_1}{\omega l}\cos\omega t_0 \tag{5.4}$$

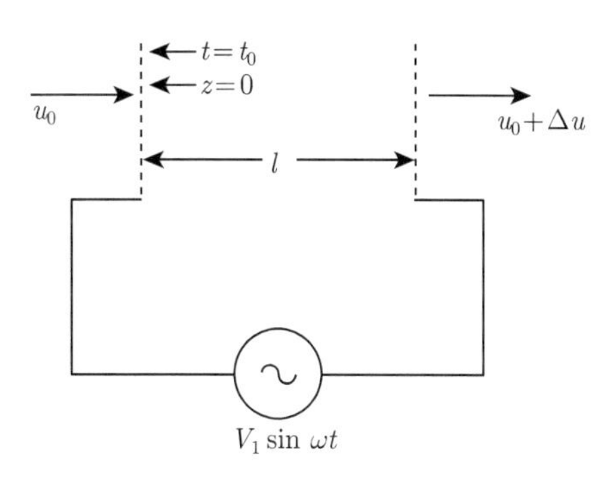

图 5.1　电子注的速度调制

于是速度可以写成

$$\dot{z}=u_0+\frac{\eta V_1}{\omega l}(\cos\omega t_0-\cos\omega t) \tag{5.5}$$

其次，还有必要引入下述参量，即调制深度 α，它的定义为

$$\alpha=\frac{V_1}{V_0} \tag{5.6}$$

式中，V_0 为电子枪对电子的加速电压，V_1 为输入信号的幅度。电子通过间隙的直流渡越时间为 l/u_0，直流渡越角 ϕ_0 的定义为

$$\phi_0=\omega\frac{l}{u_0} \tag{5.7}$$

由于 $u_0^2=2\eta V_0$，式 (5.5) 中

$$\frac{\eta V_1}{\omega l}=\frac{\eta V_1V_0}{\omega lV_0}=\frac{\alpha\eta u_0^2}{\omega l2\eta}=\frac{\alpha u_0}{2\phi_0} \tag{5.8}$$

所以

$$u=u_0+\frac{\alpha u_0}{2\phi_0}(\cos\omega t_0-\cos\omega t) \tag{5.9}$$

在小信号状态下，电子在穿过间隙时与其直流位置相差的并不太远。因此，电子在离开间隙时的 $t=t_1$ 时间近似等于 t_0 加上直流渡越时间 l/u_0。所以

$$\omega t_0+\phi_0=\omega t_1 \tag{5.10}$$

于是

$$u = u_0 + \frac{\alpha u_0}{2\phi_0}\left[\cos(\omega t_1 - \phi_0) - \cos\omega t_1\right] \tag{5.11}$$

利用三角关系式：

$$\cos(\omega t_1 - \phi_0) - \cos\omega t_1 = 2\sin\frac{\phi_0}{2}\sin\left(\omega t_1 - \frac{\phi_0}{2}\right) \tag{5.12}$$

于是可将速度表达式 (5.11) 改写成

$$u = u_0 + \frac{\alpha u_0}{2}M\sin\left(\omega t_1 - \frac{\phi_0}{2}\right) \tag{5.13}$$

式中

$$M = \frac{\sin\dfrac{\phi_0}{2}}{\dfrac{\phi_0}{2}} \tag{5.14}$$

称为调制系数或称为间隙的耦合系数。这一函数关系如图 5.2 所示。为了说明 M 的意义，首先将速度 u 写成

$$u = u_0 + u_1 \tag{5.15}$$

其中 u_1 为由间隙产生的交流速度分量。这一速度用 u_0 归一化后得到

$$\frac{u_1}{u_0} = \frac{\alpha}{2}M\sin\left(\omega t_1 - \frac{\phi_0}{2}\right) \tag{5.16}$$

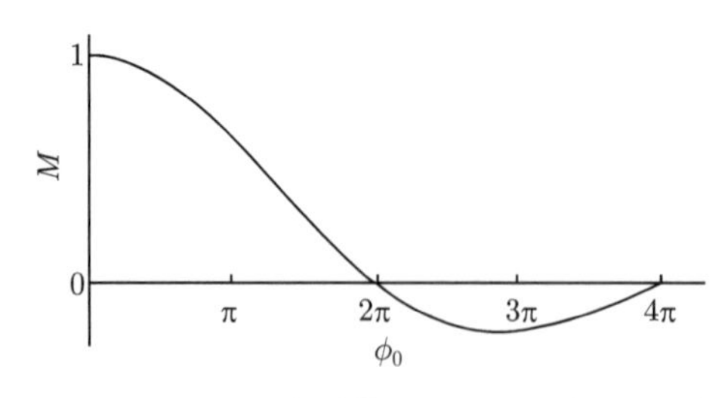

图 5.2　间隙耦合系数与间隙渡越角的关系

如图 5.3 所示，如果间隙非常窄，那么 ϕ_0 非常小，因此当电子穿过该间隙时，间隙两端的电压基本上维持不变。在这种情况下，间隙的耦合系数最大，接近于 1。随着间隙的逐渐加宽，在电子穿越间隙时电压发生变化，所以间隙的有效电压 (图 5.3 中的 V_{eff}) 要比间隙的最高电压 ($V_{\max}$) 小。间隙加速电子的有效

性将下降 (即间隙的耦合系数将下降)。如果间隙的宽度增大到使 $\phi_0 = 2\pi$，那么当电子穿过间隙时所施加的电压将变化一个完整的周期，对电子的总的加速作用将为零。此时 $M=0$。

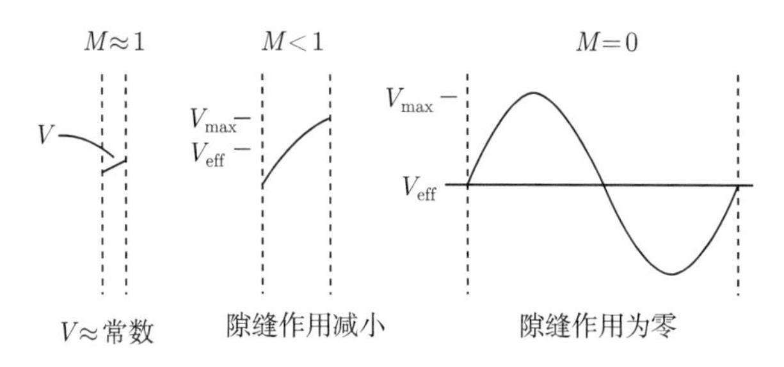

图 5.3 间隙宽度对耦合系数的影响

可以将参考平面从间隙第一个栅网 $z=0$ 处移到间隙的中心 $z=l/2$ 处，在此

$$\omega t = \omega t_1 - \frac{\phi_0}{2} \tag{5.17}$$

$$u = u_0 \left(1 + \frac{\alpha M}{2} \sin \omega t\right) \tag{5.18}$$

由式 (5.18) 不难看出其原因是，当电子穿过加有高频交流电压的间隙时，电子的速度受到了“调制”。其中调制深度 α 意味着输入信号幅度相对直流电压的影响程度；而调制 (耦合) 系数则是输入信号耦合对电子注调制作用的强度。

5.1.1.2 感应电流

首先考虑如图 5.4 所示的电子电荷层通过一对平面栅网。假设这一电子层的面电荷密度为每单位面积 σ_e 库仑。这一电荷密度 σ_e 产生了电场 E_L 和 E_R。在左右栅网上会分别感应出正电荷密度 σ_L 和 σ_R，随着电荷层的移动，在连接栅网的电路中就会有电子流 I_i 流动。

忽略栅网和电荷层的边缘处干扰场的作用，并利用高斯定律可以求出由电场 E_L 在左边栅网的面积 A 上所感应的电荷密度：

$$\oint \boldsymbol{E}_L \cdot \mathrm{d}\boldsymbol{S} = \frac{\sigma_L A}{\varepsilon_0} \tag{5.19}$$

$$\sigma_L = \varepsilon_0 E_L \tag{5.20}$$

类似，电场 E_R 在右栅网上感应的电荷密度为

$$\sigma_R = \varepsilon_0 E_R \tag{5.21}$$

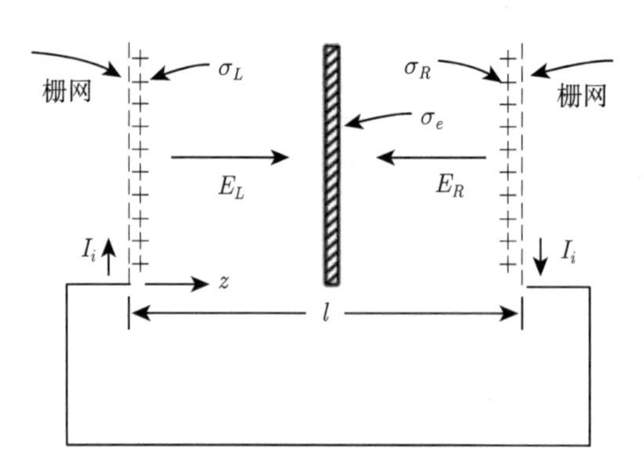

图 5.4　用于分析感应电流的电极和电荷层示意图

由这一电荷层产生的电场 E_L 和 E_R 可以利用高斯定律 (忽略边缘场效应) 按下式求出:

$$\oint \boldsymbol{E} \cdot \mathrm{d}\boldsymbol{S} = -(E_L + E_R)A = -\frac{\sigma_e A}{\varepsilon_0} \tag{5.22}$$

或

$$E_L + E_R = \frac{\sigma_e}{\varepsilon_0} \tag{5.23}$$

由于间隙两端的总电压为零, 所以电荷层至左右两端栅网的电压之和亦为零。因此这两个电场有以下关系:

$$-E_L z + E_R(l - z) = 0 \tag{5.24}$$

将这一结果与式 (5.23) 联立可以求出电场分别为

$$E_L = \frac{\sigma_e}{\varepsilon_0}\left(1 - \frac{z}{l}\right) \tag{5.25}$$

$$E_R = \frac{\sigma_e}{\varepsilon_0}\frac{z}{l} \tag{5.26}$$

利用这些结果可以求出栅网上的电荷密度分别为

$$\sigma_L = \sigma_e\left(1 - \frac{z}{l}\right) \tag{5.27}$$

$$\sigma_R = \sigma_e\frac{z}{l} \tag{5.28}$$

在各个位置均满足

$$\sigma_L + \sigma_R = \sigma_e \tag{5.29}$$

图 5.5 示出了 σ_L 和 σ_R 随电荷层移动位置变化的关系。

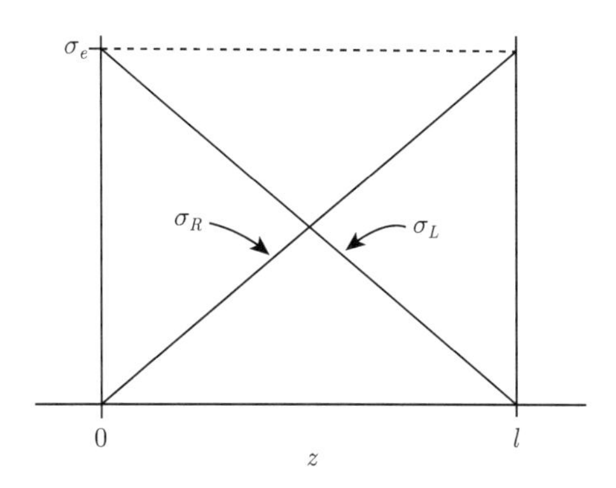

图 5.5　栅网上感应电荷密度随电荷层移动位置 z 变化的曲线

当电荷层的位置的移动量为 δz 时，σ_L 和 σ_R 的变化分别为

$$\delta\sigma_L = -\sigma_e\frac{\delta z}{l} \tag{5.30}$$

$$\delta\sigma_R = \sigma_e\frac{\delta z}{l} \tag{5.31}$$

如果移动是在时间 δt 内发生的，那么当 δt 趋于无限小时在栅网上感应出的电流密度为

$$J_i = -\frac{\delta\sigma_L}{\delta t} = \frac{\delta\sigma_R}{\delta t} = \frac{\sigma_e}{l}\frac{\delta z}{\delta t} \tag{5.32}$$

或

$$J_i = \frac{\sigma_e}{l}u \tag{5.33}$$

式中 u 为电荷层移动的速度。线路中的电流显然为 $I_i = J_iA$。

以上分析的结果是拉姆 (Ramo) 定律的一种表达形式。它的重要意义就在于揭示出当电荷刚一进入入口区便会在附近的电极处产生电流。电荷可以从某一电极发出而被另一电极接收，或者通过栅网进入或离开该区域。假设高频磁场可以忽略不计 (这正是普通微波管的一般情况)，而场的传播效应亦可以忽略不计的话 (由于感应电流发生的区域与高频场的波长相比非常小，所以这一假设亦成立)，那么上述分析也可以用于高频间隙。

从式 (5.33) 的简单关系中可以获取许多结果。首先，也是最重要的是，在栅网和电路中感应电流的波形可能会与电荷层的电流波形有较大的区别。由于假设电荷层的厚度无限薄，因而体电荷密度 ρ_e 也必然会无限大。因而电荷层的电流密

度 $J_e=\rho_e u$ 也将会无限大。在另一方面，当速度为常数时，栅网上的感应电流密度在电荷层穿越间隙时也将为常数。于是在电荷层跨越间隙的渡越期间 $\tau=l/u$，J_i 将为矩形波。图 5.6 示出了电荷层位于间隙中的位置 z 处时 J_i 和 J_e 的波形。

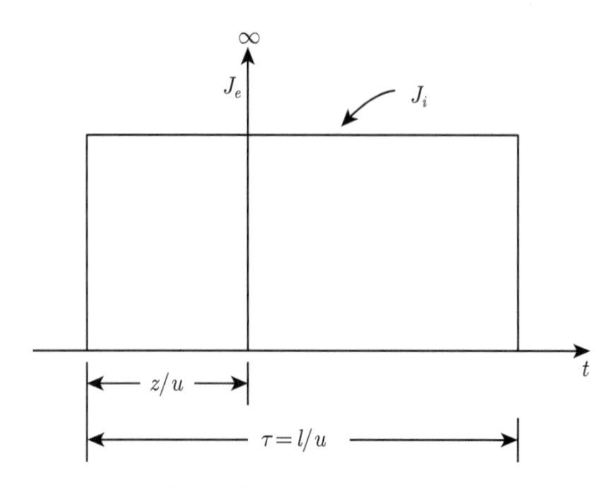

图 5.6　感应电流和电子电流随时间变化曲线

如果间隙的宽度 l 逐渐变小，达到极限 $l\to 0$ 时，J_i 将与 J_e 相等 (它们都是宽度为零，幅度为无穷大的 δ 函数)。如果电荷层的电荷密度相当高，可以产生足够强的电场，那么各个栅网之间的电势将随着电荷层的位置和移动速度而变化。于是感应电流也将随着电荷层穿越间隙而改变。为了便于说明，假设电子在通过左栅网进入间隙之前已由电压 V_0 加速到 u_0，如图 5.7 所示。进一步假设右栅网的电势亦为 V_0(通常从直流的角度，左右栅组成的间隙可能是等电势的)。

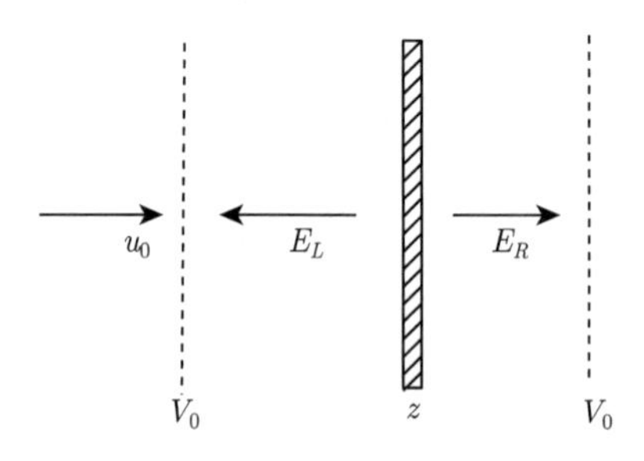

图 5.7　为计算电荷密度对电势分布和电流波形影响设想的情况

在 z 处的电势为

$$V(z)=V_0-E_L z=V_0-\frac{\sigma_e}{\varepsilon_0}\left(1-\frac{z}{l}\right)z \tag{5.34}$$

或

$$\frac{V(z)}{V_0}=1-\frac{\sigma_e l}{\varepsilon_0 V_0}\left(1-\frac{z}{l}\right)\frac{z}{l} \tag{5.35}$$

从能量方面考虑，电荷层的速度为 $u(z)=[2\eta V(z)]^{1/2}$，所以

$$\frac{u(z)}{u_0}=\left[1-\frac{\sigma_e l}{\varepsilon_0 V_0}\left(1-\frac{z}{l}\right)\frac{z}{l}\right]^{1/2} \tag{5.36}$$

如果电荷层的电子密度为 10^{10} 个电子 /cm^2，这相当于体电荷密度为 10^{11}，等效于将典型的 0.1cm 厚的电子注压缩到单电子层。设间隙的宽度为 1cm，两端电压 V_0 为 10kV。于是，在该间隙中的电势和速度相对于电荷层的位置的变化如图 5.8 所示。

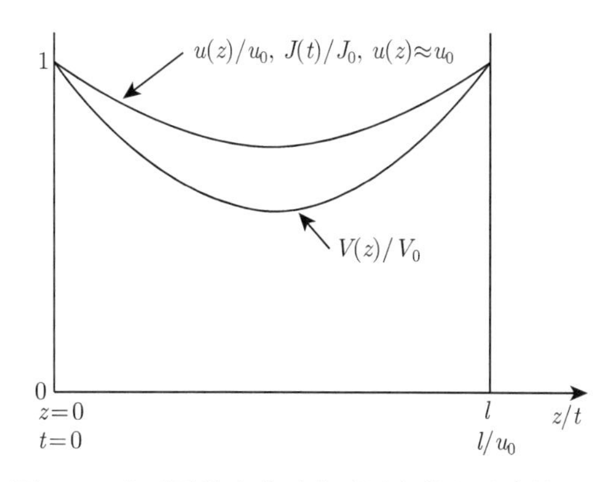

图 5.8　电子层的电荷对电子层电势和速度的影响

在计算电子层到达位置 z 处的时间时，如果它进入栅网的速度也为 u_0，那么按照式 (5.33)，栅网上的感应电流将会与速度随距离具有相同的变化规律。这一例子可以说明在微波管的高频间隙中由电子引起的电势压缩对感应电流的作用。

其次，考虑当栅网之间的电压大到足以改变电子速度时，感应电流的波形也发生了变化。如图 5.9 所示，假设左边栅网为二极管的阴极，它可以以零速度发射电荷层，而右边栅网是电势为 V 的阳极。如果该电荷层的电荷非常小，使电场近似为 V/l，那么电子的速度便可以由受力方程来求解：

$$\frac{\mathrm{d}^2 z}{\mathrm{d}t^2}=\eta\frac{V}{l} \tag{5.37}$$

即

$$u=\frac{\mathrm{d}z}{\mathrm{d}t}=\eta\frac{V}{l}t \tag{5.38}$$

于是，电荷层的速度将随时间呈线性增大，直到该电荷层到达阳极。感应电流密度为

$$J_i = \frac{\sigma_e}{l}\eta\frac{V}{l}t \tag{5.39}$$

其波形为三角形，如图 5.10 所示。

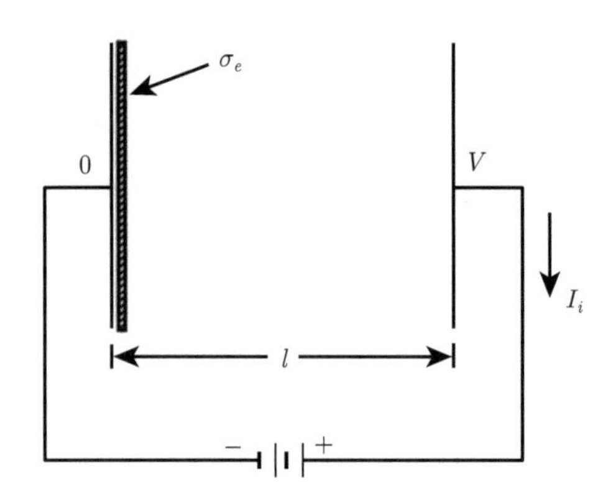

图 5.9　阴阳极外加电压时发射电荷层

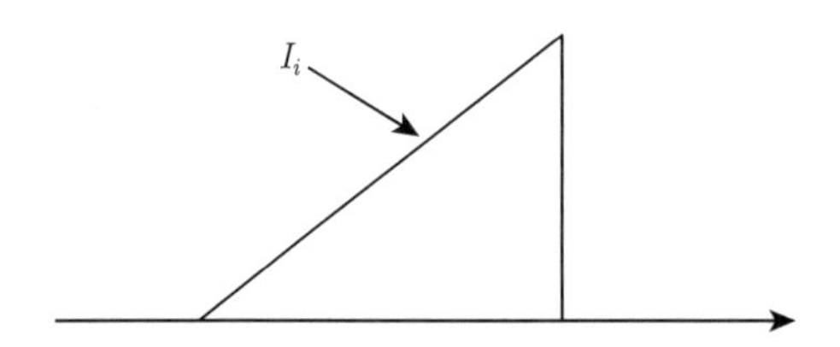

图 5.10　二极管中电荷薄片从 0 加速到阳极电势过程中感应电流波形图

与图 5.7 和图 5.9 不同的是实际阴极产生的电荷密度是连续分布 (如图 5.11 所示) 的。假设具有体电荷密度 $\rho(z)$ 的连续分布电子注的感应电流可以将电子注分解为一系列具有密度 $\sigma(z) = \rho(z)\Delta z$ 且厚度为 Δz 的薄片。按照感应电流密度公式 (5.33)，由各个电荷薄片在栅网上感应出的电流密度增量 ΔJ_i 为

$$\Delta J_i = \frac{\rho(z)\Delta z}{l}u \tag{5.40}$$

由于电子注中的电流密度为 $J_e = \rho(z)u$，所以

$$\Delta J_i = \frac{1}{l}J_e\Delta z \tag{5.41}$$

当 $\Delta z \to \mathrm{d}z$ 时，感应电流密度为

$$J_i = \frac{1}{l}\int_0^l J_e \mathrm{d}z \tag{5.42}$$

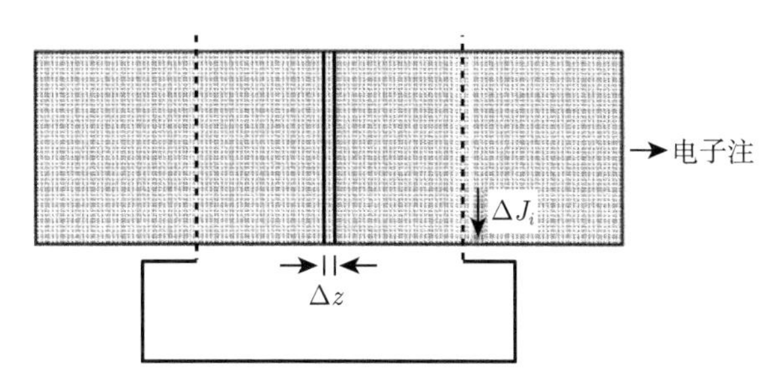

图 5.11 计算电子注感应电流的模型

式 (5.42) 的意思是感应电流密度是电子电流密度的空间平均值。作为该公式应用的一个例子，假设电子注电流中包含着随时间和距离呈正弦变化的高频电流分量(类似于对电子注调制进行小信号分析的综合)，于是总的注电流为

$$J_e = J_0 + J_1 \sin\left(\omega t - \frac{\omega}{u_0} z\right) = J_0 + J_1 \sin(\omega t - \beta_e z) \tag{5.43}$$

式中 $\beta_e = \omega/u_0$ 称为电子注的传播常数。于是，电路中的感应电流为

$$J_i = \frac{1}{l}\int_0^l \left[J_0 + J_1 \sin(\omega t - \beta_e z)\right] \mathrm{d}z \tag{5.44}$$

或者

$$J_i = J_0 + \frac{1}{\beta_e l} J_1 \left[\cos(\omega t - \beta_e l) - \cos\omega t\right] \tag{5.45}$$

由于

$$\beta_e l = \frac{\omega l}{u_0} = \phi_0 \tag{5.46}$$

所以，通过组合两个余弦项可得到感应电流密度为

$$J_i = J_0 + J_1 M \sin\left(\omega t - \frac{\phi_0}{2}\right) \tag{5.47}$$

其中 M 为调制系数或间隙的耦合系数：

$$M = \frac{\sin\dfrac{\phi_0}{2}}{\phi_0/2} \tag{5.48}$$

在后面还将证明：

$$J_1 \propto u_1 \tag{5.49}$$

其中，u_1 为电子速度的高频分量。由于 $u_1 \propto M$(见式 (5.18))，所以

$$J_1 \propto M \tag{5.50}$$

这就意味着感应电流中必然包含着 M^2(这已经假设调制间隙与电流感应间隙完全相同。如果这两个间隙不同的话，那么感应电流中应包含调制系数的乘积)。于是，

$$J_i = J_0 + CM^2 \sin\left(\omega t - \frac{\phi_0}{2}\right) \tag{5.51}$$

式中，C 为幅度因子。因此当间隙较宽时，感应电流要比窄间隙小得多。这种效应对于将要在 5.1.2 节讨论的无栅网间隙更为显著，这种间隙的 M 既是间隙径向尺寸的函数也是间隙轴向尺寸的函数。

5.1.2 非平面无栅间隙 [1,2]

前面介绍的速度调制和感应电流都是基于平面栅控间隙进行分析讨论的。实际上栅网会影响电子注的通过，并且打在栅网上的电子会导致栅网发热，给器件电子通过和稳定性带来不良后果。为了能让电子注在电磁透镜的控制下按照设计顺利通过间隙与间隙场有效耦合，间隙不仅不能有栅网，而且还必须是非平面结构。虽然结构变得非常复杂，但建立这种非平面无栅间隙的电子注调制和感应电流分析方法对理解电子注与波之间的相互作用至关重要。

5.1.2.1 电子注调制

几乎在所有的耦合腔行波管和速调管中都利用无栅间隙进行速度调制。这种间隙一般是由两个相对着的圆柱筒构成的，它所产生的场分布如图 5.12 所示。

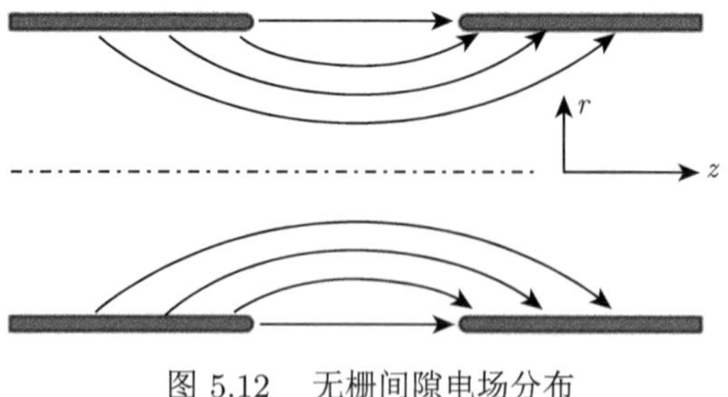

图 5.12 无栅间隙电场分布

所形成的电场在圆柱筒中分布较广，并且在轴向与径向同时发生变化。当电子注通过这种间隙时，靠近中心轴处的电子所感受到的整个间隙电压的路径要比

靠近间隙边缘的电子长。电子穿过轴上场或许要经历若干个周期，而穿过靠近间隙边缘处的场仅需几分之一周期。于是与那些靠近间隙边缘的电子相比，轴上电子总的速度变化比较小。因此，调制系数随半径而变化。

对无栅间隙中的电子注进行分析要比对有栅间隙的场合复杂得多。在进行分析之前有必要以下列方式改写受力方程：

$$\frac{\mathrm{d}u}{\mathrm{d}t}=\frac{\partial u}{\partial t}+u\frac{\partial u}{\partial z}\approx\frac{\partial u}{\partial t}+u_0\frac{\partial u}{\partial z}=-\eta E \tag{5.52}$$

速度 u_0 仍为电子的直流速度，在用 u_0 代替 u 时，实际上是假设电子的速度与直流速度的偏离不大。

假设电场 E 与 z 和 t 有如下关系：

$$E=E\left(z\right)\mathrm{e}^{\mathrm{j}\omega t} \tag{5.53}$$

与常规处理一样，在整个分析过程中将会用到 $E\left(z\right)\mathrm{e}^{\mathrm{j}\omega t}$ 的实部和虚部。在现有场合，为了与本章的前一部分分析相一致，我们将只使用虚部，即 $\sin\omega t$，于是：

$$E=\mathrm{Im}E\left(z\right)\mathrm{e}^{\mathrm{j}\omega t}=E\left(z\right)\sin\omega t \tag{5.54}$$

因为 E 随 $\mathrm{e}^{\mathrm{j}\omega t}$ 变化，所以 u 也随 $\mathrm{e}^{\mathrm{j}\omega t}$ 变化。此外，当电子进入间隙并获取随 z 和 t 而变化的交流分量时，u 的起始值为 u_0，所以

$$u=u_0+u\left(z\right)\mathrm{e}^{\mathrm{j}\omega t} \tag{5.55}$$

于是，可以将受力方程 (5.52) 改写为

$$\mathrm{j}\omega u\left(z\right)\mathrm{e}^{\mathrm{j}\omega t}+u_0\mathrm{e}^{\mathrm{j}\omega t}\frac{\partial u\left(z\right)}{\partial z}=-\eta E\left(z\right)\mathrm{e}^{\mathrm{j}\omega t} \tag{5.56}$$

或

$$\frac{\mathrm{d}u\left(z\right)}{\mathrm{d}z}+\mathrm{j}\beta_e u\left(z\right)=-\frac{\eta}{u_0}E\left(z\right) \tag{5.57}$$

其中 $\beta_e=\dfrac{\omega}{u_0}$，称为电子注的传播常数。 (5.58)

其次，还可以通过式 (5.57) 两边同时乘以 $\mathrm{e}^{\mathrm{j}\beta_e z}$ 将受力方程改写成

$$\frac{\mathrm{d}}{\mathrm{d}z}\mathrm{e}^{\mathrm{j}\beta_e z}u\left(z\right)=-\frac{\eta}{u_0}\mathrm{e}^{\mathrm{j}\beta_e z}E\left(z\right) \tag{5.59}$$

经过积分与变换后得到

$$u\left(z\right)=-\frac{\eta}{u_0}\mathrm{e}^{-\mathrm{j}\beta_e z}\int_{z_0}^{z}\mathrm{e}^{\mathrm{j}\beta_e z}E\left(z\right)\mathrm{d}z \tag{5.60}$$

式中积分下限 z_0 是电子进入场时的位置。为了求解间隙的总效应，积分的上限应为电子离开场时的位置。

作为式 (5.60) 应用的一个例子，考虑本章开始时所介绍的有栅间隙的情况。设间隙的中心处 $z=0$，于电子将在 $z_0=-l/2$ 处进入间隙。电场 $E(z)$ 为常数 $-V_1/l$。因此，间隙出口处的速度为

$$u(l/2)=\frac{\eta V_1}{u_0 l}\mathrm{e}^{-\mathrm{j}\beta_e l/2}\int_{-l/2}^{l/2}\mathrm{e}^{\mathrm{j}\beta_e z}\mathrm{d}z \tag{5.61}$$

或

$$u(l/2)=\frac{2\eta V_1}{u_0\beta_e l}\mathrm{e}^{-\mathrm{j}\beta_e l/2}\left(\frac{\mathrm{e}^{\mathrm{j}\beta_e l/2}-\mathrm{e}^{-\mathrm{j}\beta_e l/2}}{2\mathrm{j}}\right) \tag{5.62}$$

但由于

$$\frac{\beta_e l}{2}=\frac{\omega l}{2u_0}=\frac{\phi_0}{2} \tag{5.63}$$

及

$$\frac{\eta V_1}{u_0}=\frac{u_0\eta V_1}{2\eta V_0}=\frac{\alpha u_0}{2} \tag{5.64}$$

所以

$$u(l/2)=\frac{\alpha u_0}{2}\frac{\sin\phi_0/2}{\phi_0/2}\mathrm{e}^{-\mathrm{j}\phi_0/2}=\frac{\alpha u_0}{2}M\mathrm{e}^{-\mathrm{j}\phi_0/2} \tag{5.65}$$

其中 M 为调制系数。于是电子的总速度为

$$u=u_0+\frac{\alpha u_0}{2}M\mathrm{e}^{\mathrm{j}(\omega t_1-\phi_0/2)} \tag{5.66}$$

离开间隙出口处的时间 t_1 为

$$t_1=t+\frac{l}{2u_0} \tag{5.67}$$

其中 t 为到达间隙中心的时间，于是：

$$\omega t_1=\omega t+\frac{\phi_0}{2} \tag{5.68}$$

最终

$$u=u_0\left(1+\frac{\alpha M}{2}\mathrm{e}^{\mathrm{j}\omega t}\right) \tag{5.69}$$

其虚部为

$$u = u_0\left(1+\frac{\alpha M}{2}\sin\omega t\right) \tag{5.70}$$

这与本章开始得到的结果完全一致。

现在再回到对无栅间隙的分析，当前的问题是求解间隙内电场的表达式。与有栅间隙的情况一样，将忽略空间电荷效应。此外，由于间隙的尺寸相比波长是一个小量，因而可以假设场为静电场，也就是说没有波的传播。在这些条件下利用高斯定律：

$$\nabla\cdot\boldsymbol{E} = \frac{\rho}{\varepsilon_0} = 0 \tag{5.71}$$

利用矢量关系对上述方程取梯度：

$$\nabla(\nabla\cdot\boldsymbol{E}) = \nabla^2\boldsymbol{E} + \nabla\times\nabla\times\boldsymbol{E} \tag{5.72}$$

由于场不传播，所以 $\nabla\times\nabla\times\boldsymbol{E}=0$，于是

$$\nabla^2\boldsymbol{E} = 0 \tag{5.73}$$

在这里我们只关注电子所受到的轴向力，所以这里只考虑电场的 z 向分量 E_z(根据图 5.12，电场 θ 方向没有变化，轴向电场沿 z 向对称，径向电场沿 z 向反对称)。在轴对称圆柱坐标系中，方程 (5.73) 可以写成

$$\frac{\partial^2}{\partial r^2}E_z + \frac{1}{r}\frac{\partial}{\partial r}E_z + \frac{\partial^2}{\partial z^2}E_z = 0 \tag{5.74a}$$

电场为偶函数 (相对于 z=0，所以 $E_z(r,z) = E_z(r,-z)$)。令 $E_z(r,z) = \varphi(r)\psi(z)$，方程 (5.74a) 变为

$$\frac{1}{\varphi(r)}\left[\frac{\partial^2}{\partial r^2}\varphi(r) + \frac{1}{r}\frac{\partial}{\partial r}\varphi(r)\right] = -\frac{1}{\psi(z)}\frac{\partial^2}{\partial z^2}\psi(z) = p(\text{常数}) \tag{5.74b}$$

该方程分解为相关 $\varphi(r)$ 的零阶变态贝塞尔方程和相关$\psi(z)$ 的空间简谐方程。结合场的对称性，于是 $E_z(r,z) = \varphi(r)\psi(z)$ 的解有如下形式：

$$I_0(pr)\cos(pz) \tag{5.75}$$

其中 I_0 为第一类变态贝塞尔函数。如果 E_z 在 z 方向是周期为 L 的周期函数 (在所考虑的单间隙场合它并不是周期函数)，那么可以用傅里叶级数写出完整的解：

$$E_z = \sum_{\eta} A_n I_0\left(\frac{2\pi n}{L}r\right)\cos\left(\frac{2\pi n}{L}z\right) \tag{5.76}$$

式中，A_n 的值将由边界条件来确定。

在单间隙场合，当周期趋于 ∞ 时傅里叶级数便转化为傅里叶积分：

$$E_z(r,z)=\int_{-\infty}^{+\infty}A(p)I_0(pr)\cos(pz)\mathrm{d}p \tag{5.77}$$

其中，$A(p)$ 由边界条件来确定 (在圆柱筒的壁上以及圆柱筒间的间隙处，场是已知的)。

在关于速度的方程 (5.60) 中，积分区间为 z_0 和 z。为了求出电子穿过无栅网单间隙的速度，积分区间应扩大到 $-\infty$ 和 ∞(近似认为离开间隙的场为零，对于速调管、漂移管可以这样考虑)，因此速度方程变为

$$u(r,z)=-\frac{\eta}{u_0}\mathrm{e}^{-\mathrm{j}\beta_e z}\int_{-\infty}^{+\infty}\mathrm{e}^{\mathrm{j}\beta_e z}E_z(r,z)\mathrm{d}z \tag{5.78}$$

可以注意到这一积分表达式具有场的傅里叶变换形式。因此，电子实际上是对场进行傅里叶分析。

当用于计算场的式 (5.77) 与式 (5.78) 联立时得到

$$u(r,z)=-\frac{\eta}{u_0}\mathrm{e}^{-\mathrm{j}\beta_e z}\int_{-\infty}^{+\infty}\mathrm{e}^{\mathrm{j}\beta_e z}\int_{-\infty}^{+\infty}A(p)I_0(pr)\cos(pz)\mathrm{d}p\mathrm{d}z \tag{5.79}$$

调整积分顺序有

$$u(r,z)=-\frac{\eta}{u_0}\mathrm{e}^{-\mathrm{j}\beta_e z}\int_{-\infty}^{+\infty}A(p)I_0(pr)\,\mathrm{d}p\left[\int_{-\infty}^{\infty}\mathrm{e}^{\mathrm{j}\beta_e z}\cos(pz)\mathrm{d}z\right] \tag{5.80}$$

于是方括号中积分结果为 $\pi\delta(\beta_e-p)$，因此按照 δ 函数积分性质式 (5.80) 的积分结果为

$$u(r,z)=-\frac{\eta}{u_0}\mathrm{e}^{-\mathrm{j}\beta_e z}\pi A(\beta_e)\,I_0(\beta_e r) \tag{5.81}$$

为了确定 $A(\beta_e)$ 的值，假设电子贴近形成调制间隙的圆柱筒内壁通过，如图 5.13(a) 所示。图中，直到电子到达间隙之前电场一直为零，因此可以近似认为间隙中的场恒定不变，如图 5.13(b) 所示 (间隙中的场实际上总有一定程度的变化，但这些变化对电子注所要经过的圆柱筒内的场作用并不大)。

贴近于圆柱筒壁行进的电子所经历的场与有栅网的间隙内的场相同，所以离开间隙 ($z=l/2$) 处电子的速度可以用式 (5.65) 计算。在 $z=l/2$ 和 $r=a$ 处用于计算整个间隙内电子速度的方程 (5.81) 必然会简化为式 (5.65)，所以：

$$A(\beta_e)=-\frac{\dfrac{\alpha u_0}{2}M}{\dfrac{\eta}{u_0}\pi I_0(\beta_e a)} \tag{5.82}$$

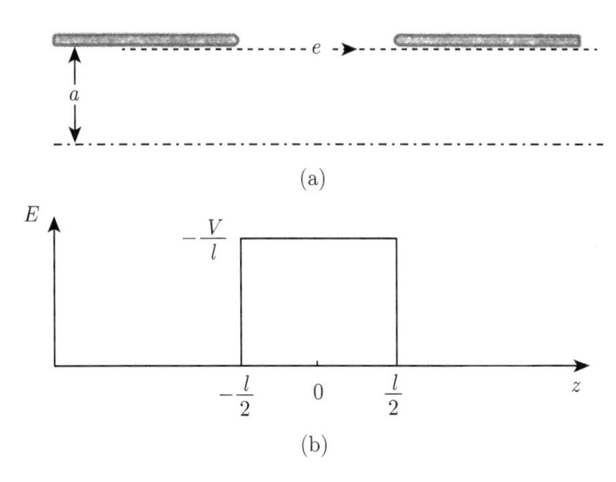

图 5.13 用于确定 $A(\beta_e)$ 值的电子路径和电场图

于是

$$u(r,z)=\frac{\alpha u_0}{2}M\frac{I_0(\beta_e r)}{I_0(\beta_e a)}\mathrm{e}^{-\mathrm{j}\beta_e z} \tag{5.83}$$

因此，无栅网间隙的调制系数等于 M 乘以贝塞尔函数的修正因子，如图 5.14 所示。这就证明了所预料中的无栅间隙对轴上电子的调制作用要比间隙壁附近的电子弱。它随半径的变化可以由 I_0 级数展开式来确定：

$$I_0(\beta_e a)=1+\frac{(\beta_e a)^2}{2^2(1!)^2}+\frac{(\beta_e a)^4}{2^4(2!)^2}+\cdots \tag{5.84}$$

当 $\beta_e a=1$ 时，$I_0(\beta_e a)\approx 1.25$，所以调制随半径的变化不是太大。当 $\beta_e a$ 值较大时，比如取 2 或更大，那么 $I_0(\beta_e a)>2$，因而调制随半径的变化很大。由于这个原因，通常在实践中将 $\beta_e a$ 限制在 1~1.5 以内。

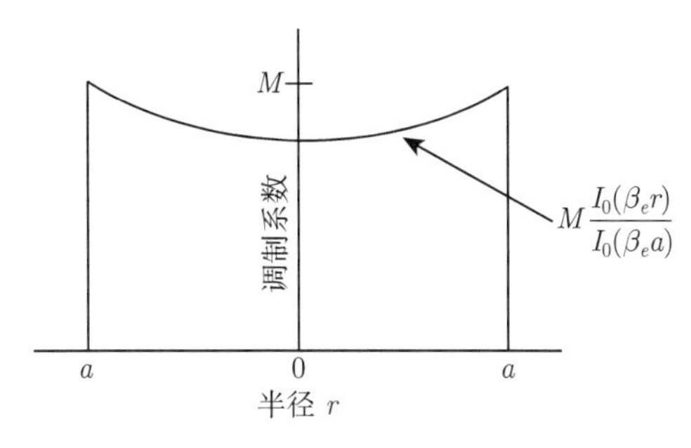

图 5.14 无栅间隙的调制系数

5.1.2.2 感应电流

由于间隙调制系数随半径变化，因此轴上电子注速度和电流都比边沿小。无栅间隙感应电流必须考虑在不同径向位置处每条电流线的感应电流，其计算过程会两次遇到调制系数 (一次是产生电流，一次是感应电流)。与有栅情况式 (5.51) 相同，对电子注截面所有电流线积分得出总感应电流。

5.2 电子的群聚

像速度调制一样，电子群聚也是微波电子学中一个非常重要的物理概念。电子受交变电场作用，被速度调制的电子注在继续前行的过程中，有的电子被加速，有的电子被减速，从而使不同速度电子逐步靠拢形成密度调制的现象称为电子群聚，是微波真空电子器件电子注与微波能量交换的关键。这部分将从不考虑空间电荷影响的轨道群聚和考虑空间电荷影响的群聚两方面入手，在清晰展示群聚物理映像的基础上，揭示空间电荷存在时群聚如何影响注波互作用过程。通过空间电荷波的讨论，在分析注波耦合和同步的基础上，考虑有限尺寸等离子体和无限尺寸之间的差异和特点。

5.2.1 轨道群聚

在忽略空间电荷力的场合下可以采用“轨道群聚”一词来描述电子的群聚。我们来重新考虑电子在离开调制间隙时的速度方程。这一方程便是在本章前面推导出来的式 (5.18)：

$$u = u_0\left(1+\frac{\alpha M}{2}\sin\omega t\right) \tag{5.85}$$

正如我们所预料的那样，这个公式表明当电子注通过调制间隙时，某些电子的速度增加，某些电子的速度下降，而另一些电子的速度则未改变。在电子注离开调制间隙之后，那些速度加快的电子会逐步赶上速度减慢的电子。这一过程如图 5.15 所示，被称为群聚时空图。图中绘出了电子的轴向位置与时间的函数关系，各条直线的斜率反映出电子的速度。

当电压为负值 (电压曲线位于图的底部) 时离开调制间隙的电子轨迹用斜率小的直线表示；而受到加速的电子轨迹用斜率大的直线来表示。电子群聚时空图所揭示的电子轨迹群聚的结果，我们称电子产生了“群聚”。行进中的电子群聚块形成了电子注中的高频电流。

假设电子离开调制间隙的时间为 t_1，到达任意位置 z 的时间$t(z)$ 等于 t_1 加

上渡越到位置 z 处的时间 z/u。所以

$$t(z) = t_1 + \frac{z}{u} = t_1 + \frac{z}{u_0\left(1 + \dfrac{\alpha M}{2}\sin\omega t_1\right)} \tag{5.86}$$

或

$$t(z) = t_1 + \frac{z}{u_0} - \frac{z}{u_0}\frac{\alpha M}{2}\sin\omega t_1, \quad \alpha M/2 \ll 1 \tag{5.87a}$$

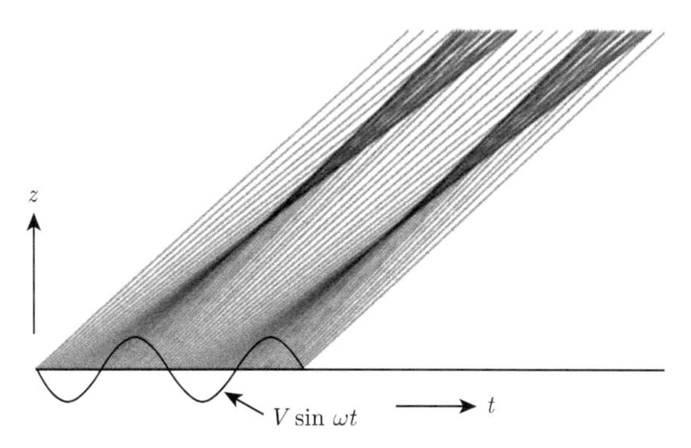

图 5.15 速度调制电子注在无场漂移空间时空图

于是便可以绘出电子在 $t(z)$ 处的到达时间与电子离开调制间隙的时间 t_1 的函数关系曲线，如图 5.16 所示。可以特别注意到，某些比其他电子晚离开调制间隙的电子却可能提早到达离开调制间隙某一距离的 z 处。这一结果在图 5.15 中也有反映。

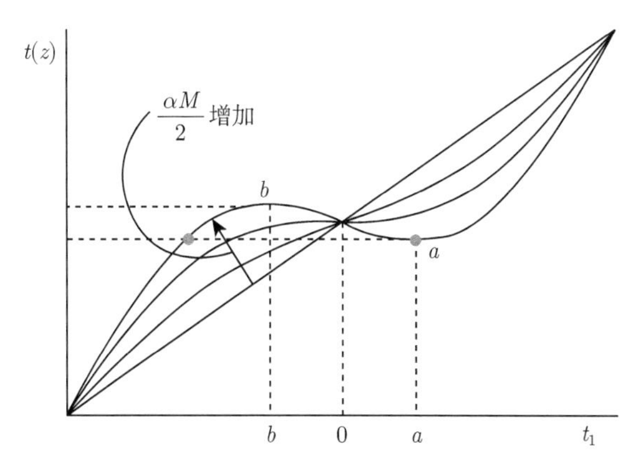

图 5.16 电子到达位置 z 的时间与 $\alpha M/2$ 的函数关系

下面借助于图 5.17 来考虑在时刻 t_1 和 $t(z)$ 处电荷的增量 $\mathrm{d}q$。由于 $\mathrm{d}q$ 维持不变，$i_1\mathrm{d}t_1 = i(z)\,\mathrm{d}t(z)$。这表明：

$$i(z) = i_1\left|\frac{\mathrm{d}t_1}{\mathrm{d}t(z)}\right| \tag{5.88}$$

由式 (5.87a) 将有

$$\left|\frac{\mathrm{d}t(z)}{\mathrm{d}t_1}\right| = \left|1 - \frac{\omega z}{u_0}\frac{\alpha M}{2}\cos\omega t_1\right| \tag{5.89}$$

所以

$$i(z) = \frac{i_1}{\left|1 - \dfrac{\omega z}{u_0}\dfrac{\alpha M}{2}\cos\omega t_1\right|} = \frac{i_1}{|1 - X\cos\omega t_1|} \tag{5.90}$$

其中

$$X = \frac{\omega z}{u_0}\frac{\alpha M}{2} \tag{5.91}$$

称为群聚参数。如果 α 较小，那么 $i_1 \approx I_0$，这就意味着 i_1 近似等于电子注的直流电流。

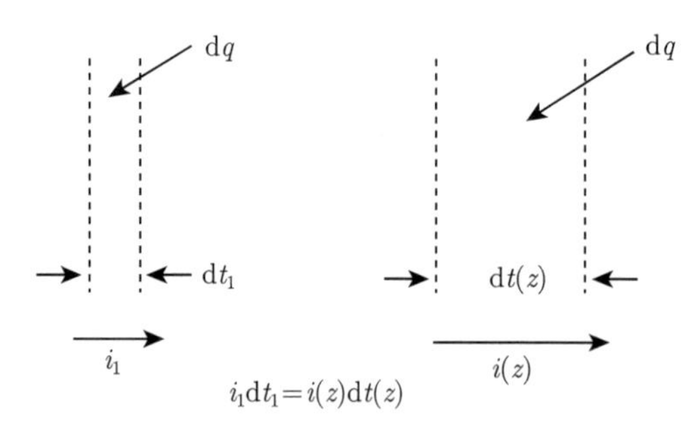

图 5.17　在 t_1 及 $t(z)$ 处电荷与电流的关系

图 5.18 给出了电流波形与轴向位置之间关系的示意图。可以注意到，由于分母中的余弦函数与一个任意大的数相乘，因此对此项进行分析表明有可能出现无穷大的电流峰值。在实践中尽管有可能出现很大的峰值电流，但正如后面还要介绍的那样，空间电荷力将阻止这些峰值超过特定的限度。在图 5.18 示出的电流波形中含有丰富的谐波成分 [3]，但我们只关注基波分量，为了获得基波分量，可以对波形进行傅里叶分析 [4]。

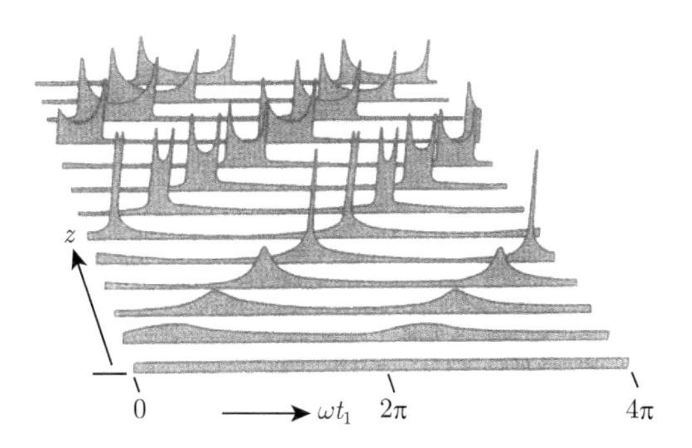

图 5.18　电流波形与轴向位置和调制时间的关系

按照式 (5.87a)，有

$$t_1 = t(z) - \frac{z}{u_0} + \frac{z}{u_0}\frac{\alpha M}{2}\sin\omega t_1 \tag{5.87b}$$

考虑到 $\frac{z}{u_0}\frac{\alpha M}{2}\sin\omega t_1$ 是一个小量，为此，式 (5.90) 的电流 $i(z)$ 可以按下式展开：

$$\begin{aligned} i(z) = {} & \frac{a_0}{2} + a_1\cos\left[\omega t(z) - \frac{\omega}{u_0}z\right] + a_2\cos 2\left[\omega t(z) - \frac{\omega}{u_0}z\right] + \cdots \\ & + b_1\sin\left[\omega t(z) - \frac{\omega}{u_0}z\right] + b_2\sin 2\left[\omega t(z) - \frac{\omega}{u_0}z\right] + \cdots \end{aligned} \tag{5.92}$$

在求解系数 a_n 和 b_n 时可以在该方程的两边同时乘上适当的正弦或余弦项，然后在整个周期进行积分。例如，a_n 可以按下式求出：

$$a_n = \frac{1}{\pi}\int_{-\pi}^{\pi} i(z)\cos n\left[\omega t(z) - \frac{\omega}{u_0}z\right]\mathrm{d}\omega t(z) \tag{5.93}$$

由于 $i(z)\,\mathrm{d}\omega t(z) \approx I_0\mathrm{d}\omega t_1$，并且根据式 (5.87) 和式 (5.91) 可知：

$$\omega t(z) - \frac{\omega}{u_0}z = \omega t_1 - X\sin\omega t_1 \tag{5.94}$$

所以

$$a_n = \frac{I_0}{\pi}\int_{-\pi}^{\pi}\cos n(\omega t_1 - X\sin\omega t_1)\,\mathrm{d}\omega t_1 = 2I_0 J_n(nX)$$

$$a_0 = 2I_0$$

$$b_n = \frac{I_0}{\pi} \int_{-\pi}^{\pi} \sin n \left(\omega t_1 - X \sin \omega t_1 \right) \mathrm{d}\omega t_1 = 0 \tag{5.95}$$

最终得到

$$i(z) = I_0 \left[1 + 2 \sum_{n=1}^{\infty} J_n(nX) \cos n \left[\omega t(z) - \frac{\omega z}{u_0} \right] \right] \tag{5.96}$$

在这些表达式中，J_n 为第一类贝塞尔函数。

于是，高频电流的基波分量 i_f 为

$$i_f = 2I_0 J_1(X) \tag{5.97}$$

结果如图 5.19 所示。可以注意到 i_f 的峰值大于直流电流。i_f 达到最大值时 X 的值为 1.84，$J_1(X)$=0.582, 基波电流达到最大，其幅值 i_f=1.164I_0，因此峰值所在的轴向位置 z 为

$$z = 1.84 \frac{2u_0}{\omega \alpha M} \tag{5.98}$$

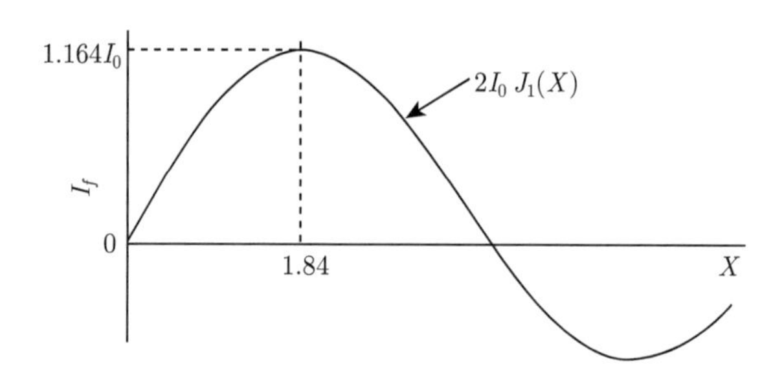

图 5.19　高频电流的基波分量幅值

如果需要在类似于双腔速调管的器件中将第二个间隙置于最大基波电流的位置，那么就会因式 (5.98) 而引起问题。这是因为最大电流的位置与调制深度 α(亦即高频驱动电平) 成反比。一旦选定了位置，那么无论对于大驱动信号还是小驱动信号，电子注中的峰值电流大小均会维持不变，但峰值的沿轴位置却要改变。此处还要指出，一旦驱动电平和位置确定之后，由于 J_1 函数的存在，驱动信号与高频电流之间便不再是线性关系。此外，波频率、耦合系数和电子注初始速度的变化都将会使峰值电流的位置变化。所幸的是，如果考虑到空间电荷效应，这一问题会得到一定程度的缓解。

5.2.2　考虑空间电荷力时的电子群聚 [2,5]

在信号电平较低时，如果不考虑空间电荷力，那么在调制间隙内所形成的速度调制作用便非常小，这是因为在电子注通过间隙时，电子几乎没有离开其直流

位置。当电子注离开调制间隙之后，由于不同时刻穿过间隙电子的速度不同，电子在群聚过程中会聚到一起，产生了空间电荷力，阻止快电子追赶慢电子的速度。此外，在慢电子后面形成群聚的电子会使慢电子的速度加快。最终的电子轨迹如图 5.20 所示，这就部分修正了电子群聚时空图，揭示出空间电荷力的作用。图中还示出了在没有空间电荷力的作用下的轨迹 (虚线)。

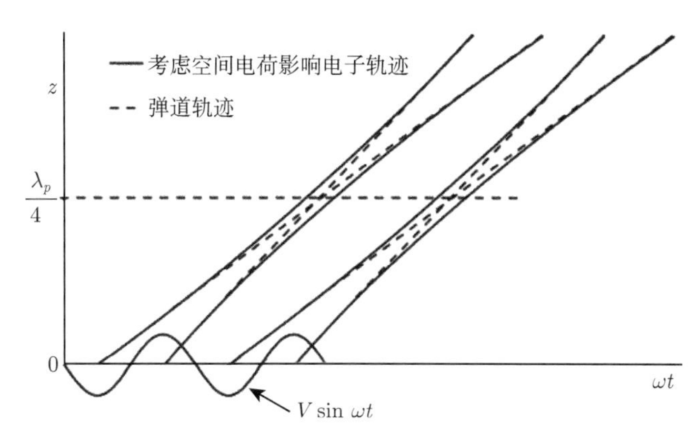

图 5.20 电子群聚时空图中因空间电荷效率进行的修正

在标注了 $\lambda_p/4$ 的位置处，快电子被减速到电子注的直流速度，而慢电子则被加速到电子注的直流速度。因此，在此处所有电子的速度均相同。此外，在 $\lambda_p/4$ 处，高频电子密度和高频电流都达到了最大值。对于高频信号的中小信号状态，高频电流基本上是正弦波。在空间电荷力存在时，电子群聚过程的一个重要特点是所有的电子不是被加速就是被减速，最终在同一轴向位置 $\lambda_p/4$ 处达到相同的速度，即电子注的直流速度。此外，即使调制场的幅值发生变化，使电子的初始速度改变，电子群聚的沿轴向位置仍保持不变。这一结果对于从事速调管研制的工程师们来说是非常重要的。与忽略空间电荷力时的情况不同，电子注高频电流达到最大值的腔体位置与信号电平及间隙的宽度或工作频率无关。距离 λ_p 为电子的等离子体波长，源于电子云的自然振荡频率以及电子云移动的速度。

5.2.2.1 电子的等离子体频率

在介绍电子的等离子体振荡之前，有必要先来考虑在整体上不移动的电子云。假定该电子云的横向尺寸延伸到无穷远，而处于静止的离子在整个电子云中均匀分布并能中和电子的平均电荷 (这些离子不会影响到电子的等离子体振荡)。

首先假设电子处于均匀分布状态，如图 5.21(a) 所示。进一步假设某些电子按箭头所指的方向向左加速，另一些电子向右加速 (这种情况可以通过在电子云中移动一对两端加有高频电压的平行栅网来实现，它与速调管或行波管中的调制间隙极为相似，所不同的是在管子中电子运动而间隙是静止的)。

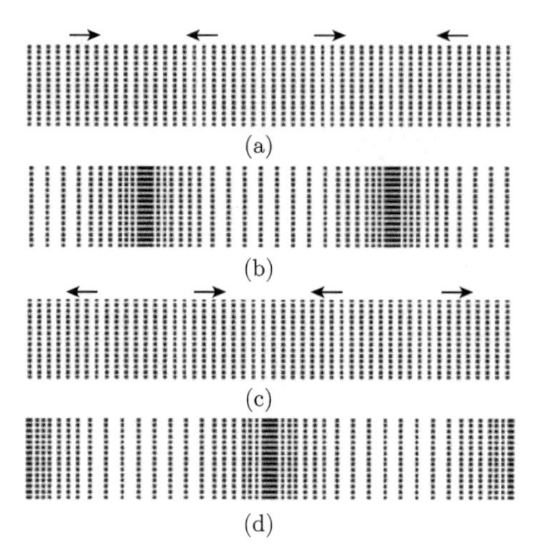

图 5.21　等离子振荡期间的电子分布

经过加速后，电子按图 5.21(b) 所示的方式向右或向左移动，形成了电子密度大的区域 (称为群聚块)，而在这些群聚块中形成的空间电荷力阻止了电子的移动并使其改变方向。接着，电子重新回到均匀分布状态，如图 5.21(c) 所示，但仍以与图 5.21(a) 所示相反的方向运动。随着电子的不断运动，形成了如图 5.21(d) 所示的新群聚块。此时在群聚块中建立的空间电荷力又会使电子的运动停止下来并反转方向。随后又返回到如图 5.21(a) 所示的分布，重新开始上述过程。电子的这种持续的前后移动的频率称为电子的等离子体频率。

计算电子的等离子体频率的过程并不复杂，可以借助于图 5.22 来完成。首先考虑一片厚度为 $\mathrm{d}z$ 的电荷圆盘。对于均匀分布的电荷 (如图 5.21(a) 所示)，电子的位置在图 5.22 的上方用等距离的点来表示。这些电子的位置经过一段时间后被压缩 (如图 5.21(b) 所示)，并被示于图 5.22 的下部。

电子移动的距离为 s，它是 z 的函数。当电子离开其直流位置时，便形成了迫使电子返回到直流位置的恢复场 E。根据受力方程，电子的加速度与电场之间的关系为

$$\ddot{s} = -\eta E \tag{5.99}$$

该方程可由高斯定律求解，由于电场仅在 z 方向变化，所以

$$\nabla \cdot \boldsymbol{E} = \frac{\partial}{\partial z} E = -\frac{\rho}{\varepsilon_0} \tag{5.100}$$

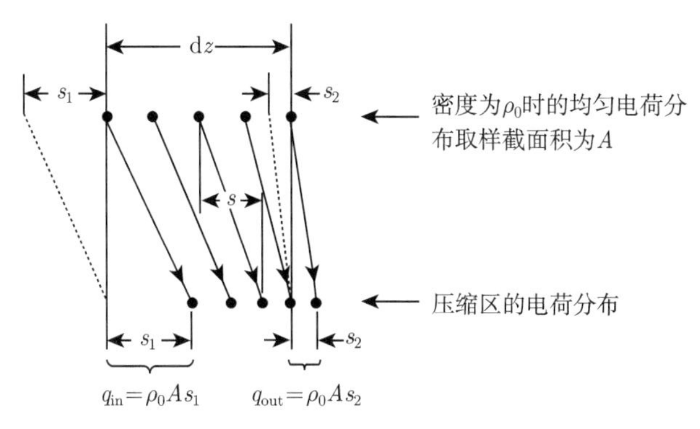

图 5.22　在等离子振荡期间电子的位移

其中 ρ 为电子移动所形成的净电荷密度。为了求解 ρ，我们来考虑移进厚度为 $\mathrm{d}z$ 的圆盘内的电荷 q_{in} 和移出圆盘的电荷 q_{out}。最终的净电荷 q 与 q_{in}、q_{out} 和 ρ 的关系为

$$q = q_{\text{in}} - q_{\text{out}} = \rho A \mathrm{d}z \tag{5.101}$$

从左面进入 z 处的电荷是由那些在距离 s 处未被压缩之前的电荷密度为 ρ_0 的电子所组成的，所以

$$q_{\text{in}} = \rho_0 A s_1 \tag{5.102}$$

式中 A 为所考虑例子中电子任意截面的面积。同样，从右边离开的电荷为已恢复到压缩之前的电荷密度 ρ_0，亦即

$$q_{\text{out}} = \rho_0 A s_2 \tag{5.103}$$

由于距离 s_2 等于 s_1 加上 s 在距离 $\mathrm{d}z$ 上的变化，即

$$s_2 = s_1 + \frac{\partial s}{\partial z}\mathrm{d}z \tag{5.104}$$

所以

$$q_{\text{out}} = \rho_0 A \left(s_1 + \frac{\partial s}{\partial z}\mathrm{d}z \right) \tag{5.105}$$

在 q_{in} 中扣除 q_{out} 后，可以求出净电荷密度为

$$\rho = -\rho_0 \frac{\partial s}{\partial z} \tag{5.106}$$

将这一结果代入高斯定律中，可以得到

$$\frac{\partial E}{\partial z} = \frac{\rho_0}{\varepsilon_0}\frac{\partial s}{\partial z} \tag{5.107}$$

经过积分之后，场变为

$$E = \frac{\rho_0}{\varepsilon_0} s \tag{5.108}$$

其中，由于当 s=0 时 E=0，所以积分常数应为零。利用这一场表达式可以将受力方程 (5.99) 写为

$$\ddot{s} + \eta \frac{\rho_0}{\varepsilon_0} s = 0 \tag{5.109}$$

这是典型的简谐运动方程，它的解有以下形式：

$$s = s_0 \sin \omega_p t \tag{5.110}$$

其中

$$\omega_p = \left(\eta \frac{\rho_0}{\varepsilon_0} \right)^{1/2} \tag{5.111}$$

为电子云的振荡频率 (即电子的等离子体频率)。应当指出，等离子体频率只与电子的密度有关。在后面还会看到，在分析和说明行波管中波的运动规律时，ω_p 是一个非常重要的参量。

考虑一束直径为 2mm 的 10000V，1A 的电子注，可以获得行波管中等离子体频率 f_p 大小的近似估计值为

$$f_p = 0.82\text{GHz} \tag{5.112}$$

通常这一频率远低于包含该电子注对应的器件的工作频率。上述对电子等离子体振荡所做的分析是在静止电子云中进行的。当电子云移动形成电子注时，并不会影响到等离子体振荡 (除非电子注的速度高到无法忽略相对论效应的程度)。于是反过来再看图 5.20 时，在 z=0 之后的 1/4 振荡周期处，有

$$\frac{\lambda_p}{4} = \frac{u_0}{4 f_p} \tag{5.113}$$

或

$$\lambda_p = \frac{u_0}{f_p} = \frac{2\pi u_0}{\omega_p} \tag{5.114}$$

对于前面所考虑的 10000V，1A 的电子注：

$$\lambda_p = 7.24\text{cm} \tag{5.115}$$

该等离子体波长远大于电子注直径。所以边缘效应 (和周围存在着金属结构边界相比，电子注直径相对较小) 对群聚块中的电场幅度以及 ω_p 与 λ_p 值影响相当大。

5.2.2.2 电子注中空间电荷波 (无限尺寸)

所谓无限尺寸就是电子注的横向尺寸非常大 (对于磁场无限大约束的圆柱电子注同样适应)，可以认为电子注横截面上始终处于均匀分布状态，而电子沿某一个特定 z 轴纵向 (轴向) 传输。电子在进入与高频互作用区域之前假定电子的速度是均匀的，忽略电子的热骚动。电子的电荷密度、速度、电流中的交变分量远小于直流分量，即小信号假设。所谓线性理论是指在小信号假设的条件下，略去注波互作用方程中非线性项，使其线性化的理论。

从探讨波产生机理的角度，仅考虑交流分量相对直流分量小得多的情况。于是通常物理量可以表示为仅与纵轴 z 和时间 t 有关的直流分量和交流分量之和。在一般情况下将使用以下表达方式：

$$F(z,t) = F_0(z) + F_1(z,t) \tag{5.116}$$

其中下标 0 表示直流分量，而下标 1 表示交流分量。在大多数分析场合中，将假设交流分量幅度非常小，所有交流分量均随时间呈严格的正弦变化规律。

首先考虑具有无限宽的电子注。假设电子注中的直流空间电荷已被静止的离子所中和，因此并不存在电势压缩问题。由于不需要考虑有关变量的横向变化，这样便可以使分析大大简化。根据麦克斯韦方程，电子注中场的交流分量可以写成

$$\begin{aligned} \nabla \times \boldsymbol{E}_1 &= -\mu_0 \frac{\partial \boldsymbol{H}_1}{\partial t} \\ \nabla \times \boldsymbol{H}_1 &= -\boldsymbol{J}_1 + \varepsilon_0 \frac{\partial \boldsymbol{E}_1}{\partial t} \end{aligned} \tag{5.117}$$

于是

$$\nabla \times \nabla \times \boldsymbol{E}_1 = -\mu_0 \nabla \times \frac{\partial \boldsymbol{H}_1}{\partial t} = \mu_0 \frac{\partial}{\partial t}\boldsymbol{J}_1 - \mu_0\varepsilon_0 \frac{\partial^2}{\partial t^2}\boldsymbol{E}_1 \tag{5.118}$$

利用矢量关系式

$$\nabla \times \nabla \times \boldsymbol{E}_1 = \nabla\left(\nabla \cdot \boldsymbol{E}_1\right) - \nabla^2 \boldsymbol{E}_1 \tag{5.119}$$

以及高斯定律

$$\nabla \cdot \boldsymbol{E}_1 = -\frac{\rho_1}{\varepsilon_0} \tag{5.120}$$

可以将式 (5.118) 写成波动方程：

$$\nabla^2 \boldsymbol{E}_1 - \mu_0\varepsilon_0 \frac{\partial^2}{\partial t^2}\boldsymbol{E}_1 = -\mu_0 \frac{\partial}{\partial t}\boldsymbol{J}_1 - \frac{1}{\varepsilon_0}\nabla \rho_1 \tag{5.121}$$

当考虑到空间电荷效应时，该方程便成为分析电子注特性的基础。

如果假设所有变量都随时间呈正弦变化 (即假设处于小信号状态)，这就是说所有变量随 $e^{j\omega t}$ 而变化，那么波动方程变为

$$\nabla^2 \boldsymbol{E}_1 + k^2 \boldsymbol{E}_1 = -j\omega\mu_0 \boldsymbol{J}_1 - \frac{1}{\varepsilon_0}\nabla\rho_1 \tag{5.122}$$

在所要考虑的情况下，各个变量在 x 和 y 方向上均没有变化，所以矢量 $\boldsymbol{E}_1$ 和 $\boldsymbol{J}_1$ 可以写成

$$\boldsymbol{E} = E_z \boldsymbol{e}_z, \quad \boldsymbol{J}_1 = J_z \boldsymbol{e}_z \tag{5.123}$$

$$\frac{\partial^2}{\partial x^2}E_z = \frac{\partial^2}{\partial y^2}E_z = 0 \tag{5.124}$$

所以，波动方程变成

$$\frac{\partial^2}{\partial z^2}E_z + k^2 E_z = -j\omega\mu_0 J_z - \frac{1}{\varepsilon_0}\frac{\partial}{\partial z}\rho_1 \tag{5.125}$$

进一步假设所有变量均与距离呈正弦关系 (另一种小信号假设)。这相当于假设所有变量随 $e^{-j\beta z}$ 而变化，β 为传播常数。β 值取决于电子注与高频结构参数等因素。利用这些假设，可以将波动方程写成

$$\left(\beta^2 - k^2\right) E_z = j\omega\mu_0 J_z - \frac{j\beta}{\varepsilon_0}\rho_1 \tag{5.126}$$

$$J = J_0 + J_1 = (\rho_0 + \rho_1)(u_0 + u_1) \tag{5.127}$$

由于 $J_0 = \rho_0 u_0$，而 $\rho_1 u_1$ 是两个微小量的乘积，所以对于小信号场合可以忽略不计。此外，$J_1 = J_z$，$u_1 = u_z$，所以

$$J_z = \rho_0 u_z + \rho_1 u_0 \tag{5.128}$$

根据连续性方程：

$$\nabla \cdot \boldsymbol{J} = -\frac{\partial \rho}{\partial t}\text{或者} - j\beta J_z = -j\omega\rho_1 \tag{5.129}$$

所以

$$\rho_1 = \frac{\beta}{\omega}J_z \tag{5.130}$$

于是可以从电流方程 (5.128) 中消去电荷密度交流分量ρ_1 得到

$$J_z = \frac{\rho_0}{1 - \dfrac{\beta u_0}{\omega}}u_z \tag{5.131}$$

利用受力方程还可以消去速度。于是，

$$\frac{\mathrm{d}u_z}{\mathrm{d}t}=\frac{\partial}{\partial t}u_z+u_0\frac{\partial}{\partial z}u_z=\mathrm{j}\omega u_z-u_0\mathrm{j}\beta u_z=-\eta E_z \tag{5.132}$$

所以

$$u_z=-\frac{\eta}{\mathrm{j}\left(\omega-\beta u_0\right)}E_z \tag{5.133}$$

结合式 (5.131) 和 (5.133)，可以将电流密度写成

$$J_z=-\frac{\rho_0\eta}{\mathrm{j}\left(\omega-\beta u_0\right)\left(1-\dfrac{\beta u_0}{\omega}\right)}E_z=\mathrm{j}\frac{\omega\rho_0\eta}{\left(\omega-\beta u_0\right)^2}E_z \tag{5.134}$$

如果将电子的等离子体频率ω_p 的式 (5.111) 代入上式，那么电流密度变为

$$J_z=\mathrm{j}\omega\varepsilon_0\frac{\omega_p^2}{\left(\omega-\beta u_0\right)^2}E_z \tag{5.135}$$

电子注电流密度与电场的这一关系式通常称为“电子方程”。

这一电子方程和电荷密度的关系式 (5.130) 可以与波动方程 (5.126) 联立得到

$$\left(\beta^2-k^2\right)E_z=\left(\mathrm{j}\omega\mu_0-\frac{\mathrm{j}\beta^2}{\omega\varepsilon_0}\right)\mathrm{j}\omega\varepsilon_0\frac{\omega_p^2}{\left(\omega-\beta u_0\right)^2}E_z=\left(\beta^2-k^2\right)\frac{\beta_p^2}{\left(\beta_e-\beta\right)^2}E_z \tag{5.136}$$

或

$$\left(\beta^2-k^2\right)\left[1-\frac{\beta_p^2}{\left(\beta_e-\beta\right)^2}\right]E_z=0 \tag{5.137}$$

式中 $\beta_e=\omega/u_0$，$\beta_p=\omega_p/u_0$。该方程通常称为特征方程，可用于求解传播常数β。其解为

$$\beta=\pm k \text{ 或 } \beta=\beta_e\pm\beta_p \tag{5.138}$$

如果 $\beta=\pm k$，那么电场的变化为

$$E_z\propto \mathrm{e}^{\mathrm{j}(\omega t\pm kz)} \tag{5.139}$$

它反映了在自由空间中传播的波。β 的其他两个值反映出：

$$E_z\propto \mathrm{e}^{\mathrm{j}(\omega t-(\beta_e\pm\beta_p)z)} \tag{5.140}$$

通过令 $\omega t=(\beta_e\pm\beta_p)z$ 便可以说明该式的重要性。于是波的速度 z/t 为

$$\frac{z}{t}=\frac{\omega}{\beta_e\pm\beta_p}=\frac{\omega u_0}{\omega\pm\omega_p}=\frac{u_0}{1\pm\dfrac{\omega_p}{\omega}} \tag{5.141}$$

因此存在传播速度低于 (+) 和高于 (−) 电子注速度的两个波，这两个波就是空间电荷波。

一般来说，电场既包含快空间电荷波也包含慢空间电荷波，它可以表达成

$$E_z=A_E\mathrm{e}^{\mathrm{j}[\omega t-(\beta_e+\beta_p)z]}+B_E\mathrm{e}^{\mathrm{j}[\omega t-(\beta_e-\beta_p)z]} \tag{5.142}$$

式中 A_E 和 B_E 均为由初始条件确定的幅值。

由于速度正比于电场式 (5.133)，所以

$$u_z=A_u\mathrm{e}^{\mathrm{j}[\omega t-(\beta_e+\beta_p)z]}+B_u\mathrm{e}^{\mathrm{j}[\omega t-(\beta_e-\beta_p)z]} \tag{5.143}$$

对于有栅网间隙中速度调制场合，在 z=0 处的交流速度分量为

$$u=u_0\frac{\alpha M}{2}\mathrm{e}^{\mathrm{j}\omega t} \tag{5.144}$$

按照式 (5.143)，在 $z=0$ 处，

$$u_z=A_u\mathrm{e}^{\mathrm{j}\omega t}+B_u\mathrm{e}^{\mathrm{j}\omega t} \tag{5.145}$$

于是

$$A_u+B_u=u_0\frac{\alpha M}{2} \tag{5.146}$$

为确定 A_u 和 B_u 还需其他初始条件。在 z=0 处，即使电子的速度已经受到了调制，电子也来不及离开它们的直流位置。这意味着电荷密度仍然为直流电荷密度，即 $\rho_1=0$。由于在一般情况下 $J_z=\rho_0u_z+\rho_1u_0$，于是在 z=0 处，

$$J_z=\rho_0u_z \tag{5.147}$$

于是

$$J_z=\rho_0(A_u+B_u)\mathrm{e}^{\mathrm{j}\omega t} \tag{5.148}$$

另外由式 (5.131)：

$$J_z=\frac{\rho_0}{1-\dfrac{\beta u_0}{\omega}}u_z=\frac{\beta_e\rho_0}{\beta_e-\beta}u_z=\frac{\beta_e\rho_0}{\beta_e-(\beta_e\pm\beta_p)}u_z=\frac{\beta_e\rho_0}{\mp\beta_p}u_z \tag{5.149}$$

将式 (5.143) 中的速度代入

$$J_z = -\frac{\beta_e \rho_0}{\beta_p} A_u \mathrm{e}^{\mathrm{j}[\omega t-(\beta_e+\beta_p)z]} + \frac{\beta_e \rho_0}{\beta_p} B_u \mathrm{e}^{\mathrm{j}[\omega t-(\beta_e-\beta_p)z]} \tag{5.150}$$

该式在 $z=0$ 处为

$$J_z = \frac{\beta_e \rho_0}{\beta_p} (-A_u + B_u) \mathrm{e}^{\mathrm{j}\omega t} \tag{5.151}$$

与式 (5.148) 联立求解得

$$A_u + B_u = \frac{\beta_e}{\beta_p} (-A_u + B_u) \tag{5.152}$$

或

$$B_u = \frac{\beta_e + \beta_p}{\beta_e - \beta_p} A_u \tag{5.153}$$

由于 $\omega_p \ll \omega$，于是 $\beta_p \ll \beta_e$，所以

$$B_u \approx A_u \tag{5.154}$$

这一近似关系式 (参见式 (5.151)) 意味着在 z=0 处，$J_z = 0$。

利用式 (5.154) 和 (5.146)，可以求出 A_u 值：

$$A_u = u_0 \frac{\alpha M}{4} \tag{5.155}$$

$$u_z = u_0 \frac{\alpha M}{4} \left\{ \mathrm{e}^{\mathrm{j}[\omega t-(\beta_e+\beta_p)z]} + \mathrm{e}^{\mathrm{j}[\omega t-(\beta_e-\beta_p)z]} \right\} \tag{5.156}$$

还可以写成

$$u_z = u_0 \frac{\alpha M}{2} \left(\frac{\mathrm{e}^{-\mathrm{j}\beta_p z} + \mathrm{e}^{\mathrm{j}\beta_p z}}{2} \right) \mathrm{e}^{\mathrm{j}(\omega t-\beta_e z)} = u_0 \frac{\alpha M}{2} \cos \beta_p z \mathrm{e}^{\mathrm{j}(\omega t-\beta_e z)} \tag{5.157}$$

在速度表达式中 $\mathrm{e}^{\mp\mathrm{j}(\omega t-\beta_e z)}$ 指数项可以写成 $\cos(\omega t-\beta_e z) \mp \mathrm{j}\sin(\omega t-\beta_e z)$ 的形式。如果选择实部，那么：

$$u_z = u_0 \frac{\alpha M}{2} \cos \beta_p z \cos(\omega t-\beta_e z) \tag{5.158}$$

如果我们以速度 $\omega t = \beta_e z$ 或 $z/t = u_0$(即电子注的直流速度) 沿电子注移动，那么所看到的电子注的交流速度 u_z 如图 5.23 中的曲线 1 所示。如果所选择的时

间能使 $\omega t = \beta_e z - \pi$，于是所看到的 u_z 如图中的曲线 2 所示。在其他时刻，u_z 介于曲线 1 和 2 之间如图中的虚线所示。然而在 $\beta_p z = \pi/2$ 处，无论 ωt 为何值 u_z 均为零。

$$z = \frac{\pi}{2\beta_p} = \frac{\pi}{2}\frac{u_0}{\omega_p} = \frac{u_0}{4f_p} = \frac{\lambda_p}{4} \tag{5.159}$$

其中 λ_p 称为等离子体波长。所有电子在 $\lambda_p/4$ 处都具有相同的速度 (u_0)，加速电子在 $z = \lambda_p/4$ 处追上减速电子时形成了群聚。群聚作用使快电子被减速到直流速度，而慢电子则被加速到直流速度。当电子漂移越过 $\lambda_p/4$ 时，群聚块中的空间电荷力引起群聚块前部的电子加速，而使处于群聚块后部的电子减速。

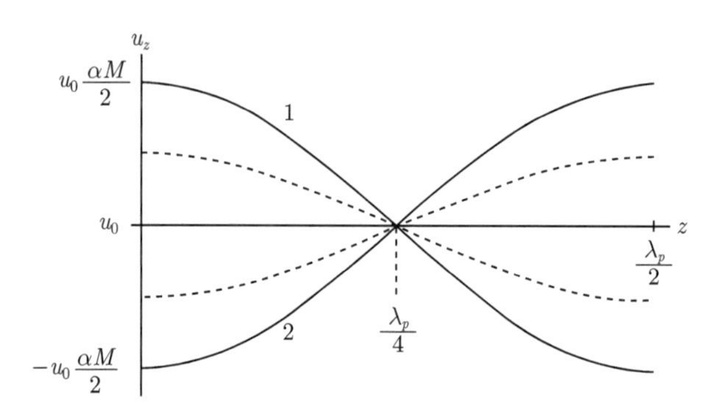

图 5.23 电子速度与位置的关系

将 A_u 和 B_u 代入式 (5.150) 后，并取实部求出电流密度为

$$\begin{aligned} J_z &= \frac{\beta_e\rho_0}{\beta_p}\frac{u_0\alpha M}{2}\left(\frac{-\mathrm{e}^{-\mathrm{j}\beta_p z} + \mathrm{e}^{\mathrm{j}\beta_p z}}{2}\right)\mathrm{e}^{\mathrm{j}(\omega t - \beta_e z)} = \frac{\mathrm{j}\beta_e\rho_0}{\beta_p}\frac{u_0\alpha M}{2}\sin\beta_p z\mathrm{e}^{\mathrm{j}(\omega t-\beta_e z)} \\ &= -\frac{\beta_e\rho_0}{\beta_p}\frac{u_0\alpha M}{2}\sin\beta_p z\sin(\omega t - \beta_e z) \end{aligned} \tag{5.160}$$

在 $z = 0$ 处，$J_z = 0$。与图 5.23 速度曲线对应的 J_z 与距离的正弦变化关系如图 5.24 所示。应当指出，当 $z = \lambda_p/4$ 时，电流达到了最大值，它对应于交流速度为零的位置。如果我们允许电子漂移越过 $\lambda_p/4$，那么群聚将散开，电流密度也随之下降。在 $\lambda_p/2$ 处群聚和交流电流密度均降至零，随后在电子注越过$\lambda_p/2$ 处又重新出现群聚。

图 5.24 所示的电流密度变化是以电子注的速度运动所观察到的。反之，假如以瞬时时刻对所考察的电流密度与位置的关系进行观察，其结果如图 5.25 所示 (该图是在 $\omega t = 0$，2π，4π 等处获得的)。图中标注有 1、2、3 的电流峰值就是由正处于群聚形成过程中的电子群聚块所引起的。越过 $\lambda_p/4$ 后，群聚散开，因而电流的峰值 (4 和 5) 也随之下降。

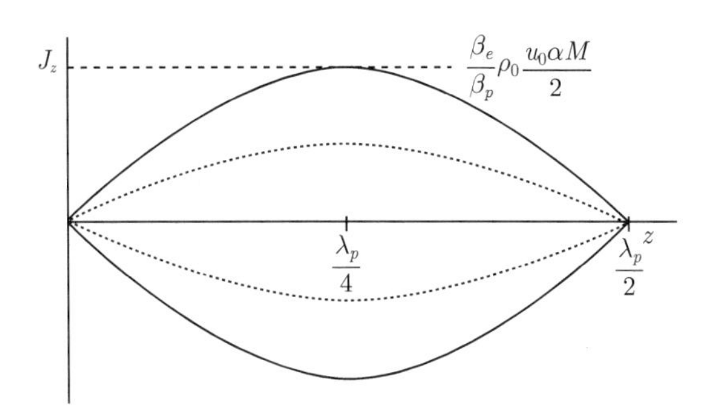

图 5.24 以电子注速度运动观察到电流密度与位置的关系

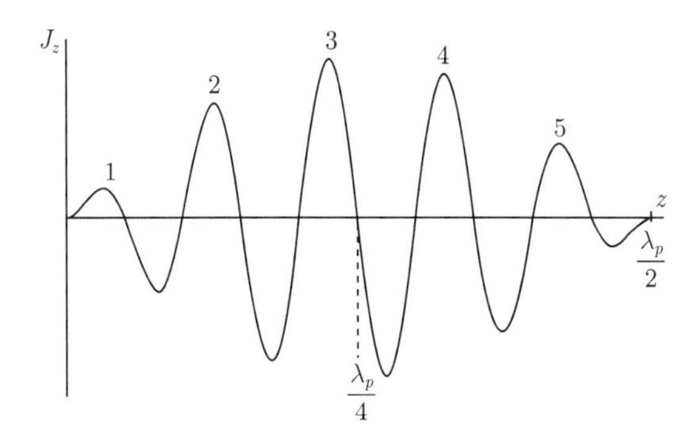

图 5.25 瞬间电流密度与位置的关系

对于图 5.25 所示的曲线，$\omega = 10\omega_p$，所以在距离 λ_p 之内的各个群聚阶段，将有 10 个高频电流的循环和 10 个电子注群聚块 (图 5.25 示出了其中在 $\lambda_p/2$ 处的 5 个群聚块)。这就提示我们应对图 5.25 所示的电流波形进行进一步分析，如图 5.26 所示。在电流波形 (即式 (5.160) 在 $\omega t = 0$ 时) 中有关正弦乘积的三角公式为

$$\sin\beta_p z\sin\beta_e z = \frac{1}{2}\cos\left(\beta_e z - \beta_p z\right) - \frac{1}{2}\cos\left(\beta_e z + \beta_p z\right) \tag{5.161}$$

因此电流波形可以用相位常数 $\beta_e \pm \beta_p$ 的两个波的拍频波形来表示，亦即，以高于电子注速度传播的波 $\beta_e - \beta_p$ 为快空间电荷波和以低于电子注速度传播的波 $\beta_e + \beta_p$ 为慢空间电荷波。在此处所考虑的情况下 (即由间隙进行速度调制，且在 z=0 处电流密度近似等于零)，这些波的振幅相等。采用其他调制技术，可以独立地激发这些波。正如前面曾指出的那样，在行波管中慢空间电荷波与线路上的波相互作用产生了放大作用。

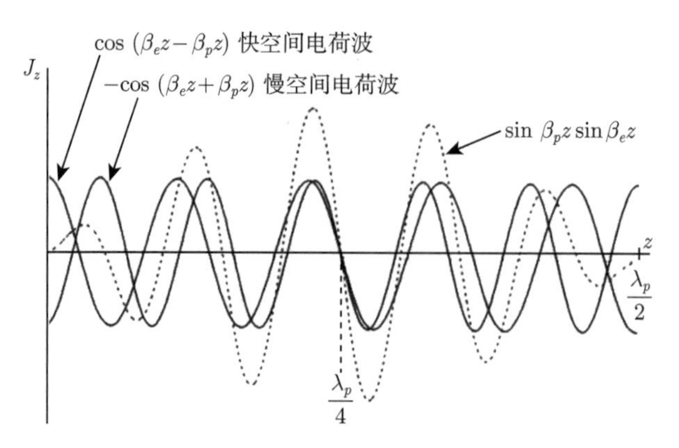

图 5.26 快空间电荷波与慢空间电荷波

5.2.2.3 电子注中空间电荷波 (有限尺寸)

前几节介绍的电子注具有无限大的横向尺寸。下面考虑在如图 5.27 所示的圆柱形通道中圆柱形电子注的一般情况。假设轴向磁场非常强，可以保证电子只沿 z 方向运动。

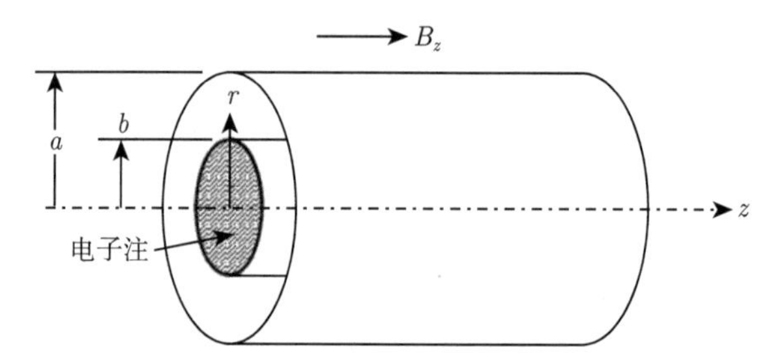

图 5.27 在圆柱形通道中的圆柱形电子注

下面来寻求能使电场 E_z 在轴上为有限值，在金属壁上为零，且遵守 $r=b$ 处 (即电子注的边界处) 的标准边界条件的波动方程解。根据问题的对称性，场在 θ 方向无变化。z 方向的波动方程 (见式 (5.121)) 为

$$\nabla^2\boldsymbol{E}_1-\mu_0\varepsilon_0\frac{\partial^2}{\partial t^2}\boldsymbol{E}_1=-\mu_0\frac{\partial}{\partial t}\boldsymbol{J}_1-\frac{1}{\varepsilon_0}\nabla\rho_1 \tag{5.162}$$

因而

$$\frac{1}{r}\frac{\partial}{\partial r}\left(r\frac{\partial E_z}{\partial r}\right)+\frac{\partial^2}{\partial z^2}E_z-\mu_0\varepsilon_0\frac{\partial^2}{\partial t^2}E_z=-\mu_0\frac{\partial}{\partial t}J_z-\frac{1}{\varepsilon_0}\frac{\partial}{\partial z}\rho_1 \tag{5.163}$$

同样地假设所有变量均随 $e^{j(\omega t-\beta z)}$ 变化，所以

$$\frac{\partial^2}{\partial z^2}E_z-\mu_0\varepsilon_0\frac{\partial^2}{\partial t^2}E_z=-(\beta^2-k^2)E_z \tag{5.164}$$

由于没有 r 及 θ 分量：

$$\nabla\cdot\boldsymbol{J}=-\frac{\partial\rho}{\partial t}\rightarrow J_z=\frac{\omega}{\beta}\rho_1\rightarrow\rho_1=\frac{\beta}{\omega}J_z \tag{5.165}$$

电子速度与式 (5.133) 相同

$$u_z=-\frac{\eta}{\mathrm{j}\left(\omega-\beta u_0\right)}E_z \tag{5.166}$$

这些关系与无限电子注的情况相同，因此波动方程 (5.163) 的右边仍为

$$-\mu_0\frac{\partial}{\partial t}J_z-\frac{1}{\varepsilon_0}\frac{\partial}{\partial z}\rho_1=-\left(\beta^2-k^2\right)\frac{\beta_p^2}{\left(\beta_e-\beta\right)^2}E_z \tag{5.167}$$

于是，波动方程变为

$$\frac{1}{r}\frac{\partial}{\partial r}\left(r\frac{\partial E_z}{\partial r}\right)-\left(\beta^2-k^2\right)\left[1-\frac{\beta_p^2}{\left(\beta_e-\beta\right)^2}\right]E_z=0 \tag{5.168}$$

或

$$\frac{1}{r}\frac{\partial}{\partial r}\left(r\frac{\partial E_z}{\partial r}\right)+\gamma_r^2E_z=0 \tag{5.169}$$

其中

$$\gamma_r^2=-\left(\beta^2-k^2\right)\left[1-\frac{\beta_p^2}{\left(\beta_e-\beta\right)^2}\right] \tag{5.170}$$

对于无限大电子注 $\gamma_r=0$。

以下将电子注的内部区域用 I 标注，而电子注的外部区域用 II 标注。金属边界使波处于过截止 (速调管的漂移管) 或者慢波 (行波管) 状态 $(\beta^2-k^2>0)$ 以及电子注中电子速度比波略微更快一些且差别较小 $(\beta_e-\beta>0)$，在式 (5.169) 中用正号，亦即$\gamma_r>0$，方程为零阶贝塞尔方程，所以电子注内部 (区域 I) 的解为

$$E_{z\mathrm{I}}=AJ_0\left(\gamma_r r\right)+BY_0\left(\gamma_r r\right) \tag{5.171}$$

式中 J_0 为第一类贝塞尔函数，Y_0 为第二类贝塞尔函数。在 $r=0$ 处，$Y_0\left(0\right)=\infty$，这表明 B=0，所以

$$E_{z\mathrm{I}}=AJ_0\left(\gamma_r r\right) \tag{5.172}$$

在电子注外部 (区域 Ⅱ) 不存在电流，所以 $\omega_p^2=0$

$$\frac{1}{r}\frac{\partial}{\partial r}\left(r\frac{\partial E_{z\mathrm{II}}}{\partial r}\right)-\left(\beta^2-k^2\right)E_{z\mathrm{II}}=0 \tag{5.173}$$

该方程是零阶变态贝塞尔方程，其通解为

$$E_{z\mathrm{II}}=CI_0\left(\gamma_0 r\right)+DK_0\left(\gamma_0 r\right) \tag{5.174}$$

式中，$\gamma_0^2=\beta^2-k^2$，I_0 为第一类变态贝塞尔函数，K_0 为第二类变态贝塞尔函数。

在 $0\leqslant r\leqslant b$ 的电子注区域内 (I 区域)，场方程满足式 (5.168)，场解为

$$\begin{aligned}
E_z&=AJ_0\left(\gamma_r r\right)\mathrm{e}^{\mathrm{j}(\omega t-\beta z)}\\
E_r&=\frac{\mathrm{j}\beta}{\beta^2-k^2}\frac{\partial E_z}{\partial r}=-A\frac{\mathrm{j}\gamma_r\beta}{\gamma_0^2}J_1(\gamma_r r)\mathrm{e}^{\mathrm{j}(\omega t-\beta z)}\\
H_\theta&=\frac{\omega\varepsilon_0}{\beta}E_r=-A\frac{\mathrm{j}\gamma_r\omega\varepsilon_0}{\gamma_0^2}J_1(\gamma_r r)\mathrm{e}^{\mathrm{j}(\omega t-\beta z)}
\end{aligned} \tag{5.175}$$

在 $b\leqslant r\leqslant a$ 的非电子注区域内 (Ⅱ 区域)，$\beta_p=0$，场方程满足式 (5.173)，场解为

$$\begin{aligned}
E_z&=\left[CI_0\left(\gamma_0 r\right)+DK_0\left(\gamma_0 r\right)\right]\mathrm{e}^{\mathrm{j}(\omega t-\beta z)}\\
E_r&=\frac{\mathrm{j}\beta}{\gamma_0}\left[CI_1\left(\gamma_0 r\right)-DK_1\left(\gamma_0 r\right)\right]\mathrm{e}^{\mathrm{j}(\omega t-\beta z)}\\
H_\theta&=\frac{-\mathrm{j}\omega\varepsilon_0}{\gamma_0}\left[CI_1\left(\gamma_0 r\right)-DK_1\left(\gamma_0 r\right)\right]\mathrm{e}^{\mathrm{j}(\omega t-\beta z)}
\end{aligned} \tag{5.176}$$

这两个区域的边界条件是：在 $r=b$ 处，两个区域的切向和径向场相等，在 $r=a$ 处切向电场为零。由此得到

$$AJ_0(\gamma_r b)=CI_0\left(\gamma_0 b\right)+DK_0\left(\gamma_0 b\right) \tag{5.177}$$

$$-\gamma_r AJ_1\left(\gamma_r b\right)=\gamma_0 CI_1\left(\gamma_0 b\right)-\gamma_0 DK_1\left(\gamma_0 b\right) \tag{5.178}$$

以及

$$CI_0\left(\gamma_0 a\right)+DK_0\left(\gamma_0 a\right)=0\rightarrow C/D=-K_0\left(\gamma_0 a\right)/I_0\left(\gamma_0 a\right) \tag{5.179}$$

由式 (5.177)~(5.179) 得

$$\frac{\gamma_r}{\gamma_0}\frac{J_1\left(\gamma_r b\right)}{J_0\left(\gamma_r b\right)}=\frac{K_0\left(\gamma_0 a\right)I_1\left(\gamma_0 b\right)+K_1\left(\gamma_0 b\right)I_0\left(\gamma_0 a\right)}{K_0\left(\gamma_0 b\right)I_0\left(\gamma_0 a\right)-K_0\left(\gamma_0 a\right)I_0\left(\gamma_0 b\right)} \tag{5.180}$$

作为其应用的一个实例，假设利用如图 5.28(a) 所示的有栅间隙来调制电子注。于是，电子注的交流速度在横截面上为常数 (图 5.28(b))。

为了与这一初始条件相匹配，交流速度应为

$$u_z=\sum_{n=0}^{\infty}u_{zn}J_0\left(\gamma_{rn}r\right) \tag{5.181}$$

才能使各个傅里叶分量组合成如图 5.28(c) 所示的矩形速度分布。

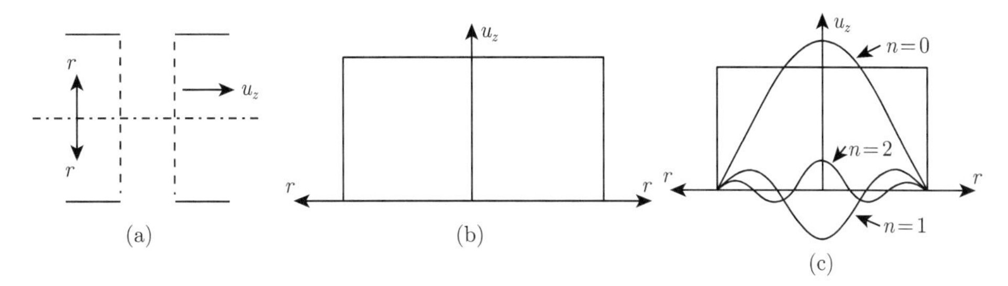

图 5.28 间隙对速度的调制

在一般情况下，可以假设 $\gamma_0 b$ 和 a/b 的值，用数值方法解式 (5.180)，然后求出 γ_r。虽然解有一系列值可选，但 $n=0$ 的解最受关注，因为它对应于基波。假定已求出 γ_r 与 γ_0 的函数关系，我们进一步假设传播常数的解与无限大电子注的场合有相同的特征。于是：

$$\beta=\frac{\omega\pm F\omega_p}{u_0} \tag{5.182}$$

这就是说，假设传播常数所发生的主要变化是由等离子体频率改变了某一系数 F 所引起的，因而由于 $k^2\ll\beta^2$，按式 (5.170)：

$$\gamma_r^2=\beta^2\left[\frac{\beta_p^2}{\left(\beta_e-\beta\right)^2}-1\right]=\left(\beta_e\pm F\beta_p\right)^2\left(\frac{1}{F^2}-1\right) \tag{5.183}$$

由于 $F\beta_p\ll\beta_e$，所以 F 可以写成

$$F=\left(\frac{1}{1+\gamma_r^2/\beta_e^2}\right)^{1/2} \tag{5.184}$$

由于 $\beta_e\approx\gamma_0$ 并且已求出 γ_r 与 γ_0 的函数关系 (公式 (5.180))，所以可以绘出 F 与 γ_0(或 β_e) 及 a/b 的关系曲线。其结果如图 5.29 所示。在图中 a/b 为漂移通道半径与电子注半径之比。降低后的等离子体频率为 $F\omega_p$，通常用 ω_q 来表

示。可以注意到，若 $\gamma_0 b = \omega b/u_0 = 1$ 以及 $a/b = 1.5$，那么 F 的值约为 0.5，于是等离子体频率只有无限大电子注计算值的一半。因此，对于有限尺寸的电子注，其等离子体波长 λ_q 为无限大电子注计算值的二倍。因此，电子注中高频电流最大值处距调制腔的距离是无限大电子注场合时的二倍。

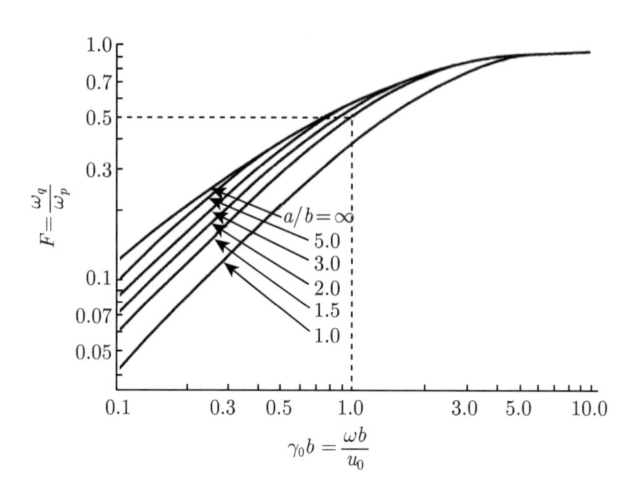

图 5.29　限制流电子注的等离子体频率降低因子

5.2.2.4　布里渊流中的空间电荷波

在考察布里渊电子注的直流聚焦状态时, 可以发现电子注中电流的变化引起了电子注半径的显著扰动 (随着电流的增大, 半径亦增大, 反之亦然)。因此，可以预料布里渊流的调制特性将会与有限尺寸的电子注有非常大的区别。我们将假设布里渊电子注没有脉动。

各个电子受力分量的方程为

$$
\begin{aligned}
&(\text{径向})\quad \ddot{r} - r\dot{\theta}^2 = -\eta\left(E_r + B_z r\dot{\theta}\right)\\
&(\text{角向})\quad \frac{1}{r}\frac{\mathrm{d}}{\mathrm{d}t}\left(r^2\dot{\theta}\right) = \eta B_z \dot{r}\\
&(\text{轴向})\quad \ddot{z} = -\eta E_z
\end{aligned}
\tag{5.185}
$$

在无脉动的情况下这些方程的直流解为

$\dot{r} = 0$,　无脉动, 径向速度为零

$\dot{\theta} = \omega_L = \dfrac{\eta}{2}B_B$,　角向受力方程解

$\dot{z} = u_0$,　轴向不受力

$$\eta E_r = -r\omega_L^2, \quad \ddot{r} = 0, \quad \text{空间电荷力和离心力与磁场力的平衡}$$

$$E_z = 0, \quad \text{轴向电子之间的作用相互抵消}$$

$$\rho_0 = \frac{2\varepsilon_0\omega_L^2}{\eta}, \quad a = \frac{1}{B_z}\left(\frac{2I}{\pi\eta\varepsilon_0 u_0}\right)^{1/2} \tag{5.186}$$

如果电子的初始位置为 r_0, θ_0 和 z_0，那么在时间 t 处的坐标为

$$\begin{aligned} r &= r_0 \\ \theta &= \theta_0 + \omega_L t \\ z &= z_0 + u_0 t \end{aligned} \tag{5.187}$$

当电子注受到调制时，上述坐标值也要受到干扰。所干扰的位置按下述方程求解：对角向运动积分得

$$\frac{\mathrm{d}}{\mathrm{d}t}\left(r^2\dot{\theta}\right) = \frac{\eta}{2}B_B\frac{\mathrm{d}}{\mathrm{d}t}r^2 \tag{5.188}$$

或

$$r^2\dot{\theta} = \frac{\eta}{2}B_B r^2 + C, \quad C = 0 \tag{5.189}$$

所以

$$\dot{\theta} = \omega_L \tag{5.190}$$

于是即使电子注受到调制时电子的角向速度仍维持常数。所以有关径向的受力方程可以写为

$$\ddot{r} - r\omega_L^2 = -\eta\left(E_r + B_z r\omega_L\right) \tag{5.191}$$

或

$$\ddot{r} + r\omega_L^2 = -\eta E_r \tag{5.192}$$

设 r，z 和 E_r 的扰动值分别为

$$\begin{aligned} r &= r_0 + r_1 \\ z &= z_0 + z_1 \\ E_r &= E_{r_0} + E_{r_1} \end{aligned} \tag{5.193}$$

于是受力方程为

$$\ddot{r}_1 + \left(r_0 + r_1\right)\omega_L^2 = -\eta(E_{r_0} + E_{r_1}) \tag{5.194}$$

$$\ddot{z} = -\eta E_{z_1} \tag{5.195}$$

必须注意，若电子的径向位置发生了变化，那么电子所经历的直流电场为

$$-\eta E_{r_0} = \omega_L^2 (r_0 + r_1) \tag{5.196}$$

由图 5.30 给出的 E_r 与 r 关系曲线可以清楚地看出其中的原因。应当指出，当电子移动到电子注直径以外时，会引起微小的误差。这一误差将被忽略不计。于是径向受力方程简化为

$$\ddot{r}_1 = -\eta E_{r_1} \tag{5.197}$$

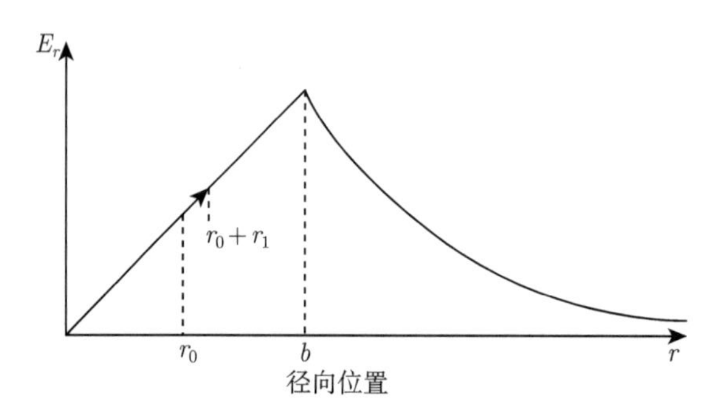

图 5.30　电子注内外的 E_r

设所有的高频变量均足够小，且随 $\mathrm{e}^{\mathrm{j}(\omega t-\beta z)}$ 变化，于是

$$\frac{\mathrm{d}}{\mathrm{d}t} = \mathrm{j}u_0 (\beta_e - \beta) \tag{5.198}$$

所以

$$\dot{r}_1 = \mathrm{j}\frac{\eta}{u_0 (\beta_e - \beta)} E_{r_1} \tag{5.199}$$

此外，有轴向受力方程

$$\dot{z}_1 = \mathrm{j}\frac{\eta}{u_0 (\beta_e - \beta)} E_{z_1} \tag{5.200}$$

该方程对于无限大电子注场合和有限尺寸电子注场合均有相同的形式。

电流连续性方程可以写成

$$\nabla \cdot \boldsymbol{J} = \nabla \cdot (\rho \boldsymbol{u}) = -\frac{\partial \rho}{\partial t} \tag{5.201}$$

或

$$\boldsymbol{u}_0 \cdot \nabla \rho_1 + \rho_0 \nabla \cdot \boldsymbol{u}_1 = -\frac{\partial \rho_1}{\partial t} \tag{5.202}$$

上式已经假设交流变量的乘积非常小，可以忽略不计。于是该方程可写为

$$\rho_0 \nabla \cdot \boldsymbol{u}_1 = -\frac{\partial \rho_1}{\partial t} - u_0 \frac{\partial \rho_1}{\partial z} = -\frac{\mathrm{d}}{\mathrm{d}t}\rho_1 \tag{5.203}$$

所以

$$\rho_1 = \mathrm{j}\frac{\rho_0}{u_0\left(\beta_e - \beta\right)} \nabla \cdot \boldsymbol{u}_1 \tag{5.204}$$

但

$$\boldsymbol{u}_1 = \dot{\boldsymbol{r}}_1 + \dot{\boldsymbol{z}}_1 = \mathrm{j}\frac{\eta}{u_0\left(\beta_e - \beta\right)}\left(\boldsymbol{E}_{r_1} + \boldsymbol{E}_{z_1}\right) = \mathrm{j}\frac{\eta}{u_0\left(\beta_e - \beta\right)}\boldsymbol{E}_1 \tag{5.205}$$

所以

$$\nabla \cdot \boldsymbol{u}_1 = \mathrm{j}\frac{\eta}{u_0\left(\beta_e - \beta\right)} \nabla \cdot \boldsymbol{E}_1 \tag{5.206}$$

因而

$$\rho_1 = -\frac{\rho_0 \eta}{u_0^2 \left(\beta_e - \beta\right)^2} \nabla \cdot \boldsymbol{E}_1 \tag{5.207}$$

或

$$\rho_1 = -\frac{\beta_p^2}{\left(\beta_e - \beta\right)^2}\rho_1 \tag{5.208}$$

该方程有两个可能的解：

$$\beta = \beta_e \pm \beta_p \text{ 及 } \rho_1 = 0 \tag{5.209}$$

第一个解 $\beta = \beta_e \pm \beta_p$ 是由无限大平面流得到过的。这一结果很难被接受，因为它要求电子注的整体特性不应与有限尺寸的电子注有明显区别。这就是说我们希望：

$$\beta = \beta_e \pm F\beta_p \tag{5.210}$$

其中 F 为等离子体频率降低因子，我们期望 $F \approx F_c$，F_c 为有限尺寸电子注的等离子体频率降低因子。

第二个解 $\rho_1 = 0$ 表明，受调制电子注的电荷密度依然是 ρ_0。显然，这意味着高频电流一定是由电子注的半径受到调制所引起的，如图 5.31 所示。这一结果极为重要，因为它证实了布里渊电子注中的高频电流在电子注的表面传播。在电子注的中心不存在高频电流。随着调制深度的增加，电子注表面波动的幅度加大，由此引起高频电流的增加。随着波动幅度的增大，发生电流截获的概率也增大，这会使电子注的聚焦处于特别危险的状态。

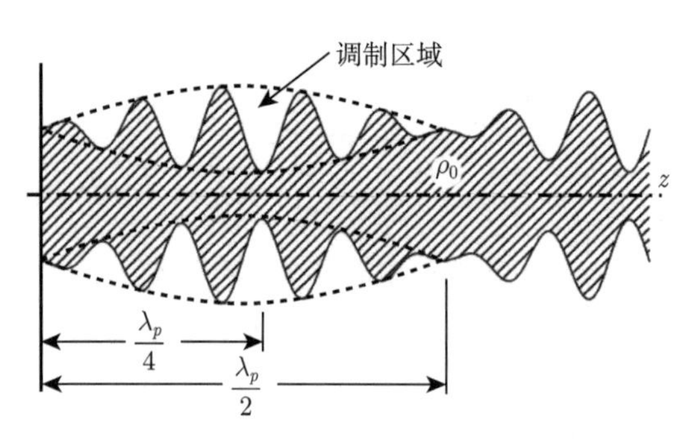

图 5.31　布里渊电子注半径的高频调制

利用 $\rho_1 = 0$ 的结果，可以按类似于对有限尺寸电子注的方式建立并求解波动方程。经过这样处理之后，便可以求出等离子体频率降低因子，如图 5.32 所示。应该指出，布里渊电子注的 F 值在某种程度上要小于有限尺寸电子注的 F 值。例如，当 $a/b = 1.5$，$\gamma_0 b = \omega b/u_0 = 1$ 时，F 的值约为 0.4，然而对于有限尺寸电子注，该值则为 0.5。F 值小的原因可以借助图 5.33 加以说明，图中将布里渊电子注的电场分布图形与有限尺寸电子注的电场分布作了比较。可以注意到布里渊电子注的群聚表面上，电力线既可以凸向外，也可以凸向内。结果使场的轴向分量以及空间电荷力的大小都要小于有限尺寸电子注的场合。这就使得布里渊电子注与有限尺寸电子注相比，其等离子体频率较低，而等离子体波长较长。

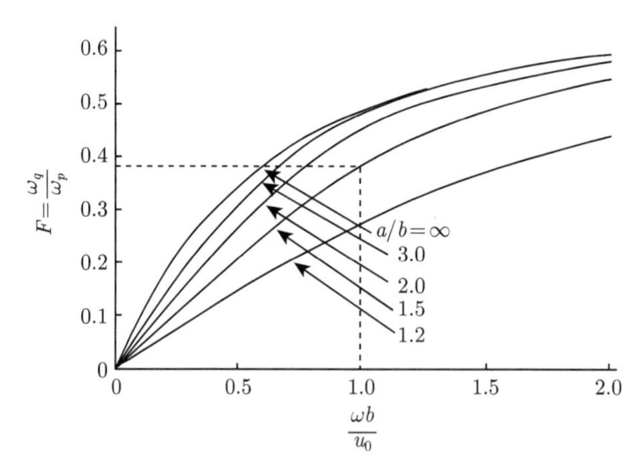

图 5.32　布里渊电子注等离子体频率降低因子

5.2.3　实验验证

已有实验可以证实布里渊电子注在其表面传播高频电流 [6]，所用的高频电子注分析器如图 5.34 所示。利用电磁线包对来自屏蔽皮尔斯电子枪的电子注进行聚焦。为了不使电子枪和阴极在改变测量膜孔时暴露于大气，该装置使用了真空球阀 (阴极暴露于大气有可能改变电子注的特性)。

电子注利用约为 2000MHz 的信号进行速度调制。所用的电子注扫描机构具有 0.010in 的膜孔，可以在不同的横向及轴向位置上对电流取样。图 5.35 示出了用于检测平均电流和高频电流的电路。利用带通滤波器在测量时可以选择测量基波电流、二次谐波电流或三次谐波电流。

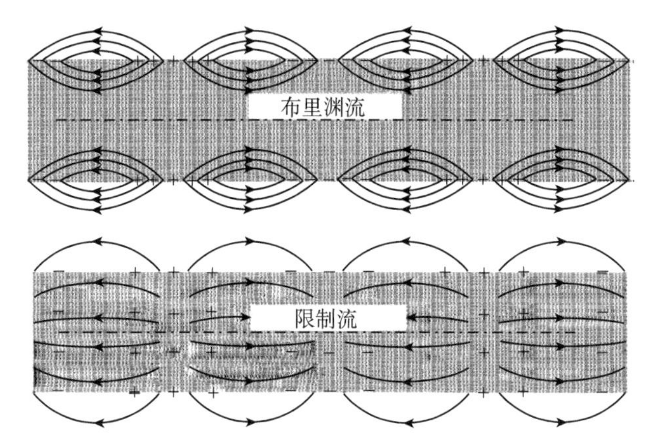

图 5.33 布里渊流和限制流群聚块的高频场比较

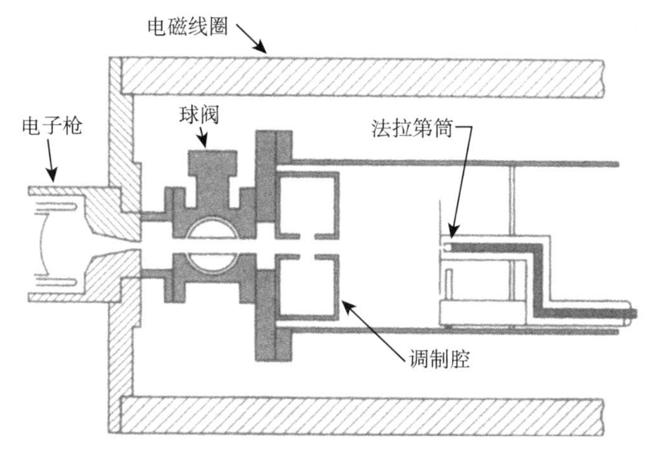

图 5.34 用于测量布里渊电子注表面电流的高频电子注分析器

图 5.36 示出了平均电流和基波电流与电子注中的横向与轴向位置的关系图[7]。所采用的调制深度 α 约为 0.05。由于高频激励信号较小，所以平均电流分布非常接近于在直流电子注中观察到的结果。从图 5.36 看到，测得的高频电流全部位于电子注的表面。电子注电流变化的四个等离子体半波长清楚地揭示出所预

料的电子的空间电荷效应。

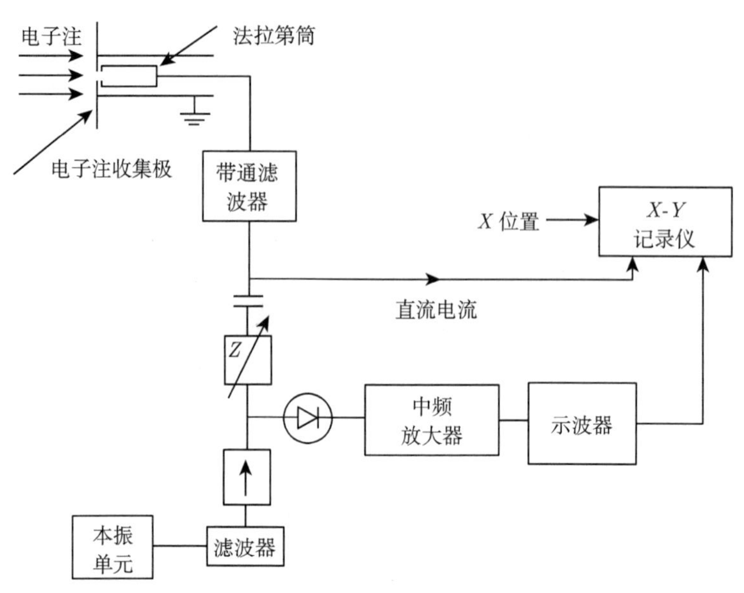

图 5.35　用于检测速度调制布里渊流平均电流和高频电流的电路

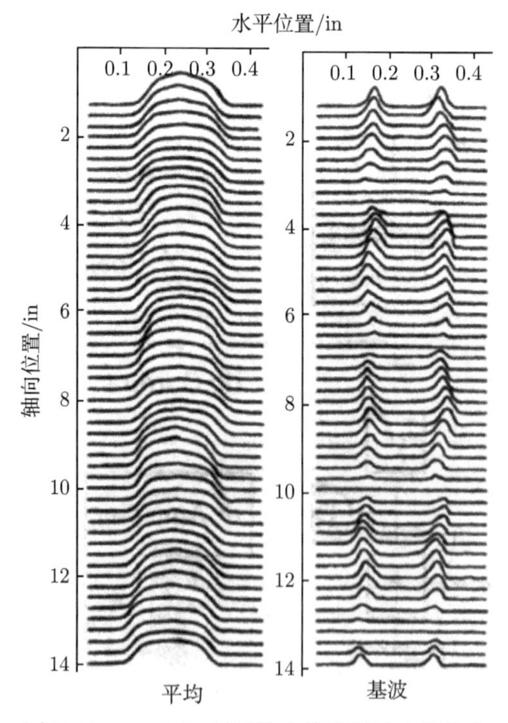

图 5.36　α=0.05 时平均电流和基波电流分布

5.3 耦合 (调制) 系数和电子负载

耦合系数和电子负载是速调管中两个非常重要的参量。前者决定输入信号对电子注调制的耦合强度和电子注中高频信号在输出端输出耦合的强度；后者描述电子注在受到高频信号调制后，作为高频能量载体如何从电子电导属性变化体现电子注能够将能量转换给高频信号。这两个参量决定能量转换发生的可能性和有效性。

5.3.1 耦合系数 (有栅间隙)

轴向场分布表示为

$$E_z(z,t)=E(z)\mathrm{e}^{\mathrm{j}\omega t}=E_m f\left(z\right)\mathrm{e}^{\mathrm{j}\omega t}=\frac{V_1}{l}f\left(z\right)\mathrm{e}^{\mathrm{j}\omega t} \tag{5.211}$$

设间隙距离为 l。首先将 $f(z)$ 的定义域从 $z=-\infty$ 延伸到 $+\infty$，在从 $z=-\infty$ 到 $-l/2$ 以及从 $l/2$ 到 $+\infty$ 之间，认为 $f(z)=0$。在定义域内 $f(z)$ 的最大值为 1，因此它是一个有界和分段连续的函数，$f(z)$ 可表示为傅里叶积分形式：

$$f\left(z\right)=\int_{-\infty}^{\infty}g\left(\beta\right)\mathrm{e}^{-\mathrm{j}\beta z}\mathrm{d}\beta \tag{5.212}$$

$$E_z(z,t)=E_m\mathrm{e}^{\mathrm{j}\omega t}\int_{-\infty}^{\infty}g\left(\beta\right)\mathrm{e}^{-\mathrm{j}\beta z}\mathrm{d}\beta=\frac{V_1}{l}\mathrm{e}^{\mathrm{j}\omega t}\int_{-\infty}^{\infty}g\left(\beta\right)\mathrm{e}^{-\mathrm{j}\beta z}\mathrm{d}\beta \tag{5.213}$$

$$g\left(\beta\right)=\frac{1}{2\pi}\int_{-\infty}^{\infty}f\left(z\right)\mathrm{e}^{\mathrm{j}\beta z}\mathrm{d}z \tag{5.214}$$

这意味着高频电场是由在 β 的连续谱内一系列平面波之和所组成，每个波的相对幅值为 $g(\beta)$。

为了求出作用在电子上的有效间隙电压，假定一个电子在 t=0 时进入间隙，这时高频场的相位为 ϕ_0，并设电子以 u_0 速度在运动。这时电子的相位常数为 $\beta_e=\omega/u_0(u_0=z/t)$，因此有 $\beta_e z=\omega t$。作用于电子的场为

$$E_z(z,\phi_0)=E_m\mathrm{e}^{\mathrm{j}\phi_0}\int_{-\infty}^{\infty}g\left(\beta\right)\mathrm{e}^{\mathrm{j}(\beta_e-\beta)z}\mathrm{d}\beta \tag{5.215}$$

因此有效间隙电压为

$$V\left(\beta_e,\phi_0\right)=-\int_{-\infty}^{\infty}E_z\left(z,\phi_0\right)\mathrm{d}z=-E_m\mathrm{e}^{\mathrm{j}\phi_0}\int_{-\infty}^{\infty}\int_{-\infty}^{\infty}g\left(\beta\right)\mathrm{e}^{\mathrm{j}(\beta_e-\beta)z}\mathrm{d}z\mathrm{d}\beta \tag{5.216}$$

首先对 z 积分，得

$$V(\beta_e,\phi_0)=-E_m\mathrm{e}^{\mathrm{j}\phi_0}\int_{-\infty}^{\infty}\int_{-\infty}^{\infty}2\pi\delta(\beta_e-\beta)g(\beta)\mathrm{d}\beta=-2\pi E_m g(\beta_e)\mathrm{e}^{\mathrm{j}\phi_0} \quad (5.217)$$

定义电子注与间隙的耦合系数为

$$M=\frac{|V(\beta_e,\phi_0)|}{E_m l}=\frac{|V(\beta_e,\phi_0)|}{V_1}=\frac{2\pi}{l}|g(\beta_e)| \quad (5.218)$$

利用反傅里叶变换的公式得

$$M=\frac{1}{l}\left|\int_{-l/2}^{l/2}f(z)\mathrm{e}^{\mathrm{j}\beta_e z}\mathrm{d}z\right| \quad (5.219)$$

这里 $E_m l$ 是跨间隙的参考电压；M 代表由于场分布和电子渡越时间的影响，有效间隙作用电压比理想的参考电压有所降低的程度。

在简化情况下，当 $f(z)=1$ 时，

$$M=\frac{1}{l}\left|\int_{-l/2}^{l/2}\mathrm{e}^{\mathrm{j}\beta_e z}\mathrm{d}z\right|=\frac{1}{\beta_e l}\left|\frac{\mathrm{e}^{\mathrm{j}\beta_e l/2}-\mathrm{e}^{\mathrm{j}\beta_e l/2}}{j}\right|=\frac{\sin\phi_0/2}{\phi_0/2} \quad (5.220)$$

式中 $\phi_0=\beta_e l$ 为电子在间隙内的直流渡越角，得出的结果和式 (5.14) 的结果完全一致。

5.3.2　电子负载 (平板有栅间隙)[8]

对于有栅间隙 (图 5.37)

$$V=V_1\sin\omega t\rightarrow V=V_1\mathrm{e}^{\mathrm{j}\omega t}\rightarrow E=\frac{V_1}{l}\mathrm{e}^{\mathrm{j}\omega t} \quad (5.221)$$

对应非相对论情况，不考虑空间电荷场作用，且仅考虑一维 x 变化，对应的感应电流可以写为

$$I_{\text{ind}}(x,t)=\rho_l(x,t)u(x,t) \quad (5.222)$$

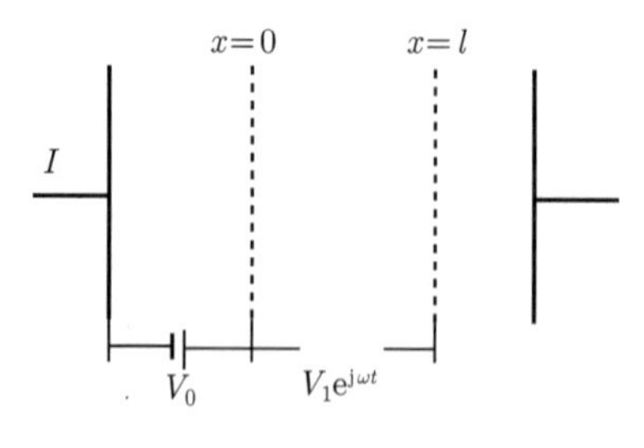

图 5.37　电子间隙

ρ_l 为单位轴向长度空间电荷密度。间隙 $[0, l]$ 之间电子运动方程为

$$\frac{\mathrm{d}u}{\mathrm{d}t}=\frac{\eta V_1}{l}\mathrm{e}^{\mathrm{j}\omega t} \tag{5.223}$$

在 $x=0$ 处，不同时刻 τ 进入间隙的电子速度为

$$u(x,t)_{x=0,t=\tau}=u(\tau)=u_0=\sqrt{2\eta V_0} \tag{5.224}$$

基于式 (5.224) 的初值，对式 (5.223) 积分可得

$$u(\tau,t)=u_0+\int_{\tau}^{t}\frac{\eta V_1}{l}\mathrm{e}^{\mathrm{j}\omega t}\mathrm{d}t=u_0\left[1+\frac{\mathrm{j}\eta V_1}{\omega u_0 l}(\mathrm{e}^{\mathrm{j}\omega\tau}-\mathrm{e}^{\mathrm{j}\omega t})\right] \tag{5.225}$$

$$x(\tau,t)=\int_{\tau}^{t}u(\tau,t)\mathrm{d}t=u_0(t-\tau)+\frac{\mathrm{j}\eta V_1(t-\tau)}{\omega l}\mathrm{e}^{\mathrm{j}\omega\tau}+\frac{\eta V_1}{\omega^2 l}(\mathrm{e}^{\mathrm{j}\omega\tau}-\mathrm{e}^{\mathrm{j}\omega t}) \tag{5.226}$$

从式 (5.226) 看出，不同的 τ 有不同的 $x(\tau, t)$；反过来，不同的 x 也有不同的 $\tau=\tau(x, t)$。式 (5.226) 是一个超越方程，不容易求解，得寻求其他办法。

如图 5.38 所示，在 x=0，时刻 τ 进入间隙的电子在 t 时刻到达 x 处，时刻 τ+dτ 进入间隙的电子在相同的 t 时刻到达 $x+\mathrm{d}x$ 处，于是 $\mathrm{d}x<0$。根据电荷守恒定律有

$$I_0\mathrm{d}\tau=-\rho_l\mathrm{d}x \tag{5.227}$$

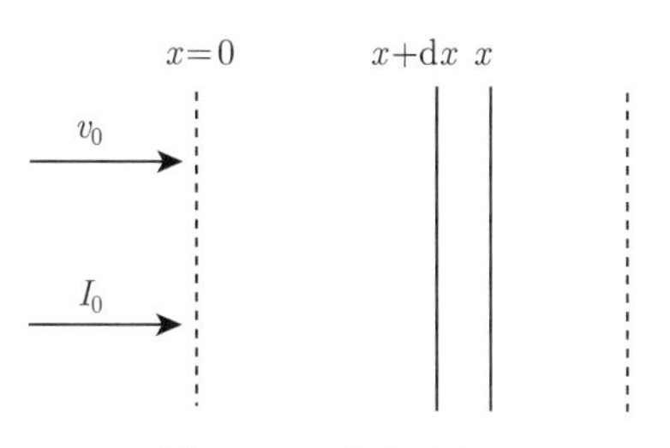

图 5.38 电荷守恒

将式 (5.227) 代入式 (5.222)，同时对电流空间积分平均有

$$I_{\mathrm{ind}}(x,t)=-\frac{I_0u(x,t)\mathrm{d}\tau}{\mathrm{d}x}\to I_{\mathrm{ind}}(t)=\frac{1}{l}\int_0^l I_{\mathrm{ind}}\mathrm{d}x=-\frac{I_0}{l}\int_t^{t-T}u(x,t)\mathrm{d}\tau \tag{5.228}$$

$\tau=t$, 对应 x=0; $\tau=t-T$, 对应 $x=l$。因为 $x=x(\tau,t)$, 上式积分可将 $u(x,t)\mathrm{d}\tau$ 转换至 $u(\tau,t)\mathrm{d}\tau$，于是结合式 (5.225)，上式可写为

$$I_{\mathrm{ind}}(t)=-\frac{I_0}{l}\int_t^{t-T}u(\tau,t)\mathrm{d}\tau=\frac{I_0}{l}\int_{t-T}^{t}u_0\left[1+\frac{\mathrm{j}\eta V_1}{\omega u_0 l}(\mathrm{e}^{\mathrm{j}\omega\tau}-\mathrm{e}^{\mathrm{j}\omega t})\right]\mathrm{d}\tau \tag{5.229}$$

对式 (5.229) 积分之前，先定义以下无量纲变量：

(1) $\psi=\omega t$ 为无量纲时间，表示间隙上高频电压的相位；

(2) $\phi=\omega T$ 为渡越角，表示渡越时间内电压相位变化；$T(t)$ 和 $\phi(t)$ 都不是常量，不同时间进入的电子受到不同电场的作用；

(3) $\phi_0=\omega l/u_0=\omega T_0$ 为无扰动渡越角，T_0 是无扰动渡越时间；

(4) $\psi_0=\omega\tau$ 为输入相位，亦即电子进入间隙的相位；

(5) $\alpha=V_1/V_0$ 为调制深度；

(6) $\mu=\alpha/(2\phi_0)$。

于是式 (5.229) 可以重新写为

$$I_{\text{ind}}(t)=\frac{I_0}{\phi_0}\int_{\psi-\phi}^{\psi}\left[1+\mathrm{j}\mu(\mathrm{e}^{\mathrm{j}\psi_0}-\mathrm{e}^{\mathrm{j}\psi})\right]\mathrm{d}\psi_0=\frac{I_0}{\phi_0}[\phi+\mu\mathrm{e}^{\mathrm{j}\psi}(1-\mathrm{e}^{-\mathrm{j}\phi}-\mathrm{j}\phi)]\quad(5.230)$$

为了计算式 (5.230) 必须知道 ϕ 与 ψ 的关系 $\phi=\phi(\psi)$，设置 $x=l,\tau=t-T$，并用无量纲变量替换，将式 (5.226) 乘以 ω 除以 u_0 整理有

$$\phi=\phi_0+\mu\mathrm{e}^{\mathrm{j}\psi}(1-\mathrm{e}^{-\mathrm{j}\phi}-\mathrm{j}\phi\mathrm{e}^{-\mathrm{j}\phi})\quad(5.231)$$

上式为一超越方程，ϕ 是 ψ(或者 t) 的周期函数，同样 I_{ind} 也是类似的周期函数，但两者都不是时谐函数。对于非线性情况，数值求解之前必须取实部。从小信号角度，假定 $\alpha\ll1$, 于是 $\alpha/(2\phi_0)\ll1$，ϕ 和 ϕ_0 之间相差很小，两者可以互换。用 ϕ_0 替代式 (5.231) 圆括号中的 ϕ，再将式 (5.231) 代入式 (5.230) (只替换方括号中的第一项，圆括号中 ϕ 用 ϕ_0 替代) 有

$$I_{\text{ind}}=I_0\left[1+\frac{\mathrm{j}\alpha}{\phi_0}\mathrm{e}^{-\mathrm{j}\phi_0/2}\left(\frac{\sin\phi_0/2}{\phi_0/2}-\cos\phi_0/2\right)\mathrm{e}^{\mathrm{j}\psi}\right]\quad(5.232)$$

电流表达式 (5.232) 可以改写为 $I_{\text{ind}}=I_0+i_{\text{ind}}$，于是有

$$i_{\text{ind}}=\frac{\mathrm{j}I_0\alpha}{\phi_0}\mathrm{e}^{-\mathrm{j}\phi_0/2}\left(\frac{\sin\phi_0/2}{\phi_0/2}-\cos\phi_0/2\right)\mathrm{e}^{\mathrm{j}\psi}\quad(5.233)$$

式 (5.233) 表明，对流 (电子) 电流中包含有交变电流分量 $\mathrm{e}^{\mathrm{j}\psi}=\mathrm{e}^{\mathrm{j}\omega t}$，电子注通过谐振腔间隙时，已产生群聚。间隙对电子注作用产生的复导纳可以表示为

$$Y_e=i_{\text{ind}}/V_1=G_e+\mathrm{j}B_e=\frac{\mathrm{j}G_0}{\phi_0}\mathrm{e}^{-\mathrm{j}\phi_0/2}\left(\frac{\sin\phi_0/2}{\phi_0/2}-\cos\phi_0/2\right)\quad(5.234)$$

式中 G_0 是直流电子注电导，G_e 和 B_e 分别为电子注电导和电纳，分别可以表示为

$$G_e=\frac{G_0}{2}\frac{\sin(\phi_0/2)}{\phi_0/2}\left[\frac{\sin(\phi_0/2)}{\phi_0/2}-\cos(\phi_0/2)\right]\quad(5.235\text{a})$$

$$B_e=\frac{G_0}{2}\frac{\cos(\phi_0/2)}{\phi_0/2}\left[\frac{\sin(\phi_0/2)}{\phi_0/2}-\cos(\phi_0/2)\right] \tag{5.235b}$$

图 5.39 为电子电导 G_e 和电纳 B_e 随无扰动渡越角 $\phi_0/2$ 的变化。从图中可以看出，当间隙渡越角 $\phi_0/2<2\pi$ 时，电子电导为正，电子从高频场吸收能量。当 $\phi_0/2>2\pi$ 时，电子电导变负，电子将能量交给高频场，也有可能会产生振荡。当 $\phi_0/2$ 为 $2n\pi$ 时，G_0=0；当 $\phi_0/2$ 为 $(2n+1)\pi$ 时，B_e=0, $n=1,2,3,\cdots$。

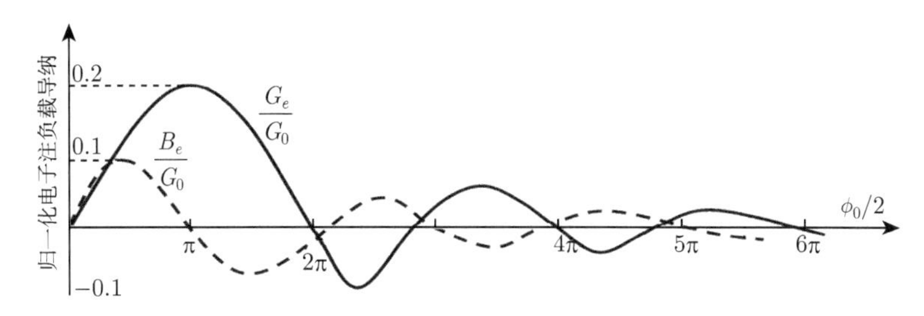

图 5.39 电子电导 G_e 和电纳 B_e 随渡越角 $\phi_0/2$ 的变化

5.3.3 耦合系数 (无栅间隙)[5,9]

不同于有栅间隙，通常无栅间隙内场分布和电子运动都属于二维问题 (这里仅考虑磁场无穷大，电子无径向运动情况)，假设间隙两边是半径为 a 的圆孔，我们对场分布作一些基本的假定：

(1) 首先将 $f(z)$ 的定义域从 $z=-\infty$ 延伸到 $+\infty$，再从 $z=-\infty$ 到 $-l/2$ 以及从 $l/2$ 到 $+\infty$ 之间，认为 $f(z)=0$。

(2) 在 $z=-l/2$ 至 $l/2$、$r=a$ 的圆柱面上，高频场与有栅间隙情况下式 (5.213) 相同，即

$$E_z(a,z,t)=\frac{V_1}{l}f(z)\mathrm{e}^{\mathrm{j}\omega t}=\frac{V_1}{l}\mathrm{e}^{\mathrm{j}\omega t}\int_{-\infty}^{\infty}g(\beta)\mathrm{e}^{-\mathrm{j}\beta z}\mathrm{d}\beta \tag{5.236}$$

忽略空间电荷效应，根据方程 (5.168)，纵向电场满足零阶变态贝塞尔方程：

$$\frac{1}{r}\frac{\partial}{\partial r}\left(r\frac{\partial E_z}{\partial r}\right)-\gamma_0 E_z=0 \tag{5.237}$$

其中 $\gamma_0^2=\beta^2-k^2>0$，该方程具有以下形式的解

$$E_z(r,z,t)=AI_0(\gamma_0 r)f(z)\mathrm{e}^{\mathrm{j}\omega t} \tag{5.238}$$

由式 (5.236) 得间隙内的场分布为

$$E_z(r,z,t)=\frac{V_1}{l}\mathrm{e}^{\mathrm{j}\omega t}\int_{-\infty}^{\infty}\frac{I_0(\gamma_0 r)}{I_0(\gamma_0 a)}g(\beta)\mathrm{e}^{-\mathrm{j}\beta z}\mathrm{d}\beta \tag{5.239}$$

类似于有栅情况，假定有一电子在 $t=0$ 时进入间隙，并设这时高频场的相位为 ϕ_0，电子的速度为 u_0。作用于电子的场为

$$E_z(r,z,\phi_0)=\frac{V_1}{l}\mathrm{e}^{\mathrm{j}\phi_0}\int_{-\infty}^{\infty}\frac{I_0(\gamma_0 r)}{I_0(\gamma_0 a)}g(\beta)\mathrm{e}^{\mathrm{j}(\beta_e-\beta)z}\mathrm{d}\beta \tag{5.240}$$

于是有效间隙电压为

$$\begin{aligned}V(r,\beta_e,\phi_0)&=\int_{-\infty}^{\infty}E_z(r,z,\phi_0)\,\mathrm{d}z\\&=\frac{V_1}{l}\mathrm{e}^{\mathrm{j}\phi_0}\int_{-\infty}^{\infty}\int_{-\infty}^{\infty}\frac{I_0(\gamma_0 r)}{I_0(\gamma_0 a)}g(\beta)\,\mathrm{e}^{\mathrm{j}(\beta_e-\beta)z}\mathrm{d}z\mathrm{d}\beta\\&=2\pi\frac{V_1}{l}g(\beta_e)\frac{I_0(\gamma_e r)}{I_0(\gamma_e a)}\mathrm{e}^{\mathrm{j}\phi_0}\end{aligned} \tag{5.241}$$

定义电子注与间隙的耦合系数为

$$M=M_rM_z=\frac{|V(r,\beta_e,\phi_0)|}{V_1}=\frac{I_0(\gamma_e r)}{I_0(\gamma_e a)}\cdot\frac{2\pi|g(\beta_e)|}{l} \tag{5.242}$$

$$\gamma_e^2=\beta_e^2-k^2,\quad M_r=\frac{I_0(\gamma_e r)}{I_0(\gamma_e a)},\quad M_z=\frac{2\pi}{l}|g(\beta_e)| \tag{5.243}$$

M_r 和 M_z 分别代表径向和轴向的耦合系数。注意到，这里的 M_z 和式 (5.221) 的有栅间隙的耦合系数完全一致。

以上求出的径向耦合系数 M_r 对一个具有半径为 r 的薄空心电子注是完全适合的，但对一个实心注，就需要在某种平均意义上来求出对整个实心注的径向耦合。M_r 平均有两种方式，一是求线性的平均值，这样用来描述整个实心注的速度调制的平均效应。但除非电子注是非层流，并严重地交叉混合，否则这种平均效应是没有意义的。另一种是求方均根值，用来描述电子注是层流或近似层流情况下，电子与场在间隙内速度调制径向耦合的平均效应，通常这种描述符合微波管实际情况。对于直径为 b 的实心电子注，按方均根获得的径向耦合系数为

$$\overline{M}_b=\left\{\frac{1}{\pi b^2}\int_0^b\left[\frac{I_0(\gamma_e r)}{I_0(\gamma_e a)}\right]^2\cdot 2\pi r\mathrm{d}r\right\}^{1/2}=\frac{\left[I_0^2(\gamma_e b)-I_1^2(\gamma_e b)\right]^{1/2}}{I_0(\gamma_e a)} \tag{5.244}$$

5.3.4　电子负载 (无栅间隙)[5,9]

根据电荷守恒和连续性定律，在位置 z_1 到 $z_2=z_1+\mathrm{d}z$ 间隔内的电子 (相应的时间间隔 $\mathrm{d}t$) 受到高频电场的调制电流为 i_1，经过距离 z_2-z_1 后，在位置 z_2

处的对应电流 i_2 为

$$i_2 = i_1 \frac{\mathrm{d}t_1}{\mathrm{d}t_2} \tag{5.245}$$

根据本章前面相关速度调制内容的介绍，t_2 和 t_1 的关系可以表示为

$$t_2 = t_1 + \frac{l}{u} \approx t_1 + \frac{l}{u_0}\left(1 - \frac{1}{2}\alpha M \sin\omega t_1\right), \quad u = u_0\left(1 + \frac{\alpha M}{2}\sin\omega t\right) \tag{5.246}$$

考虑一般性，用复数指数函数代替式中的正弦函数，在 z_1 处的调制电压 $MV_1(r, z_1)$ 幅度用该处的高频电场 $-E_z(r,z)\mathrm{d}z$ 表示，式 (5.246) 改写为

$$t_2 = t_1 + \frac{z_2 - z_1}{u_0}\left(1 + \frac{E_z(r, z_1)\mathrm{d}z_1}{2V_0}\mathrm{e}^{\mathrm{j}\omega t_1}\right) \tag{5.247}$$

对式 (5.247) 求微分有

$$\mathrm{d}t_2 = \mathrm{d}t_1 + \mathrm{j}\beta_e\left(z_2 - z_1\right)\frac{E_z(r, z_1)\mathrm{d}z_1}{2V_0}\mathrm{e}^{\mathrm{j}\omega t_1}\mathrm{d}t_1 \tag{5.248}$$

作为近似，忽略 z_1 处的交变电流分量，位置 z_2 处的交变电流 $\mathrm{d}i_2$ 为

$$\mathrm{d}i_2 = i_2 - i_0 = i_0\left(\frac{\mathrm{d}t_1}{\mathrm{d}t_2} - 1\right) \approx -i_0 \times \mathrm{j}\beta_e\left(z_2 - z_1\right)\frac{E_z(r, z_1)}{2V_0}\mathrm{e}^{\mathrm{j}\omega t_1}\mathrm{d}z_1 \tag{5.249}$$

采用小信号近似，$\omega t_1 \approx \omega t_2 - \beta_e\left(z_2 - z_1\right)$，式 (5.249) 变为

$$\mathrm{d}i_2 = -i_0 \times \mathrm{j}\beta_e\left(z_2 - z_1\right)\frac{E_z(r, z_1)}{2V_0}\mathrm{e}^{-\mathrm{j}\beta_e(z_2 - z_1)}\mathrm{d}z_1\mathrm{e}^{\mathrm{j}\omega t_2} \tag{5.250}$$

在 z_2 面上的总的交变电流为

$$i_2\left(z_2, t_2\right) = -\frac{\mathrm{j}i_0}{2V_0}\int_{-\infty}^{z_2} E_z\left(r, z_1\right)\beta_e\left(z_2 - z_1\right)\mathrm{e}^{-\mathrm{j}\beta_e(z_2 - z_1)}\mathrm{d}z_1\mathrm{e}^{\mathrm{j}\omega t_2} \tag{5.251}$$

电子注从谐振腔吸收的总功率为

$$\begin{aligned} P &= -\frac{1}{2}\int_{-\infty}^{\infty} E_z(r, z_2) \times i_2^* \mathrm{d}z_2 \\ &= \frac{-\mathrm{j}i_0}{4V_0}\int_{-\infty}^{\infty}\int_{-\infty}^{z_2} E_z(r, z_2)E_z^*(r, z_1)\beta_e\left(z_2 - z_1\right)\mathrm{e}^{\mathrm{j}\beta_e(z_2 - z_1)}\mathrm{d}z_1\mathrm{d}z_2 \end{aligned} \tag{5.252}$$

利用重积分换元规则，改变积分次序，式 (5.252) 改写为

$$P=\frac{-\mathrm{j}i_0}{4V_0}\int_{-\infty}^{\infty}\int_{z_1}^{\infty}E_z(r,z_2)E_z^*(r,z_1)\beta_e\left(z_2-z_1\right)\mathrm{e}^{\mathrm{j}\beta_e(z_2-z_1)}\mathrm{d}z_2\mathrm{d}z_1 \tag{5.253}$$

对式 (5.253) 取共轭，积分变量符号 z_1, z_2 互换，得

$$P^*=\frac{-\mathrm{j}i_0}{4V_0}\int_{-\infty}^{\infty}\int_{z_2}^{\infty}E_z(r,z_2)E_z^*(r,z_1)\beta_e\left(z_2-z_1\right)\mathrm{e}^{\mathrm{j}\beta_e(z_2-z_1)}\mathrm{d}z_1\mathrm{d}z_2 \tag{5.254}$$

由式 (5.252) 和式 (5.254) 可求得有功功率 P_r

$$P_r=\frac{1}{2}(P+P^*)=\frac{-\mathrm{j}i_0}{8V_0}\int_{-\infty}^{\infty}\int_{-\infty}^{\infty}E_z(r,z_2)E_z^*(r,z_1)\beta_e\left(z_2-z_1\right)\mathrm{e}^{\mathrm{j}\beta_e(z_2-z_1)}\mathrm{d}z_1\mathrm{d}z_2 \tag{5.255}$$

为了计算一个半径为 b 的实心电子注从间隙高频场吸收的总功率，必须先考虑半径为 r，厚度为 $r+\mathrm{d}r$, 截面积为 $2\pi r\mathrm{d}r$ 的电子层。由于磁场足够强，可以不考虑径向运动，这个薄层具有的电流可以表示为

$$\mathrm{d}i_0=2\pi rJ_0\mathrm{d}r=\frac{2i_0}{b^2}r\mathrm{d}r \tag{5.256}$$

于是，按照式 (5.255)，这一薄电子层吸收的功率为

$$\mathrm{d}P_r=\frac{-\mathrm{j}\mathrm{d}i_0}{8V_0}\int_{-\infty}^{\infty}\int_{-\infty}^{\infty}E_z(r,z_2)E_z^*(r,z_1)\beta_e\left(z_2-z_1\right)\mathrm{e}^{\mathrm{j}\beta_e(z_2-z_1)}\mathrm{d}z_1\mathrm{d}z_2 \tag{5.257}$$

由于电场 $E_z(r,z_1)$ 和 $E_z(r,z_2)$ 与β_e 没有关系，上式可以改写为对 β_e 求偏微分的关系式：

$$\mathrm{d}P_r=\frac{-\mathrm{d}i_0}{8V_0}\beta_e\frac{\partial}{\partial\beta_e}\int_{-\infty}^{\infty}\int_{-\infty}^{\infty}E_z(r,z_2)E_z^*(r,z_1)\mathrm{e}^{\mathrm{j}\beta_e(z_2-z_1)}\mathrm{d}z_1\mathrm{d}z_2 \tag{5.258}$$

将 $E_z(r,z_1)$ 和 $E_z(r,z_2)$ 按式 (5.240) 写成傅里叶积分形式，并代入式 (5.258) 后先对 z_1 和 z_2 积分可得

$$\begin{aligned}\mathrm{d}P_r=&\frac{-\mathrm{d}i_0}{8V_0}\beta_e\frac{\partial}{\partial\beta_e}\int_{-\infty}^{\infty}\int_{-\infty}^{\infty}\frac{V_1}{l}\int_{-\infty}^{\infty}\frac{I_0\left(\gamma_{02}r\right)}{I_0\left(\gamma_{02}a\right)}g\left(\beta_2\right)\mathrm{e}^{\mathrm{j}(\beta_e-\beta_2)z_2}\mathrm{d}\beta_2\\&\cdot\frac{V_1^*}{l}\int_{-\infty}^{\infty}\frac{I_0\left(\gamma_{01}r\right)}{I_0\left(\gamma_{01}a\right)}g^*\left(\beta_1\right)\mathrm{e}^{-\mathrm{j}(\beta_e-\beta_1)z_1}\mathrm{d}\beta_1\mathrm{d}z_1\mathrm{d}z_2\\=&\frac{-4\pi^2|V_1|^2\mathrm{d}i_0}{8V_0l^2}\beta_e\frac{\partial}{\partial\beta_e}\int_{-\infty}^{\infty}\int_{-\infty}^{\infty}\frac{I_0\left(\gamma_{01}r\right)}{I_0\left(\gamma_{01}a\right)}\frac{I_0\left(\gamma_{02}r\right)}{I_0\left(\gamma_{02}a\right)}g^*\left(\beta_1\right)g\left(\beta_2\right)\end{aligned}$$

$$\cdot\delta(\beta_e-\beta_2)\delta(\beta_e-\beta_2)\mathrm{d}\beta_1\mathrm{d}\beta_2$$

$$=\frac{-4\pi^2|V_1|^2\mathrm{d}i_0}{8V_0l^2}\beta_e\frac{\partial}{\partial\beta_e}\left[\frac{I_0^2(\gamma_e r)}{I_0^2(\gamma_e a)}g(\beta_e)g^*(\beta_e)\right] \tag{5.259}$$

由式 (5.243)，有

$$\mathrm{d}P_r=\frac{-\mathrm{d}i_0|V_1|^2}{8V_0}\beta_e\frac{\partial}{\partial\beta_e}(M_r^2M_z^2)=\frac{-\mathrm{d}i_0|V_1|^2}{8V_0}\beta_e\frac{\partial M^2}{\partial\beta_e} \tag{5.260}$$

$$P_r=\frac{-|V_1|^2}{8V_0}\beta_e\int_0^b\frac{\partial M^2}{\partial\beta_e}\mathrm{d}i_0=\frac{-i_0|V_1|^2}{4V_0b^2}\beta_e\int_0^b\frac{\partial M^2}{\partial\beta_e}r\mathrm{d}r \tag{5.261}$$

$$G_e=\frac{2P_r}{|V_1|^2}=-\frac{G_0}{2b^2}\beta_e\int_0^b\frac{\partial M^2}{\partial\beta_e}r\mathrm{d}r \tag{5.262}$$

其中 $G_0=i_0/V_0$ 为直流电子电导，负号是考虑了电子注电流与常规电流符号相反的结果。

对于有栅间隙，$f(z)=1$，则 $M=\dfrac{\sin(\phi_0/2)}{\phi_0/2}, \phi_0=\beta_e l$，代入式 (5.262)，求得有栅间隙的电子电导，即

$$G_e=\frac{G_0}{2}\frac{\sin(\phi_0/2)}{\phi_0/2}\left[\frac{\sin(\phi_0/2)}{\phi_0/2}-\cos(\phi_0/2)\right] \tag{5.263}$$

该式与式 (5.235a) 相同。

对于无栅间隙，由于电场的径向不均匀性，电子电导应在电子注截面上进行平均，则

$$\frac{G_e}{G_0}=-\frac{1}{2b^2}\int_0^b\beta_e\frac{\partial M^2}{\partial\beta_e}r\mathrm{d}r=-\frac{\beta_e}{2b^2}\frac{\partial}{\partial\beta_e}\left(\int_0^b M^2r\mathrm{d}r\right) \tag{5.264}$$

由耦合系数表达式，$M=M_zM_r=M_z\dfrac{I_0(\gamma_e r)}{I_0(\gamma_e a)}$，求得

$$\overline{M}_r^2=\frac{2}{b^2}\int_0^b M_r^2r\mathrm{d}r=\frac{I_0^2(\gamma_e b)-I_1^2(\gamma_e b)}{I_0(\gamma_e a)} \tag{5.265}$$

式中 a 和 b 分别为漂移管半径和电子注半径。

引入近似 $\gamma_e a\approx\beta_e a, \gamma_e b\approx\beta_e b$，将上式代入式 (5.264)，得

$$\frac{G_e}{G_0}=-\frac{1}{4}\left(M_z^2\beta_e\frac{\partial\overline{M}_r^2}{\partial\beta_e}+\overline{M}_r^2\phi_0\frac{\partial M_z^2}{\partial\phi_0}\right),\quad \phi_0=\beta_e l \tag{5.266}$$

将式 (5.265) 代入式 (5.266)，得

$$
\begin{aligned}
\frac{G_e}{G_0}=&\frac{M_z^2}{2}\frac{\beta_e^2}{\gamma_e^2}\left\{\frac{\beta_e a I_1(\beta_e a)}{I_0^3(\beta_e a)}\left[I_0^2(\beta_e b)-I_1^2(\beta_e b)\right]-\frac{I_1^2(\beta_e b)}{I_0^2(\beta_e a)}\right\}\\
&-\frac{1}{2}M_z\phi_0\frac{\partial M_z}{\partial\phi_0}\frac{I_0^2(\beta_e b)-I_1^2(\beta_e b)}{I_0^2(\beta_e a)}
\end{aligned}
\tag{5.267}
$$

上式给出电子注通过无栅间隙谐振腔的电子负载。

对于刀刃形无栅间隙，$M_z=J_0\left(\dfrac{\beta_e l}{2}\right)$。图 5.40 为刀刃形谐振腔间隙的电子负载随间隙渡越角的变化关系。由图 5.40 可以看出，对于无栅间隙，较小的间隙渡越角就使电子电导变负，说明无栅间隙的等效间隙长度大于有栅间隙。

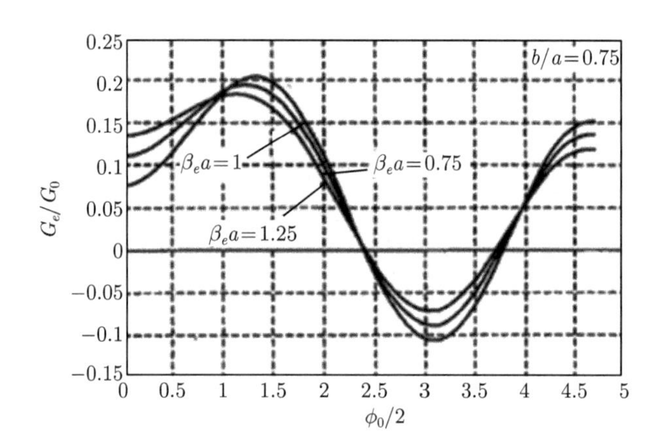

图 5.40　刀刃形谐振腔间隙的电子负载随间隙渡越角的变化

图 5.41 为对应于不同间隙长度 l 和漂移管半径 a，有栅间隙与刀刃形无栅间隙电子负载的比较。由图看出 l/a 越小，其差别越大。

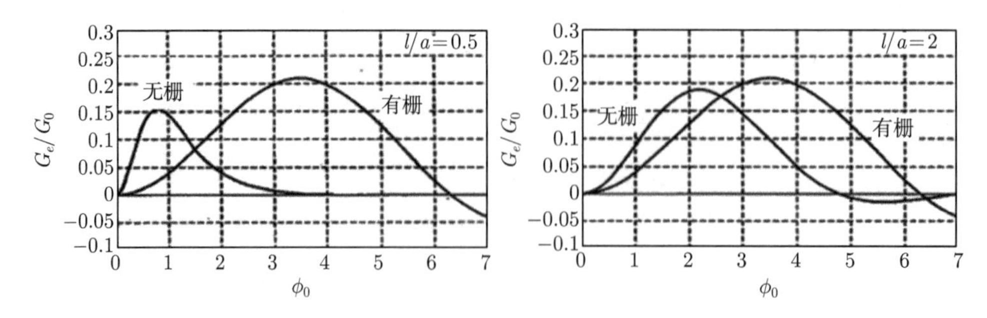

图 5.41　有栅间隙和刀刃形无栅间隙电子负载的比较

5.4 谐 振 腔

谐振腔是真空电子器件进入到微波频段后一个重要的高频结构 (或部件)，它是低频谐振电路向高频发展的一种转换形式。谐振腔的引入为真空微波电子器件向高功率、高效率和高增益发展提供了有效手段。不过，谐振腔的多模存在给线性注器件的稳定性带来了很多技术上面临困难而又必须解决的问题。本节主要强调谐振腔带来的优势，而对后者的涉及不是特别具体。

5.4.1 从谐振电路到谐振腔

在微波系统中，谐振腔功用类似于低频或者高频电子电路中集总参数的谐振回路。之所以会采用谐振腔主要是因为以下几个原因：

(1) 频率太高，L 和 C 都非常小，其几何尺寸越来越小；

(2) 频率太高，辐射损耗增大；

(3) 频率太高，趋肤效应引起的导体欧姆损耗增大，集中参数元器件尺寸缩小，耐受能力下降；

(4) 频率太高，元器件使用的介质材料极化效应引起的损耗增加；

(5) 频率太高，分布参数作用明显，会影响集中参数设计的准确性。

损耗增大使回路的品质因数下降，从而使回路频率选择特性变差；几何尺寸减小，储能空间减小，回路功率容量减小，击穿电压降低。这些问题会给谐振电路和元器件的制备以及电路输出功率、增益和效率带来严重的限制，人们不得不寻求新的方法、结构和电路形式以解决实际面临的具体问题。

如图 5.42 所示，当频率提高时，图 5.42(a) 中 LC 谐振电路的多匝电感和多层电容电路最终被图 5.42(b) 中的电路替代，其中的电感为一个半环，电容为一对靠近的平行圆盘。频率继续提高时，通过增加圆盘距离减小电容，增加并联线圈降低电感。随着更多电感线圈的增加，电感部分成为图 5.42(d) 中所示的环形空腔。磁场集中在腔的环形部位，而电场集中在有平板的中心部位。

谐振时，能量在谐振腔的环形部分和平板部分之间来回振荡，就像在并联 LC 电路中一样。将图 5.42(d) 中的平行平板部分用平行栅网代替，就可以在中心区通过低能量电子注。在高功率电平上，电子注撞击会损坏栅网，故不能使用栅网。图 5.42(d) 自然演变为图 5.43(a)。为简化结构，谐振腔通常采用图 5.43(b) 所示的形状，这种谐振腔称为双重入式谐振腔，管状电子注通道的两端 (称为漂移管头) 是谐振腔的重要部分，谐振腔电容由漂移管头之间电场储存的能量产生。

无栅谐振腔中的电场分布 (图 5.43(b) 中的虚线) 不能像有栅腔中那样精确定义。但电场存在于谐振腔中间区域，可以与电子注发生相互作用。

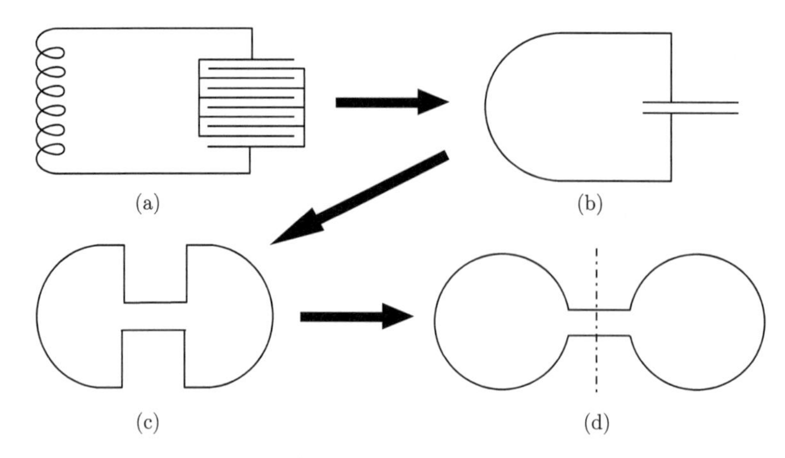

图 5.42　工作在微波频率并联谐振电路的修正

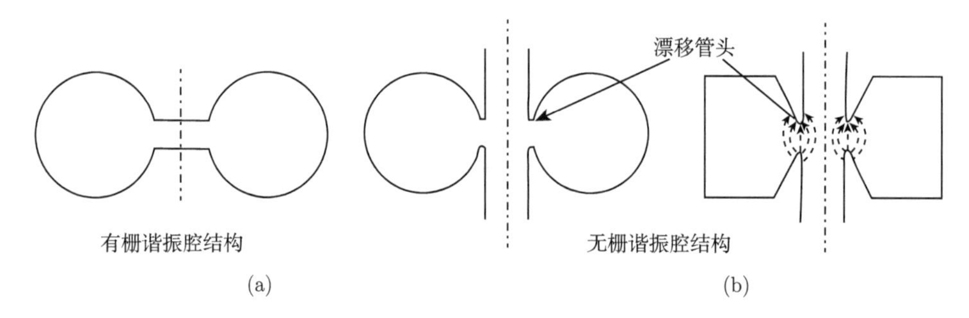

图 5.43　谐振腔由有栅向无栅变化

在微波电子器件中，谐振腔常常用作振荡器或者调谐放大器的谐振回路和电子注相互作用交换能量的场所。电子注总是穿过谐振腔中电场最强的地方，参考面自然就选在那里。在这种情况下，在谐振频率附近，谐振腔等效成一个并联谐振回路 (电压谐振)，见图 5.44。

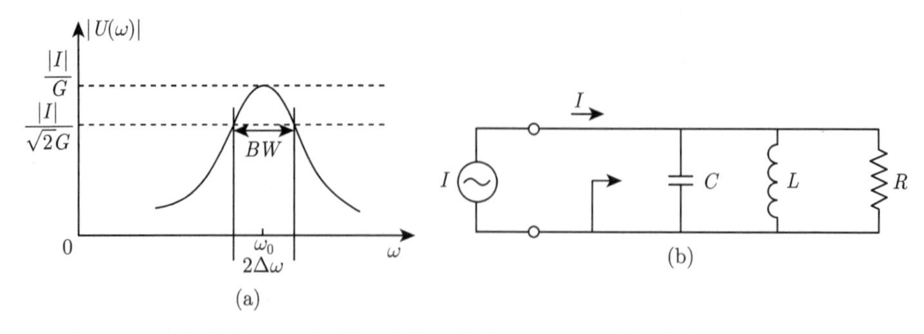

图 5.44　并联谐振回路的谐振曲线和等效电路：(a) 谐振曲线；(b) 等效电路

对于图 5.44，有

$$U=IZ=\frac{I}{G+\mathrm{j}C\left(\omega-\frac{1}{\omega LC}\right)}=\frac{I}{G+\mathrm{j}\frac{C}{\omega}(\omega^2-\omega_0^2)}\approx\frac{I}{G+\mathrm{j}2C\Delta\omega}\tag{5.268}$$

$$\mathrm{j}\omega_0C+\frac{1}{\mathrm{j}\omega_0L}=0\rightarrow\omega_0=\frac{1}{\sqrt{LC}},\quad \Delta\omega=\omega-\omega_0=G/(2C)\quad(\text{半功率点}),$$

$$\rho_0=\omega_0L=\frac{1}{\omega_0C}=\sqrt{\frac{L}{C}}$$

$$Q=\frac{\omega_0}{2\Delta\omega}=\frac{\omega_0C}{G}=\frac{R}{\omega_0L}=\frac{\omega_0\frac{1}{2}CUU^*}{\frac{1}{2}GUU^*}=\frac{2\pi}{T}\frac{W_{\text{total}}}{P_d}\tag{5.269}$$

品质因数 Q 就是在谐振频率时回路总储能和一周期内损耗能量的比值的 2π 倍。对于并联谐振，当 $\omega>\omega_0$ 时，电场储能大于磁场储能；当 $\omega<\omega_0$ 时，磁场储能大于电场储能。对于串联谐振则相反。

一个由 L,C,G 构成的实际回路，可以导出三个参量：

$$f_0=\frac{1}{2\pi\sqrt{LC}},\quad Q=\frac{1}{G}\sqrt{\frac{C}{L}}\text{ 或 }Q=\frac{R}{\sqrt{\frac{L}{C}}}\quad\left(R=\frac{1}{G}\right),\quad \rho_0=\sqrt{\frac{L}{C}}=\frac{R}{Q}\tag{5.270}$$

三个导出参量 f_0,Q 和 $\rho_0(R/Q)$，对谐振腔仍然有效, 是谐振腔本身性能的体现。而 L,C,G 却只能是一种等效参数。

$$L=\frac{\rho_0}{2\pi f_0},\quad C=\frac{1}{2\pi f_0\rho_0},\quad G=\frac{1}{Q\rho_0}(\text{或 }R=Q\rho_0)\tag{5.271}$$

R/Q 值是表示谐振腔性能优劣的参数，与 Q 值无关。因此，通过调整负载 Q 值，可以将并联电阻 R 设为与谐振腔外负载匹配的值。这样就固定了 Q 值，由于 Q 与带宽成反比，因此就可以确定预期的谐振腔 (和速调管) 的频率响应。电子注电导 G_0 越大，R/Q 和耦合系数值越高，带宽越宽。式 (5.272) 给出了速调管相对带宽与耦合系数、R/Q、电子注电导 (输出功率和导流系数) 之间关系的经验公式 [5,10]。通过电子注电导与输出功率和导流系数之间的关系，可以展示出高频输出功率和导流系数增大有益于实现带宽的展宽。

$$\left(\frac{\Delta f}{f}\right)_{3\text{dB}}\propto\frac{1}{2}M^2(R/Q)G_0=\frac{1}{2}M^2(R/Q)(P_{\text{out}}/\eta)^{1/5}P_{\text{er}}^{4/5}\tag{5.272}$$

绝大多数速调管的谐振腔完全在真空外壳内，这类速调管称为内腔速调管。但是，在一些低频速调管 (低于 S 波段) 中，高频谐振腔位于真空外壳之外，如图 5.45 所示。这些速调管称为外腔速调管。谐振腔间隙及漂移管部分通过一个圆环形柱状陶瓷窗完成真空密封，外腔被做成两半在实际测试时再安装上去。这种做法减轻了制备过程的困难，但增加了性能调试的难度。其优缺点比较如下：

优点：

(1) 机械调谐带宽 10%～15%；

(2) 真空结构较小；

(3) 高频腔可重复利用。

缺点：

(1) 陶瓷在强场附近容易引起二次电子，高频放电打火；

(2) 需要在使用现场对速调管谐振腔调谐，对调试和具体操作人员提出了更高的要求。

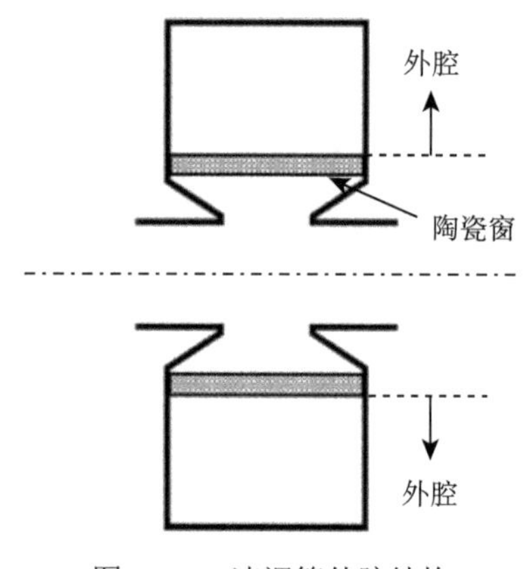

图 5.45　速调管外腔结构

5.4.2　谐振腔的功率耦合

现代速调管中，使用耦合环或波导膜片将能量耦合到谐振腔，图 5.46 表示典型的耦合环结构，图 5.47 表示谐振腔与波导的耦合结构。耦合环的工作原理比较容易理解。为将信号注入谐振腔，在耦合环中注入高频电流 I_1，如图 5.48 所示。结果使耦合环内部和周围建立了一些磁力线，并且有一部分通过谐振腔环形区。这些磁力线在谐振腔壁上感应出电流 I_2，由此而产生的电荷流动在谐振腔容性区建立电场 $\boldsymbol{E}$。当高频输入电流 I_1 振荡时，导致磁场、电流 I_2、电场 $\boldsymbol{E}$ 也都振荡。用耦合环从谐振腔中提取能量时，与以上所述过程相反。由于耦合环内导体与外导体相连，信号耦合进入输入腔的大小和匹配好坏不能以反射系数大小确定，而是通过调整耦合环面积的大小和与磁力线垂直好坏获得有耦合时输入腔的外 Q 随频率变化的关系来确定。

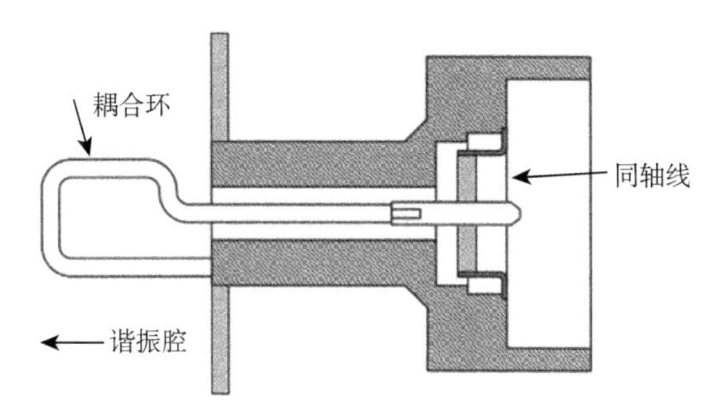

图 5.46 耦合环与谐振腔耦合结构

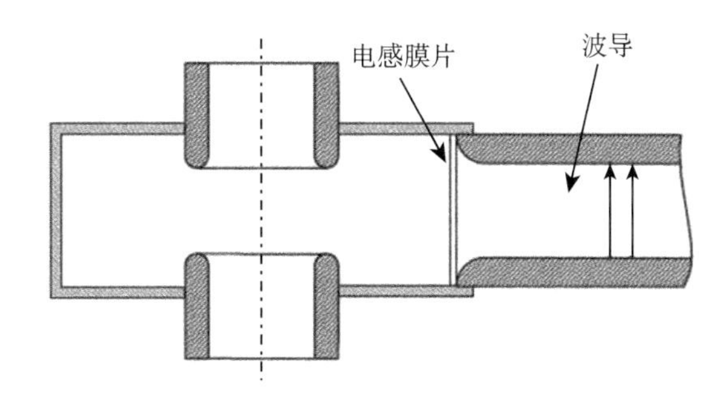

图 5.47 波导与谐振腔耦合结构

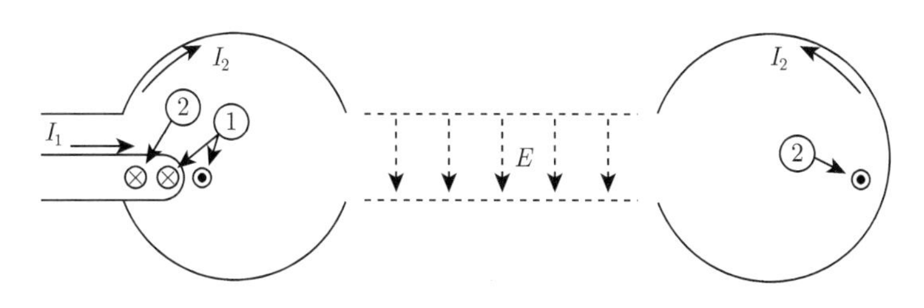

图 5.48 使用耦合环输入信号到谐振腔

当使用波导膜片耦合时，波导的取向应使电磁场直接传播进入谐振腔，并在互作用间隙处建立电场。也就是说，使输入信号电场方向保持与谐振腔中电场方向尽可能一致，以保证信号在尽可能好的匹配条件下耦合进入或输出。波导输入/输出耦合设计和测量可以根据电路反射系数或驻波比的好坏决定电路耦合匹配设计是否满足要求。

5.4.3 谐振腔的调谐

由于理论计算和结构设计各自的特殊性以及机械加工精度和焊接过程控制可能带来的误差和变化,速调管谐振腔必须能够对谐振频率进行一定范围的调节 (调谐) 以控制谐振频率在容许的偏差范围之内。正如与图 5.47 和图 5.48 相关的讨论所述，谐振腔外部的圆环区域是感性区，互作用间隙附近是容性区，因此可以采用调谐器改变电感或电容以调整谐振腔谐振频率的大小。图 5.49[11] 是两个电感调谐机构，左图和右图中的膜片都可以改变谐振腔的体积。电感直接随腔体积变化，当活塞或膜片向谐振腔内推动时，电感减小，谐振频率提高。在某些活塞型调谐器中，采用扼流圈来降低调谐器中的电流。

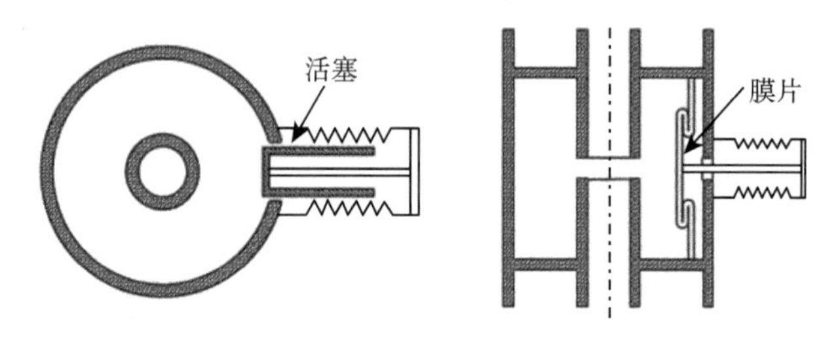

图 5.49 电感调谐器

图 5.50[11] 是电容调谐器。使用这些调谐器时，在互作用间隙附近放置一个叶片状的电极来改变电容 (避免叶片与腔体接触)。当叶片接近间隙时，电容增加，谐振频率降低。在高功率应用时，有时还需要在调谐器的中心轴引入冷却液。

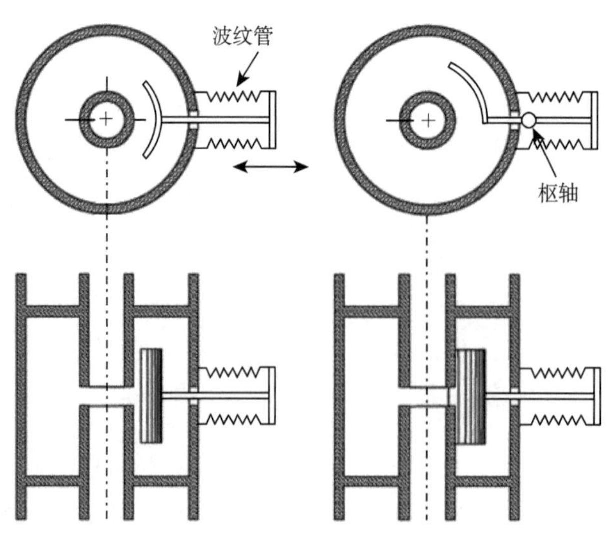

图 5.50 电容调谐器

5.4.4 谐振腔的场分布表达式 [12]

由于电子注与场发生相互作用的地方主要是电场最强的间隙处，故此处考虑的是速调管间隙内的驻波场。由于对间隙内波的相位移并无任何限制，因此相位常数β 的分布是一个连续谱。在二维间隙内，高频场的分布服从

$$E_z(a,z,t)=E_m f(z)\mathrm{e}^{\mathrm{j}\omega t} \tag{5.273}$$

考察如图 5.51 所示几种不同的漂移管头形状所导致的场分布以及 $f(z)$ 的函数关系。

$$f(z)=1,\quad f(z)=\frac{1}{\sqrt{1-(2z/l)^2}},\quad f(z)=\cosh(mz),\quad -l/2\leqslant z\leqslant l/2 \tag{5.274}$$

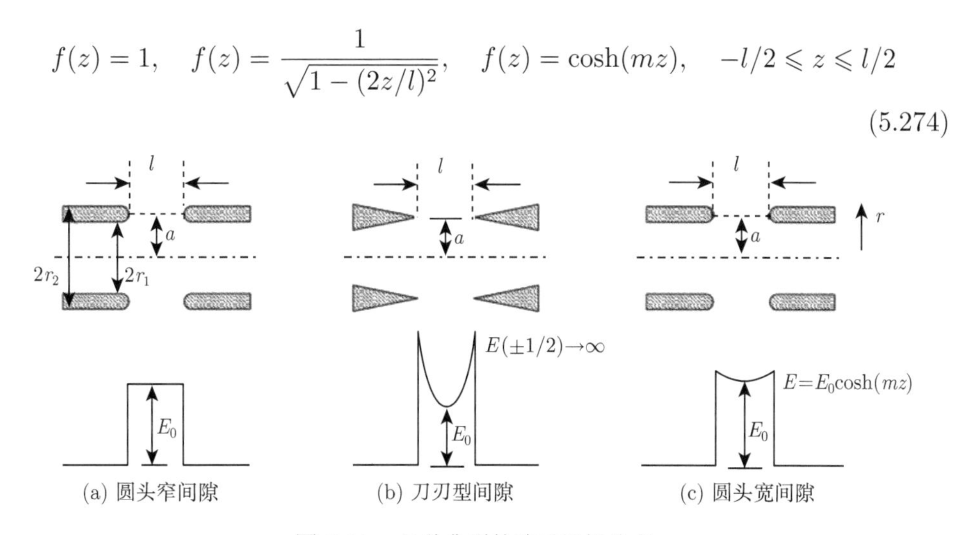

图 5.51　几种典型的腔口及场分布

实用的漂移管头如图 5.51(c) 所示，真正的场分布 $f(z)$ 取决于漂移管头形状、壁厚以及长宽比 (l/a)。场分布 $f(z)$ 是 z 的偶函数，在极限情况下可以变为均匀分布，以及在靠刀刃处可以趋于很大的值，还希望这个函数是可积的，因此选择了下列表达式

$$f(z)=\cosh(mz) \tag{5.275}$$

式中 m 称为场形因子。可以看出，当 m=0 时，$E_m f(z)$= 常数 $=E_m$；当 $m\to\infty$ 时，$\lim\limits_{m\to\infty}\cosh(mz)\approx\lim\limits_{m\to\infty}\dfrac{1}{2}\mathrm{e}^{mz}$；而由式 (5.274)，$\lim\limits_{z\to\pm l/2}\dfrac{1}{\sqrt{1-(2z/l)^2}}=\lim\limits_{\delta\to 0}\dfrac{1}{\sqrt{\delta}}$，其中 $\delta=1-2z/l$。这时两者趋于无穷大是一致的。实际上这种刀刃间隙是不存在的。只要适当选定 m 的值，式 (5.275) 的表达式可以相当好地与实测场一致。一般 m 落在 $1.25\leqslant\cosh(ml)\leqslant 3$ 的范围内。

由无栅电子注耦合系数所推导的，速调管的间隙内是一驻波场，具有β 的连续谱。当 $r \leqslant a$ 时，间隙内的轴向场为

$$E_z(r,z,t) = E_m \mathrm{e}^{\mathrm{j}\omega t} \int_{-\infty}^{+\infty} \frac{I_0(\gamma_0 r)}{I_0(\gamma_0 a)} g(\beta) \mathrm{e}^{-\mathrm{j}\beta z} \mathrm{d}\beta \tag{5.276}$$

利用麦克斯韦方程，可以导出

$$E_r(r,z,t) = \mathrm{j} E_m \mathrm{e}^{\mathrm{j}\omega t} \int_{-\infty}^{+\infty} \frac{\beta I_1(\gamma_0 r)}{\gamma_0 I_0(\gamma_0 a)} g(\beta) \mathrm{e}^{-\mathrm{j}\beta z} \mathrm{d}\beta \tag{5.277}$$

式中

$$\gamma_0 = \beta^2 - k^2, \quad k = \omega/c, \quad g(\beta) = \frac{1}{2\pi} \int_{-\infty}^{+\infty} f(z) \mathrm{e}^{\mathrm{j}\beta z} \mathrm{d}z \tag{5.278}$$

若选择 $-l/2 \leqslant z \leqslant l/2$，则 $f(z)=\cosh(mz)$；而在 $|z| \geqslant l/2$ 处，$f(z)=0$。则它的傅里叶变换 $g(\beta)$ 通过直接积分为

$$\begin{aligned} g(\beta) &= \frac{1}{2\pi} \int_{-l/2}^{l/2} \frac{\mathrm{e}^{mz} + \mathrm{e}^{-mz}}{2} \mathrm{e}^{\mathrm{j}\beta z} \mathrm{d}z \\ &= \frac{1}{4\pi} \left[\frac{\mathrm{e}^{(\mathrm{j}\beta+m)l/2} - \mathrm{e}^{-(\mathrm{j}\beta+m)l/2}}{\mathrm{j}\beta + m} + \frac{\mathrm{e}^{(\mathrm{j}\beta-m)l/2} - \mathrm{e}^{-(\mathrm{j}\beta-m)l/2}}{\mathrm{j}\beta - m} \right] \end{aligned} \tag{5.279}$$

将式 (5.279) 代入式 (5.276) 得

$$\begin{aligned} & E_z(r,z,t) \\ = & E_m \mathrm{e}^{\mathrm{j}\omega t} \left(\frac{\mathrm{e}^{ml/2}}{4\pi \mathrm{j}} \int_{-\infty}^{\infty} \frac{I_0(\gamma_0 r)}{I_0(\gamma_0 a)} \frac{\mathrm{e}^{\mathrm{j}\beta(l/2-z)}}{\beta - \mathrm{j}m} \mathrm{d}\beta - \frac{\mathrm{e}^{-ml/2}}{4\pi \mathrm{j}} \int_{-\infty}^{\infty} \frac{I_0(\gamma_0 r)}{I_0(\gamma_0 a)} \frac{\mathrm{e}^{-\mathrm{j}\beta(l/2+z)}}{\beta - \mathrm{j}m} \mathrm{d}\beta \right. \\ & \left. + \frac{\mathrm{e}^{-ml/2}}{4\pi \mathrm{j}} \int_{-\infty}^{\infty} \frac{I_0(\gamma_0 r)}{I_0(\gamma_0 a)} \frac{\mathrm{e}^{\mathrm{j}\beta(l/2-z)}}{\beta + \mathrm{j}m} \mathrm{d}\beta - \frac{\mathrm{e}^{ml/2}}{4\pi \mathrm{j}} \int_{-\infty}^{\infty} \frac{I_0(\gamma_0 r)}{I_0(\gamma_0 a)} \frac{\mathrm{e}^{-\mathrm{j}\beta(l/2+z)}}{\beta + \mathrm{j}m} \mathrm{d}\beta \right) \end{aligned} \tag{5.280}$$

利用复变函数理论的留数定理对上式每一项积分进行计算得到当 $-l/2 \leqslant z \leqslant l/2$ 时，

$$\begin{aligned} E_z(r,z,t) = E_m \mathrm{e}^{\mathrm{j}\omega t} & \left[\cosh(mz) \frac{J_0\left(r\sqrt{k^2+m^2}\right)}{J_0\left(a\sqrt{k^2+m^2}\right)} - \sum_{n=1}^{\infty} \frac{\mu_n J_0\left(\dfrac{r}{a}\mu_n\right)}{p_n J_1(\mu_n)} \left(\frac{\mathrm{e}^{ml/2}}{p_n - am} \right. \right. \\ & \left. \left. + \frac{\mathrm{e}^{-ml/2}}{p_n + am} \right) \mathrm{e}^{-(p_n l/(2a))} \cosh(p_n z/a) \right] \end{aligned} \tag{5.281}$$

当 $|z| \geqslant l/2$ 时，

$$E_z(r,z,t) = E_m \mathrm{e}^{\mathrm{j}\omega t} \sum_{n=1}^{\infty} \frac{\mu_n J_0\left(\frac{r}{a}\mu_n\right)}{p_n J_1(\mu_n)} \mathrm{e}^{-p_n|z|/a} \cdot \left[\frac{\sinh(p_n+am)l/(2a)}{p_n+am} + \frac{\sinh(p_n-am)l/(2a)}{p_n-am}\right] \tag{5.282}$$

式中 μ_n 是 $J_0(x)=0$ 的第 n 个根，$p_n = \sqrt{\mu_n^2 - k^2a^2}$。在微波管内 ka=0.1~0.5，零阶贝塞尔函数第一个最小的根 μ_1 =2.4048，因此 p_n 总是正的实数。

根据同样方法可以求出径向电场，当 $-l/2 \leqslant z \leqslant l/2$ 时，

$$E_r(r,z,t) = E_m \mathrm{e}^{\mathrm{j}\omega t} \left[\sum_{n=1}^{\infty} \frac{J_1\left(\frac{r}{a}\mu_n\right)}{J_1(\mu_n)} \mathrm{e}^{-p_n l/(2a)} \left(\frac{\mathrm{e}^{ml/2}}{p_n-am} + \frac{\mathrm{e}^{-ml/2}}{p_n+am}\right) \sinh\left(\frac{p_n z}{a}\right) - m\sinh(mz) \frac{J_1\left(r\sqrt{k^2+m^2}\right)}{\sqrt{k^2+m^2} J_0\left(a\sqrt{k^2+m^2}\right)}\right] \tag{5.283}$$

当 $|z| \geqslant l/2$ 时，

$$E_r(r,z,t) = E_m \mathrm{e}^{\mathrm{j}\omega t} \sum_{n=1}^{\infty} \frac{J_1\left(\frac{r}{a}\mu_n\right) \mathrm{e}^{-p_n|z|/a}}{J_1(\mu_n)} \cdot \left[\frac{\sinh(p_n+am)l/(2a)}{p_n+am} + \frac{\sinh(p_n-am)l/(2a)}{p_n-am}\right] \frac{z}{|z|} \tag{5.284}$$

应当注意到 E_z 是 z 的偶函数，E_r 是 z 的奇函数。此外 $E_r(0,z,t) = E_r(r,0,t) = 0$，因此 E_r 相对间隙中心 $(r=0, z=0)$ 是对称的。

5.4.5 谐振腔的高频损耗 [2]

微波电流流过谐振腔壁时，会产生高频损耗。为了确保速调管稳定工作，损耗的估计是必要的。这样做主要有以下两条理由：

(1) 可以根据估计损耗的大小给腔壁提供合适的冷却；

(2) 可以根据估计损耗的大小，限制谐振腔的工作电平，避免过热。

西蒙斯和乔里 [13,14] 在相关高频损耗研究的基础上，总结和定义了优质因子 F_m

$$F_m = \frac{V^2}{P_L/A}\frac{\delta}{\lambda^3} = \left(\frac{R}{Q}\right)\left(Q_0\frac{\delta}{\lambda}\right)\left(\frac{A}{\lambda^2}\right) \tag{5.285}$$

式中 V 是峰值电压，P_L/A 是单位面积耗散功率，δ 是趋肤深度，λ 是工作波长，Q_0 是无载 Q 值。西蒙斯通过总结上式右边括号中三项大小范围在实际应用过程的经验体会 [14]，对于速调管通常 $R/Q=125$, $Q_0\delta/\lambda \approx 0.8$, $A/\lambda^2 \approx 1$，F_m 近似为 100，同时采用铜的 δ 值，重写式 (5.285)

$$V^2 = 0.83 \times 10^6 \lambda^{5/2} \frac{P_L}{A} \tag{5.286}$$

以输出间隙电压近似等于电子注电压用于估算功率损耗。图 5.52 是西蒙斯 [14] 在对数坐标下画出的对于不同平均损耗功率密度下工作电压平方与工作波长 (1mm~1m) 的关系曲线。从图中可以看出，当波长相同时，电压越高损耗越大；而当电压相同时，波长越长损耗越小。

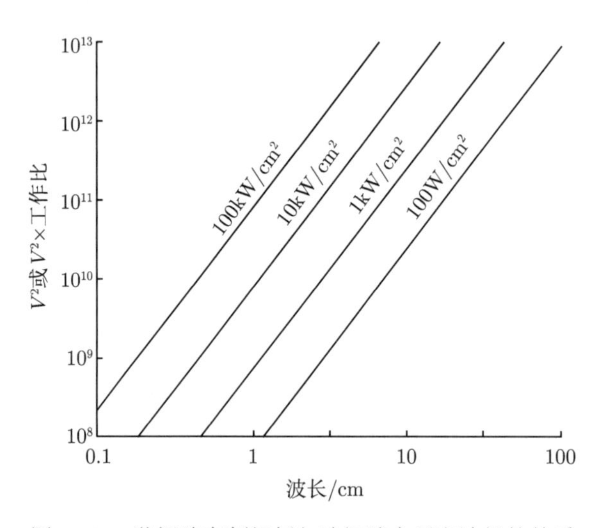

图 5.52 谐振腔高频损耗与腔间隙电压和波长的关系

5.4.6 谐振腔的设计和计算

谐振腔的主要电特征参数是谐振频率 (f_0)、品质因子 (Q) 和特性阻抗 (R/Q)。在设计速调管的过程中，这三个特征参数的大小是通过注波互作用分析计算过程中，当输出功率、效率、增益和带宽满足工程要求的技术指标时获得的。在获得这些参数后，可以通过高频软件对给定的三个参数综合设计出满足工程应用的腔体几何结构参数。相关设计计算的软件有二维程序 Azimouth 和三维的 Anys HFSS 和 CST-MWS 等。

5.5 速调管工作原理及特性

5.5.1 速调管分类

速调管是两类主要线性注 (O 型) 微波管之一，另一类是行波管 (TWT)。图 5.53 给出了线性注器件的族谱图。

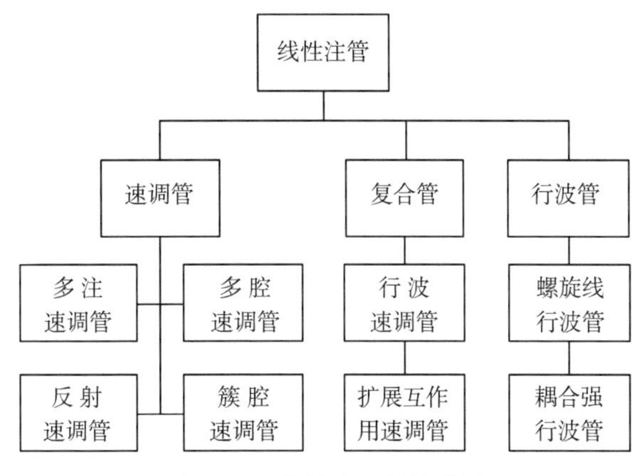

图 5.53 线性注器件族谱图

图 5.54 中四个图表明了速调管、耦合腔行波管、复合型器件技术的差别。在速调管中，互作用发生在沿电子注方向的分立位置上，并且互作用结构的各部分之间没有信号耦合，高频信号只能通过电子注从一个腔传到下一个腔。

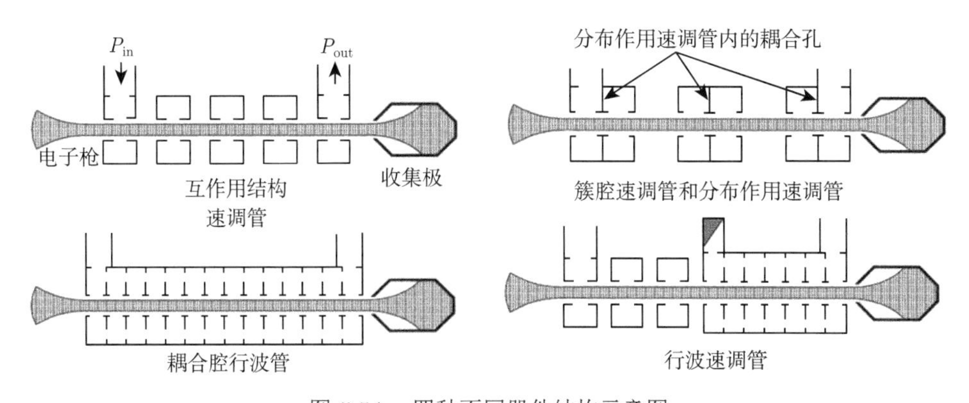

图 5.54 四种不同器件结构示意图

耦合腔行波管的谐振腔与速调管谐振腔的外观类似，但是各腔之间的腔壁上有耦合孔，因此高频能量除了可以通过电子注携带传输外，还能通过互作用结构传播。信号沿着互作用结构的传播是行波管与速调管最本质的区别。

在分布作用速调管 (EIK) 中，用包含两个或多个互作用间隙的谐振结构代替一个或多个传统速调管的单间隙谐振腔，其带宽增加，超过普通速调管。另外，在管子输出端，每个互作用间隙的电压降低，使它可以工作在很高的功率电平上。

行波速调管由速调管输入段和耦合腔输出段组成。行波速调管可在 10% ~ 15%的带宽上获得几兆瓦功率电平。

5.5.2 两腔速调管工作

图 5.55 给出了双腔速调管放大器示意图。从阴极发射的所有电子以均匀速度到达第一腔，在间隙电压 (或信号电压) 为零时通过第一腔间隙的电子速度不变。在腔间隙电压正半周通过的电子速度加快。在腔间隙电压负半周通过的电子速度减慢。这样的作用使电子在漂移过程中逐渐产生群聚。漂移空间电子的速度发生变化，亦即电子的速度被调制。在第二腔间隙处电子密度随时间周期地变化。电子注包含交变分量，亦即电流调制。电子注应该在第二腔间隙的中间达到最大群聚并处于减速相位，于是电子的动能便转变为第二腔的微波场能。从第二腔出来而被减速了的电子最后终止在收集极上。靠近阴极的腔体称为输入腔或者群聚腔，它使电子注产生速度调制，另一腔称为输出腔，它将群聚电子注的能量转换为微波能量。

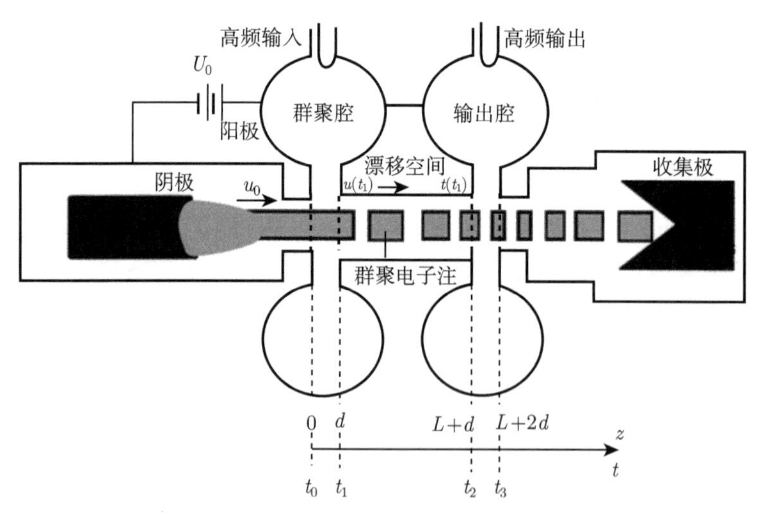

图 5.55 双腔速调管放大器

在小信号条件下，间隙电压远小于电子注电压。考虑负载对并联电阻 R_{SHT} (或总电导 G_T) 和谐振腔 Q_T(负载值 Q) 的影响，在谐振腔间隙上产生的电压 V 可以写为

$$V = I_2 Z = \frac{I_2}{G_T + \mathrm{j}C\left(\omega - \dfrac{1}{\omega LC}\right)} = \frac{I_2}{G_T + \mathrm{j}\dfrac{C}{\omega}(\omega^2 - \omega_0^2)} = \frac{I_2}{G_T(1 + 2\mathrm{j}\delta Q_T)} \tag{5.287}$$

$\delta = (\Delta f/f_0), I_2$ 是第二个谐振腔中的感应电流基波分量，按照弹道群聚分析结果式 (5.97)，有

$$I_2 = M_2 i_f = M_2 2I_0 J_1(X) = M_2 2I_0 J_1\left(\frac{\omega z}{u_0}\frac{\alpha M_1}{2}\right) = M_2 2I_0 J_1\left(\frac{\phi}{2}\frac{V_1}{V_0}M_1\right) \tag{5.288}$$

如图 5.56 所示，ϕ 是从调制谐振腔到产生感应电流的谐振腔的渡越角，M_1 是调制腔的间隙耦合系数，V_1 是第一腔的电压。这里忽略了电子注负载和电子注进入输出间隙时的速度调制引起的任何附加项。通常，速度调制项较小，电子注负载可以作为与等效电路其他部分并联的等效导纳包括进来。

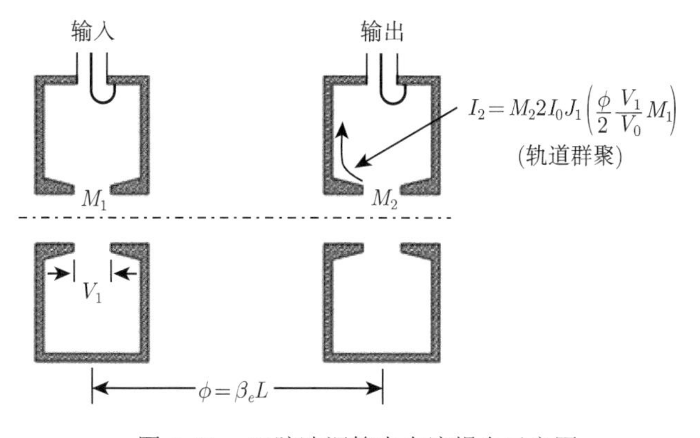

图 5.56 双腔速调管中电流耦合示意图

进入负载的功率可以表示为

$$P_L = \frac{I_2^2 G_L}{G_T^2(1 + 4\delta^2 Q_T^2)}, \quad \delta = \Delta f/f_0 \tag{5.289}$$

谐振时出现最大功率转换，此时δ=0，功率为

$$P_L = \frac{I_2^2 G_L}{G_T^2} = \frac{I_2^2 G_L}{(G_L + G_C)^2} = \frac{G_L}{G_L + G_C} I_2 V_2 \tag{5.290}$$

当 $G_L = G_C$，即负载电阻 (等效电路中表示为并联电阻) 与谐振腔并联电阻相等时，功率最大为 $\dfrac{1}{2}I_2V_2$。当然，该条件表明，总功率在内部损耗和外部负载

上平均分配。注意，只有在内部损耗中加入电子注负载电导时，电子注负载才会改变这些结果。在这种匹配状态下，两腔速调管的效率可以表示为

$$\eta = \frac{P_L}{P_0} = \frac{I_2 V_2}{2I_0 V_0} = \frac{M_2 2I_0 J_1(X) V_2}{2I_0 V_0} \tag{5.291}$$

如果假设 M_2=1，X=1.841(电流最大)，于是在 $V_2 = V_0$ 时，最大效率约为 58%。对于速调管，第一间隙电压能够在第二间隙激起的感应电流大小直接关系到微波能量的放大，定义两个间隙之间的跨导为输出感应电流 I_2 与输入电压 V_1 的比值，即

$$g_{21} = \frac{I_2}{V_1} = \frac{2M_2 I_0 J_1(X)}{V_1} \tag{5.292}$$

按照 X 的定义，有 $V_1 = \dfrac{2V_0}{M_1 \phi} X$，于是归一化跨导为

$$g_{21} = M_2 M_1 \phi G_0 \frac{J_1(X)}{X} \tag{5.293}$$

在上式中，$G_0 = I_0/V_0$ 为直流电子注电导。跨导不是一个常数，其随群聚参数的增加而减小。小信号下，$J_1(X) \approx X/2$，于是跨导最大值为

$$g_{21\max} = G_0 M_2 M_1 \phi/2 \tag{5.294}$$

大多数情况下，速调管放大器有两个以上谐振腔。输入和输出之间的谐振腔用来提供比仅有两个谐振腔更高的增益。由前面间隙的速度调制产生的到达间隙 n 处的电流，在间隙 n 上产生比前面间隙更高的电压。通过使用这样的几个谐振腔，只要在第一腔输入比简单的双腔速调管小得多的电压 (和功率)，就可以在输出腔产生要求的最大电流。

5.5.3 速调管小信号工作 (增益)

由式 (5.293) 和式 (5.294)，可以计算从腔 m 到腔 n 的单级电压增益。首先，我们注意到，当 X 很小时，$J_1(X) \approx X/2$，因此计算间隙 n 处感应电流的公式变为

$$I_n = M_n M_m \frac{I_0}{V_0} \frac{\phi}{2} V_m \rightarrow g_{nm} = G_0 M_n M_m \phi/2 \tag{5.295}$$

将此式代入式 (5.287)，并且假定无外负载 (如速调管大多数中间腔状态)，电压增益变为

$$G = \frac{V_n}{V_m} = M_n M_m \frac{I_0}{V_0} \frac{\phi}{2} \frac{R_{\text{SHT}}}{1 + 2\text{j}\delta Q_T} = \frac{g_{nm} R_{\text{SHT}}}{1 + 2\text{j}\delta Q_T} \tag{5.296}$$

该关系式为单级增益。正如预期的那样，增益以及增益–带宽乘积取决于 R_{SHT}/Q。

典型速调管有很多增益级 (腔)。为计算简化，假定任意特定谐振腔的速度调制和感应电流取决于前面腔中的速度调制。然后，计算由该电流产生的新的电压。前面的计算对于腔链中的第二腔是严格真实的。但在第三腔，调制和电流为以下两项之和：

(1) 由第一腔的速度调制产生的电流在第三腔产生的电流；

(2) 由第二腔电压的再调制在第三腔产生的电流，该电压取决于从第一腔到达第二腔的电流。

前两个腔还会相继产生速度调制，电流项会在第三腔产生电压，并再次对电子注调制，延续到下一个腔。当沿着一系列腔前进时，计算的复杂性增加。每个腔中的电流取决于前面腔的电压，通过速度调制由群聚转变为电流。另外，还包括中间腔电压产生的电流，该电压是由前面腔电流到达该腔产生的。这使速调管性能的计算变得非常复杂。

图 5.57 是西蒙斯 [15] 表示的多腔速调管中决定增益的等效电路。这里的间隙阻抗用 $Z_1,Z_2,\cdots$ 表示，其中下标表示谐振腔编号。参量 $g_{21}, g_{32}, \cdots$ 是跨导，是由位于前面第 m 个腔的电压在位于后面的第 n 个腔感应产生的电流界定。具体定义为以下表达式：

$$g_{nm} = I_n/V_m \tag{5.297}$$

式中 I_n 是第 m 个间隙的电压 V_m 在第 n 个腔感应产生的电流。五腔速调管总的电流增益由式 (5.298) 给出。

$$\begin{aligned}\frac{I_5}{I_1} = Z_1(&g_{21}\ g_{32}\ g_{43}\ g_{54}\ Z_2\ Z_3\ Z_4\\ &+ g_{21}\ g_{32}\ g_{53}\ Z_2\ Z_3\\ &+ g_{21}\ g_{42}\ g_{54}\ Z_2\ Z_4\\ &+ g_{21}\ g_{52}\ Z_2\\ &+ g_{31}\ g_{43}\ g_{54}\ Z_3\ Z_4\\ &+ g_{31}\ g_{53}\ Z_3\\ &+ g_{41}\ g_{54}\ Z_4\\ &+ g_{51})\end{aligned} \tag{5.298}$$

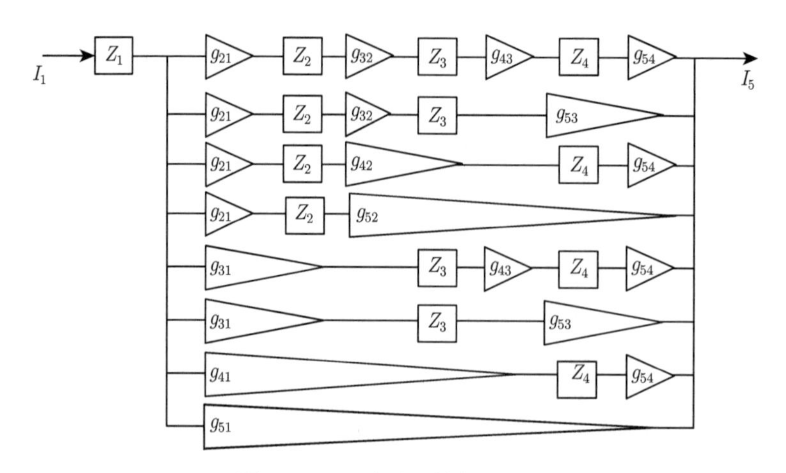

图 5.57　五腔速调管等效电路

速调管表现为这样一个多级增益放大器，每级电压会对后面各级都产生影响。另一个必须考虑的因素是，经常需要用不同方法对谐振腔调谐，使不同的谐振腔具有不同的谐振频率，以达到改善增益、功率、效率和带宽的目的。另外，可以对一些谐振腔加载以降低 Q 值，从而提高带宽。

5.5.4　速调管功率输出特性 [2]

当 $M_nV_n \approx V_0$ 时，假定间隙中电子的调制速度相对它们的平均速度是一个很小量的小信号计算是不准确的。此时平均电子速度显著减小，甚至有可能有些电子出现反转。根据经验，可以通过改变输出负载获得最佳功率。对于负载电导大于腔电导 $G_L>G_C$，传输到负载的功率大于到输出腔的功率 (见式 (5.290))。这种额外的负载趋向于降低输出间隙电压，从而使电子运动不反转，把它们所有能量交给谐振腔和负载，从电子中提取出尽可能多的功率。这些条件适合所有高效率速调管。因为从电子中取出的大部分能量交给了外负载，而不是损耗在谐振腔中，所以获得高效率。在这种情况下，电子会彼此穿越，在有些情况下还会返回。高效率速调管工作时，在输出腔中会有这种情形。为了计算这些条件下的最佳功率转换，非线性大信号注波互作用分析是决定速调管设计输出性能的关键，必须通过速调管输入腔高频信号对电子注的速度调制、中间腔对电子注的速度调制与密度调制的转换 (群聚) 以及输出腔高度群聚后减速将直流能量转换成微波能量的过程进行数值计算，找出电子最佳能量损耗的条件，获得设计期待的增益、带宽、输出功率和效率等输出特性。为了研制出性能合格的器件，随着速调管理论、设计手段和方法以及工艺技术的不断发展，科学家和技术人员从一维圆盘模型、二维圆环模型、2.5 维模型、三维模型等发展了各种非线性注波互作用程序和软件。

(1) 一维圆盘模型：电子注是一刚性圆盘，只有纵向一维运动，在纵向圆盘可

以相互穿越 (群聚)。

(2) 二维圆环模型：电子注被分解为一系列圆环，圆环除纵向运动和穿越外，径向也可以对称穿越运动。

(3) 2.5 维模型：电子的位置是用二维描述的，电子的运动是用三维描述的。

(4) 三维模型：电子的位置和运动都是三维描述。

(5) 软件：① kly*** 系列 (一维圆盘); ② Arsenal-MSU(2.5 维); ③ CST-PS (三维)、Magic 等。还有相关不同研究机构和企业编写的各种大信号计算软件。

这些软件的发展和应用，为速调管在高功率、高频率、高效率以及宽频带产品研制发展中产生了重大作用。

5.5.4.1 普通速调管调谐

普通速调管不过度追求某一指标 (例如高效率或宽带速调管)，可以同步调谐、效率调谐或宽带调谐中任意一种调谐方式调谐实现，也可以通过这些调谐方式的组合实现。在所有情况下，速调管通常调谐到最大输出功率。同步调谐时，所有谐振腔调谐到同一频率，增益最大。高效率调谐时，速调管首先同步调谐，然后调高末前腔频率使输出功率最大，调高频率时，末前腔对工作频率是感性的 (电感减小, 电流增加)，这会增强输出腔的群聚过程。

对于速调管宽带调谐，最基本的调谐方式是首先在低功率电平进行同步调谐 (图 5.58)[16]，然后将中间腔向频带高端或低端偏谐，获得要求的带宽和增益平坦度。输出腔的带宽决定速调管的最终带宽。对于宽频带，通常使用高导流系数电子注获得低电子注阻抗以展宽带宽。不过，采用分布作用 (多耦合腔) 输出电路也是展宽输出带宽的有效方式。

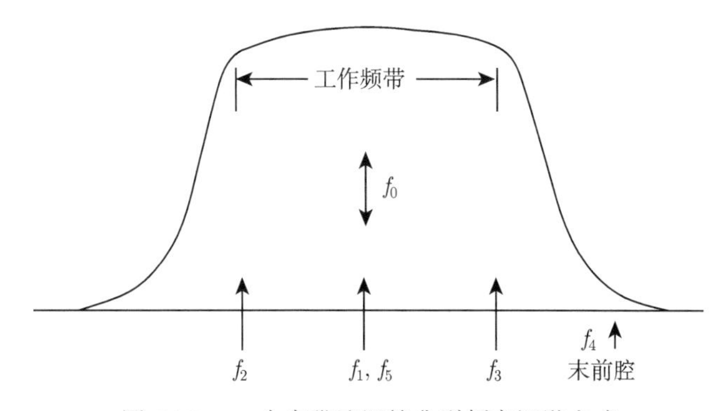

图 5.58 一个宽带速调管典型频率调谐方式

图 5.59 和图 5.60 分别表示效率调谐和宽带调谐速调管的输出功率与激励频率的函数关系 [17]。图 5.61[16] 是速调管宽带调谐时的输出特性。从宽带调谐的图

中可以看出，虽然两者调谐方式可能有差异，但输出功率增加始终意味着带宽增宽，这是高功率速调管的独特之处。

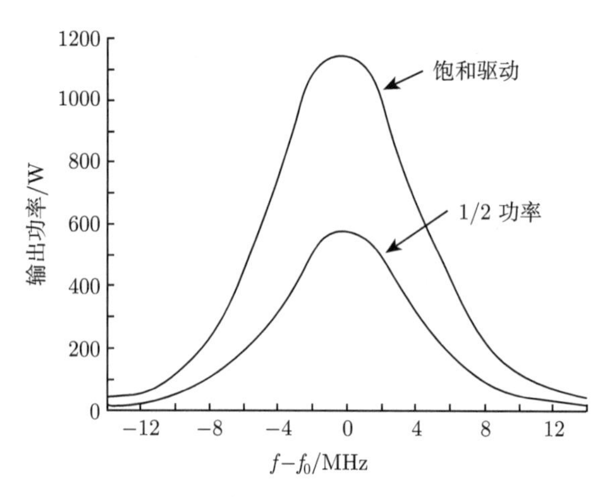

图 5.59　一个效率调谐速调管功率与频率的关系

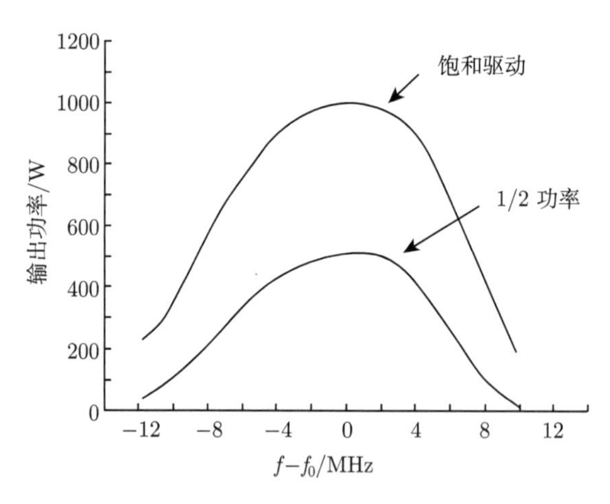

图 5.60　宽带调谐速调管功率与频率关系

通过同步调谐所有谐振腔可以改变速调管的中心频率并保持需要的带宽特性不变，通常这种调谐方式称为信道调谐 (机械调谐方法，图 5.62)[16]。信道调谐通过手动或电机驱动操作，同时改变所有谐振腔调谐活塞位置，完成不同信道的机械调谐。通常这种调谐方式相对复杂，对实际操作人员的技术水准要求较高。图 5.62(a) 是机械调谐机构图；图 5.62(b) 是瓦里安公司信道调谐移动工作频率的一个实例。

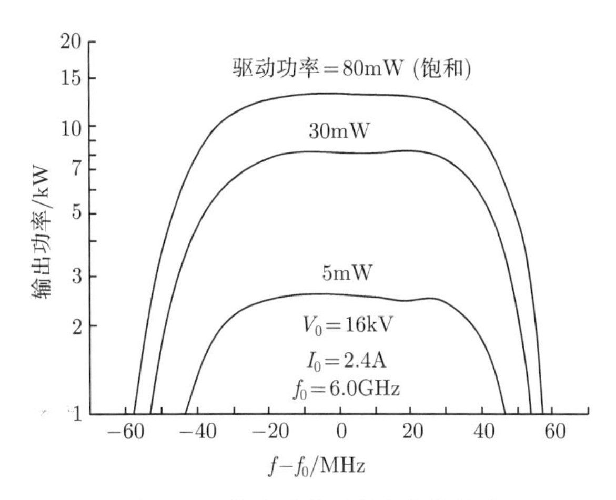

图 5.61 输出功率随频率变化关系

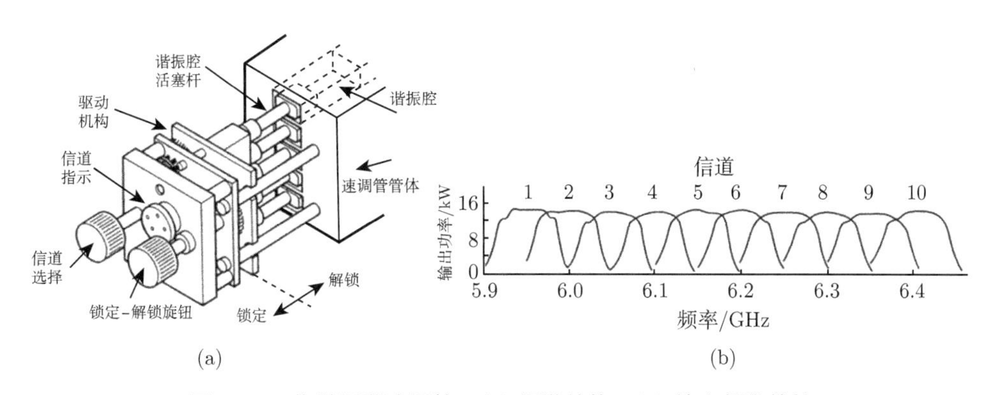

(a) (b)

图 5.62 信道调谐速调管：(a) 调谐结构；(b) 输出频带特性

5.5.4.2 功率转换特性

图 5.63 给出了瓦里安公司高效率调谐和宽带调谐两个速调管输出功率与输入功率的关系曲线 [16]。从图中可知，速调管在低功率电平时，输出功率随输入功率线性变化，在某一电平达到输出最大，高于这一电平输出下降。与效率调谐相比，宽带调谐的输入功率增加了近两个数量级，增益下降。

速调管输出功率随电子注电压变化显著 (图 5.64)[2]。主要原因有两个：首要是因为电子注功率与电子注电压的 5/2 次方成正比，$P_0 = I_0V_0 = P_{\rm er}V^{5/2}$。电子注电压增加 1.5 倍，电子注功率增加 2.8 倍。假如效率不变，功率增加将会是同量级。另外，电压下降偏离工作电压时，同步状态和电子注直径都不利于注波耦合，效率也会下降。

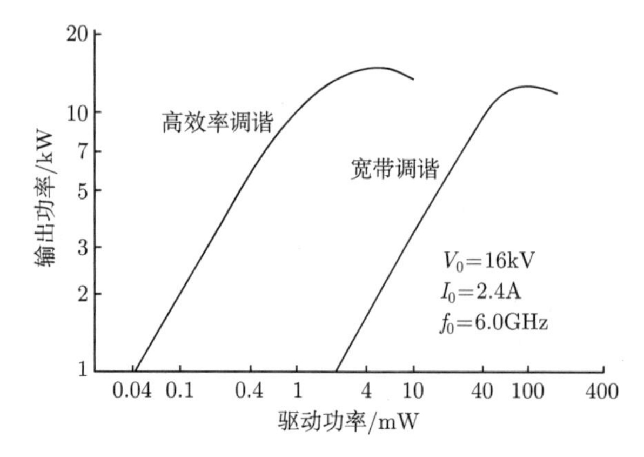

图 5.63　速调管 VA-884C 和 VA-884D 的增益特性

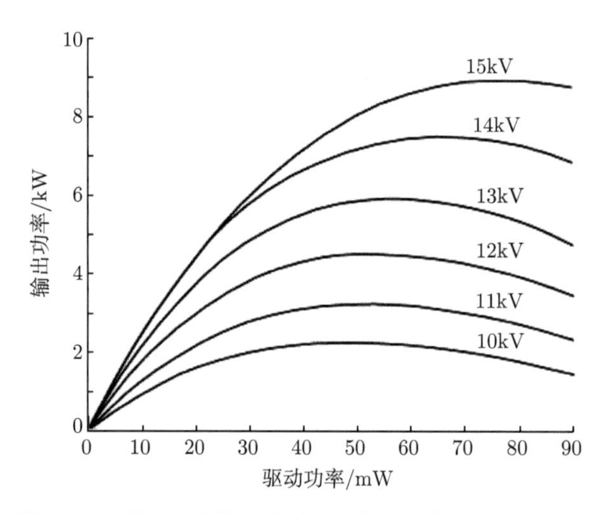

图 5.64　输出功率与驱动功率和电子注电压的函数关系

5.6　特殊用途速调管

5.6.1　高效率速调管

效率的提高对功率器件尤为重要，这不仅意味着能源消耗的减少，同时相关器件工作设备的制作难度和费用以及体积和重量都可能有明显的降低。速调管由于谐振腔的使用，其本身就是高效率器件，但如何实现更高的效率，一直都是器件研制特别关注的重点。

速调管产生高效率的理想条件：

(1) 所有电子有一致的速度，而且都沿轴向方向行进；

(2) 电子注被有效控制，使其直径既有利于与间隙电场耦合释放能量，又能顺利通过输出腔不撞击在漂移管边界上，便于收集极回收电子剩余能量；

(3) 在确保群聚使电子注的速度和方向一致的条件下，尽量使电子注纵向相空间被压缩在输出腔间隙之内，便于电子注与腔间隙场之间最强耦合；

(4) 当电子注进入输出腔间隙时，其中的高频电流能够在输出腔间隙上激起强度合理使电子注减速至零而不回流的电场。

速调管提高效率的传统 (熟悉) 方法：

(1) 降低导流系数：根据注波互作用效率的经验公式$\eta_{\max}$=0.9 $-0.2P_{\rm er}$ ($P_{\rm er}=I/V^{1.5}$ 是导流系数，单位 μP)，高电压、低电流、窄带 (点频)、长互作用段 ($\sim P_{\rm er}^{-0.5}$)[18] 都可以提高互作用效率。

(2) 注波互作用优化：在频率、带宽、增益、功率要求给定的情况下，优化互作用电路参数 (腔数量、频率分布、间隙距离、漂移管长度、Q 值、特性阻抗，合适的漂移管半径和填充比，高次谐波腔、长漂移管、末前腔感性、降压收集极、适当减小间隙长度和漂移管半径等)。

几种效率提高方法的相关描述。

(1) 高次谐波腔：从信号放大的角度，速调管输出提取仅是基波信号。不过，由于信号调制的非线性，电子速度中同时存在高次谐波成分。假如电子注受脉冲高压加速获得直流速度 u_0 进入速调管输入腔，并且群聚和输出腔都是工作在基波频率，那么整个互作用过程基波信号获得增强。对应这种情况，即使在输出腔基波信号的电压幅度与外加直流脉冲电压幅度相同，按照傅里叶级数展开，在脉冲电压中基波信号只有一个半波 (图 5.65)。也就是说，只有非常有限的时间范围内电子的速度能够与基波信号同步较好。如果存在合适幅度的二次谐波作用，在基波同步半个周期内，可以使二次谐波前半个周期相对直流加速，后半个周期减速，于是使慢电子得到加速，快电子减速，电子注速度进一步向直流速度逼近。如果存在合适幅度三次谐波作用，则可以通过三次谐波适当增强基波两侧电压幅度和其中间半波对基波的减弱作用使更多群聚电子速度逼近直流速度，进而获得更高的效率 (如图 5.65 脉冲方波傅里叶级数展开近似可以说明这一点)。

(2) 长漂移管：通过电子注在漂移空间多次群聚和发散过程，使不同的电子在来回冲击下更多地逼近直流速度，增强进入输出腔电子与间隙电场之间的耦合强度。

(3) 末前腔感性：对于速调管，谐振腔等效为一并联谐振电路，如图 5.44(b) 所示。当具有良好调制和群聚电子注进入输出腔时，如果为了提高输出功率过度增强输出间隙的高频电压幅值可能导致电子注反转，影响稳定性。假如末前腔的谐振频率高于工作频率，则由公式 (5.268) 可知，电路成感性，于是可以在一定程度上增大电路的电流，压低间隙电压，在避免电子注反转的情况下，有更大的电流转换到负载，从而提高效率。

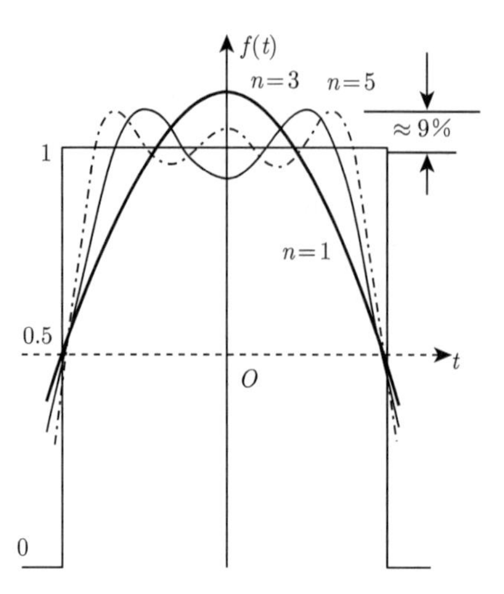

图 5.65　脉冲方波傅里叶级数展开近似

(4) 降压收集极：降压收集极是在尽可能不引起电子注反转的条件下，给收集极施加让电子减速的电压，以达到电子能量回收的目的。这种做法不能提高输出功率，但可以提高器件的总效率。

(5) 减小间隙长度和漂移管半径：间隙长度缩短可以增强间隙处的电场强度和降低腔谐振频率，间隙漂移管半径减小可以阻止间隙电场从漂移管的泄漏程度，从而提高谐振腔的 Q 值，达到增强间隙电场强度的作用，两种方式都能够增强注波耦合。不过，间隙长度减小受到谐振腔频率设计和间隙耐压强度的影响，而漂移管尺寸缩小则直接影响电子注的传输，两者的选用必须通盘考虑，折中选择。

对速调管可能达到的最大效率有很多文献进行了计算和分析。Kosmahl 等预测效率可达 80%(图 5.66)[17]，图 5.66 表明，导流系数增加，效率会直线下降，且电子注截获也随之增加。输出腔漂移管直径对效率有很大的影响。苏联有几篇论文预计效率范围可达 80%～90%，但还没有证据表明已经获得了这么高的效率。公开报道的速调管 (2450MHz、50kW) 的最高总效率为 74%。图 5.67 给出了速调管输出特性预测曲线 [19]。曲线表明，最大效率发生在对于电子在输出腔中返回的工作点；而此工作点对应低导流系数和高导流系数的效率分别为 70%和 47%。从图中还可以看出，随着负载阻抗的提高，达到相同效率的输出腔间隙电压增加，对应的谐振腔电流降低。

实验达到最大效率 (74%) 最重要的因素是采用了二次谐波群聚腔来提高电子注的高频电流。图 5.68[20] 给出了获得二次谐波群聚的几种谐振腔分布。在窄带速调管中，使用基波和二次谐波谐振腔的组合。对于宽带速调管，采用另一种方法，即采用特别长的漂移管长度。图 5.69[20] 是瓦里安公司 2450MHz 速调管 VKS-7773 效率和功率测试结果。效率大于 70%，最高 74%。

图 5.70 是单个二次谐波预群聚段速调管的电子相位图 [20]。图中表明具有直流速度的电子轨迹平行于横轴。大多数电子到达输出腔处群聚状态很一致，电子的速度离散较小。图 5.71 给出了归一化电子注电流基波和二次谐波与归一化距离之间的关系 [20]。从图中可以看出，输出腔处产生的最大基波电流是直流电子注电流的 1.8 倍。实际上可以产生更高的基波电流，但速度离散增加，效率不再增加。

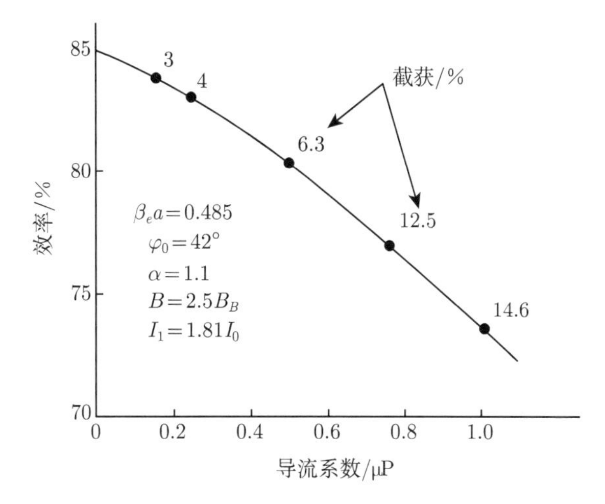

图 5.66 群聚水平相同时效率与导流系数的关系

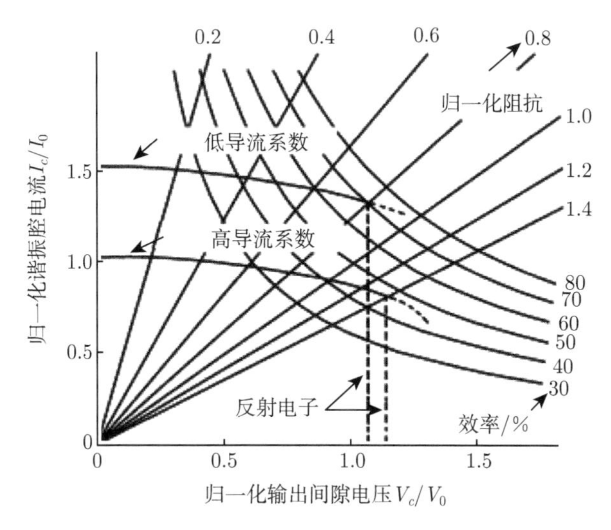

图 5.67 预测的高效率速调管的输出腔特性

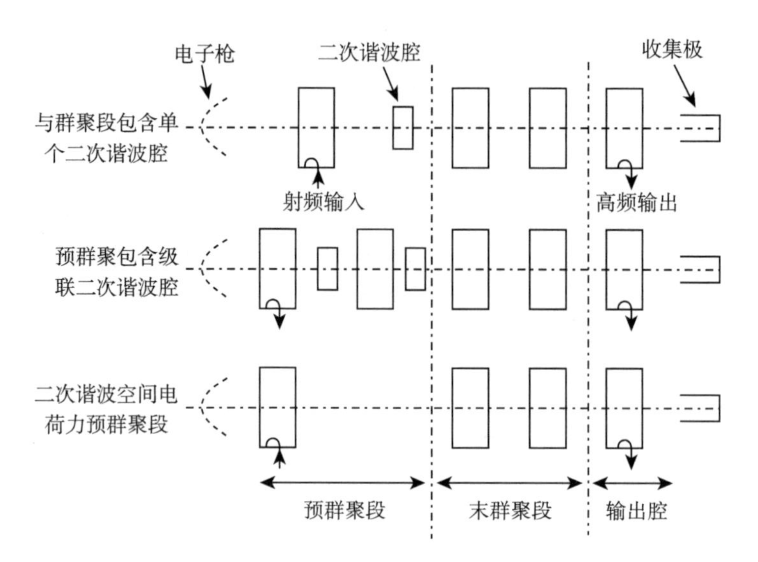

图 5.68　使用二次谐波群聚的高效率速调管电路

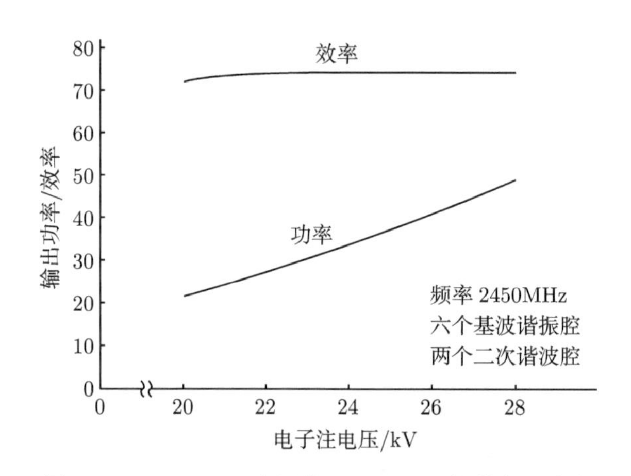

图 5.69　2.45GHz 速调管 VKS-7773 的效率和功率

另一种提高效率的办法是降压收集极，其作用是不增加输出，只回收电子能量。这种方法仅限用于输出功率 100kW 以下, 多级降压收集极使总效率可以由 50%提高到 70%以上。图 5.72 给出了对于具有和不具有多级降压收集极的瓦里安公司电视用速调管的总效率曲线 [21]。

阻止效率继续提高的原因：进入间隙之前，粒子速度相同，交流调制使不同时间离开间隙的粒子速度不同。群聚过程中快粒子速度保持靠近慢粒子，于是实际上只有群聚核心部分的粒子速度相近。

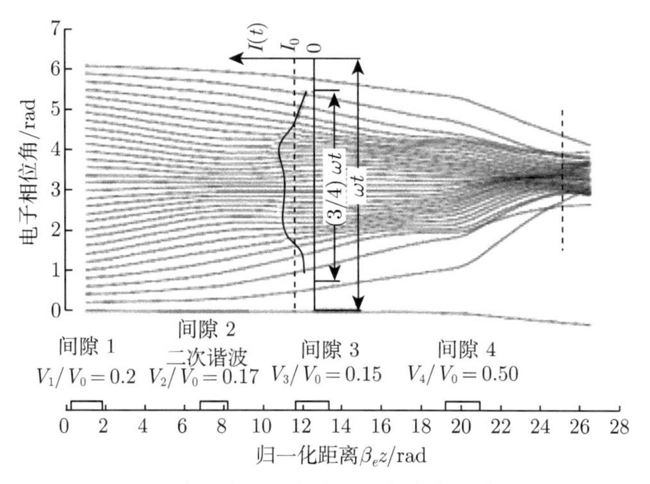

图 5.70 高效率速调管中电子相位与距离的关系

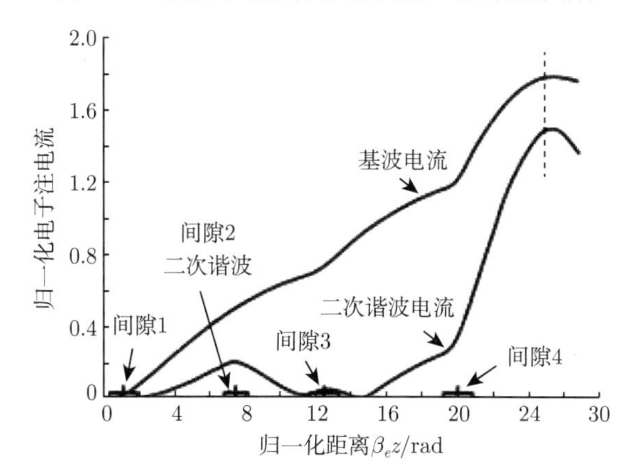

图 5.71 一种高效率速调管的归一化高频电子注电流

进一步提高效率的可能办法：

(1) 最直接的办法就是在电子进入输出腔之前，减慢快电子，加速慢电子；

(2) 增加相位相反的附加场，使其能够起到加速慢电子和减速快电子的作用；

(3) 任何维持群聚同步削弱空间电荷力作用 (相空间缩小，亦即电子注纵向压缩) 同时保证电子注与间隙场强耦合的措施。

相应出现的进一步提高效率的办法。

1) 核心振荡方法 (COM)[22,23]

通过增加群聚腔之间的间距，使电子注在漂移空间多次群聚和发散的反复过程，缩小电子之间的速度差异，形成群聚核心振荡。这种间距的设置使群聚相空间收紧 (缩短) 且群聚重新分布。这种群聚核心振荡会增大空间电荷力并引起速度的重新分布，进而使抗群聚的电荷单调接近群聚状态将效率提升到 ~90%，互作用长度增加 50%～100%。由于长度的增加，器件工作过程中振荡的机会增加，给器件研制带来更多不稳定因素。图 5.73 给出了 COM 方法电子群聚相位图。

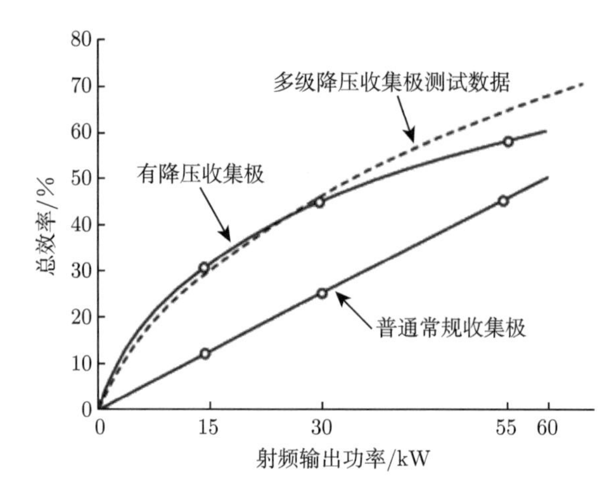

图 5.72　有和没有多级降压收集极速调管总效率

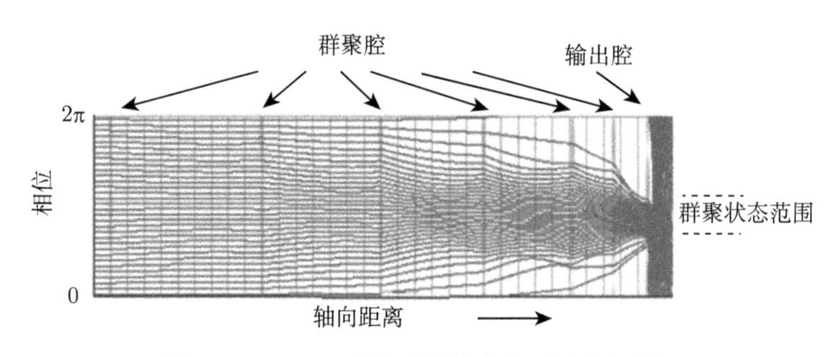

图 5.73　COM 方法改善效率电子群聚相位图

2) 电子群聚–速度均衡–边界收紧方法 (BAC)[23,24]

一次 BAC 过程是由三个谐振腔依次完成电子群聚、电子注速度相位线的平直和收紧外边界电子 (缩小互作用空间)。实现高效率通常需要 2~3 次 BAC 过程，可以达到 ~90%效率，互作用长度增加 10%～20%。由于互作用长度和谐振腔数量的增加，器件工作过程中振荡的机会增加，同样会给器件研制带来不稳定因素。图 5.74 给出了 BAC 方法电子群聚相位图。

3) 群聚核心稳定化方法 (CSM)[25]

群聚核心稳定化方法 (CSM) 是在固定长度速调管互作用段中插入谐波腔 (二次或三次)，其结果是没有明显的群聚核心振荡产生，所有粒子都集中到群聚中心。创造出一个稳定的群聚核心区和一个抗群聚区，使群聚区更多的电子更逼近直流速度以达到改善效率的目的。增加一个二次谐波腔可使效率达到大约 80%；而增加一个三次谐波腔可使效率达到大约 90%。图 5.75 给出了 CSM 方法达到 90%效率时电子相轨迹 (上) 和谐波电流 (下) 随轴向距离的变化图。从图中看到，整个同步过程没有观察到任何明显的群聚核心振荡过程，所有群聚粒子只会单调向群聚中心移动，并且这种移动终止于某个群聚中心的距离。这也是核心稳定化方法 (CSM) 名称的由来。这种方法的确可以明显改善效率，但由于谐波腔的使用，漂移空间的横向尺寸变小，从而对电子注填充和传输控制提出更高的要求，通常可以在频率相对低、填充比和漂移空间可以相互兼容的管子中采用。

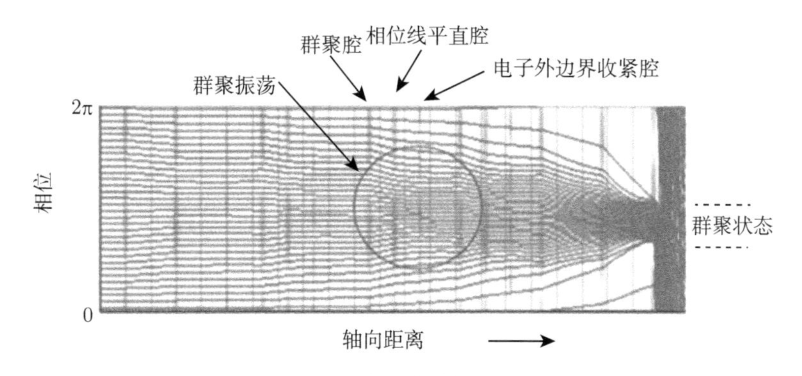

图 5.74 BAC 方法改善效率电子群聚相位图

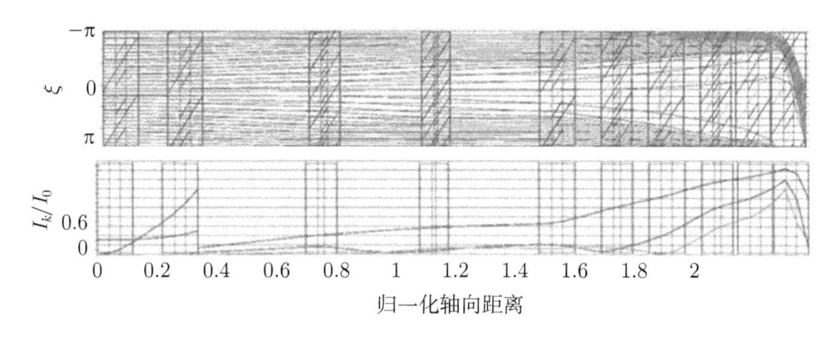

图 5.75 CSM 方法达到 90%效率时电子相轨迹 (上) 和谐波电流 (下) 随轴向距离变化

5.6.2 高功率速调管 [2]

由于谐振腔的使用，大幅度提高了间隙电场强度，速调管可以产生连续波大于 1MW，脉冲功率几十甚至几百兆瓦的微波功率。不过，在功率提高的前提下，耐压和功耗等一系列问题不同程度地使其功率增大受到很多限制。

5.6.2.1 电子注电压的限制

电压的限制是由电压承受能力决定的，主要包括两个方面，直流耐压和交流耐压。直流耐压主要是电子枪的放电打火，交流耐压主要是谐振腔间隙的放电打火。在阴极和阳极之间距离确定后，电子枪耐压主要受限于脉冲宽度。也就是说，如果要提高工作电压，就得适当减小脉冲宽度；如果要增加脉冲宽度，就得适当降低工作电压。表 5.1 列出了某些实际器件耐压和脉宽的关系。随着脉冲宽度增加，其耐压下降。相关文献报道 [14]，在电子枪中使用根据电势分级的中间电极，有可能实现更高的工作电压。

表 5.1 实际达到的电压极限

脉冲长度/μS	电压/kV	生产单位	波段
0.1	700	Varian	S
2.0	475	SLAC	S
6.5	315	SLAC	S
10.0	300	Litton	L
连续波	200	Varian	S

对于高效率工作，在输出间隙上的电压必须足够高，使得电子注通过输出间隙时，将电子注的大部分能量取出。放电打火会限制间隙电压的提高，从而限制电子注电压的提高。

输出腔的高频损耗也是限制谐振腔间隙电压的一个因素，该损耗与腔间隙电压的平方成正比。间隙发生打火的标准为 $f=1.6E^2\mathrm{e}^{-8.5/E}$ (f 的单位是 MHz, E 的单位是 MV/m)[26]，高功率速调管中电场非常强，指数项接近于 1，于是打火标准式可以简化。

通过考察在所有速调管中间隙渡越角非常接近一弧度，可以得到电场幅值近似关系式为 [2,13,14]

$$E=\beta V/l,\quad l=\lambda(1-\gamma^{-2})^{\frac{1}{2}}/(2\pi) \tag{5.299}$$

式中 l 是间隙长度，β 是间隙边沿场集中引起的增强因子 (对于速调管间隙典型值为 1.9)，γ 是相对论因子。

将式 (5.299) 与打火标准式 $f\approx1.6E^2$ 结合，于是单间隙输出腔速调管电子注电压限制与波长的关系 (单位分别是 V 和 m) 可以表示为

$$V^2=1.32\times10^{10}(1-\gamma^{-2})\lambda \tag{5.300}$$

图 5.76 给出了电压的限制曲线 (虚线)[14]。它是在前面损耗与电压和工作波长的函数关系上画出的。β 是速调管间隙场增强因子。

使用多间隙输出腔时，如分布作用速调管的输出腔，输出电路每个间隙的电压低于单间隙输出腔速调管，腔损耗和输出间隙打火都可以减少。于是多间隙输出腔速调管的电压限制远远高于单间隙输出腔速调管。

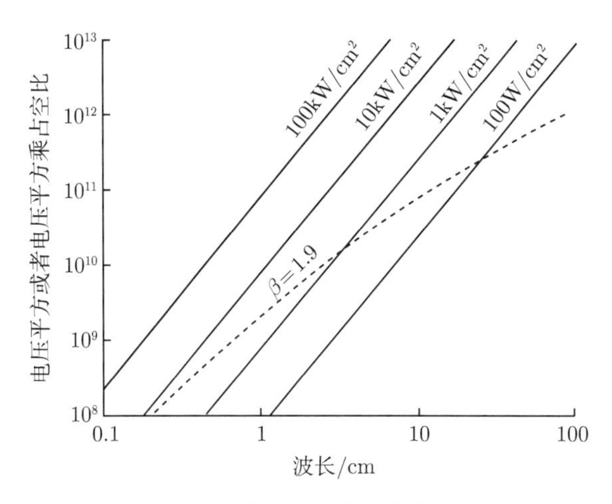

图 5.76 腔损耗或高频打火引起的电子注电压

5.6.2.2 电子注电流的限制

速调管高频输出功率可以表示为

$$P = \eta IV = \eta V^{5/2} P_{\text{er}} \times 10^{-6} \tag{5.301}$$

式中η 为效率，P_{er} 为电子枪的导流系数。由于电子枪的空间电荷效应，设计 $P_{\text{er}} \geqslant$ 2μP 的电子枪通常相对困难。由于导流系数和电子注电压受到限制，因此电子注电流也会受到限制。西蒙斯观测总结得到效率与导流系数的关系 [14]：

$$\eta = 0.9 - 0.2P_{\text{er}} \tag{5.302}$$

随着频率的增加，器件的横截面尺寸减小。电子注电流为 JA, 是电流密度和电子注横截面积的乘积。电子注横截面积受到与波长成比例的漂移通道半径的限制。横向尺寸便是一个限制电流增长的因数。

电子注电流密度是阴极发射密度乘以电子枪面积压缩比。对于浸渍阴极和长寿命要求，其发射电流密度为 5A/cm^2，它与脉宽关系较小。对于短脉冲工作，西蒙斯认为可以使用氧化物阴极。用单位 A/cm^2 表示的阴极发射电流密度 J_c，可由下述经验公式 [14] 给出：

$$J_c^{2.61}\tau = 814 \tag{5.303}$$

式中，τ 为脉宽，单位是 μS。如果我们假设最大面压缩比为 200:1，那么，当 $\tau \geqslant$ 10μS 时，可获得的电子注电流密度为 1000A/cm^2；τ = 1μS 时，可获得的电子注电流密度为 2600A/cm^2；τ = 0.1μS 时，可获得的电子注电流密度为 6300A/cm^2。但氧化物阴极容易打火中毒，受环境影响较大。

5.6.2.3　高频功率的估算

先不考虑频率变化的影响，空间电荷效应对导流系数限制便限制了电子注电流和功率。结合式 (5.301) 和 (5.302) 得到高频功率与导流系数和电压的依赖关系：

$$P = P_{\mathrm{er}}(0.9 - 0.2P_{\mathrm{er}})10^{-6}V^{5/2} \tag{5.304}$$

由于尺寸的缩小，电子注电流随频率增加而降低的关系可以表示为 [17]

$$I = \frac{J\lambda^2}{16\pi}(1-\gamma^{-2}) \tag{5.305}$$

可由最大阴极电流密度和面压缩比求得 J 的限制值。结合式 (5.305)、(5.301) 及 (5.302), 可以获得以下高频输出功率公式是 λ、J、V 和 P_{er} 的函数：

$$P = (0.9 - 0.2P_{\mathrm{er}})\frac{\lambda^2 JV}{16\pi}(1-\gamma^{-2}) \tag{5.306}$$

对于可获得的功率，有两个限制关系式 (5.304) 和 (5.306)。图 5.77 给出了以电压为参数时，功率极限与 $\lambda^2 J$ 的关系图 [14]。

西蒙斯概括了确定一个速调管功率要求是否合理的步骤：

(1) 从耐压表 5.1 和耐压图 5.76 中找到容许的电压；

(2) 根据图 5.77 或公式 (5.304) 和 (5.306)，看期望的功率能否达到。

可以通过一些技术途径提高速调管输出功率容量，从而超过西蒙斯方法的预估值。例如，使用多间隙输出腔可以减小输出间隙电压和输出间隙打火，有可能实现更高的电子注电压。电子枪采用电压分级电极也可以实现更高的电子枪电压 [27]。

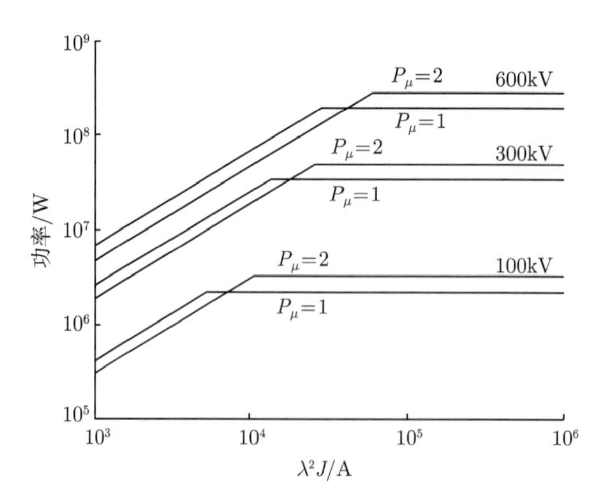

图 5.77　导流系数为 1 或 2μP，不同电压下可获得功率与波长及电子注电流密度的关系

采用多个电子注，每个电子注的导流系数接近 1μP，速调管总导流系数达到约 10μP 或更高，从而使其能产生极高的功率。同样，采用带状电子注也可能使电子注导流系数获得类似的增加。这些技术措施从提高输出功率的角度是合理的，但是这些技术的采用会带来单个阴极单位面积电流密度过大和电子注控制技术难度增加等问题。

5.6.3 宽带速调管 [2]

通常认为行波管是宽带放大器，而速调管的带宽较窄。不过，必须针对输出功率电平来衡量。当功率电平大约在千瓦量级以下时，采用螺旋线慢波电路，行波管的带宽可以超过一个倍频程。当平均功率电平变得足够高时，必须采用耦合腔电路，其带宽大大降低，在 100~200kW 功率电平上，带宽通常不超过 15%[28]。

对于速调管，谐振腔 Q 值越低，带宽越宽。谐振腔 Q 值随电子注阻抗 R_0 变化而变化，根据电子注功率与电流、电压和导流系数的关系，可以导出电子注阻抗 R_0 与管子工作参数的关系如下：

$$P_0 = I_0 V_0, \quad P_{\text{er}} = I_0 / V_0^{1.5} \rightarrow I_0 = P_0^{0.6} P_{\text{er}}^{0.4}, \quad V_0 = P_0^{0.4} P_{\text{er}}^{-0.4}$$

$$R_0 = \frac{V_0}{I_0} = \frac{P_0^{0.4} P_{\text{er}}^{-0.4}}{P_0^{0.6} P_{\text{er}}^{0.4}} = \left(\frac{\eta}{P_{\text{RF}}}\right)^{1/5} \frac{1}{P_{\text{er}}^{4/5}} \tag{5.307}$$

式中 η 是互作用效率，P_{RF} 是高频输出功率，P_{er} 是导流系数。因此，当 P_{RF} 和 P_{er} 增加时，R_0 和 Q 减小，带宽增加。

在导流系数和效率 (两个对立的特性) 的合理范围内，上述关系式与带宽表达式 (5.272) 表明，为了获得相同的带宽，在 20MW 功率电平上要比在 200kW 功率电平上容易两到三倍。实际上，目前速调管通常可提供 3~10MW 功率，甚至更高；其带宽可达 10%或更高。而在 100~200kW 功率电平上，单电子注速调管带宽通常限制在 3%或 4%；由于导流系数的增加，多电子注速调管的带宽会有明显改善，但寿命会相应受到限制。

在微波频率上，从 200kW 到几个 MW 的功率范围内，普通速调管不能提供要求的带宽。为此对速调管谐振腔的输入、群聚和输出发展了一些特殊的设计方法，使速调管工作在 10%或更高的带宽成为可能。表 5.2 给出中国科学院空天信息创新研究院研制发展的 S 波段宽带速调管技术指标。这个速调管能够在 700kW 脉冲输出功率情况下，实现大于 10%的带宽，带内部平坦度在 1.5dB 以内，打破了传统速调管起码要在兆瓦级以上才能实现 10%带宽的限制 [29]。

5.6.3.1 激励 (群聚) 段

速调管激励段由输出结构前的所有谐振腔组成。在普通窄带管中，激励段通常只有 3~4 个谐振腔，输出结构是一个单间隙腔。在宽带速调管中，激励段可以由 8~10 个或更多谐振腔组成。实际上，在一些簇腔速调管中，曾经提出使用 20 个以上谐振腔的激励段。

表 5.2　10%带宽速调管技术参数

波段	S	脉冲宽度	20~50μS
峰值电子注电压	65kV	效率	30%
导流系数	2.2×10^{-6}	带宽	>10%
峰值输出功率	700kW	增益	40dB
平均输出功率	8~10kW	—	

对于宽频带，速调管增益不仅要考虑谐振频率附近的总响应，还要考虑谐振腔两边漂移管长度的影响。因为增益为谐振腔产生的高频电流与进入谐振腔的高频电流之比。这些高频电流与电子注的速度调制和电子注从速度调制转换为密度调制必须传输的距离有关。图 5.78 给出了增益极大点出现在谐振频率附近，同时增益凹点的频率随漂移管加长而变高 [30]。

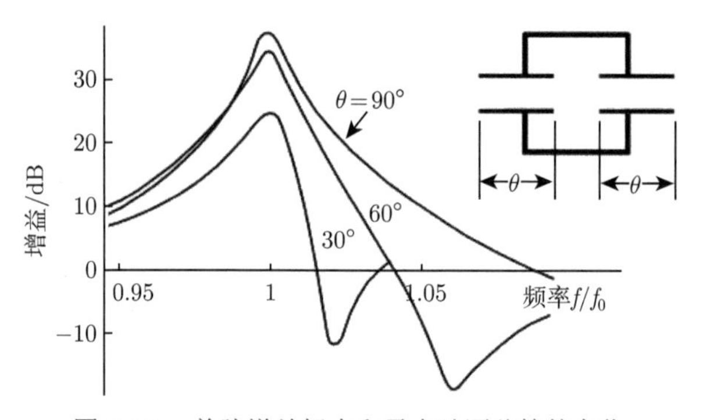

图 5.78　单腔增益极点和零点随漂移管的变化

图 5.79 是一个七腔宽带激励段的增益曲线。很明显，频带低端的谐振腔使用了长漂移管。低频 (左边) 增益曲线很宽，并且除了低 Q 造成的宽的谐振响应以外，很像图 5.78 所示的 90° 漂移管的曲线。这些低频腔的增益凹点由调谐到频带高端的谐振腔产生的增益极大点来补偿 [31]。

参差调谐：参差调谐是速调管增加带宽常用的基本方法。图 5.80 是对一种采用参差调谐方法的高效率宽带速调管专利的描述 [32]。调谐输入腔后续的中间腔 (1~6)，使其频率逐步升高，且漂移段长度逐步缩短，达到增益带宽积和幅度响应更加平坦 (称为渐变调谐)；腔 7~9 可能是起增益凹点补偿和适当改善带内增益平坦度的作用；腔 10~11 谐振频率远离工作频带，对工作频率成感性，是起到增加互作用效率的作用。图 5.80(b) 和 (c) 给出了实际的工程应用例子。该速调管通过 9 个群聚腔和一个滤波器加载输出腔在兆瓦级输出功率下实现了 10%的带宽 [17]。

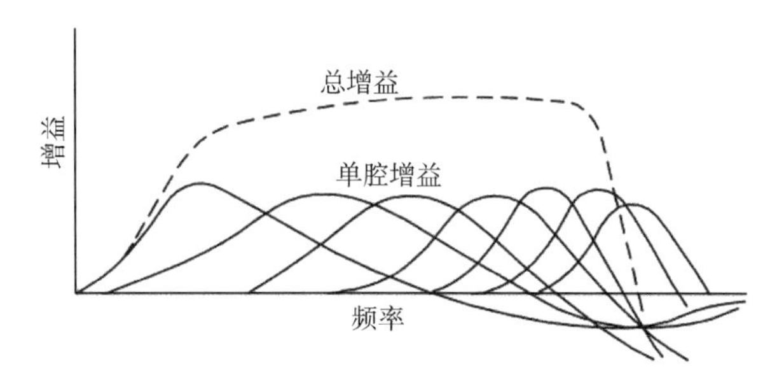

图 5.79 宽带速调管腔增益随频率变化

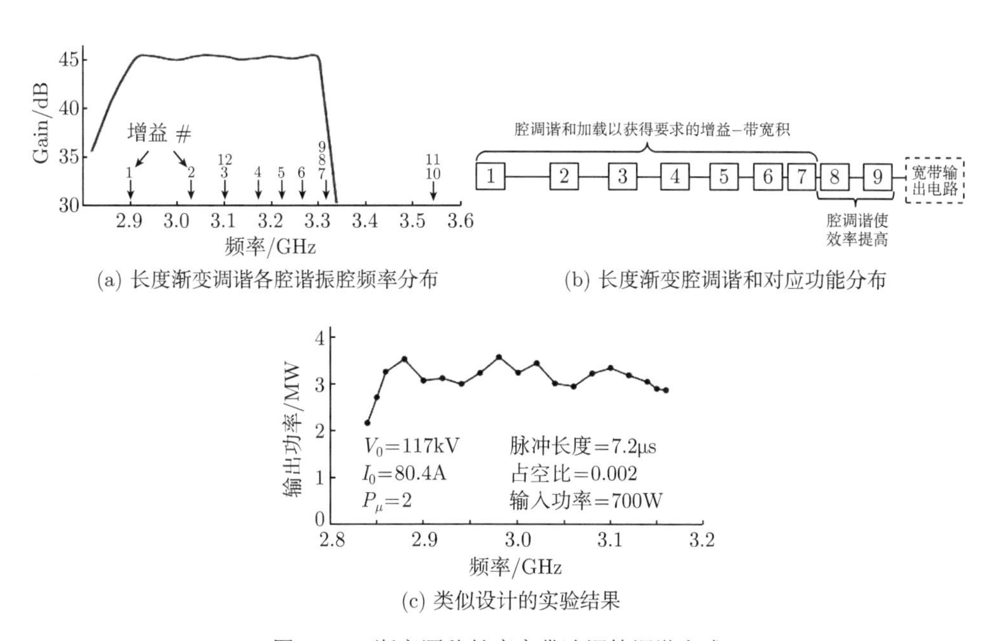

(a) 长度渐变调谐各腔谐振腔频率分布

(b) 长度渐变腔调谐和对应功能分布

(c) 类似设计的实验结果

图 5.80 渐变漂移长度宽带速调管调谐方式

对腔或簇腔调谐：用一对谐振腔 (或更多个腔) 代替单个谐振腔 (图 5.81)，则每个腔上的间隙电压是单个腔的一半，储能也是单个腔的一半，于是 Q 值下降，带宽增加。图 5.82 给出了参差调谐速调管和簇腔速调管结构差别对比 [33]。由于 Q 值的降低和功率容量增加，簇腔速调管带宽在相对低微波频段 (S) 可以超过 10%。

分布作用腔：用一段耦合腔行波管谐振腔代替速调管的谐振腔 [16]。由于每一个独立腔是一个并联谐振电路，耦合使本来分离的电路级联起来，形成带通滤波电路，展宽带宽。图 5.83 给出了双槽型耦合腔结构和其等效电路的示意图。类似于簇腔，这种耦合腔构成的分布作用电路可以有效展宽带宽和增加功率容量。同时经常被采用作为宽带速调管的输出电路。

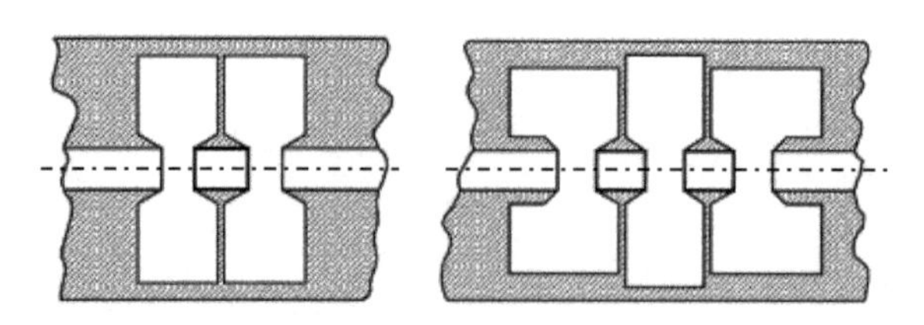

图 5.81 簇腔展宽带宽

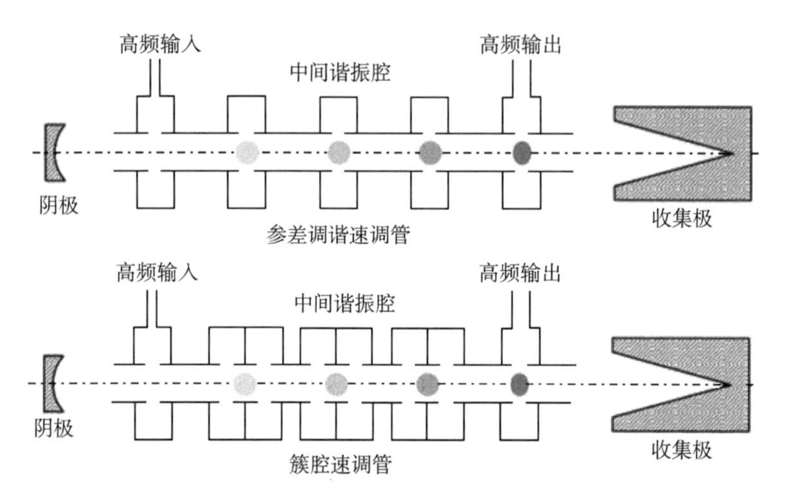

图 5.82 参差调谐速调管与簇腔速调管的对比

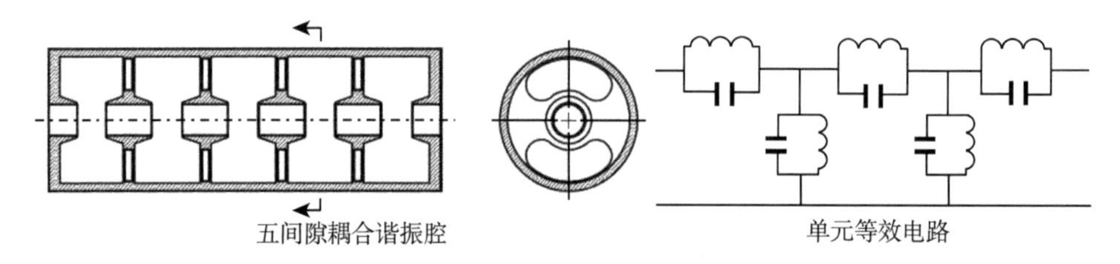

图 5.83 耦合腔和等效电路

5.6.3.2 输出段

输出段是速调管产生和放大微波功率的输出耦合机构。通常，输出段的设计是使电子注到负载的耦合最佳，从而获得最佳的转换效率。如图 5.84 表示几种输出段的阻抗特性 [11]。最简单的输出回路由一个标准重入腔组成，通过膜片或耦合环耦合到波导或同轴线。

通常输出段电路设计具有以下特别要求：

(1) 提供与激励段匹配的耦合；

(2) 弥补激励段带宽增益的不足；

(3) 完成激励和负载之间的匹配转换；

(4) 提供合理的能量转换效率。

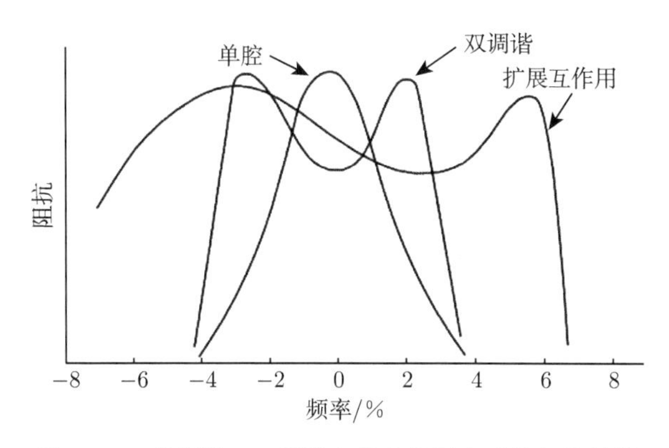

图 5.84 单调谐、双调谐和分布作用电路的阻抗特性

图 5.85 是双调谐输出回路结构示意图。图 5.85(a) 的双调谐腔由一个与电子注耦合的传统重入式谐振腔，以及该腔与负载之间连接的一个滤波腔组成 (滤波器加载)。图 5.85(b) 的双调谐腔由一个双间隙耦合腔与直波导连接而成。左边模式单一稳定性好，实现带宽相对窄；右边带宽相对宽，但内部耦合模式稳定性相对差。

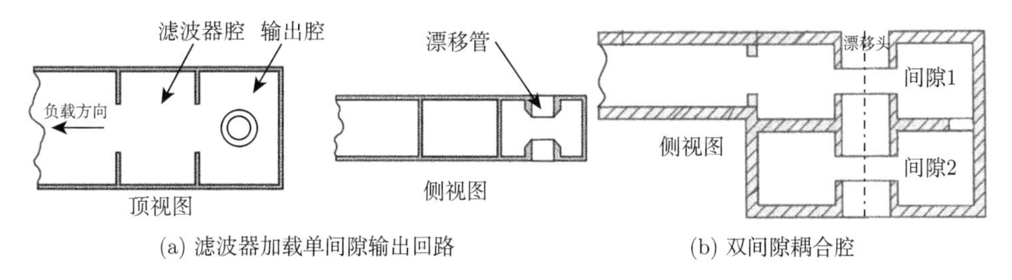

(a) 滤波器加载单间隙输出回路 (b) 双间隙耦合腔

图 5.85 双调谐输出回路

阻抗分布 (频率的函数) 的形状取决于腔之间的耦合。在弱耦合和强耦合之间，有一个能够产生最大的带宽与效率乘积的耦合 (图 5.86)。也可以采用三腔调谐获得更大、更平坦的带宽 [11](图 5.87)。

5.6.4 多注速调管

单注速调管的特点。

优势：高功率 (连续波 >1MW, 脉冲几百 MW)、高效率 (>70%)、宽频带 (>10%)。

不足：导流系数限制在 2μP 左右 (宽带)，高效率时导流系数必须在 0.5μP 左右，提高功率依靠提高电压。

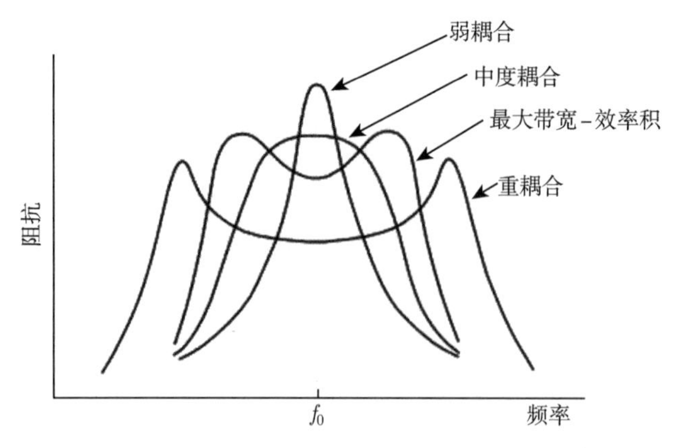

图 5.86　耦合对双调谐电路阻抗特性的影响

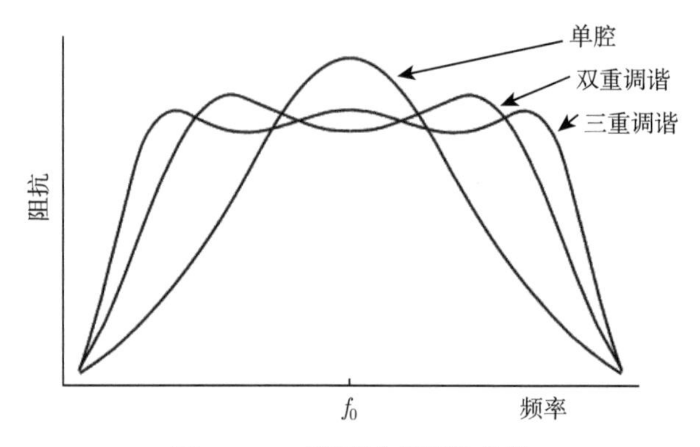

图 5.87　三调谐电路阻抗特性

多注速调管的特点。

优势：每个电子注导流系数可以在 1μP 左右或者更低，总导流系数相对单注速调管可以提高大约一个量级甚至更多，同时可以使效率最佳。对于相同输出功率电平，多注速调管的电流更大，电压更低，效率更优，并且对应的器件长度缩短，聚焦磁场降低，体积重量减轻，电源变小，打火概率减小 (阴极控制)，X 射线防护要求降低。

不足：阴极电流密度大，不同电子注感受的约束磁场不同，机械对中要求高，寿命短。

苏联的柯瓦楞科和法国的伯尼尔提出了多注速调管的概念，图 5.88 是多注速调管结构示意图。

原理实验：美国的博伊德采用 10 个电子注的外腔式速调管。图 5.89 给出了多注速调管输出功率是单注速调管功率乘以电子注的数量 [34]。从图中看出，多注速调管具有单注速调管等同的增益、效率、带宽和稳定性，但输出功率大于单注速调管。美国未重视博伊德的工作，20 世纪 60 年代多注速调管在俄罗斯得到全面发展并广泛应用。

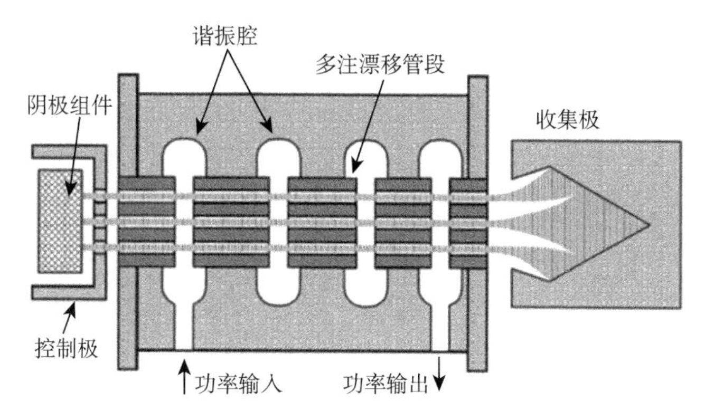

图 5.88 多注速调管结构示意图

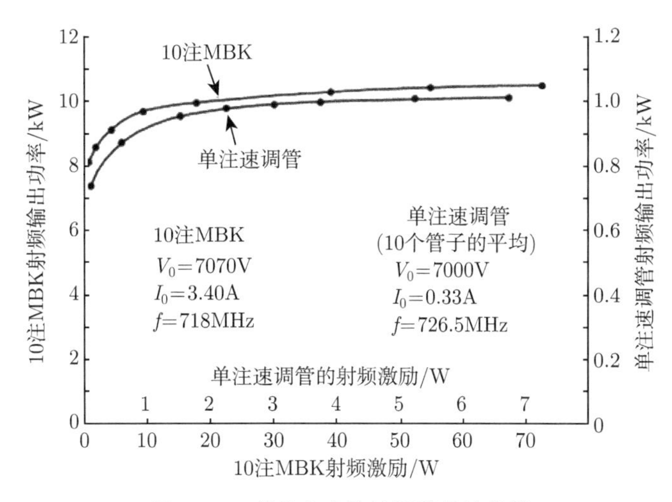

图 5.89 单注和多注速调管特性比较

高次模式的选用可以克服基模工作的某些不足，但本身也会受到一定的限制。基模和高次模式速调管两者的特点如下。

基模：

(1) 使用 TM_{010} 作为工作模式，带宽相对宽，电压低。

(2) 阴极密集，负载重，寿命受限。

高次模：

(1) 阴极尺寸大于基模器件，阴极负载相对低；功率电平高，冷却方便。

(2) 由于特性阻抗低及模式间隔密，故带宽受限；电子注偏离中心，聚焦难度增大，电子枪制备困难，模拟计算难度增大 (时间和数学处理)。

其他公共问题：波与不同电子注相互作用存在的相位差异，相邻电子注在间隙处的相互影响，都将可能引起噪声。

图 5.90 给出了基模 (左图) 和高次模 (右图) 谐振腔模型。从图中可以看出，电子注通道主要分布在基模 (TM_{010}) 场强相对集中的均匀区。对于高次模工作，简并模式会干扰工作模式的稳定性，因此必须设法消除 (盲孔)。

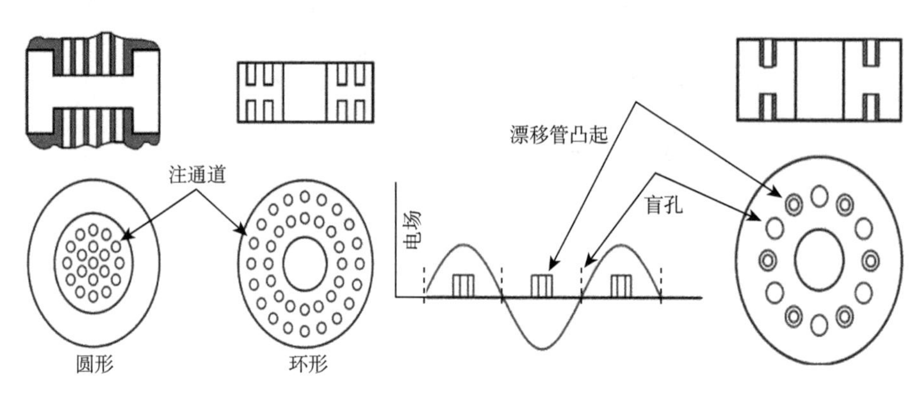

图 5.90　基模和高次模谐振腔模型

第 5 章习题

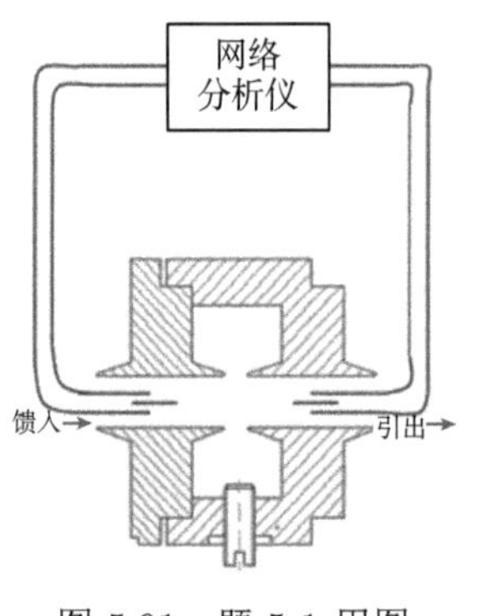

图 5.91　题 5-1 用图

5-1　如图 5.91 所示，一学生在实验室用网络分析仪测量谐振腔的频率，一根同轴线探针从截止漂移管将微波信号馈入到谐振腔，另一根同轴线探针从截止漂移管将微波信号引出回到网络分析仪。实验发现，探针通过漂移管往腔内伸时，谐振频率下降；探针通过漂移管往外抽出时，谐振频率上升。引起这一现象的原因是什么？什么状态下测出的频率最接近真实值。

参 考 文 献

[1] Chodorow M. Susskind C. Fundamentals of Microwave Electronics. New York: McGraw-Hill, 1964.

[2] Gilmour A S. Klystrons, Traveling Wave Tubes, Magnetrons, Crossed-field Amplifiers, and Gyrotrons. Boston/London: Artech House. Inc, 2011 and Principles of Travelling Wave Tubes. Norwood: Artech House, INC, 1994.

[3] Spangenberg K R. Vacuum Tubes. New York: McGraw-Hill Book Company, Inc., 1948.

[4] Webster D L. Cathode-ray bunching. Journal of Applied Physics, 1939, 10: 501-508.
[5] 谢家麐, 赵永翔. 速调管群聚理论. 北京: 科学出版社, 1966.
[6] Gilmour A S, Dalman G C, Eastman L F. The current and velocity distributions in a velocity-modulated Brillouin-focused electron beam. 4th International Congress on Microwave Tubes, 1963: 675-688.
[7] Gilmour A S. Radial and axial current velocity distributions in large-signal velocity-modulated electron beams. IEEE Trans. on-ED, 1972, 19: 886-890.
[8] Tsimring S E. Electron Beams and Microwave Vacuum Electronics. Hoboken: John Wiley & Sons, Inc., 2007.
[9] 吴鸿适. 微波电子学原理. 北京: 科学出版社, 1987.
[10] 电子管设计手册编辑委员会. 大功率速调管设计手册. 北京：国防工业出版社，1979.
[11] Smith M J, Phillips G. Power Klystrons Today. New York: Research Studies Press, Ltd., 1995.
[12] Kosmahl H G, Branch G M. Generalized representation of electric field in interaction gaps of klystrons and TWT. IEEE Trans. on-ED, 1973, 20: 621-629.
[13] Symons R S, Jory H R. Cyclotron Resonance Devices//Advances in Electronics and Electron Devices, Vol. 55. New York: Academic Press, 1981.
[14] Symons R S. Scaling laws and power limits for klystrons. Technical Digest, IEDM, 1986: 156-159.
[15] Symons R S. Klystrons for UHF television. Proceedings of The IEEE, 1982, 70: 1304-1312.
[16] Staprans A, McCune E W, Ruetz J A. High-power linear-beam tubes. Proc. of IEEE, 1973, 61: 299-330.
[17] Kosmahl H G, Albers L U. Three-dimensional evaluation of energy extraction in output cavities of klystron amplifiers. IEEE Trans. on-ED, 1973, 20: 883-890.
[18] Teryaev V E, Shchelkunov S V, Hirshfield J L. Innovative two-stage multibeam klystron: concept and modeling. IEEE Trans. on-ED, 2020, 67: 2896-2899.
[19] Bastien C, Faillon G, Simon M. Extremely high-power klystrons for particle accelerators. Technical Digest, IEDM, 1982: 190-194.
[20] Lien E L. High efficiency klystron amplifiers. 8th International Conference on Microwave and Optical Generation and Amplification, 1970.
[21] McCune E W. A UHF TV klystron using multistage depressed collector technology. Technical Digest, IEDM, 1986: 160-163.
[22] Baikov A Y, Petrov D M. Problems of creation powerfull and superpower klystrons with efficiency up to 90%. International University Conference “Electronics and Radio Physics of Ultra-high Frequencies, 1999: 5-8.
[23] Jensen A, Haase A, Jongewaard E, et al. Increasing klystron efficiency using COM and BAC tuning and application to the 5045 klystron. 17th IEEE International Vacuum Electronics Conference, 2016.

[24] Guzilov I A. BAC method of increasing the efficiency in klystrons. 10th International Vacuum Electron Sources Conference, 2014: 101-102.

[25] Baikov A, Baikova O. Simulation of high-efficiency klystrons with the COM and CSM bunching. 20th IEEE International Vacuum Electronics Conference, 2019.

[26] Peter W, Faehl R J, Kadish A, et al. Criteria for vacuum breakdown in RF cavities. IEEE Trans. on-NS, 1983, 30: 3454-3456.

[27] True R. Beam optics calculations in very high-power microwave tubes. Technical Digest, IEDM, 1991: 403-406.

[28] Faillon G, Villette B. Wide band high-power tubes. Proc. of Military Microwaves, 1990: 401-406.

[29] Zhang Z Q, Luo J R, Zhang Z C, et al. S-band klystron with 300MHz bandwidth at 850kW peak power and 20kW average power. Progress In Electromagnetics Research C, 2020, 103: 177-186.

[30] Faillon G. A 200kW S band klystron with TWT bandwidth capability. Technical Digest, IEDM, 1985.

[31] Sivan L. Microwave Tube Transmitters, New York: Chapman and Hall, 1994.

[32] Friedlander F I. High-efficiency broad-band klystron: 4764710. U.S. Patent, 1988.

[33] Symons R S, Vaughan J R M. The linear theory of the clustered-cavity klystron. IEEE Trans. on-PS, 1994, 22: 713-718.

[34] Boyd M R, Dehn R A, Hickey J S, et al. The multiple beam klystron. IRE Trans. on-ED, 1962, 9: 247-252.

第 6 章　行　波　管

行波管是一种用于微波功率放大的宽带真空电子器件。这种器件电子首先从直流或视频脉冲场中得到加速获得动能，再通过慢波结构降低输入微波信号的速度使其能够与电子注同步作用，将受到调制和群聚的电子能量转换为微波能量。由于与电子注同步的波是行波，对频率没有特定限制，因此通过慢波结构设计，可以实现微波信号的宽频带放大。行波管有两种基本类型，螺旋线和耦合腔行波管。螺旋线行波管的慢波结构是由金属丝按固定直径和倾角绕制而成，能够产生的微波功率相对低 (通常为几十到几百瓦)，但带宽可以超过两个倍频程；耦合腔行波管慢波结构是由一系列类似于速调管谐振腔相互耦合级联形成，能够产生达到兆瓦级的输出功率，但带宽仅限于 10%～20%。本章基于由浅入深的原则，结合实际工程例子，讲解皮尔斯小信号理论、螺旋线和耦合腔行波管原理以及降压收集极相关技术等方面的知识。

6.1　注波相互作用的小信号理论

皮尔斯提出的经典小信号理论对行波管互作用原理进行了定量探讨，为行波管注波互作用机理理解奠定了很好的物理基础 [1]。而且，许多皮尔斯定义的参量名称现在已经成为行波管行业的固定名称。为了更好地理解行波管的工作原理，本章将首先介绍小信号理论。

6.1.1　电子注中的高频电流

在第 5 章分析空间电荷对群聚的影响时，曾发现电子注中的电流是电场的函数。其具体过程是将电流定义的方程 ($J = \rho u$)、连续性方程以及受力方程合并起来，结果得到了电子方程 (5.135)：

$$J_z = \mathrm{j}\omega\varepsilon_0 \frac{\omega_p^2}{(\omega - \beta u_0)^2} E_z \tag{6.1}$$

在下面的分析中为方便起见，对方程中的 ω_p^2、ρ_0 和 u_0^2 分别用 $\eta\rho_0/\varepsilon_0$、J_0/u_0 和 $2\eta V_0$ 来取代，同时 $\beta_e = \omega/u_0, \beta_p = \omega_p/u_0$ 分别表示电子传播常数和等离子体传播常数。另外，电流密度 J_z 和 J_0 也用相应的电流来取代，便可将电子方程

表示为

$$i_z = \frac{\mathrm{j}\beta_e I_0}{2V_0(\beta_e - \beta_0)^2} E_z \tag{6.2}$$

6.1.2　线路方程

在皮尔斯理论中，行波管的高频线路采用传输线模型 (如图 6.1 所示)。

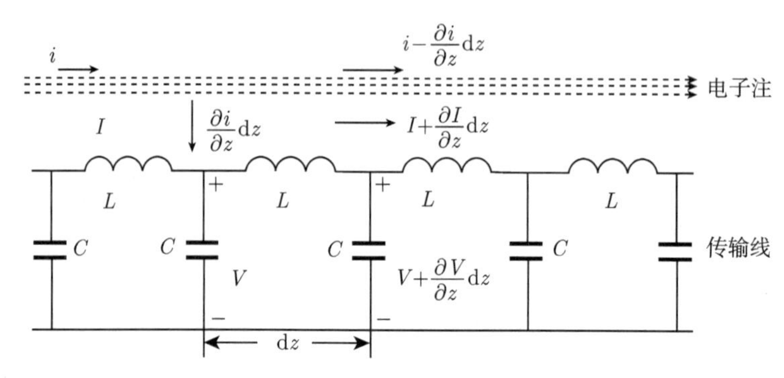

图 6.1　电子注与慢波螺旋线等效电路间的耦合

用无损分布传输线表示螺旋慢波线，参量定义如下：

L：单位长度电感；C：单位长度电容；I：传输线上的交流电流；V：传输线上的交流电压；i：群聚电流。

轴向电场：电子注中群聚电流在慢波电路中感应出的电场。该感应电场叠加到线路中已存在的电场上并使线路功率随距离的延长而增加。

传输线 (感应) 电流与群聚电流之间发生耦合。这种耦合引起群聚电流和传输线电流的变化。进入 $\mathrm{d}z$ 之前群聚电流为 i，而流出 $\mathrm{d}z$ 的群聚电流为 $i-\mathrm{d}i$。因在长度 $\mathrm{d}z$ 内群聚电流的净变化必须为零，故从电子注流进传输线的电流必为 $+\mathrm{d}i$，应用传输线理论和对电子注用基尔霍夫 (Kirchhoff) 电流定律，有

$$I + \frac{\partial i}{\partial z}\mathrm{d}z = I + \frac{\partial I}{\partial z}\mathrm{d}z + C\frac{\partial V}{\partial t}\mathrm{d}z \to \frac{\partial I}{\partial z} = -C\frac{\partial V}{\partial t} + \frac{\partial i}{\partial z} \tag{6.3}$$

于是有

$$-\mathrm{j}\beta I = -\mathrm{j}\omega CV - \mathrm{j}\beta i \tag{6.4}$$

由基尔霍夫电压定律：

$$-V + L\frac{\partial I}{\partial t}\mathrm{d}z + V + \frac{\partial V}{\partial z}\mathrm{d}z = 0 \to \frac{\partial V}{\partial z} = -L\frac{\partial I}{\partial t} \tag{6.5}$$

于是有

$$-\mathrm{j}\beta V = -\mathrm{j}\omega LI \tag{6.6}$$

消除式 (6.4) 和 (6.6) 中 I，有

$$\beta^2 V = V\omega^2 LC + \beta i\omega L \tag{6.7}$$

无耦合 ($i = 0$) 传播常数 β_c 为

$$\beta_c = \omega\sqrt{LC} \tag{6.8}$$

将式 (6.8) 代入式 (6.6)，特性阻抗：

$$Z_0 = \frac{V}{I} = \sqrt{\frac{L}{C}} \tag{6.9}$$

存在群聚电流 i 时，传输线电压为

$$V = \frac{\beta\beta_c Z_0}{\beta^2 - \beta_c^2} i \tag{6.10}$$

轴向电场 (电路方程)

$$E_1 = E_z = -\frac{\partial V}{\partial z} = \mathrm{j}\beta V = \mathrm{j}\frac{\beta^2\beta_c Z_0}{\beta^2 - \beta_c^2} i \tag{6.11}$$

式 (6.11) 确定了慢波螺旋线的轴向电场是怎样受到群聚电流的影响。

6.1.3 特征方程

在推导式 (6.1) 的过程中，仅仅考虑了波动方程中交流电场的一阶小量，忽略了由空间电荷产生的电场，亦即没有考虑空间电荷力的作用。电子方程 (6.2) 和线路方程 (6.11) 两种方式反映了 i_z 和 E_z 之间的关系。于是可以将这两个方程合并获得下列特征方程，用于求解传播常数。

$$-1 = \frac{\beta_e I_0}{2V_0(\beta_e - \beta)^2} \frac{\beta^2\beta_c Z_0}{(\beta^2 - \beta_c^2)} \tag{6.12}$$

皮尔斯定义了一个参量 C，称为增益参量，$C^3 = \dfrac{Z_0}{4V_0/I_0}$。由于 V_0/I_0 为电子注阻抗，那么 C^3 便是线路阻抗 Z_0 与电子注阻抗之比的四分之一。由于 Z_0 通常在几十欧姆的数量级，而 V_0/I_0 在几千到几十千欧姆数量级，所以 C^3 是一个非常小的量，通常在 0.01~0.1 范围内。

利用 C^3 可以将特征方程改写为

$$\frac{\beta_e}{(\beta - \beta_e)^2} \frac{\beta^2\beta_e}{(\beta^2 - \beta_c^2)} 2C^3 + 1 = 0 \tag{6.13}$$

式 (6.13) 就是传输线模型下获得的特征方程。对于由 β_e 给出的任何电子速度，以及由线路传播常数 β_c 的实部和虚部确定的任何波速与衰减均成立。当波传播常数接近电子传播常数或者线路传播常数时，可能存在某些独特性质。特征方程是四次方程，这就意味着 β 将有 4 个可能的解，分别反映了沿电子注和线路传输的四种基本模式。

6.1.4　同步状态

在求解特征方程的过程中，最令人关注的是与电子注传播方向相同，速度与电子注相近的波。正是这个波与电子注相互作用才能产生放大的作用。为了求解这个波，首先假定电子速度与不存在电子时的波速相等，即

$$\beta_e = \beta_c \tag{6.14}$$

这是同步状态的条件，并进一步假设 β 与 β_e 仅相差一个很小的量 ξ，于是

$$\beta = \beta_e + \xi = \beta_c + \xi \tag{6.15}$$

利用这些假设得到的特征方程为

$$\frac{\beta_e^2(\beta_e^2 + 2\beta_e\xi + \xi^2)}{\xi^2(2\beta_e\xi + \xi^2)} 2C^3 + 1 = 0 \tag{6.16}$$

因为预料到 β 接近于 β_e，所以 $\xi \ll \beta_e$。结果，分子中的 $\beta_e\xi$ 和 ξ^2 与 β_e^2 相比可以忽略不计，而分母中的 ξ^2 与 $2\beta_e\xi$ 相比可以忽略不计。利用这些关系，

$$\xi^3 = -\beta_e^3 C^3 \tag{6.17}$$

$$\xi = (-1)^{\frac{1}{3}}\,\beta_e C \tag{6.18}$$

$(-1)^{\frac{1}{3}}$ 有 3 个根，分别代表 3 个前向波。为了求解这 3 个根可以写成

$$(-1)^{\frac{1}{3}} = \left[\mathrm{e}^{\mathrm{j}(2n-1)\pi}\right]^{\frac{1}{3}} = \cos(2n-1)\frac{\pi}{3} + \mathrm{j}\sin(2n-1)\frac{\pi}{3} \tag{6.19}$$

式中 $n = 0, 1, 2$。这三个图形如图 6.2 所示，三个根 ε_1、ε_2、ε_3 分别为

$$\varepsilon_1 = \frac{1}{2} + \mathrm{j}\frac{\sqrt{3}}{2} \tag{6.20}$$

$$\varepsilon_2 = \frac{1}{2} - \mathrm{j}\frac{\sqrt{3}}{2} \tag{6.21}$$

$$\varepsilon_3 = -1 \tag{6.22}$$

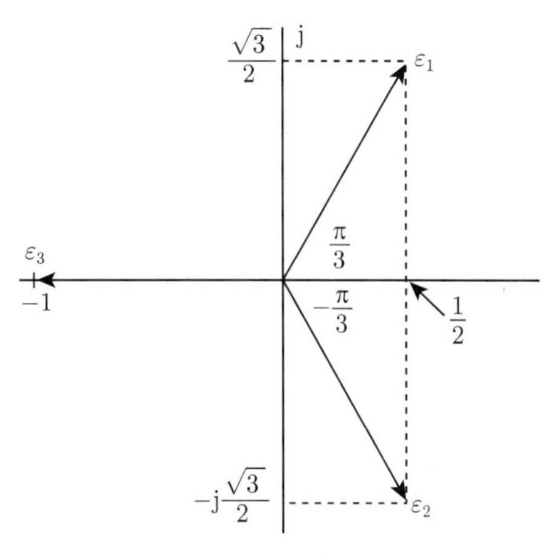

图 6.2 −1 的立方根

其相应的传播常数 β_1、β_2、β_3 分别为

$$\beta_1 = \beta_e + \varepsilon_1\beta_e C = \beta_e + \frac{\beta_e C}{2} + \mathrm{j}\frac{\sqrt{3}}{2}\beta_e C \tag{6.23}$$

$$\beta_2 = \beta_e + \varepsilon_2\beta_e C = \beta_e + \frac{\beta_e C}{2} - \mathrm{j}\frac{\sqrt{3}}{2}\beta_e C \tag{6.24}$$

$$\beta_3 = \beta_e + \varepsilon_3\beta_e C = \beta_e - \beta_e C \tag{6.25}$$

应当指出这里的 ε 值与皮尔斯所使用的增益波的传播常数 δ 有如下关系：

$$\varepsilon = \mathrm{j}\delta \tag{6.26}$$

通过假设有一个波在反向传播 (不存在电子注时，只有一个波反方向传播)，其速度非常接近无电子注时的速度 ($\beta = -\beta_e + \xi$)，从特征方程便可以求出第四个波的传播常数 β_4

$$\beta_4 = -\beta_e + \beta_e\frac{C^3}{4} \tag{6.27}$$

回顾关于所有波均随 $\mathrm{e}^{\mathrm{j}(\omega t-\beta z)}$ 而变化的假设，便不难理解传播常数的意义。对于 β_1

$$\mathrm{e}^{\mathrm{j}(\omega t-\beta_1 z)} = \mathrm{e}^{\mathrm{j}\left[\omega t-\left(\beta_e+\frac{\beta_e C}{2}\right)z\right]}\mathrm{e}^{\frac{\sqrt{3}}{2}\beta_e C z} \tag{6.28}$$

β_1 以及 β_2 和 β_3 均包含了电子注的传播常数 β_e 和很小的量。于是各个波均为传播速度接近于电子速度的前向波。

在 β_1 和 β_2 中，变量 $+\beta_e C/2$ 表示波行进的比电子注慢。在 β_3 中，变量 $-\beta_e C$ 表示波行进的比电子注快。在第四个波中起主要作用的是 $-\beta_e$，它反映了波的行进方向与电子注相反。在 β_4 中，变量 C^3 非常小，以至于第四个波的速度仅稍大于电子速度。在 β_1 和 β_2 中传播常数的虚部反映了这个波可以是增幅波或是衰减波。最后，传播常数 $\beta_1 \sim \beta_4$ 所代表的四个波的示意图如图 6.3 所示。

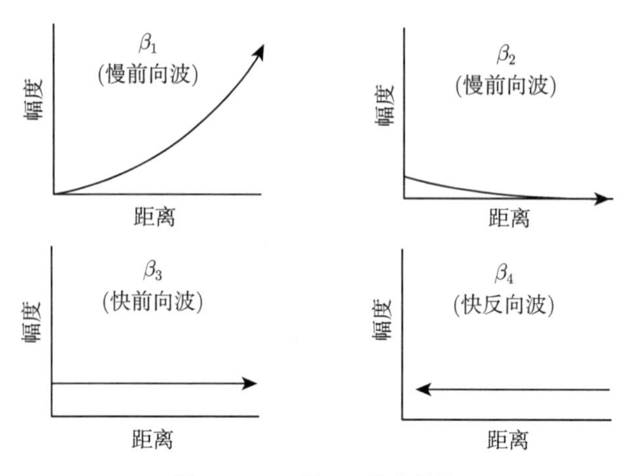

图 6.3　β_1 至 β_4 代表的波

确定增幅波的增长速率具有特别重要的意义。为此可以根据式 (6.28) 中的 $\mathrm{e}^{\frac{\sqrt{3}}{2}\beta_e Cz}$ 项来进行计算，假设线路的波长数为 N

$$\beta_e z = \frac{\omega}{u_0} z = \frac{2\pi f}{u_0} z = 2\pi \frac{z}{\lambda} = 2\pi N \tag{6.29}$$

因为功率正比于电场的平方，所以功率增益为

$$10\log_{10}\left(\mathrm{e}^{\frac{\sqrt{3}}{2}2\pi NC}\right)^2 = 47.3CN \tag{6.30}$$

现在便可以清楚看到为什么将 C 称为增益参量，因为增益正比于 C。式 (6.30) 给出了无损耗情况下的增益。除了不计损耗外，它并未包括在电子注中激励信号所产生的损耗。由于电子注激励三个前向波，所以加到行波管输入端的信号必然会以某种方式在三个前向波之间进行分配，因而输入信号只有一部分被用于激励增幅波。

为了确定激励波的相对幅度，在输入端必须满足边界条件。以有必须将三个波加到一起给出合理的高频场、速度和电流。假设慢波线起始处的高频场、速度和电流分别为 E_{in}、u_{in} 和 i_{in}，那么：

$$E_1 + E_2 + E_3 = E_{\text{in}} \tag{6.31}$$

$$u_1 + u_2 + u_3 = u_{\text{in}} \tag{6.32}$$

$$i_1 + i_2 + i_3 = i_{\text{in}} \tag{6.33}$$

根据受力方程导出的速度与电场的关系式 (5.133)

$$u_1 = -\frac{\eta}{\mathrm{j}\left(\omega - \beta_1 u_0\right)} E_1 = -\mathrm{j}\frac{\eta}{u_0\left(\beta_e - \beta_1\right)} E_1 \tag{6.34}$$

对于 u_2 和 u_3 也有类似的关系。现在，代入 β_1，

$$u_1 = -\frac{\eta}{\mathrm{j}u_0\left(\beta_e - \beta_e - \varepsilon_1\beta_e C\right)} E_1 = -\mathrm{j}\frac{\eta}{u_0\varepsilon_1\beta_e C} E_1 \tag{6.35}$$

于是，

$$u_1 + u_2 + u_3 = -\mathrm{j}\frac{\eta}{u_0\beta_e C}\left(\frac{E_1}{\varepsilon_1} + \frac{E_2}{\varepsilon_2} + \frac{E_3}{\varepsilon_3}\right) = u_{\text{in}} \tag{6.36}$$

根据电子方程 (6.2)

$$i_1 = \frac{\mathrm{j}\beta_e I_0}{2V_0\left(\beta_e - \beta_1\right)^2} E_1 = \frac{\mathrm{j}\beta_e I_0}{2V_0\left(\varepsilon_1\beta_e C\right)^2} E_1 \tag{6.37}$$

对于 i_2 和 i_3 同样可以写出类似的关系，结果

$$i_1 + i_2 + i_3 = \frac{\mathrm{j}I_0}{2V_0\beta_e C^2}\left(\frac{E_1}{\varepsilon_1^2} + \frac{E_2}{\varepsilon_2^2} + \frac{E_3}{\varepsilon_3^2}\right) \tag{6.38}$$

现在，可以利用式 (6.31)、(6.36)、(6.38) 以及初始值 E_{in}、u_{in}、i_{in}，求解 E_1、E_2、E_3。通常 u_{in} 和 i_{in} 均不为零，但在行波管的输入端，u_{in} 和 i_{in} 值均为零。结果式 (6.31)、(6.36) 和 (6.38) 变为

$$E_1 + E_2 + E_3 = E_{\text{in}} \tag{6.39}$$

$$\frac{E_1}{\varepsilon_1} + \frac{E_2}{\varepsilon_2} + \frac{E_3}{\varepsilon_3} = 0 \tag{6.40}$$

$$\frac{E_1}{\varepsilon_1^2} + \frac{E_2}{\varepsilon_2^2} + \frac{E_3}{\varepsilon_3^2} = 0 \tag{6.41}$$

对这些方程求解，得出 E_1 为

$$E_1 = \frac{E_{\text{in}}}{\left(1 - \dfrac{\varepsilon_2}{\varepsilon_1}\right)\left(1 - \dfrac{\varepsilon_3}{\varepsilon_1}\right)} \tag{6.42}$$

通过下标变换还可以获得 E_2 和 E_3 相应的公式。例如，在式 (6.42) 中将下标 1 改写成 2，将 2 改写成 1 便可以得到 E_2 的公式。

当代入 ε_1，ε_2 和 ε_3 的值时，便可求出

$$E_1 = E_2 = E_3 = \frac{1}{3}E_{\text{in}} \tag{6.43}$$

这就是说，输入信号在这三个波之间被平均分配。

考虑到这一个因素，功率增益 G 为

$$G = 10\log_{10}\left(\frac{1}{3}\mathrm{e}^{\frac{\sqrt{3}C2\pi N}{2}}\right)^2 \tag{6.44}$$

或写成

$$G = -9.54 + 47.3CN \tag{6.45}$$

如果考虑所有三个波，线路场与距离的关系为

$$\begin{aligned} E_z &= \frac{1}{3}E_{\text{in}}\mathrm{e}^{-\mathrm{j}\beta_e z}\left(\mathrm{e}^{-\mathrm{j}\frac{1}{2}\beta_e Cz}\mathrm{e}^{\frac{\sqrt{3}}{2}\beta_e Cz} + \mathrm{e}^{-\mathrm{j}\frac{1}{2}\beta_e Cz}\mathrm{e}^{\frac{-\sqrt{3}}{2}\beta_e Cz} + \mathrm{e}^{\mathrm{j}\beta_e Cz}\right) \\ &= \frac{1}{3}E_{\text{in}}\mathrm{e}^{-\mathrm{j}\beta_e(1-C)z}\left[1 + \mathrm{e}^{-\mathrm{j}\frac{3}{2}\beta_e Cz}\left(\mathrm{e}^{\frac{\sqrt{3}}{2}\beta_e Cz} + \mathrm{e}^{\frac{-\sqrt{3}}{2}\beta_e Cz}\right)\right] \\ &= \frac{1}{3}E_{\text{in}}\mathrm{e}^{-\mathrm{j}\beta_e(1-C)z}\left[1 + 2\mathrm{e}^{-\mathrm{j}\frac{3}{2}\beta_e Cz}\cosh\left(\frac{\sqrt{3}}{2}\beta_e Cz\right)\right] \end{aligned} \tag{6.46}$$

现在可以计算功率增益 $10\log_{10}|E_z/E_{\text{in}}|^2$，其结果如图 6.4 所示。在开始阶段，电压不随距离变化而且无增益。这是因为电子注只有群聚后才有高频电流，并在慢波线上感应出信号。最终增益波会超过其他两个波，而曲线的斜率 B 必然会趋向增幅波的斜率 47.3。虚线代表增幅波，它的起始处为 −9.54dB，斜率为 47.3。皮尔斯给出了该增益的渐进表达式：

$$G = A + BCN \tag{6.47}$$

其中，对于同步情况下无损耗、无空间电荷、无高频初速度和高频电流的电子注

$$A = -9.54\text{dB}, \quad B = 47.3 \tag{6.48}$$

实际经验表明，该结果当 $CN > 0.2$ 时是相当令人满意的。

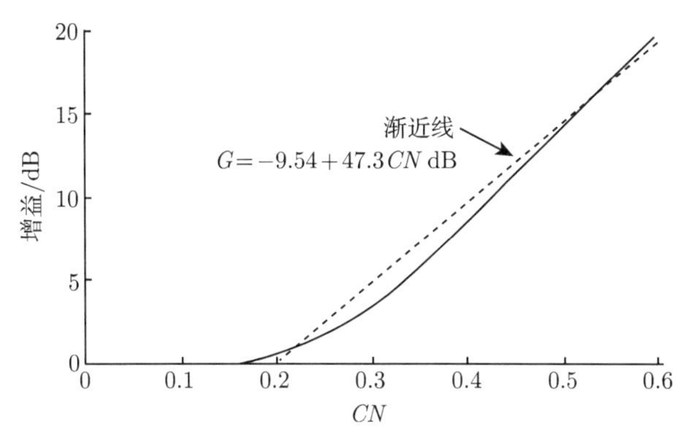

图 6.4 不考虑损耗和空间电荷影响时行波管同步功率增益曲线

6.1.5 非同步状态

当电子注的速度与不存在电子注时慢波线上的波速不相等时，可以用数值计算方法求解传播常数的四次方程，这需要引入皮尔斯的速度参量 b。该参量以以下方式建立起电子的直流速度 u_0 与没有电子注时的波相速 v_p 的关系

$$u_0 = (1 + Cb)\, v_p \tag{6.49}$$

以及

$$\beta_c = \beta_e\, (1 + Cb) \tag{6.50}$$

$b > 0$ 时，电子的速度比未扰动的相速快；$b < 0$ 时，电子的速度比未扰动的相速慢；$b = 0$ 时，便是前面讨论的同步状态。

如果用式 (6.50) 和 $\beta = \beta_e + \beta_e C\varepsilon$ 来确定特征方程式 (6.13)，并用 $C\varepsilon$ 和 Cb 与 1 相比可以忽略不计，那么可以求出：

$$\varepsilon^2(\varepsilon - b) = -1 \tag{6.51}$$

为了便于与皮尔斯理论结果相比较，本文采用皮尔斯的术语 δ 替代 ε，且满足 $\varepsilon = \mathrm{j}\delta$。定义 δ 为

$$\delta = x + \mathrm{j}y \tag{6.52}$$

于是 ε 可以表示为

$$\varepsilon = \mathrm{j}x - y \tag{6.53}$$

同时按照 δ 与 ε 之间的关系，式 (6.51) 可以表示为

$$\delta^2(\delta + \mathrm{j}b) = -\mathrm{j} \tag{6.54}$$

由于 $\beta=\beta_e+\beta_e C\varepsilon$，所以复数传播常数为

$$\beta=\beta_e(1-Cy)+\mathrm{j}\beta_e Cx \tag{6.55}$$

因此波具有以下的传播形式

$$\mathrm{e}^{\mathrm{j}[\omega t-\beta_e(1-Cy)z]}\mathrm{e}^{\beta_e Cx} \tag{6.56}$$

波的幅值随 $\mathrm{e}^{\beta_e Cx}$ 而变化，因而如果 x 为正值，则波为增幅波。其相速为 $\dfrac{u_0}{1-Cy}$，所以如果 y 为正值，那么它的行进速度便快于电子注。式 (6.52) 和 (6.54) 已通过数值计算方式得到了解，其结果如图 6.5 所示。皮尔斯指出了以下要点：

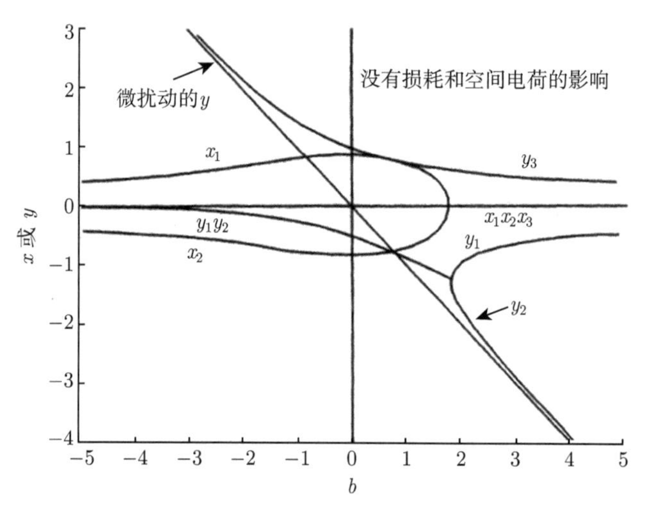

图 6.5　传播常数各分量与速度参量的关系 [1−3]

(1) 当 $b<(3/2)\times 2^{1/3}$ 时，有两个波的 $x\neq 0$, 有一个波不衰减 $x_3=0$。增幅波与衰减波的 x 大小相同方向相反；由于 $y<0$，所以这两个波的行进速度比电子慢，即使当电子的行进速度慢于未扰动 (b<0) 时也是如此。事实上，电子的行进速度必须大于增幅波，才能将能量转移给增幅波。

(2) 当 $b>(3/2)\times 2^{1/3}$ 时, 三个波均不衰减 ($x=0$)，有两个波的行进速度小于电子 ($y<0$)，只有一个波行进的比电子快。

(3) 当 b 取较大的正值或负值时，有两个波的速度接近于电子的速度 ($b<0$ 时，y_1 和 y_2；$b>0$ 时，y_1 和 y_3)。由于 b 大，所有三个波的 x 趋于或等于零，从 $\delta^2(\delta+\mathrm{j}b)=-\mathrm{j}$ 可以推出 $y=-b$，于是另一个波则以未扰动的速度 ($\beta=\beta_c$) 行进。

特别要强调的是，在总增益大 ($b=0$ 附近) 的管子中，b 变化 ±1 可以引起增益有若干分贝的变化。这种变化还会造成未扰动波相速 v_p 与电子速度 u_0 之间的差异接近于 $\pm Cv_p$。因此，作为频率函数的 v_p 与 u_0 之间的允许差异显然不能超过 C 的数量级 (增益差异)。

6.1.6 线路损耗的影响

线路损耗是降低效率和增益的重要因素，同时还会带来热不稳定性和噪声。了解线路损耗的影响，有利于在设计中尽可能避免其带来的不稳定问题和找到合适的工作参数。除了高频线路的固有损耗外，还有可能人为引入附加损耗来衰减返波 (管内和管外反射引起的振荡，由于其与输入信号的拍频效应会使增益起伏较大)。这个问题可以通过在传输常数中引入皮尔斯线路衰减 (损耗) 参量 d 加以考虑。于是无扰动传输常数可以表示为

$$\beta_c=\beta_e(1+Cb)-\mathrm{j}\beta_e Cd \tag{6.57}$$

由式 (6.57) 可知，线路波随 $\mathrm{e}^{-\beta_e Cdz}$ 衰减。令 $\beta_e z=2\pi N$，于是损耗为 $20\log_{10}\mathrm{e}^{-2\pi NCd}$，单位长度上的损耗 L 为

$$L=20(\log_{10}e)2\pi Cd=54.5Cd\quad(\text{dB/波长}) \tag{6.58}$$

由此得到

$$d=0.0184L/C \tag{6.59}$$

例如，当 $C=0.025$，$d=1$ 时，损耗为 1.36dB/波长。

如果在特征方程 (6.13) 中使用式 (6.57) 和 $\beta=\beta_e+\beta_e C\varepsilon$，并且 $C\varepsilon$，Cb，Cd 与 1 相比可以忽略不计，则

$$\varepsilon^2(\varepsilon-b+\mathrm{j}d)=-1 \tag{6.60}$$

利用皮尔斯参量 δ，该方程可表示为

$$\delta^2(\delta+\mathrm{j}b+d)=-\mathrm{j} \tag{6.61}$$

方程 (6.61) 已用数值计算方法求解出 x 和 y 的值，其典型情况如图 6.6 所示。正如预料的那样，衰减最显著的影响是使增幅波的增益下降。通过观察 x(正比于增幅波的增益) 的下降对增益方程 (6.47) 中 B 值的影响可以更清楚地说明这一点。图 6.7 揭示了 d 对 B 的影响。可以注意到在靠近 $b=0$ 的附近 B 达到了最大值。

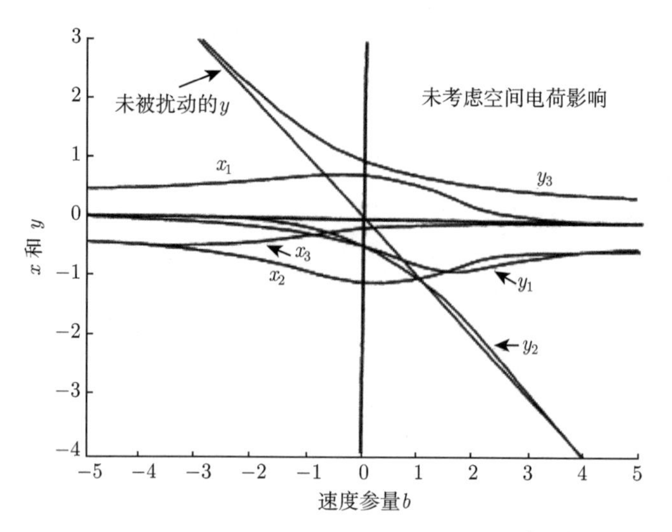

图 6.6　线路损耗 $d=0.5$ 时的 x 和 y 值 [1−3]

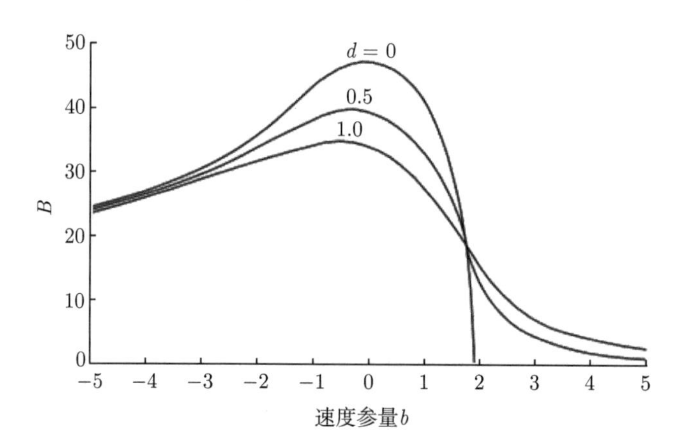

图 6.7　损耗对增幅波参量 B 的影响 [1−3]

如果损耗不大，增幅波的增益跌落大约为线路损耗的 1/3。只有考虑了有损耗存在的初始条件，才有可能计算对行波管总增益的影响。

6.1.7　空间电荷的影响

在本章的开始，将电子注电流和电场之间函数关系的电子方程与电子注的线路场的电路方程联立，并未考虑空间电荷力及其对电场的影响。

电子方程 (6.2) 为

$$i_z=\frac{\mathrm{j}\beta_e I_0}{2V_0(\beta_e-\beta)^2}E_z \tag{6.62}$$

现在考虑空间电荷效应时，E_z 将变为

$$E_z = E_{zc} + E_{zs} \tag{6.63}$$

$$E_{zc} = \mathrm{j}\frac{\beta^2\beta_c Z_0}{(\beta^2-\beta_c^2)}i_z \quad \text{(线路方程)} \tag{6.64}$$

在 E_{zc} 中增添了下标 c 表示线路场，由泊松方程给出的空间电荷场 E_{zs} 为

$$\frac{\partial E_{zs}}{\partial z} = \frac{-\rho_1}{\varepsilon_0} \tag{6.65}$$

由于假设所有变量均随 $\mathrm{e}^{\mathrm{j}(\omega t-\beta z)}$ 变化，所以

$$E_{zs} = \frac{\rho_1}{\mathrm{j}\beta\varepsilon_0} \tag{6.66}$$

$$\nabla\cdot J = \frac{\partial J_z}{\partial z} = -\frac{\partial \rho_1}{\partial t} \tag{6.67}$$

$$\rho_1 = \frac{\beta}{\omega}J_z \tag{6.68}$$

于是，空间电荷场可以写出：

$$E_{zs} = \frac{J_z}{\mathrm{j}\omega\varepsilon_0} = -\mathrm{j}\frac{i_z}{A\omega\varepsilon_0} \tag{6.69}$$

A 为电子注的截面积，于是，电子注中的总场为

$$E_z = \left[\frac{\mathrm{j}\beta^2\beta_c Z_0}{(\beta^2-\beta_c^2)} - \mathrm{j}\frac{1}{A\omega\varepsilon_0}\right]i_z \tag{6.70}$$

将式 (6.70) 总电场的新方程与电子方程 (6.62) 合并得到

$$1 = \frac{\mathrm{j}\beta_e I_0}{2V_0(\beta_e-\beta)^2}\left[\frac{\mathrm{j}\beta^2\beta_c Z_0}{(\beta^2-\beta_c^2)} - \mathrm{j}\frac{1}{A\omega\varepsilon_0}\right] \tag{6.71}$$

代入皮尔斯参量，可将该式写为

$$1 = \frac{\beta_e}{(\beta_e-\beta)^2}\left[\frac{-\beta^2\beta_c}{(\beta^2-\beta_c^2)}2C^3 + \frac{I_0}{2V_0 A\omega\varepsilon_0}\right] \tag{6.72}$$

于是特征方程 (6.72) 可以写为

$$\frac{\beta_e}{(\beta_e-\beta)^2}\left[\frac{\beta^2\beta_c}{(\beta^2-\beta_c^2)}2C^3 - \frac{\beta_p^2}{\beta_e}\right] + 1 = 0 \tag{6.73}$$

应当注意，该方程与忽略空间电荷的特征方程 (6.13) 的唯一区别是增添了 $\dfrac{\beta_p^2}{\beta_e}$ 项，这一项反映出空间电荷力的作用。

基于 $\beta=\beta_e(1+C\varepsilon)$ 及 $\beta_c=\beta_e(1+Cb)-\mathrm{j}\beta_e Cd$，并且 $C\varepsilon$、Cb 和 Cd 与 1 相比均可以忽略不计，于是

$$\varepsilon^2=-\frac{1}{\varepsilon-b+\mathrm{j}d}+\left(\frac{\beta_p}{C\beta_e}\right)^2 \tag{6.74}$$

利用皮尔斯的术语 δ，该方程转换为

$$\delta^2=\frac{1}{\mathrm{j}\delta-b+\mathrm{j}d}-\left(\frac{\beta_p}{C\beta_e}\right)^2 \tag{6.75}$$

皮尔斯将该方程写为

$$\delta^2=\frac{1}{\mathrm{j}\delta-b+\mathrm{j}d}-4QC \tag{6.76}$$

$$4QC=\left(\frac{\beta_p}{C\beta_e}\right)^2=\left(\frac{\omega_p}{C\omega}\right)^2 \tag{6.77}$$

于是，等离子体频率与高频频率之比便成为空间电荷力抵抗群聚力的度量。皮尔斯增益参量 C 成为慢波线路与电子注之间互作用强度的度量。因而，QC 便成为抵抗群聚力与群聚相对强度的度量。所以，在行波管中采用 QC 来描述空间电荷效应的作用强度。

应当指出，对于有限尺度的电子注，其等离子体频率 ω_q 小于无限大电子注的 ω_p，因此在 $4QC$ 的表达式中应该使用 ω_q：

$$4QC=\left(\frac{\omega_q}{C\omega}\right)^2=\left(\frac{\beta_q}{C\beta_e}\right)^2 \tag{6.78}$$

对应的传播常数可以通过数值方法对方程 (6.75) 求解。图 6.8 给出了当 $QC=0.25$ 且不考虑损耗时 x 值和 y 值与 b 的函数关系。图 6.9 给出了对于增幅波某些 QC 值所对应的 x 值和 y 值。将图 6.8 和图 6.9 与图 6.5 相比较，便可以得出部分空间电荷效应的作用强度。其中，最重要的是产生增益的电子注速度范围有严格的限制。此外，增幅波中最大增益处的速度比没有空间电荷时小，最后，最大增益有所下降。

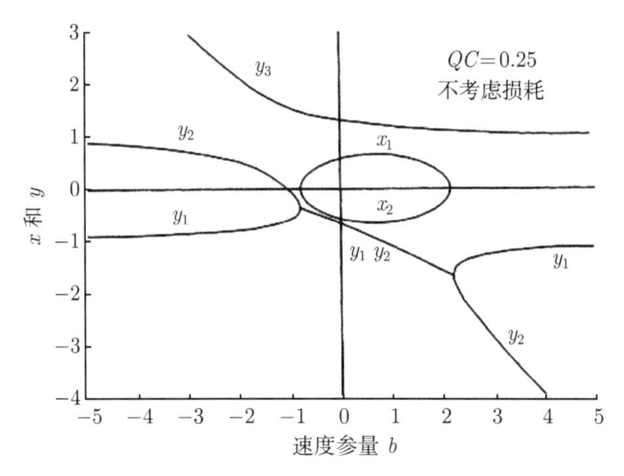

图 6.8 考虑空间电荷作用时的 x 和 y 值 [1−3]

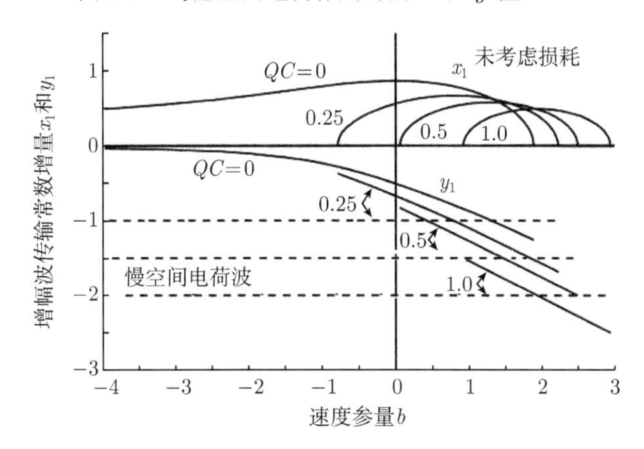

图 6.9 空间电荷作用对增幅波 x 值和 y 值的影响

图 6.9 中的虚线给出了慢空间电荷波 $\beta_e\left(1+\dfrac{\omega_p}{\omega}\right)=\beta_e+\beta_p$。由于波以 $\beta_e(1-Cy)$ 传播，于是：

$$y=-\frac{\omega_p}{\omega C}=-\sqrt{4QC} \tag{6.79}$$

通过考察电子注中空间电荷波的特性，可以给出为增幅波产生增益而引起的 y 与 b 的限制范围的物理解释。在慢波空间电荷波中，电子群聚块运动的速度比电子注慢。群聚块后面的电子追上群聚块后，受空间电荷力作用而减慢。在群聚块前面的减速电子则受到空间电荷力的推动超前有加速趋势。也就是说，空间电荷力降低了群聚的程度，从而限制了获得增益的 y 与 b 的范围。

图 6.9 表明在行波管中，正是与慢波空间电荷波有关的群聚而形成了增益。为了产生增益，信号在线路上的相速必须接近于空间电荷波的中群聚块的速度。例如，当 $QC=0.25$ 时，如果 y 与 -1 相差过大，则增益 (正比 x_1) 将趋于 0。图 6.9

还表明，随着电子注密度的增加，最大增益将随之减少。因为随着电子注密度的增加，空间电荷力也增加，群聚程度会减弱，由此导致电子注中的高频电流减小。

6.2 螺旋线行波管 [2,3]

6.1 节介绍的是皮尔斯的小信号理论，对行波管注波互作用机理的认识非常重要。不过对于行波管设计，需要知道满足输出性能指标要求的几何和电参数。这些参数必须通过非线性注波互作用分析和优化获得。基于行波管中慢电磁行波的周期传输特性和能流坡印亭定理以及电子运动方程，推导出三维场论大信号自洽微分方程组。通过傅里叶展开式，将时域中的电流变换为与频率相关的交流电流分量，引入等离子体粒子模拟的方法，求解离散化的带有群聚电流的亥姆霍兹方程，获得空间电荷场的三维数值解。以此建立相应的非线性注波互作用程序是探讨行波管输出特性的必备工具。这个过程非常复杂，本课程不详细论述。目前国内外已经发展了各种不同的行波管非线性注波互作用计算软件，例如我国电子科技大学编写的 MTSS 和德国的 CST-PS 都能够用于行波管参数设计的优化计算。本节仅针对理论和实验结果，讨论螺旋线行波管带宽、增益、功率、效率和相关稳定性等问题，加深对螺旋线行波管工程设计和研制过程中可能出现问题的理解，并学习一些解决问题的具体办法。

6.2.1 螺旋线的带宽

6.2.1.1 概述

螺旋线的极宽带宽是这种慢波电路的一项最重要的特性。没有任何一种慢波电路能与螺旋线的带宽相竞争。利用螺旋线，现在已能制成具有两个倍频程以上带宽的螺旋线行波管，其饱和输出功率随频率变化曲线如图 6.10 所示。

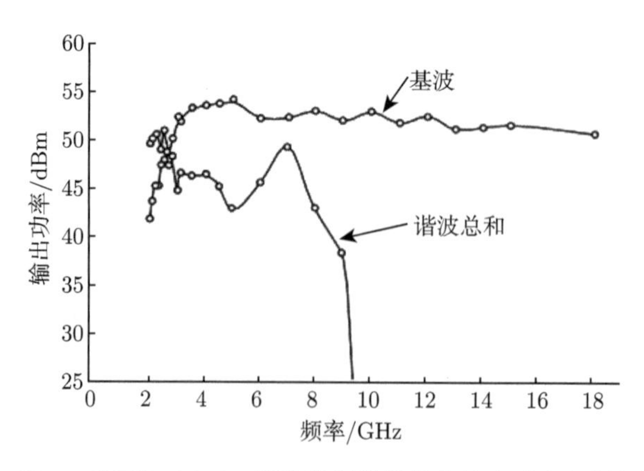

图 6.10 Vaian VTU-6292A1 螺旋线行波管饱和输出功率与频率的关系图

在图 6.10 所示的极宽带宽中会遇到的一个问题是在低频处产生的高次谐波功率对正常工作的干扰。其原因是管子的带宽以及速度调制与群聚过程所呈现的高度非线性。在宽带螺旋线行波管工作频带的低端，由电子注产生的二次甚至三次谐波均因为落在管子的带宽内而得到放大。在频带的低端，谐波功率甚至可以和基波功率相竞争。

抑制谐波输出功率的途径之一是采用所谓的谐波注入技术。这一技术的效能如图 6.11 所示。在输入基波信号的同时以适当的相位和幅度注入二次谐波信号时，谐波输出功率下降而基波功率上升。当注入的二次谐波信号相位与电子注和慢波相互作用过程中固有的非线性过程产生的二次谐波相位相差 180° 时，便会发生上述现象。只要能合理地设计输入电路，就可以使这种抵消过程具有一定程度的有效性。

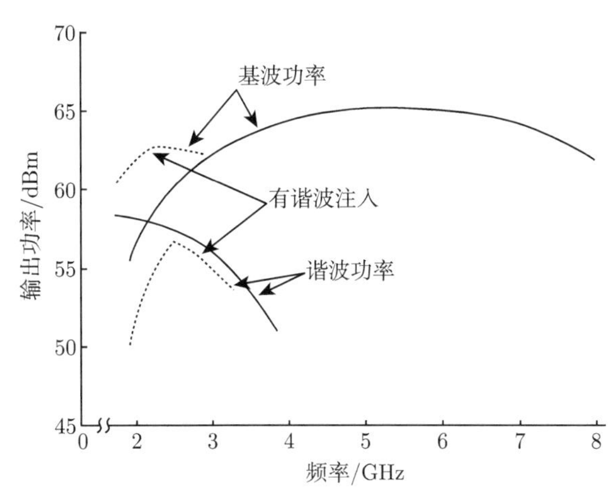

图 6.11 谐波注入对宽带螺旋线行波管输出功率的影响

理论上具有如图 6.12 所示 ω-β 曲线特点的电路几乎可以达到无限大的带宽，但实际上会受到某些因素的限制。

(1) 对于一个给定电路，随频率降低 (波长长)，电路长度的波长数减小 (增益取决于电路的波长数)，故增益降低。

(2) 随着频率的增加，螺旋线上电场分布会收缩 (图 6.13)，从而导致场和电子注的互作用耦合减弱，增益也会降低。当每个波长的螺旋线匝数约为 4(或每匝 $\pi/2$ 弧度) 时，增益最大。当每个波长的螺旋线匝数约为 2(或每匝 π 弧度) 时，正好满足返波振荡条件。

6.2.1.2 色散

除非采取某些矫正措施，否则螺旋线还是会由于相速变化而色散，如图 6.14 和图 6.15 所示。由于以下两个主要原因，相速在某种程度上仍要随频率而变化：

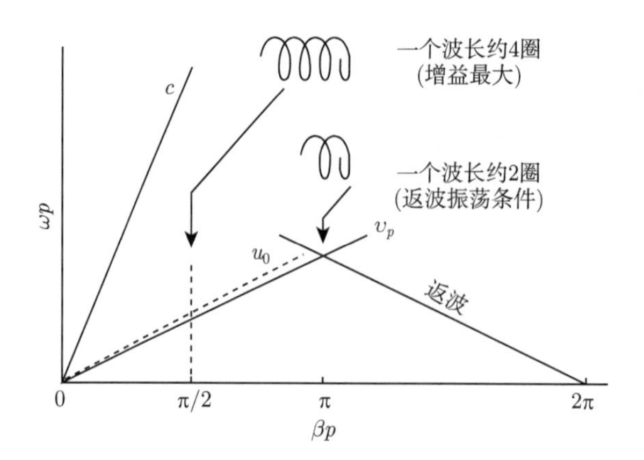

图 6.12 无色散螺旋线的 ω-β 曲线

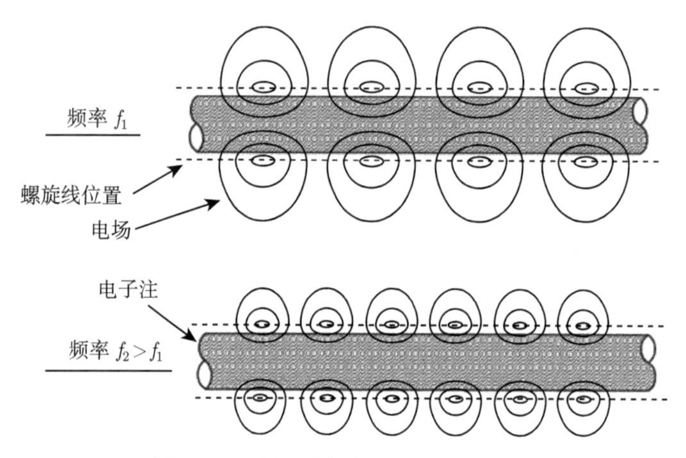

图 6.13 电场随频率增加发生的变化

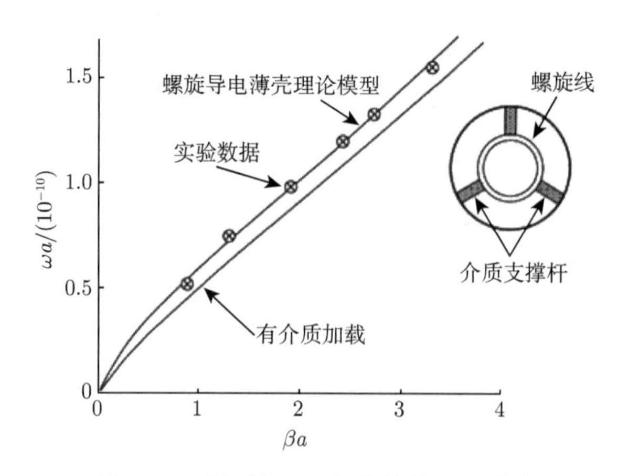

图 6.14 螺距角 10° 螺旋线的 ω-β 曲线

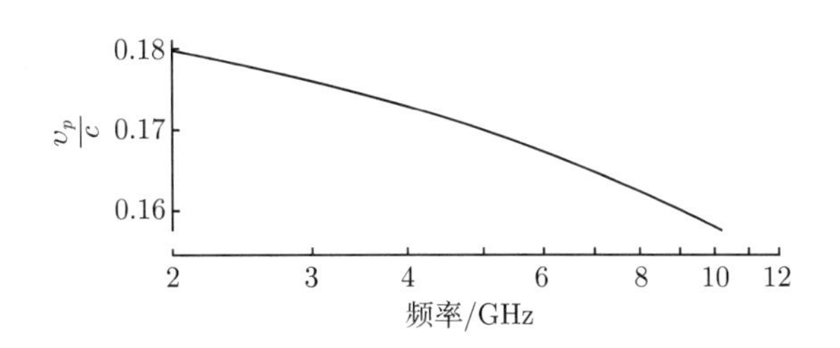

图 6.15 无色散控制电路的相速随频率变化

(1) 随着频率的降低，螺旋线单位波长上的匝数将增加。结果，各匝间电场和磁场的耦合也要发生变化。如图 6.16 所示，当相邻各匝中的电流方向相同时，各匝的磁通相抵，于是随着波长 (以及每一波长上的匝数) 的增大，单位电流所产生的磁通将减小。因此，随着频率的降低，电感量下降而波速提高。随着环绕着螺旋线的波速提高，显然相速也要提高。图 6.14 中的螺距角为 10° 的螺旋线 ω-β 便可以说明这一现象，在高频端相速基本为常数，但在低频端相速提高。在行波管中的螺旋线需要利用绝缘物来支撑，通常采用三根间距相等的介质杆夹持的方式，如图 6.14 所示。图 6.14 还示出了夹持杆的介质材料对色散特性的影响。

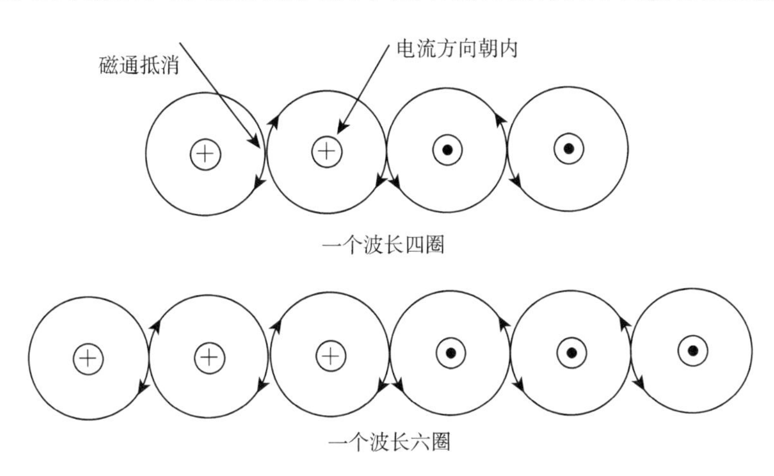

图 6.16 各匝间磁通抵消示意图

(2) 在高频端，单位波长的匝数相对少，电场集中于螺旋线各匝之间。随着频率的下降及单位波长匝数的增加，电场会离开螺旋线向外扩展，如图 6.17 所示。因此，螺旋线周围的金属管壳在频率的低端所截获的电场 (被截获的还有磁场，图 6.17 中未标注出，这会致使电容和电感增加) 份额要大于频率的高端 (图 6.17 仅示出了管壳的位置，而管壳对电场产生的干扰并未体现)。随着管壳逐渐靠近螺旋线，其影响随之增大，引起螺旋线的波速降低。在低频端的波速下降幅度要大于高频端。

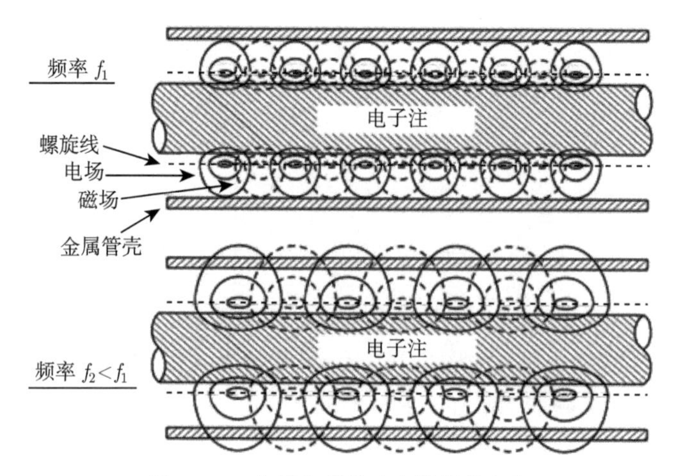

图 6.17　电场和磁场分布随频率变化

通过将管壳靠近螺旋线，可以部分补偿由于低频端电感减小引起的相速增加。不过，就在色散能够一定程度补偿的同时，场的截获将使线路互作用阻抗下降，由此会导致增益和效率的下滑。引起线路阻抗下降的原因是面向管壳的螺旋线电流与管壳中的环绕电流之间的电感耦合，这种耦合会增加高频能量在管壳内壁上的损耗，削弱螺旋线内部的场强。从另一方面，因为外壳对电场的截获，致使外侧电场增强，而内侧电场减弱，从而会导致线路阻抗下降。

6.2.1.3　色散的控制

在理想情况下，如果能在螺旋线周围安放仅在轴向导电的金属管壳，那么在这一金属壳中将不会出现电感耦合和环绕电流。此外，管壳在频率的低端对电场的作用要大于频率的高端。这样便有可能对色散进行控制。

在图 6.18 所示的四种结构中，用于对比目的结构 (标有未加载) 仅使用了圆柱形外部金属管壳，通过三根介质夹持杆来支撑螺旋线。在其他三种结构中采用了通常所称的各向异性加载元件，如实体的、翼型的或 T 型金属元件来提供所需的加载。

为了选择最好的加载技术来控制色散，对上述这些结构的频率特性进行了实验研究。图 6.19 示出了图 6.18 中的四种结构的相速及皮尔斯速度参量与频率的关系。对与螺旋线间隔不同的两种 T 型加载结构进行了试验，从包含这些结构并且其他方面均相同的管子中获得了测量结果。对于 1 号管，随着频率的下降，相速增加而 b 减小。在 2 号管子中，翼片几乎在整个频率范围都能提供相当平坦的相速特性。对于 3 号和 4 号管，T 型结构会产生负色散特性。这就是说，在低频端的相速要下降。

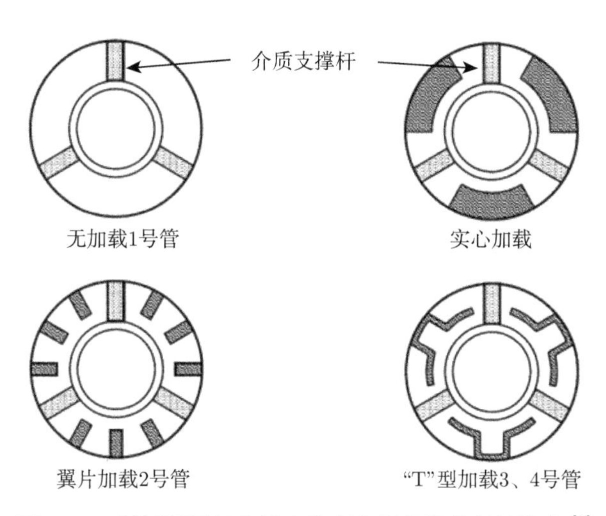

图 6.18 通过逼近轴向导电外壳实现色散控制的技术 [4]

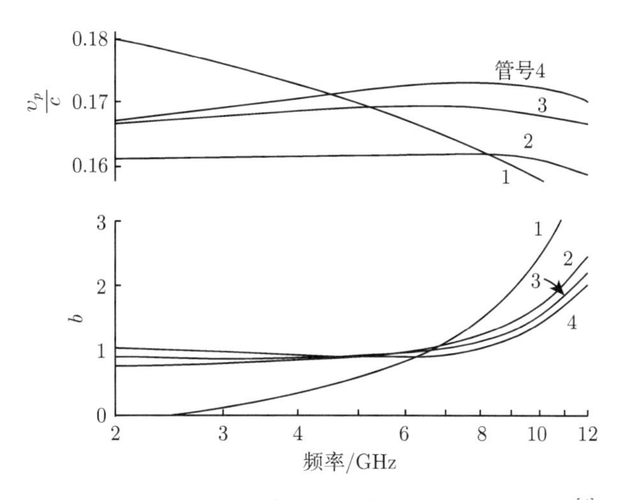

图 6.19 归一化相速和皮尔斯速度参量与频率的关系 [4]

图 6.20 示出了这四只实验管子的小信号增益特性曲线。1 号管的最大增益位于 6~7GHz 范围。这一频率所对应的波长相当于每一波长上有四匝螺旋线，这与螺旋线行波管的小信号理论的预测相符。在高频端，由于电力线过于集中在螺旋线周围 (如图 6.17 所示)，而与电子注进行相互作用的分量减小，导致增益下降。在低频端，由于螺旋线长度对应的波长数 N 减少，所以增益也要下降。在所试验的四只样管中，螺旋线与加载元件相距比 3 号管更近的 4 号管的小信号增益带宽最佳。

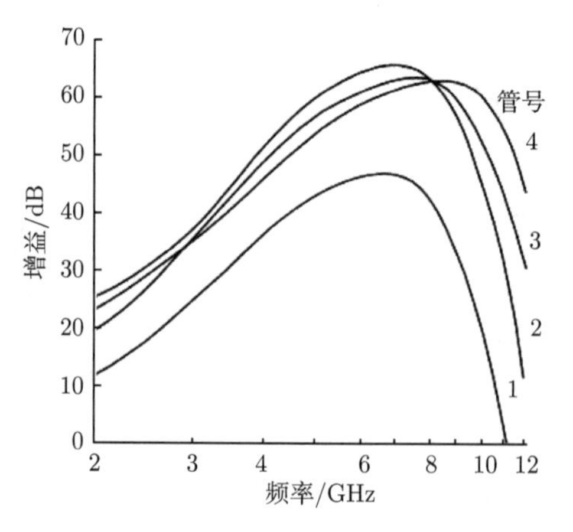

图 6.20　各种加载结构下小信号增益 [4]

6.2.2　增益

6.2.2.1　过渡

在螺旋线行波管的输入端和输出端，必须采用阻抗过渡实现较好的阻抗匹配。正如图 6.21 的例子所示那样，螺旋线的阻抗随频率而变化。在这个例子中，所设计的螺旋线工作频率在 4.8~9.6GHz 之间。在中心频率处，该阻抗看上去在 50Ω 左右。在频带的低端，阻抗增加到 80Ω 以上，而在高端阻抗约为 35Ω。这种宽带过渡段的设计是采用类似于图 6.22 结构阻抗匹配实现的。这里同轴线的渐变段用来匹配同轴线左端的低阻抗和右端的高阻抗。如果渐变过渡段的长度比信号的波长还要长，就有可能实现很好的阻抗匹配。在理想情况下，利用图 6.23 所示的过渡结构，可以使螺旋线在非常宽的频带实现阻抗匹配。这一技术利用几何尺寸的缓慢变化从螺旋线逐步过渡到同轴线。类似于图 6.22，只要整个过渡段的尺寸比所用信号的波长还要长，就可以实现优良的阻抗匹配。

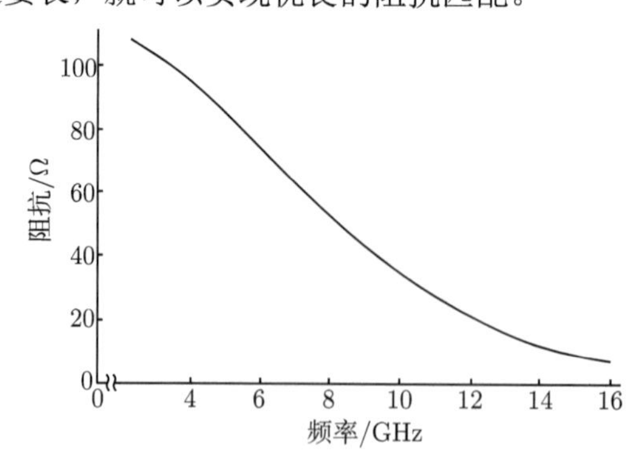

图 6.21　一个倍频程带宽行波管的典型螺旋线

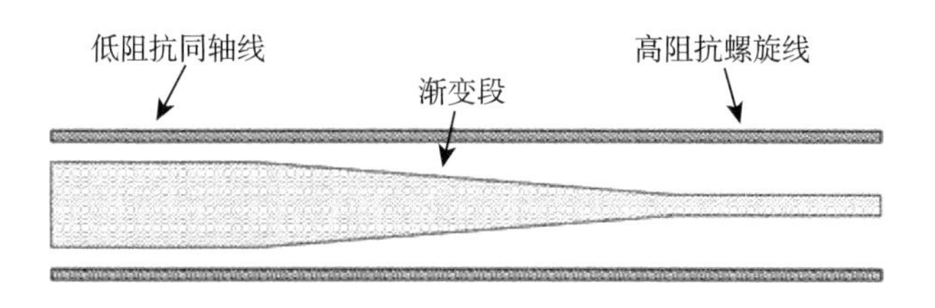

图 6.22　低阻抗到高阻抗同轴线匹配阻抗渐变过渡结构 [5]

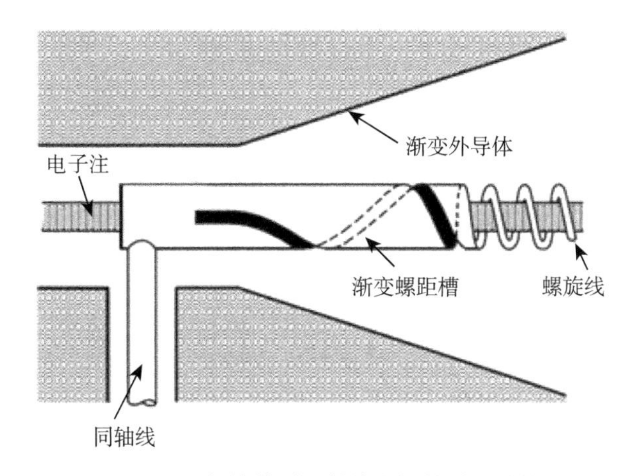

图 6.23　螺旋线到同轴线之间的过渡结构

不幸的是，类似于图 6.23 所示的这种过渡结构的纵向尺寸过长是一个致命缺陷。如果采用这种结构，会增加行波管的长度和重量。通常实际上总是在信号离开螺旋线后再安排过渡段。例如，同轴线的中心导体可以做成渐变结构，如图 6.24 所示。渐变过渡的另一个例子是图 6.25 所示输出波导结构。在这一结构中使用的分段逐级渐变，使管子的阻抗与波导的阻抗相匹配。

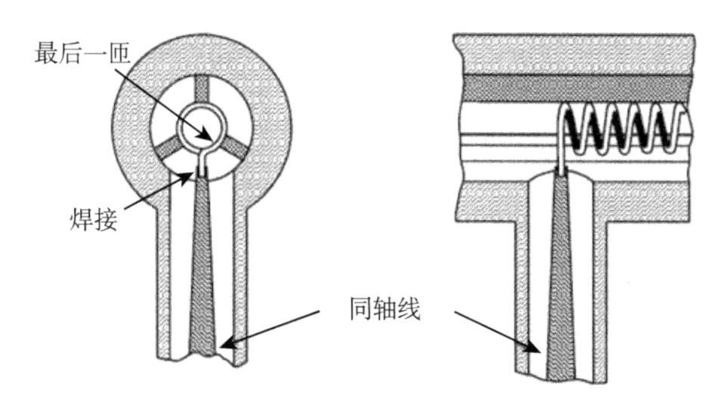

图 6.24　采用渐变同轴线的过渡段

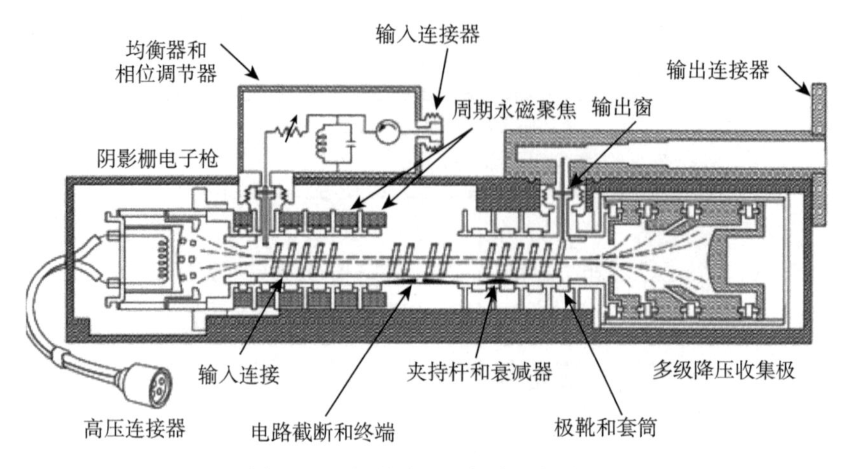

图 6.25　螺旋线行波管电路剖面图

图 6.24 所示的结构遇到的主要问题是，需要采用一段比较长且不加支撑的同轴线中心导体杆。在剧烈的冲击和振动条件下，螺旋线一端的焊接点有可能断开。此外，还应指出，采用后续介绍的三角形夹持或膨胀夹持技术时，螺旋线最后几匝的支撑情况要劣于其他各匝。于是最后几匝螺旋线很难通过夹持杆将热量散发出去，亦即最后几匝至少部分必须通过同轴线的中心导体进行散热。

为了提供有效的散热途径，防止焊接处出现故障，对同轴线中心导体的支撑应尽可能地靠近螺旋线。在图 6.25 所示的行波管输出窗中，中心导体的绝缘支撑从连接处到螺旋线只有几分之一波长。所用的支撑材料通常为氧化铍，它是非常优良的热导体。将氧化铍焊接到中心导体和外导体之间，形成真空密封的一部分。采用可以弯曲的金属带将螺旋线的一端与中心导体连接在一起。这种方法可以防止中心导体的移动 (例如，由热胀冷缩引起的移动) 传递到螺旋线上产生应力。

6.2.2.2　衰减与切断

在分析行波放大时，已发现存在着四个波。这些波中的一个波以反方向从管子末端的收集极向电子枪一端行进。这个波可以携带从负载或从输出反射的功率，穿过行波管到达输入端。如果输入端匹配不佳，就会有部分反射信号反馈叠加，结果将形成振荡或使增益随频率剧烈波动。

如图 6.26 所示，如果输出端与输入端的反射数分别为 ρ_0 和 ρ_i，那么当：

$$G-L-\rho_0-\rho_i>0 \tag{6.80}$$

时就会出现振荡。式中，G 为管子的增益，单位为 dB；L 为线路损耗，它和反射系数的单位均为 dB。

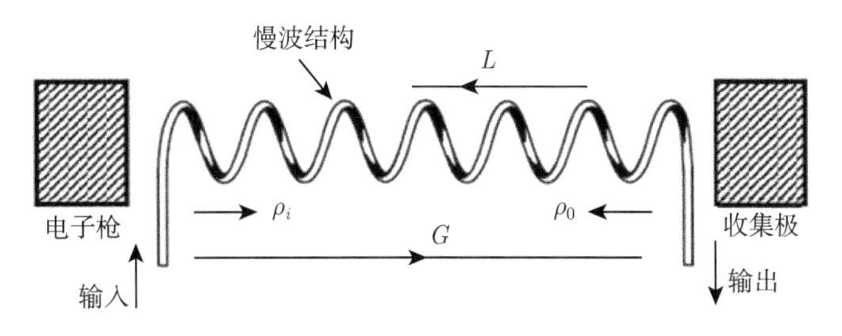

图 6.26 用于确定振荡条件的有关参量

由于高频结构很难实现理想的阻抗过渡状态，因而在输出端与输入端通常仍有反射，尤其对于宽带和超宽带行波管更为突出。于是实际设计很难使 ρ_0 和 ρ_i 大于 10dB(10%反射)。通常线路的冷损耗不大于 6dB，所以增益一般要被限制在 26dB 左右。

为了防止增益随频率剧烈变化，事实上实际增益不可能达到 26dB，而要被限制在 20dB 左右。为了提高增益，需要在行波管中使用衰减和切断。一种常见的衰减方式如图 6.27 所示。在螺旋线行波管的一部分介质夹持杆上涂有损耗材料。损耗材料膜的厚度在衰减区的两端逐渐变为零，以便在很宽的频率范围获得优良的阻抗匹配。

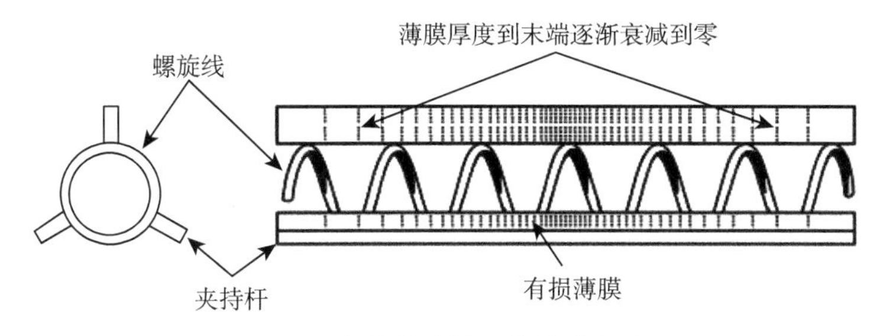

图 6.27 螺旋线中使用的薄膜衰减器

无论是前向波还是反向波都要受到该损耗膜的衰减。通过增加互作用区的长度，至少可以部分补偿前向波的增益损失。不幸的是，如果阻抗匹配良好的话，那么在高频结构上的衰减器尺寸便会相当长。另一方面，在衰减作用大的区域线路波动幅度小。结果，线路的电场会失去对群聚过程的控制，电子注中的速度零散也会增加。衰减区电子注速度零散的增加会引起衰减区后的群聚效率下降，降低互作用效率。于是在追求高效率的大功率管子中使用损耗膜技术形成衰减是不太合适的。

在要求高效率的大功率行波管中，抑制返波最常用的方法是设置一个或若干个切断。图 6.28 示出了一个具有切断螺旋线的行波管。切断既可以防止负载的反射也可以防止输出端的信号到达输入端。虽然螺旋线输入段的前向增益波在切断处被丧失，但电子注存在的电流调制和速度调制仍然可以携带着信号越过切断区在输出段作进一步的放大。

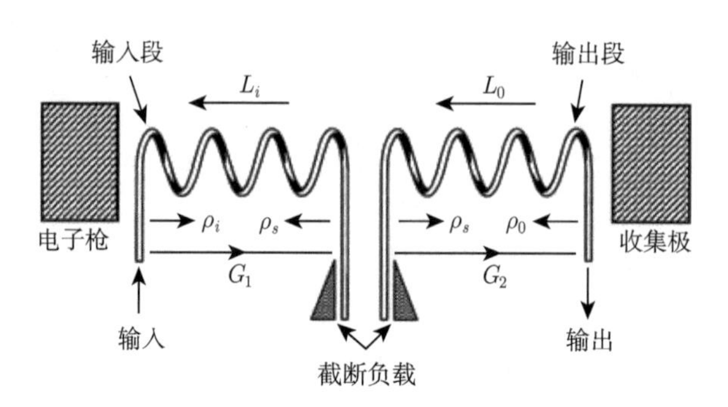

图 6.28　包含两段截断的螺旋线行波管

随着电子注越过切断区，群聚减弱并影响到管子的最终效率。所以，切断区应尽可能的短。因此为了获得最高效率，输入段的增益应相对低一些，而输出段的增益应尽可能地高。正如没有切断的管子实际增益被限制在 20dB 左右那样，对于有切断的管子每一段增益也有类似的限制。通常能够使切断区的反射小于输入和输出端，所以在有切断的管子中每一段增益均可以大于只有一段螺旋线的管子。另一方面，在切断区总会有一定的信号损失，所以具有两段螺旋线的管子的总增益实际上也约为 40dB。增加切断数量，还可以获得更高的增益。

6.2.3　功率

6.2.3.1　返波振荡

限制螺旋线行波管工作频率上限和峰值功率的主要因素是返波振荡 (BWO)。在各匝间的电子渡越角达到 180° 的频率处，每一波长上有两匝或每匝相差 180° 时便会产生返波互作用。这一现象可以借助图 6.29 加以说明。所考察的电子 (用 e 表示) 在螺旋线附近向右移动，而返波则向左移动。在图 6.29(a) 中用箭头所代表的力 (F) 表示电子一开始的加速方向。由于起始电子被同步加速，如果波向左移动了 180°，则电子正好移动到电场为零的位置 (图 6.29(b))，亦即电子经过 180° 以后基本上不受力的作用。电子继续前行，由于其向右又移动了 180°，而此时波则向左移动 180°(图 6.29(c))，便又受到加速作用。电子也可能在一开始被减速，经过 180° 后不受力的作用，然后移动到下一个 180° 时又受到减速。因此，即使螺旋线上波的移动方向与电子的移动方向相反也会产生群聚，由此形成了返波互作用。

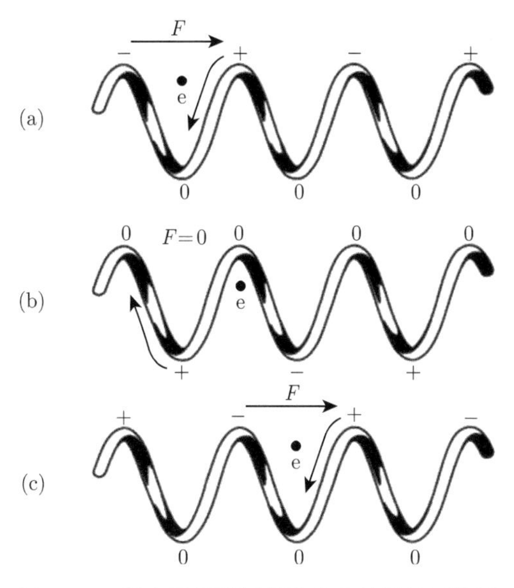

图 6.29　每个波长两匝螺旋线上的返波互作用

如果返波互作用强度足够强，就会形成振荡。管子是否会出现返波振荡取决于许多因素，如注电流大小、电子注聚焦 (特别是电子注靠近螺旋线的程度) 以及管子收集极端的反射系数等。这些振荡出现时，在所需工作频带内会产生功率的跌落。此外，返波振荡信号还会引起其他振荡或与主信号产生交叉调制，在管子的工作频带内形成许多寄生信号。由于返波振荡的频率对应于电子注在各匝间的渡越角为 180°，所以返波振荡频率可以通过电子注电压来调节。事实上，专门设计在返波模式下工作的管子确实可以在相当宽的频率范围内利用电压来调节频率。从上面的讨论可知，对于返波模式，管子是否振荡主要取决于电子注电流和电子注靠近螺旋线的程度。图 6.30 给出了这种依赖关系。

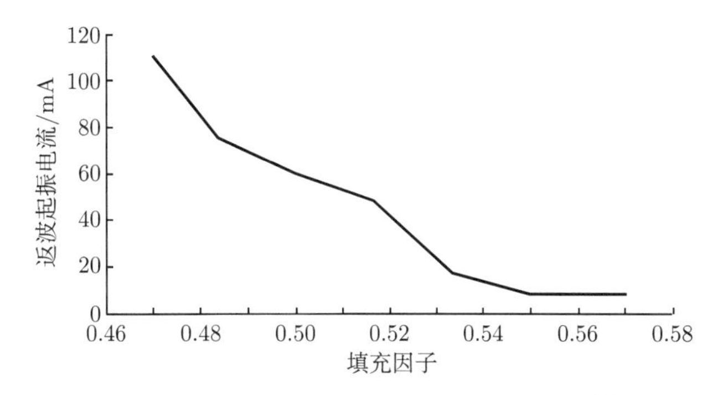

图 6.30　起振电流对电子注尺寸的依赖性 [6]

6.2.3.2　返波振荡的抑制

为了避免返波振荡，每个波长不能绕成 2 匝螺旋线。于是带来了一系列限制行波管峰值功率增加的问题。

(1) 最大增益要求约每个波长 4 匝螺旋线，这便限制了螺旋线的直径。

(2) 为避免振荡和限制电子注截获，电子注直径受到限制。

(3) 为避免振荡，电子注电流也受到限制 (空间电荷力过大影响群聚有效性和工作效率)。

(4) 电流被限制后，要提高功率只能增加电压，电压增加意味着相速的增加，这便使螺距必须增加，于是：

(a) 为保证每个波长 4 匝，螺旋线直径必须减小；于是给定电子注振荡可能性增加，这就要求减小电子注尺寸和电流，降低功率容量；

(b) 螺距增加，电场 (纵向场减弱) 和电子注的互作用减弱，管子更容易振荡 (返波振荡机会增加)。

抑制返波振荡通常的技术是通过改变慢波电路使相速发生变化。这可以通过改变螺旋线的直径、螺旋线支撑杆的数量或如图 6.31 所示改变螺旋线的螺距加以实现。对于图 6.31，返波因螺旋线间距增加，波速增加 ($\beta l = 2\pi, v_p = \dfrac{\omega}{\beta} \to v_p = fl$)，设计合适的间距，当返波速度等于快空间电荷波速时，返波能量交回给电子。

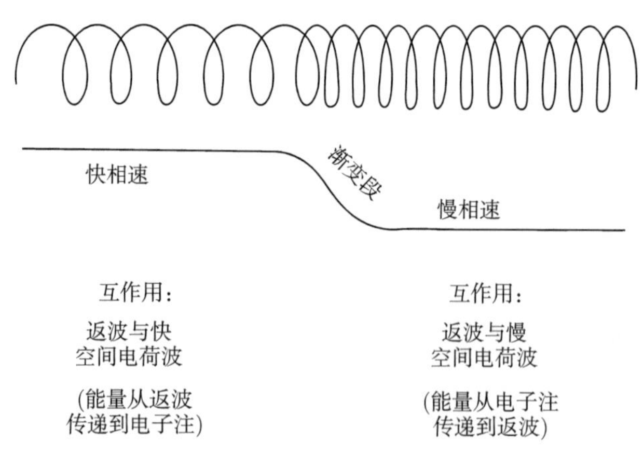

图 6.31　利用螺距变化抑制返波振荡的示意图 [7]

抑制返波振荡的另一种方法是在螺旋线电路中引入随频率而变的衰减。图 6.32 示出了瓦里安公司开发的频率敏感衰减技术。该技术在每匝螺旋线的夹持杆中安放了曲折线电路。曲折线是用标准微波集成电路工艺制造的。每条曲折线的总长度均等于返波振荡频率的半波长，所以最低的谐振频率就是返波振荡频率。

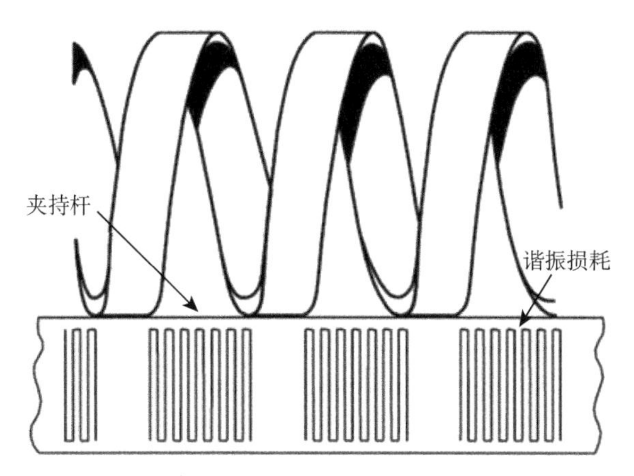

图 6.32 利用谐振损耗产生随频率变化的衰减 [7]

利用这种谐振损耗技术可以形成很大的损耗。图 6.33 是这种谐振损耗应用的一个实例，用于频率范围在 3.0~6.0GHz 的 10kW 管子上。其返波振荡频率约为 8.0GHz。这一 10kW 管子的输出功率与频率的关系如图 6.34 所示。可以注意到，在管子的高端谐振损耗起作用的地方，功率急剧跌落。图 6.35 示出使用各种返波振荡抑制技术所能实现的峰值输出功率的估计值。可以注意到在周期永磁聚焦的行波管中利用谐振损耗可以实现超过 100kW 的峰值功率。这种设计的谐振频率不得与信号二次谐波靠近，否则电路结构可能损坏。

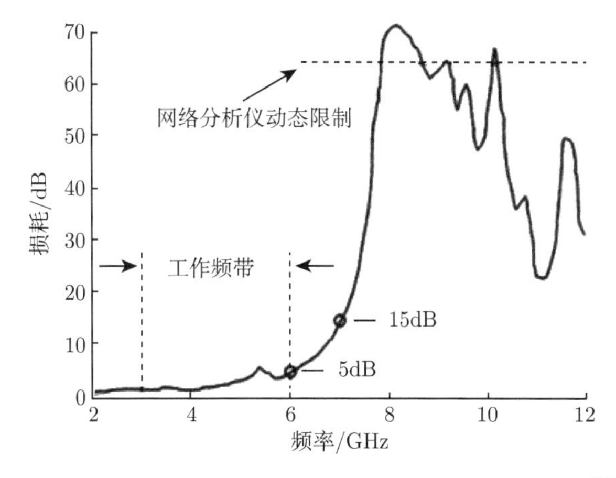

图 6.33 夹持杆上具有谐振损耗引起的插入损耗例子 [8]

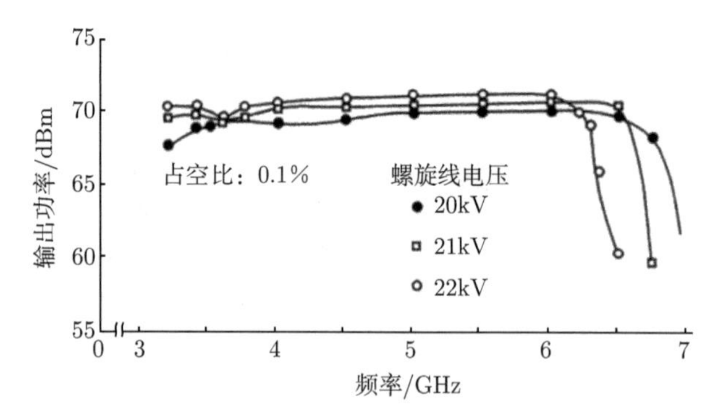

图 6.34　具有谐振损耗的 10kW 螺旋线行波管输出功率 [8]

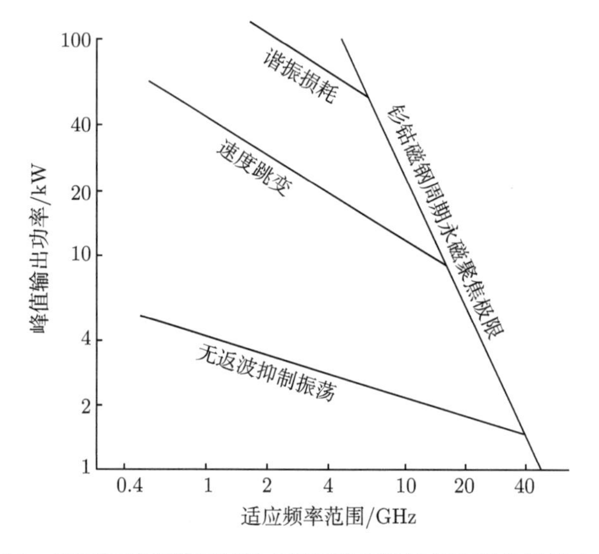

图 6.35　不同返波振荡抑制技术螺旋线行波管能达到的峰值功率 [8]

6.2.3.3　螺旋线的夹持杆技术

如果行波管是耐振动的，并且能在高平均功率下工作，那么就必须为螺旋线提供可靠的支撑。通常采用陶瓷作为支撑结构。为了尽可能降低陶瓷材料夹持结构的加载作用，必须将陶瓷材料的使用量降至最低限度。

在行波管广泛使用的介质材料中，只有氧化铍和各向异性热解氮化硼两种材料与其他适合于真空高温工作的陶瓷材料相比，具有相对较高的热传导率。夹持杆使用的主要问题出在螺旋线和夹持杆之间以及夹持杆与管壳之间的热阻。交界面处的温差占螺旋线的最热点与管壳之间的总温差的 70%。热阻增加给系统冷却和器件功率容量带来巨大影响。

图 6.36 ~ 图 6.40 分别给出了行波管螺旋线的横截面图 [8]、有支撑和无支撑的螺旋线的耦合阻抗变化图 [2]、几种金属和陶瓷的热导率 [5]、钨螺旋线和各向异性热解氮化硼 (APBN) 夹持杆损耗 1W 时计算获得的温差以及几种介质与钨接触的界面热导率 [7]。从图 6.37 可以清楚地看到计算方法和有无夹持杆对耦合阻抗的影响。图 6.38 表明，相对其他材料而言，氧化铝的热导率是最差的。不过，氧化铝的成本是最低的，同时其强度相对高，因此在输出功率不高，热承受能力容许的情况下，氧化铝瓷依然被使用作为夹持杆材料。如果温度不是特别高，金刚石的热导率无疑特别优秀。不过，金刚石的成本是阻止其广泛应用的最大障碍。于是氧化铍和各向异性热解氮化硼分别成为了在温度相对低和高两个不同温度范围相对合适的夹持杆材料。铜的热导率比钨好，但其材料强度远不如钨，于是钨因其刚性好成为螺旋线的首选材料。在适当假设夹持杆功率损耗的计算结果 (图 6.39) 表明，以各向异性热解氮化硼作为夹持杆材料使用，钨螺旋线与夹持杆界面温差达到 17℃，金属管壳与夹持杆的界面温差也达到 12℃。图 6.40 为不同交界面热导率结果显示，随着接触压强的增加，氧化铍和金刚石作为夹持杆材料的优势是相对明显的。

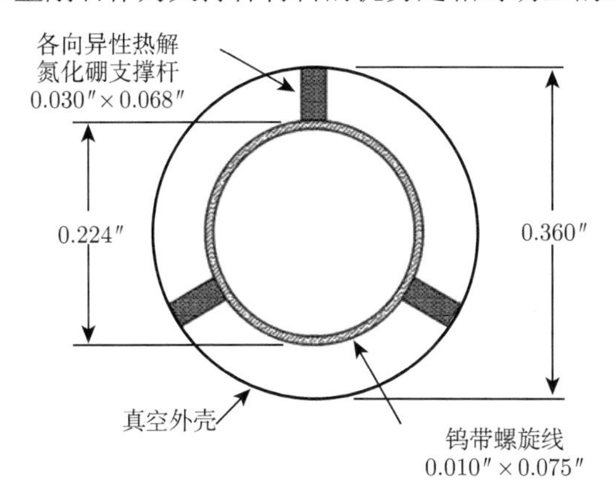

图 6.36 10kW/3~6GHz 行波管螺旋线的横截面图 [8]

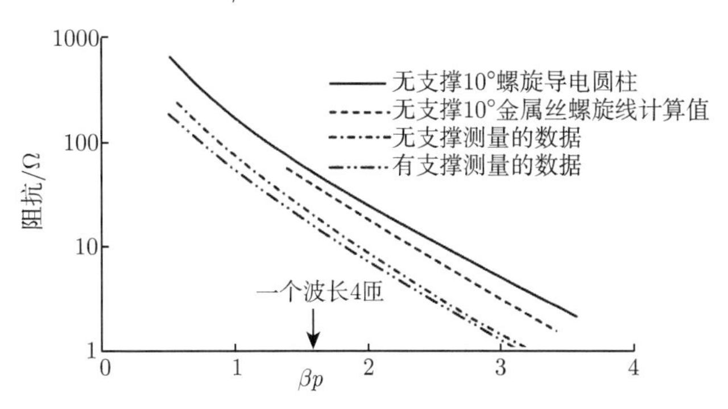

图 6.37 有支撑和无支撑的螺旋线的耦合阻抗 [2]

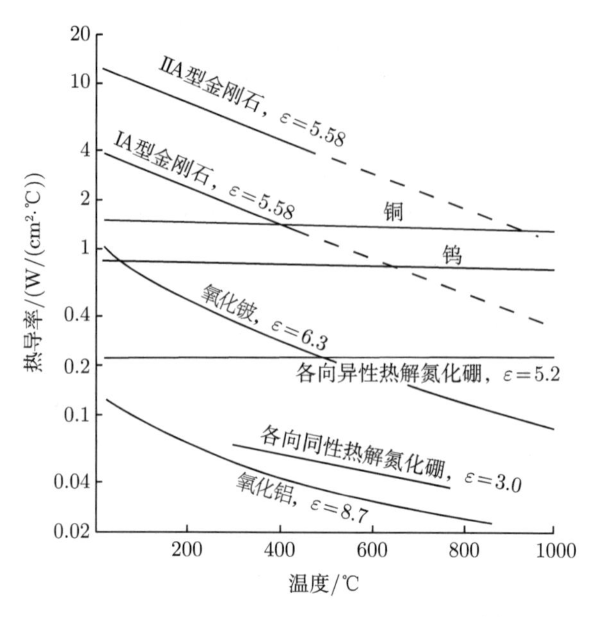

图 6.38　几种金属和陶瓷的热导率图 [5]

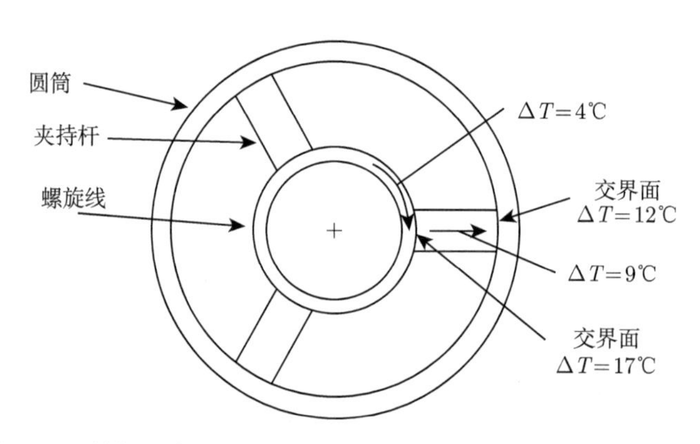

图 6.39　钨螺旋线和 APBN 夹持杆损耗 1W 时计算获得的温差 [7]

螺旋线与夹持杆的装配结构必须采用能最大限度地减小接触热阻的技术。通常可以采用以下三种基本的技术：①三角夹持法；②挤压夹持法或热膨胀夹持法；③焊接法。

在三角夹持技术中，用来包围螺旋线的金属筒略微出现了三角形畸变。然后将具有三根等距放置夹持杆的螺旋线放入筒内，并移去使金属筒畸变的作用力，在夹持杆与螺旋线或金属筒交界处受到的作用力越大，热阻越小。这种作用力的大小应以避免螺旋线变形为原则。为了增加螺旋线的强度，通常使用的材料为钨或钼。

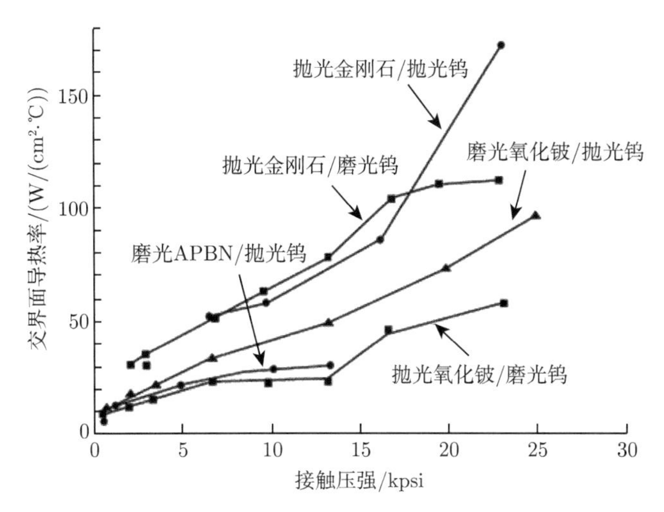

图 6.40 几种介质与钨接触的界面热导率 [5]

$1\text{psi} = 6.89476 \times 10^3\text{Pa}$

对于挤压夹持技术，在插入螺旋线和夹持杆组件之前，要将金属筒加热使其略微膨胀。这就是通常所称的热膨胀夹持技术。在另一些场合，将螺旋线和夹持杆组件的加工误差控制在一定的配合范围内，然后用压力将其插入冷金属筒内。图 6.39 给出的温度差适用于压力插入结构。

降低接触热阻的最有效方法是将夹持杆与螺旋线接触部位焊接到一起。焊接方案虽然很有吸引力，但实施起来非常困难。为了焊接必须在夹持杆表面进行金属化，就会遇到热膨胀问题的困扰。此外夹持杆还必须与螺旋线的每一匝都进行焊接，每一根夹持杆与螺旋线都有几十个接触点，而通常至少要三根夹持杆。为了保护螺旋线，每一根夹持杆的每一个接触点都必须焊牢。在焊接完毕之后，在螺旋线各匝间必须除去夹持杆的金属化涂层，任何一个过程和细节都面临这样那样的技术问题。虽然使用陶瓷块可以克服夹持杆所遇到的热膨胀问题，但每一个陶瓷块焊接过程的装配和定位都是非常困难的事情。图 6.41 给出了三角夹持技术、膨胀夹持技术和焊接夹持技术热特性比较。在这些测试中使用的测试夹具底座温度为 100℃。焊接螺旋线 (材料为铜) 的温升大约为膨胀夹持的 2/3，或为三角夹持的一半。

由于结构过于精细和操作的具体困难，具有优良热传导性能的焊接工艺在毫米波波段很难实施，所以目前广泛使用膨胀夹持技术。所能达到的最大平均功率被限制在一百瓦以下。用金刚石作为夹持杆有可能显著改善平均功率。Ⅱ-A 型金刚石的导热能力比铜大好几倍 (图 6.38)。利用金刚石夹持螺旋线时，在频率高达 50GHz 处预测的平均功率有可能达到 200W[5]。

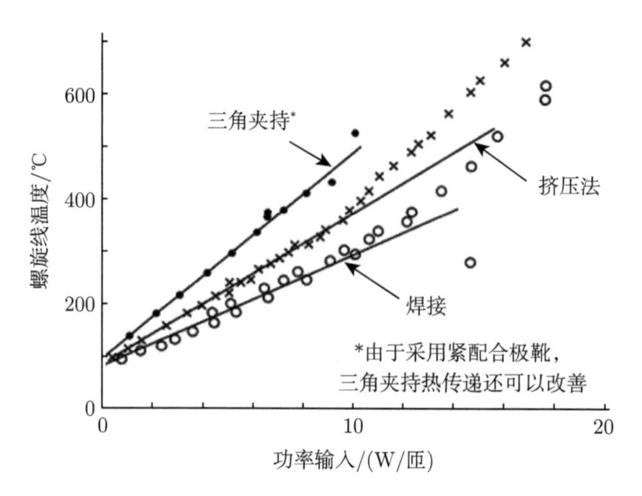

图 6.41　三角夹持/挤压夹持和焊接螺旋线热特性比较 [9]

6.2.4　效率

在电源功率非常珍贵的应用场合，对行波管最基本的要求是高效率工作。从第一次在卫星上使用起，空间行波管的效率一直在稳定地提高。如图 6.42 所示，Ku 波段器件的效率已超过 70%的目标 [10]。图 6.43 表示一种 L 波段器件的效率为 65%[11]。由于典型的 Ku 波段螺旋线行波管的基本电子效率 (电子注功率转换成螺旋线上高频功率的效率) 最高在 20%的量级，因此获得如此高的总效率已是非常了不起的成就。

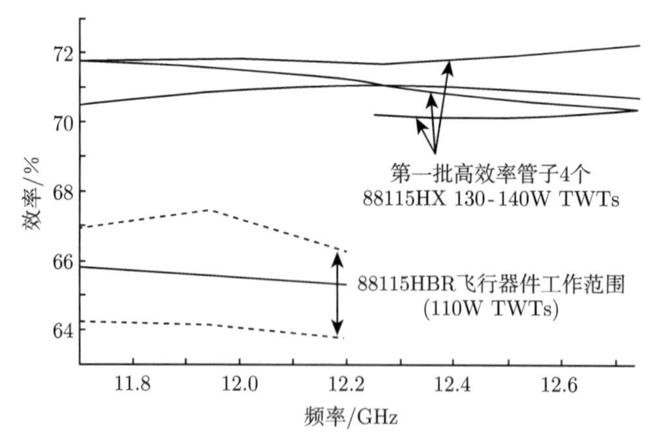

图 6.42　第一批高效率 Ku 波段行波管总效率与原样管的比较 [10]

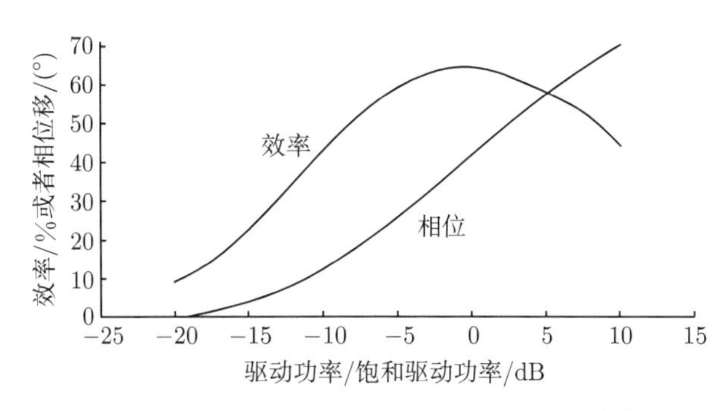

图 6.43 泰勒斯公司 Worldstar 行波管 [11]

图 6.42 的 Ku 波段高效率行波管对航天器功率系统的影响与图 6.44 的 Ku 波段固态功率放大器 (SSPA) 作了比较。对于同样的高频输出功率，SSPA 要求的电源功率几乎是 TWTA(行波管加电源) 的 3 倍。当采用辐射冷却行波管时，由航天器耗散的热量必须比 SSPA 低一个数量级。考虑到上述功率消耗情况，以及与 SSPA 相比行波管已经被证明具有非常好的可靠性，将这两者结合在一起，就很清楚地说明了为什么选择行波管作为航天器应用的放大器。

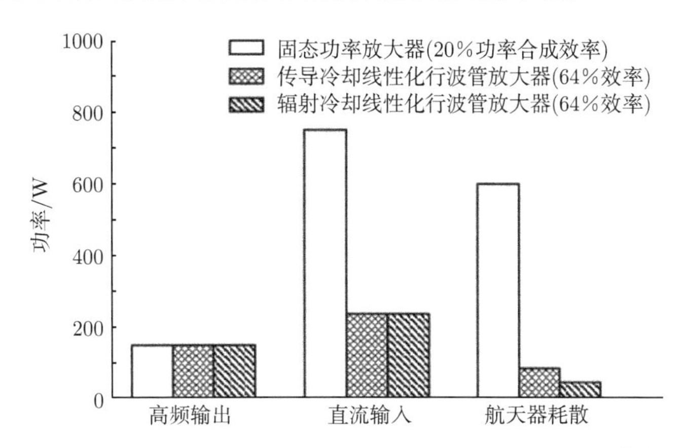

图 6.44 放大器输出功率、直流功率、航天器耗散功率 [10]

要想使螺旋线行波管获得 70%的效率，需要对电子光学系统和高频结构等各个方面的设计和制造加以特别关注，或许最重要的是使用多级降压收集极回收与高频结构相互作用后电子注的剩余能量。高频电路设计必须同时使几个因素最优化，这包括电子效率、电路效率、收集极效率 (进入收集极的电子注能量分布必须得到控制) 和线性度。

电路效率是指由行波管中产生和提供的高频功率传给输出端的效率。因为在电路上耗散的功率使电路发热，不再在电子注中，因而也不能被收集极回收。图 6.45 表明，当使用一个高效率收集极时，电路效率增加 10%，总效率将增加约 4%~5%。

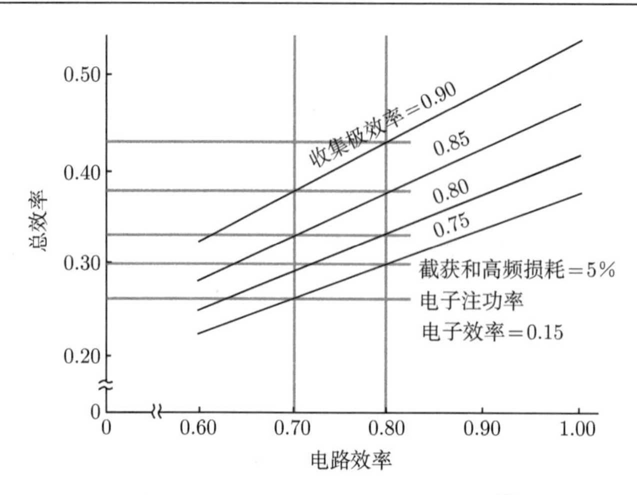

图 6.45　电路效率对总效率的影响 [3]

电路效率主要取决于电路材料的等效电阻。在高频端，介质损耗也很重要。图 6.46 给出了镀铜螺旋线的测量损耗和理论损耗的比较。图 6.46 的虚线是按照铜的体电阻率 $(1.724 \times 10^{-6}\ \Omega \cdot \mathrm{cm})$ 和基于一些频率点实验数据的最好拟合计算损耗曲线。对应这些频率点，测量电路的反射很小，并假设电阻率为 $4 \times 10^{-6}\ \Omega \cdot \mathrm{cm}$。圆圈标注的点是镀铜螺旋线测量损耗，而实线对应的电阻率为 $4 \times 10^{-6}\ \Omega \cdot \mathrm{cm}$，考虑测量电路的反射的计算损耗，理论曲线与实验数据非常一致。由此得到的结论是，镀铜螺旋线表面的等效电阻率为 $4 \times 10^{-6}\ \Omega \cdot \mathrm{cm}$，该值是铜的体电阻率的两倍以上。对于不镀铜的钨或者钼螺旋线，它们的电阻率分别是 $5.48 \times 10^{-6}\ \Omega \cdot \mathrm{cm}$ 和 $5.7 \times 10^{-6}\ \Omega \cdot \mathrm{cm}$。这些数据和曲线表明，螺旋线表面镀铜可以在一定程度上降低螺旋线的电阻率。

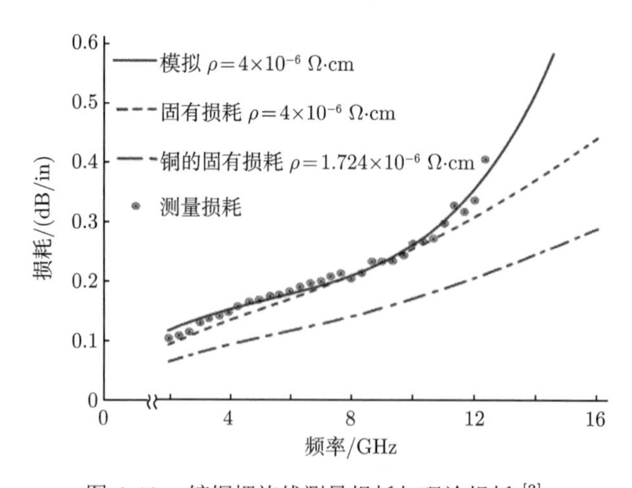

图 6.46　镀铜螺旋线测量损耗与理论损耗 [3]

对于某些通信应用，对高频放大器的一个苛刻要求是对放大过程所产生非线性的容忍度比较小，无论是行波管还是固态放大器都面临这个问题。为了使放大器工作在线性度可接受的范围内，放大器的工作点必须“回退”。这就意味着放大器必须工作在输出功率远小于最大值的状态 [12]。图 6.47 和图 6.48 给出了工作点回退对效率的影响。不同调制方式，对工作点回退的要求不同。例如正交调幅(QAM)，要求放大器工作点回退约 12dB 或更高。功率回退虽然可以在一定程度上改善放大器的线性程度，但功率和效率的降低，严重影响放大器在体积重量限制和能源紧缺的空间应用。从图 6.48 可以看出，随着输出功率的增加，效率增加的幅度下降，展示出输出特性的非线性；并且随着频率的提高，这种下降更为明显。为此人们在放大器前端增加一级预失真电路，该电路使输入信号经过后的输出特性为图 6.47 放大器输出特性相对图中直线的镜像，从而保证具有预失真电路的放大器最终的输出特性保持为图中的直线形状，使输出的线性和效率都得到了很好的改善。

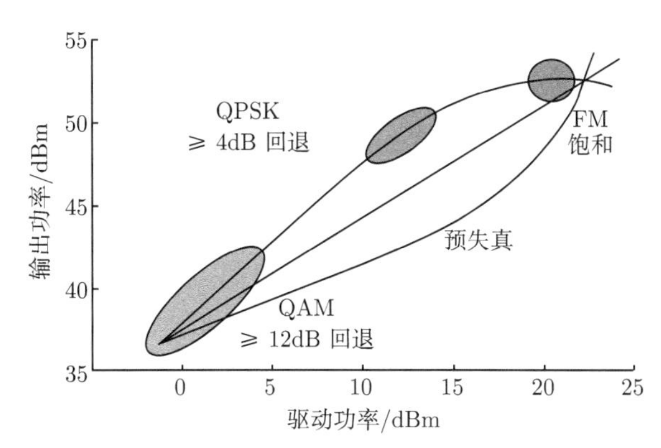

图 6.47 不同调制方式保持行波管工作线性要求的功率回退量 [12]

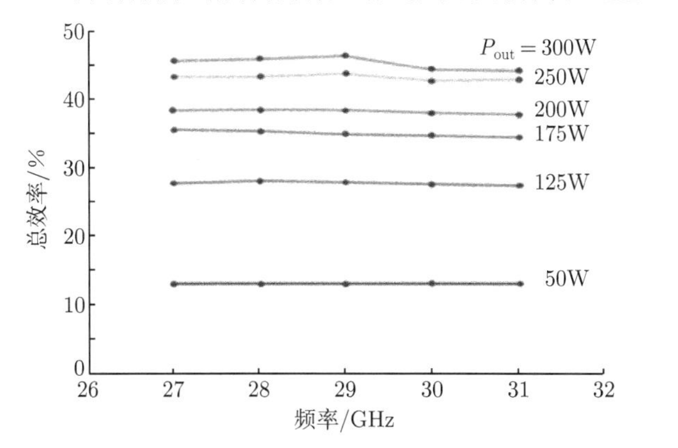

图 6.48 工作未饱和状态下引起的行波管效率下降 [13]

6.3　耦合腔行波管 [13−16]

6.3.1　耦合腔行波管原理

在耦合腔行波管中，使用了若干类似于速调管的腔体作为慢波结构。除了切断区域以外，这些腔体借助电磁耦合使高频信号沿着慢波结构进行传播。选择合适的腔体尺寸和腔体耦合技术，可以提高电子注的速度，因而有可能实现高的峰值功率。耦合腔基本上属于由铜和铁构成的金属结构，其热阻很小，有可能给出高平均功率。

耦合腔行波管的工作原理可以利用图 6.49 说明。输入电路通过耦合结构向第一个腔体提供信号，耦合结构往往包含磁耦合回路和阻抗匹配部分。输入信号在间隙之间激起的电压 V_1，同时也通过耦合孔将信号传输进入第二腔 (经过不同的耦合孔从 A 传到 B)；速度受间隙电压 V_1 调制电子注通过漂移管传输进入第二腔，其群聚形成的高频电流在第二腔间隙上激起电压与通过耦合孔耦合过来的信号在间隙上激起的电压合并为 V_2。V_2 分裂为两个相等的波，一个向右 (正向) 行进，一个向左 (反向) 行进。在这里的讨论中，假设由腔体 2 和后续腔体来的反向行进子波的相位使得它们相互抵消。电压 V_2 增强了电子注的速度调制，从而加大了电子注中的交流分量。这一过程在后续的间隙重复进行，每一间隙电压均为前面间隙的耦合电压与电子注交流电流感应的所有分量之和的组合。任一点处的交流电流等于前面间隙电压产生的所有交流电流之和。

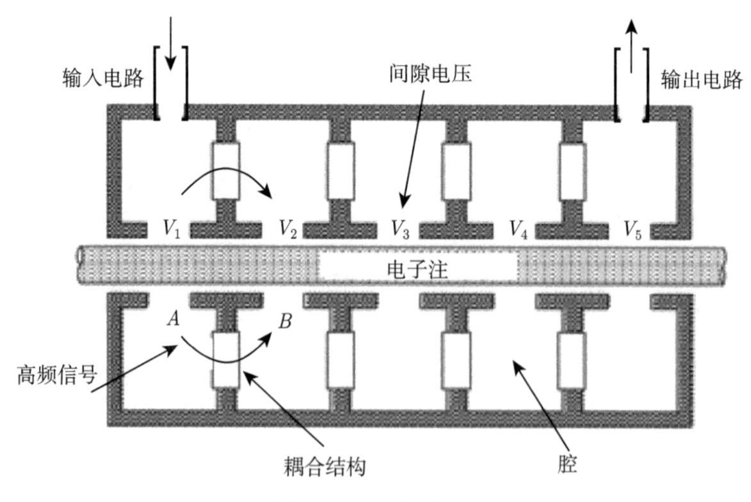

图 6.49　耦合腔结构

6.3.2 耦合腔行波管小信号分析 [14,15]

小信号理论就是在第 4 章对双槽耦合腔慢波结构的“冷”色散方程推导工作的基础上，建立该慢波结构与一个实心圆形电子注互作用的物理模型。采用场匹配法，推导双槽耦合腔的“热”色散方程，通过数值模拟分析电子注参数对小信号增益的影响，并对几种耦合腔结构进行对比。

6.3.2.1 基本假设及物理模型的建立

图 6.50 为耦合腔行波管小信号分析的基本模型。加载电子注后，半径为 b 的实心圆柱形电子注与结构中的电磁模式进行互作用。于是漂移管区域被分为两个部分：电子注区域 $5(0 < r < b)$ 和真空区域 $4(b < r < a)$。耦合腔结构的其他尺寸参数以及分区情况与在第 4 章耦合腔慢波结构中一致。在现在的模型中，将电子注区视为等效介质层，则对慢波系统中注波互作用问题的求解可等效为介质中的场匹配问题。

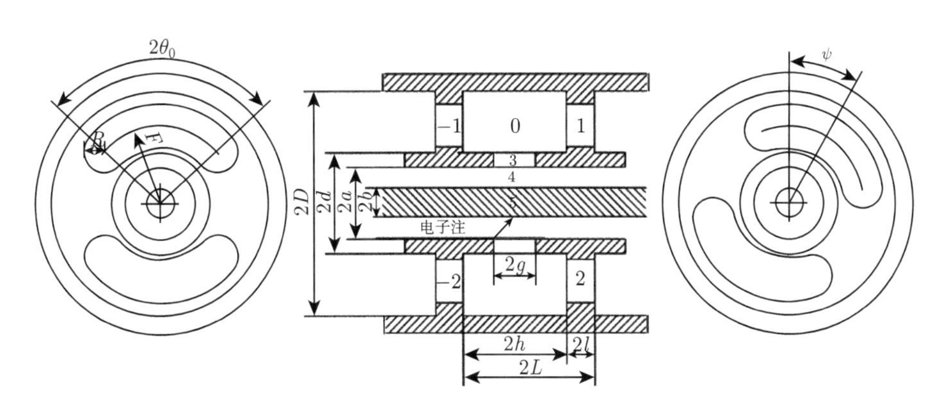

图 6.50 加载电子注的双槽耦合腔结构的示意图

该理论包括如下几个方面的基本假设：

(1) 电子在稀薄气体中而非在真空中运动引起气体分子电离，产生的正离子分布抵消了电子的直流空间电荷场，此时电子可认为是等离子体；

(2) 认为轴线方向的磁场无穷大，使得电子只沿 z 轴运动，而无横向运动；

(3) 认为整个横截面上场、电子的电荷密度及纵向速度是一致的，忽略边缘效应；

(4) 认为电子的运动速度远小于光速，不考虑相对论效应；

(5) 电子的电荷密度、速度中的交变分量远小于直流分量，即小信号假设。

在小信号条件下，仅保留高频分量的麦克斯韦电场和磁场旋度方程以及第 5

章获得的电子方程 (5.135)，可以表示为

$$
\begin{aligned}
\nabla \times \boldsymbol{E}_1 &= -\mathrm{j}\omega\mu_0 \boldsymbol{H}_1 \\
\nabla \times \boldsymbol{H}_1 &= \boldsymbol{J}_1 + \mathrm{j}\omega\varepsilon_0 \cdot \boldsymbol{E}_1
\end{aligned} \tag{6.81}
$$

$$
J_1 = J_z = \mathrm{j}\omega\varepsilon_0 \frac{\omega_p^2}{(\omega - \beta u_0)^2} E_z \tag{6.82}
$$

将式 (6.82) 代入式 (6.81)，则方程 (6.81) 可以改写为

$$
\begin{aligned}
\nabla \times \boldsymbol{E}_1 &= -\mathrm{j}\omega\mu_0 \boldsymbol{H}_1 \\
\nabla \times \boldsymbol{H}_1 &= \mathrm{j}\omega\varepsilon_0 \vec{\vec{\varepsilon}}_r \cdot \boldsymbol{E}_1
\end{aligned} \tag{6.83}
$$

式中介电张量 $\vec{\vec{\varepsilon}}_r$ 可表示为

$$
\vec{\vec{\varepsilon}}_r = \begin{pmatrix} 1 & 0 & 0 \\ 0 & 1 & 0 \\ 0 & 0 & 1+\chi_b \end{pmatrix} \tag{6.84}
$$

式中磁化率 $\chi_b = \dfrac{-\omega_p^2}{(\omega - \beta u_0)^2}$，这里考虑了电子电流与传导电流方向的差异。

6.3.2.2 “热” 色散方程

由于加载电子注前后耦合腔结构的差别仅在漂移管区域，因此，仍可以用格林函数法加矩量法的结合来求 “热” 色散方程。从第 4 章对耦合腔慢波结构 “冷” 色散方程的推导中可以看出，导纳矩阵元中仅有 Y_{55} 与电子注通道相关，因此，我们仍可以利用 “冷” 色散方程的结论，而仅需要求解加载电子注情况下 Y_{55} 的具体形式，即可得 “热” 色散方程，即

$$
\begin{vmatrix}
Y_{00}+Y_{20} & Y_{10}+Y_{30}-\mathrm{e}^{\mathrm{j}\varphi}Y_{60} & Y_{40} & 0 \\
Y_{10}+Y_{30}-\mathrm{e}^{-\mathrm{j}\varphi}Y_{60} & Y_{11}+Y_{31} & -Y_{40} & 0 \\
2Y_{04} & -2Y_{04} & Y_{44} & -Y_{54} \\
0 & 0 & Y_{45} & Y_{55}
\end{vmatrix} = 0 \tag{6.85}
$$

此外，“热” 色散方程中相移可表示为 $\varphi = \beta \cdot 2L$(见图 6.50)。

对于区域 4 和区域 5，其中的麦克斯韦方程可写作如下的通式:

$$
\begin{aligned}
\nabla \times \boldsymbol{E}_1 &= -\mathrm{j}\omega\mu_0 \boldsymbol{H}_1 \\
\nabla \times \boldsymbol{H}_1 &= \mathrm{j}\omega\varepsilon_0 \vec{\vec{\varepsilon}}_r \cdot \boldsymbol{E}_1
\end{aligned} \tag{6.86}
$$

式中

$$\vec{\vec{\varepsilon}}_r = \begin{pmatrix} 1 & 0 & 0 \\ 0 & 1 & 0 \\ 0 & 0 & \varepsilon_e \end{pmatrix}$$

而

$$\varepsilon_e = \begin{cases} 1+\chi_b, & \text{区域 } 5 \\ 1, & \text{区域 } 4 \end{cases}$$

对于式 (6.86) 的第一式两边再一次求旋度，并利用两式的相互关系有

$$\nabla \times \nabla \times \boldsymbol{E}_1 = -\mathrm{j}\omega\mu_0 \nabla \times \boldsymbol{H}_1 = k^2 \vec{\vec{\varepsilon}}_r \cdot \boldsymbol{E}_1 \tag{6.87}$$

利用外加磁场无穷大，电子只有纵向运动等假设，同时考虑系统的轴对称性以及 TM 模工作，有 $E_\theta = H_r = H_z = 0$，$\partial/\partial\theta = 0$，$\partial/\partial z = -\mathrm{j}\beta$。于是有

$$\begin{aligned}\nabla \times \boldsymbol{E}_1 &= \left(\frac{1}{r}\frac{\partial E_z}{\partial \theta} - \frac{\partial E_\theta}{\partial z}\right)\boldsymbol{e}_r + \left(\frac{\partial E_r}{\partial z} - \frac{\partial E_z}{\partial r}\right)\boldsymbol{e}_\theta + \left(\frac{1}{r}\frac{\partial (rE_\theta)}{\partial r} - \frac{1}{r}\frac{\partial E_r}{\partial \theta}\right)\boldsymbol{e}_z \\ &= \left(\frac{\partial E_r}{\partial z} - \frac{\partial E_z}{\partial r}\right)\boldsymbol{e}_\theta \end{aligned} \tag{6.88}$$

$$\begin{aligned}\nabla \times \nabla \times \boldsymbol{E}_1 &= \nabla \times \left(\frac{\partial E_r}{\partial z} - \frac{\partial E_z}{\partial r}\right)\boldsymbol{e}_\theta \\ &= -\frac{\partial}{\partial z}\left(\frac{\partial E_r}{\partial z} - \frac{\partial E_z}{\partial r}\right)\boldsymbol{e}_r + \frac{1}{r}\frac{\partial}{\partial r}\left[r\left(\frac{\partial E_r}{\partial z} - \frac{\partial E_z}{\partial r}\right)\right]\boldsymbol{e}_z\end{aligned}$$

于是有

$$-\frac{\partial}{\partial z}\left(\frac{\partial E_r}{\partial z} - \frac{\partial E_z}{\partial r}\right)\boldsymbol{e}_r + \frac{1}{r}\frac{\partial}{\partial r}\left[r\left(\frac{\partial E_r}{\partial z} - \frac{\partial E_z}{\partial r}\right)\right]\boldsymbol{e}_z = k^2 \vec{\vec{\varepsilon}}_r \cdot \boldsymbol{E}_1 \tag{6.89}$$

亦即

$$\begin{aligned} &\mathrm{j}\beta\left(-\mathrm{j}\beta E_r - \frac{\partial E_z}{\partial r}\right) = k^2 E_r \to E_r = \frac{-\mathrm{j}\beta}{k^2-\beta^2}\frac{\partial E_z}{\partial r} \\ &-\mathrm{j}\beta\frac{\partial E_r}{\partial r} - \frac{\partial^2 E_z}{\partial r^2} + \frac{1}{r}\left(-\mathrm{j}\beta E_r - \frac{\partial E_z}{\partial r}\right) = k^2\varepsilon_e E_z \end{aligned} \tag{6.90}$$

利用式 (6.90) 中两式的相互关系可以获得 E_z 满足的微分方程为

$$\frac{\partial^2 E_z}{\partial r^2} + \frac{1}{r}\frac{\partial E_z}{\partial r} + \left(k^2-\beta^2\right)\varepsilon_e E_z = 0 \tag{6.91}$$

由于耦合腔是一个慢波系统，无论是 4 区还是 5 区均有 $k^2 < \beta^2$，故方程 (6.91) 是零阶变态贝塞尔方程，由此可得轴向电场分量的表达式。根据漂移管区域的对称 TM 场特征，基于横向场与轴向场之间的关系，角向磁场可用轴向电场表示为

$$H_\theta = \frac{-\mathrm{j}\omega\varepsilon_0}{k^2-\beta^2}\frac{\partial E_z}{\partial r} \tag{6.92}$$

根据式 (6.91) 和 (6.92) 可以写出 5 区和 4 区场表达式。

5 区 $(0<r<b)$：

$$\begin{cases} E_{z5} = \sum\limits_{s=-\infty}^{\infty} A_s I_0\left(\gamma_{s5} r\right) \mathrm{e}^{-\mathrm{j}\beta_s z} \\ H_{\theta 5} = -\sum\limits_{s=-\infty}^{\infty} \dfrac{\mathrm{j}\omega\varepsilon_0}{k^2-\beta_s^2} A_s \gamma_{s5} I_1\left(\gamma_{s5} r\right) \mathrm{e}^{-\mathrm{j}\beta_s z} \end{cases} \tag{6.93}$$

式中

$$\gamma_{s5}^2 = \left(\beta_s^2 - k^2\right)\left(1+\chi_b\right) \tag{6.94}$$

4 区 $(b<r<a)$：

$$\begin{cases} E_{z4} = \sum\limits_{s=-\infty}^{\infty} \left[B_s I_0\left(\gamma_{s4} r\right) + C_s K_0\left(\gamma_{s4} r\right)\right] \mathrm{e}^{-\mathrm{j}\beta_s z} \\ H_{\theta 4} = -\sum\limits_{s=-\infty}^{\infty} \dfrac{\mathrm{j}\omega\varepsilon_0}{k^2-\beta_s^2} \gamma_{s4} \left[B_s I_1\left(\gamma_{s4} r\right) - C_s K_1\left(\gamma_{s4} r\right)\right] \mathrm{e}^{-\mathrm{j}\beta_s z} \end{cases} \tag{6.95}$$

式中

$$\gamma_{s4}^2 = \beta_s^2 - k^2 \tag{6.96}$$

其中 A_s, B_s, C_s 为待定系数，可以根据边界条件得到。

在 $r=b$ 处，边界条件为

$$\begin{aligned} E_{z5}\Big|_{r=b} &= E_{z4}\Big|_{r=b} \\ H_{\theta 5}\Big|_{r=b} &= H_{\theta 4}\Big|_{r=b} \end{aligned} \tag{6.97}$$

将式 (6.93) 和 (6.95) 代入式 (6.97)，得

$$\begin{aligned} B_s &= A_s \frac{\gamma_{s4} I_0\left(\gamma_{s5} b\right) K_1\left(\gamma_{s4} b\right) + \gamma_{s5} I_1\left(\gamma_{s5} b\right) K_0\left(\gamma_{s4} b\right)}{\gamma_{s4}\left[I_0\left(\gamma_{s4} b\right) K_1\left(\gamma_{s4} b\right) + I_1\left(\gamma_{s4} b\right) K_0\left(\gamma_{s4} b\right)\right]} \\ C_s &= A_s \frac{\gamma_{s4} I_0\left(\gamma_{s5} b\right) I_1\left(\gamma_{s4} b\right) - \gamma_{s5} I_1\left(\gamma_{s5} b\right) I_0\left(\gamma_{s4} b\right)}{\gamma_{s4}\left[I_0\left(\gamma_{s4} b\right) K_1\left(\gamma_{s4} b\right) + I_1\left(\gamma_{s4} b\right) K_0\left(\gamma_{s4} b\right)\right]} \end{aligned} \tag{6.98}$$

设

$$
\begin{aligned}
P_s &= \gamma_{s4} I_0(\gamma_{s5} b) K_1(\gamma_{s4} b) + \gamma_{s5} I_1(\gamma_{s5} b) K_0(\gamma_{s4} b) \\
Q_s &= \gamma_{s4} I_0(\gamma_{s5} b) I_1(\gamma_{s4} b) - \gamma_{s5} I_1(\gamma_{s5} b) I_0(\gamma_{s4} b) \\
R_s &= \gamma_{s4} \left[I_0(\gamma_{s4} b) K_1(\gamma_{s4} b) + I_1(\gamma_{s4} b) K_0(\gamma_{s4} b) \right]
\end{aligned}
\tag{6.99}
$$

将式 (6.99) 代入式 (6.98)，可将 4 区场表达式的待定系数写作如下形式：

$$
\begin{aligned}
B_s &= \frac{A_s P_s}{R_s} \\
C_s &= \frac{A_s Q_s}{R_s}
\end{aligned}
\tag{6.100}
$$

在 $r = a$ 处，即漂移管间隙处的场

$$
E_{z4}\Big|_{r=a} = \begin{cases} e_5, & |z| < g \\ 0, & g \leqslant |z| \leqslant L \end{cases}
\tag{6.101}
$$

将式 (6.95) 以及式 (4.138) 和 (4.144) 相结合后代入式 (6.101)，得到

$$
\sum_{s=-\infty}^{\infty} \left[B_s I_0(\gamma_{s4} a) + C_s K_0(\gamma_{s4} a) \right] \mathrm{e}^{-\mathrm{j}\beta_s z} = \begin{cases} \sum\limits_{n=0}^{\infty} N_n \sqrt{\dfrac{1+\delta_n}{2}} \cdot \dfrac{1}{g} \cos\left(\dfrac{n\pi z}{g}\right), & z \leqslant |g| \\ 0, \quad |g| \leqslant z \leqslant |L| \end{cases}
\tag{6.102}
$$

在式 (6.102) 两边同乘以 $\mathrm{e}^{\mathrm{j}\beta_s z}$ 并在区间 $(-L, L)$ 上积分，仅当 $q = s$ 时，有

$$
2L \left[B_s I_0(\gamma_{s4} a) + C_s K_0(\gamma_{s4} a) \right] = \sum_{n=0}^{\infty} N_n \sqrt{\frac{1+\delta_n}{2}} \cdot \frac{1}{g} \int_{-g}^{g} \cos\left(\frac{n\pi z}{g}\right) \mathrm{e}^{\mathrm{j}\beta_s z} \mathrm{d}z
\tag{6.103}
$$

将式 (6.100) 代入式 (6.103) 中，得 5 区场表达式的待定系数：

$$
A_s = \frac{R_s}{P_s I_0(\gamma_{s4} a) + Q_s K_0(\gamma_{s4} a)} \frac{1}{L} \sum_{n=0}^{\infty} N_n \frac{(-1)^n \operatorname{sinc}(\beta_s g)}{1 - (n\pi / (\beta_s g))^2} \sqrt{\frac{1+\delta_n}{2}}
\tag{6.104}
$$

将式 (6.100) 和 (6.104) 代入式 (6.97) 中，得到 4 区域角向磁场分量的具体形式：

$$
\begin{aligned}
H_{\theta 4} = &-\mathrm{j}\omega\varepsilon_0 \sum_{s=-\infty}^{\infty} \sum_{n=0}^{\infty} \left\{ N_n \frac{(-1)^n}{1 - (n\pi / (\beta_s g))^2} \sqrt{\frac{1+\delta_n}{2}} \frac{\gamma_{s4} \operatorname{sinc}(\beta_s g)}{L(k^2 - \beta_s^2)} \mathrm{e}^{-\mathrm{j}\beta_s z} \right. \\
&\left. \cdot \frac{P_s I_1(\gamma_{s4} r) - Q_s K_1(\gamma_{s4} r)}{P_s I_0(\gamma_{s4} a) + Q_s K_0(\gamma_{s4} a)} \right\}
\end{aligned}
\tag{6.105}
$$

而 4 区域角向磁场分量亦可被视为由边界电场源 e_5 激发，由式 (4.136) 和 (4.138) 可得

$$H_{\theta 4} = L_4\left\{e_5\right\} = \sum_{n=0}^{\infty} N_n L_4\left\{\boldsymbol{\Phi}_n\right\} \tag{6.106}$$

联立式 (6.105) 和 (6.106) 可以得到矢量算子 $L_4\left\{\boldsymbol{\Phi}_n\right\}$ 的具体形式：

$$\begin{aligned} L_4\left\{\boldsymbol{\Phi}_n\right\} = &-\mathrm{j}\omega\varepsilon_0 \sum_{s=-\infty}^{\infty} \frac{(-1)^n}{1-(n\pi/(\beta_s g))^2}\sqrt{\frac{1+\delta_n}{2}}\frac{\gamma_{s4}\mathrm{sinc}\left(\beta_s g\right)}{L\left(k^2-\beta_s^2\right)}\mathrm{e}^{-\mathrm{j}\beta_s z} \\ &\cdot \frac{P_s I_1\left(\gamma_{s4} r\right)-Q_s K_1\left(\gamma_{s4} r\right)}{P_s I_0\left(\gamma_{s4} a\right)+Q_s K_0\left(\gamma_{s4} a\right)} \end{aligned} \tag{6.107}$$

按照式 (4.141)、(4.142) 和 (4.144)，导纳矩阵元 $Y_{55,mn}$ 的定义为 [15]

$$Y_{55,mn} = \left\langle \boldsymbol{\Phi}_m, L_3\left\{0,\boldsymbol{\Phi}_n\right\}\right\rangle_{s_5} - \left\langle \boldsymbol{\Phi}_m, L_4\left\{\boldsymbol{\Phi}_n\right\}\right\rangle_{s_5}$$

其中的第一项不受电子注的影响，与”冷”状态一样，而第二项则受到电子注的影响，发生变化。第一项可以利用基函数按下面积分求得 [15]；而第二项可以利用式 (6.107) 积分求得。

$$\begin{aligned} \langle\boldsymbol{\Phi}_m, L_3\{0,\boldsymbol{\Phi}_n\}\rangle_{s_5} &= \int_0^{2\pi}\int_{-g}^{g}\left[\boldsymbol{e}_z\sqrt{\frac{1+\delta_m}{2}}\cdot\frac{1}{g}\cos\left(\frac{m\pi z}{g}\right)\times\boldsymbol{e}_\theta L_3\{0,\boldsymbol{\Phi}_n\}_\theta\right]\cdot\boldsymbol{e}_r r\mathrm{d}z\mathrm{d}\theta\bigg|_{r=a} \\ &= -\mathrm{j}\omega\varepsilon_0\pi a(1+\delta_m)^2\delta_{m-n}\frac{F_{1n}(a,d)}{gF_{0n}(a,d)} \end{aligned} \tag{6.108a}$$

$$F_{1n}(r,r') = \begin{cases} J_1(\gamma_n' r)N_0(\gamma_n' r') - J_0(\gamma_n' r')N_1(\gamma_n' r), & k > n\pi/g \\ I_1(\gamma_n' r)K_0(\gamma_n' r') + I_0(\gamma_n' r')K_1(\gamma_n' r), & k < n\pi/g \end{cases}$$

$$F_{0n}(r,r') = \gamma_n' \begin{cases} J_0(\gamma_n' r)N_0(\gamma_n' r') - J_0(\gamma_n' r')N_0(\gamma_n' r), & k > n\pi/g \\ I_0(\gamma_n' r)K_0(\gamma_n' r') - I_0(\gamma_n' r')K_0(\gamma_n' r), & k < n\pi/g \end{cases}$$

$$\begin{aligned} &\left\langle \boldsymbol{\Phi}_m, L_4\left\{\boldsymbol{\Phi}_n\right\}\right\rangle_{s_5} \\ &= \int_0^{2\pi}\int_{-g}^{g}\left\{\boldsymbol{\Phi}_m \times \boldsymbol{e}_\theta L_4\left\{\boldsymbol{\Phi}_n\right\}\right\}\cdot\boldsymbol{e}_r r\mathrm{d}z\mathrm{d}\theta\bigg|_{r=a} \\ &= -\mathrm{j}\omega\varepsilon_0\sum_{s=-\infty}^{\infty}\frac{2\pi a\gamma_{s4}\left(-1\right)^{m+n}\sqrt{\left(1+\delta_m\right)\left(1+\delta_n\right)}\mathrm{sinc}^2\left(\beta_s g\right)}{L\left(k^2-\beta_s^2\right)\left(1-\left(m\pi/\left(\beta_s g\right)\right)^2\right)\left(1-\left(n\pi/\left(\beta_s g\right)\right)^2\right)} \end{aligned}$$

$$\cdot \frac{P_s I_1(\gamma_{s4}a) - Q_s K_1(\gamma_{s4}a)}{P_s I_0(\gamma_{s4}a) + Q_s K_0(\gamma_{s4}a)} \tag{6.108b}$$

于是含电子注的导纳矩阵元 $Y_{55,mn}$ 的完整表达式为 [15]

$$\begin{aligned} Y_{55,mn} = & -\mathrm{j}\omega\varepsilon_0\pi a\left\{(1+\delta_m)^2\delta_{m-n}\frac{F_{1n}(a,d)}{gF_{0n}(a,d)}\right. \\ & -\sum_{s=-\infty}^{\infty}\frac{2\gamma_{s4}(-1)^{m+n}\sqrt{(1+\delta_m)(1+\delta_n)}\mathrm{sinc}^2(\beta_s g)}{L(k^2-\beta_s^2)\left(1-(m\pi/(\beta_s g))^2\right)\left(1-(n\pi/(\beta_s g))^2\right)} \\ & \left.\cdot\frac{P_s I_1(\gamma_{s4}a)-Q_s K_1(\gamma_{s4}a)}{P_s I_0(\gamma_{s4}a)+Q_s K_0(\gamma_{s4}a)}\right\} \end{aligned} \tag{6.109}$$

至此，得到“热”色散方程中全部导纳矩阵元的具体表达式。把式 (6.109) 代入式 (6.85)，给定电子注和耦合腔结构参量，便可求出传输常数与频率的关系。当电子注密度 $\rho\to 0$ 时，$\gamma_{s5}\to\gamma_{s4}$，$Q_s\to 0$ 亦即 $C_s\to 0$，则式 (6.109) 退化到冷色散方程。

6.3.2.3 小信号增益

当工作频率 f 一定时，通过数值计算即可获得互作用系统在 z 方向的复传播常数 β，β 的实部表征了电子注对波的相速的影响，而虚部即可用来表征注波互作用系统的线性增长率。只关注 −1 次谐波的作用，则每周期的小信号增益可写为

$$G = 8.686\mathrm{Im}(2\beta_{-1}L)\,(\mathrm{dB/period}) \tag{6.110}$$

依据已获得的线性理论，对一 Ka 波段双槽耦合腔慢波结构增益进行模拟，分析参量变化对慢波结构增益和带宽的影响，慢波结构的尺寸参数如表 6.1 所示。

表 6.1 Ka 波段耦合腔行波管几何结构参数

参量	数值
腔半径 D	2.34mm
漂移管外半径 d	1.05mm
漂移管内半径 a	0.75mm
平均槽半径 F	1.62mm
槽宽 $2R$	0.9mm
间隙宽度 $2g$	0.9mm
腔长 $2h$	2.22mm
壁厚 $2l$	0.6mm
槽张角 $2\theta_0$	95°

图 6.51 给出了当电流给定后，不同电压条件下，小信号增益随频率的变化关系。从图中可以看出，随着电压的增高，增益上升，频带变窄且向低频端移动。这是因为随着电子注电压的升高，高频同步变差，频带变窄；不过低频耦合阻抗高，输出功率增大。图 6.52 表明，随着电流的增加，参与耦合的电子注增加，增益上升，频带变宽。耦合的增强，弥补了高频同步不足的问题，频带向高频端展宽更为明显。

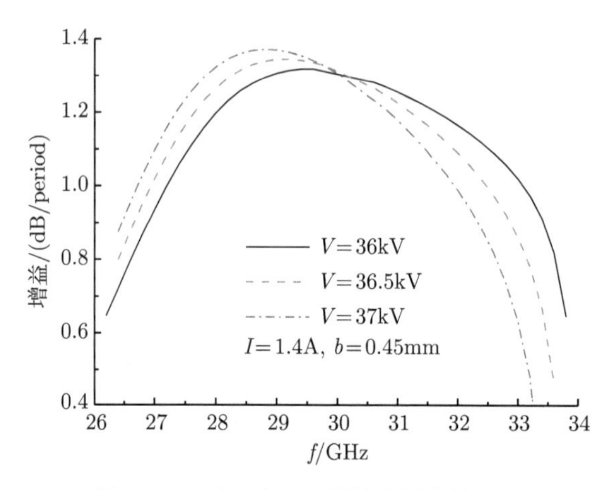

图 6.51　不同电压下增益随频率的变化

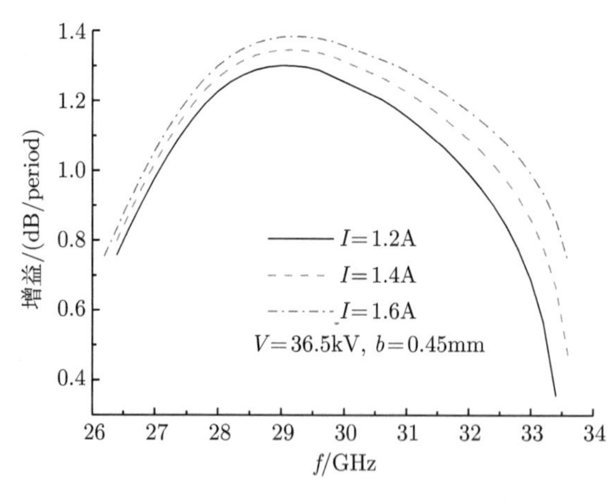

图 6.52　不同电流下增益随频率的变化

图 6.53 给出了 Ka 波段 Chodorow 结构和正交 Chodorow 耦合腔行波管小信号增益比较。这两种结构虽然有相同的结构尺寸，但对于相同的电子注电流 1.4 A 和注半径 0.45mm，同步电压不同，分别为 37kV 和 36.5kV。从图中可以看出，相比于 Chodorow 结构，正交 Chodorow 结构有更大的带宽和相对低一些的最大增

益。或者说，Chodorow 结构适合于高功率，而正交 Chodorow 结构能够更好地平衡带宽和增益。

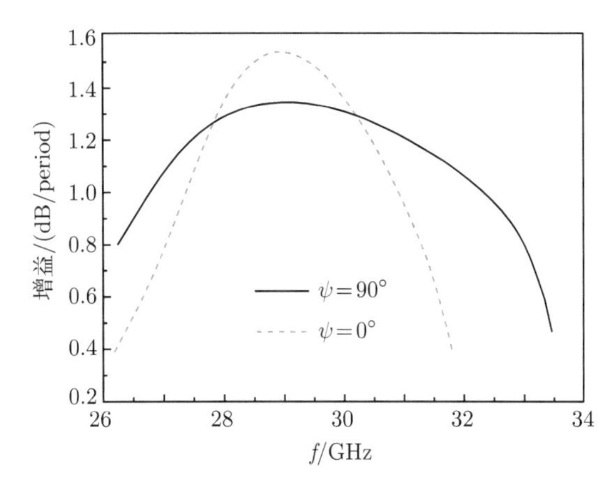

图 6.53 Ka 波段 Chodorow 结构和正交 Chodorow 耦合腔行波管小信号增益比较

6.3.3 耦合腔行波管大信号分析

相比于螺旋线行波管，耦合腔行波管能够产生更大的功率输出，同时可以有10%～20%的瞬时带宽。由于结构上的复杂性，耦合腔行波管的理论研究始终落后于工程研制。大信号分析是决定器件输出性能的关键，能够为工程的电和几何设计提供具体技术参数。我们可以在第 4 章获得的色散特性和耦合阻抗基础上，利用输入条件和导纳矩阵确定出各边界面上切向电场的幅度系数，进而通过不同区域并矢格林函数与界面切向电场相结合的积分式 (4.145) 求出各个电磁场表达式。不过，参与注波互作用的电磁场除式 (4.145) 给出的线路场外，还包括直流和交流空间电荷场以及外加磁场。通过电子运动方程和由麦克斯韦方程转化而来的电磁场纵向分布演化方程相结合，计算电子在纵向行进过程中与高频场的相互作用，实现电子向波的能量转换，提取波的放大功率、增益、带宽和效率等电参数。这些模型的建立和方程的求解都是非常复杂的数学物理过程，我们这里不做深入的讨论，有兴趣可以参考文献 [16,17] 进一步探讨。这里仅基于对大信号非线性理论建立的注波互作用程序针对实际应用例子取得的一些有意思的结果作一简要介绍。

以中国科学院空天信息创新研究院研制的 X 波段正交 Chodorow 结构双槽型耦合腔行波管为例，工作参数为：输入频率 8.5～9.5GHz，工作电压 50.6kV，工作电流 16.5A，聚焦磁场为均匀磁场，磁通密度为 0.6T，电子填充比为 0.6。结构参数为：周期长度 $4L = 16.2\text{mm}$，相邻两个腔的耦合槽位置正交，耦合槽的角

度 $2\theta_0 = 80°$，漂移管内半径 $a = 2.5\text{mm}$，18.5 个周期，共 37 个腔分为三段，中间有两次切断，其中部分腔体涂有衰减材料。

图 6.54 为实测输出功率与计算结果的比较。工作频带内行波管实际输出功率为 105~142kW，电子效率为 12.5%~ 17.0%，增益在 40dB 以上。将互作用程序计算的输出功率与实测输出功率比较，频带内输出功率的变化趋势基本符合，功率误差最大为 10.5%。高频端随着频率升高，慢波结构中电磁波相速度减小，同步变差，输出功率逐步下降。

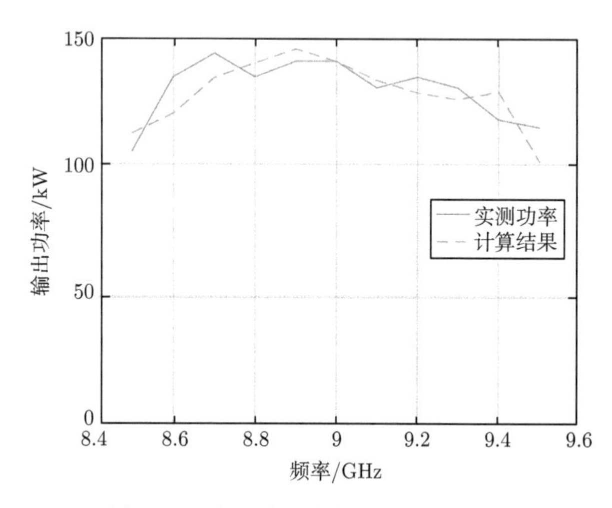

图 6.54　实测输出功率与计算结果比较

图 6.55 表示高频场功率随位置的变化。图中行波管两个切断的位置由箭头标出。小图展示切断 2 附近的功率演化。电磁波功率在 z =290mm 位置处达到最大，之后开始下降，行波管在该频点输出功率为 132.8kW。电子相位的演化如图 6.56 所示，在 220~270mm 范围内，不同起始位置的电子相位趋于一致，电子发生群聚，增益迅速增加。在互作用的末段，群聚逐渐散开，功率增益下降。电子动量的演化如图 6.57 所示。在互作用的前半段，电子动量的增大与减小基本相等，发生群聚之后，大多数电子把能量传递给电磁波，动量减小。越过饱和点后，电子开始从电磁波吸收能量，动量增加。由于功率达到饱和的位置很接近输出腔，因此图中电子动量的整体增加并不明显。这些曲线表明，大信号分析不仅能够给出管子输出特性，决定器件设计的几何和电参量；同时能够清楚地展示互作用过程中，电子在不同位置的能量、相位和动量变化的状态，可以让研究人员基于这些过程中物理量变化的状态以及与实验结果的比较，寻求如何进一步改进设计以追求器件更好的输出性能。

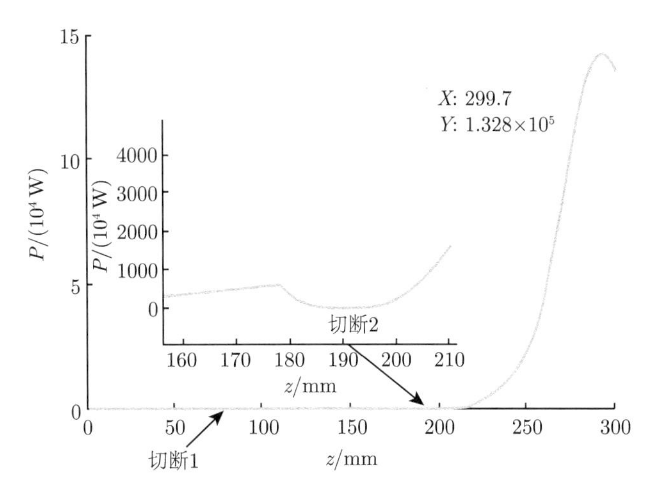

图 6.55 输出功率随 z 轴位置的演化

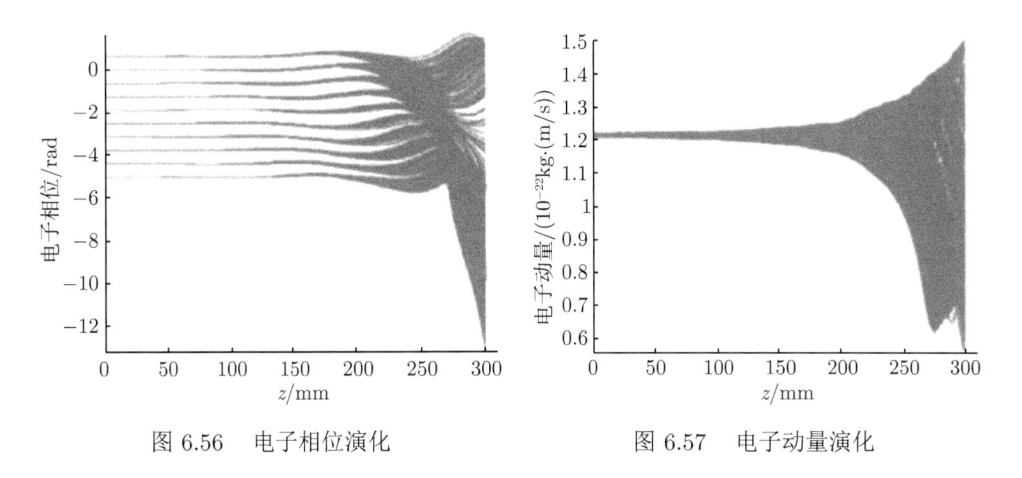

图 6.56 电子相位演化

图 6.57 电子动量演化

6.4 收 集 极 [1,2]

在许多应用场合，选择微波管的主要依据是在所需要的频率处管子将直流输入功率转化为高频输出功率的总效率。行波管的电子效率没有特别的优势，采用收集极回收电子剩余能量，提高总效率始终是行波管最有效的手段。

收集极主要具有两个功能：① 剩余电子能量的耗散；② 剩余电子能量的回收。从功率耗散的角度，收集极与管体等电势，电子的能量通过收集极表面耗散转换成热，再以传导、对流、辐射以及其他不同冷却方式等将热导走。而从能量回收的角度，收集极可能有一个或多个电极，这些电极的电势低于管体，使电子注被减速，电子注的能量部分被电源回收，同时收集极的能量耗散大大降低，总效率增加。

6.4.1　功率耗散

在线性束管中，收集极磁场都非常小。电子注穿过互作用区后，约束磁场将解除，电子受空间电荷力作用，自然发散 (如图 6.58 所示，通用电子发散曲线)。对于限制流电子注，在收集极的发散会显著增加。

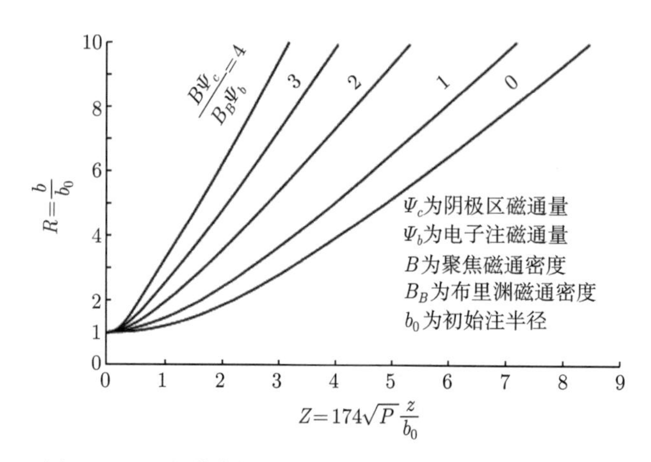

图 6.58　无场收集极中磁聚焦限制流电子注的发散曲线

理想情况下，为了使收集极尺寸最小，设计收集极内表面形状使截获功率密度达到最大容许值，且处处相等，于是电子注发散形状如图 6.59(a) 所示。这种方式的收集极对电子注发散要求非常苛刻，通常实际使用的收集极如果设计成这种形式，会由于互作用后的电子在某些局部区域能量过于集中导致热无法耗散出去。通常针对收集极内表面耗散最大功率密度与冷却措施及能力相结合并留有一定余量的条件下设计实际的收集极内表面。实际收集极内表面设计通常类似于图 6.59(b)。收集极中存在两个关键高耗散区：① 电子注首先打在收集极内壁的区域 (空间电荷力作用最大等)；② 收集极顶部 (被加速电子撞击等)。

大多数情况，理想轨迹分析电子注发散比真实发生在管子中快，可能原因是：

(1) 漏磁场进入了收集极；

(2) 收集极入口，渐变磁场代替了理想的尖锐截止磁场；

(3) 存在可以中和空间电荷力的正离子。

于是，通常收集极设计和制作得比计算结果更长一些，同时使用一个锥形底部，增加截获面积 (图 6.59(b))。

收集极最大容许截获功率受以下因素限制：

(1) 收集极壁的材料和厚度；

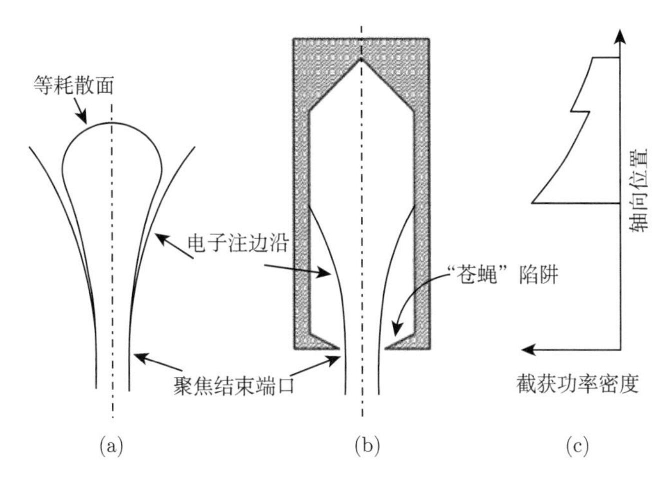

图 6.59 (a) 损耗密度恒定的收集极；(b) 实际收集极；(c) 截获功率密度

(2) 热量从壁传输到冷却介质的方法；

(3) 截获功率是连续的还是脉冲的；

(4) 对铜而言，热应力导致的温升不要超过 100℃。

收集极材料：铜 (高导热率)。材料厚度：保持真空度的情况下尽可能薄 (~1 mm)，以平均功率引起的温升能够被传输到冷却介质将热量带走为设计基准。普通设计水通道强迫水冷，其平均耗散功率大概限制在 1kW/cm^2。

收集极内表面过热可能产生的问题：

(1) 脉冲期间表面可能熔化；

(2) 反复的加热和冷却过程中，金属膨胀和收缩产生的应力可能逐渐损坏表面。

6.4.2 功率回收 (降压收集极)

6.4.2.1 功率流

图 6.60 示出了线性注器件中功率流的各个组成部分。热子、电子注和电磁线包都需要消耗功率。高频输入功率通常要比输出功率低 30dB，于是可以忽略不计。

电子被慢波线路截获以及管内出现高频损耗时都需要消耗功率。此外，所产生的部分高频功率也成为损耗，因为它们是不需要的频率 (例如，谐波和交调等)。最后，从管子取出高频输出功率后，离开高频电路的电子注 (经过互作用后的电子注) 仍包含相当大的功率进入收集极。这些功率的一部分通过电子撞击收集极而转化为热能。如果通过合理设计收集极，让电子在撞击收集极表面之前被减速，从而能够使收集极回收发散电子注的部分能量，则可以有效提高直流能量的利用率。

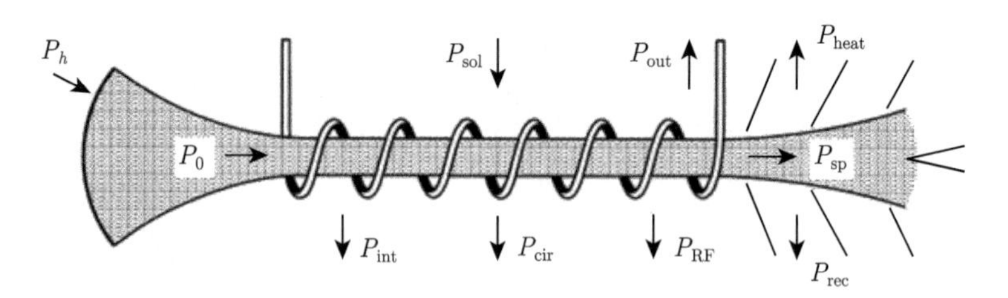

P_h为热子功率　　P_{sol}为电磁线包功率

P_0为电子注功率　　P_{out}为高频输出

P_{int}为截获损耗　　P_{sp}为互作用后的电子注功率

P_{cir}为电路损耗　　P_{heat}为收集极耗散的热能

P_{RF}为谐波、交调等　　P_{rec}为收集极回收的功率

图 6.60　线性注器件中的功率流

利用图 6.60 所示功率流的各个组成部分，可以直接推导出功率流与效率的表达式。管子的总效率 η_{ov} 直接由高频输出功率与总输入功率 P_{in} 的比值给出，即 $\eta_{\text{ov}}=\dfrac{P_{\text{out}}}{P_{\text{in}}}$，其中：

$$P_{\text{in}}=P_0+P_h+P_{\text{sol}}-P_{\text{rec}} \tag{6.111}$$

或

$$P_{\text{in}}=P_{\text{ot}}-P_{\text{rec}} \tag{6.112}$$

式中

$$P_{\text{ot}}=P_0+P_h+P_{\text{sol}} \tag{6.113}$$

为与产生聚焦电子注有关的总功率。所以，

$$\eta_{\text{ov}}=\frac{P_{\text{out}}}{P_{\text{ot}}-P_{\text{rec}}} \tag{6.114}$$

收集极所回收的功率为

$$P_{\text{rec}}=\eta_{\text{coll}}P_{\text{sp}} \tag{6.115}$$

其中 η_{coll} 为收集的效率。经过互作用后的电子注功率 P_{sp} 等于电子枪处的电子注功率减去电子注通过管子时高频输出从电子注取走的功率。即

$$P_{\text{sp}}=P_0-P_{\text{int}}-P_{\text{cir}}-P_{\text{RF}}-P_{\text{out}} \tag{6.116}$$

$$P_{\text{rec}}=\eta_{\text{coll}}(P_0-P_{\text{int}}-P_{\text{cir}}-P_{\text{RF}}-P_{\text{out}}) \tag{6.117}$$

为了完善分析过程，需要再引入两个效率。其中一个是前面提到的电子效率 η_e，即在所需的频率处将电子注功率转化为高频功率的效率，即

$$P_{\text{out}}+P_{\text{cir}}=\eta_e P_0 \tag{6.118}$$

η_e 的取值范围在百分之几至 50%以上。

另一个效率是线路效率 η_{cir}，它是高频线路在所需要的频率处将所产生的高频功率馈送至管子的输出接头处的效率：

$$P_{\text{out}}=\eta_{\text{cir}}\left(P_{\text{out}}+P_{\text{cir}}\right)=\eta_{\text{cir}}\eta_e P_0 \tag{6.119}$$

η_{cir} 的取值范围在 75%～90%之间。

将式 (6.119) 和式 (6.117) 与式 (6.114) 合并，就可以得到总效率：

$$\eta_{\text{ov}}=\frac{\eta_{\text{cir}}\eta_e}{\dfrac{P_{\text{ot}}}{P_0}-\eta_{\text{coll}}\left(1-\eta_e-\dfrac{P_{\text{int}}+P_{\text{RF}}}{P_0}\right)} \tag{6.120}$$

图 6.61 示出该方程的曲线，它有助于揭示各种不同的效率与功率所起作用的大小。在图 6.61 中还示出了 P_{ot} 对 90%收集极效率曲线的影响。在同一区域内，η_{coll} 取其他值会得出类似的曲线，这里仅给出了 90%时的曲线。类似地，图中还示出了不同的 $P_{\text{int}}+P_{\text{RF}}$ 值对 70%η_{coll} 曲线的影响，当然这些结果亦适用于其他的收集极效率曲线。最后还给出了不同的线路效率对 50%η_{coll} 曲线的影响，这些结果亦适用于其他 η_{coll} 曲线。图 6.61 最引人注目的地方大概要首推总效率与收集极效率的强烈依赖关系，特别在收集极效率高时尤为突出。由此引出了本章的下一节内容，如何设计高效率的收集极。图 6.61 亦反映了线路效率的重要性。可以注意到 η_{cir} 增加 10%将使 η_{ov} 增加 5 个百分点。

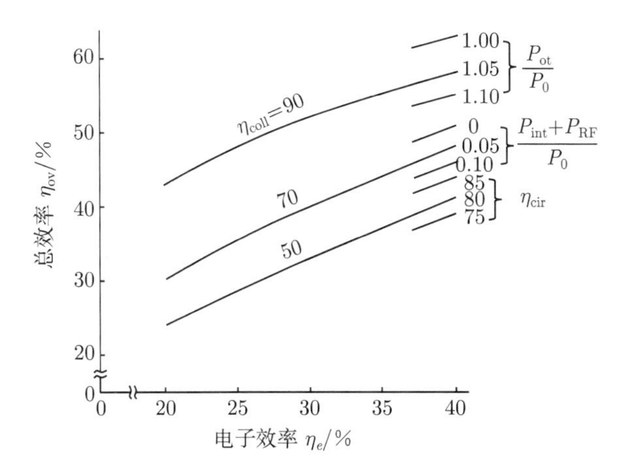

图 6.61 总效率与各个部分效率及功率的关系

最后，在式 (6.120) 和图 6.61 中所考虑的热子功率和高频损耗 (谐波及交调分量) 通常均很小。因而，P_{ot} 中的主要功率损耗来源于用于聚焦的电磁线包。由降低电磁线包功率 (即 P_{ot}) 引起的 η_{ov} 增加实际上会被因为 P_{int}(截获功率增加) 而引起 η_{ov} 的降低所抵消，而 P_{int} 的增加往往就是电磁线包功率下降所导致的结果。

6.4.2.2　一级降压功率回收

图 6.62 示出了用于线性注器件的收集极。当电子注通过极靴之后，便离开聚焦磁场，空间电荷力使电子注在进入收集极后发散。如果收集极的电势与管体电势相等，电子便会以相当高的速度撞击收集极。电子的能量在收集极表面被转化为热能。在类似于图 6.62 所示的收集极中，管子的大部分功率 (通常为 50%或更高，这取决于电子效率) 被收集极以热的形式消耗了。

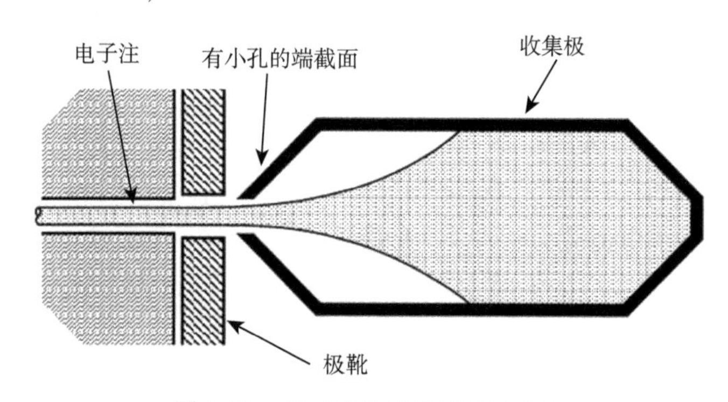

图 6.62　用于线性注管子的收集极

通过使收集极的电压降低到管体电势以下，可以降低电子撞击收集极的速度，从而降低热量的产生，于是收集极可以回收电子注中的部分能量。收集极能量回收的概念有时容易混淆，下面的例子有助于说明收集极能量的回收。假设某一行波管的电子枪为 10kV/1A, 该行波管能产生 2kW 的高频功率输出，如图 6.63 所示。为了简化这个例子，这里假设除电子注截获外再没有其他损耗，热子消耗的功率忽略不计，并且使用周期永磁聚焦。如果收集极如图 6.63(a) 所示的那样与管体 (即螺旋线) 有相同的电势 (地电势)，那么总效率为

$$\eta_{\mathrm{ov}}=\frac{2\mathrm{kW}}{10\mathrm{kV}\times 1\mathrm{A}}=20\% \tag{6.121}$$

所有线路截获的电流与收集极收集的电流均返回阴极电源。应当指出，为了保证高频输出的稳定，整个 10kW 的输入功率必须经过稳压处理。

在图 6.63(b) 中为收集极提供了第二个 10kV 电源。电源为管子提供的总功率与图 6.63(a) 中相同，于是总效率仍为 20%。应当指出，为了保证高频输出功率的稳定，仅需对阴极电源进行稳压，而该电源的功率现在只有 100W。对 9900W

的收集极电源的稳压要求比阴极电源低得多。所以尽管图 6.63(b) 中的电源线路并未改善效率，却可以使供电电源的复杂程度有了本质上的改观。

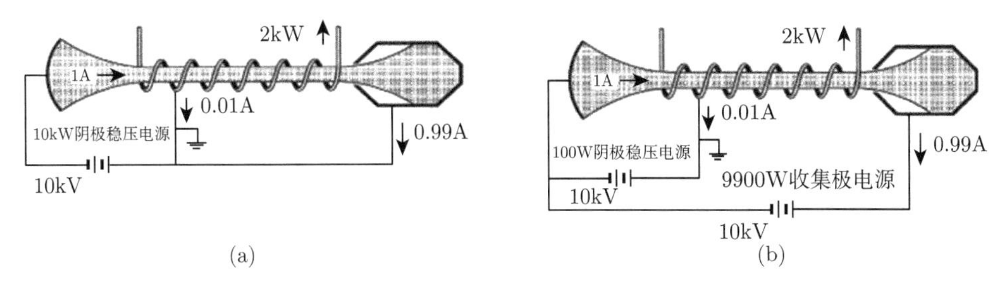

图 6.63 收集极电势为地电势时电源的连接方法：(a) 共用电源；(b) 分离电源

在图 6.64 中，收集极电源的电压已降到了 6000V。这一电源提供的电流仍为满负荷 0.99A 收集极电流，然而此时的电源功率只有 5940W。由于高频输出功率仍为 2kW, 所以总效率为

$$\eta_{\rm ov} = \frac{2\rm kW}{100\rm W + 5940\rm W} = 33\% \tag{6.122}$$

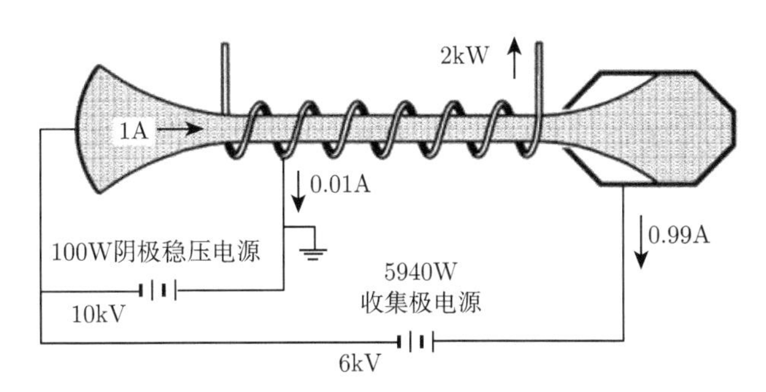

图 6.64 能回收电子注功率的降压收集极

这比图 6.63(a) 和 (b) 中的 20%有了明显的改善。图 6.64 通过将收集极电压降到管体与螺旋线电压以下的方式，使电子在被收集之前得到减速，从而改善了总效率。因此，可以说收集极从电子注中回收了能量。

考虑图 6.65 所示的例子。图中收集极处于阴极电势，并且不存在从电子注获取能量的高频电路。进一步假设阳极不截获电流，于是在阳极加 10kV 电压，便可以形成 10kW 的电子注。然而，当电子注进入收集极时，速度减慢，在电子到达收集极表面时，电子的速度降为零。由于收集极中没有热量产生，并且也没有其他损耗，所以也就没有任何功率耗散。因此，电子枪确实产生了 10kW 的电子注，而所有这些功率完全被收集极所回收。10kV 电源并未提供任何功率，因而流过该电源的功率为零。

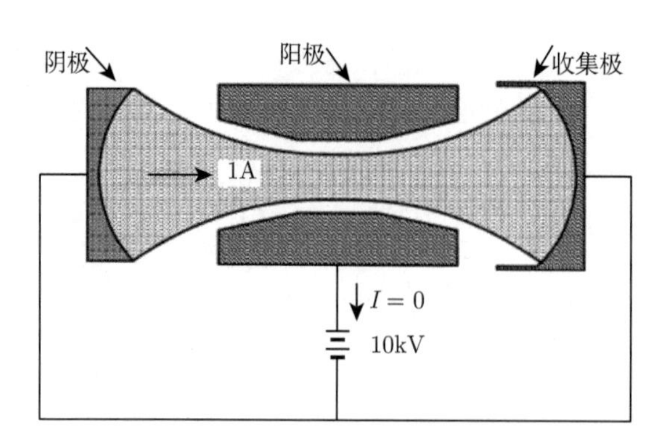

图 6.65　能完全回收电子注功率的器件

在图 6.64 所示的例子中，收集极的电压为 6kV，或比管体电压低 4kV。因而，收集极的电压“降低”了 4kV，由此将效率从 20%升到 33%。这便有可能提出下面的问题：是否还能进一步降低收集极电压来改善效率呢？问题的关键在于类似于图 6.64 所示的降压收集极的工作电势与电子注中的电子速度之间有着极为密切的关系。

6.4.2.3　电子能量分布

如果收集极的电势降得过低，较慢的电子将被收集极反射回来。随着收集极电压降的提高，收集极的电流将下降，而管体电流增加，如图 6.66 所示。过大的管体电流会导致高频慢波线的损坏。此外，反射电子流返回管子后，还会在高频线路中感应出噪声，并且为反馈信号提供通道。受此限制，类似于图 6.64 所示的单级降压收集极，可以从经过互作用后的电子注中大概回收 30%~40%的功率 (主要取决于管子的类型)。

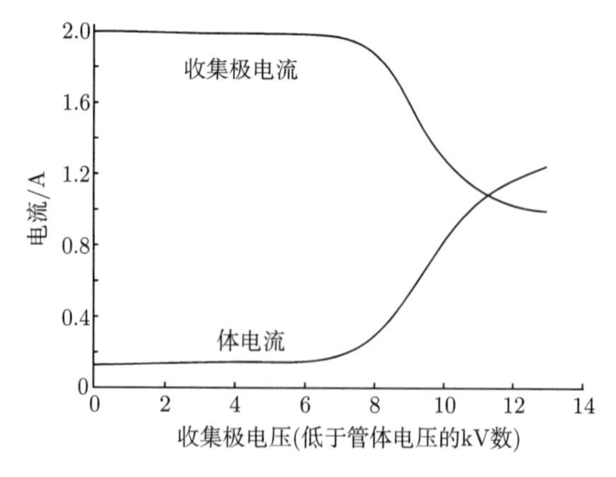

图 6.66　收集极电压对管体电流的影响

为了能够从经过互作用后的电子注中回收大部分功率 (80%以上)，同时又能防止电子被反射回来，收集极电场的形状必须使电子无论速度如何，在恰好快要撞击到收集极的电极时能几乎在瞬间将速度降为零。此外，场的形式还应能防止二次电子的加速 (因而会消耗能量) 或离开收集极。

为了更好地理解设计高效率收集极所遇到的问题，有必要先来考察经过互作用后进入收集极电子注中的能量。为了便于说明，假设收集极电源的接线如图 6.67 所示，且收集极的电压是可调的 (注意：实际上从不以这种方式为收集极提供电源，因为这样的电源总是从线路中获取能量，这种电源的作用类似于不断被充电的电池)。不过，通过这种收集极电压的调节，可以判断一级降压收集极电压比阳极低多少时，电子注中速度最小的电子刚好可以穿过收集极入口并落在收集极内表面不至于被反射回到阳极。也就是说，可以由此判断一级降压收集极的最大电压降和一级降压最大收集极效率能够达到多少。

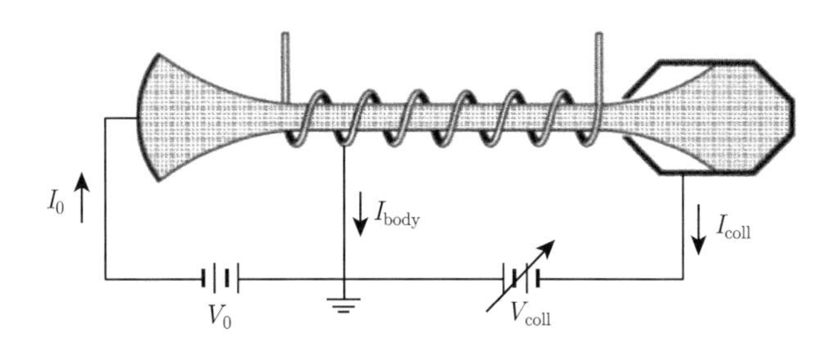

图 6.67 用于考虑互作用后的电子注能量分布的电源配置

在图 6.68 中绘出了收集极电流与收集极电压降 V_{coll} 之间的关系曲线。此处假设只要收集极的电压降得不是过低，管体电流为零。另外还忽略了二次电子流。当 $V_{\text{coll}}=0$ 时，所有的阴极电流均达到收集极，所以 $I_{\text{coll}}=I_0$。如果没有高频激励，就不会从电子注中取出能量。这样，所有的电子在进入收集极时的能量均与它们离开电子枪的能量相同。所以，随着收集极电压的下降，直到 $V_{\text{coll}}=V_0$ 之前所有的电子都能达到收集极。当 $V_{\text{coll}}>V_0$ 的瞬间，所有电子均无法达到收集极，因而 I_{coll} 降为零。

如果管子接上高频电流，那么在线路的高频波与电子注相互作用期间，电子会失去一部分能量 (在有些场合也可能获得能量)。在螺旋线行波管中，某些电子失去的能量相当于它们离开电子枪时初始能量的 30%~40%，而另一些电子则可能获得 30%的能量。

在有高频激励时，随着收集极电压由管体电压开始不断下降，所有的阴极电流仍能达到收集极，直至收集极电压降到某一值时，才会有速度最慢的电子无法降到收集极表面。在图 6.68 中，这一电压用 V_{knee} 表示。如果收集极电压降超过

V_{knee}，便会有越来越多的电子被反射，使 I_{coll} 下降。当收集极电压降超过阴极电势 V_0，达到 $V_{\max}$ 时，收集极电流完全降至零。在电压 V_0 与 $V_{\max}$ 之间曲线的小“尾巴”是电子与高频场相互作用的过程中受到加速而不是减速的那些电子形成的。总之，包括图 6.68 的 I_1 在内的任何电流均是由 eV_1 或更高能量的电子所构成的。因此，当收集极的电势为 V_1 时，所收集的最大电流为 I_1。其余电流为 $I_0 - I_1$，将被反射为管体电流。

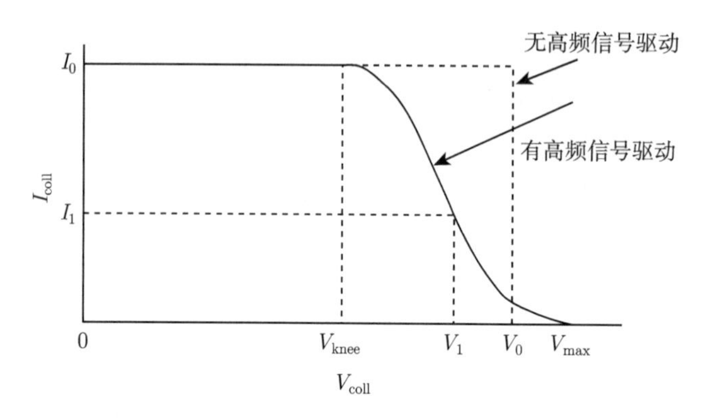

图 6.68　收集极电流与收集极电压之间的关系

图 6.68 中的曲线形状很大程度上取决于电子注和高频线路中之间相互作用的特性。例如图 6.69 示出了螺旋线行波管和高效率速调管的有关曲线 (在这些曲线中电流与电压已相对于阴极的电流与电压进行了归一化处理)。对于速调管由于其互作用特别强烈，某些电子几乎丧失了所有能量，而另一些电子得到了强烈的加速作用使能量几乎增加一倍。这样，收集极即使只降了不大的电压，也会引起反射电流。

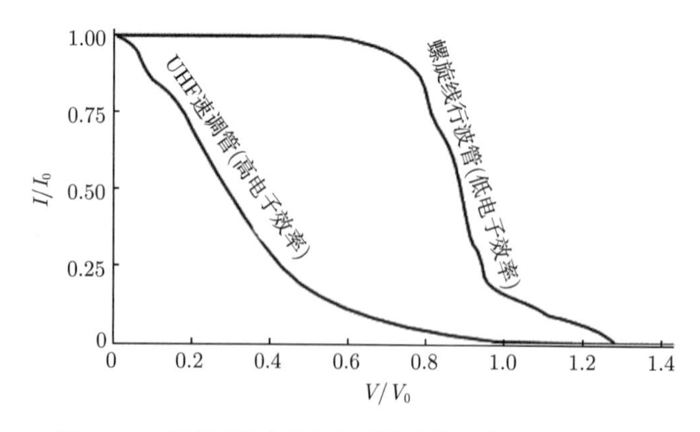

图 6.69　高电子效率和低电子效率管子电子注能量分布

6.4.2.4 互作用后的注功率

图 6.68 所示的电流与电压关系曲线，曲线下的面积代表了功率。例如，在无高频激励的曲线下方，面积可以直接用 $I_0 \times V_0$, 即电子注的功率 P_0 来表示。如果有高频激励，那么在无激励的矩形与有激励的曲线之间，如图 6.70 所示的阴影区近似反映了电子注功率转化为高频功率的大小。$V_{\max} - V_0$ 拖尾处反映的是部分高频损耗，所以从管子输出的高频功率要比所示的阴影区面积小一些。

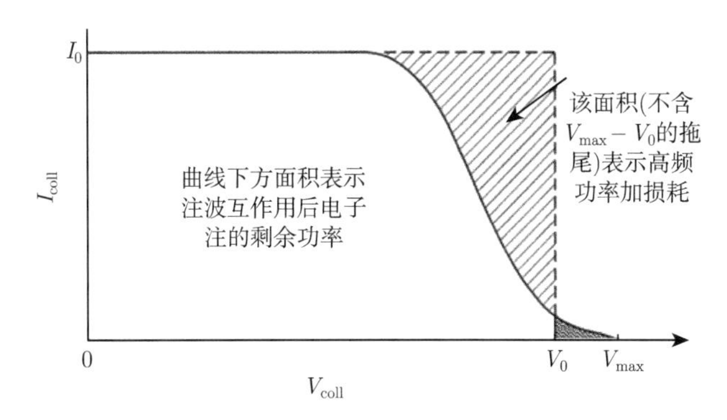

图 6.70 经过互作用后电子注功率

实线下的曲线面积代表了经过互作用之后电子注剩余的功率，这是理想收集极所能回收的最大功率。为了回收部分功率，必须采用图 6.71(及图 6.64) 所示的电源配置。收集极的电源电压 V_c 等于阴极电压 V_0 减去收集极所要降低的电压 V_{coll}。具有单一电极的降压收集极能回收的最大功率可用图 6.72 中的阴影面积来表示 (具有单一电极的收集极通常称为单级降压收集极。具有若干个电极的收集极通常称为多级降压收集极，将在下面加以讨论)。

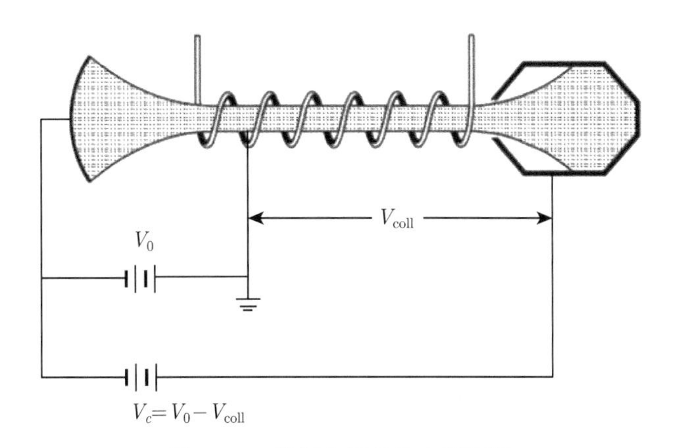

图 6.71 降压收集极的电源配置

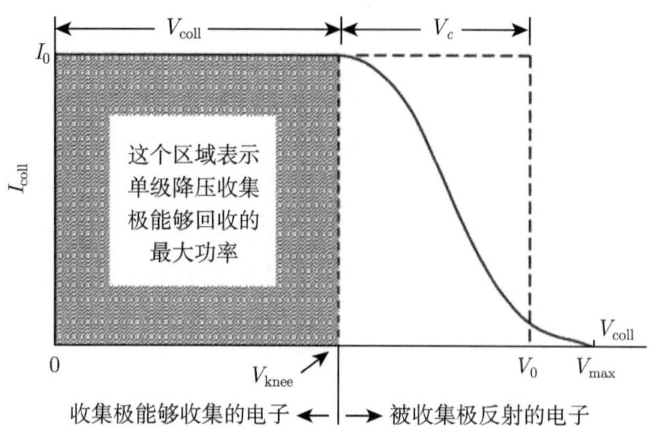

图 6.72　单级降压收集极所能回收的最大功率

如果 V_c 比图 6.72 所示的结果小，则由于收集极降压的量 V_{coll} 大于拐点电压，就会有电子从收集极回流。如果 V_c 比图 6.72 所示的结果大，那么所有的电子都将被收集。在实践中，单级降压收集极的工作点不可能像图 6.72 那样过分靠近曲线的拐点。其中的一个原因是 V_c 的稳定度一般并不很高，所以 V_c 必须选得足够高以便在各种条件下都能避免电子回流。另一个原因是曲线的拐点形状并不像图 6.68、图 6.70 和图 6.72 那样规则，因而当收集极电压 V_c 明显小于图 6.72 所示的值时就会出现较大的电子回流，导致管体电流增大或收集极电流的不稳定。

6.4.2.5　管体电流的影响

图 6.73 示出了更为接近实际器件情况的管体电流对能量分布曲线的影响。图中已经考虑了直流状态下管体电流的影响，并且电流与电压已相对于阴极的电流

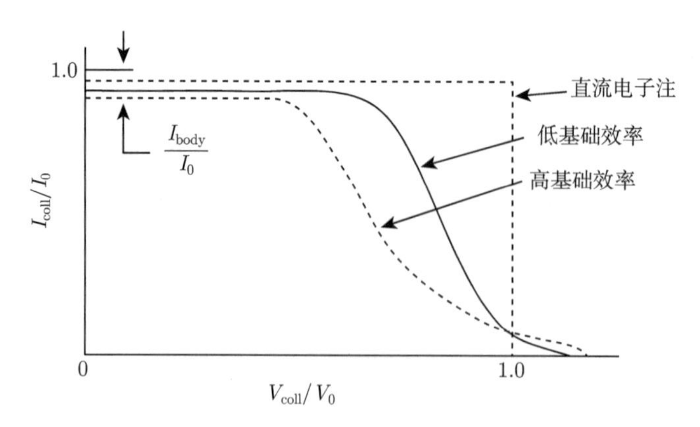

图 6.73　管体电流对能量分布曲线的影响

与电压进行了归一化处理。之所以采用这种归一化措施，是因为实际测试过程管体和收集极电流都是用相对阴极电流的百分比来表示，以便判别进入收集极和撞击在管体上的电子注的相对大小。

图 6.73 中的三条曲线反映了随着高频激励从零 (直流电子注) 增加到低电平 (效率较低)，然后再提高到高电平 (效率较高) 时，管体电流随着激励电平的增加是如何影响到能量分布曲线的。管体电流减小了曲线下方的面积，从而降低了收集极所能回收的最大功率。从图中可以看到，即使是没有高频信号输入，直流电子注也不能够 100%地传输到收集极。实际上由于设计方法和制作工艺的局限性，由阴极发射的电子很难全部达到收集极，总是有少量电子不受控制要打在管体上，只是设计和制作的好坏，决定直流电子注打在管体上的多少而已。因此，对高功率、高工作比和连续波工作器件，通常对直流状态下电子注电流在管体和收集极的占比提出了很高的要求，否则会给高频结构散热带来极大的压力，甚至损坏器件的高频结构。

6.4.2.6 多级降压收集极

在前面小节中已给出了进入收集极的电子注的能量分布曲线，并且指出曲线下方面积反映出收集极在经过互作用后的电子注所能回收的功率。为了尽可能地回收这部分功率，收集极应设计成能够对互作用后的电子注按能量等级进行分类。然后，每一能量等级的电子均由相应的电极所收集，这些电极的电势有选择性地收集相应能量等级的电子，这种采用多电极收集耗散电子的收集极便是广泛应用于提高行波管总效率的多级降压收集极。

在不考虑二次电子影响的情况下，图 6.74 示出了一个四级降压收集极对于经过互作用后的电子注所可能回收功率的示意图。电压降 V_{coll} 为阴极电势 V_0 的收集极电极可以收集能量范围为 $e(V_{\max}-V_0)$ 的电子所构成的电流 I_4。电压降 V_{coll} 为 V_3 的电极可以收集电流 I_3，但无法收集 I_4，因为 I_4 电流的去向是处于 V_0 电

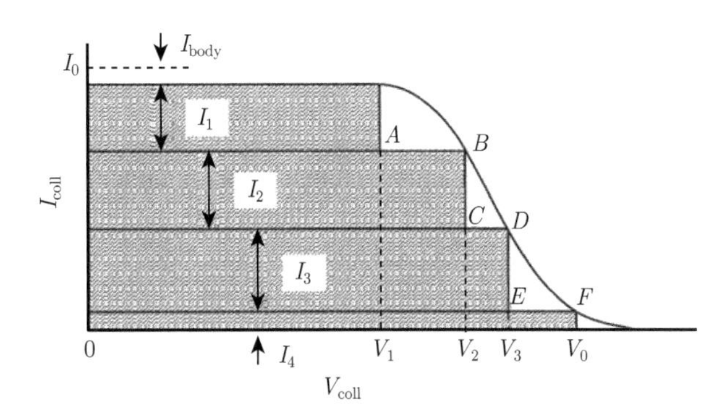

图 6.74 四级降压收集极的功率回收示意图

势的电极。同样电压降为 V_2 的电极可以收集电流 I_2，但无法收集 I_3。类似地，电压降为 V_1 的电极可以收集电流 I_1，但无法收集 I_2。从图 6.74 看出，当降压收集极由一个电极变为四个电极后，区域 $V_1ABCDEFV_0$ 的电子能量得到了进一步回收。亦即，一级降压收集极无法收集的大部分电子能量通过增加三个电极后被成功回收。同时可以优化四个电极的电压和电极形状，可以使回收的能量达到尽可能大，且尽力避免电子的回流。四级降压收集极所能回收的总功率用图 6.74 中的阴影区表示：

$$P_{\text{rec}} = I_1V_1 + I_2V_2 + I_3V_3 + I_4V_0 \tag{6.123}$$

为了使多级降压收集极能量回收更有效，要设法避免电子进入收集极的迅速散开。过快的发散会使电子速度的径向分量加大，这可能导致收集极无法回收这一部分电子能量。为了减小电子注的发散，往往需要扩大电子注的直径减小空间电荷力。这可以在收集极入口处适当增加一定的磁场以避免电子因径向力过大而迅速发散，然后紧挨着这个线圈附件再放一个电流方向相反的线圈让磁场又相对缓慢地降下来。这样做既可以避免电子注的迅速发散，又可以通过磁场相对缓慢下降过程增大纵向能量和层流性，进而改善能量回收效率。如图 6.75 所示的一种磁场再聚焦系统就可以达到这一目的。

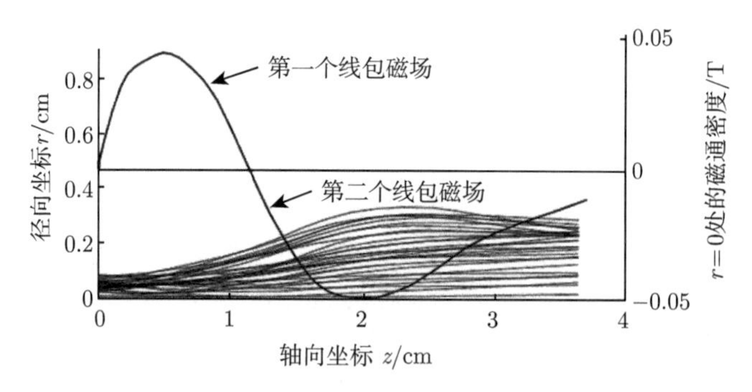

图 6.75　一种减少电子注分散和改善层流性的磁场再聚焦系统

图 6.76 示出了一种四级降压收集极结构、典型电源配置和仿真电子注分布图。从图中可以看到，四级降压收集极的设计，既考虑了不同电极对电子的有效收集，也考虑了电子撞击不同电极后如何避免电子的回流。与单级降压收集极类似，阴极与阳极的电源必须经过稳压，但它只需要提供电子注电流截获所消耗的能量。收集极所用的各级电源基本上不需要稳压。其原因是收集极各单元电压的变化只有可能引起部分电子从某一收集极单元移向另一收集极单元，对总效率的影响可以忽略不计。

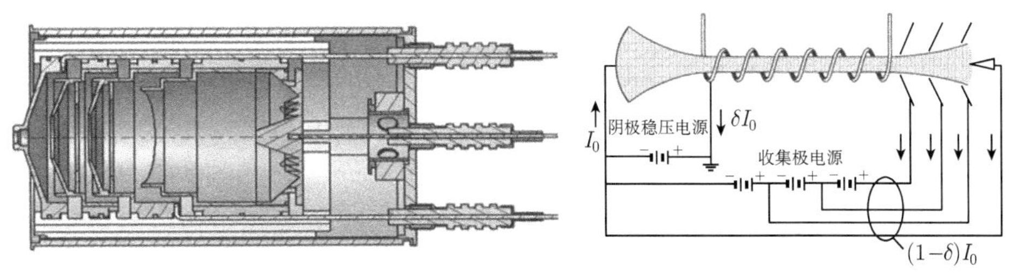

(a) 一种四级降压收集极结构剖面图　　(b) 四级降压收集极电源配置示意图

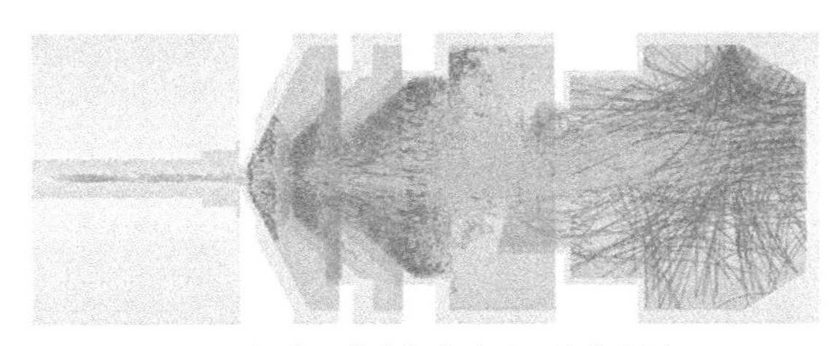

(c) 四级降压收集极仿真电子注分布图

图 6.76　四级降压收集极结构、相应的电源配置和仿真电子注分布图

在图 6.76 中的降压级数为 4。自然通过增加降压级数和优化电源结构参量设计可以进一步提高能量回收的效率。不过，经过考察利用大量电极所能实现的整管效率提高量，并与管子及电源的复杂程度进行折中，便可以对所应用场合确定降压级数的最佳数量。如图 6.77 所示，由于大于三级或四级降压后对效率的增加并不显著，所以对于大多数应用场合降压级数不会超过三至四级。图 6.77 所示的效率曲线是以各种类型的管子电子注经过互作用后的特征为基础计算出来的。

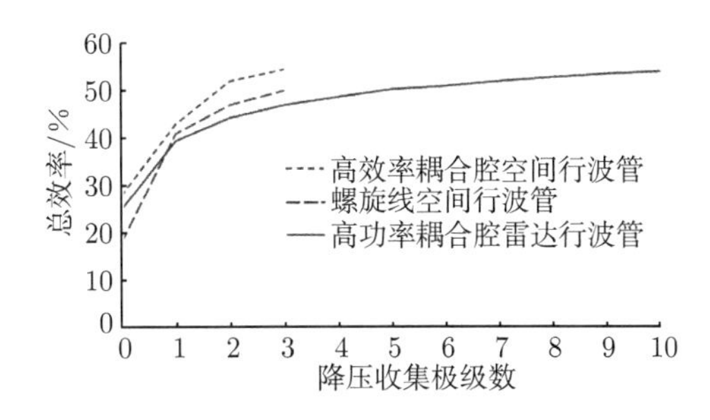

图 6.77　效率与收集极降压级数的关系

第 6 章习题

6-1　利用方程 (6.54) $\delta^2(\delta+\mathrm{j}b)=\mathrm{j}$，$\delta=x+\mathrm{j}y$，数值求解 x 和 y 与 b 的关系，并画图，加深对非同步状态的理解。

6-2　利用方程 (6.61) $\delta^2(\delta+\mathrm{j}b+d)=-\mathrm{j}$，$\delta=x+\mathrm{j}y$，数值求解 x 和 y 与 b 的关系，并画图，加深线路损耗对非同步情况影响的理解。

6-3　利用方程 (6.75) $\delta^2=\dfrac{1}{\mathrm{j}\delta-b+\mathrm{j}d}-\left(\dfrac{\beta_p}{C\beta_e}\right)^2$，$\delta=x+\mathrm{j}y$，$4QC=\left(\dfrac{\beta_p}{C\beta_e}\right)^2$，数值求解对于不同的 x、y 与 b 的关系，画图分析空间电荷力 (QC) 如何影响增益和衰减，加深空间电荷力对非同步情况影响的理解。

参考文献

[1] Pierce J R. Travelling Wave Tubes. Princeton: Van Nostrand Company, 1950.

[2] Gittins J F. Power Travelling Wave Tubes. New York: American Elsevier, Inc., 1965.

[3] Gilmour A S. Principles of Travelling Wave Tubes. Norwood: Artech House, Inc., 1994.

[4] Putz J L, Cascone M J. Effective use of dispersion shaping in broadband helix TWT circuits. Technical Digest, IEDM, 1979: 422-424.

[5] Gilmour A S. Klystrons, Traveling Wave Tubes, Magnetrons, Crossed-field Amplifiers, and Gyrotrons. Boston/London: Artech House, Inc., 2011.

[6] Birtel P, Jacob A F, Schwertfeger W. Simulation of the BWO threshold current in a helix TWT. 7th IEEE International Vacuum Electronics Conference, 2006: 403-404.

[7] Scott A, Cascone M J. What's new in helix TWTs? Technical Digest, IEDM, 1978: 526-529.

[8] Jung A R. 10kW and up, from a helix TWT? Technical Digest, IEDM, 1978: 530-553.

[9] Mosser T, Pinger W, Zavidil D. High-power brazed helix fabrication. Microwave Power Tube Conference, 1980.

[10] Menninger W L, Benton R T, Choi M S, et al. 70% efficient Ku-band and C-band TWTs for satellite downlinks. IEEE Trans. on-ED, 2005, 52: 673-678.

[11] Ehret P, Vogt H, Peters A, et al. L-band TWTAs for navigation satellites. IEEE Trans. on-ED, 2005, 52: 679-684.

[12] Tsutaki K, Seura R, Fujiwara E, et al. Development of Ka-Band 100-W Peak Power MMPM. IEEE Trans. on-ED, 2005, 52: 660-664.

[13] Gallien A, Hallay R, Alleaume P F, et al. New 750W DBS band and 250W Ka band TWT's. 7th IEEE International Vacuum Electronics Conference, 2006: 23-24.

[14] He F M, Luo J R, Zhu M, et al, Theory, simulations, and experiments of the dispersion and interaction impedance for the double-slot coupled-cavity slow wave structure in TWT. IEEE Trans. on-ED, 2013, 60: 3576-3583.

[15] He F M, Xie W Q, Luo J R, et, al. Linear theory of beam-wave interaction in double-slot coupled cavity travelling wave tube. Chin. Phys. B, 2016, 25(3): 038401.

[16] 王新河, 樊宇, 郭炜, 等. 双槽型耦合腔行波管非线性注波互作用计算方法. 真空电子技术, 2020, 1: 57-62.

[17] 王新河. 双槽型耦合腔行波管注波互作用非线性理论研究. 北京：中国科学院大学，2019.

第 7 章 回 旋 管

7.1 回旋管发展和应用概述

7.1.1 引言

随着频率的提高，由于传统线性注 O 型真空微波器件 (如速调管、行波管) 受尺寸共度效应的影响，几何结构将越来越小，于是功率容量下降、系统损耗增加、热耗散的平衡困难，极间高频或直流打火增加，元件加工精度和光洁度难以满足使用要求等一系列问题随之而来。当波长进入毫米波段时，结构的尺寸进入微米量级，传统机械加工精度 (10μm) 面临巨大挑战。毫米波频谱资源由于波长短，在传输方向性、目标识别分辨率、频带宽度以及波谱学研究等方面性能独特，对先进电子系统发展和微观物理世界的探索意义重大。为了能够开发和利用毫米波甚至更短波长的电磁频谱资源，功率源研究的重要性不言而喻，这便驱使人们探索新型大功率毫米波的产生机制。

光子的能量为电子跃迁前后的能级差，与光子的频率成正比。因此，随着频率的减小，人们很难找到合适的工作物质以建立足够的粒子数反转状态。于是，当频率从光频率下降到毫米波段时，激光器难以有效工作。另一方面，由于物理机理和技术上的原因，传统微波管中互作用结构的大小和工作波长相近。因此，当波长小到毫米量级时，会引起严重的加工工艺上的困难，而且由于趋肤效应引起的热损耗迅速增大，阴极电流密度增大以及电子注聚焦控制等都面临严峻的技术挑战。以上种种原因大大限制了器件的功率容量，从而导致传统微波管很难在此波段内产生大功率。

20 世纪 60 年代，苏联科学家基于相对论效应，利用自由电子回旋受激辐射原理发明的回旋管，通过高次模式工作与磁控注入电子枪的结合，有效增加了高频工作的互作用空间，解决了电子注的产生和控制等技术问题，在一定程度上弥补了真空微波器件在毫米波大功率产生的不足 (图 7.1)。

7.1.2 回旋管的基本组织结构及系列家族

与传统真空微波器件类似，回旋管同样主要由输入/输出耦合装置、磁控注入电子枪、高频互作用电路、磁场聚焦系统和收集极组成。各部分的作用体现如下所述。

(1) 输入/输出耦合装置：高频信号的入口和出口，尽量使输入/输出端口实现匹配、减小功率损耗并保证设计要求的工作频带是这一部分要解决的主要问题。

相比于 O 型器件采用基模作为输入/输出模式而言，回旋管输入和输出都是高次模式，因此输入端必须将输入的基模，通过合适的模式转换电路将其转换成工作需要的高次模式；而在输出端要通过合适的模式转换电路将器件输出的高次模式转换成特定的基模或高斯波束以利于实际应用。

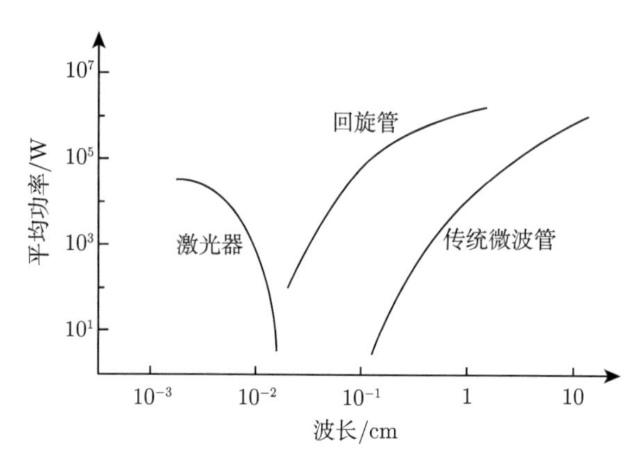

图 7.1　传统微波管、激光器和回旋管的平均功率随工作波长的变化

(2) 磁控注入电子枪：与传输真空电子器件阴极工作在空间电荷限制发射状态和产生一个实心电子注不同，磁控注入电子枪阴极工作在温度限制发射状态，并且产生一个空心电子注。除了产生的电子注具有所需尺寸 (位置)、形状、速度分布和电流之外，还必须保证其具有合适的横纵速度比和小的速度零散，同时受外加磁场决定的电子回旋频率必须能够与波的频率同步，以利于电子和电磁场在横向有效地交换能量。

(3) 高频互作用电路：它是电子注与电磁波发生相互作用的场所，用来实现电子注与电磁场之间的能量转换。与传统真空微波器件采用最低次的基模作为工作模式有所不同，回旋管采用高次模式，并且电路的两端都是开放结构，相对工作模式的那些较低次的模式都可以存在于高频电路中产生或多或少的影响，是干扰电路稳定的重要因素。

(4) 磁场聚焦系统：与传统真空电子器件一样，回旋管要求在电子枪区、互作用区及收集极区具有确定的磁场分布，用来控制和约束电子的运动轨迹。不过，在互作用区，回旋管的外加磁场不仅要约束电子注处于设计的位置以确保最大的注波耦合，同时对电子的横纵速度比和能量分散提出了严格的要求，更为关键的是必须提供合适的电子回旋频率以便其能与电磁波频率同步耦合交换能量。

(5) 收集极：用来收集、耗散和部分回收已经和电磁波交换能量之后的电子及其剩余能量。与传统真空电子器件收集极入口磁场迅速跌落和电子注受空间电荷力作用迅速发散撞击收集极表面不同，回旋管互作用后由于外加磁场作用的横向旋转致使电子注依然受外加磁场的引导向收集极侧面发散。由于电子注受磁场作用旋转一定程度上限制了其纵向发散面积，对于高平均功率回旋管这种发散面积限制可能导致收集极局部过热。于是，通常在收集极外同轴线加有磁扫描系统，迫使电子注在散落到收集极表面之前在纵向和横向周期性运动，以从时间平均的角度扩展电子注散落在收集极侧面的面积，降低收集极表面电子注功率密度，改善散热效果。

回旋管 (gyrotron) 名称的含义已经扩展到用来表示一个回旋管系列，其中也包括振荡管和放大器，图 7.2 中列出了线性束 (O 型) 器件 (例如：单腔振荡管、速调管、行波管、行波速调管、返波管等) 和与其相对应的回旋器件的示意图。

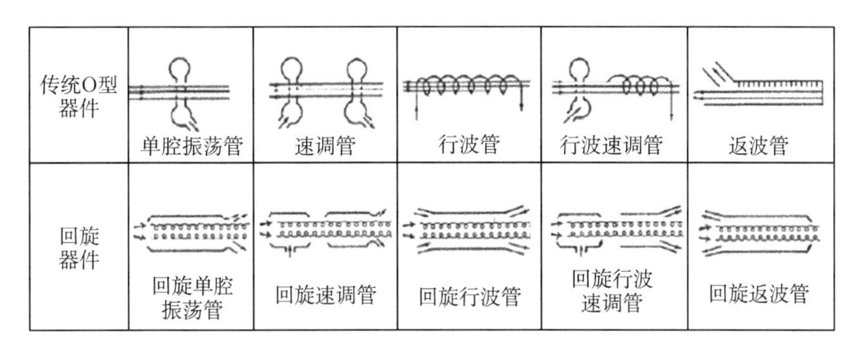

图 7.2 线性束器件及对应的回旋管

7.1.3 回旋管和普通微波管的一些性能的比较

(1) 对于普通微波管，与电子注相互作用的高频场最大值靠近电路的边沿，因此电子必须尽可能靠近电路边沿运动以增强两者之间的耦合，这就容易导致电子注被高频电路截获并引起电路热耗散相对困难等问题，由此可能限制器件的功率容量。对于回旋管，高频场最大值或与电子注最强耦合不是靠近电路的边沿，而是处在电路横截面相对中间的位置，这对电子注的控制、功率容量提高以及能量损失减少等方面相对有利。

(2) 对于普通微波管，由于采用基模工作，电路尺寸与工作波长同量级 (正比于波长)，因此在高频率波段，功率容量受到严重限制。对于回旋管，由于采用高次模式，与电子互作用的高频电路结构可以相对更大 (直径为几个波长)，能够有效缓解波长缩短功率容量急剧下降的问题。不过，由于高次模式的采用，非工作模式的抑制和器件工作的稳定性成为回旋管研究和发展极为重要的科学技术问题。

(3) 在普通微波管 (慢波器件) 中，高频电路必须将信号的相速度降至与电子注的轴向运动速度大致相同，以便注波之间能够有效耦合。对于回旋管，注波互作用发生在横向，与电子的轴向运动无关，实际上，波的相速要比光速大，电子注群聚和注波耦合依赖于相对论效应，回旋管是一种快波器件。

(4) 回旋管工作条件对阴极特性的要求比线性注管严格。因为回旋管阴极工作在温度限制状态，因此不具备空间电荷限制发射的优点 (空间电荷限制状态能消除阴极温度和逸出功的变化的影响)，于是温度的均匀性对电子发射的能力和均匀性极为重要。

7.1.4 回旋管的发展现状

自从 20 世纪 60 年代后期苏联发明回旋管以来，回旋管研究已经从回旋振荡器发展到各种不同类型的器件，包括回旋振荡器、回旋速调管、回旋行波管、回旋行波速调管和回旋返波管等 (见图 7.2)。由于圆柱边界上角向电场为零，可以降低高频场在边界上的损耗，因此早期的研究更多是集中在 TE_{0n1} 模圆柱形开放腔振荡器起振、相关竞争模式的抑制以及工作模式的稳定工作。随着振荡器互作用机理和输出性能的逐步稳定并在核聚变回旋共振加热开始实验应用，人们开始将研究兴趣转向 TE_{0n1} 模回旋速调管和回旋行波管。随着核聚变回旋共振加热对频率和功率要求的提高，一度回旋振荡器曾探讨边廊模 (TE_{mn1}，$m \gg 1$，$n = 1$ 或 2) 作为工作模式。这种模式的好处是如果角向模数与回旋谐波数相等 ($m = s$)，在这种高次模式增大互作用空间的同时，能够很大程度上减少模式竞争的严重性。不过，这种模式的电场分布比较靠近电路的边界，于是电子注的控制又变得相对困难，这也是最终没有得到广泛采用的主要原因。为满足回旋振荡器向高频率高功率方向发展，现在工作模式主要选取高阶体模 (TE_{mn1} 模，$m \gg 1$，n 虽然没有 m 那么大，但也比较大)。这种模式角向电场最大值紧靠在焦散半径的外侧，在小于焦散半径的区域内几乎没有电场存在，为增强注波耦合和扩大互作用空间提供了良好的条件。相关回旋放大器研究采用的模式则更多还是 TE_{0n} 模。随着理论和技术的不断突破，目前无论是振荡器还是放大器，在不同频段性能都有不同程度的突破。

回旋振荡器的研究和发展主要依赖于核聚变能源产生技术需求。这类器件采用高阶体模工作，工作频率目前主要集中在 110~170GHz 范围 (甚至更高)，强调器件输出性能 1MW 长脉冲甚至连续波 (CW) 工作。典型具有代表性的器件有：日本 QST-TOSHIBA (now CANON) 研制的 110GHz、最大输出功率 1.5MW、45%效率、脉冲长度 100s[1]。美国 CPI 或欧洲 (KIT- SPC-THALES 合作) 研制采用金刚石输出窗的 140GHz、MW 级回旋振荡器分别在 33%和 44%的效率情况下最大脉冲持续时间可达 30min[1]；俄罗斯 IAP (GYCOM)140GHz 回旋管在 0.7MW 输出功率和 49%效率情况下脉冲持续时间达到 1000s[1]。日本 QST-TOSHIBA 研制的 170GHz ITER 回旋管在 1MW、800s 持续脉冲达到 55%的效率，并且在 0.8MW 输出功率输出脉冲持续达到 60min[1]。俄罗斯

IAP(GYCOM) 170GHz ITER 回旋管在输出功率 0.99MW 或 1.2MW 时脉冲持续分别达到 1000s 和 100s，效率为 53%[1]。欧洲 170GHz、2MW 同轴腔实验样管在短脉冲下获得 2.2MW 输出功率，效率达到 48%[1]。有一类用于材料处理的回旋管，频率大于 24GHz, 输出功率在 4～50kW 范围，效率不小于 30%[1]。随着我国核聚变研究的不断进步，近年我国相关 140GHz 和 170GHz、MW 级回旋振荡器也开始作为一个重点发展方向增加投入。频率介于 200～600GHz[1] 之间，高阶体模工作，通常输出功率在 1～80kW 范围，用于核磁共振 (NMR)/动态原子核极化 (DNP，可以有效提高极化幅度大约两个量级) 和波谱学研究，研制单位有俄罗斯的 IAP，美国的 MIT 和 CPI(连续波)，日本的 Fukui 大学以及我国的电子科技大学等；频率介于 600～1300GHz[1] 之间，俄罗斯 IAP 采用高阶体模，典型的输出功率特性分别有 500W/1.3THz/0.6%效率，5kW/1THz/6.1%效率，670 GHz/210kW/20μS/20%效率。

回旋速调管的研究和发展主要受毫米波雷达和超高能加速器等系统的推动。研究主要集中在 Ka 和 W 波段两个大气窗口频率附近。由于模式竞争干扰和工作稳定性问题，回旋速调管的工作频带宽度受到很大的影响，使其作为雷达功率源的应用受到了一定程度的限制。目前相关研究结果 [1]：我国电子科技大学在 Ka 波段，300kW(5 腔)，达到了 1%带宽；俄罗斯的 IAP(GYCOM) 在 Ka 波段，750kW(5 腔)，达到了 0.6%带宽，以及 W 波段，340kW(5 腔)，达到了 0.41%带宽；美国 CPI 在 W 波段，130kW，达到了 0.75%带宽。

回旋行波管的研究和发展主要受宽带通信和毫米波成像雷达影响驱动，研究同样主要集中在 Ka 和 W 波段两个大气窗口频率附近。回旋行波管在追求带宽的条件下，由于损耗加载抑制模式竞争和改善工作稳定性，因此输出功率增加受到一定程度的限制。此外，受准光模式转换和高斯波束传输效率的影响，雷达和通信接收信号的强度及宽带可能受到一定的影响。目前相关研究结果 [1] 表明，俄罗斯 IAP 在 Ka 波段，180kW，达到了 10%带宽；我国中国电子科技集团公司第十二研究所在 Ka 波段，290kW，增益 65dB，达到了 8%带宽；我国电子科技大学在 W 波段，115kW，增益 69.2dB，达到了 4.2%带宽。

此外，回旋行波速调管、回旋返波管、强相对论回旋管等相关器件也取得了不同程度的进展，对微波武器以及大功率毫米波雷达和通信系统的发展具有积极作用。

7.1.5 回旋管的应用

目前回旋管主要在以下各个方面获得不同程度的应用：

(1) 受控热核聚变产生清洁能源是当今国际国内大科学工程研究的热点。等离子体回旋共振加热 (ECRH)、电子回旋电流驱动 (ECCD) 以及磁约束等离子体诊断等是聚变能源产生点火和相关特性研究的重要手段。140GHz 和 170GHz 长脉冲 MW 级回旋管已被国际热核聚变实验堆 (ITER) 列为回旋共振加热的关键功率器件。

(2) 作为毫米波雷达、导航、通信、电子对抗、微波武器的功率源，对提高分辨率和定位精度、改善数据传输速率和成像质量、增强电子对抗和作为微波武器的高功率输出以及精准度和能量密度提高具有重要意义。

(3) 毫米波渗透深度使被加热物体内外同时加热以及电场高频变化对极性分子偶极矩影响和致使材料活化能降低等作用，毫米波的热和非热效应可以降低材料研究过程中的反应温度，从而能够有效抑制材料制备过程中的晶粒长大、改善制备和反应过程中温度的均匀性、促进常规手段无法实现的化学反应发生、使极性分子偶极矩由无序变有序，这些特点对材料研究和制备性能的提升意义重大。这包括特殊材料改性、固相高温化学反应和功能材料合成、特种陶瓷和粉末金属烧结等。对于某些特殊材料的需求，当一般手段无法实现或性能达不到使用要求时，以回旋管产生的大功率毫米波作为功率源加热实现的材料合成、改性、烧结设备可能提供一种新的技术手段。

(4) 为了把带电粒子的能量加速到大于 1TeV，用于驱动对撞机的微波功率放大器的效率和费用是至关重要的指标。放大器的数量反比于参量 $A = P_p\tau_p/\lambda^2$(λ 是波长，而 P_p 和 τ_p 分别是放大器输出功率和脉冲宽度)。因此提高单一器件的输出功率、效率和缩短波长，以及适度限制电子注电压以降低调制器费用是可行措施。由于尺寸共度效应，传统速调管在输出功率上被限制，因此采用高次模式工作的相对论回旋速调管在输出功率和效率提高、加速梯度增加、系统体积减小和费用降低等方面的优势成为 TeV 量级粒子加速器驱动功率源的可能候选器件。

7.2　电子回旋脉塞辐射机理

1958 年澳大利亚天文学家特韦斯 (R. Q. Twiss) 首先提出了自由电子回旋谐振受激辐射的机理 [2]；1959 年苏联学者卡帕诺夫 (Gaponov) 也提出了利用具有相对论效应的回旋电子注与电磁波相互作用的新原理 [3]；1964 年，美国的赫希菲尔德 (J. L. Hirshfield) 以实验方式证实了上述机理的正确性 [4]，并称之为电子回旋脉塞 (ECM/Electron Cyclotron Maser/Electron Cyclotron Microwave Amplification by Stimulated Emission of Radiation)。实验结果表明，当电磁波频率等于电子在磁场中的回旋频率 ($\omega = \Omega_c$) 时，电子与场之间无净的能量交换；而当波频率略小于电子回旋频率 ($\omega \leqslant \Omega_c$) 时，电子从场中吸收能量；当波频率略大于电子回旋频率 ($\omega \geqslant \Omega$) 时，电子交出部分能量，从而使系统中场的能量得到放大，或在系统中激发高频场。实验与理论有很好的一致性。

7.2.1　相对论电子在恒定磁场中的运动

根据电子的相对论运动方程，有

$$\frac{\mathrm{d}\boldsymbol{P}}{\mathrm{d}t}=-e(\boldsymbol{E}+\boldsymbol{u}\times\boldsymbol{B}) \tag{7.1a}$$

式中 $\boldsymbol{P}=\gamma m_0\boldsymbol{u}$，$\gamma=(1-\beta^2)^{-1/2}$，$\beta=u/c$，于是有

$$m_0\boldsymbol{u}\frac{\mathrm{d}\gamma}{\mathrm{d}t}+m_0\gamma\frac{\mathrm{d}\boldsymbol{u}}{\mathrm{d}t}=-e(\boldsymbol{E}+\boldsymbol{u}\times\boldsymbol{B}) \tag{7.1b}$$

根据质能关系，有电子的动能 $W=(\gamma-1)m_0c^2\rightarrow\dfrac{\mathrm{d}\gamma}{\mathrm{d}t}=\dfrac{1}{m_0c^2}\dfrac{\mathrm{d}W}{\mathrm{d}t}$，将式 (7.1a) 两边点乘以速度 $\boldsymbol{u}$ 有：$\boldsymbol{u}\cdot\dfrac{\mathrm{d}\boldsymbol{P}}{\mathrm{d}t}=-e\boldsymbol{u}\cdot\boldsymbol{E}=\dfrac{\mathrm{d}W}{\mathrm{d}t}$，于是 $\dfrac{\mathrm{d}\gamma}{\mathrm{d}t}=\dfrac{-e}{m_0c^2}(\boldsymbol{u}\cdot\boldsymbol{E})$。将这个式子代入式 (7.1b)，并整理后得

$$\frac{\mathrm{d}\boldsymbol{u}}{\mathrm{d}t}=-\frac{e}{\gamma m_0}\left[\boldsymbol{E}+\boldsymbol{u}\times\boldsymbol{B}-\frac{1}{c^2}\boldsymbol{u}(\boldsymbol{u}\cdot\boldsymbol{E})\right] \tag{7.1c}$$

式 (7.1c) 是相对论电子受电磁场作用运动的一般方程。如果忽略空间电荷场的作用，在只考虑轴向恒定磁场作用时，该式退化为

$$\frac{\mathrm{d}\boldsymbol{u}}{\mathrm{d}t}=-\frac{e}{\gamma m_0}(\boldsymbol{u}\times\boldsymbol{B})=-\frac{e}{\gamma m_0}(\boldsymbol{u}\times B_0\boldsymbol{e}_z) \tag{7.2a}$$

于是有

$$\frac{\mathrm{d}u_x}{\mathrm{d}t}-\frac{\Omega_{c0}}{\gamma}u_y=0 \tag{7.2b}$$

$$\frac{\mathrm{d}u_y}{\mathrm{d}t}+\frac{\Omega_{c0}}{\gamma}u_x=0 \tag{7.2c}$$

$$\frac{\mathrm{d}u_z}{\mathrm{d}t}=0 \tag{7.2d}$$

式中 $\Omega_{c0}=\dfrac{e}{m_0}B_0$ 为不考虑相对论效应的电子回旋频率。

将式 (7.2b) 和式 (7.2c) 相互代入，得到

$$\frac{\mathrm{d}^2u_x}{\mathrm{d}t^2}+\Omega_c^2u_x=0,\quad u_x=u_\perp\cos\Omega_ct \tag{7.3a}$$

$$\frac{\mathrm{d}^2u_y}{\mathrm{d}t^2}+\Omega_c^2u_y=0,\quad u_y=u_\perp\sin\Omega_ct \tag{7.3b}$$

$$\frac{\mathrm{d}u_z}{\mathrm{d}t}=0,\quad u_z=u_{z0} \tag{7.3c}$$

式中 $u_\perp^2=u_x^2+u_y^2, \Omega_c=\dfrac{\Omega_{c0}}{\gamma}$，电子的横向运动是以回旋频率 Ω_c 旋转的圆，相关于相对论因子。电子的轴向速度保持恒定，电子在恒定磁场作用下的运动轨迹是一螺旋线。

7.2.2 回旋电子受激辐射机理

当电子速度较低时，相对论效应可以忽略，电子在外加磁场 B_0 作用下的回旋频率和回旋半径分别为

$$\Omega_{c0}=\frac{e}{m_0}B_0,\quad R_{c0}=\frac{u_\perp}{\Omega_{c0}} \tag{7.4}$$

当电子横向速度增加时，回旋半径增加，回旋频率不变。如果电子的速度接近光速，由于相对论效应的影响，回旋频率为

$$\Omega_c=\frac{\Omega_{c0}}{\gamma},\quad R_c=\frac{u_\perp}{\Omega_c} \tag{7.5}$$

当电子横向速度增加时，相对论因子 γ 增加，回旋频率下降，回旋半径增加；当电子横向速度减小时，相对论因子 γ 减小，回旋频率上升，回旋半径减小。

图 7.3 给出了电场和磁场相互正交情况下回旋电子群聚的过程。从图中可以看出，1 号电子被减速, 相对论因子 γ 减小，回旋频率上升，回旋半径减小，位于原轨道的内侧；2 号电子被加速, 相对论因子 γ 增加，回旋频率下降，回旋半径增大，位于原轨道的外侧。减速和加速是靠半径变化实现的。

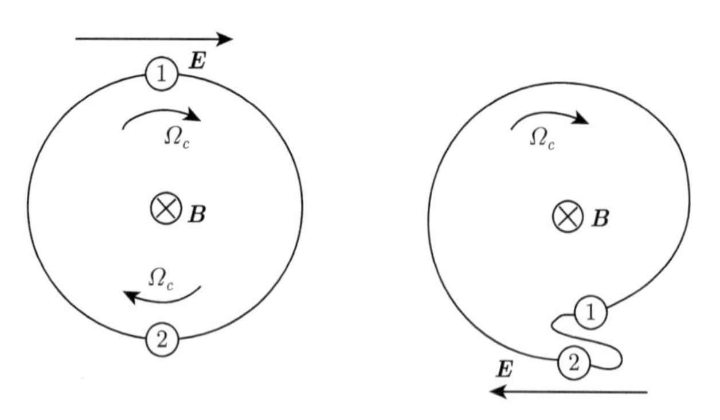

图 7.3 电子的相对论角向群聚示意图一

如果电子回旋频率等于波场的角频率: $\omega=\Omega_c$，讨论三个典型电子，1 号电子处于零场位置，不受外场的影响，2 号电子处于减速相位，3 号电子处于加速

相位。图 7.4(a) 给出了三个电子对应非相对论情况的运动。1 号电子不受场的影响，故其旋转的半径和角度保持恒定。由于回旋半径 R_c 和回旋频率与相对论因子无关 (式 (7.4) 所示)，因此 2 号电子被减速后，回旋半径减小，但回旋频率不变，从而旋转的角度与 1 号电子相同；3 号电子被加速后，回旋半径增加，同样回旋频率不变，旋转的角度也与 1 号电子相同。于是三个电子旋转在角向的距离不变，在径向的距离增大了，亦即没有群聚发生。

如果考虑相对论效应，1 号电子在做回旋运动时所处的相位不受高频场的作用，电子的回旋半径和旋转的角度不受影响；2 号电子处于减速相位上，失去能量，相对论因子 γ 减小，回旋频率增加，回旋半径减小，相位追上 1 号电子；3 号电子处于加速相位上，获得能量，相对论因子 γ 增加，回旋频率减小，回旋半径增加，相位落后而接近 1 号电子。图 7.4(b) 和 (c) 给出了相对论情况电子运动状态，从中能够明显看出电子之间发生了相位群聚。由此可见，角向群聚源于相对论效应 (电子回旋脉塞不稳定性)。由于波频率与电子初始回旋频率相同，因此 1 号电子成为群聚中心能量不变，2 号和 3 号电子一个失去能量，另一个获得能量，总的来说三个电子与场之间无净能量交换。

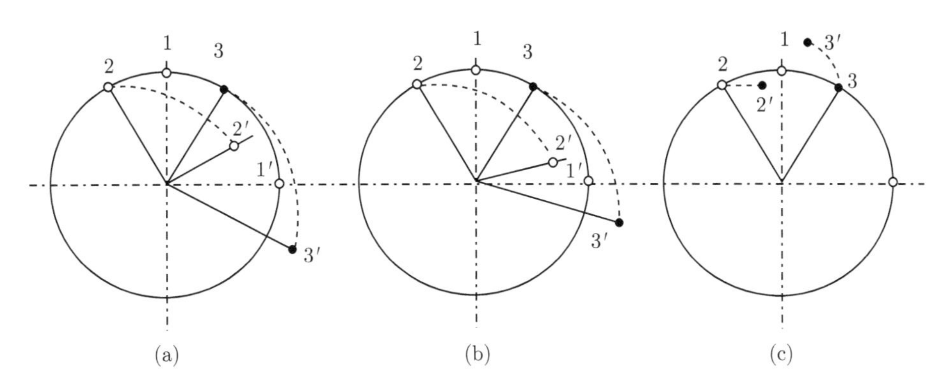

图 7.4 电子的相对论角向群聚示意图二

从上述讨论可知，由于相对论效应，当相同回旋频率的电子受到电场作用被加速 (质量增加/回旋频率减小) 或减速 (质量减小/回旋频率增加) 时，从平均的角度没有净能量的变化。如果电子的回旋频率处于比波频率略低的同步状态 ($\omega \geqslant \Omega_c$)，这种现象将发生变化。图 7.5 利用回旋轨道上四个典型电子回旋频率变化与电子能量关系描述这种情况下群聚和能量转换过程。初始时刻，1 号电子运动方向与角向电场方向一致，受到减速，相对论因子减小，回旋频率增加；3 号电子运动方向与电场相反，受到加速，相对论因子增加，回旋频率减小；2 号和 4 号电子运动方向与电场垂直，状态变化相对小，但相对电场的相位略有后退。由于电子回旋频率比波频率略低，在螺旋轨道上电子的群聚中心相对于外加电场的相位就会滞后，亦即落入减速区的电子会逐步增多，于是处在减速区域半个周期的电子持续释放能量给波。

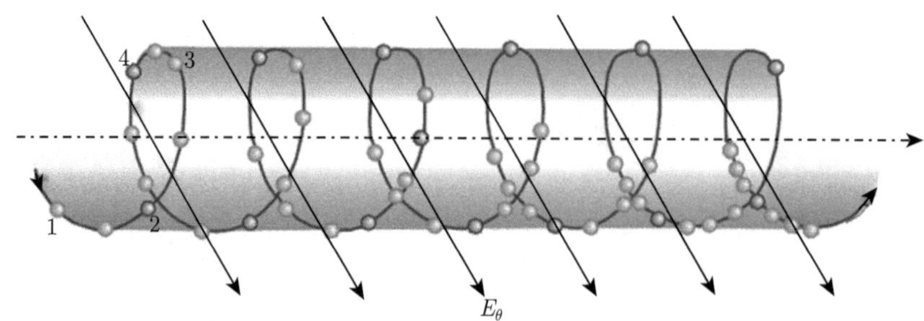

图 7.5　电子回旋频率略低于波频率引起的群聚延时和能量变化

很显然，发生在回旋管中单一电子注的互作用同样会发生在其他电子注。也就是说，所有的电子注都会达到如图 7.6 所示的同步状态。当电场的方向发生变化时，电子的运动方向也会随着同步回旋发生变化，于是能够保持电子始终处在电场的减速相位。结果是电子在每一个半周期都处于释放能量的状态，使波持续得到放大。

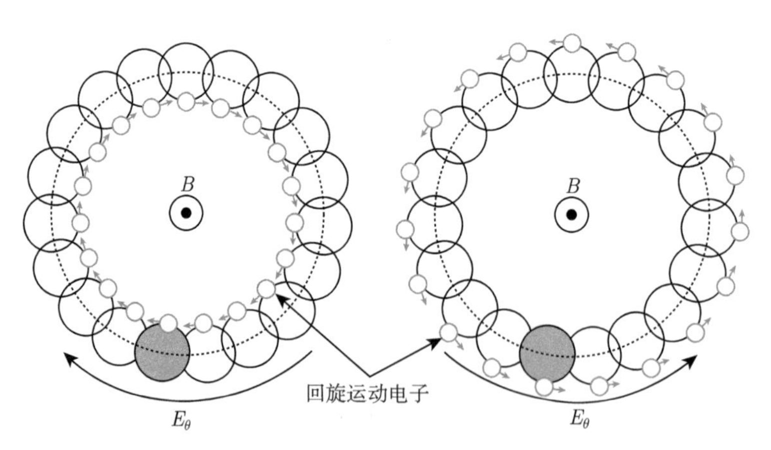

图 7.6　电子回旋与波同步持续释放能量给场的示意图

如果电子运动与电磁波的第 s 次空间谐波同步，亦即电子看不到波的传播，则电子束的色散特性可以表示为

$$\mathrm{e}^{\mathrm{j}(\omega-s\Omega_c-k_zu_z)t}\rightarrow\omega-s\Omega_c-k_zu_z=0 \tag{7.6}$$

如果

$$k_z \to 0, \quad \omega = s\Omega_c = \frac{es}{\gamma m_0}B_0, \quad s = 1, 2, 3, \cdots \tag{7.7}$$

式 (7.7) 表明，相同频率，高次回旋谐波需要的工作磁场是基波工作的 $1/s$。如图 7.7(a) 所示，电场变化的频率是回旋频率的两倍，电场的方向在电子轨道的中心反转。最初处于减速场的电子，在场的方向发生反转的时候，相对于电场做横向运动 (图 7.7(b))，电子的轨道能量不变。当场的方向再次反转的时候，电子又绕轨道旋转了 90°，并再次处于减速场。在电子的每一个回旋周期内，高频场经历了 2 个完整的循环。对于给定的工作频率，回旋频率为基模工作时的一半，于是磁场也降低了一半。

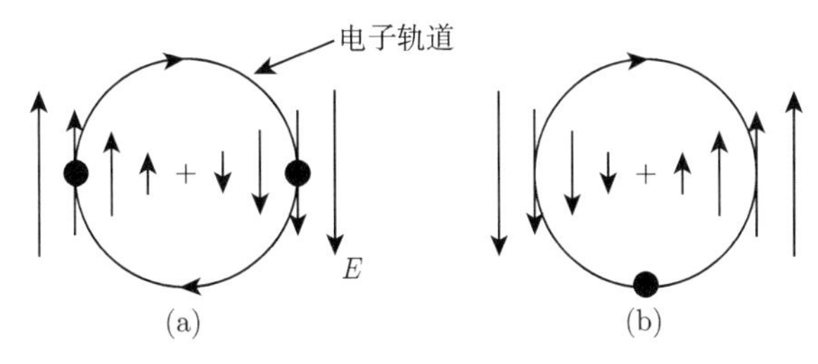

图 7.7 二次谐波互作用示意图

图 7.8 给出了均匀波导和回旋电子注的色散特性曲线。从图中可以看出，当电子的纵向速度分量不变时，谐波数 s 和回旋频率 Ω_c 的改变都将改变电子注色散

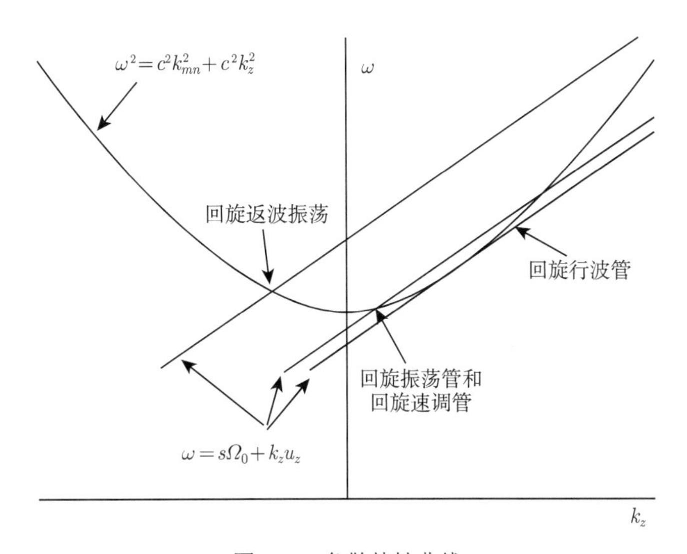

图 7.8 色散特性曲线

特性与波导色散特性的交点。图中给出的三条电子注色散线分别表明其与波导色散线相切 (回旋行波互作用)、在 k_z 不小于零的曲线右边相交 (回旋振荡管或回旋速调管互作用)、在 k_z 小于零的曲线左边相交 (回旋返波振荡互作用)。此外，k_{mn} 的增大，意味着波导色散线上移。也就是说，谐波数 s 或回旋频率 Ω_c 增加，电子注色散线斜率不变 (u_z 不变)，但截距增加，于是与其相交的波导色散曲线 (数量) 可能增加，模式间隔变密，模式竞争加剧。

在这一节对回旋电子受激辐射的讨论可知，回旋脉塞不稳定性发生必须具备以下条件：

(1) 电子必须具有较大的横向速度以便具备足够的电子群聚能量与场交换；

(2) 高频场的角频率略大于电子的回旋角频率 $\omega \geqslant \Omega_c$，以保证多数电子位于减速场相位；

(3) 必须具有足够的互作用区长度的高频结构提供注波之间的有效耦合，以保证增益、功率和效率。

在传统微波真空电子器件中，电子都是与纵向电场相互作用，并且多数情况是与高频结构中的最低次模式作用。回旋互作用的特点是电子与高频场的横向分量相互作用，这意味着工作模式可能采用高次模式。也就是说传统的高频结构和皮尔斯电子枪不能适用于现在的回旋脉塞互作用。从高频结构的角度，首先必须具有足够强的横向电场分量，这要求电子枪必须让电子具有足够的横向能量，以提供电子与横向电场同步相互作用。于是电子枪和高频结构设计成为回旋管发展面临的关键科学问题。苏联科学家发明了两项技术，使回旋管工程研制取得突破：

(1) 磁控注入电子枪技术：之所以称为磁控注入电子枪是因为其部分类似于磁控管电子枪，由于阴极区附近磁场近乎轴向和电场近乎于径向。与磁控管不同的是电场还具有轴向分量，阴极发射的电子在径向和轴向电场作用下使电子产生径向速度和轴向速度，同时轴向磁场使电子旋转，通过绝热压缩增加横向能量，以螺旋线轨迹形成环形的空心电子注。此外，在外加直流电磁场的控制下，在最大磁场附近进入到电子注与波相互作用区时，电子的回旋频率与电磁波频率同步并处于有利于注波耦合的位置和状态，与此同时横纵速度比和速度分散均处于设计要求范围内。电子越过互作用区 (谐振腔) 后，磁场下降，电子发散撞击在收集极表面通过冷却耗散剩余能量。

(2) 开放式谐振腔技术：通过腔两端开放既能够为电子注提供更大的与高次模式互作用空间，又能够适当降低比工作模式更低次模式的衍射 Q 值，结合有利于工作模式注波耦合最佳位置的选择以缓解模式竞争的严重程度，由此模式选择和抑制成为了回旋管稳定工作永恒的关键技术；针对回旋行波放大器，由此衍生出了不同加载类型的开放波导，以有利于波的稳定放大和寄生模式的有效抑制。

图 7.9 给出的回旋管振荡器的原理图能够很形象地展示上述描述的开放式谐

振腔和磁控注入电子枪的作用。

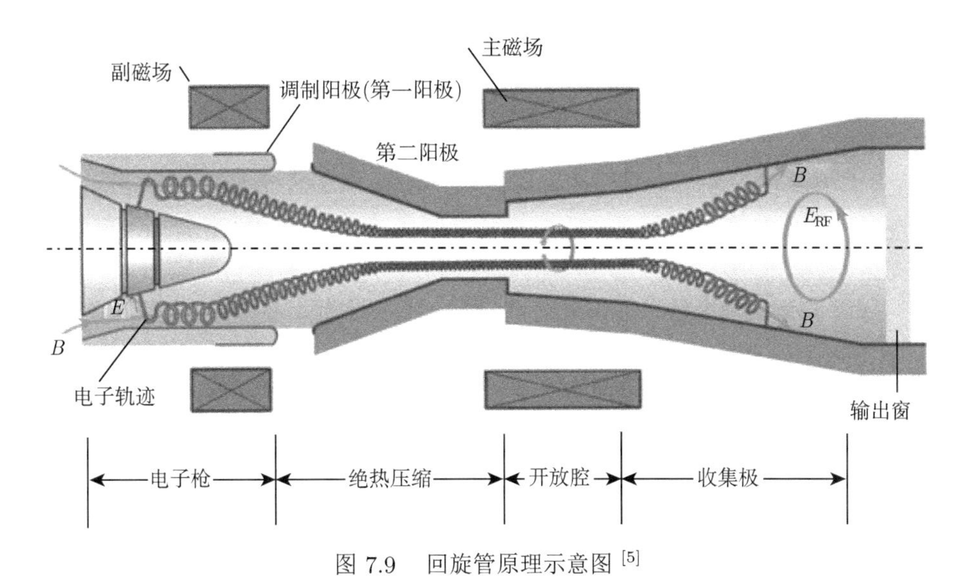

图 7.9 回旋管原理示意图 [5]

由电子注的色散方程 $\omega - s\Omega_c - k_z u_z = 0$ 可知，欲使电子释放能量，必须有

$$\omega \geqslant s\Omega_c + k_z u_z \tag{7.8}$$

从式 (7.8) 可以看出，如果电子的纵向速度发生变化 (速度分散)，则不等式 (7.8) 不能始终得到满足，而是与阴极发射的电子能量分散程度有关。如果 $k_z \to 0$，式 (7.8) 近似与 u_z 无关，这便是振荡器的情况。开放式谐振腔的引入，使得人们可以采用高次模式作为工作模式；同时由于开放，比工作模式更低次的模式受到截止影响的程度逐步减弱，从而作为振荡模式的衍射 Q 值减小，起振能力变弱。只有截止频率靠近工作模式的竞争模式才有可能对其产生一定程度的影响，从而合理选择工作模式几何和电参数可能使其获得优先起振和耦合。

7.3 磁控注入电子枪

目前，常用的磁控注入电子枪 (MIG) 主要包括单阳极 MIG 和双阳极 MIG 两种，如图 7.10 所示。前者只有一个阳极，结构相对简单。不过，由于工作电压固定，可调节性较差，往往需要通过综合调整才能获得相对理想性能。双阳极 MIG 相对于单阳极 MIG 增加了一个调制阳极，在实际调试中，通过调节调制阳极的电压大小和空间分布即可实现对电子注参数的有效控制，但其结构相对复杂，并对绝缘隔离设计和电源系统提出了更高的要求。本节以双阳极电子枪为例介绍

MIG。如图 7.10 所示，调制阳极 (第一阳极) 上电压产生径向电场，使电子有径向运动；第二阳极使电子同时有轴向运动。外加轴向磁场作用是使具有径向运动速度的电子产生旋转，约束电子在某个半径范围内。在阴极区与注波互作用区之间的磁场过渡段，它的形状既要使电子不会像是遇到磁镜一样而反转，同时还能在轴向缓变磁场控制的运动过程中，电子的横向动能与纵向磁场之比恒定 (磁矩绝热不变) 致使其横向能量随磁场增加而增加。MIG 的设计是产生合适的电压和电流的电子注以便具有足够的互作用耦合能量、使互作用区的电子具有尽可能大的横向能量 (合适的横纵速度比) 和小的能量分散以便于注波能量的有效耦合、提供合适的回旋频率以确保进入互作用区的电子与电磁波频率同步、形成有利于互作用的导引中心半径和电子注厚度以便其进入互作用区与电磁波能够高效耦合、设法增大电子注在收集极表面着陆面积和尽可能改善发散的均匀性以降低其热耗散的压力 (图 7.9)。

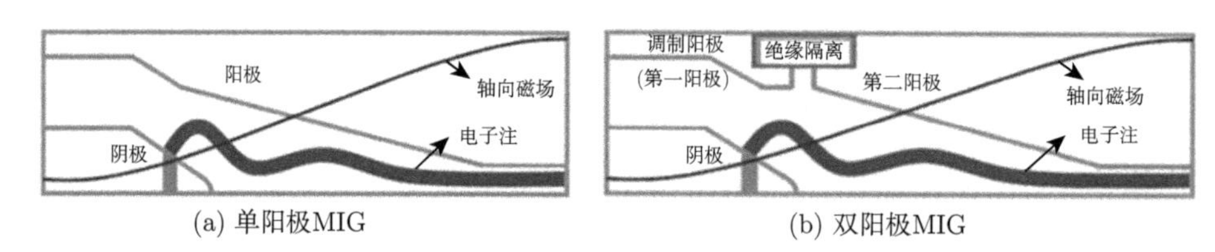

(a) 单阳极MIG　　(b) 双阳极MIG

图 7.10　两种不同的磁控注入电子枪结构示意图

7.3.1　电子枪的结构模型和基本参数

图 7.11 给出了双阳极磁控注入电子枪结构简化模型。其中，d_{ac} 为阴极与第一阳极之间的距离，l_s 为阴极发射带长度，r_c 为阴极半径，φ_c 为阴极半倾角。之所以称图 7.11 为简化模型是因为第一和第二阳极的形状与实际设计可能有很大

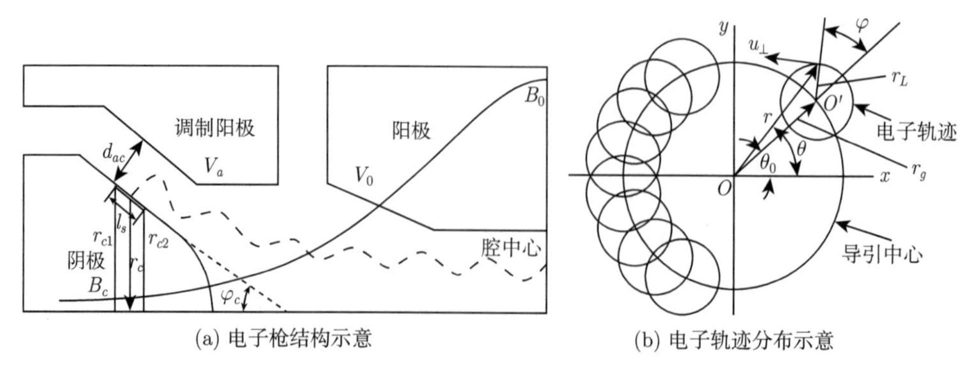

(a) 电子枪结构示意　　(b) 电子轨迹分布示意

图 7.11　双阳极磁控注入电子枪结构简化模型

的区别，实际上电极不会有尖角出现以降低放电打火的概率。利用这个模型主要介绍相关阴极发射、电子注设计以及电极之间距离的控制等方面的参数。

相关电子枪的参数有电参数和结构参数。高频互作用要求的参数有电子注功率 P_0、电子能量 E_0、设计要求的回旋频率 Ω_c、电子注平均引导半径 r_g、电子横纵速度比 $\alpha = \beta_\perp/\beta_z = u_\perp/u_z$。这些参数是众所周知的，在数值上相对比较固定。它们决定了高频互作用区的电压和电流值 (V_0 和 I_0)、横向和纵向速度分量 ($u_{\perp 0}$ 和 u_{z0})、磁场 B_0 以及电子回旋轨道的位置和大小 (平均导引中心半径 r_g 和拉莫尔半径 r_L)。电子注功率和能量决定了电子速度和电流分布，回旋频率决定了注波互作用条件，引导中心半径决定了电子注与高频场之间的耦合强度，电子横纵速度比决定了电子注横向能量交换的能力。对于回旋振荡器横纵速度比通常可以在 1.5~2 之间 (实际设计为了确保低的速度零散甚至有可能低于 1.5)，而对于回旋放大器则一般只能在 1 附近甚至更小 (太大的横纵速度比会引起纵向速度严重分散)。由于速度分散的问题，横纵速度比的大小选择必须由兼容器件速度分散的容忍度来决定。

根据器件对高频输出特性的要求，结合上述电子注参数，可以初步确定电子枪的一些基本结构参数，然后通过电子光学软件不断优化电子注轨迹以决定电子枪的设计参数。根据布许定理 (2.46) 有

$$\dot{\theta} = \frac{\eta}{2}\left(B_0 - B_c\frac{r_c^2}{r^2}\right) \tag{7.9}$$

在电子位于注波互作用区且横向速度 $\boldsymbol{u}_\perp$ 方向指向圆心 “O” 时，有 $\dot{\theta} = 0$(图 7.11(b))，于是：

$$B_0 - B_c\frac{r_c^2}{r^2} = 0 \Rightarrow B_0(r_{g0}^2 - r_{L0}^2) = B_c r_c^2 \tag{7.10}$$

式中 B_c 和 B_0 分别为阴极区和互作用区的磁通密度，r_c 为阴极半径，r_{g0} 和 r_{L0} 分别为电子导引中心和拉莫尔半径。

由上式可定义磁压缩比为

$$f_m = B_0/B_c = r_c^2/(r_{g0}^2 - r_{L0}^2) \tag{7.11}$$

通常实际情况多数有 $r_{g0} \gg r_{L0}$，于是磁压缩比可以表示为阴极半径与导引中心半径比值的平方 $(r_c/r_{g0})^2$。一旦工作频率选定，则磁场 B_0 给定，于是阴极半径和磁场压缩比两个参数的选择非常关键。当其中一个参数确定时，另一个参数也随之确定。一般来讲，由于需要考虑热子的加热效率、散热以及工艺等问题，阴极半径不应过大；另一方面，较小的阴极半径会使得磁场压缩比过小，导致阴极区磁场过强，没有足够的空间对电子注进行压缩。因此在实际操作中，要结合磁场和回旋管整体设计选择合适的阴极半径和磁场压缩比。

按照图 7.11(a)，有

$$r_c = \frac{r_{c1} + r_{c2}}{2} \tag{7.12}$$

$$r_{c1} = r_c + l_s \sin\varphi_c/2 \tag{7.13}$$

$$r_{c2} = r_c - l_s \sin\varphi_c/2 \tag{7.14}$$

根据阴极所需发射电流 I_0，阴极的发射电流密度可表示为

$$J_c = \frac{I_0}{2\pi r_c l_s} \tag{7.15}$$

于是可以根据设计要求的电流和阴极发射能力及可靠性要求选择的电流发射密度决定发射带宽度：

$$l_s = \frac{I_0}{2\pi r_c J_c} \tag{7.16}$$

式 (7.16) 将阴极半径 r_c、阴极发射带长度 l_s、阴极发射电流密度 J_c 三个参数关联在一起。由于电性能设计给定了电流 I_0，但热阴极发射能力有限，为了得到较大的工作电流，就需要增大阴极半径或发射带长度。不过，增大阴极发射带长度会使得发射带两端电子所处的电磁场环境差别较大，对电子注的速度零散影响较大，不利于电子注质量的提高。因此，在考虑到阴极发射能力的限制后，需要对阴极半径和发射带长度进行综合考量。

在阴极区，为了防止电子注打在第一阳极上，需要保证阴阳极距离大于某一值，一般取 [6]：

$$d_{ac} > \frac{2r_{Lc}}{\cos\varphi_c} \tag{7.17}$$

其中，为 r_{Lc} 为阴极发射面处电子的拉莫尔半径，即保证阴阳极距离大于一个拉莫尔圆。不过，d_{ac} 越大，产生相同电流的加速电压就越大。对于一个双阳极电子枪，d_{ac} 的选择必须在满足式 (7.17) 的条件下，同时考虑电子轨迹质量和稳定可靠性等问题综合获取。当调制阳极和主阳极电压相同时，双阳极电子枪结构就演变成了单阳极结构。

电子注的电子层厚度较大时会使互作用的效率降低，因此需要对影响电子注厚度的参数进行分析。利用式 (7.11) 忽略拉莫尔半径的影响，对其两端求微分可得

$$r_c \Delta r_c = f_m r_{g0} \Delta r_{g0} \tag{7.18}$$

由阴极形状可知，

$$\Delta r_c = l_s \sin\varphi_c \tag{7.19}$$

代入式 (7.18) 可得

$$\frac{\Delta r_{g0}}{r_{g0}} = \frac{I_0 \sin\varphi_c}{2\pi f_m J_c r_{g0}^2} \tag{7.20}$$

上式利用引导中心半径波动幅度表示电子注厚度。在磁控注入电子枪的实际设计中，我们希望 $\Delta r_{g0}/r_{g0} \to 0$。由于分子中 $\sin\varphi_c$ 项的存在，理论上阴极半倾角越小电子注厚度越小。

实际电子枪设计时阴极与调制阳极表面并不严格平行，于是发射带内外层电子所受电磁场作用不同。在阴极发射带长度一定的情况下，倾角越小，内外层电子注所受场力差距越大。如图 7.12(a) 所示，当倾角较小时，如果作用在电子上的电压相同，则作用在外层电子上的磁场小回旋半径大；作用在内层电子上的磁场更大回旋半径小。由于认为纵向速度都一致，于是便会出现轨迹交叉，引起电子注速度零散恶化。当倾角逐渐增大时，内外层电子磁场差别变小，这种情况会得到改善，最终可以得到层流电子注如图 7.12(b) 所示。层流和非层流电子注之间并不存在明显的界限，一般认为，当半倾角 $\varphi_c > 20°$ 时，电子枪设计可以获得层流性相对良好的电子注 [7]。不过，倾角过大会导致电子注在径向的厚度增加，从而导引中心变得更为分散，会导致互作用效率降低。

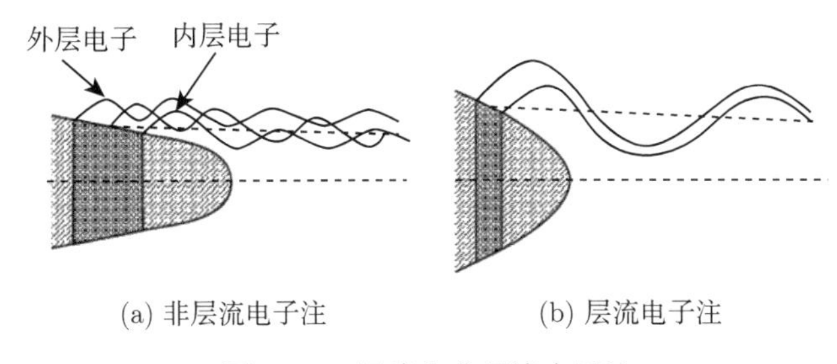

(a) 非层流电子注　　(b) 层流电子注

图 7.12　层流和非层流电子注

电子注的速度比是衡量电子枪质量的重要参数，它的取值不仅决定电子横向能量的大小，同时特别相关于纵横速度的分散程度，从而影响其与电磁场同步和耦合的好坏。影响电子速度零散的原因除了电子枪结构和空间电荷力外，还有：① 阴极发射表面的粗糙度；② 电子的热初速度；③ 电子注非均匀发射；④ 电子枪与磁场的对中等。① 和 ② 无法控制，③ 与 ④ 的情况在实际操作中可以尽量避免，通常两者之和会为电子注增加不超过 5%的速度零散 [7,8]。如果用 δ 来表示阴极表面的凸起高度，E_c 表示阴极表面的电场强度，则阴极表面粗糙度引起的速度零散有经验公式 [8]：

$$(\Delta u_{\perp c})_\delta = 0.4(2eE_c\delta/m_e)^{1/2} \tag{7.21}$$

根据磁矩守恒定理可知，

$$\frac{\gamma_0^2 u_{\perp 0}^2}{B_0} = \frac{\gamma_c^2 u_{\perp c}^2}{B_c} = \text{const} \tag{7.22}$$

式中 γ_c 为阴极区电子的相对论因子，$u_{\perp 0}$ 和 $u_{\perp c}$ 分别为互作用区和阴极区电子的横向速度。由于阴极区电子速度较小，忽略其相对论因子 $\gamma_c \approx 1$。从而可得阴极区电子的横向速度为

$$u_{\perp c} = \frac{\gamma_0}{f_m^{1/2}} u_{\perp 0} \tag{7.23}$$

则阴极表面粗糙度对电子初始速度零散的影响可表示如下：

$$\left(\frac{\Delta u_{\perp c}}{u_{\perp c}}\right)_\delta = 0.4\left(\frac{2ef_m E_c \delta}{m_e}\right)^{1/2} \frac{1}{\gamma_0 u_{\perp 0}} \tag{7.24}$$

阴极发射带电子热初速度也会对电子速度零散产生影响。根据文献 [8] 有

$$(\Delta u_{\perp c})_T = \left(\frac{KT_c}{m_e}\right)^{1/2} \tag{7.25}$$

式中 K 为玻尔兹曼常量，T_c 为绝对温度表示下的阴极温度。结合式 (7.23) 可得阴极温度对电子速度零散的影响如下：

$$\left(\frac{\Delta u_{\perp c}}{u_{\perp c}}\right)_T = \left(\frac{KT_c f_m}{m_e}\right)^{1/2} \frac{1}{\gamma_0 u_{\perp 0}} \tag{7.26}$$

由于阴极具有一定的长度，因此阴极发射电子所处的电磁场环境存在差异。这部分由于不同位置场差异而导致的速度零散 $\left(\frac{\Delta u_\perp}{u_\perp}\right)_0$ 可由电子光学仿真软件计算得到 [9,10]。综上，总的横向速度零散可以表示为

$$\left(\frac{\Delta u_\perp}{u_\perp}\right)_{\text{total}} = \left(\left(\frac{\Delta u_{\perp c}}{u_{\perp c}}\right)_\delta^2 + \left(\frac{\Delta u_{\perp c}}{u_{\perp c}}\right)_T^2 + \left(\frac{\Delta u_{\perp c}}{u_{\perp c}}\right)_0^2\right)^{1/2} \tag{7.27}$$

由于电子总的动能守恒，于是有

$$\frac{1}{2}mu^2 = \frac{1}{2}m(u_\perp^2 + u_z^2) = 常数 \rightarrow u_\perp \Delta u_\perp = -u_z \Delta u_z \tag{7.28}$$

于是电子注的横向速度零散 $\Delta u_\perp / u_\perp$ 和纵向速度零散 $\Delta u_z / u_z$ 的量值变化存在如下关系：

$$\frac{\Delta u_z}{u_z} = \alpha^2 \frac{\Delta u_\perp}{u_\perp} \tag{7.29}$$

综上可以得到电子注的横纵向速度零散情况。影响速度零散的因素较多，很多参数往往不可控并且呈现非线性影响。在设计中应该综合考虑各个参数的影响，从而尽可能地减小速度零散。

7.3.2 电子枪性能

7.3.1 节基于简化模型介绍了磁控注入电子枪的基本参数，这项参数的选择和确定决定了电子枪设计的初步架构。虽然实际电子枪结构形状有较大差别，但讨论的参数与注波互作用计算结果获得参数相结合可以作为电子枪设计仿真计算的初值或边界界定，以此可以减少优化计算的时间。目前相关磁控注入电子枪分析设计的程序很多，既有各个研究单位自己针对其特色编写的，也有一些通用软件(例如，斯坦福大学线性加速器中心 (SLAC) 的二维轴对称程序 EGUN，德国 CST 公司的三维软件 CST-PS 等)。

电子光学轨迹分析计算是磁控注入电子枪设计的重要手段。设计会通过软件计算仔细考察阴极区、绝热压缩过渡区、互作用区和收集极区电子注产生、传输和发散过程中包括电子注轨迹以及回旋管设计要求关键结构和电参量，在不断优化的基础上综合寻求既满足设计指标又适合工程实现的参数，同时结合大信号注波互作用分析使得高频性能和电子枪设计之间能够相互兼容。图 7.13 给出了中国科学院空天信息创新研究院仿真设计的 140GHz、1MW 长脉冲回旋振荡管磁控注入双阳极电子枪电子轨迹图。以下将基于这张图来讨论磁控注入电子枪的性能和特点。

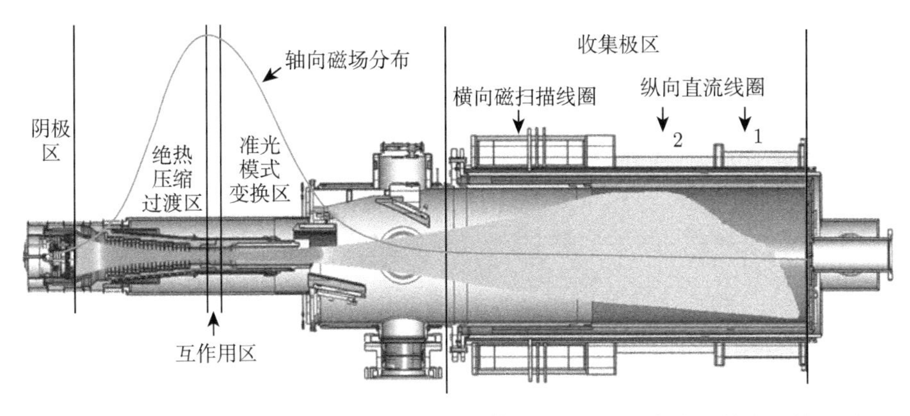

图 7.13 140GHz、1MW 长脉冲回旋振荡管磁控注入双阳极电子枪电子轨迹图

受第一阳极径向电压作用从阴极发射出来的电子，在轴向磁场和第二阳极轴向电压共同作用下沿螺旋线超前运动进入绝热压缩过渡区。在过渡区，绝热压缩能够使电子的横向能量逐步增大，轴向速度逐步减小。不过，由于热效应影响，某些电子可能纵向速度偏低，受磁镜效应影响停留在过渡区成为束缚电子。这些电子积累到一定程度会激励起 10~1000MHz 的低频振荡 [11]，尤其在大电流、长脉冲回旋管中情况更加严重，进而影响电子注质量。因此在过渡区应增加衰减材料来抑制低频振荡的产生，图 7.14 给出了相关衰减材料添加的示意图。在确保系统

稳定的条件下，由于磁场的增加，电子的横向能量逐步增加。通过几何结构和电参量的优化，电子在到达压缩区的上端进入互作用区之前横纵速度比达到设计要求，并且速度分散在满足设计要求的基础上尽可能小，电子注所处位置和回旋频率满足与工作模式同步和有效耦合的条件。

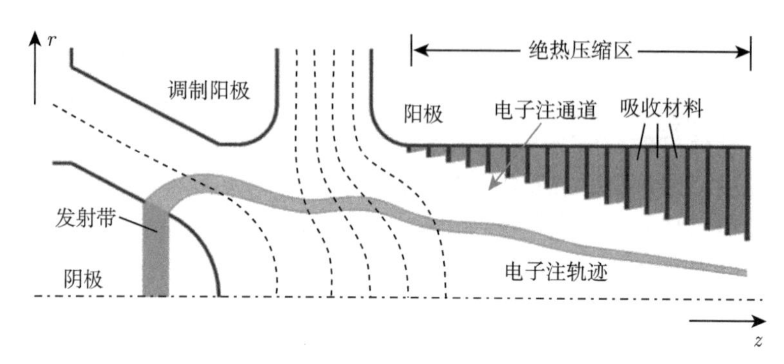

图 7.14 吸收材料抑制绝热压缩区低频振荡 [5]

电子注进入互作用区 (例如：缓变界面开放式谐振腔) 后，注波耦合激励出工作模式信号并逐步放大。在互作用区，磁场的非对称设计 (见图 7.13) 使磁场的下降相对于上升区变缓，这一特点使得电子因与波耦合减速导致回旋频率上升得到一定程度的抑制，能够相对增强耦合和延长互作用时间。相对于对称磁场设计，这种非对称设计不仅可能提高注波互作用效率，由于磁场下降变慢，也可能在某种程度上缓解对几何结构和电参数设计以及工程制备误差的苛刻要求。

越过互作用区后，磁场下降速度的快慢涉及电子在准光模式变换区是否可能撞击到用于波束聚焦和相位调整的准光学镜面 (特别是最后一个镜子) 上影响镜面功能的实现。由此可知，非对称磁场下降速度相对变缓也更有利于电子注的顺利穿过。

电子注穿过准光模式变换区后，在收集极表面着陆受磁场大小和分布情况的影响，这将使电子注在收集极表面着陆的面积严重受限。虽然电子注的轴向能量可以通过降压收集极有效回收，但对于高功率长脉冲回旋管，电子注着陆面积太小将影响散热效果，从而限制峰值功率和脉冲长度的提升。一组横向交流扫描线圈和两个纵向直流线圈被轴对称安装在收集极外面。前者通过电流引起的交变磁场使电子注位置纵向变化和角向旋转，从时间平均角度改善电子注着陆面积，提升散热能力；后者通过减缓轴向磁场的下降速度让电子注在收集极表面着陆更远以避免电子注因横向扫描过程中可能导致电子撞击到准光镜面上。

表 7.1 给出对应图 7.13 磁控注入电子枪通过 EGUN 和 CST-PS 两个软件仿真设计的部分几何和电参数。比较表中的结果发现只有横向速度分散有明显的差

别，分别是 1.61%和 4.2%。产生这一差别的主要原因可能有两个：① EGUN 是一个二维程序，CST-PS 是一个三维软件，由于计算机内存和软件本身对网格数量的限制，前者网格可以画得相对细密；② 两者对电场和磁场近轴展开取的项数有一定差别 (CST-PS 可以通过外部接口改变展开级数的项数)。图 7.15 给出了两者仿真收敛结果对应从阴极到互作用入口的电子注轨迹。

表 7.1 电子枪仿真设计参数表

计算软件	EGUN	CST-PS
阳极电压/kV	81	81
加速电压/kV	54	53
电流/A	40	40
阴极半径/mm	49	49
阴极轴向长度/mm	5	5
阴极电流密度/(A/cm^2)	2.6	2.6
腔体磁场/T	5.60	5.60
阴极区磁场/T	0.237	0.237
引导中心半径/mm	10.09	10.1
速度比	1.31	1.35
横向速度离散/%	1.61	4.2

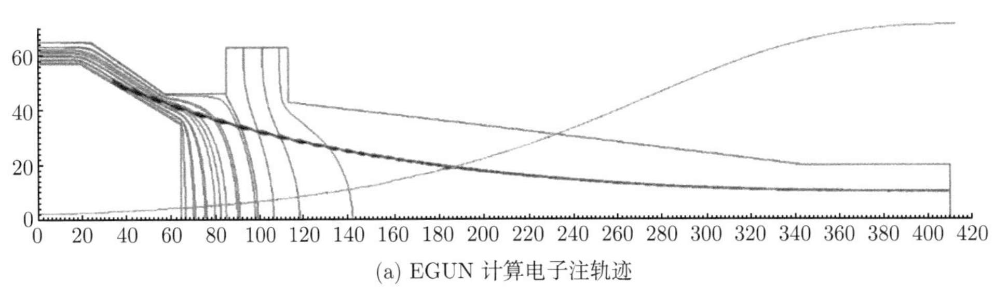

(a) EGUN 计算电子注轨迹

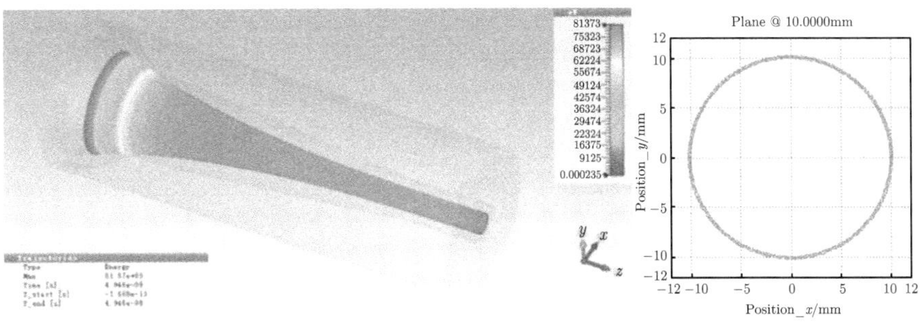

(b) CST-PS 计算电子注轨迹轮廓和互作用入口电子位置分布

图 7.15 两种仿真软件电子轨迹计算结果 (扫描封底二维码可看彩图)

7.4 波导场横向分布的局部展开

无论是回旋管振荡器还是放大器，采用的高频互作用结构都是缓变截面开放式谐振腔/波导 (或介质加载波导)。由于空心电子注通常在耦合系数 (或电场强度) 最大位置与横向电磁场发生相互作用将电子直流能量转换为高频能量，因此横截面上的电磁场表达形式显得非常重要。本节从一般截面柱形波导入手，讨论如何将波导模式的场表达式在不同坐标系之间变换，如图 7.16 所示。图中共有三个坐标系，包括两个 z 轴 (垂直纸面向外) 通过了 O 点的坐标系 (直角坐标系 (X,Y,Z) 和圆柱坐标系 $(\rho,\ \varPhi,\ z)$)，以及一个 z 轴通过了 O_1 点的圆柱坐标系 $(r,\ \theta,\ z)$。

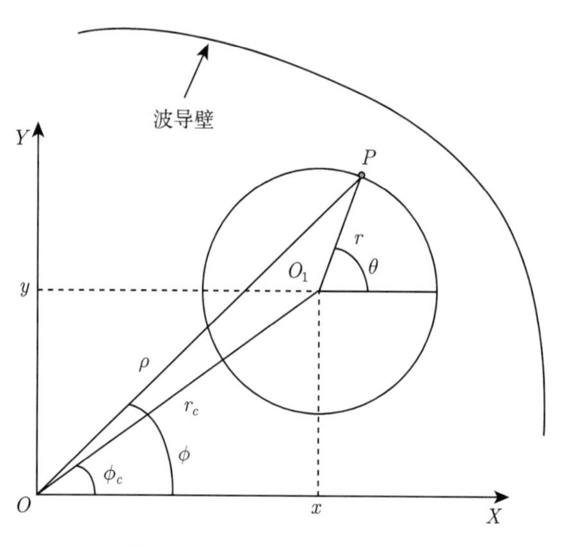

图 7.16 柱形波导坐标系统

由第 4 章的讨论可知，无论是 TE 模还是 TM 模，其横向场分量均可通过其轴向场分量导出。因此，我们只需讨论轴向场分量的变换即可。

设在坐标系 (X,Y,Z) 中，TE(TM) 模的轴向磁场 (电场) 分量在波导横截面上的分布为 $U(X,Y)$，它满足以下方程：

$$\nabla_T^2 U + k_{mn}^2 U = 0 \tag{7.30}$$

式中 ∇_T^2 为横向的二维拉普拉斯算子，k_{mn} 为模式的截止波数。不难验证，式 (7.30) 的通解可写成

$$U(X,Y) = \int_0^{2\pi} \hat{U}(v)\, \mathrm{e}^{\mathrm{j}k_{mn}(X\cos v + Y\sin v)}\mathrm{d}v \tag{7.31}$$

对于图 7.16 中的点 P，其 X，Y 坐标分别为

$$X = x + r\cos\theta, \quad Y = y + r\sin\theta \tag{7.32}$$

因此，在点 P 处，

$$U(X,Y) = \int_0^{2\pi} \hat{U}(v)\,\mathrm{e}^{\mathrm{j}k_{mn}[(x+r\cos\theta)\cos v+(y+r\sin\theta)\sin v]}\mathrm{d}v \tag{7.33}$$

式 (7.33) 显然为 θ 的周期函数，因此可作如下傅里叶展开：

$$U = \sum_{l=-\infty}^{\infty} U_l \mathrm{e}^{-\mathrm{j}l\theta} \tag{7.34}$$

其中，

$$U_l = \frac{1}{2\pi}\int_0^{2\pi} U\mathrm{e}^{\mathrm{j}l\theta}\mathrm{d}\theta \tag{7.35}$$

将式 (7.33) 代入式 (7.35) 得

$$U_l = \frac{1}{2\pi}\int_0^{2\pi}\left(\int_0^{2\pi}\hat{U}(v)\,\mathrm{e}^{\mathrm{j}k_{mn}(x\cos v+y\sin v+r\cos(\theta-v))}\mathrm{d}v\right)\mathrm{e}^{\mathrm{j}l\theta}\mathrm{d}\theta \tag{7.36}$$

交换积分顺序得

$$U_l = \frac{1}{2\pi}\int_0^{2\pi}\left(\int_0^{2\pi}\mathrm{e}^{\mathrm{j}l\theta}\mathrm{e}^{\mathrm{j}k_{mn}(r\cos(\theta-v))}\mathrm{d}\theta\right)\hat{U}(v)\,\mathrm{e}^{\mathrm{j}k_{mn}(x\cos v+y\sin v)}\mathrm{d}v \tag{7.37}$$

引入 $\overline{\theta} = \theta - v$

$$\begin{aligned} U_l &= \frac{1}{2\pi}\int_0^{2\pi}\left(\int_{0-v}^{2\pi-v}\mathrm{e}^{\mathrm{j}l\overline{\theta}}\mathrm{e}^{\mathrm{j}k_{mn}\left(r\cos\left(\overline{\theta}\right)\right)}\mathrm{d}\overline{\theta}\right)\hat{U}(v)\,\mathrm{e}^{\mathrm{j}k_{mn}(x\cos v+y\sin v)}\mathrm{e}^{\mathrm{j}lv}\mathrm{d}v \\ &= \int_0^{2\pi}\hat{U}(v)\,\mathrm{e}^{\mathrm{j}k_{mn}(x\cos v+y\sin v)}\mathrm{e}^{\mathrm{j}lv}\mathrm{d}v\cdot\frac{1}{2\pi}\left(\int_{0-v}^{2\pi-v}\mathrm{e}^{\mathrm{j}l\overline{\theta}}\mathrm{e}^{\mathrm{j}k_{mn}\left(r\cos\left(\overline{\theta}\right)\right)}\mathrm{d}\overline{\theta}\right) \end{aligned} \tag{7.38}$$

由贝塞尔函数的积分表达式可知：

$$\frac{1}{2\pi}\left(\int_{0-v}^{2\pi-v}\mathrm{e}^{\mathrm{j}l\overline{\theta}}\mathrm{e}^{\mathrm{j}k_{mn}\left(r\cos\left(\overline{\theta}\right)\right)}\mathrm{d}\overline{\theta}\right) = \mathrm{j}^l J_l(k_{mn}r) \tag{7.39}$$

而且也不难证明：

$$\int_0^{2\pi}\hat{U}(v)\,\mathrm{e}^{\mathrm{j}k_{mn}(x\cos v+y\sin v)}\mathrm{e}^{\mathrm{j}lv}\mathrm{d}v = \left[\frac{1}{\mathrm{j}k_{mn}}\left(\frac{\partial}{\partial x}+\mathrm{j}\frac{\partial}{\partial y}\right)\right]^l U(x,y) \tag{7.40}$$

由式 (7.38)~(7.40) 得

$$U_l = J_l\left(k_{mn}r\right)\left(\frac{1}{k_{mn}}\right)^l\left(\frac{\partial}{\partial x} + \mathrm{j}\frac{\partial}{\partial y}\right)^l U\left(x,y\right) \tag{7.41}$$

上式在 $l>0$ 时成立。而当 $l<0\,(l=-|l|)$ 时

$$j^l J_l\left(k_{mn}r\right) = j^{-|l|}J_{-|l|}\left(k_{mn}r\right) = j^{|l|}J_{|l|}\left(k_t r\right) \tag{7.42}$$

$$\begin{aligned}&\int_0^{2\pi}\hat{U}\left(v\right)\mathrm{e}^{\mathrm{j}k_{mn}\left(x\cos v + y\sin v\right)}\mathrm{e}^{-\mathrm{j}|l|v}\mathrm{d}v\\ =&\left[\frac{1}{\mathrm{j}k_{mn}}\left(\frac{\partial}{\partial x} - \mathrm{j}\frac{\partial}{\partial y}\right)\right]^{|l|}\int_0^{2\pi}\hat{U}\left(v\right)\mathrm{e}^{\mathrm{j}k_{mn}\left(x\cos v + y\sin v\right)}\mathrm{d}v\end{aligned} \tag{7.43}$$

由式 (7.42) 和 (7.43) 得

$$U_l = J_{|l|}\left(k_{mn}r\right)\left(\frac{1}{k_{mn}}\right)^{|l|}\left(\frac{\partial}{\partial x} - \mathrm{j}\frac{\partial}{\partial y}\right)^{|l|} U\left(x,y\right) \tag{7.44}$$

综合两种情况式 (7.41) 和 (7.44)，有

$$U_l = J_{|l|}\left(k_{mn}r\right)\left(\frac{1}{k_{mn}}\right)^{|l|}\left(\frac{\partial}{\partial x} + \mathrm{j}\frac{l}{|l|}\frac{\partial}{\partial y}\right)^{|l|} U\left(x,y\right) \tag{7.45}$$

因此，最终我们可以得到

$$U = \sum_{l=-\infty}^{\infty}\left(\frac{1}{k_{mn}}\right)^{|l|}\left(\frac{\partial}{\partial x} + \mathrm{j}\frac{l}{|l|}\frac{\partial}{\partial y}\right)^{|l|} U\left(x,y\right) J_{|l|}\left(k_{mn}r\right)\mathrm{e}^{-\mathrm{j}l\theta} \tag{7.46}$$

式 (7.46) 表明：如果已知了 U 在 $(X,\,Y,\,Z)$ 中的表达式 $U\left(X,Y\right)$，则可通过式 (7.46) 求出 U 在 $(r,\,\theta,\,z)$ 中的表达式 $U\left(r,\theta\right)$。此式适用于任何横截面形状的柱形波导。

对于圆波导 $\mathrm{TE_{mn}}$ 模或 $\mathrm{TM_{mn}}$ 模，在点 P 处：

$$U\left(X,Y\right) = J_m\left(k_{mn}\rho\right)\mathrm{e}^{-\mathrm{j}m\phi} \tag{7.47}$$

在 O_1 点：

$$U\left(x,y\right) = J_m\left(k_{mn}r_c\right)\mathrm{e}^{-\mathrm{j}m\phi_c} \tag{7.48}$$

式中，

$$r_c = \sqrt{x^2+y^2},\quad \phi_c = \arctan\left(y/x\right) \tag{7.49}$$

将式 (7.48) 和 (7.49) 代入式 (7.46)，经运算递推后可得在点 P 处：

$$U(X,Y)=\sum_{l=-\infty}^{\infty}J_l(k_{mn}r)\,J_{m-l}(k_{mn}r_c)\,\mathrm{e}^{-\mathrm{j}(m-l)\phi_c-\mathrm{j}l\theta} \tag{7.50}$$

综合式 (7.47) 与式 (7.50) 得

$$J_m(k_{mn}\rho)\,\mathrm{e}^{-\mathrm{j}m\phi}=\sum_{l=-\infty}^{\infty}J_l(k_{mn}r)\,J_{m-l}(k_{mn}r_c)\,\mathrm{e}^{-\mathrm{j}(m-l)\phi_c-\mathrm{j}l\theta} \tag{7.51}$$

式 (7.51) 左边是圆波导横截面场分布在坐标 (ρ, ϕ, z) 的表示，右边是其以 r_c 为中心坐标 (r, θ, z) 的级数展开式。这个场分布表达式为后续回旋管注波互作用分析和理解提供了有效手段。

如果电子注圆柱对称分布在波导横截面上，用式 (7.51) 展开可以完好地描述电磁场与电子注的相互作用。实际上，由于工程实施的技术手段限制，电子注常常不是圆柱对称分布在横截面上，这就是所谓的偏心情况。如图 7.17 所示，点 O 为圆波导的中心，点 O_1 为环形电子注的中心。d 是 O 与 O_1 的距离，即电子注偏离波导中心的距离。r_W、r_L 分别为波导半径和电子回旋半径，θ 为电子回旋角。由式 (7.51) 可知，

$$J_m(k_{mn}\rho)\,\mathrm{e}^{-\mathrm{j}m\phi}=\sum_{s=-\infty}^{\infty}J_s(k_{mn}r_L)\,J_{m-s}(k_{mn}r_{c1})\,\mathrm{e}^{-\mathrm{j}(m-s)\phi_{c1}-\mathrm{j}s\theta} \tag{7.52}$$

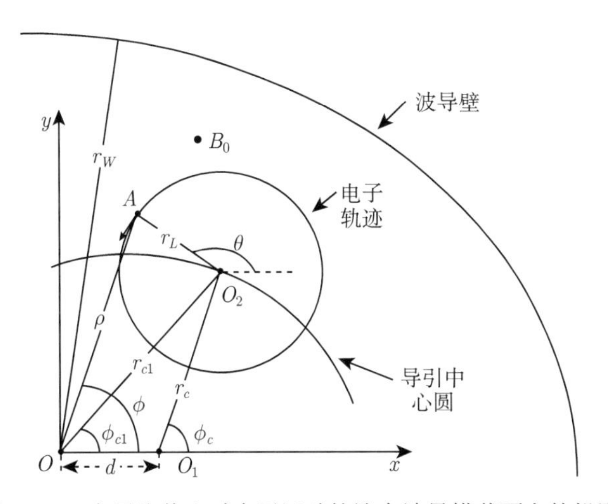

图 7.17 电子注偏心时电子运动轨迹在波导横截面上的投影

而同理可以得到

$$J_{m-s}\left(k_{mn}r_{c1}\right)\mathrm{e}^{-\mathrm{j}(m-s)\phi_{c1}}=\sum_{l=-\infty}^{\infty}J_{l}\left(k_{mn}r_{c}\right)J_{m-s-l}\left(k_{mn}d\right)\mathrm{e}^{-\mathrm{j}l\phi_{c}} \tag{7.53}$$

于是，利用式 (7.53) 可以在电子注偏心位置展开电磁场，以利于讨论电子与波的相互作用。

7.5　回旋管线性理论

回旋管中所包含的物理过程实际上是一种电磁场与电子注的相互作用过程。在这一过程中，一方面，电磁场对电子施加的电磁力会影响电子的运动状态，如空间位置和速度；另一方面，由麦克斯韦方程可知，电子注作为空间电荷源和运动电流源，也会影响电磁场的时空演化。因此，注波互作用是一自洽物理过程，需要结合电子运动方程和有源麦克斯韦方程组来求解。

注波互作用的严格求解在理论上十分复杂，为此，人们结合回旋管的实际情况，通过引入若干近似或假设，避免一些难以处理的复杂因素，简化理论分析过程，从而能对这一过程进行简洁的解析表达或给出一套易于数值计算的数学方程组。这些假设有：

(1) 电子注的空间电荷效应可以忽略，不考虑电子之间的相互作用；

(2) 电子注的存在不改变波导模式在波导横截面上的场分布；

(3) 电子注仅与单一模式发生作用。

7.5.1　电子动力学

本节主要介绍如何通过线性伏拉索夫方程求出电子注的扰动分布函数，进而得到扰动电流。对于连续流体媒质 (流体力学)，满足连续性方程：

$$\frac{\partial\rho}{\partial t}=-\nabla\cdot(\rho\boldsymbol{u}) \tag{7.54}$$

对于等离子体分布函数 $f(\boldsymbol{r},\boldsymbol{u})$ 应该是六维相空间的连续性方程，亦即

$$\frac{\partial f}{\partial t}=-\nabla_{\boldsymbol{r}}\cdot(f\dot{\boldsymbol{r}})-\nabla_{\boldsymbol{u}}\cdot(f\dot{\boldsymbol{u}}) \tag{7.55}$$

利用加速度与力之间的关系，上式可以改写为

$$\frac{\partial f}{\partial t}=-\nabla_{\boldsymbol{r}}\cdot(f\boldsymbol{u})-\nabla_{\boldsymbol{u}}\cdot\left(f\frac{\boldsymbol{F}}{m}\right) \tag{7.56}$$

忽略粒子间的相互作用，速度和位置都是独立变量，且通常力与速度无关，则上式改写为

$$\frac{\partial f}{\partial t}=-\boldsymbol{u}\cdot\frac{\partial f}{\partial \boldsymbol{r}}-\frac{\boldsymbol{F}}{m}\cdot\frac{\partial f}{\partial \boldsymbol{u}}\rightarrow\frac{\mathrm{d}f}{\mathrm{d}t}=\frac{\partial f}{\partial t}+\boldsymbol{u}\cdot\frac{\partial f}{\partial \boldsymbol{r}}+\boldsymbol{F}\cdot\frac{\partial f}{\partial \boldsymbol{p}}=0 \tag{7.57}$$

这就是伏拉索夫方程，是忽略粒子碰撞效应的动力学方程，或称为无碰撞玻尔兹曼方程，是等离子体物理中一个非常重要的方程。许多非平衡现象，如等离子体中的波动及不稳定性、波加热及湍流过程等都可以通过伏拉索夫方程描述。

在线性理论中，可以将 $f=f_0+f_1$ 分为两部分，其中 f_0 为未扰分布函数，f_1 为扰动分布函数，且假定 $|f_1/f_0|\ll 1$，依据伏拉索夫方程，f 可由下式表出：

$$\begin{aligned}&\frac{\mathrm{d}f}{\mathrm{d}t}=\frac{\partial f}{\partial t}+\boldsymbol{u}\cdot\frac{\partial f}{\partial \boldsymbol{r}}+\boldsymbol{F}\cdot\frac{\partial f}{\partial \boldsymbol{p}}=0\rightarrow\\&\qquad\frac{\partial f_1}{\partial t}+\boldsymbol{u}\cdot\frac{\partial f_1}{\partial \boldsymbol{r}}-e(\boldsymbol{E}_0+\boldsymbol{u}\times\boldsymbol{B}_0)\cdot\frac{\partial f_1}{\partial \boldsymbol{p}}=e(\boldsymbol{E}_1+\boldsymbol{u}\times\boldsymbol{B}_1)\cdot\frac{\partial f_0}{\partial \boldsymbol{p}}\rightarrow\\&\qquad f_1=e\int_{t-\frac{z}{u_z}}^{t}\mathrm{d}t'\left\{\left[\boldsymbol{E}_1(\boldsymbol{r}',t')+\boldsymbol{u}'\times\boldsymbol{B}_1\left(\boldsymbol{r}',t'\right)\right]\cdot\nabla_{\boldsymbol{p}'}f_0\left(\boldsymbol{r}',\boldsymbol{p}'\right)\right\}\end{aligned} \tag{7.58}$$

式中 $\boldsymbol{r}'$，$\boldsymbol{u}'$ 及 $\boldsymbol{p}'$ 分别为电子在时刻 t' 的位置、速度及动量，积分路径为电子的未扰动轨道。

电子注扰动电流 $\boldsymbol{J}_1$ 则可通过对 f_1 在动量空间积分求得

$$\boldsymbol{J}_1=-e\iiint\limits_{V_p}f_1\boldsymbol{u}\mathrm{d}^3\boldsymbol{p} \tag{7.59}$$

7.5.2 高频场动力学

7.5.1 节讨论了电磁场如何影响电子注分布，本小节则讨论电子注如何反过来影响电磁场。由磁场有源波动方程可知：

$$\nabla^2H_z+k^2H_z=-\left(\nabla\times\boldsymbol{J}_1\right)_z \tag{7.60}$$

即电子注以电流源的形式影响电磁场的演化。

由矢量运算公式可得

$$-\left(\nabla\times\boldsymbol{J}_1\right)_zH_z^*=-\left(\nabla\times\boldsymbol{J}_1\right)\cdot\left(H_z^*\boldsymbol{e}_z\right)=\nabla\cdot\left(H_z^*\boldsymbol{e}_z\times\boldsymbol{J}_1\right)-\boldsymbol{J}_1\cdot\left(\nabla\times\left(H_z^*\boldsymbol{e}_z\right)\right) \tag{7.61}$$

$$\nabla \times (H_z^* \boldsymbol{e}_z) = \nabla H_z^* \times \boldsymbol{e}_z + H_z^* \nabla \times \boldsymbol{e}_z = \nabla H_z^* \times \boldsymbol{e}_z = \nabla_T H_z^* \times \boldsymbol{e}_z \tag{7.62}$$

另外，由横向电场分量与轴向磁场分量的关系可得

$$(\boldsymbol{E}_t)^* = -\frac{1}{k_{mn}^2} \mathrm{j}\omega\mu_0 \boldsymbol{e}_z \times \nabla_T H_z^* \tag{7.63}$$

由式 (7.61)~(7.63) 可得

$$-(\nabla \times \boldsymbol{J}_1)_z H_z^* = \nabla \cdot (H_z^* \boldsymbol{e}_z \times \boldsymbol{J}_1) + \mathrm{j}\frac{k_{mn}^2}{\omega\mu_0} \boldsymbol{J}_1 \cdot (\boldsymbol{E}_t)^* \tag{7.64}$$

在式 (7.60) 两边乘以 $\dfrac{H_z^*}{f^*(z)}$ 得

$$(\nabla^2 H_z + k^2 H_z) H_z^* / f^*(z) = -(\nabla \times \boldsymbol{J}_1)_z H_z^* / f^*(z) \tag{7.65}$$

于是有

$$(\nabla^2 H_z + k^2 H_z) H_z^* / f^*(z) = \left[\nabla \cdot (H_z^* \boldsymbol{e}_z \times \boldsymbol{J}_1) + \mathrm{j}\frac{k_{mn}^2}{\omega\mu_0} \boldsymbol{J}_1 \cdot (\boldsymbol{E}_t)^*\right] / f^*(z) \tag{7.66}$$

为了更为具体，假设高频结构横截面为圆形，于是磁场纵向分量可以写为

$$H_z = f(z) J_m(k_{mn}\rho) \mathrm{e}^{-\mathrm{j}m\phi} \mathrm{e}^{\mathrm{j}\omega t} \tag{7.67}$$

由前面的假设 (1)，电子注不影响场横向分布，有 $\nabla_\perp^2 H_z = -k_{mn}^2 H_z$；并对式 (7.66) 两边作积分运算 $(\omega/2\pi)\displaystyle\int_0^{2\pi/\omega} \mathrm{d}t \int_0^{r_W} \rho \mathrm{d}\rho \frac{1}{2\pi} \int_0^{2\pi} \langle\ \rangle \mathrm{d}\phi$，且注意右边第一项积分为零，有

$$\begin{aligned}&\left(\frac{\mathrm{d}^2}{\mathrm{d}z^2} + k^2 - k_{mn}^2\right) f(z) \int_0^{r_W} J_m^2(k_{mn}\rho) \rho \mathrm{d}\rho \\ =& \mathrm{j}\frac{1}{f^*(z)} \frac{k_{mn}^2}{\omega\mu_0} \frac{\omega}{2\pi} \int_0^{2\pi/\omega} \mathrm{d}t \int_0^{r_W} \rho \mathrm{d}\rho \frac{1}{2\pi} \int_0^{2\pi} \mathrm{d}\phi \left\langle \boldsymbol{J}_1 \cdot (\boldsymbol{E}_t)^* \right\rangle\end{aligned} \tag{7.68}$$

由贝塞尔函数积分公式

$$\int_0^{r_W} J_m^2(k_{mn}\rho) \rho \mathrm{d}\rho = \frac{1}{2} k_{mn}^{-2} \left(x_{mn}^2 - m^2\right) J_m^2(x_{mn}) \tag{7.69}$$

方程 (7.68) 可以写为

$$
\left(\frac{\mathrm{d}^2}{\mathrm{d}z^2}+k^2-k_{mn}^2\right)f\left(z\right)=
\frac{\mathrm{j}k_{mn}^4}{f^*\left(z\right)2\pi^2\mu_0\left(x_{mn}^2-m^2\right)J_m^2\left(x_{mn}\right)}\int_0^{2\pi/\omega}\mathrm{d}t\int_0^{r_W}\rho\mathrm{d}\rho\int_0^{2\pi}\mathrm{d}\phi\left\langle\boldsymbol{J}_1\cdot\left(\boldsymbol{E}_t\right)^*\right\rangle \tag{7.70}
$$

这就是场演化的一般方程，它表征电子对场的影响，$k_{mn}=x_{mn}/r_W(z)$。

由电子动力学和高频场动力学获得的方程 (7.59) 和 (7.70) 是回旋管线性理论的两个十分关键的表达式。这两个方程针对回旋振荡器和放大器不同的边界和初始条件的求解，可以获得相关的热色散特性 [12,13] 和起振电流等公式 [14]，对回旋管工作机理分析 (振荡器的模式选择、起振和竞争，放大器的增益、带宽和不稳定性机制) 作用至关重要。

7.6 回旋管的自洽非线性理论

7.6.1 概述

在实际的回旋管中，高频场不可能如线性理论预测的一直保持指数增长，而是在达到一个最大值后开始下降，这种现象称为饱和效应。饱和效应主要因电子注的过群聚 (即电子注在释放能量后又总体上落入高频场的加速相位) 所致，是互作用非线性特点的体现，也是能量守恒定律的必然要求。为了研究饱和效应等非线性现象，必须使用非线性理论。

一般将非线性理论分为自洽和非自洽两类，其分类依据是高频场轴向分布的确定方式。场分布事先给定为非自洽，通过互作用过程来确定则为自洽。对于谐振腔型互作用结构，因为腔结构本身对场分布有较大的影响，特别是品质因数很高时，场分布基本上由腔体结构决定 (非自洽有某些可行性)。然而，对于波导型互作用结构，场分布基本由互作用过程来决定，因此，非自洽理论难以发挥作用，必须采用自洽理论。

这里讨论的非线性理论仅仅针对单模稳态类型。单模指只考虑一个工作模式，稳态则指高频场为时间谐变场。相关模型还有多模稳态、单模时变和多模时变理论。后三种理论无论在推导上，还是程序实现上均比单模稳态理论复杂。

当今回旋管非线性理论大致可分成两类。其一类描述注波互作用的微分方程只有 3 个：电子能量演化方程、电子回旋角演化方程及高频场分布演化方程。在第二类中，共有 6 个微分方程：电子轴向动量、电子横向动量、电子回旋角、电子导引中心半径、电子导引中心角以及高频场分布的演化方程。前一类中场演化方程为一阶微分方程，后一类中则为二阶微分方程。前一类忽略电子导引中心漂移、使用更简单的场分布形式等。从理论上说，前一类形式具有相对简单、易于编程实现的优点，但后一类形式的应用范围更广。本文讨论的是第二类。

7.6.2　电子动力学

本小节的目的是推导描述电子运动的方程。参见图 7.18，电子的运动状态可通过横向动量 $p_\perp$(或者回旋半径 r_L)，轴向动量 p_z，电子回旋角 θ，电子导引中心半径 r_c，电子导引中心角 ϕ_c 以及电子到达某一轴向位置 z 处的时刻 t 共 6 个参量确定。从动量定理及运动学方程出发，可导出如下电子运动方程 [15,16]：

$$\frac{\mathrm{d}\left(p_z'\right)}{\mathrm{d}\left(z'\right)}=\frac{1}{m_0\omega c\beta_z}\left(F_z+R_z\right) \tag{7.71}$$

$$\frac{\mathrm{d}\left(p_\perp'\right)}{\mathrm{d}\left(z'\right)}=\frac{1}{m_0\omega c\beta_z}\left(F_\theta+R_\theta\right) \tag{7.72}$$

$$p_\perp'\left(\frac{\mathrm{d}\theta}{\mathrm{d}z'}-\frac{\mu}{p_z'}\right)=-\frac{1}{m_0\omega c\beta_z}\left(F_{r_L}+R_{r_L}\right) \tag{7.73}$$

$$\frac{\mathrm{d}r_c'}{\mathrm{d}z'}=\frac{1}{\mu m_0\omega c\beta_z}\left[\left(F_{r_L}+R_{r_L}\right)\sin\left(\phi_c-\theta\right)-\left(F_\theta+R_\theta\right)\cos\left(\phi_c-\theta\right)\right] \tag{7.74}$$

$$r_c'\frac{\mathrm{d}\phi_c}{\mathrm{d}z'}=\frac{1}{\mu m_0\omega c\beta_z}\left[\left(F_{r_L}+R_{r_L}\right)\cos\left(\phi_c-\theta\right)+\left(F_\theta+R_\theta\right)\sin\left(\phi_c-\theta\right)\right] \tag{7.75}$$

式中，$p_z'=\gamma\beta_z$，$p_\perp'=\gamma\beta_\perp$ 为归一化电子动量，$z'=kz$，$r_c'=kr_c$，$\mu=eB_0/\left(m_0\omega\right)$。电子的运行时间与坐标的关系为 $\dfrac{\mathrm{d}(\omega t)}{\mathrm{d}z'}=\dfrac{1}{\beta_z}$。$F_z$、$F_\theta$ 及 F_{r_L} 分别为电子所受高

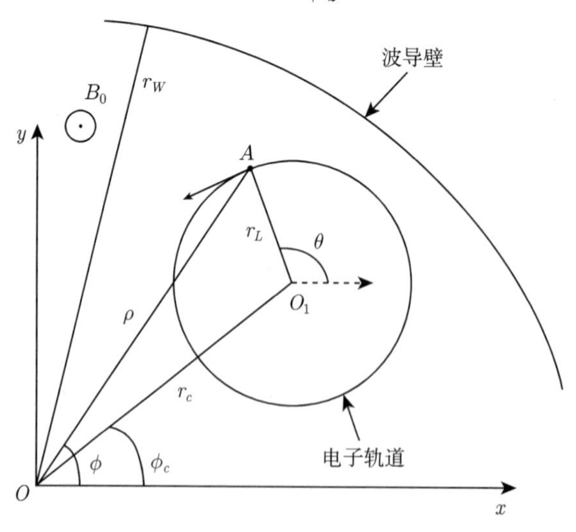

图 7.18　电子运动示意图

频电磁场力在 z、θ 及 r_L 方向的分力：

$$F_z = eu_\perp B_{r_L} \tag{7.76}$$

$$F_\theta = -eE_\theta - eu_z B_{r_L} \tag{7.77}$$

$$F_{r_L} = -eE_{r_L} - e\left(u_\perp B_z - u_z B_\theta\right) \tag{7.78}$$

R_z、R_θ 及 R_{r_L} 则分别为直流磁场的横向分量对电子施加的磁力在 z、θ 及 r_L 方向的分力。事实上，如果假设直流磁场的轴向分量 $B_0(z)$ 沿 z 轴缓慢变化，则由 $\nabla\cdot\boldsymbol{B}=0$ 可导出其横向分量近似为 $B_\rho = -\dfrac{1}{2}\dfrac{\mathrm{d}B_0}{\mathrm{d}z}\rho$，进而可导出：

$$R_{r_L} = gu_z eB_0 r_c \sin\left(\theta - \phi_c\right) \tag{7.79}$$

$$R_\theta = gu_z eB_0 r_c \cos\left(\theta - \phi_c\right) + m_0\omega\frac{1}{k}g\beta_t u_z \tag{7.80}$$

$$R_z = -gu_z eB_0 r_c \cos\left(\phi_c - \theta\right) - \frac{1}{k}m_0\omega c g\beta_t^2 \tag{7.81}$$

式中 $g = \dfrac{1}{2B_0}\dfrac{\mathrm{d}B_0}{\mathrm{d}z}$ 定义为直流磁场的变化率。

电磁场分量可以基于式 (7.67) 的 H_z 和以下横向场与纵向场关系获得

$$\boldsymbol{B}_t = \frac{1}{k_{mn}^2}\frac{\partial}{\partial z}\nabla_T H_z,\quad \boldsymbol{E}_t = \frac{\mu_0}{k_{mn}^2}\mathrm{j}\omega\hat{z}\times\nabla_T H_z \tag{7.82}$$

高频场演化方程与线性理论高频场动力学中获得的二阶微分方程 (7.70) 类似，只需要将该方程中的一阶扰动电流 $\boldsymbol{J}_1$ 用 $\boldsymbol{J}$ 替代即可，因为在该方程推导过程中仅仅 $\boldsymbol{J}_1$ 涉及是小信号参量，其他参量均未通过任何特征表征其是小信号参量。结合电子在电磁场作用下的运动方程和高频场演化方程以及对应于回旋振荡和放大器件的初值和边界条件，通过合理调整高频结构和电参量，有效控制电子和高频场之间的相互作用，使电子的直流能量转换成为电磁波能量，实现回旋振荡和放大器件高频率、高功率、高效率的目的。

7.7 回旋振荡器

回旋振荡器向高功率高频率发展采用缓变截面开放式谐振腔中的高阶体模与电子注相互作用增大几何空间，通过外加超导磁场引导和控制电子注轨迹与谐振腔中高频场有效耦合，让工作模式优先起振、放大、稳定工作，使竞争模式得到有效抑制。采用准光模式变换器，将高阶体模输出功率转换成横向输出的高斯波束。

与谐振腔高频场互作用后的电子注在超导磁场和磁扫描系统的共同作用下让电子从时间平均角度增大其在收集极表面着陆的面积，以减轻收集极冷却的压力。这一节涉及的内容主要包括开放式谐振腔、模式选择和抑制、注波互作用分析、准光模式变换器和磁扫描系统等基本原理介绍。

7.7.1 开放式谐振腔

本小节讨论的开放式谐振腔是指腔的轴向两端不封闭，通过逐渐收缩或张开等方式对外开放。对于一个轴对称开放式谐振腔，腔的最大半径将对振荡模式和谐振频率起至关重要的作用，腔的最小半径决定什么模式不能在腔中形成振荡，另外相同结构不同模式谐振频率的差异可以给予一定的选择。也就是说，轴向的开放使谐振对模式具有一定的选择性，同时由于高次模式的采用，相同频率情况下功率容量可以得到提升。虽然缓变截面开放式谐振腔可以有多种形式，但随着研究的不断积累，向高功率高频率发展基本上采用如图 7.19 所示的圆柱开放式谐振腔和同轴开放式谐振腔。前者结构相对简单，加工和对中定位装配相对容易，但模式竞争相对严重；后者结构相对复杂，有的甚至内外导体表面开槽使结构更为复杂，对中定位装配相对不容易，但模式竞争有所缓解。两种腔都是通过光滑过渡 (圆弧和抛物线) 尖角以减少寄生模式的激励，改善工作模式的稳定性。本小节将以光滑过渡圆柱开放式谐振腔为例，介绍开放式谐振腔的高频特性。

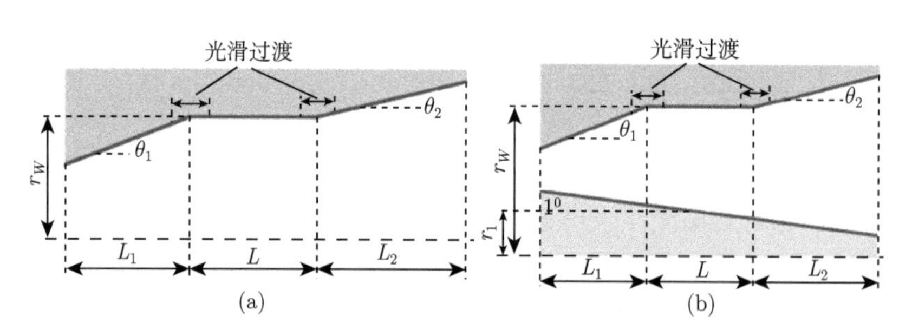

图 7.19 圆柱开放式谐振腔 (a) 和同轴开放式谐振腔 (b)

图 7.20 给出了一个典型光滑过渡圆柱开放式谐振腔。其中，输入渐变段 L_1 是为了防止反射电磁波能量进入电子枪的截止段，必须保证电磁波有足够的截止；中间均匀直波导段 L 为互作用区域，电子和电磁场的能量交换主要发生在这一段；输出渐变段 L_2 为开放段，用于行波输出。电磁波在腔的主体两端会发生多次反射，场的能量以谐振模式的形式暂时存储在腔中，L_2 段将互作用段产生的高功率电磁波输出，同时用于连接互作用段和后接的波导。通常 θ_1 和 θ_2 都比较小以尽可能避免激起寄生模式，D_1 和 D_2 的光滑过渡同样可以有效减少寄生模式的激励。

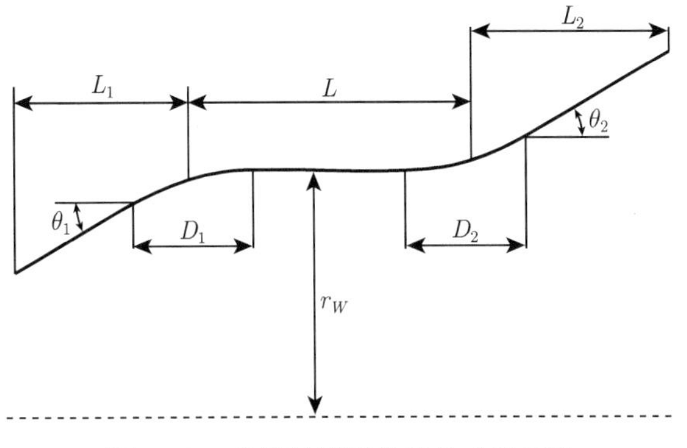

图 7.20 光滑过渡圆柱开放式谐振腔

对于我们讨论的缓变截面开放腔，在考虑场均随时间 $\mathrm{e}^{\mathrm{j}\omega t}$ 变化且各个模式之间不存在相互转化情况下，腔中纵向磁场和横向磁场 (电场) 分量可以分别表示为

$$H_z = \sum_s f_s(z)U_s(X,Y)\mathrm{e}^{\mathrm{j}\omega t} \tag{7.83}$$

$$\boldsymbol{H}_t = \frac{1}{k_{mn}^2}\frac{\partial}{\partial z}\nabla_T H_z, \quad \boldsymbol{E}_t = \frac{1}{k_{mn}^2}\mathrm{j}\omega\mu_0\hat{z}\times\nabla_T H_z \tag{7.84}$$

式中 $f_s(z)$ 为纵向场分布函数，$U_s(X,Y)$ 对应于横向场分布函数。

由于 $\nabla^2 H_z + k^2 H_z = 0$，同时注意到缓变情况下 $\nabla_\perp^2 U_s(X,Y) + k_{cs}^2 U_s(X,Y) = 0$。因为横向截止波数 $k_{cs}(z)$ 为 z 的缓变函数，亦即腔壁半径满足：

$$|r_W'(z)| \ll 1, \quad |r_W - \tilde{r}_W|/\tilde{r}_W \ll 1 \tag{7.85}$$

于是利用式 (7.83) 并结合关于 H_z 和 U_s 的两个微分方程有

$$\sum \frac{\mathrm{d}^2 f_s}{\mathrm{d}z^2} + k_{zs}^2(z)f_s = 0 \tag{7.86}$$

考虑不同模式之间不存在相互耦合，于是有

$$\frac{\mathrm{d}^2 f_s}{\mathrm{d}z^2} + k_{zs}^2(z)f_s = 0 \tag{7.87}$$

方程 (7.87) 是一个二阶变系数微分方程，它的定解条件其一是在谐振腔的输入端要满足返波截止，就是：

$$f_s(z)\Big|_{z=z_{\mathrm{in}}} = 0 \tag{7.88}$$

二是谐振腔输出端满足行波输出条件：

$$\left[\frac{\mathrm{d}f_s(z)}{\mathrm{d}z} \pm \mathrm{j}k_{zs}(z)f_s(z)\right]_{z=z_{\text{out}}} = 0 \tag{7.89}$$

式 (7.89) 也就是所谓的辐射条件，其中 “+” 号表示向右方传播的波，“−” 号表示向左方传播的波。

针对给定模式，通过预设谐振频率，采用龙格–库塔法数值求解微分方程 (7.87)，在不断改变频率的大小反复迭代计算直至在边界条件 (7.88) 和 (7.89) 满足的情况下获取谐振频率、Q 值和纵向场 $f_s(z)$ 分布。利用公式 (7.84) 可以求出模式场的横向分量。由于衍射损耗的影响，谐振频率为复数，具体可以表示为

$$\omega = \omega_r + \mathrm{j}\omega_i \tag{7.90}$$

谐振腔的衍射 Q 值为 [17]

$$Q = \frac{\omega_r}{2\left|\omega_i\right|} \tag{7.91}$$

图 7.21 给出了 $\mathrm{TE}_{28,8}$ 模、140GHz 工作的冷腔场分布图。从图 7.21(a) 中可以看到，由于高阶体模在波导中传输的特点，$\mathrm{TE}_{28,8}$ 模在圆波导中心小于焦散半径 ($R_{\mathrm{ca}} = mr_W/X_{mn}$) 的区域电场强度相对弱，而且电场最大值紧靠着焦散半径的外侧。图 7.21(b) 中给出了该模式的纵向场分布。在谐振腔的入口端，场分布

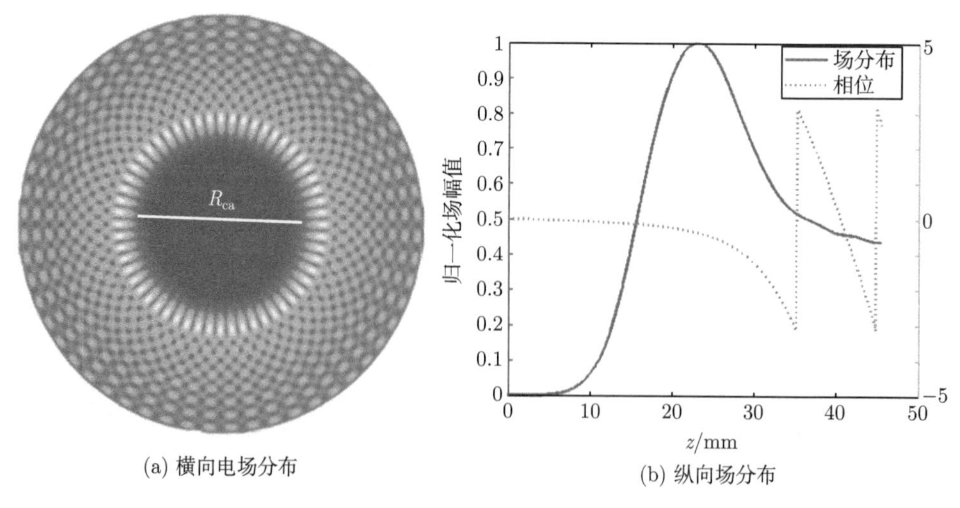

(a) 横向电场分布　　(b) 纵向场分布

图 7.21　140GHz、$\mathrm{TE}_{28,8}$ 模工作设计的谐振腔横向和纵向场分布图

的幅值接近于零，表明该模式电磁波处于截止状态；在谐振腔靠近入口端的中间段部分，场的幅值逐渐变大，且相位基本保持不变，表明此处该模式电磁波处于纯驻波状态；在谐振腔的输出端，场的幅值接近于一常数，其相位振荡变化，表明电磁波处于行波状态。

7.7.2 模式选择和抑制

为了在毫米甚至更短波长产生高功率，回旋振荡器的开放式谐振腔是工作在高阶体模的，通常相邻模式密度非常高，模式竞争成为一个需要着重解决的技术问题。一个合适的工作模式除了从设计角度能够实现要求电性能 (例如：频率、功率、效率等) 之外，同时还必须满足以下条件，使其能够优先起振，并同时对其他竞争模式有足够的抑制作用以确保稳定工作。

(1) **足够模式分割度**：由于模式密度太大，工作模式的选择必须相对于相邻模式截止频率有相对较大的间隔，这样不仅有利于其优先激励，同时有相对宽的工作磁场范围保证模式工作的稳定性。

(2) **合适的导引中心半径和相对高的注波耦合系数**：耦合系数大是模式选择的一个关键因素，有利于电子注与波相互作用。导引中心半径选择在注波耦合系数幅值最大位置，可以降低起振电流，增强注波耦合。不过，导引中心半径不宜过小，否则电流密度增大，高质量电子枪设计的难度增加；同时导引中心半径也不宜过大，否则受焦散半径和耦合系数最大值半径大小的影响，波束传输过程中在腔壁上的反射次数增多，欧姆损耗加重。

(3) **符合冷却系统能力要求的欧姆损耗密度**：欧姆损耗的大小直接关系到器件的稳定工作，因此欧姆损耗的大小与冷却系统能力直接相关。通常要求欧姆损耗密度小于 $500\mathrm{W/cm^2}$，以确保器件稳定工作。

(4) **相对低的起振电流**：起振电流低对工作模式优先起振至关重要。通常可以设定外加磁场让起振电流低的工作模式优先起振，再适当增大电流降低磁场使器件进入高功率高效率稳定工作区，从而使非工作模式得到有效抑制。

起振电流是在上述条件均满足的条件下，决定如何选择工作模式的一个关键参数。基于回旋振荡器线性理论，对于本文结构讨论的 TE_{mn} 模起振电流可以表示为 [6]

$$\begin{aligned}\frac{-1}{I_{\text{start}}} = &\left(\frac{QZ_0eC_{mn}J_s'^2(k_{mn}r_L)}{2\gamma_0 m_e c^2\beta_{z0}^2}\right)\left(s+\frac{1}{2}\frac{\omega\beta_{\perp0}^2}{u_{z0}}\frac{\partial}{\partial\varDelta_s}\right)\\ &\cdot\left|\int_0^L f(z)\mathrm{e}^{\mathrm{j}\varDelta_s z}\mathrm{d}z\right|^2\Big/\left(\frac{\pi}{\lambda}\int_0^L|f(z)|^2\,\mathrm{d}z\right)\end{aligned} \tag{7.92}$$

其中 $f(z)$ 为归一化的轴向场分布，$\varDelta_s(z)=\dfrac{\omega}{u_{z0}}\left(1-\dfrac{s\varOmega_0(z)}{\omega\gamma_0}\right)$ 为失谐因子，$C_{mn}=$

$\dfrac{x_{mn}^2 J_{m\pm s}^2(k_{mn}r_c)}{\pi r_W^2(x_{mn}^2-m^2)J_m^2(x_{mn})}$ 为耦合系数，γ_0 为初始相对论因子，Ω_0 为不考虑相对论效应时的电子回旋频率，ω 为高频场的频率，k_{mn} 为横向截止波数，s 为谐波次数，$\beta_{\perp 0}$ 为归一化电子横向速度，β_{z0} 为归一化电子轴向速度，r_c 为电子注导引中心半径，Q 为谐振腔品质因数，$Z_0=377\Omega$。

从式 (7.92) 可以看出，起振电流除了和纵向场分布及磁失谐具有复杂的微积分关系外，同时 Q 值、耦合系数以及 $J_s'^2(k_{mn}r_L)$ 的增大有利于降低起振电流，这对工作模式的优先起振具有关键作用。注波耦合系数 C_{mn} 与电子注导引中心半径、电子回旋 (拉莫尔) 半径，以及所选的工作模式和谐波次数相关。一般通过使上述耦合系数达到最大的方法来选取 r_c。对于耦合系数，采用大回旋半径电子注的情况，即 $r_c=0$ 时，若要 $C_{mn}\neq 0$，则必有 $m=\mp s$，仅角向波型指数等于电子回旋谐波次数的模式才可能激起。因此，与小回旋半径电子注相比，采用大回旋半径电子注时模式竞争更少，更有利于高次谐波工作。对于 $J_s'^2(k_{mn}r_L)$，$k_{mn}r_L=\dfrac{ck_{mn}\gamma_0\beta_{\perp 0}}{2\Omega_0}\left(\approx\dfrac{s\beta_{\perp 0}}{2}\right)$，在弱相对论情况下一般很小 ($k_{mn}r_L\leqslant 1$)，此时由贝塞尔函数的小宗量近似可得

$$
J_s'(k_{mn}r_L)\approx\frac{1}{2}\frac{1}{(s-1)!}\left(\frac{k_{mn}r_L}{2}\right)^{s-1} \tag{7.93}
$$

因此，s 越大，则 $J_s'(k_{mn}r_L)$ 越小，即注波耦合越弱。而且，当 $s\geqslant 2$ 时，若 $r_L\to 0$，则 $J_s'(k_{mn}r_L)\to 0$。所以，高次谐波工作时，r_L 必须具有足够的尺度 (电子必须具有足够大的横向速度) 才能保证一定的耦合强度，否则起振电流将会非常大。这就是通常说的有限拉莫尔半径效应。考虑到 $J_s'^2(k_{mn}r_L)$ 这一特点和与横向速度的关系，起振电流可以改写为 [7]

$$
\begin{aligned}
\frac{-1}{I_{\text{start}}}=&\left(\frac{QZ_0e}{8\gamma_0 m_e c^2}\right)\frac{C_{mn}}{(\beta_{z0}(s-1)!)^2}\left(\frac{ck_{mn}\gamma_0\beta_{\perp 0}}{2\Omega_{c0}}\right)^{2(s-1)}\\
&\cdot\left(s+\frac{1}{2}\frac{\omega\beta_{\perp 0}^2}{u_{z0}}\frac{\partial}{\partial\Delta_s}\right)\left|\int_0^L f(z)\mathrm{e}^{\mathrm{j}\Delta_s z}\mathrm{d}z\right|^2\Bigg/\left(\frac{\pi}{\lambda}\int_0^L|f(z)|^2\,\mathrm{d}z\right)
\end{aligned} \tag{7.94}
$$

图 7.22 给出了基于上述原则和式 (7.94) 选择 $\mathrm{TE}_{28,8}$ 模作为工作模式在电子注电压 50kV 时的起振电流图。从图中看出，$\mathrm{TE}_{29,8}$ 模与 $\mathrm{TE}_{28,8}$ 模相比也有相对低的起振电流，但 $\mathrm{TE}_{28,8}$ 模单膜工作磁场范围比 $\mathrm{TE}_{29,8}$ 模更宽，更有利于工作模式的起振和非工作模式的抑制。

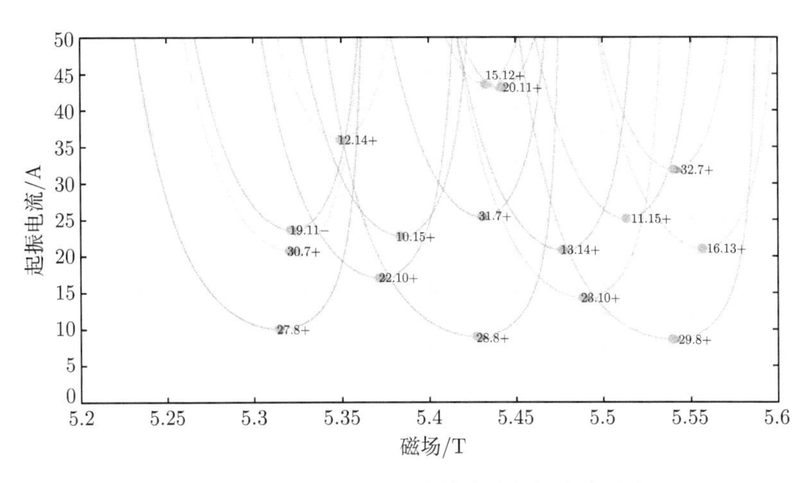

图 7.22 $TE_{28,8}$ 作为工作模式的起振电流分布

7.7.3 注波互作用分析

对于器件设计，通常很关心其输出电性能，因此回旋振荡器输出功率、效率、稳定性以及电参数的变化对这些性能的影响受到特别关注。基于五个电子运动方程 (7.71)~(7.75)、场分布演化方程 (7.70) 以及相应的回旋振荡器边界条件式 (7.88) 和 (7.89) 与给定电子注和谐振腔结构参量相结合，在不考虑导引中心漂移和外加直流磁场均匀的情况下，通过计算机程序设计，计算电子注与谐振腔中高频场相互作用。通过互作用计算程序优化选择和控制电子注与谐振腔的几何及电参量，使电子注向高频场能量转换实现最大化。以 $TE_{28,8}$ 模 140GHz、1MW 回旋振荡器设计为例，在电子注电压 81kV、电流 40A、电子横纵速度比 $\alpha = 1.5$ 情况下，输出功率可以达到 1.4MW，电子效率大于 43%。图 7.23 给出了相应计算结果对“冷”/“热” 场分布幅度、电子效率、输出功率和电子注能量随腔体纵向长度演化过程。虽然 $\alpha = 1.5$ 可以获得很高的功率和效率，但由于大的 α 值会减小轴向速度和增大轴向速度分散，这样会增大因磁镜效应使电子被反射的概率。也就是说，计算的高功率和高效率不一定能够实现。因此在性能可以满足设计要求的情况下，会适当降低 α 值。本设计在 $\alpha = 1.3$ 时，输出功率为 1.09MW，电子效率大于 33%，可以实现 1MW 的目标要求。自洽注波互作用程序能够用于分析各种几何和电参数对输出功率和效率的影响，在满足回旋管设计性能基础上对工作参数的选择和优化达到结构合理、性能达标、工作稳定性高的综合平衡至关重要。

7.7.4 准光模式变换器

回旋振荡器谐振腔采用 TE_{mn} 高阶体模，这种工作模式在腔体中损耗较低，但在自由空间中传输具有很强的衍射和极化损耗；另外，高功率射频波束需要与电子束进行分离，实现波束的横向输出，以便改善收集极表面电子束收集和耗散的效果。为此，必须采用模式变换技术，将高阶体模转化为线极化准高斯波束输出。

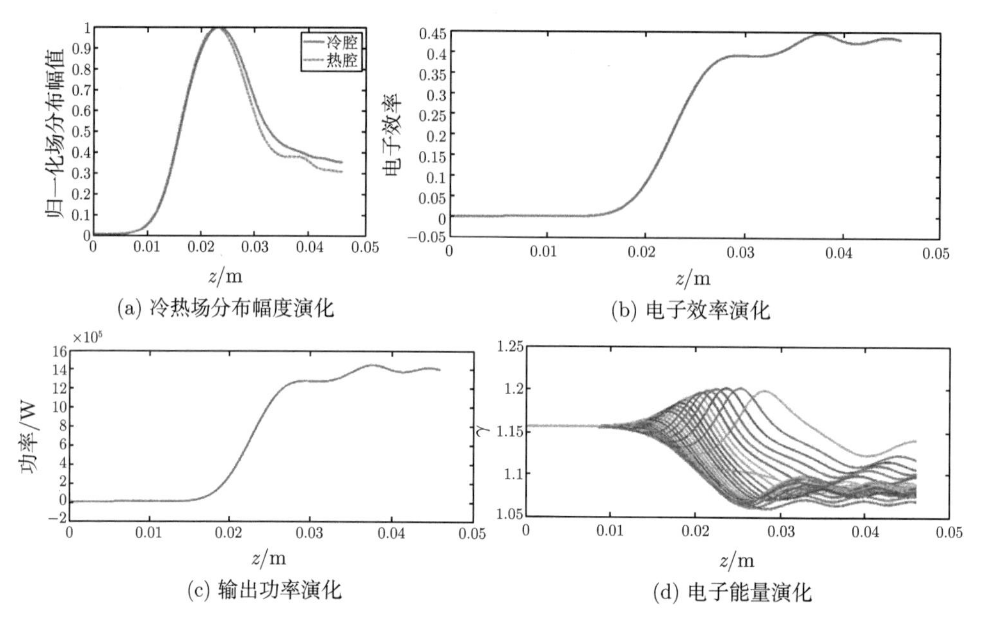

图 7.23　140GHz，$TE_{28,8}$ 模式工作参数优化后的自洽互作用结果

传统的模式变换技术以设计波纹波导结构为主，通过逐级降阶变换，将工作模式转换为线极化准高斯分布的 HE_{11} 模 [18,19]。对于低阶轴对称的模式，这种转换方式可实现有效的模式转换，但对于高阶体模，采用这种方式所涉及的模式竞争会非常激烈，从而产生更为严重的损耗。此外，这种转换方式虽然效率高，但带宽窄，过膜结构导致纵向尺寸过长，不太适合高功率回旋振荡器使用。

准光模式变换器技术最初由俄罗斯科学家 Vlasov 于 1974 年提出 [20]，由开口波导辐射器和反射镜面组成，将高阶体模转换为近轴高斯波束，以便于低损耗传输。不过，由于波导切口辐射的旁瓣效应和绕射损耗，转换效率仅在 80%左右，应用受到限制。为减少辐射器口径边缘的衍射，俄罗斯科学家 Denisov 等在 1992 年提出了一种周期螺旋波纹波导结构 [21]，通过末端的波纹波导将波导内的工作模式变换成一组模式的混合，使这些模式通过幅度和相位关系叠加成准高斯分布，然后辐射出去。同时通过反射镜面系统，高效地控制波束的聚焦、相位和辐射方向，实现高频波与电子注的有效分离，完成横向准光输出，转换效率可提高到 95%以上 [22−24]。不过，Denisov 型辐射器也存在一定的局限性，它限定了腔体模式的选取条件，对某些模式施加的扰动在角向变化周期与实际射线在角向传播周期存在不匹配问题 [25]。为克服 Denisov 型辐射器的限制，德国 KIT 金践波

等针对 $TE_{34,19}$ 模设计了一种镜线型辐射器，使转换效率提高到了 96.3%，同时大大缩短了辐射器的长度 [26]。同时，金践波等通过场分析方法，改变辐射器扰动综合过程，发展了混合型辐射器，在不增加辐射器长度的情况下，消除了 Denisov 型辐射器关于几何结构扰动周期与波束传播周期不匹配的限制 [27]。

准光模式变换器通常由一个辐射器和三个准光镜面组成。图 7.24 给出了相应的结构示意图。辐射器的作用是将从开放式谐振腔输出的高阶体模转换成准高斯波束，通过螺旋切口使高斯波束在几乎无反射的条件下辐射进入三个准光镜面。三个准光镜的作用是通过整形、聚焦和相位调整将来自辐射器的准高斯波束转换成能量相对集中、相位基本相同垂直于输出窗表面输出近乎圆形的高斯波束。

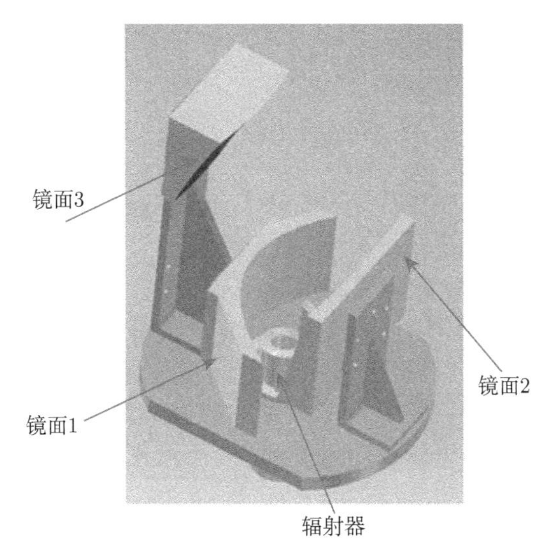

图 7.24 准光模式变换器结构示意图

7.7.4.1 Denisov 型辐射器

从几何光学的角度，一个 TE_{mn} 高阶体模在圆柱波导中的传输过程如图 7.25 所示。决定这个模式传输的两个关键参量分别是波矢与 z 轴的夹角 ($\cos\varPsi = k_z/k_0$) 和波束射线到轴线的最小距离 (焦散半径：$r_{ca} = mr_W/X_{mn}$)。前者决定波束传输的方向，后者决定波束相对轴线的定位。从图 7.25(b) 可以看出，模式相邻两次反射在横截面内相对圆心形成弹跳角 2θ。θ 定义为

$$\cos\theta = r_{ca}/r_W = m/X_{mn} \tag{7.95}$$

波束在波导壁面相邻两个反射点之间在 z 方向前进的距离为 L_B

$$L_B = 2r_W \sin\theta \cot\varPsi \tag{7.96}$$

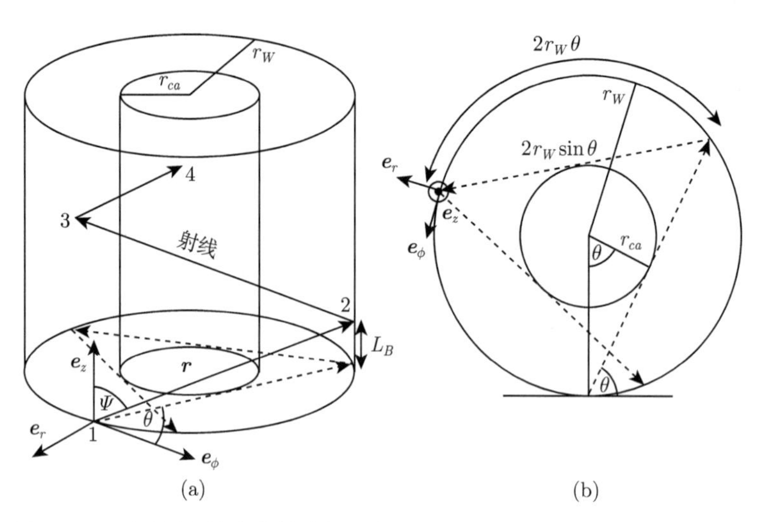

图 7.25　圆波导中波束传输路径示意图：(a) 三维图；(b) 横截面投影图

如果图 7.25 波束的弹跳角 $2\theta = 120°$，则点 1 和 4 在横截面上的投影重合。将圆柱波导壁在 φ-z 平面展开后，波的传输路径如图 7.25 所示，波束在波导内的弹射点在同一条螺旋线上。从图 7.26 可知，从波导入口进去的所有光线都会经过一个大小为 $L_c \times 2r_W\theta$ 的平行四边形区域，其四个顶点为 (2,3,6,5)，所有射线在该区域仅会被反射一次。如果沿着某一特定角度 (切口倾角 α)，从点 5 出发沿着圆周切割一圈，在轴向得到长度为 L_c 的切口，那么射线都会从这个切口中传播出来，这意味着波导内的电磁波均会辐射出去，从而实现电磁波的离轴输出。由几何关系可知，切口的倾角 α 满足以下关系：

$$\tan\alpha = \frac{2\theta r_W}{L_B} \tag{7.97}$$

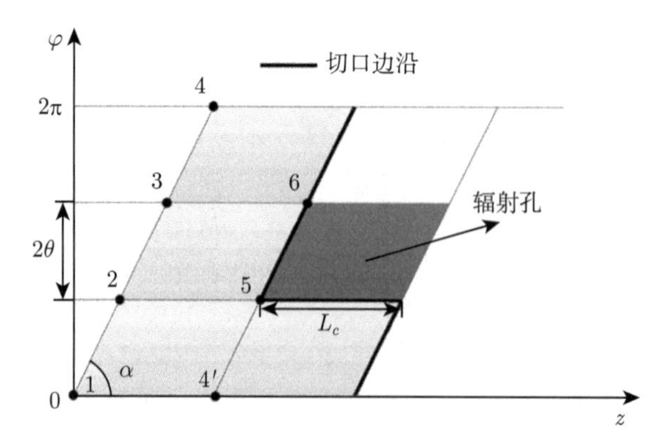

图 7.26　波束在展开的波导壁面上的传输路线及切口示意图

对应的切口长度为

$$L_c = \frac{2\pi r_W}{\tan\alpha} = 2\pi r_W \frac{\sin\theta}{\theta}\cot\Psi = 2\pi r_W \frac{k_z}{k_{mn}}\frac{\sqrt{1-(m/X_{mn})^2}}{\arccos(m/X_{mn})} \tag{7.98}$$

为了将一个高阶体模转换成高斯波束并几乎无反射辐射出去，至关重要的问题是高斯波束表现形式如何用相关于高阶体模等不同模式表示以及如何通过结构设计完成这种模式变换。文献 [28] 表明，在辐射器波导壁上形成的高斯波束以余弦函数展开取到一次项，两者的相似程度可以达到 99.74%。由于 φ 和 z 彼此独立，二维高斯波束余弦近似式可以通过欧拉展开为 9 项之和。具体形式可以表示为

$$\begin{aligned} f(\varphi,z) &= \left[1+\cos\left(\frac{\pi}{\theta}\varphi\right)\right]\left[1+\cos\left(\frac{2\pi}{L}z\right)\right] \\ &= \left(1+\frac{1}{2}\mathrm{e}^{\frac{\mathrm{j}\pi\varphi}{\theta}}+\frac{1}{2}\mathrm{e}^{-\frac{\mathrm{j}\pi\varphi}{\theta}}\right)\left(1+\frac{1}{2}\mathrm{e}^{\frac{\mathrm{j}2\pi z}{L}}+\frac{1}{2}\mathrm{e}^{-\frac{\mathrm{j}2\pi z}{L}}\right) \end{aligned} \tag{7.99}$$

上式中 θ、$L(L\approx L_c)$ 是工作模式在波导中传输的半弹跳角和辐射切口长度。式 (7.99) 表明，高斯波束的场分布可以用九个波导模式的叠加来实现波束在轴向和角向的聚焦。这种聚焦要求 [22,24]：① 轴向聚焦：模式必须具有相等的焦散半径，并且干涉长度必须接近辐射器的切口长度 L；② 角向聚焦：模式必须具有相等的焦散半径和相似的贝塞尔零点。选择的近似高斯场的模式必须满足：

$$\Delta m = \pm\frac{\pi}{\theta},\quad \Delta\beta = \pm\frac{2\pi}{L} \tag{7.100}$$

在二维高斯场分布近似式 (7.99) 中，右边首项为中心模式，表示回旋管输出工作模式，相邻的八个模式根据上述两个规则选取。因此，对于弹跳角在 120° 附近的模式，由 $\theta=\arccos(m/x_{mn})\approx\pi/3$，故 $\Delta m=3$，$\Delta\beta=\beta_{zm,n}-\beta_{zm\pm1,n}$ 的模式叠加组成 [24]。也就是说，基于耦合波理论，如果能够在工作模式附近另外找到八个其他模式，这九个模式能够通过辐射器结构特定设计完成模式转换，使它们的功率占比满足欧拉展开式的要求，就能够在辐射切口处波导壁表面获得期待的高斯束斑。通常模式的选择方式和功率占比按表 7.2 进行。

表 7.2　叠加形成高斯场的九种 TE 模式及其在口径处的相对功率

$TE_{m-2,n+1}$ (1/36)	$TE_{m+1,n}$ (1/9)	$TE_{m+4,n-1}$ (1/36)
$TE_{m-3,n+1}$ (1/9)	$TE_{m,n}$ (4/9)	$TE_{m+3,n-1}$ (1/9)
$TE_{m-4,n+1}$ (1/36)	$TE_{m-1,n}$ (1/36)	$TE_{m+2,n-1}$ (1/36)

基于上述讨论，可以通过耦合波理论，采用波导壁周期螺旋扰动即 Denisov 辐射器的设计和优化能配比较好的模式的混合实现准光高斯模式的转换。图 7.27 给出了 Denisov 型辐射器的模型和实验样件照片。图 7.28 和图 7.29 分别是对应 140GHz、$TE_{28,8}$ 模辐射器高斯波束形成过程以及在螺旋切口处的仿真设计和理想高斯束斑比较。数值分析表明，仿真设计与理想高斯波束结果矢量相关性为 95.7%，两者具有很高的相似度。

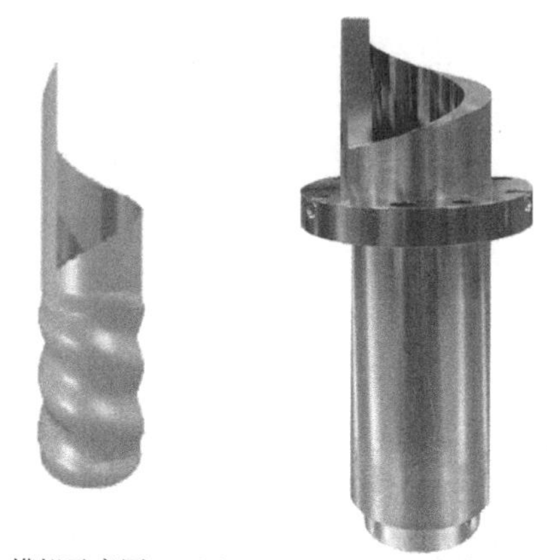

(a) 模拟示意图　(b) 140GHz、$TE_{28,8}$辐射器实验样件照片

图 7.27　Denisov 型辐射器

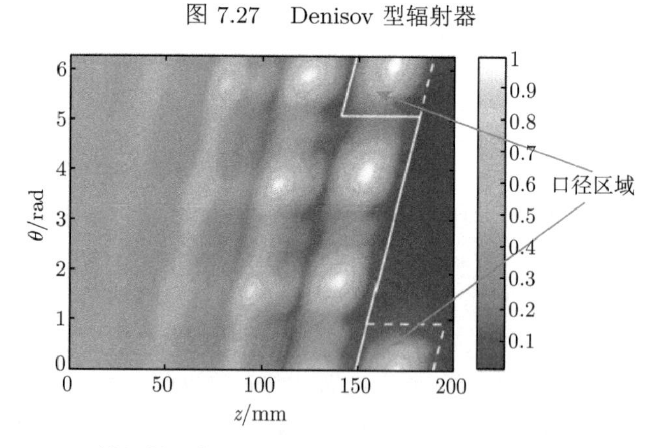

图 7.28　$TE_{28,8}$ 模辐射器高斯波束形成过程仿真图 (扫描封底二维码可看彩图)

如果 θ 偏离 60° 比较远，Denisov 型的辐射器切口长度与波束弹跳次数匹配变得更为严重，导致波束向外辐射效率和高斯波束质量都受到严重影响。另外，即使工作模式的 θ 接近 60°，由于耦合的模式本征值不完全相同，式 (7.99) 无法完全满足。也就是说，9 个模式组成高斯波束无法完全匹配，这些问题都会影响转换效率和高斯模式含量。混合型辐射器不基于模式耦合的分析方法，结合数值分

析计算波导壁上扰动后的场分布，在设计中能综合考虑波导开口端对场分布的影响，通过对工作模式在发射器波导壁上的场分布进行逐点校正实现波导壁扰动设计。根据需要选取目标函数，灵活调整各个耦合模式场分布输出以进一步改善输出波束的高斯模式含量。这种方法不仅可以提高辐射器应用的适应性，同时能够进一步提高高斯波束转换效率。

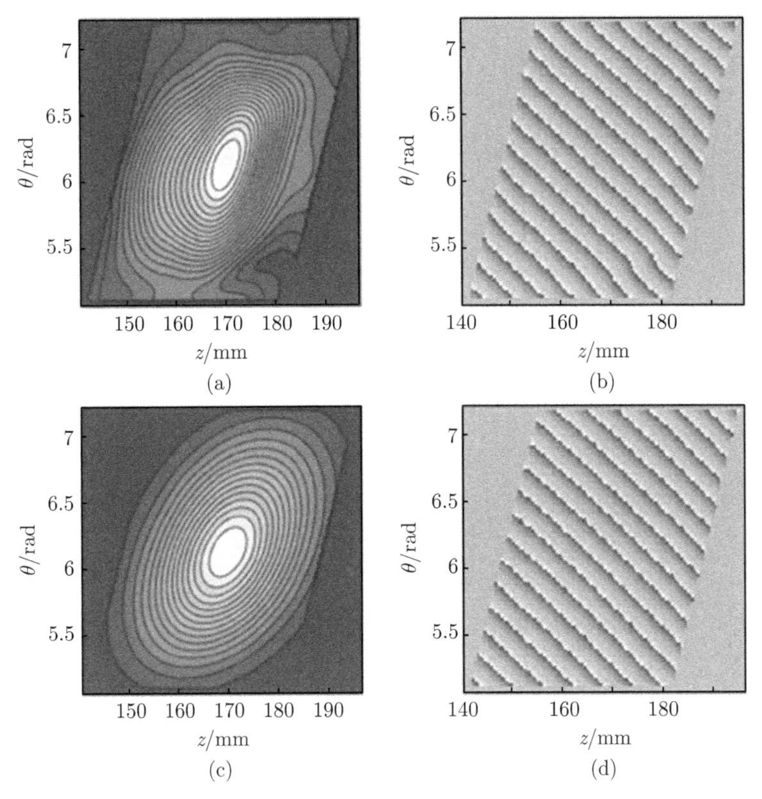

图 7.29 $TE_{28,8}$ 模 Denisov 辐射器在辐射口径处的场分布与理想高斯波束场分布: (a) 口径场幅度分布；(b) 口径场相位分布；(c) 高斯波束幅度分布；(d) 高斯波束相位分布 (扫描封底二维码可看彩图)

7.7.4.2 准光反射镜面

从辐射器螺旋切口出射的辐射场是一种准高斯波束，包含过多的高阶模式，TEM_{00} 模式纯度低，且具有一定的椭圆率和散光。为实现波束的横向输出，同时转换为输出窗位置的理想基模高斯分布，需要利用镜面系统实现聚焦与波束整形。设计镜面系统的目标是使波束在输出窗位置与理想基模高斯波束的相关性达到最大，从而提供最为理想的低损耗传输。镜面系统通常由一个准椭圆柱面镜和两个非二次曲面的波束整形镜组成。前者 (镜面 1) 实现波束在角向上的聚焦；后两者

(镜面 2 和镜面 3) 实现波束在角向及纵向聚焦的同时对波束的相位进行调整。不过，镜面 2 和镜面 3 也有采用椭圆抛物面镜的，但其对于离轴波束的转换效率较差，无法很好地匹配波束的波前相位分布 [29]。更为合理的方式还是基于高斯波束匹配法设计非二次曲面形的波束整形镜面，能够更好地匹配波束的波前，达到更佳的波束整形效果。

将辐射器的轴线与准椭圆柱面镜 (镜面 1) 的一个焦点 (线) 重合，设计镜面 1 的椭圆率使沿辐射器焦散面辐射出来的射线通过镜面 1 反射后会聚于镜面 1 的第二个焦点，完成波束的第一次聚焦，如图 7.30 所示。由镜面 1 反射的波束具有高斯波束特性，但该高斯波束的椭圆率和散光依然较大，需要进一步通过高斯波束变换消除波束的椭圆率和散光。

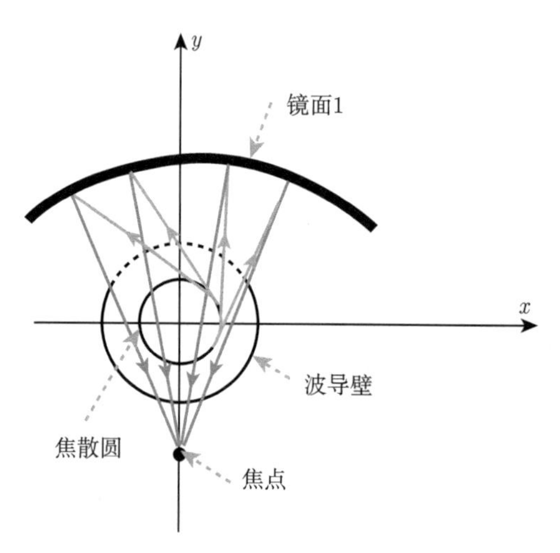

图 7.30　辐射器输出波束在准椭圆柱面镜反射聚焦的横截面图

图 7.31 给出了波束整形过程的原理图。假设从镜面 1 反射的波束为 B_{r1}，与其匹配最佳的高斯波束为 G_1，作为镜面 2 的入射波。如最终需要在输出窗处达到的目标高斯波束为 G_3，那么镜面 2 的反射波束 B_{r2} 经过镜面 3 反射后，应与目标高斯波束 G_3 匹配。可设与镜面 2 的反射波束 B_{r2} 匹配最佳的高斯波束为 G_2，G_1 与 G_3 高斯波束分布形式均为已知，根据 G_1 与 G_2 在镜面 2 上的幅度分布一致和 G_2 与 G_3 在镜面 3 上的幅度分布一致，当满足波束的幅度分布要求时，可以通过幅度相关系数来表示两场分布在幅度分布上的一致程度。也就是说，如果通过不断修正镜面 2 和镜面 3 非二次型波束整形镜面的形状，调整三个镜面之间的相对位置，使入射波束与反射波束在镜面上高斯场的幅度分布接近一致；同时入射波束与反射波束在镜面上的相位差与镜面微扰所引起的相位变化量接近一致，则可以完成波束整形，实现高效率高斯波束转换。

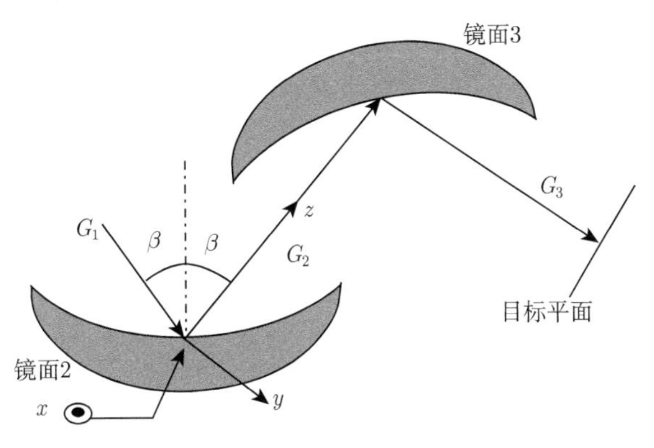

图 7.31 镜面系统波束整形过程示意图

图 7.32 给出了 140GHz、$TE_{28,8}$ 作为工作模式的准光模式变换器测试装配照片、波束转换传输光路、输出窗位置高斯波束幅度和相位仿真计算和实验结果 [30]。

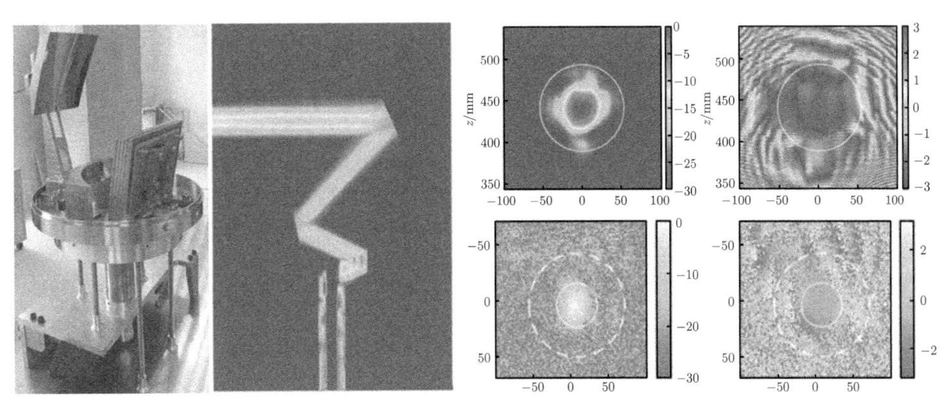

图 7.32 准光模式变换器测试装配照片、波束转换传输光路、输出窗位置高斯波束幅度和相位计算 (右上) 及实验 (右下) 结果 (扫描封底二维码可看彩图)

7.7.5 磁扫描系统

受限于工作原理，回旋振荡管的电子效率往往只有 30%左右，对于输出 1MW 的管子即使采用一级降压，收集极所需要耗散的电子注能量往往也有 MW 量级，这些能量需要以热的形式耗散在收集极表面上。常规的收集极材料为无氧铜，其最高可承受功率密度约为 $500W/cm^2$ [31]。由于磁场下降缓慢和电子绕磁力线旋转，电子注在收集极表面着陆的纵向长度非常有限，图 7.33 给出了这种情况的电子光学轨迹。如果不加任何处理让电子注击打在收集极上，局部的功率密度可能会达到 $2000W/cm^2$ 以上，远高于无氧铜可承受功率密度的上限。局部过高的收集极温度会导致收集极材料熔化，损坏收集极。随着输出脉宽的提高，收集极的散热问题也会越来越严重。因此，需要采取切实可行的手段提高收集极的功率容量或功率耗散能力 [32]。这可以从两方面考虑，一方面是使电子注在收集极表面的功率密度分布相对均匀，尽可能降低电子注在收集极表面的平均功率分布；另一方面是使电子注在收集极表面轴向降落的长度增加，有效减弱收集极表面电子注峰值功率密度。

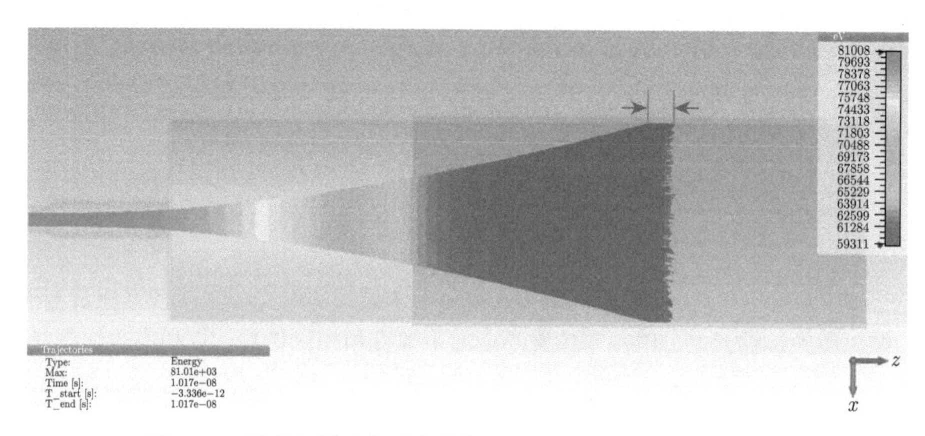

图 7.33　无磁扫描时电子光学轨迹 (扫描封底二维码可看彩图)

磁场扫描系统是针对电子注在收集极上功率分布不均匀问题改善收集极表面平均和峰值功率密度分布的有效措施。通过在收集极附近引入交流线圈产生变化的磁场来改变电子注落点的分布以及延长电子注轴向降落的长度，从而从时间平均的角度降低电子注的峰值和降落区域内的平均能量。常见的磁场扫描系统分为纵向磁场扫描系统 (VFSS) 和横向磁场扫描系统 (TFSS)，如图 7.34 所示。

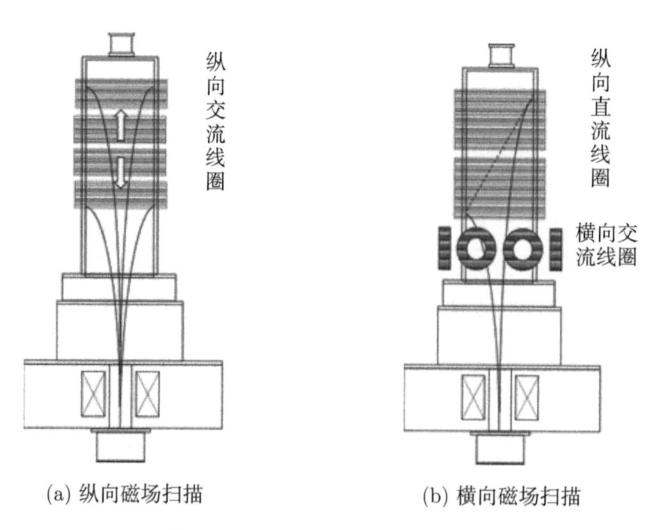

(a) 纵向磁场扫描　　(b) 横向磁场扫描

图 7.34　磁场扫描系统示意图

纵向磁扫描通过直接在收集极外侧套入同轴的低频交流线圈，产生与主磁场方向一致的轴向扫描磁场，使电子注落点随线圈相位变化在收集极内壁上下移动。但由于这种扫描方式容易使电子注在分布拐点处出现峰值功率，而要改善这一现象所需的三角波电源设计成本高，且有一定的技术难度；另外电磁感应的趋肤效应要求交流电源频率很低，这也提高了技术难度和研制成本。横向磁扫描是另一种可行的磁扫描方式，其采用三相交流电供电的横向交流线圈。线圈产生的磁场增加了横向的磁场分量，与主磁场进行叠加作用在电子注上，会使得电子注在收集极上的落点呈现椭圆分布，并随着线圈电流相位变化周期性地旋转，从时间平均角度降低电子注的峰值和平均能量分布。同时横向磁扫描辅助使用了轴向直流线圈增强轴向磁场，增强后的轴向磁场与横向磁场叠加形成的磁场分布可以进一步延长电子注的轴向扫描长度。不过，横向扫描采用 50Hz 三相交流电供电，对扫描线圈所处位置金属材料电导率有相对特殊的要求，否则会由于趋肤深度的问题影响扫描效果。

以横向磁扫描为例，磁扫描系统由产生旋转横向场的横向交流线圈和产生静态轴向场的轴向直流线圈组成，模型结构如图 7.35 所示。横向扫描线圈对称地环绕在收集极外侧；纵向直流线圈同轴套在收集极外层。

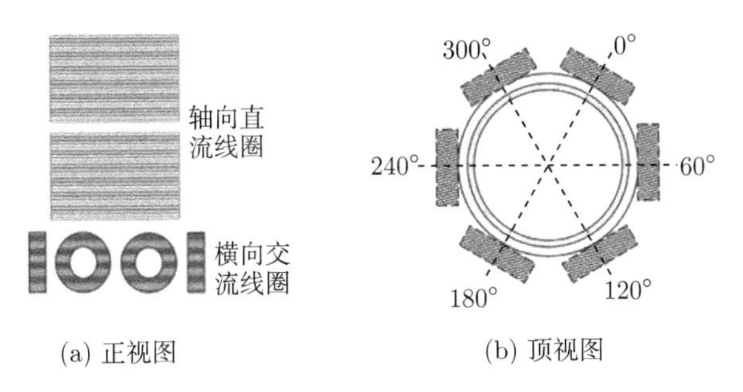

(a) 正视图　　(b) 顶视图

图 7.35　横向磁扫描系统结构示意图

在横向磁扫描系统中，横向线圈电流由 50Hz 的三相交流电提供，形成垂直于外部线圈的动态旋转磁场。所加电流的表达式为

$$I_i = I_0 \cos\ (\omega t + (i-1)\Delta\varphi) \tag{7.101}$$

式中 $\Delta\varphi = \dfrac{2\pi}{N}, i = 1, 2, \cdots, N$，$N$ 为横向线圈的个数 [33]，$(i-1)\Delta\varphi$ 为各个横向线圈的相位，如图 7.35 所示。当 N 取 6 时，由式 (7.101) 可知 6 个线圈以相邻的电流相位相差 60° 均匀分布在设定的圆周上。如图 7.35(b) 所示，同一条穿过轴心直线对应的两个线圈的电流相位相差 180°，但从同一侧面看过去两个线圈的电流方向相同，从而任意时刻都能产生方向一致的横向磁场。

由于电子在磁场中绕着磁力线螺旋前进，而横向线圈的引入为磁场增加了横向分量 B_t。从图 7.36(a) 中可以看到随着横向磁场分量 B_t 的引入，与原磁场 B_0

矢量叠加后形成的总磁场 B 的方向即为电子做螺旋运动的前进方向，B_t 与 B_0 的夹角为钝角时，该处的电子偏离轴心的角度减小，落点位置会更远；B_t 与 B_0 的夹角为锐角时，该处的电子偏离轴心的角度增大，落点位置会更近。在总磁场的作用下，电子注的运动轨迹发生偏转在收集极表面上落点呈现近似椭圆分布，如图 7.36(b) 所示。随着线圈电流相位随时间周期性变化，电子注落点绕收集极中轴线随时间周期性椭圆旋转形式相对均匀地分布在收集极表面上。ω 为线圈电流的扫描频率，扫描频率越高，椭圆落点区间的旋转速度越快。因此，横向磁场扫描后电子注的落点区间不仅被拉长，还可以周期性旋转击打在收集极表面上，实现短时间内的局部散热缓冲，增大了电子注与收集极的接触面积，很好地缓解了收集极上的散热压力。横向磁扫描中电流幅度的影响主要体现在以下两个方面，其一，当横向线圈的交流 (AC) 电流峰值越大时，产生的横向磁场分量越大，电子注在收集极表面的椭圆落点区间的倾斜程度越大，如图 7.37(a) 所示；其二，当纵向线圈直流 (DC) 电流越大时，产生的轴向磁场分量越大，落点区间的轴向位置越高，如图 7.37(b) 所示。

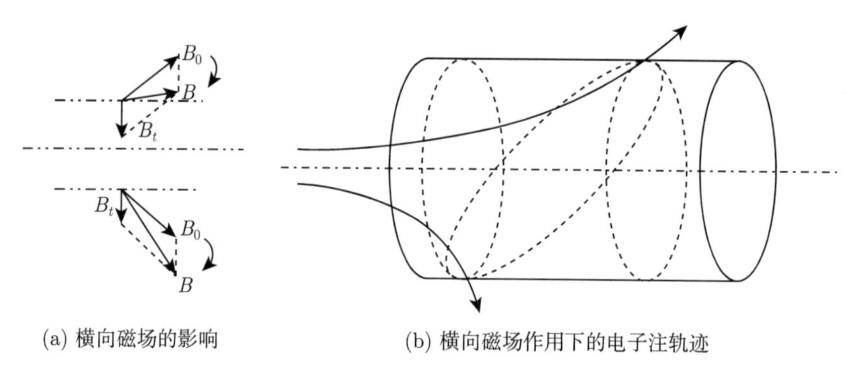

(a) 横向磁场的影响　　(b) 横向磁场作用下的电子注轨迹

图 7.36　横向磁场对电子注的影响

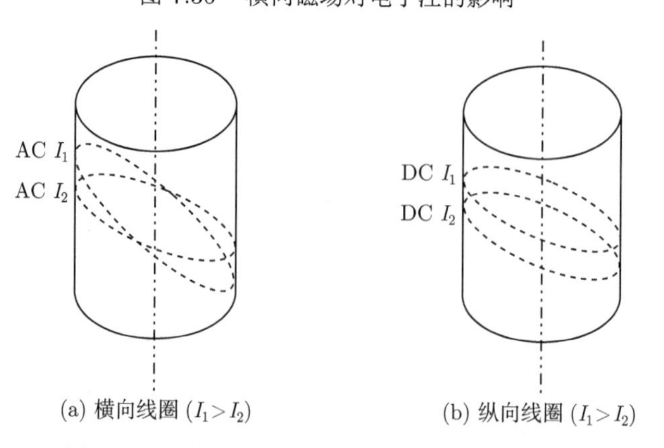

(a) 横向线圈 ($I_1 > I_2$)　　(b) 纵向线圈 ($I_1 > I_2$)

图 7.37　横向线圈电流幅度对电子注落点的影响

图 7.38 给出了一种应用于 140GHz、1MW 输出功率回旋振荡器的横向扫描线圈 (包含两个直流线圈和 12 个椭圆交流线圈) 的设计模型，以及具有这种扫描线圈作用后的电子光学轨迹和相应的电子注轴向功率密度分布计算结果。从图中可知，利用这种 TFSS 扫描系统后的电子注的峰值功率为 404.91W/cm^2，平均功率密度分布为 244.01W/cm^2，扫描长度达到了 443.33mm。由此看出，这种磁扫描系统可以大幅度增加电子注在收集极表面着陆的面积，有效降低电子注在收集极表面的峰值和平均功率密度 [34]。

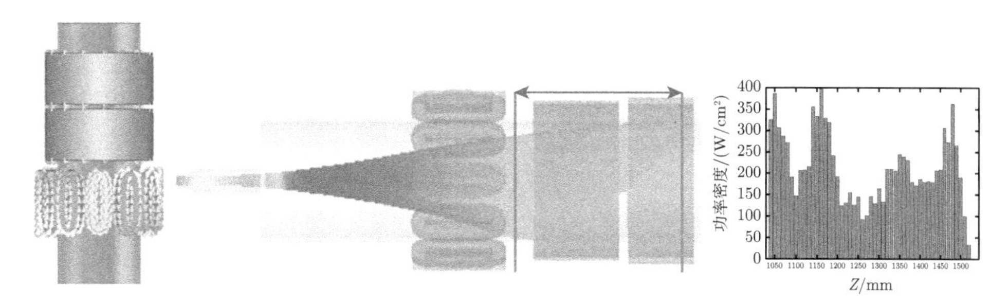

图 7.38 一种磁扫描系统的设计模型、电子光学轨迹和电子注轴向功率密度分布计算结果

7.8 回旋行波放大器

回旋行波放大器由于其高频率、大功率和宽频带而受到关注，但高次模式工作带来的潜在不稳定性始终是器件向前发展面临的关键技术问题。衰减加载是抑制低次杂模和返波振荡的主要手段，主要有均匀加载和周期加载衰减材料两种方式。通常如果选择相对低次模式作为工作模式，需要抑制的竞争模式相对少，衰减加载量相对低，但结构尺寸相对小，输出功率会受到限制；如果选择相对高次模式作为工作模式，结构尺寸有所增加，但需要抑制的竞争模式相对多，衰减加载量会相对增加，于是功率增加会导致边界散热问题变得更为严重，从而一定程度上也使输出功率受到限制。这会使其要像回旋振荡器一样向高功率方向发展受到某种程度的影响。本节不讨论如何通过衰减的设置来抑制杂模和返波振荡的干扰，而是通过一段均匀圆波导作为互作用高频结构，从线性和非线性两个方面分析回旋行波放大器的工作机理、特殊现象和基本输出特性。

7.8.1 线性分析

7.8.1.1 基本公式

利用式 (7.58) 一阶分布函数 f_1 公式，考虑偏心影响情况下圆波导的电磁场表达式 (式 (7.52)、(7.53)、(7.67)、(7.82) 的结合)，对梯度函数 $\nabla_{\boldsymbol{p}'}\boldsymbol{f}_0(\boldsymbol{r}',\boldsymbol{p}')$ 进行适

当的数学变换以适应积分变量的匹配，通过复杂的数学运算得到 f_1 的表达式为 [13]

$$\begin{aligned} f_1 &= e\int_{t-\frac{z}{u_z}}^{t} \mathrm{d}t' \left\{\left[\boldsymbol{E}_1(\boldsymbol{r}',t') + \boldsymbol{u}' \times \boldsymbol{B}_1(\boldsymbol{r}',t')\right] \cdot \nabla_{\boldsymbol{p}'} \boldsymbol{f}_0(\boldsymbol{r}',\boldsymbol{p}')\right\} \\ &= \sum_{s=-\infty}^{\infty}\sum_{l=-\infty}^{\infty} \mathrm{e}^{\mathrm{j}\Lambda_{sl}} \int_0^z T_s(z-z') F_{sl}(z')\,\mathrm{d}z' \end{aligned} \tag{7.102}$$

其中

$$T_s(z-z') = \mathrm{e}^{-\mathrm{j}(\omega - s\Omega)\left(z-z'\right)/u_z}/u_z, \quad \Lambda_{sl} = \omega t - l\phi_c - s\theta$$

$$\begin{aligned} F_{sl}(z') =& -eu_\perp\mu_0\frac{1}{k_{mn}}f'(z')\,J_s'(k_{mn}r_L)\,J_l(k_{mn}r_c)\,J_{m-s-l}(k_{mn}d)\,\frac{\partial f_0}{\partial p_z} \\ &+ \frac{e\mu_0}{k_{mn}}\left[\mathrm{j}\omega f(z') + u_z f'(z')\right] J_s'(k_{mn}r_L)\,J_l(k_{mn}r_c)\,J_{m-s-l}(k_{mn}d)\,\frac{\partial f_0}{\partial p_\perp} \\ &- \frac{\mu_0}{k_{mn}B_0}\left[\mathrm{j}\omega f(z') + u_z f'(z')\right] J_s(k_{mn}r_L)\,J_l'(k_{mn}r_c)\,J_{m-s-l}(k_{mn}d)\,\frac{\partial f_0}{\partial r_c} \\ &+ \mathrm{j}\frac{\mu_0}{2B_0}u_\perp f(z')\left[J_{s+1}(k_{mn}r_L)\,J_{l-1}(k_{mn}r_c)\right. \\ &\left.-J_{s-1}(k_{mn}r_L)\,J_{l+1}(k_{mn}r_c)\right] J_{m-s-l}(k_{mn}d)\,\frac{\partial f_0}{\partial r_c} \end{aligned} \tag{7.103}$$

电子注扰动电流 $\boldsymbol{J}_1$ 则可通过对 f_1 在动量空间积分求得

$$\boldsymbol{J}_1 = -e\iiint_{V_p} f_1\boldsymbol{u}\mathrm{d}^3\boldsymbol{p} \tag{7.104}$$

对于场分布演化方程，对式 (7.70) 等号右边部分积分时用 $r_c\mathrm{d}r_c\mathrm{d}\phi_c$ 替换 $\rho\mathrm{d}\rho\mathrm{d}\phi$[35]。把相应的电流密度和电场横向分量的点积代入，经数学简化整理后可得

$$\begin{aligned} &\left(\frac{\mathrm{d}^2}{\mathrm{d}z^2} + k^2 - k_{mn}^2\right) f(z) \\ =& \frac{\mathrm{j}x_{mn}^4}{f^*(z)\,2\pi^2\mu_0\left(x_{mn}^2 - m^2\right) r_W^4 J_m^2(x_{mn})} \int_0^{2\pi/\omega}\mathrm{d}t\int_0^{r_W}\rho\mathrm{d}\rho\int_0^{2\pi}\mathrm{d}\phi\left\langle \boldsymbol{J}_1\cdot(\boldsymbol{E}_t)^*\right\rangle \\ =& -\frac{4\pi e\omega x_{mn}^3}{r_W^3(x_{mn}^2 - m^2)J_m^2(x_{mn})}\int_0^{r_W} r_c\mathrm{d}r_c\int_0^{\infty} p_\perp\mathrm{d}p_\perp\int_{-\infty}^{\infty}\mathrm{d}p_z \\ &\cdot\left[\sum_{s=-\infty}^{\infty}\sum_{l=-\infty}^{\infty} u_\perp J_s'(k_{mn}r_L)\,J_l(k_{mn}r_c)\,J_{m-s-l}(k_{mn}d)\int_0^z T_s(z-z')F_{sl}(z')\,\mathrm{d}z'\right] \end{aligned} \tag{7.105}$$

其中 $u_\perp$ 为电子横向速度。

式 (7.105) 实际上是一个关于未知函数 $f(z)$ 的微分积分方程，可以通过拉普拉斯变换方法求解。可以定义如下形式的拉普拉斯变换：

$$L[f(z)] = \tilde{F}(k_z) = \int_0^{+\infty} f(z)\,\mathrm{e}^{\mathrm{j}k_z z}\mathrm{d}z \tag{7.106}$$

对式 (7.105) 按式 (7.106) 进行变换，并利用分部积分法将 $\dfrac{\partial f_0}{\partial p_z}$，$\dfrac{\partial f_0}{\partial p_\perp}$ 及 $\dfrac{\partial f_0}{\partial r_c}$ 消去，通过复杂的数学运算整理后可得 [13]

$$\left(k^2 - k_{mn}^2 - k_z^2 - S_1\right)\tilde{F}(k_z) = f(0)(S_0 - \mathrm{j}k_z) + f'(0) \tag{7.107}$$

其中，

$$k = \omega/c$$

$$\begin{aligned} S_1 = &-\frac{4\pi e^2\mu_0}{r_W^2 m_0 K_{mn}}\int_0^{r_{c\max}} r_c \mathrm{d}r_c \int_{-\infty}^{\infty}\mathrm{d}p_z\int_0^{\infty} p_\perp \mathrm{d}p_\perp \frac{f_0}{\gamma} \\ &\cdot \sum_{s=-\infty}^{\infty}\left[\frac{\beta_\perp^2\left(\omega^2 - k_z^2c^2\right)}{\left(\omega - s\Omega - k_z u_z\right)^2} H_{sm}(k_{mn}r_c, k_{mn}r_L)\right. \\ &- \frac{\omega - k_z u_z}{\omega - s\Omega - k_z u_z} T_{sm}(k_{mn}r_c, k_{mn}r_L) \\ &\left. + \frac{k_{mn}u_\perp}{\omega - s\Omega - k_z u_z} U_{sm}(k_{mn}r_c, k_{mn}r_L)\right] \end{aligned} \tag{7.108}$$

$$\begin{aligned} S_0 = &\mathrm{j}\frac{4\pi e^2\mu_0}{m_0 r_W^2 K_{mn}}\int_0^{r_{c\max}} r_c \mathrm{d}r_c \int_{-\infty}^{\infty}\mathrm{d}p_z\int_{-\infty}^{\infty} p_\perp \mathrm{d}p_\perp \frac{f_0}{\gamma} \\ &\cdot \sum_{s=-\infty}^{\infty}\left[\frac{u_z T_{sm}(k_{mn}r_c, k_{mn}r_L)}{\omega - s\Omega - k_z u_z} - \frac{u_\perp^2 k_z H_{sm}(k_{mn}r_c, k_{mn}r_L)}{\left(\omega - s\Omega - k_z u_z\right)^2}\right] \end{aligned} \tag{7.109}$$

$$\Omega = eB_0/(\gamma m_0)$$

$$H_{sm}(x, y) = J_s'^2(y)\sum_{l=-\infty}^{\infty} J_l^2(x)\, J_{m-s-l}^2(k_{mn}d) \tag{7.110}$$

$$\begin{aligned} T_{sm} = &2H_{sm} + yJ_s'(y)\sum_{l=-\infty}^{\infty} J_{m-s-l}^2(k_{mn}d)\left\{2J_s''(y)J_l^2(x)\right. \\ &\left. - J_s(y)\left[\frac{1}{x}J_l'(x)\,J_l(x) + J_l''(x)\,J_l(x) + J_l'^2(x)\right]\right\} \end{aligned} \tag{7.111}$$

$$U_{sm} = -\frac{y}{2}J_s'(y)\sum_{l=-\infty}^{\infty}J_{m-s-l}^2(k_{mn}d) \cdot \left[J_{s+1}(y)\left(J_{l-1}^2(x)-J_l^2(x)\right)+J_{s-1}(y)\left(J_{l+1}^2(x)-J_l^2(x)\right)\right] \tag{7.112}$$

式 (7.106) 的逆变换为

$$f(z) = L^{-1}\left[\tilde{F}(k_z)\right] = \frac{1}{2\pi}\int_{-\infty+\mathrm{j}\delta}^{+\infty+\mathrm{j}\delta}\tilde{F}(k_z)\,\mathrm{e}^{-\mathrm{j}k_z z}\mathrm{d}k_z \tag{7.113}$$

对式 (7.107) 按式 (7.113) 进行变换，可得

$$f(z) = -\mathrm{j}\sum_i\frac{f(0)\,N(k_{zi})+f'(0)}{D'(k_{zi})}\mathrm{e}^{-\mathrm{j}k_{zi}z} \tag{7.114}$$

上式便是描述高频场轴向分布演化的方程。其中

$$D(k_z) = k^2 - k_{mn}^2 - k_z^2 - S_1 \tag{7.115}$$

$$N(k_z) = S_0 - \mathrm{j}k_z \tag{7.116}$$

$$D'(k_z) = \frac{\mathrm{d}}{\mathrm{d}k_z}D(k_z) \tag{7.117}$$

式中 k_{zi} 是如下方程的第 i 个根：

$$D(k_z) = 0 \tag{7.118}$$

式 (7.118) 便是描述回旋管中电磁波与电子注相互作用的色散关系。从上面的公式可以看出，偏心参数 d 仅出现在三个系数 H_{sm}，U_{sm} 及 T_{sm} 中，对互作用色散方程的总体形式则没有影响。因此，它通过影响这三个系数的值来影响色散方程的解。如果 $d=0$，式 (7.110)~(7.112) 中对 l 的级数免去，只须保留 $l=m-s$ 的项即可。此时所得结果便是没有注偏心时的结果。

对于回旋管，其理想电子注具有单能、无速度零散也无导引中心零散的特点，可用下式描述电子注分布：

$$f_0 = N_b\frac{1}{2\pi r_{c0}}\delta(r_c - r_{c0})\,\delta(p_z - p_{z0})\frac{1}{2\pi p_{\perp 0}}\delta(p_\perp - p_{\perp 0}) \tag{7.119}$$

式中 $N_b = I_b/(eu_z)$ 为单位轴向长度内的电子数，I_b 为注电流。将式 (7.119) 代入式 (7.108) 和式 (7.109) 求出 S_0 和 S_1 的化简式，于是式 (7.115) 和 (7.116) 可以分别表示为

$$D(k_z) = k^2 - k_{mn}^2 - k_z^2 + \frac{1}{r_W^2 K_{mn}} \frac{4I_b}{I_A} \sum_{s=-\infty}^{\infty} \left[\frac{\beta_{\perp 0}^2 (\omega^2 - k_z^2 c^2)}{(\omega - s\Omega_0 - k_z u_{z0})^2} H_{sm}(k_{mn} r_{c0}, k_{mn} r_{L0}) - \frac{\omega - k_z u_{z0}}{\omega - s\Omega_0 - k_z u_{z0}} T_{sm}(k_{mn} r_{c0}, k_{mn} r_{L0}) + \frac{k_{mn} u_{\perp 0}}{\omega - s\Omega_0 - k_z u_{z0}} U_{sm}(k_{mn} r_{c0}, k_{mn} r_{L0}) \right] \tag{7.120}$$

$$N(k_z) = \mathrm{j} \frac{u_{z0}}{r_W^2 K_{mn}} \frac{4I_b}{I_A} \sum_{s=-\infty}^{\infty} \frac{T_{sm}(k_{mn} r_{c0}, k_{mn} r_{L0})}{\omega - s\Omega_0 - k_z u_{z0}} - \mathrm{j} \frac{u_{\perp 0}^2 k_z}{r_W^2 K_{mn}} \frac{4I_b}{I_A} \sum_{s=-\infty}^{\infty} \frac{H_{sm}(k_{mn} r_{c0}, k_{mn} r_{L0})}{(\omega - s\Omega_0 - k_z u_{z0})^2} - \mathrm{j}k_z \tag{7.121}$$

式中 $I_A = 4\pi\varepsilon_0 (m_0 c^3/e) \gamma\beta_z$，称为阿尔芬电流 (Alfven current)。

至此，整套线性理论公式已经导出。给定一套回旋管的操作参数后，我们便可以计算出高频场的轴向分布 $f(z)$，进而可由下式计算高频场功率的轴向演化：

$$P = \mathrm{Re}\left[\frac{1}{2}\iint_s (\boldsymbol{E} \times \boldsymbol{H}^*) \cdot \mathrm{d}\boldsymbol{S}\right] = \mathrm{Re}\left[-\frac{\mathrm{j}\pi\omega\mu_0}{2k_{mn}^4} f'^*(z) f(z) \left(\chi_{mn}^2 - m^2\right) J_m^2\right] = \mathrm{j}\frac{\pi\omega\mu_0}{2k_{mn}^4} \left(x_{mn}^2 - m^2\right) J_m^2(x_{mn}) \frac{f'(z) f^*(z) - f'^*(z) f(z)}{2} \tag{7.122}$$

因此，高频场的功率增益为

$$G(z) = 10\log_{10}\left(\frac{\mathrm{Im}(f(z) f'^*(z))}{\mathrm{Im}(f(0) f'^*(0))}\right) \tag{7.123}$$

假设在互作用波导的输入端口处，只有高频输入信号，没有反射波，则有

$$f'(0) = -\mathrm{j}\sqrt{k^2 - k_{mn}^2} f(0) \tag{7.124}$$

将式 (7.124) 代入式 (7.122)，可以得出 $f(z)$ 与输入功率 P_{in} 的关系：

$$|f(0)| = \frac{k_{mn}^2}{J_m(x_{mn})} \sqrt{\frac{2}{\pi\omega\mu_0} \frac{P_{\mathrm{in}}}{(x_{mn}^2 - m^2)\sqrt{k^2 - k_{mn}^2}}} \tag{7.125}$$

7.8.1.2 线性增长率与起始损耗

由式 (7.120) 可知，圆波导 TE_{mn} 模电子回旋脉塞的色散方程为 (忽略非同步回旋谐波)

$$D(k_z)=0=k^2-k_{mn}^2-k_z^2+\frac{1}{r_W^2K_{mn}}\frac{4I_b}{I_A}\cdot\left[\frac{\beta_{\perp 0}^2\left(\omega^2-k_z^2c^2\right)}{\left(\omega-s\Omega_0-k_zu_{z0}\right)^2}H_{sm}\left(k_{mn}r_{c0},k_{mn}r_{L0}\right)-\frac{\omega-k_zu_{z0}}{\omega-s\Omega_0-k_zu_{z0}}T_{sm}\left(k_{mn}r_{c0},k_{mn}r_{L0}\right)+\frac{k_{mn}u_{\perp 0}}{\omega-s\Omega_0-k_zu_{z0}}U_{sm}\left(k_{mn}r_{c0},k_{mn}r_{L0}\right)\right] \tag{7.126}$$

将上式两边乘以 $(\omega-s\Omega_0-k_zu_{z0})^2$ 后，上式变形为

$$\begin{aligned}&\left(k_z^2+k_{mn}^2-k^2\right)\left(\omega-s\Omega_0-k_zu_{z0}\right)^2\\=&\frac{1}{r_W^2K_{mn}}\frac{4I_b}{I_A}\cdot\left[\beta_{\perp 0}^2\left(\omega^2-k_z^2c^2\right)H_{sm}\left(k_{mn}r_{c0},k_{mn}r_{L0}\right)\right.\\&-\left(\omega-s\Omega_0-k_zu_{z0}\right)\left(\omega-k_zu_{z0}\right)T_{sm}\left(k_{mn}r_{c0},k_{mn}r_{L0}\right)\\&\left.+k_{mn}u_{\perp 0}\left(\omega-s\Omega_0-k_zu_{z0}\right)U_{sm}\left(k_{mn}r_{c0},k_{mn}r_{L0}\right)\right]\end{aligned} \tag{7.127}$$

给定波的频率以后，上式就成为传播常数 k_z 的四次多项式，相应有四个根。在回旋行波管的互作用参数范围，这四个根对应着四个行波：前向 (正 z 向) 增长波、前向等幅波、前向衰减波，以及一个反向 (负 z 向) 等幅波。以一个 TE_{21} 模二次谐波回旋行波放大器为例，其工作参数：电子注电压 V_b=100kV，电流 I_b=25A，速度比 α=1.0，磁场 B_0=0.99B_g(B_g 为满足电子回旋波色散曲线 $\omega=s\Omega_0+k_zu_{z0}$ 与波导模色散曲线 $\omega^2=c^2k_z^2+c^2k_{mn}^2$ 相切所需的磁场)，波导半径 r_W=0.44cm，导引中心半径 $r_c=0.4r_W$。在频率 f=34.3GHz 时，k_z 的四个根分别为 -184.5，259.79，$183+27.86\mathrm{j}$，$183-27.86\mathrm{j}$。注意到波的传播形式为 $\mathrm{e}^{\mathrm{j}(\omega t-k_zz)}$，不难看出以上四个根分别对应反向等幅波、前向等幅波、前向增长波及前向衰减波。

人们通常把前向增长波的 k_z 的虚部定义为线性增长率。若用 k_{zl} 表示线性增长率，那么对于上面的例子，k_{zl} 的值就是 27.86。假设高频场按线性增长率增长，则在一个截止波长的轴向距离上，高频场的放大倍数为

$$\mathrm{e}^{k_{zl}\lambda_c}=\mathrm{e}^{2\pi\frac{k_{zl}}{k_{mn}}} \tag{7.128}$$

相应的功率增益为

$$20\log_{10}\left(\mathrm{e}^{2\pi\frac{k_{zl}}{k_{mn}}}\right)(\mathrm{dB}) \tag{7.129}$$

接下来以 TE_{11} 模基波回旋行波放大器为例，来介绍起始损耗的概念。这一放大器的工作参数为 V_b=90kV，I_b=0.9A，α=0.9，$B_0 = 0.98B_g$，r_W=0.2654cm，$r_c = 0.35r_W$。图 7.39 给出了频率为 f=35 GHz 时高频场功率沿波导轴向的演化。从图中可以看出，高频场功率是经过一段距离后才开始保持线性增长 (图中实线)。如果假设高频场一开始的增长率就保持线性增长 (图中虚线)，那么实线与虚线所表示的增益之差便定义为起始损耗。起始损耗产生的原因如下：与电子注相互耦合，输入高频信号进入互作用区后分解成前面提到的三个前向波 (反向波可以忽略)，每个波所得功率约为输入信号功率的三分之一，在经过一段互作用距离后，前向增长波的振幅远大于另外两个前向波，此时高频场以前向增长波为主并开始保持线性增长。起始损耗产生的原因就是输入信号功率并没有全部耦合给前向增长波，即输入功率一开始就有一部分损失给其他两个前向波。耦合给前向增长波的功率越多，起始损耗越小，反之越大。

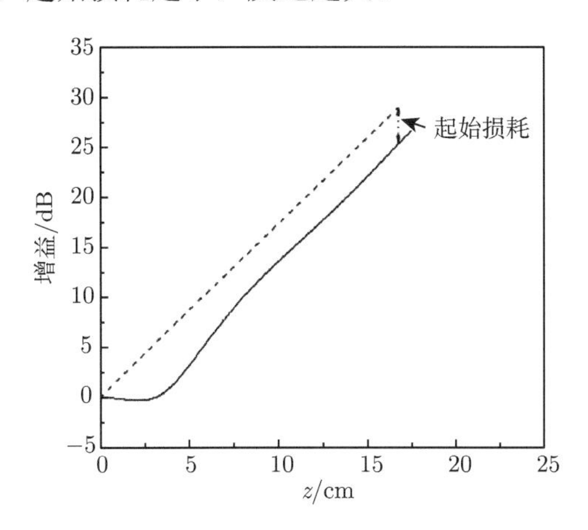

图 7.39 35GHz TE_{11} 波功率的演化

图 7.40 是 TE_{11} 模工作式单位截止波长增长率随归一化频率变化曲线。从图中看出，外加磁场越接近 B_g，增益和带宽越大，最大增益向低频端偏移；横纵速度比越大，增益越高，带宽减小，最大增益向低频端偏移；电子注电流越大，增益和带宽越大，最大增益也略向低频端偏移。

7.8.1.3 偏心的影响

图 7.41 给出了 TE_{01} 模基波工作电子注能量轴向演化受偏心影响。当 $r_{c0} = 0.3r_W$ 时，远离导引中心拉莫尔圆上的电子损失能量变快；当 $r_{c0} = 0.48r_W$ 时，偏离导引中心拉莫尔圆上的电子损失能量都变慢；当 $r_{c0} = 0.65r_W$ 时，靠近导引中心拉莫尔圆上的电子损失能量变快；导引中心偏离耦合系数最大处电子达到相同能量损失的输入功率增加 (图 7.42)。

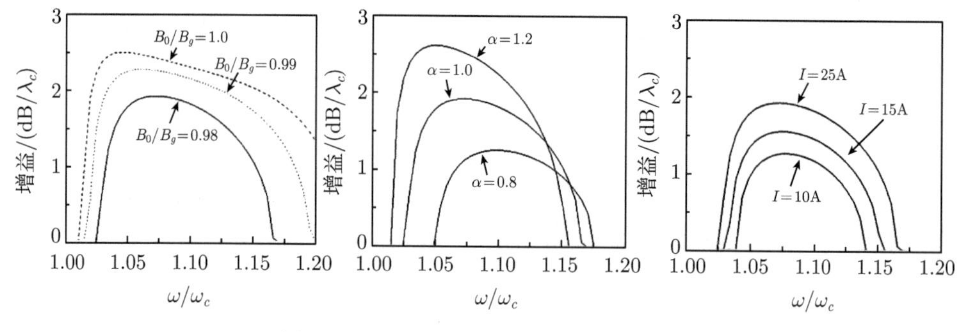

图 7.40　增长率随归一化频率变化曲线

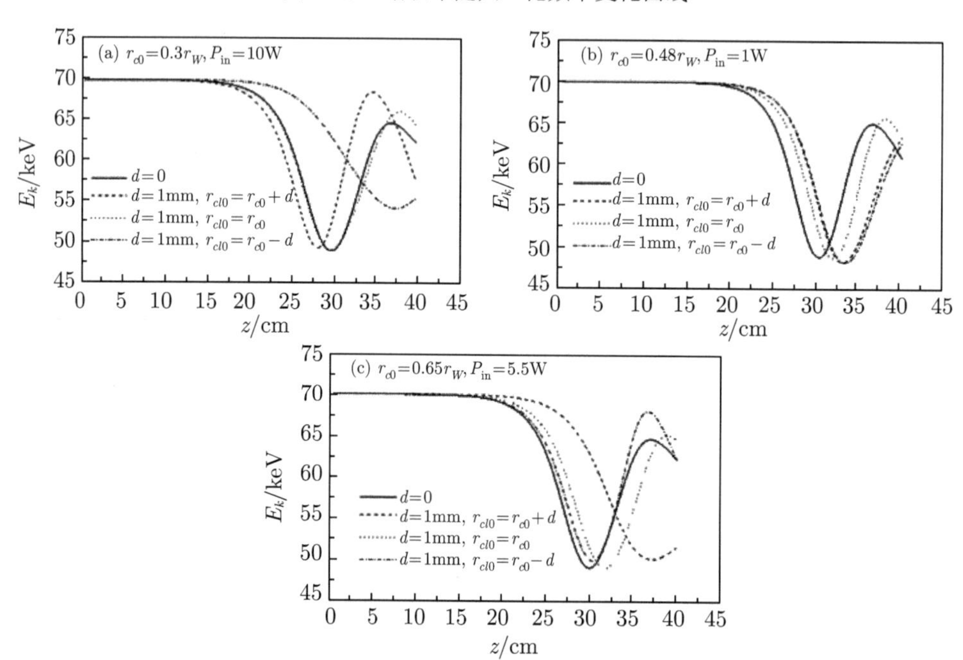

图 7.41　电子注能量轴向演化受偏心影响

7.8.1.4　绝对不稳定性

对于回旋行波放大器，波导模色散曲线与电子回旋波模色散曲线基本相切，而电子回旋脉塞效应导致的波不稳定性可出现在位于切点附近的一段区域内。当注电流较小时，这个区域全落在前向波 ($k_z > 0$) 范围 (如图 7.43(a) 中粗曲线 AB 所示)。此时，输入适当频率的前向波可被逐渐放大，这就是回旋行波放大器的工作原理，而这个区域也就是回旋行波放大器的可放大频率范围。然而，随着注电流的增加，电子注与波耦合能力增强，这个区域也不断增大，甚至会跨过截止频率点 ($k_z = 0$) 并延伸到反向波 ($k_z < 0$) 范围 (如图 7.43(b) 中粗曲线 AB 所示)[36,37]。此时，被激发的反向波和前向行进的电子注正好一起构成了能量反馈回路。另外，

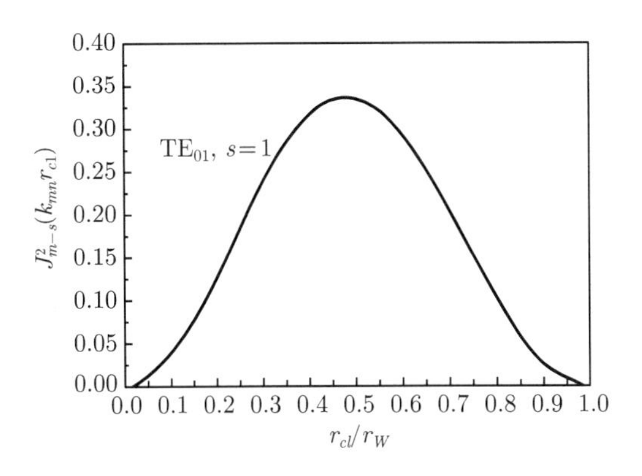

图 7.42 耦合系数随归一化引导中心半径变化的曲线

在截止频率附近处，TE 模波阻抗会明显增大，因而注波互作用会更强。在这两种因素的共同作用下，一种频率约等于模式截止频率的振荡便会被激励起来。这种形式的振荡被称为绝对不稳定性振荡。在回旋行波放大器中，绝对不稳定性振荡一旦产生，便会和行波放大相互竞争，甚至完全破坏行波放大过程，导致放大器不能正常工作。绝对不稳定性的发生需要注电流达到一定的阈值。这个阈值实际上给回旋行波放大器的工作电流设定了一个上限。特别在有些情况下，这个阈值会很低，从而严重限制回旋行波放大器的性能提升。因此，从理论上估计这个阈值就成了一项很有意义的工作。

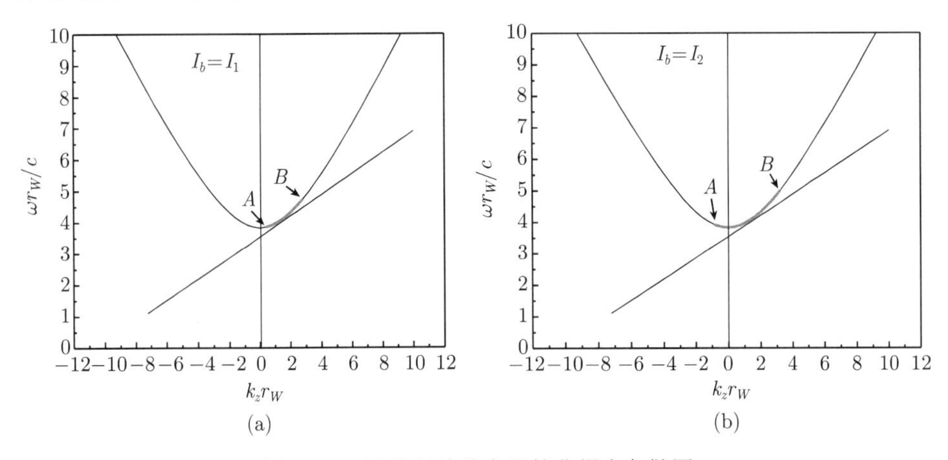

图 7.43 回旋行波放大器的非耦合色散图

实际上，绝对不稳定性这个概念来源于等离子体物理学。在等离子体物理学中，有十分丰富的电磁波–等离子体相互作用现象。在这些互作用过程中，往往会产生各种各样的不稳定性，而绝对不稳定性便是其中的一类。在等离子体物理学中，已建立了判定绝对不稳定性产生的理论方法 [38–40]，我们可以借用这一方法来分析回旋行波放大器中的绝对不稳定性。

7.8.1.5　回旋返波振荡

如图 7.44 所示，当回旋电子注色散曲线与波导模色散曲线相交于反向波区域时，交点附近电磁场的相速、群速均为负数，前向行进的电子注可与反向行进的电磁场一起构成能量反馈回路。借助这个回路，当注电流达到一定数值后，就能产生稳定的电磁振荡。这种振荡被称为回旋返波振荡，而相应的注电流就是回旋返波振荡的起振电流。与采用谐振型电路的普通回旋管振荡器中振荡频率为点频不同，回旋返波管的振荡频率可通过调节外加磁场和注电压来连续调谐。

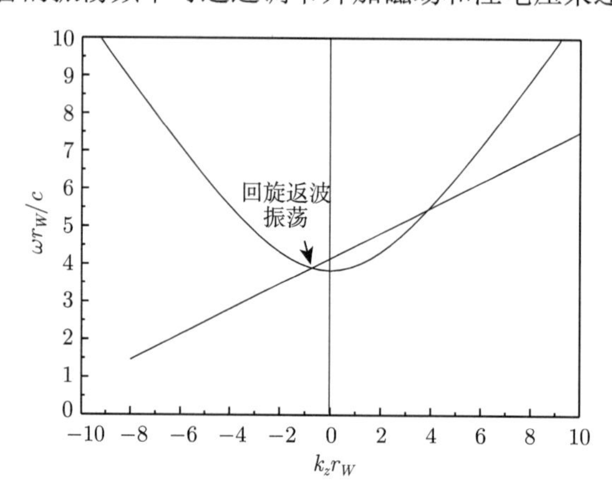

图 7.44　回旋返波振荡作用点

回旋返波振荡除了本身可以用来发展出回旋返波振荡器外，还会以自激振荡的形式出现在回旋行波放大器中，干扰其正常工作。即使是圆波导最低次模式 TE_{11} 基模工作，可能出现的回旋返波振荡模式有 $TE_{21}^{(2)}$、$TE_{11}^{(2)}$、$TE_{31}^{(3)}$、$TE_{01}^{(3)}$、$TE_{21}^{(3)}$ 和 $TE_{11}^{(3)}$(图 7.45)。由于 TE 模的角向波数和空间谐波数相同时注波耦合最

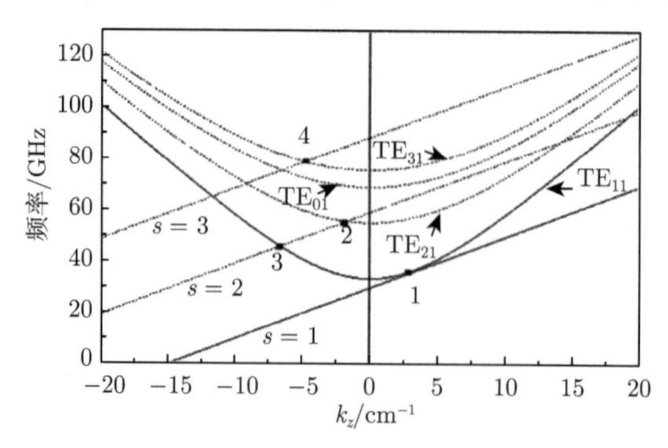

图 7.45　返波振荡色散图

强，因此二次谐波振荡中 $TE_{21}^{(2)}$ 的起振电流最低，三次谐波振荡中 $TE_{31}^{(3)}$ 的起振电流最低。上述都是返波振荡，另外还有 TE_{11} 模的绝对不稳定性振荡。也就是说，即使是最低次模式的基模工作，也可能有七种甚至更多不稳定性存在，对其稳定工作造成威胁。在 TE_{11} 模基波回旋行波放大器中，TE_{21} 模二次谐波回旋返波振荡便是最危险的竞争模式。因此，研究回旋返波振荡的起振条件就显得十分重要和有用了。

7.8.2 自洽非线性分析

7.8.2.1 基本公式

1) 电子运动方程

将圆波导中电磁场解代入五个电子运动方程，并进行相应的简化运算得

$$\begin{aligned}\frac{\mathrm{d}\left(p_z'\right)}{\mathrm{d}\left(z'\right)}=&-g\frac{1}{k}\frac{\beta_\perp^2}{\beta_z}+\frac{eu_\perp\mu_0}{m_eu_z\omega}\frac{1}{k_{mn}}\\&\cdot\mathrm{Re}\left[f'\left(z\right)\sum_{s=-\infty}^{\infty}J_s'\left(k_{mn}r_L\right)J_{m-s}\left(k_{mn}r_c\right)\mathrm{e}^{\mathrm{j}(\omega t-(m-s)\phi_c-s\theta)}\right]\end{aligned}\tag{7.130}$$

$$\begin{aligned}\frac{\mathrm{d}\left(p_\perp'\right)}{\mathrm{d}\left(z'\right)}=&\frac{1}{k}g\beta_\perp-\frac{1}{m_eu_z\omega}\frac{e\mu_0}{k_{mn}}\\&\cdot\mathrm{Re}\left\{\left[\mathrm{j}\omega f\left(z\right)+u_zf'\left(z\right)\right]\sum_{s=-\infty}^{\infty}J_s'\left(k_{mn}r_L\right)J_{m-s}\left(k_{mn}r_c\right)\mathrm{e}^{\mathrm{j}(\omega t-(m-s)\phi_c-s\theta)}\right\}\end{aligned}\tag{7.131}$$

$$\begin{aligned}p_\perp'\left(\frac{\mathrm{d}\theta}{\mathrm{d}z'}-\frac{\mu}{p_z'}\right)=&-\frac{1}{m_e\omega u_z}\frac{e\mu_0}{k_{mn}^2}\mathrm{Re}\left\{\sum_{s=-\infty}^{\infty}\left[\frac{s\omega}{r_L}f\left(z\right)-u_\perp k_{mn}^2f\left(z\right)-\frac{\mathrm{j}su_z}{r_L}f'\left(z\right)\right]\right.\\&\left.\cdot J_s\left(k_{mn}r_L\right)J_{m-s}\left(k_{mn}r_c\right)\mathrm{e}^{\mathrm{j}(\omega t-(m-s)\phi_c-s\theta)}\right\}\end{aligned}\tag{7.132}$$

$$\begin{aligned}&\frac{\mathrm{d}r_c'}{\mathrm{d}z'}\\=&\frac{1}{\mu\beta_z}\frac{e\mu_0}{m_ec\omega}\frac{1}{k_{mn}}J_{m-s}'\left(k_{mn}r_c\right)J_s\left(k_{mn}r_L\right)\mathrm{Re}\left[\left(f'\left(z\right)u_z+\mathrm{j}\omega f\left(z\right)\right)\mathrm{e}^{\mathrm{j}(\omega t-(m-s)\phi_c-s\theta)}\right]\\&-\frac{1}{\mu\beta_z}\frac{e\mu_0}{m_ec\omega}\sum_{s=-\infty}^{\infty}\left[J_{s-1}\left(k_{mn}r_L\right)J_{m-s+1}\left(k_{mn}r_c\right)-J_{s+1}\left(k_{mn}r_L\right)J_{m-s-1}\left(k_{mn}r_c\right)\right]\\&\cdot\mathrm{Im}\left[u_\perp f\left(z\right)\frac{\mathrm{e}^{\mathrm{j}(\omega t-(m-s)\phi_c-s\theta)}}{2}\right]-gr_c\end{aligned}\tag{7.133}$$

$$\begin{aligned}
& r_c' \frac{\mathrm{d}\phi_c}{\mathrm{d}z'} \\
=& \frac{1}{\mu\beta_z}\frac{e\mu_0}{m_e c\omega}\frac{1}{k_{mn}^2}\frac{m-s}{r_c} J_s\left(k_{mn}r_L\right)J_{m-s}\left(k_{mn}r_c\right) \\
& \cdot \mathrm{Im}\left[\left(f'\left(z\right)u_z + \mathrm{j}\omega f\left(z\right)\right)\mathrm{e}^{\mathrm{j}(\omega t-(m-s)\phi_c - s\theta)}\right] \\
& -\frac{1}{\mu\beta_z}\frac{e\mu_0}{m_e c\omega}\sum_{s=-\infty}^{\infty}\left[J_{s-1}\left(k_{mn}r_L\right)J_{m-s+1}\left(k_{mn}r_c\right)+J_{s+1}\left(k_{mn}r_L\right)J_{m-s-1}\left(k_{mn}r_c\right)\right] \\
& \cdot \mathrm{Re}\left[u_\perp f\left(z\right)\frac{\mathrm{e}^{\mathrm{j}(\omega t-(m-s)\phi_c-s\theta)}}{2}\right]
\end{aligned} \tag{7.134}$$

此外，电子运行时间可由下式描述：

$$\frac{\mathrm{d}\left(\omega t\right)}{\mathrm{d}z'} = \frac{1}{\beta_z} \tag{7.135}$$

需要指出的是，在推导式 (7.130)~(7.134) 的过程中，我们对直流磁场的横向分量对电子施加的磁力在 r_L、θ 及 z 方向的分力 R_{r_L}、R_θ 及 R_z(式 (7.79)~(7.81)) 进行了周期平均。例如，在导出式 (7.130) 时，R_z(见式 (7.81)) 的前一部分为电子回旋角 θ 的余弦函数，它对 θ 周期平均后为 0，而后一部分与 θ 无关，保持常数。这样，可只保留 R_z 的后一部分。之所能这样简化，是因为电子在互作用结构中一般回旋了很多圈，即 θ 变化了很多个周期。相应地，这前一部分力的方向也变化了许多个周期，它时而加速电子，时而减速电子，总体上对电子运动影响很小。同理，R_θ 平均后也只保留其后一部分，R_{r_L} 平均后则为零。更一般地，基于这种对快变相位周期平均的思想，对于式 (7.130)~(7.134) 等号右边的无穷级数，实际计算时可只保留与电子相位同步的那一项。

2) 场分布演化方程

按照 7.5.2 节和 7.6 节介绍，场分布演化方程可以表示为

$$\begin{aligned}
& \left(\frac{\mathrm{d}^2}{\mathrm{d}z^2}+k_z^2\right)f\left(z\right) \\
=& \frac{\mathrm{j}x_{mn}^4}{f^*\left(z\right)2\pi^2\mu_0(x_{mn}^2-m^2)r_W^4 J_m^2(x_{mn})}\int_0^{2\pi/\omega}\mathrm{d}t\int_0^{r_W}\rho\mathrm{d}\rho\int_0^{2\pi}\mathrm{d}\phi\left\langle \boldsymbol{J}\cdot\left(\boldsymbol{E}_t\right)^*\right\rangle
\end{aligned} \tag{7.136}$$

电子注的电流密度可表示为 [41]

$$\boldsymbol{J} = \frac{C}{\rho}\sum_{i=1}^{N} W_i\delta\left(\rho-\rho_i\right)\delta\left(\varphi-\varphi_i\right)\delta\left(z-z_i\right)\boldsymbol{u}_i \tag{7.137}$$

其中 N 为电子的数目；ρ_i，φ_i，z_i 为电子在波导坐标系中的坐标；C 待定；W_i 为不同速度的电子的权重系数，满足 $\sum\limits_{i=1}^{N} W_i = 1$。

不难理解以下两个等式：

$$I_b = \int_0^{r_W} \rho \mathrm{d}\rho \int_0^{2\pi} \mathrm{d}\phi \frac{\omega}{2\pi} \int_0^{\frac{2\pi}{\omega}} J_z \mathrm{d}t \tag{7.138}$$

$$\delta(z - z_i) = \delta(t - t_i) \Big/ \left| \frac{\mathrm{d}}{\mathrm{d}t} z_i \right|_{t=t_i} = \delta(t - t_i)/u_{zi} \tag{7.139}$$

将式 (7.137) 和 (7.139) 代入式 (7.138) 得

$$C = 2\pi I_b/\omega \tag{7.140}$$

将式 (7.137) 和 (7.140) 代入式 (7.136) 得

$$\begin{aligned}
&\left(\frac{\mathrm{d}^2}{\mathrm{d}z^2} + k_z^2\right) f(z) \\
&= \mathrm{j}\frac{2}{\pi}\frac{k_{mn}^4}{\mu_0}\frac{1}{(x_{mn}^2 - m^2) J_m^2(x_{mn})}\frac{I_b}{\omega}\sum_{i=1}^{N} W_i \frac{\boldsymbol{u}_i(z) \cdot [\boldsymbol{E}_t(\rho_i, \varphi_i, z)]^*}{u_{zi}(z) f^*(z)} \\
&= \frac{2 I_b k_{mn}}{\pi (x_{mn}^2 - m^2) J_m^2(x_{mn})} \sum_{s=-\infty}^{\infty} \sum_{i=1}^{N} W_i \frac{p'_{\perp i} J'_s(k_{mn} r_{Li}) J_{m-s}(k_{mn} r_{ci}) \mathrm{e}^{\mathrm{j}(m-s)\phi_{ci} + \mathrm{j}s\theta_i}}{p'_{zi}}
\end{aligned} \tag{7.141}$$

其中，$p'_{\perp i}, p'_{zi}, r_{ci}, \phi_{ci}$ 及 θ_i 分别为第 i 个电子的 $p'_{\perp}, p'_z, r_c, \phi_c$ 及 θ。

至此，$f(z)$ 的演化方程也已导出，它是一个二阶微分方程。

3) 初始和边界条件

A. 初始电子分布

运用非线性理论模拟电子行为时，是利用少数代表电子来表示电子注，因而必须分别对时间、空间及动量分布定义点电荷数。对于初始时间，考虑到高频场的周期变化，可指定其均匀分布在 0 到 $2\pi/\omega$ 之间。对于初始空间分布，可假设电子的导引中心均匀分布在半径为 r_c 的圆上，而在每个导引中心对应的拉莫尔圆上，电子也做均匀分布。对于初始动量分布，一般假设电子能量相同，但轴向动量满足高斯分布。设 $\overline{p}_z$ 为电子的平均轴向动量，Δp_z 为高斯分布的标准差，则具有轴向动量 p_{zi} 的电子所占的权重为

$$W_i = A \exp\left[\frac{-(p_{zi} - \overline{p}_z)^2}{2\Delta p_z^2}\right], \quad i = 1, 2, \cdots, N \tag{7.142}$$

$[\overline{p}_z - 3\Delta p_z, \overline{p}_z + 3\Delta p_z]$ 考虑到高斯分布的性质，实际计算中可假设轴向动量 p_z 全落在区间内。上面关于电子分布的描述可以总结在表 7.3 中。

表 7.3　电子初始分布

分布参量	分布区间	电荷数
电子进入时间 t	$0 \leqslant t < 2\pi/\omega$	N_1
电子初始导引中心角 ϕ_c	$0 \leqslant \phi_c < 2\pi$	N_2
电子初始回旋角 θ	$0 \leqslant \theta < 2\pi$	N_3
电子初始轴向动量 p_z	$[\overline{p}_z - 3\Delta p_z, \overline{p}_z + 3\Delta p_z]$	N_4

因此，电荷总数为 $N = N_1 \times N_2 \times N_3 \times N_4$。为减少模拟误差，足够多的电荷数是保证收敛的必要条件，但数目过大时计算时间较长，所以计算前应进行收敛测试。一般来说，总数目达到 48 个以上即可满足收敛要求。

B. **边界条件**

这里我们考虑更一般的情况，放大器由 M 个行波互作用电路组成，它们之间用 $M-1$ 个漂移区隔开。我们假设在漂移区内没有高频场且直流磁场均匀。每个行波段的入口和出口均理想匹配，即没有场的反射。这样，可以写出边界条件如下：

(1) 对于第一个互作用波导，其入口处的场振幅及其导数分别为 (见式 (7.124) 和 (7.125))：

$$f(0) = \frac{k_{mn}^2}{J_m(x_{mn})}\sqrt{\frac{2}{\pi\omega\mu_0}\frac{P_{\text{in}}}{(x_{mn}^2 - m^2)\sqrt{k^2 - k_{mn}^2}}} \tag{7.143}$$

$$f'(0) = -\text{j}\sqrt{k^2 - k_{mn}^2} f(0) \tag{7.144}$$

(2) 对于其他波导，在它们的入口处：

$$f'(z) = 0, \quad f(z) = 0 \tag{7.145}$$

(3) 对于漂移区，因其内无高频场，只有静磁场，有

$$\frac{\text{d}p_z'}{\text{d}z'} = 0, \quad \frac{\text{d}p_t'}{\text{d}z'} = 0, \quad \frac{\text{d}\theta}{\text{d}z'} = \frac{\mu}{p_z'}, \quad \frac{\text{d}r_c'}{\text{d}z'} = 0, \quad \frac{\text{d}\phi_c}{\text{d}z'} = 0 \tag{7.146}$$

也就是说，在漂移区内，电子的动量、导引中心位置都不改变，但电子的回旋角会线性变化。总的来说，式 (7.130)~(7.135) 为描述电子运动的方程，式 (7.141) 为描述高频场演化的方程，式 (7.142)~(7.146) 则给出了计算所需的初始条件和边界条件。它们一起构成了描述互作用的完整方程组。基于这些方程便可以编制程序计算注波互作用，分析和优化几何及电参量对回旋行波放大器输出特性的影响。

7.8.2.2 参数变化对互作用的影响

图 7.46 给出了不同速度零散下一回旋行波放大器的输出功率随频率的变化曲线。此放大器的工作参数为 TE_{21} 模，$s=2$，$V_b=100\text{kV}$，$\alpha=1$，$I_b=20\text{A}$，$r_W=0.95\text{cm}$，$r_c=0.4r_W$，$B_0=0.98B_g$，电路长 $L=65\text{cm}$。不同速度零散下的输入功率分别为 9W(0%)、29W(5%)、85W(8%)、177W(10%)。

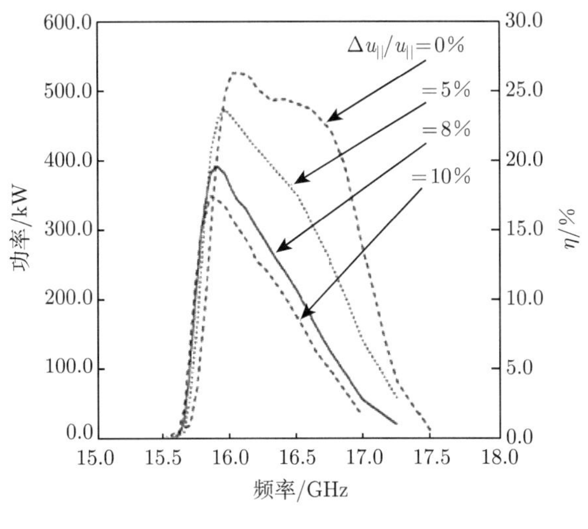

图 7.46 速度分散的影响

图 7.47 给出了不同输入功率 (0.5W，1.9W，4W) 下一个三段式 TE_{21} 模二次

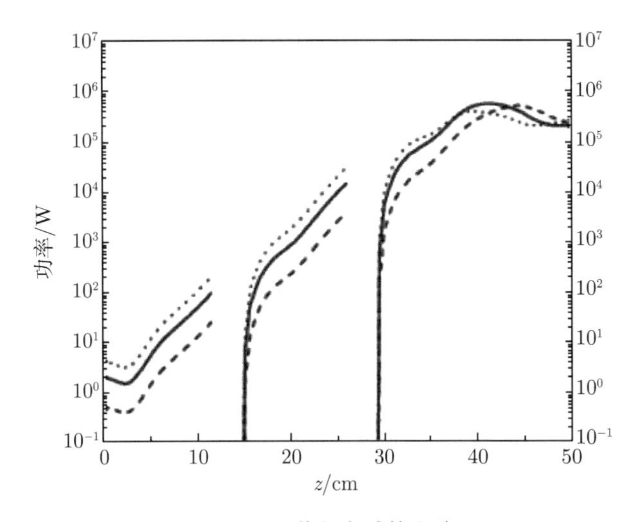

图 7.47 截断衰减的影响

谐波回旋行波放大器的场功率沿互作用电路轴向的变化曲线。此放大器的工作参数为 $V_b = 100\text{kV}$，$\alpha = 1$，$I_b = 25\text{A}$，5%的速度零散，$r_c = 0.4r_W$，$B_0 = 0.98B_g$，每段电路均长 11.5cm，半径 $r_W = 0.44\text{cm}$，两个漂移区均长 3cm。计算时取频率 $f = 35\text{GHz}$。

图 7.48 给出了不同输入功率 (0.3W，1.25W，5W) 下一个分布损耗电路 TE_{01} 模基波回旋行波放大器的场功率沿互作用电路轴向的变化曲线。此放大器的工作参数为 V_b=100kV，α=1，I_b=5A，5%的速度零散，半径 r_W =0.201cm，$r_c = 0.45r_W$，$B_0 = 0.995B_g$。计算时取频率 f=92.25GHz。

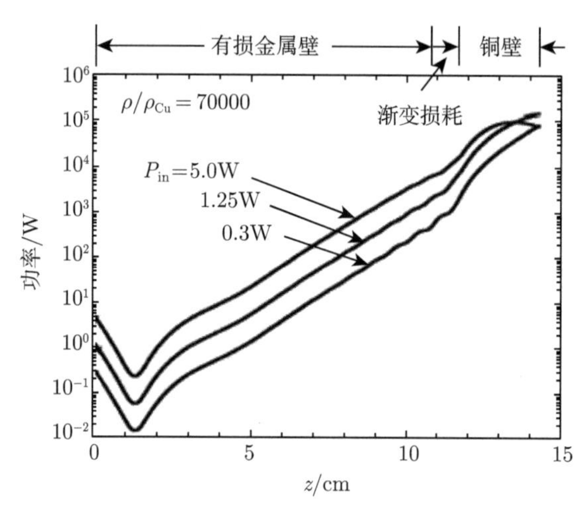

图 7.48　分布损耗的影响

图 7.46～ 图 7.48 表明，速度零散会降低输出功率和效率，并使频带变窄；截断和分布损耗都可以实现 100kW 以上的毫米波输出。

图 7.49～ 图 7.51 表明，增益的轴向演化，只在线性区正比于互作用长度，随着输入功率的增大，最大增益下降；最大输出功率和最大增益通常对应的不是同一个输入功率；为了获得高的输出功率和效率，通常希望场分布的纵向演化具有相对好的线性区域。

图 7.52 给出了偏心时不同导引中心半径下饱和输出功率和增益随频率的变化曲线，计算时选取电路长度为 30cm。可以看出，当 $r_{c0} = 0.3r_W$ 时，偏心 (d=1mm) 导致饱和功率减小，但饱和增益基本不变；当 $r_{c0} = 0.48r_W$ 时，偏心导致饱和增益减小，但饱和功率和带宽基本不变；而当 $r_{c0} = 0.65r_W$ 时，偏心同时导致饱和功率、增益以及带宽减小。

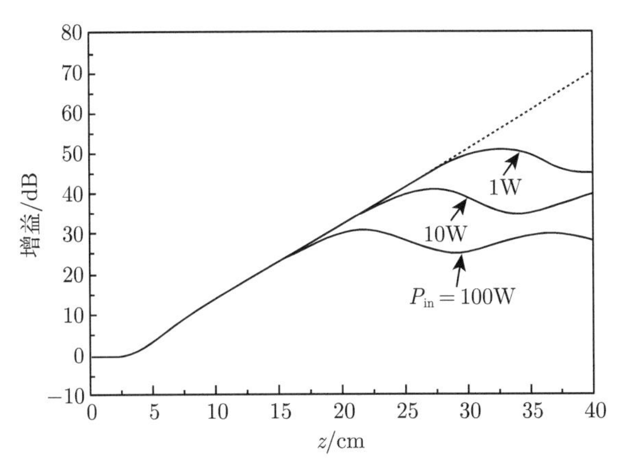

图 7.49 增益的轴向演化

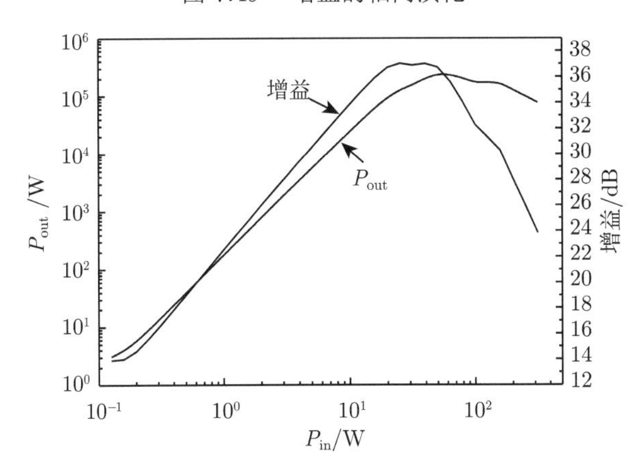

图 7.50 输出功率随输入功率的变化

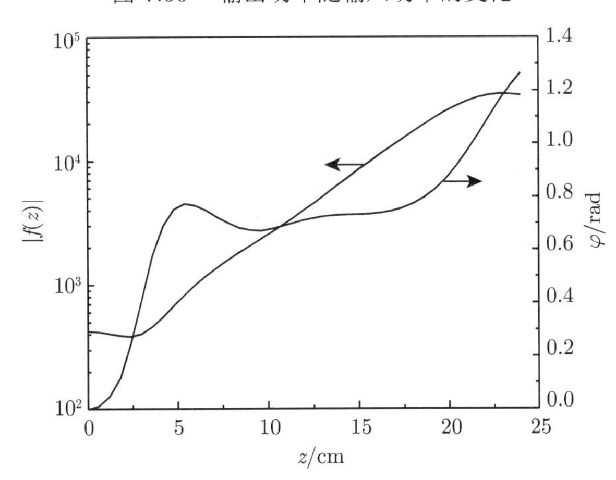

图 7.51 场分布的轴向演化

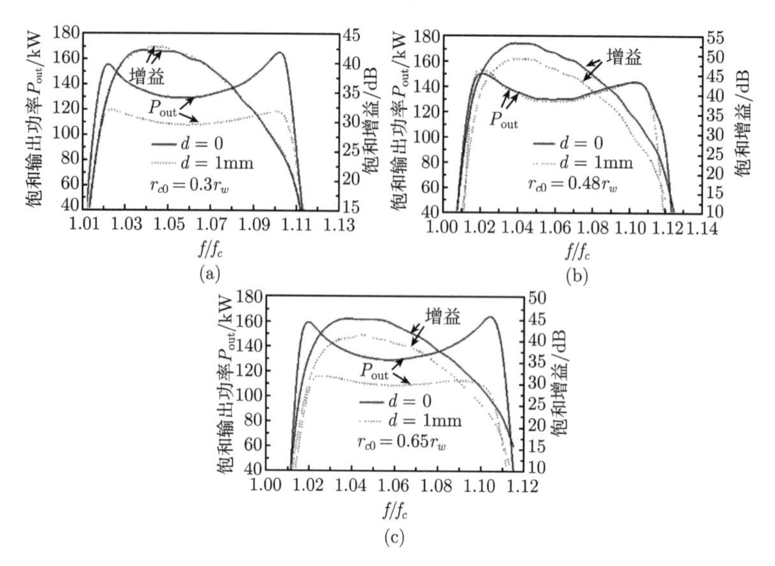

图 7.52　饱和输出功率和增益随归一化频率变化

第 7 章习题

7-1　基于高斯函数余弦展开，从不同角度讨论 Denisov 辐射器 9 个模式选择办法、规则和技巧。

7-2　针对两种不同收集极磁扫描方式，分析各自性能上的优势和不足，讨论工程设计和实施各有什么特点和难度。

参 考 文 献

[1] Thumm M. State-of-the-art of high power gyro-devices and free electron masers. Journal of Infrared, Millimeter, and Terahertz Waves, 2020, 41: 1-140.

[2] Twiss R Q. Radiation transfer and the possibility of negative absorption in radio astronomy. Australian Journal of Physics, 1958, 11: 564-579.

[3] Gaponov A V. Interaction between electron fluxes and electromagnetic waves in waveguides. Izv. Vyssh. Uchebn. Zaved. Radiofiz., 1959, 2: 450.

[4] Hirshfield J L, Wachtel J M. Electron cyclotron maser. Physical Review Letters, 1964, 12: 533-536.

[5] Thumm M. 来自于 2015 年 Thumm 教授在北京中国科学院电子所讲课的 PDF 文档.

[6] Lawson W. Magnetron injection gun scaling. IEEE Trans. on-PS, 1988, 16: 290-295.

[7] Kartikeyan M V, Borie E, Thumm M. Gyrotrons: High Power Microwave and Millimeter Wave Technology. Berlin, Heidelberg: Springer Verlag, 2004.

[8] Tsimring S E. On the spread of velocities in helical electron beams. Radiophysics and Quantum Electronics, 1972, 15: 952-961.

[9] Edgcombe C J. Sources of velocity spread in electron beams from magnetron injection guns. International Journal of Infrared Millimeter Waves, 1995, 16: 83-97.

[10] Manuilov V, Tsimring S E. Theory of generation of relativistic helical electron beams. Soviet Physics-Technical Physics, 1981, 26: 1470-1473.

[11] Louksha O I, Piosczyk B, Sominski G G, et al. On potentials of gyrotron efficiency enhancement: measurements and simulations on a 4-mm gyrotron. IEEE Transactions on-PS, 2006, 34: 502-511.

[12] 张世昌. 自由电子脉塞的一种统一理论——回旋动力学. 中国科学：A 辑, 1991, 21: 55-64.

[13] 焦重庆. 回旋行波放大器的相关理论研究与数值模拟. 北京: 中国科学院电子学研究所, 2007.

[14] Kreischer K, Temkin R J. Linear theory of an electron cyclotron maser operating at the fundamental. International Journal of Infrared and Millimeter Waves, 1980, 1: 195-223.

[15] Kou C S. The design proceedure of a stable high power gyro-TWT. UC at Los Angeles, 1991.

[16] Sirigiri J R. Theory and design study of a novel quasi-optical gyrotron traveling-wave amplifier. Cambridge: Massachusetts Institute of Technology, 1999.

[17] 朱国瑞. 开放谐振腔的时域分析. 刘盛纲, 译. 成都: 电子科技大学出版社, 1996.

[18] Thumm M, Erckmann V, Janzen G, et al. Generation of the Gaussian-like HE_{11} mode from gyrotron TE_{0n} mode mixtures at 70GHz. International Journal of Infrared and Millimeter Waves, 1985, 6: 459-470.

[19] Thumm M. Computer-aided analysis and design of corrugated TE_{11} to HE_{11} mode converters in highly overmoded waveguides. International Journal of Infrared and Millimeter Waves, 1985, 6: 577-597.

[20] Vlasov S N, Orlova I M. Quasioptical transformer which transforms the waves in a waveguide having a circular cross section into a highly directional wave beam. Radiophysics and Quantum Electronics, 1974, 17: 115-119.

[21] Denisov G G, Kuftin A N, Malygin V I, et al. 110GHz gyrotron with a built-in high-efficiency converter. International Journal of Electronics, 1992, 72: 1079-1091.

[22] Blank M, Kreischer K, Temkin R J. Theoretical and experimental investigation of a quasi-optical mode converter for a 110GHz gyrotron. IEEE Trans. on-PS, 1996, 24: 1058-1066.

[23] Bogdashov A, Chirkov A, Denisov G, et al. High-efficient mode converter for ITER gyrotron. International Journal of Infrared and Millimeter Waves, 2005, 26: 771-785.

[24] Thumm M, Yang X K, Arnold A, et al. A high-efficiency quasi-optical mode converter for a 140GHz 1MW CW gyrotron. IEEE Trans. on-ED, 2005, 52: 818-824.

[25] Jin J, Thumm M, Piosczyk B, et al. Theoretical investigation of an advanced launcher for a 2MW 170GHz $TE_{34,19}$ coaxial cavity gyrotron. IEEE Trans. on-MTT, 200, 54: 1139-1145.

[26] Jin J, Thumm M, Piosczyk B, et al. Novel numerical method for the analysis and synthesis of the fields in highly oversized waveguide mode converters. IEEE Trans. on-MTT, 2009, 57: 1661-1668.

[27] Jin J, Thumm M, Gantenbein G, et al. A numerical synthesis method for hybrid-type high-power gyrotron launchers. IEEE Trans. on-MTT, 2017, 65: 699-706.

[28] 金践波. 同轴腔回旋管准光学模式转换器. 成都: 西南交通大学, 2005.

[29] Jin J, Gantenbein G, Jelonnek J, et al. A new method for synthesis of beam-shaping mirrors for off-axis incident Gaussian beams. IEEE Trans. on-PS, 2014, 42: 1380-1384.

[30] Yang C, Fan Y, Guo W, et al. Experiment of a 140GHz quasi-optical mode converter. 24th IEEE International Vacuum Electronics Conference, 2023: 1-2.

[31] Schmid M , Illy S, Dammertz G, et al. Transverse field collector sweep system for high power CW gyrotrons. Fusion Engineering and Design, 2007, 82: 744-750.

[32] Illy S, Dammertz G, Alberti S, et al. Comparison of different collector coil concepts for high power CW gyrotrons. 25th International Conference on Infrared and Millimeter Waves, 2000: 183-184.

[33] Manuilov V N , Smirnov D A , Malygin S A , et al. Numerical simulation of the gyrotron collector systems with rotating magnetic field. Conference Digest of Joint 29th International Conference on Infrared and Millimeter Waves and 12th International Conference on Terahertz Electronics, 2004: 663-664.

[34] Li H, Luo J R, Fan Y, et al. A design of a transverse magnetic field scanning system with 12 elliptical coils for gyrotron oscillator collector. 22nd International Vacuum Electronics Conference, 2021: 1-2.

[35] Chu K R, Lin A T. Gain and bandwidth of the gyro-TWT and CARM amplifiers. IEEE Trans. on-PS, 1988, 16: 90-95.

[36] Lau Y Y, Chu K R, Barnett L R, et al. Gyrotron travelling wave amplifier: I. analysis of oscillations. Int. J. Infrared & Millimeter Waves, 1981, 3: 373-393.

[37] Chu K R. Overview of research on the gyrotron traveling wave amplifier. IEEE Trans. on-PS, 2002, 30: 903-908.

[38] Chu K R, Barnett L R, Chen H Y, et al. Stabilization of absolute instabilities in the gyrotron traveling wave amplifier. Physical Review Letters, 1995, 74: 1103-1106.

[39] Barnett L R, Chang L H, Chen H Y, et al. Absolute instability competition and suppression in a millimeter-wave gyrotron traveling wave tube. Physical Review Letters, 1989, 63: 1062-1065.

[40] Tsai W C, Chang T H, Chen N C, et al. Absolute instabilities in a high-order-mode gyrotron traveling-wave amplifier. Physical Review E, 2004, 70: 056402.

[41] Chu K R, Chen H Y, Hung C L, et al. Theory and experiment of a ultrahigh gain gyrotron traveling wave amplifier. IEEE Trans. on-PS, 1999, 27: 391-404.

第 8 章　太赫兹 (THz) 波产生的问题和器件相适应发展概述

8.1　引　　言

太赫兹 (THz) 波通常是指频率在 0.3~3THz (波长为 1mm~100μm) 范围内的电磁波 (也有扩展说法定义为 0.1~10THz，波长 3mm~30μm)。它在电磁波谱中介于毫米波和红外线之间且与二者有所重叠，具有超宽频带、短波长和低光子能量等特点。太赫兹波在高数据率通信、高分辨率成像、隐身武器检测、深空探测、医学诊断、材料和基础物理等军事、民用和科学研究领域中都具有重要意义。

8.1.1　THz 波特点 [1,2]

由于 THz 波介于毫米波与红外线之间，同时具备两者之间的某些特点，但又有自身的独特性。其特点主要体现在以下几个方面。

1) 波长短，频带宽

波长短则能量集中、方向性好、分辨率高；频带宽则信息容量大、抗干扰能力强。这一特点既有利于提升跟踪、识别、分辨、定位的能力，又能够促进通信 (超宽带、高速、大数据、安全通信)、雷达 (近距离探测、成像)、电子对抗 (宽带抗干扰，隐身材料还没有研究到这个频段)、电磁武器 (能量集中)、天文学 (频率窗口)、超快计算 (频率高) 等技术和基础学科的发展。

2) 光子能量低/黑体辐射温度低

太赫兹波的光子能量在 ~meV 量级，这意味着激光产生太赫兹波的困难增加。光子能量至少比 X 射线低 5 个数量级 (表 8.1)。由于光子能量低，因此不会在物质中引起电离，也就不会对被探测物质产生不利影响，对成像检测技术开发具有积极作用。

表 8.1　太赫兹波某些特征参数表

波数/cm^{-1}	波长/μm	频率/THz	光子能量/meV	黑体温度/K
10	1000	0.3	1.2	15
33	300	1	4.1	48
100	100	3	12	140
200	50	6	25	290

3) 应用特色

(1) 许多非金属非极性材料对太赫兹射线的吸收较小 (墙体、陶瓷、硬纸板、塑料制品、泡沫、布料等)，可以推动掩盖物背后的探测方法研究。

(2) 科学研究：许多生物大分子的振动和转动能级，电介质、半导体材料、超导材料、薄膜材料等的声子振动能级落在 THz 频段范围。因此，基于波谱学的原理和应用，可以对物理、生物、天文、环境、产品质量控制等基础科学和应用技术研究的未来发展具有引领作用。THz 时域光谱 (THz-TDS) 一个特别突出的优势是能够在小于 10fs(10×10^{-12}s) 时间分辨跟踪上光载流子的动力学行为，比典型半导体中电子-电子散射时间还短 (电子-空缺等离子体建立过程典型时间是 100fs)，这将打开一个新的研究领域 —— 超快科学 (化学和生物反应动态诊断，可能实现"瞬态量子物理" 研究)。

(3) THz 波光子由于能量低和波谱特征，对医学成像 (细胞水平的成像)、材料无损检测 (波谱特性识别)、安全检查 (凶器、炸药和生化物的检查) 技术的发展具有特殊意义。

(4) 超高速通信：过去 25 年，对点对点无线短程通信的需求每隔 18 个月增加一倍。预计十年之内，数据传输速率将达到 5~10Gbit/s，载波频率将超过 100GHz(在幅移键控 (ASK) 调制方式下，传输速率是载波频率的 10%~20%)；更高的载频 220GHz，40Gbit/s 数据传输速率的通信需求也将进入工程考虑范围。应用将主要在星际之间通信 (无大气损耗)，同温层 (能见度高，噪声污染小，损耗小) 内的空对空通信，短程地面无线通信 (光纤通信的前端和后端多用户之间的高速传递，乡村地区，受灾建筑之间，高清数据传递 (远距离医学和户外娱乐)，热点影片，实时数据通信 (方程式赛车和支援人员之间)，室内无线通信)。

8.1.2　THz 波产生遇到的问题及解决办法

THz 波产生的研究一度遇到了极大的困难。多年的研究表明，无论是普通微波管还是各种以量子效应为基础的器件 (气体和固态激光器件) 都在此波段表现得有些乏力。一方面，激光是以原子中束缚电子的能态跃迁辐射光子为基础。光子的能量为电子跃迁前后的能级差，而且，光子的频率与其能量成正比。随着频率的减小，人们很难找到合适的工作物质以建立足够粒子数反转的状态。因此，当频率从光频率下降到 THz 波段时，激光器就难以有效工作。另一方面，由于物理机理和技术上的原因，传统微波管中互作用结构的大小和工作波长相近。因此，当波长小到毫米量级时，会引起严重的加工工艺困难，而且由于趋肤效应引起的热损耗迅速增大。同时，又必然导致器件功率容量的下降和阴极发射电流密度迅速增大等问题。因而，电磁波谱的利用和研究曾经一度出现了所谓的太赫兹间隙 (THz gap) 的局面，如图 8.1 所示 [3]。

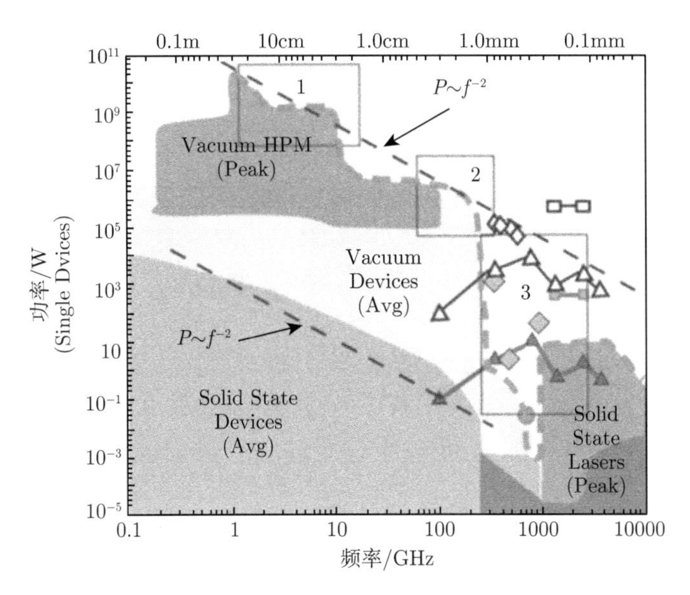

图 8.1　单个器件产生功率与频率的关系

随着人们对作用机理认识的提升，设计方法上的不断进步和创新，机械、化学和光学加工技术在精密度/光洁度方面的成熟和突破，近十年 THz 波产生的研究取得了很大的突破，成为了当今国际上应用科学研究的一个大热点。目前，THz 波的产生主要基于半导体电子学、光子学和真空电子学这三类不同方法实现。相关研究主要围绕以下三个方面开展。① 半导体激光 THz 源：目前具有较好前景的是以异质结构半导体 (GaAs/AlGaAs) 导带中以次能级间跃迁为基础的量子级联激光器 (QCL)，在常温下的输出功率可以达到瓦级，但工作频率通常大于 10THz；在频率约 0.7~5THz 范围，限于低温工作 (最高温度几十到 225K)，能够产生几百微瓦到几百毫瓦的输出功率 [4,5]。由于低温制冷导致系统庞大，使 QCL 应用受到限制。② 基于光子学的 THz 源，如 THz 光导天线、光整流、光混频等。但此类器件是以损失光的功率为代价换取 THz 频率波输出，能量转换效率极低 [2]。③ 太赫兹真空电子器件：自由电子激光 (FEL) 和回旋管 (gyrotron)[6]。自由电子激光在 1~4THz 频率，峰值功率 100kW 以上，平均功率达到千瓦量级；回旋管在 ~1THz 附近可以产生大于一千瓦的平均输出功率。前者需要高电压，后者需要强磁场，两者体积都十分庞大，应用范围受限。一些 “O” 型真空电子器件，如行波管 (TWT)、返波振荡器 (BWO) 等，结构较紧凑。不过，当工作频率上升至 THz 频段后，此类器件趋肤深度很小，采用传统加工工艺获得的高频系统表面光洁度差，欧姆损耗急剧增加，且电子注电流密度受限于通道尺寸变小，聚焦难度加大，加上对中定位误差，造成截获电流增加，电子效率下降。于是在 THz 频段，输出功率的下降趋势要快于与工作频率平方反比 (f^{-2}) 的下降速度 (图 8.1)。

在真空电子器件的互作用系统中，电子在自由空间媒质中快速运动，几乎无碰撞热效应，能够在较小的体积内产生足够的功率输出。相较于基于半导体光子学的 THz 波源，真空电子器件产生的输出功率要高出几个数量级 (图 8.1)，这种工作原理在高频、高功率方面有显著优势。近年来，随着高速铣床 (CNC)、先进的微精细加工工艺 (光刻/电铸/微成型 (LIGA)、深反应离子刻蚀 (DRIE)) 的迅速发展和推广 (图 8.2)[6]，以及基于新材料和微制造技术的大电流密度、长寿命小型化阴极，如微孔储备式阴极 (Micro-tailored Cathodes)、Spindt 阴极和场发射阵列 (FEA)、碳纳米管 (CNTs) 阴极、纳米钪酸盐阴极 (Scandate Cathodes) 等的提出和应用，加上新型的可产生高功率输出的紧凑型 THz 多注和带状注等分布式互作用机理的提出，基于 THz 真空电子学的思路发展实用型 THz 辐射源已经成为可能，且迅速成为人们关注的焦点。THz 真空电子学的含义包括两个方面：① 包含采用微细加工工艺和微封装技术加工装配出 THz 微型真空电子器件的关键部件，例如，高频系统 (含互作用结构、输入及输出装置)、电子光学系统 (含阴极、电子枪、收集极) 等；② 利用微细加工工艺和微封装技术将多个微型真空电子器件 (可包含固态功率驱动模块) 集成到一个芯片或组件上，最终制做出紧凑型、高功率、高效率、一致性好的 THz 功率模块。

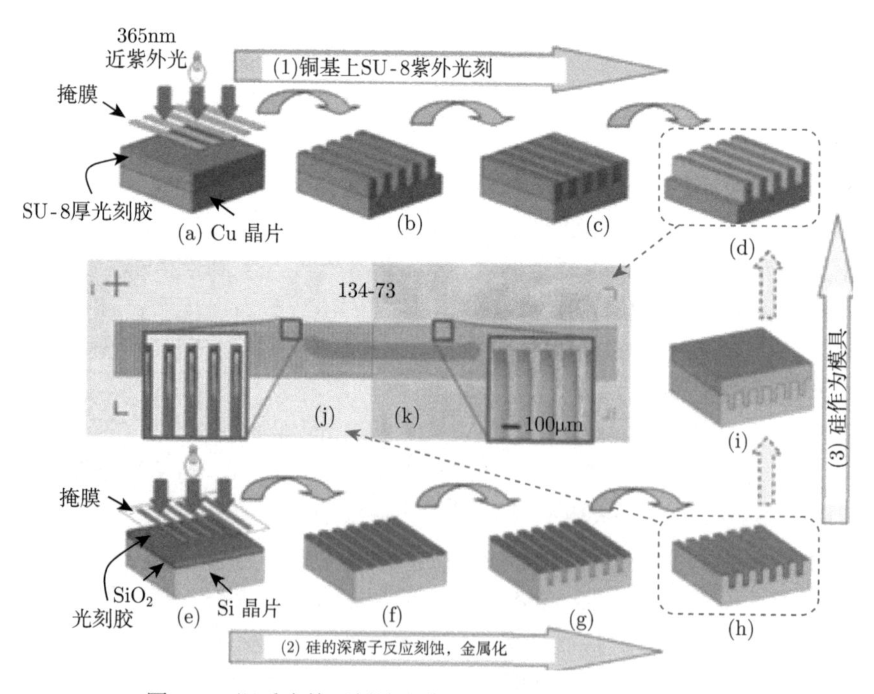

图 8.2　深反应粒子刻蚀和紫外 (UV) LIGA 工艺示意图

8.2 传统器件用于 THz 波产生的高频电路结构变化

进入到 THz 频段后，由于结构尺寸进入到微米量级，传统机械加工精度和光洁度已经不能满足器件设计对公差的要求了，这便对加工的方法和达到的精度提出了新的标准。虽然 CNC、LIGA、DRIE 等先进加工手段的出现和应用有效提高了加工的公差标准，这些方法对二维平面加工非常有效，但在三维加工上面临较大的困难。于是高频结构平面化特征应运而生，例如梯形线 (耦合腔)、哑铃型多间隙腔、折叠波导、交错双栅和曲折线等。此外，为了增大电子注电流和降低阴极发射电流密度，能够更好适应平面化高频结构的带状电子注也顺势而生。

速调管和行波管是两类主要的传统真空微波器件，前者高频电路利用谐振腔的高 Q 值增强注波耦合实现高功率和高效率；后者高频电路结合周期慢波结构弱色散特性获得宽频带。随着频率进入短毫米和 THz 频段，谐振腔和慢波结构 (螺旋线和耦合腔) 尺寸很小，功率和热容量小、加工和装配精度要求高、成品率低、成本高等问题致使进一步发展的难度大。因此，电路结构的创新是探索真空电子器件向高频发展的一个重要方向。本节将基于梯形线 (耦合腔)、哑铃型多间隙腔、折叠波导、交错双栅和曲折线等不同类型电路，介绍各自的特点和应用于短毫米与 THz 频段自身的适应性质。

8.2.1 梯形线

梯形线是由耦合腔衍生而来的平面化高频结构。对应于耦合腔的休斯、Chodorou 和正交 Chodorou 结构，分别有单槽交错、双槽直通和双槽交错梯形线，见图 8.3。耦合腔中耦合槽和漂移头致使其加工必须是单个圆片，而通常耦合腔行波管由几十个耦合腔组成，组装的累计误差比较大，对加工精度提出了相对严格的要求。随着频率提高到毫米波长及更短后，这种加工精度很难达到。梯形线没有了漂移头，增益减小可以通过多个单元弥补。不过，这种结构可以首先在一块金属铜板上加工凹槽，形成梯形结构；再在梯形顶部挖出半圆形凹槽，形成电子注通道，然后将两块相同结构铜板焊接在一起；最后在梯形组件的两边焊上盖板完成电路的制作 (见图 8.4 给出的单槽交错梯形线电路)。于是整个电路只由几个部件装配和焊接而成，大大降低对零件精度的要求。图 8.5 给出了三种梯形线的色散特性曲线 [7]，其特征与耦合腔具有相似性 (参见图 4.42)。相对于单交错梯形线，双槽直通和双槽交错梯形线的工作电压和频带范围明显更大，可以获得更高的输出功率容量和带宽。

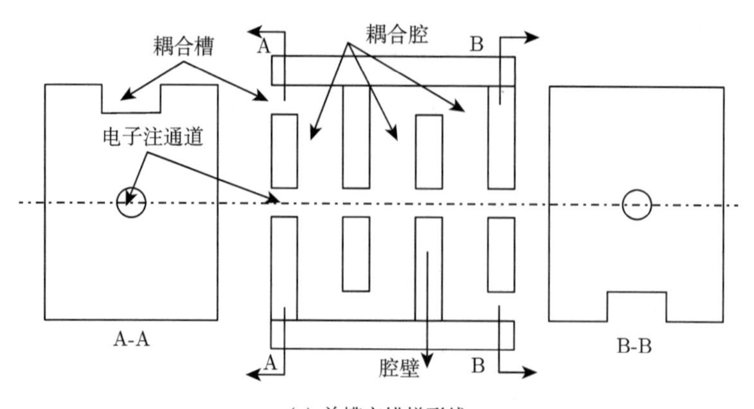

(a) 单槽交错梯形线

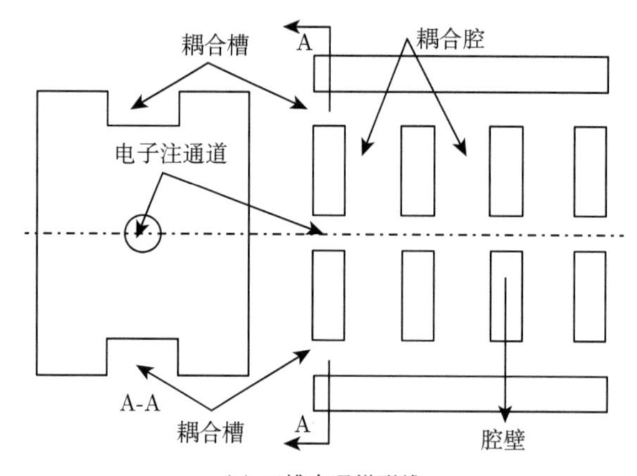

(b) 双槽直通梯形线

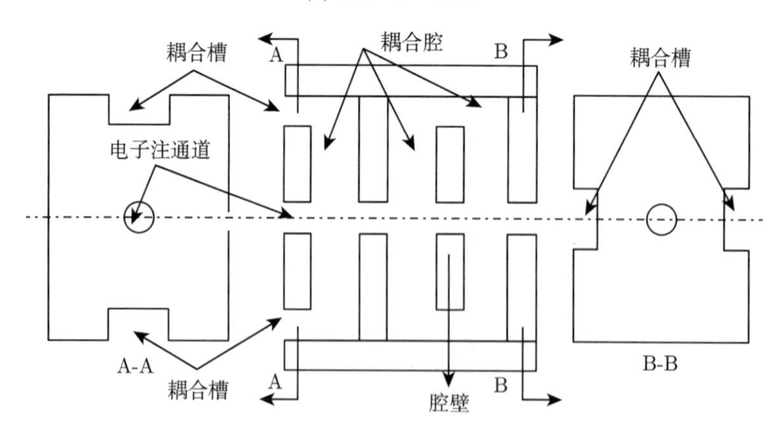

(c) 双槽交错梯形线

图 8.3 三种梯形线模型

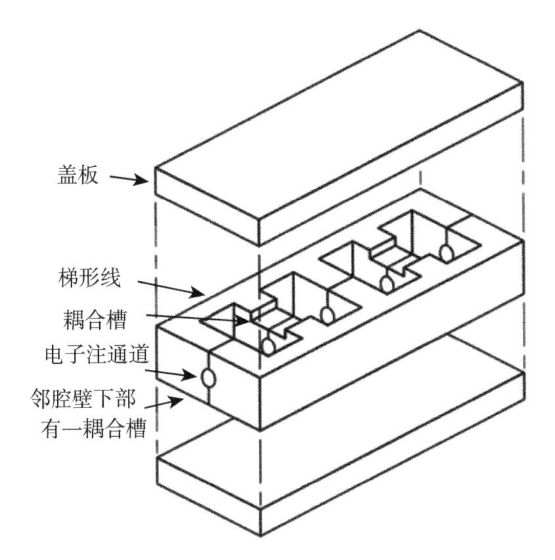

图 8.4 给出的单槽交错梯形线电路

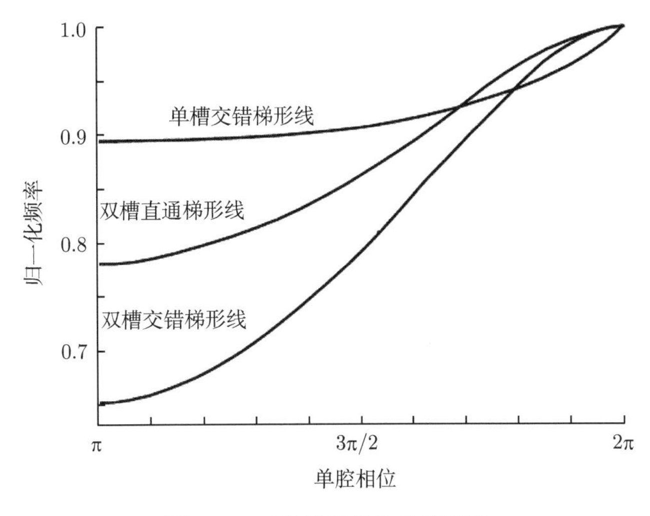

图 8.5 三种梯形线的色散特性

图 8.6 给出了一个双槽直通梯形线 W 波段行波管输出功率和效率随频率的变化曲线 [8]。这个管子在输出最大功率接近 8kW 的情况下，带宽在 1%左右。使用三段双槽交错梯形线电路，已经证实，在频率 90GHz 输出 100W/CW(连续波) 情况下，工作频带可以超过 20%，覆盖 80~100GHz 频率范围 [7]。

梯形线技术应用于扩展互作用速调管 (EIK) 是其能够实现小型和集成化高功率、高效率亚毫米波和 THz 辐射源的一条极具潜力的技术途径。不过，这种梯形线的结构与用于行波管的梯形线略有差别。图 8.7 给出 EIK 的梯形线结构模型和注波互作用过程。从图中可以看出，这种梯形线周期性地出现长槽和短槽。这种做法增加了结构的复杂性，从而可以增大相邻模式之间的间隔，提高器件的稳定可靠性。为了确保电子注的调制、群聚和与波之间的有效耦合，相邻槽的电场方向相差大约 180°。相对于低频器件，由于尺寸缩小给电子枪的设计带来压力，通常电子注的电压高电流低，于是电子注阻抗高。为了达到足够的增益和功率，必须使用高互作用阻抗电路，但这会使器件的带宽相当窄。目前 CPI 加拿大公司研制的 EIK 工作频率已经覆盖 18~280GHz，在 280GHz 频率脉冲功率可达到 50W。图 8.8 给出了相应特性数据和放大器外形照片 [6]。中国科学院空天信息创新研究院研制的 Ka 波段梯形线 EIK，采用 $TM_{01}\pi$ 模工作，基于一个三间隙输入腔、三个三间隙群聚腔和一个五间隙输出腔作为互作用电路 (图 8.9(a))，在电子注电压 27kV 条件下，最大输出功率 20.3kW、增益 53.4dB、效率 24.5%、−1dB 带宽 220MHz。图 8.9(b) 给出了相对中心频率 35GHz，不同电子注电压下输出功率随相对频率偏移的变化关系曲线 [9,10]。目前相关基于梯形线 EIK 的研制朝更高频率发展主要受加工方法的限制。据相关报道，采用更先进的 MEMS 加工技术，其工作频率有望提高到 0.7THz[6]。

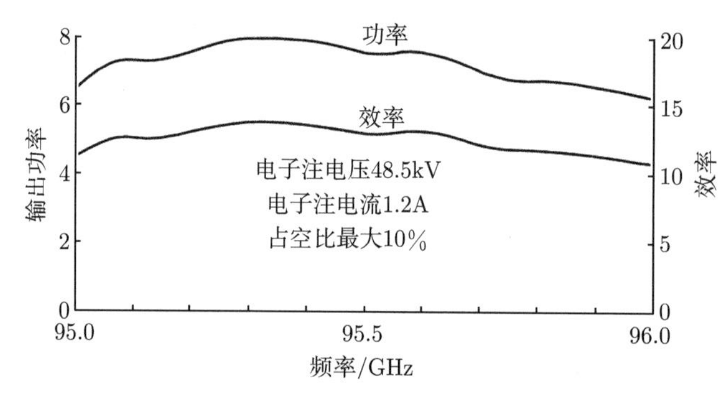

图 8.6 双槽直通梯形线 W 波段行波管输出功率/效率随频率变化曲线 [8]

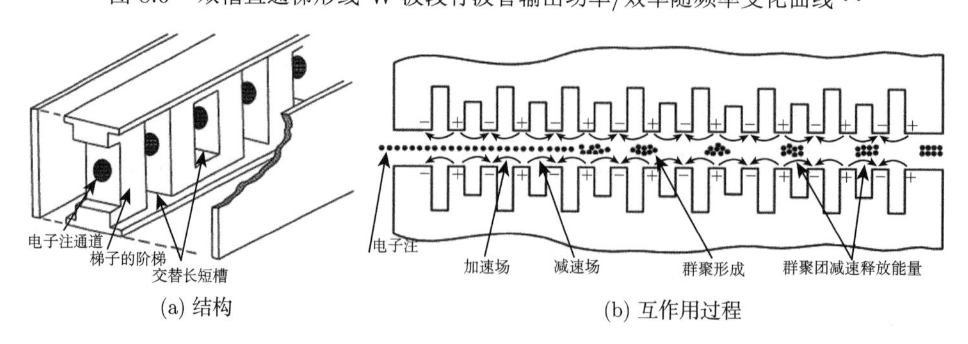

(a) 结构 (b) 互作用过程

图 8.7 EIK 用梯形线结构和注波互作用过程

频率/GHz	脉冲功率/W	平均功率/W
29	3500	1200
35	3500	1000
47	3000	500
95	3000	400
140	400	50
183	50	10
220	50	7
280	50	0.3

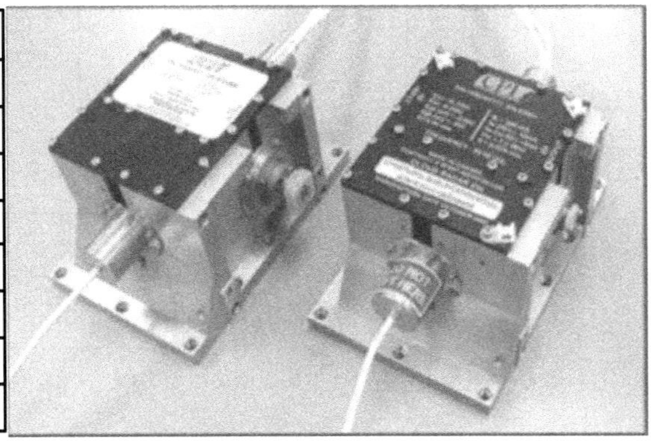

图 8.8 CPI 加拿大公司研制的 EIK 特性数据和放大器外形照片

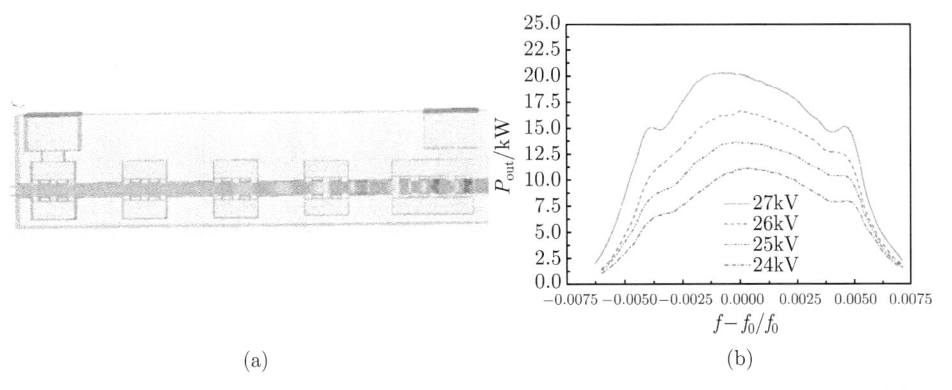

(a) (b)

图 8.9 中国科学院空天信息创新研究院 Ka 波段 EIK 互作用电路和不同电压输出功率随频率变化曲线

8.2.2 哑铃型多间隙腔

哑铃型谐振腔是为改善间隙电场均匀性由矩形腔加脊演变而来。图 8.10 是一个单间隙哑铃型腔模型图。图中从 x-y 平面上看，腔体中间为一段矩形波导，波导末端与两个大小相同的耦合腔相接，腔的形状酷似哑铃。如果 $b_1=b_2$，则哑铃型腔转变成为矩形耦合腔，于是腔中 TM 基模纵向电场 E_z 沿 x 方向分布类似于余弦函数，曲线向上凸；当 $b_2>b_1$ 时，中间电场因距离压缩而增强，于是电场会向两端耦合腔方向扩散，从而使电场分布变得越来越均匀，最终在 b_2 与 b_1 达到某一个比值时电场分布达到均匀；当 $b_2>b_1$ 时，且越过这个比值后，波导端中心的电场将越来越弱，从而致使电场分布中心下凹。图 8.11 给出了这三种情况下纵向电场沿 x 轴的分布情况 [11]。由此可知，只要合理选择哑铃型谐振腔的几何参数，就可以实现纵向电场的均匀分布，从而有利于电子注与高频场的高效率耦合。

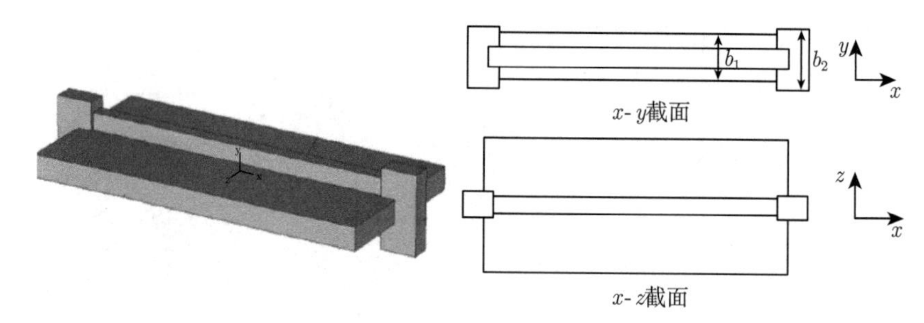

图 8.10 一个单间隙哑铃型腔模型图

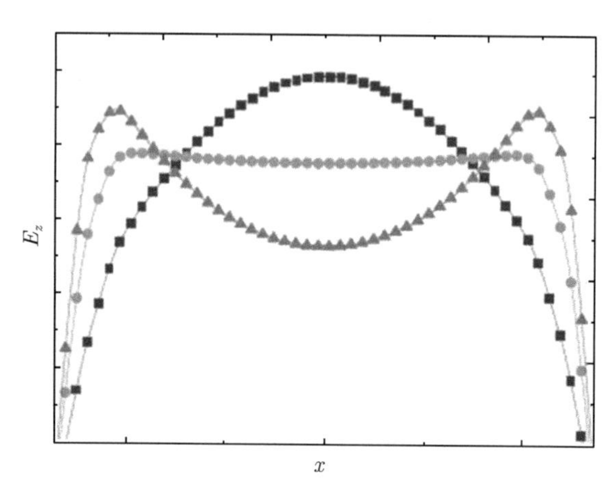

图 8.11 纵向电场 E_z 沿 x 方向变化

通过上述分析和结合哑铃型谐振腔的结构特征，其具有以下特点：

(1) 通过合理选择腔的结构参数，可以在间隙上获得相对均匀的纵向电场；

(2) 是一种适合二维平面加工的高频结构；

(3) 是一种适合与带状电子注耦合产生能量转换的高频结构；

(4) 哑铃型多间隙耦合腔的使用可以在一定程度上增大功率容量，展宽频带，同时缓解频率升高体积缩小带来的散热问题；

(5) 电子注通道同时容许高频信号通过，容易引起不同腔之间的相互串扰，必须有合适的办法进行隔离。

美国海军研究实验室 (NRL) 利用三个五间隙哑铃型谐振腔分别作为输入、群聚和输出高频电路 (图 8.12)，设计了一个 W 波段扩展互作用速调管 (EIK)[12]。该 EIK 设计的五间隙耦合腔采用类似 TM_{01} 的 2π 模作为工作模式，五个间隙上的纵向电场分布在电子注宽度内和不同间隙之间都非常均匀，不同间隙峰值场差别小于 5%(图 8.13)。基于线圈聚焦设计，NRL 研制的这个 W 波段 EIK 最大输出峰值功率可以达到 7.7kW，电子效率 8.6%，总效率 ~17%(图 8.14)。

中国科学院空天信息创新研究院也在 W 波段研制过一种基于哑铃型谐振腔作为互作用电路的带状注 EIK，利用 TM_{01} 的 2π 模工作，通过一个三间隙输入腔、两个三间隙群聚腔以及一个五间隙输出腔作为互作用电路 (图 8.15(a))[13]，采用电磁线圈聚焦，在 57kV 电压、~2A 电流、工作频率 95.025GHz 条件下，获得 2.57kW 输出功率、20dB 增益。图 8.15(b) 给出了对应的输出功率随频率的变化曲线 [13]。

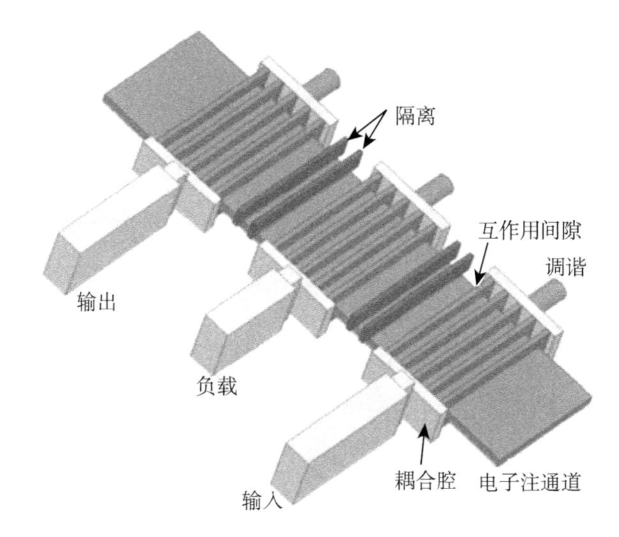

图 8.12 NRL W 波段 EIK 高频结构模型

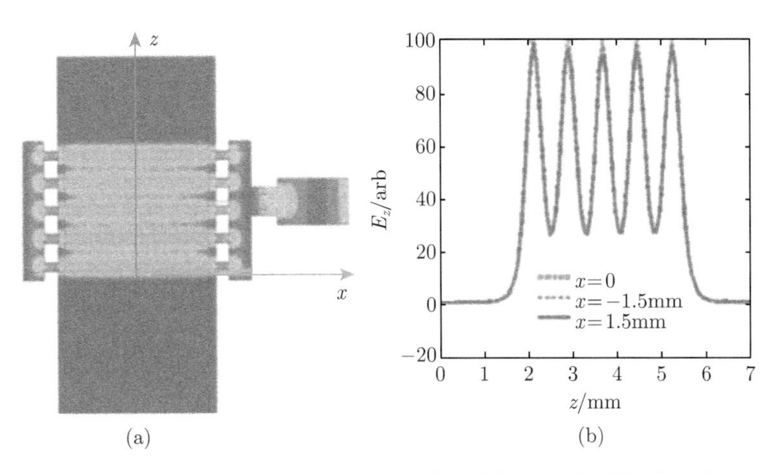

图 8.13 NRL W 波段 EIK 五间隙哑铃型谐振腔纵向电场图 (扫描封底二维码可看彩图)

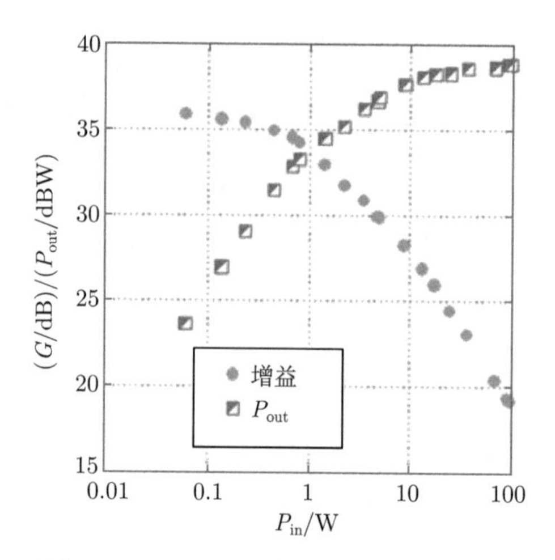

图 8.14　NRL W 波段 EIK 输出特性图

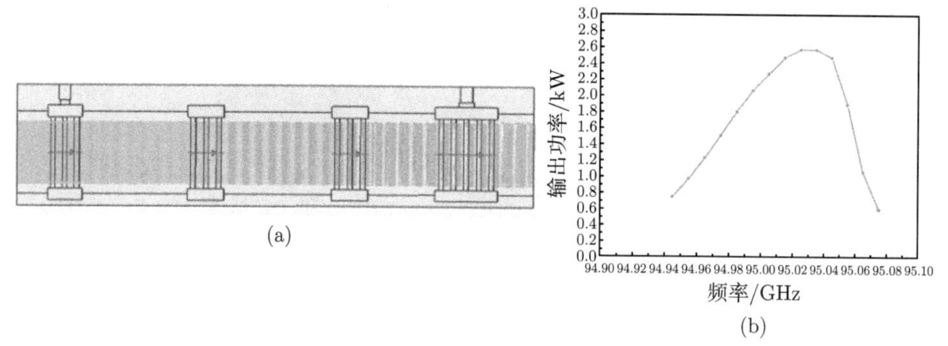

图 8.15　中国科学院空天信息创新研究院 W 波段带状注速调管互作用电路和输出功率随频率变化曲线

8.2.3　折叠波导

折叠波导是由矩形波导通过周期性折叠形成的一种全金属慢波结构 (图 8.16)。像梯形线一样，可以在一块金属板上加工折叠波导的一半，再在其顶部挖出半圆槽，然后与其另一半定位焊接在一起，就形成折叠波导慢波电路。相对于梯形线和哑铃型多间隙腔，折叠波导加工并不复杂。通过矩形波导和折叠结构两方面结合，折叠波导作为行波管互作用电路主要具有以下特点：

(1) 由于是一种全金属结构，故其功率容量大，散热特性好，结构坚固且整体性好；

(2) 由于采用矩形波导折叠形成，故具有较弱的色散特性，经过合理地设计波导参数、工作电压、电流等，即使在 W 波段也可能达到 30%以上的工作带宽；

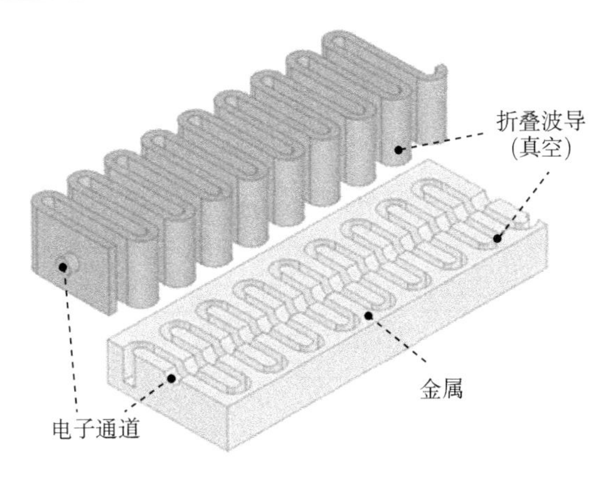

图 8.16 折叠波导慢波结构基本模型

(3) 由于由矩形波导折叠而成，因此输入输出波导可以采用标准矩形波导，过渡段的电路耦合设计简单，易于实现宽频带的耦合；

(4) 相较于其他传统慢波结构行波管，电路简单，高频损耗小；

(5) 折叠波导宽边中心处的矩形开孔对矩形波导侧壁的电流影响较小，对场分布影响小；

(6) 可采用带状电子注工作获得更大的电子注截面，提高电子注功率和降低空间电荷力；

(7) 电路制作简单，可以提高成品率，与 MEMS 兼容，能够在毫米波甚至是太赫兹波段加工出符合精度要求的慢波电路。

美国诺格公司 (NGC) 在太赫兹折叠波导行波管研究方面做了很多开创性工作。他们提出一种多注并联的方法来提高电子注功率，期待通过输入功率分配和输出功率合成增大太赫兹功率的输出 (图 8.17)。他们结合 DRIE 方法加工实现了

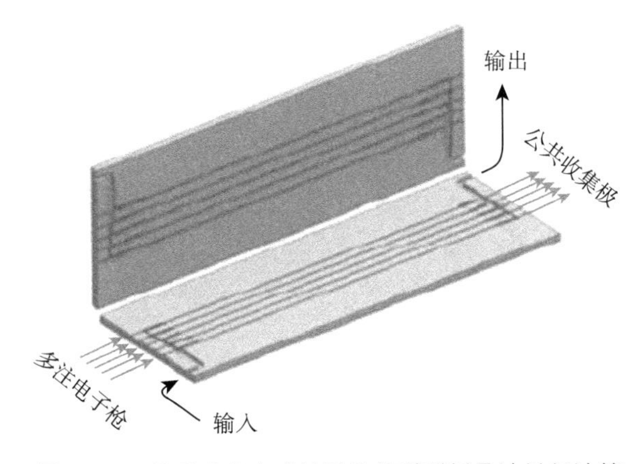

图 8.17 基于功率合成的五注并联型折叠波导行波管

慢波电路、高电流密度热阴极、高场强永磁聚焦和一级降压收集极，在占空比 50%、频率从 232.6~234.6GHz 获得大于 79W 的输出功率，输出功率大于 50W 的带宽为 2.4GHz(图 8.18)[14,15]。表 8.2 给出了他们在更高频率 0.64~1.03THz 范围研制的折叠波导行波管电性能参数 [16]。

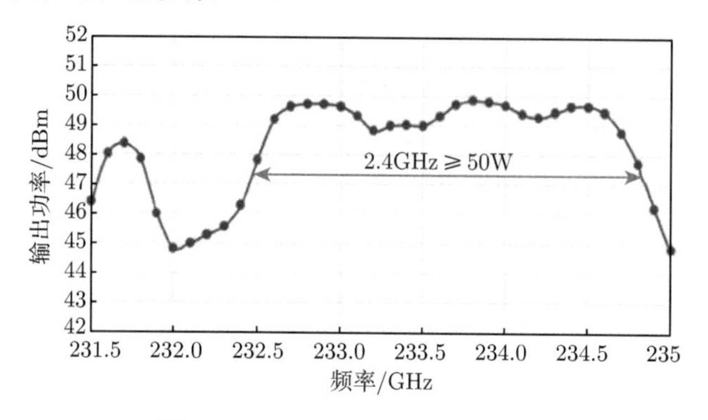

图 8.18　NGC 233GHz 输出特性

表 8.2　美国 NGC 公司折叠波导太赫兹行波管放大器参数

频率/THz	0.64	0.67	0.85	1.03
阴极电压/kV	9.7	9.6	11.4	12.1
电子注电流/mA	4.8	3.1	2.8	2.3
饱和增益/dB	22	17	22	20
峰值功率/mW	259	71	39	29
−3dB 带宽/GHz	15	15	15	5
占空比/%	10	0.5	11	0.3

NRL 利用 UV-LIGA 工艺制作一段 64 个间隙折叠波导作为互作用电路，研制的行波管在电压 12kV、频率 214.5GHz 产生大于 60W 的输出功率，具有超过 15GHz 的瞬时带宽 [17]。图 8.19 给出了相应高频电路和器件测试照片。NRL 还曾

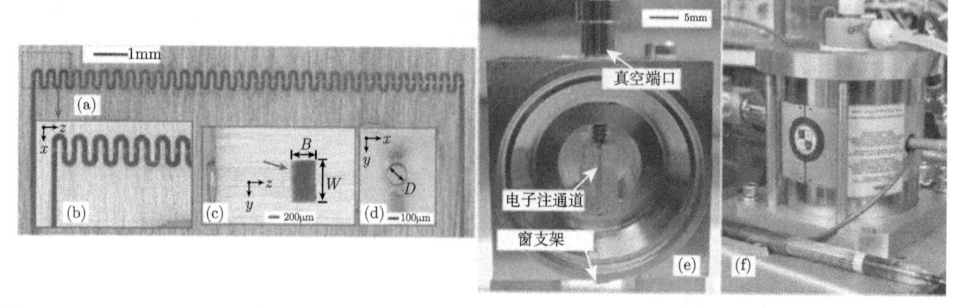

图 8.19　NRL 220GHz 折叠波导行波管：(a) 完整的高频电路；(b) 局部放大；(c) 完整的输入波导；(d) 电子注通道入口；(e) 最后焊接装配；(f) 整管测试

经设计过一种三注级联 220GHz 折叠波导行波管 [18]，Magic-3D 仿真结果表明，在电子注电源 20kV，电流 100mA 条件下，可以获得 73W 峰值输出功率、42dB 饱和增益、超过 50GHz 的瞬时带宽 (23%)。曾一度受到较大关注，但没有看到进一步的报道。图 8.20 给出了相应的电路模型和输出特性计算结果。

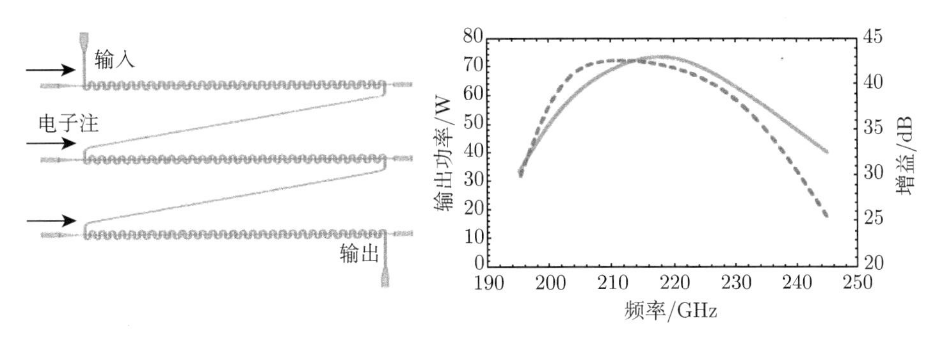

图 8.20 220GHz 三注级联折叠波导行波管电路模型和饱和输出特性仿真结果 (实线功率/虚线增益)

图 8.21 为中国工程物理研究院应用电子学研究所研制的 G 波段折叠波导行波管的互作用电路和输出特性图 [19]。该器件通过两段衰减分开的折叠波导作为高频电路，能够在电子注电压 20.5kV、电流 52.4mA 条件下连续波工作最大输出功率 30W，对应的增益 31.2dB，−3dB 带宽大于 7GHz。

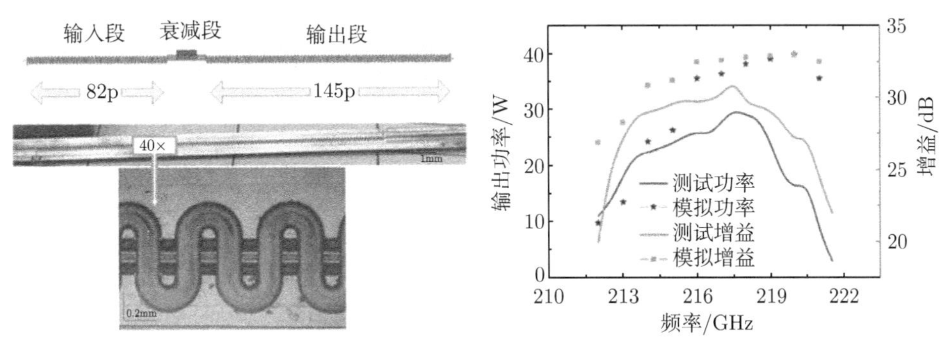

图 8.21 中国工程物理研究院应用电子学研究所研制 G 波段折叠波导行波管互作用电路和输出特性

为了提升短毫米波和太赫兹折叠波导行波管的性能，人们通过在波导上开槽或加脊来提升耦合阻抗和改善色散特性线性，以达到提高行波管的功率和效率或者增加其带宽的目的。图 8.22 给出了部分电子科技大学提出的开槽 [20,21] 和加脊 [22] 折叠波导结构。

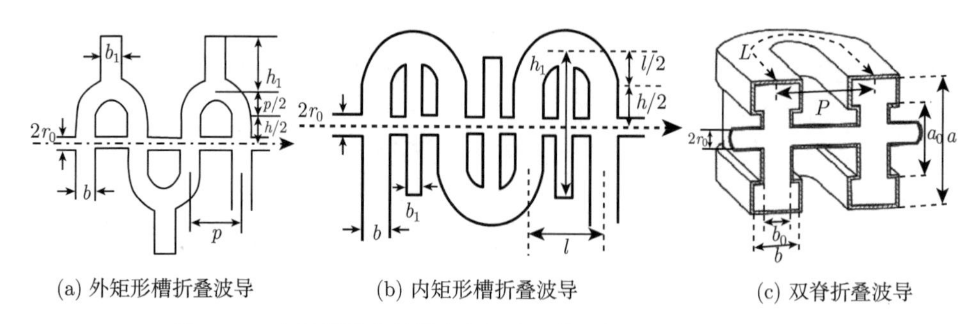

(a) 外矩形槽折叠波导　　(b) 内矩形槽折叠波导　　(c) 双脊折叠波导

图 8.22　电子科技大学提出的部分开槽和加脊折叠波导示意图

为了解决传统折叠波导慢波结构的边带不稳定现象，中国电子科技集团第十二研究所提出通过改变折叠波导圆弧过渡的圆心位置或内外圆弧的半径，以修正慢波结构的边带振荡频率，达到改善工作的稳定性。图 8.23 给出了相应于原始折叠波导结构的各种变化结构 [23]。

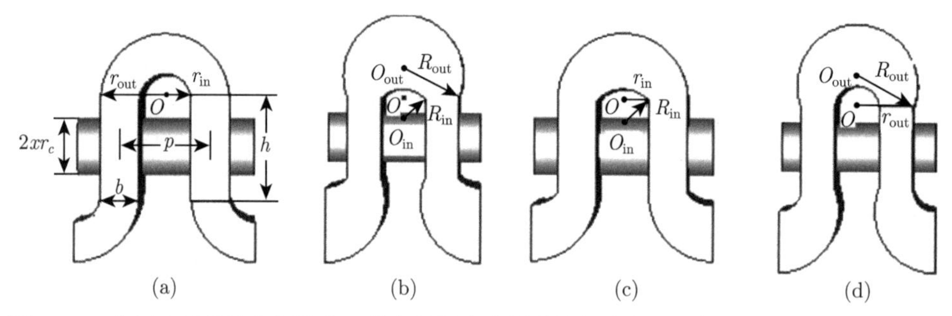

(a)　　(b)　　(c)　　(d)

图 8.23　中国电子科技集团第十二研究所提出的折叠波导过渡圆弧变化结构：(a) 原始结构；(b) 内外圆心及半径变化；(c) 内圆心和半径变化；(d) 外圆心及半径变化

8.2.4　交错双栅

相关交错双栅，曾经在 4.7 节中讨论过它的高频特性。这里我们主要突出这一结构作为行波管高频电路的基本特点和与带状电子注相结合后对短毫米波和太赫兹行波管研究开展的进步作用。图 8.24 是交错双栅带状注行波管基本结构的示意图。在 4.7 节讨论的基础上，这里总结交错双栅高频结构特点如下：

(1) 是一种全金属平板型慢波结构，功率容量大，散热特性好，结构坚固且整体性好；

(2) 相较于其他慢波结构行波管，电路简单，高频损耗小；

(3) 由于栅的交错，高频电场的纵向分量得到有效增强，提升了耦合阻抗，同时具有更宽的带宽输出能力 (图 8.25)；

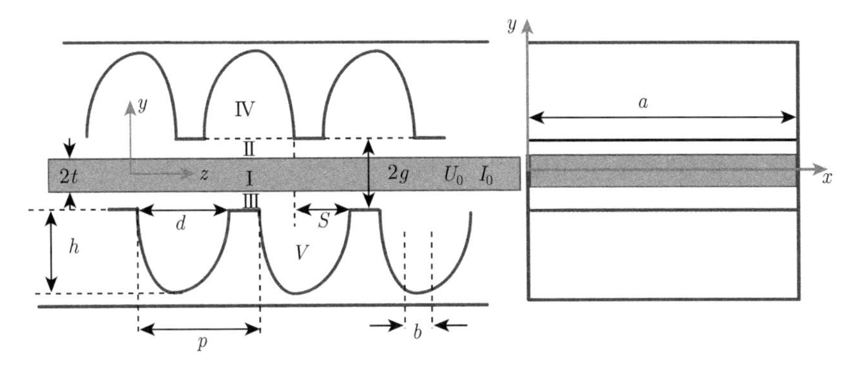

图 8.24 交错双栅带状注行波管结构示意图

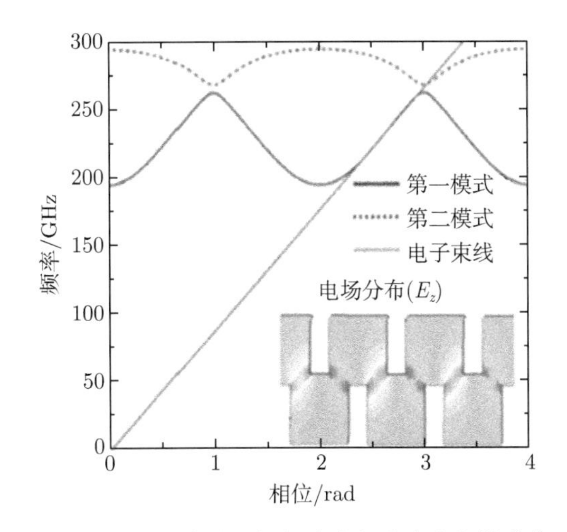

图 8.25 矩形交错双栅纵向电场分布和色散曲线

(4) 是一种天然与带状电子注相配合的高频结构，行波管设计可以根据传输特性、加工成型条件、带宽和耦合阻抗综合选择槽形状；

(5) 能够结合微细加工技术，在短毫米波和太赫兹波段加工出符合精度要求的慢波电路。

美国加州大学戴维斯分校 (UC-Davis) 于 2007 年提出利用全金属平板型矩形半周期交错双栅慢波结构带状注行波管方案并开始研制。经过大概十年的努力，在与 CPI 等单位合作的基础上，利用纳米计算机数控铣削技术加工交错双栅结构达到亚微米公差精度和纳米量级的表面光洁度；利用多层扩散焊接技术封接高频组件，证实了在大于 50GHz 宽频带范围电路传输测量插损小于 −5dB；利用一个纳米复合钪钨阴极电子枪产生 438A/cm^2 电流密度和 12.5∶1 压缩的带状电子注，在此基础上完成了实验样管的制备。利用一个输出功率 45mW 宽带单通道集成电路预功放作为驱动源，在电子注电压 20.9kV，214GHz 频率输出功率 11W、增益 27dB 条件下，测到的 −3dB 带宽为 14GHz (从 207∼221GHz)。对于高增益测量，在电子注电压 21.8kV，201GHz 频率输出功率 107W、增益 33 dB 条件下，测到的 −3dB 带宽为 6GHz (从 197∼203GHz)。利用一个扩展互作用速调管 (EIK) 作为驱动源，在 212.5GHz 饱和输出功率超过 110W。图 8.26 和图 8.27 分别给出了 UC-Davis 交错双栅行波管电路模型和两段式高频电路结构及焊接装配图。图 8.28 是该器件对应的输出特性图 [24]。

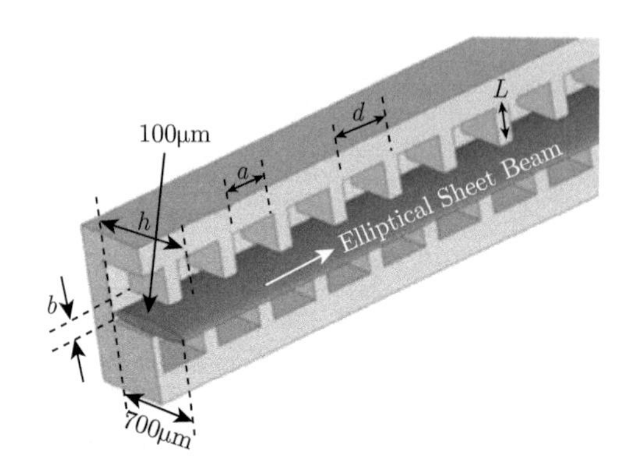

图 8.26　UC-Davis 交错双栅行波管电路模型

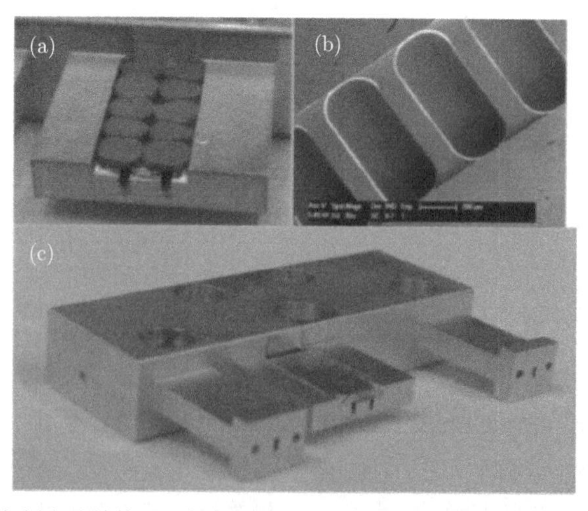

图 8.27　两段式高频电路结构及焊接装配图：(a) 用于截断的衰减瓷片；(b) 交错双栅电路扫描电子显微镜 (SEM) 照片；(c) 焊接装配好的交错双栅电路组件

中国科学院空天信息创新研究院利用一段交错双栅电路设计了一个 W 波段行波管，采用计算机数控铣削技术加工高频电路在 90∼95GHz 频率范围内反射

小于 −20dB(图 8.29)，采用钡钨阴极保证足够的发射电流密度。研制的实验样管通过电磁聚焦，在电子注电压 32kV、电流 550mA、聚焦磁场 0.85T、脉冲宽度 50μS、占空比 5%、频率 94GHz 条件下，获得 1.7kW 输出功率，大于 1kW 输出带宽达到 4GHz。图 8.30 给出了实验样管输出功率随频率变化曲线 [25]。

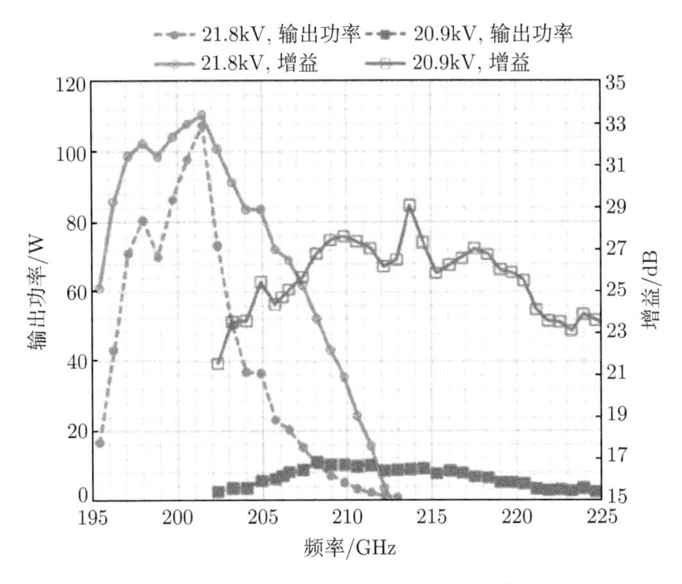

图 8.28 UC Davis 220GHz 交错双栅行波管输出特性图

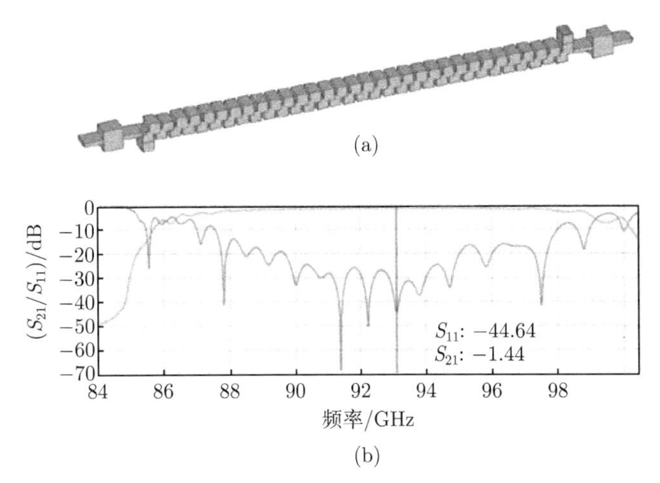

图 8.29 中国科学院空天信息创新研究院研制 W 波段行波管交错双栅电路结构和传输测量特性

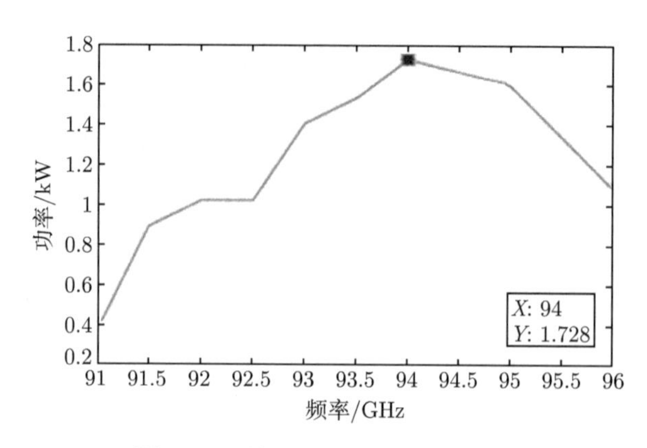

图 8.30 输出功率随频率变化曲线

8.2.5 曲折线型慢波结构

曲折线慢波结构可以看作传统螺旋线慢波结构平面化的一种衍生体。如图 8.31 所示，曲折线型慢波结构行波管主要分为两大类：① 由金属曲折线构成的，主要工作模式为 TEM 模的曲折线慢波结构；② 由波导结构沿曲折线弯折获得的，主要工作模式为 TE 模的折叠波导慢波结构。折叠波导已经作为一种特殊类型，在前面介绍过了，这里主要讨论金属曲折线慢波结构。

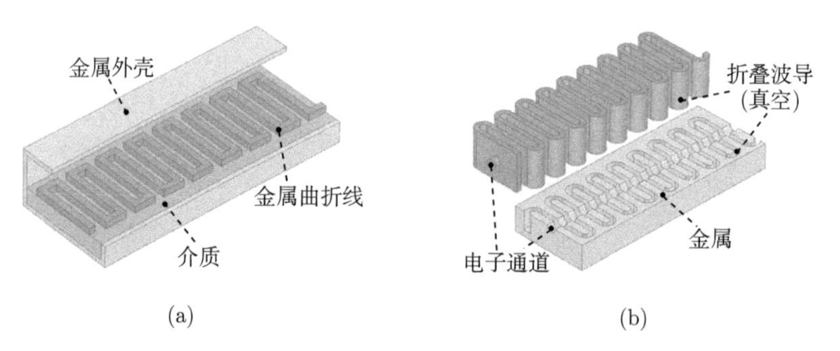

图 8.31 曲折线型慢波结构示意图: (a) 曲折线慢波结构；(b) 折叠波导慢波结构

20 世纪 70 年代，Scott 等在国际电子器件会议上报道了采用印制电路技术的行波管 [26,27]。工作在 S 波段的印制电路行波管 (图 8.32(a))，其峰值功率可达 2kW，带宽 3.1~3.5GHz，饱和增益 20dB；工作在 X 波段曲折线型印制电路的行波管 (图 8.32(b))，其峰值功率可达 100W，平均功率 10W，工作频率范围为 9.5~10.5GHz，饱和增益 30dB。与传统行波管原理相同，微波功率均是通过电子注与慢波结构中电磁波进行互作用产生，不同的是，慢波结构以印制电路的方式制备在陶瓷基片上。

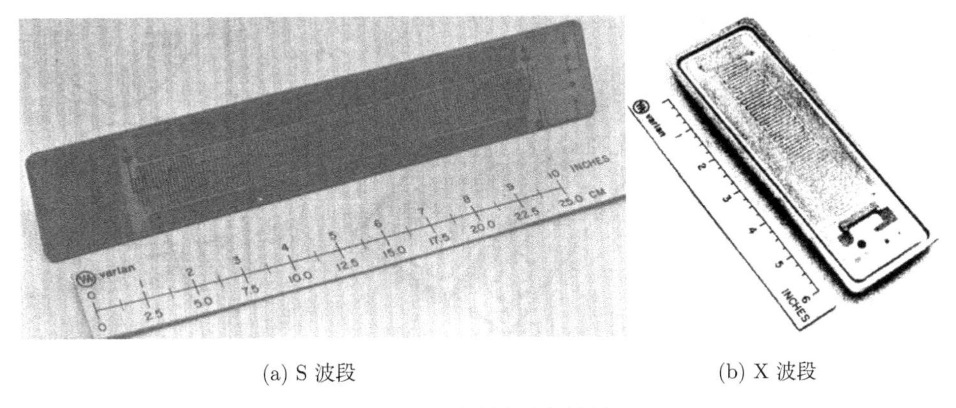

(a) S 波段　　　　(b) X 波段

图 8.32　印制电路行波管

这类印制电路行波管，除阴极以外，管内的其他所有部件，如阳极、注波互作用结构、收集极以及所有电子微波连接件，均印制在陶瓷基片上。更重要的是，相比于传统行波管，在性能可比拟的条件下，印制电路行波管在制造成本方面能够降低一个数量级 [26,27]。随着固态器件的快速发展，在制造成本等方面，以低成本为主要特色的印制电路行波管也逐渐失去了优势。因此，在之后很长的一段时间里，都没有得到很好的发展与应用。

随着器件向短毫米波和太赫兹发展，曲折线与微细加工技术好的兼容性让其在真空电子器件研制中意义明显。于是各种形式的曲折线慢波结构被提出和应用行波管理论、模拟及分析研究，尝试找到电性能突出、技术实现难度小、成本低廉、可靠性稳定、兼容性好的曲折线慢波结构。图 8.33 给出了四种不同类型的曲折线慢波结构 [28−31]。这种结构的优势是可以与电路设计制作兼容，非常适合器件的小型化、多层多电子注立体化和芯片化，对真空电子器件向太赫兹频段发展意义重大。相对于波导或耦合腔一类慢波结构，曲折线的速度更低，从而工作电压也更低。理论分析和数值计算的结果表明，这类器件可以在 Ka 波段利用环型曲折线获得大于 220W 的输出功率和 10%的效率 [32]，在 W 波段利用双 V 型曲折线获得大于 100W 的输出功率和 12%的效率 [29]。如果采用多电子注与双层甚至多层电路结合，可以获得更高的输出功率 [30,31,33]。不过，电路中的介质是真空电子器件工作电子运动最大的忌惮。虽然人们尽量减少介质的引入或设计介质支撑尽可能不会遭到电子的撞击，但低电压导致约束电子注的磁场强度超强以及带状注电子枪设计和实现难度大等问题，理论、数值分析和软件仿真与实验获得的结果目前尚有一定的差距。

虽然相关曲折线行波管的研究结果有些不尽如人意，但这种电路的小体积、轻重量以及具有能够让真空电子器件在太赫兹频段集成化的可能使人们对其的研究热情不减反增。人们相信随着技术的创新和进步，总可以找到好的办法克服目前研究遇到的困难。

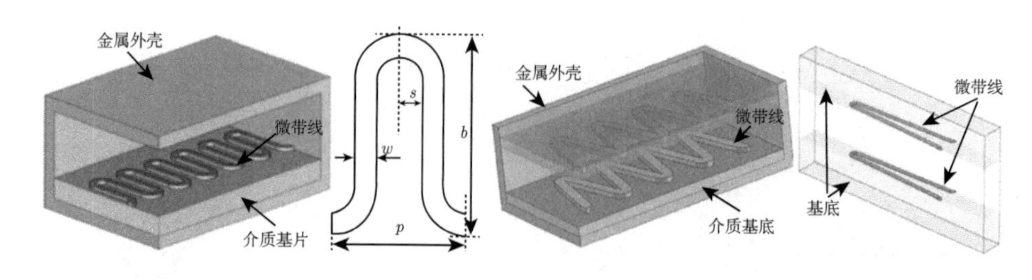

(a) 二维平面 U 形曲折线慢波结构[28]　　(b) 对称双 V 形曲折线慢波结构[29]

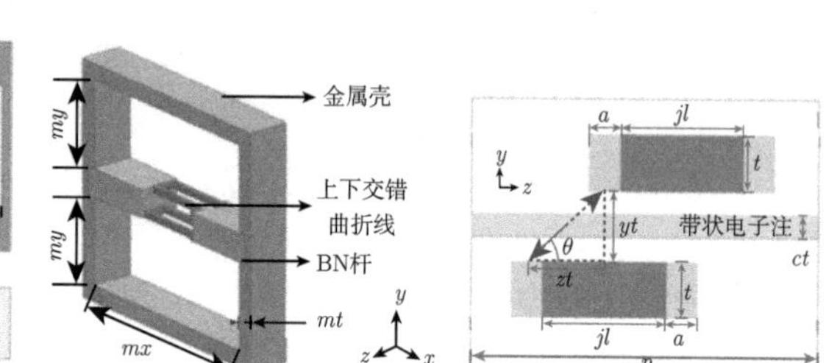

(c) 平面介质夹持曲折线慢波结构[30]　　(d) 介质夹持交错双曲折线慢波结构[31]

图 8.33　不同种类曲折线慢波结构

对于前面讨论的周期结构而言，在给定的工作频率下，小信号电磁波的相速度在各周期单元内可以认为是恒定的。当互作用长度足够长时，输出功率会先增大，然后达到一个最大值，此时的注波互作用过程达到饱和，最后由于部分电子会滑出减速场而进入加速场，从而使得输出功率下降。因此，对于周期慢波结构而言，在给定的工作频率下，具有一个最合适的互作用长度使行波管的输出功率和效率都可以达到最佳值。但这也意味着电子可能有相当一部分能量还没有释放出来。

2013 年，电子科技大学在对数螺旋慢波结构径向输出行波管基础上，沿固定张角将对数螺旋线切开，并将分段弧线对称相连，获得了一种角向对数周期曲折线 [34]，如图 8.34 所示。以对称角向对数周期曲折线作为互作用电路为例 [35]，在工作电压和电流分别为 809V 和 0.2A、聚焦磁场为 0.45T、工作频率为 30GHz 的条件下，峰值输出功率达到约为 61W，相应的峰值增益和电子效率分别为 18.3dB 和 25.9%，输出功率大于 38W 的带宽可以覆盖 20~45GHz。图 8.35 给出了以对称角向对数螺旋曲折线结构作为高频电路和对应行波管注波互作用模拟输出特性曲线。

2021 年中国科学院空天信息创新研究院提出一种同心弧非周期曲折线结构 [36]，如图 8.36 所示。相比于角向对数周期螺旋线，在同心圆弧结构中，电场分布在电子运动方向 (径向) 上可能更均匀，这使得电场与电子束的耦合可以更充分。因此，电子效率可能会进一步提高。以对称同心弧曲折线作为互作用电路为例，在工作电压和电流分别为 720V 和 0.2A、聚焦磁场为 0.5T、工作频率为 35GHz 的条件下，输出功率达到最大，约为 44.15W，相应的增益和电子效率分别为 18.6dB 和 30.66%，3dB 带宽可以覆盖 24~42GHz。图 8.37 给出了对称同心弧曲折线结构作为高频电路以及对应行波管注波互作用模拟输出特性曲线。

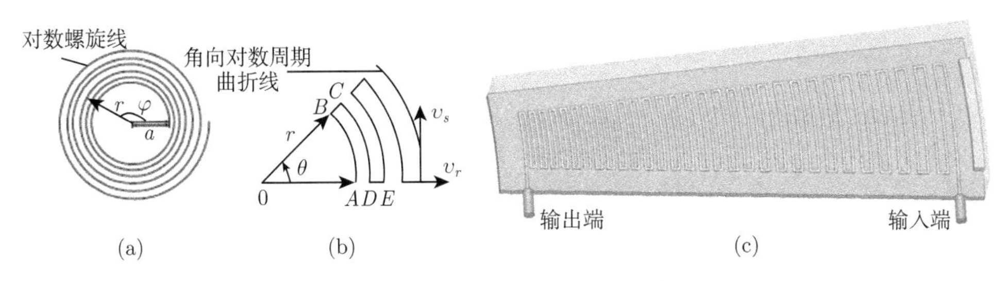

图 8.34 微带对数螺旋曲折线模型

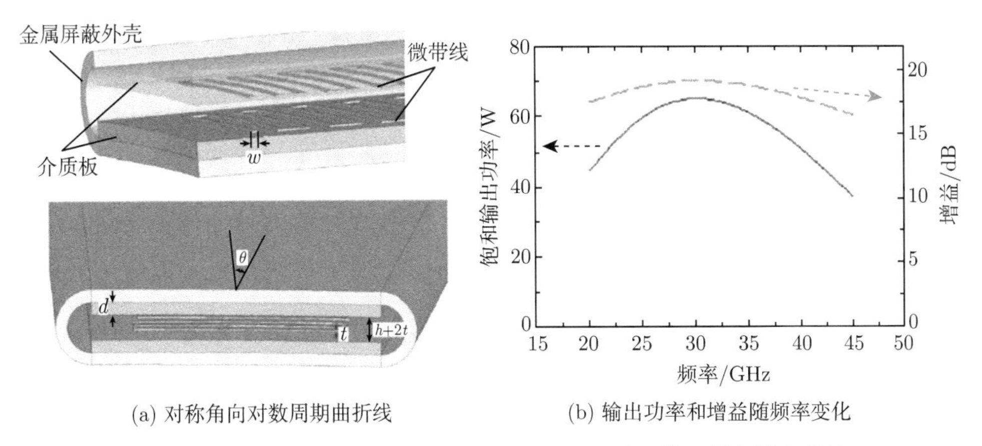

图 8.35 对数螺旋曲折线结构和对应行波管注波互作用模拟输出特性

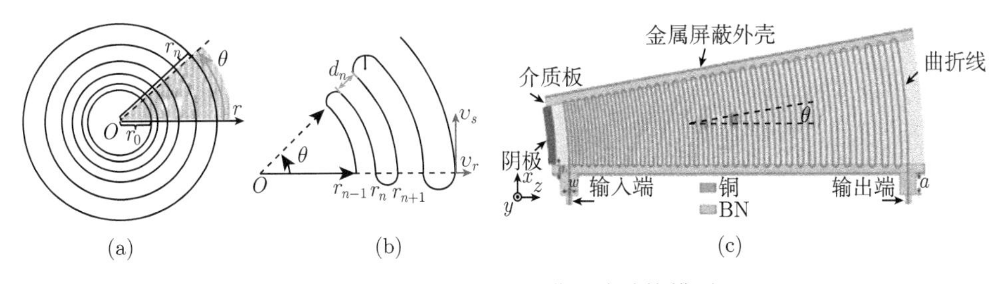

图 8.36 同心弧非周期曲折线结构模型

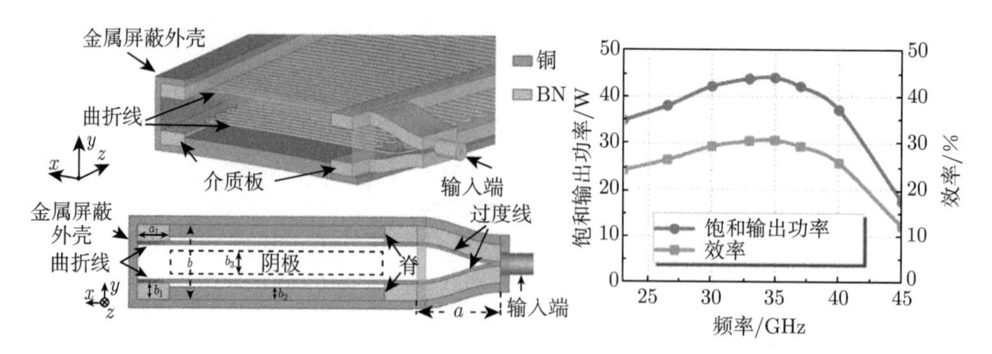

图 8.37 对称同心弧曲折线结构和对应行波管注波互作用模拟输出特性曲线

从上述结果看，非周期慢波能够增强注波同步，可以在更低电压和聚焦磁场情况下，达到更高的效率。

8.3 带状注电子枪

8.3.1 引言

随着真空微波器件的工作频带向毫米和太赫兹波段发展，器件尺寸缩小和空间电荷力增加使传统圆形电子枪设计和实现面临巨大挑战，器件向高功率发展需要寻找新的技术路线。带状电子注是为适应这一技术要求提出的，它是一具有较大宽高比的矩形或者椭圆形电子注，从而可以增大电子注的横截面积，在不增大电流密度的条件下增加工作电流，提高真空微波电子器件的增益和输出功率。此外，带状电子注还可以在电流相同的情况下，降低电流密度、延长阴极的使用寿命，扩大互作用区域。于是，带状注电子枪在真空微波器件向毫米波和太赫兹频段发展过程中受到高度关注。

带状注电子枪产生的电子注截面多为矩形或者椭圆形。当产生的电子注受如图 8.38(a) 的磁场 $\boldsymbol{B}$ 作用沿 z 轴方向运动时，空间电荷电场引起电子在带状注上下和左右产生的电漂移 ($\boldsymbol{E}\times\boldsymbol{B}$) 速度方向相反。也就是说，在均匀恒定磁场作用下，带状电子注沿 z 轴运动过程中会在 x-y 平面发生如图 8.38(b) 所示的剪切扭曲变形，严重的会出现丝化现象，使电子注无法正常传输，这在等离子体物理中称为 Diocotron 不稳定性。于是如何产生和约束电子注是带状电子注器件创新发展面临的一个关键技术问题。

8.3.2 带状注的成形

带状电子注成形主要有两种方式：一种是通过合适的聚焦电极将传统球面阴极产生的圆形电子注转变成椭圆形 (间接成形)；另一种是直接改变阴极形状以适应椭圆或者矩形电子注产生 (直接成形)。另外，根据聚焦电极对电子注压缩方式的差异，可分为单边压缩电子枪与双边压缩电子枪；根据阴极发射面的差异可以分为平面阴极电子枪与曲面阴极电子枪；根据阴极的形状差异可以分为矩形阴极电子枪、圆形阴极电子枪与椭圆形阴极电子枪。

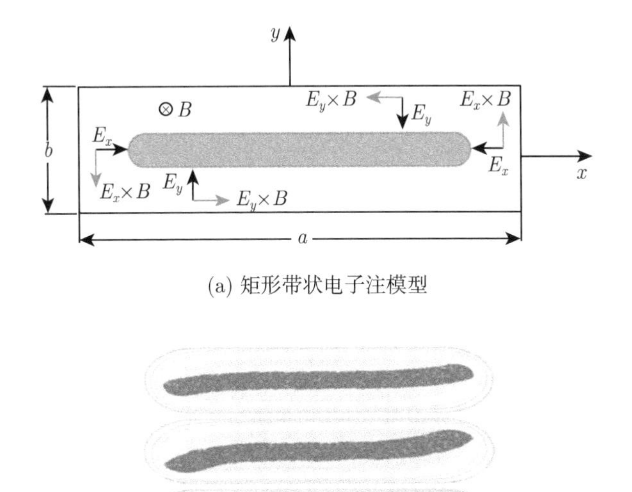

(a) 矩形带状电子注模型

(b) 均匀磁场下带状电子注沿 z 轴运动剪切扭曲

图 8.38　矩形带状电子注在均匀磁场约束下运动变化

图 8.39 展示了利用两个磁四极子将圆形电子注转换成带状电子注的基本思想 [37]。图中圆形电子注最初沿 z 方向前进，第一个四极子磁场作用使其在 x 方向受力发散，在 y 方向受力会聚，从而在 x-z 平面电子注变宽，y-z 平面电子注变窄。在两个四极矩之间的漂移区会继续持续这种变化。第二个四极矩具有与第一四极子相反的磁场梯度，并且具有适当选择的强度和位置来校正电子轨迹，以产生 x-y 平面上高度椭圆的傍轴电子注。文献 [38] 针对这种想法建立了相应理论和分析方法，并利用一个实际圆形电子枪参数与两个四极子相结合分析圆形电子注变换成椭圆形的过程以说明理论的有效性。

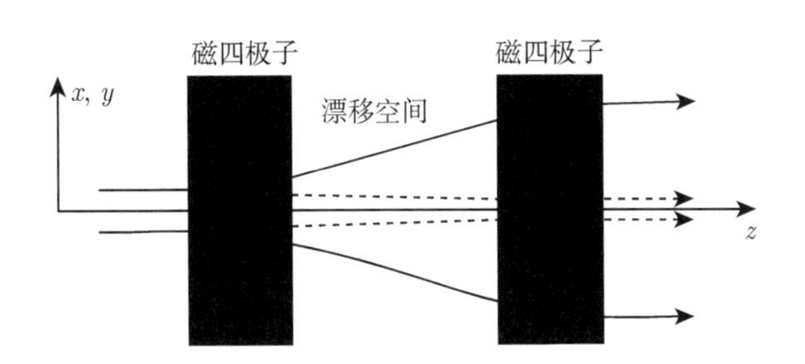

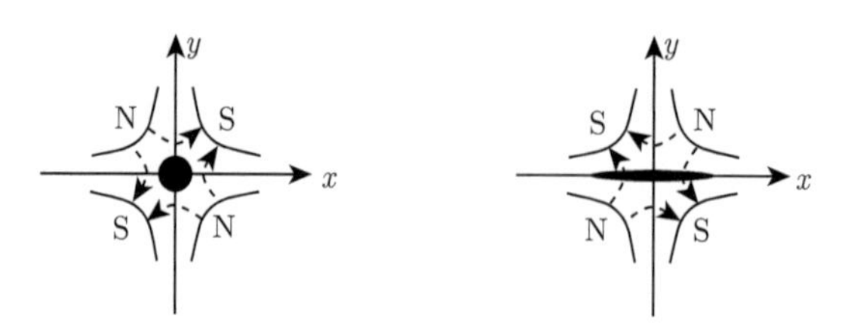

图 8.39 两个磁四极子将圆形电子注转换成为大宽高比椭圆注示意图

x 方向展宽 (实线)，y 方向压缩 (虚线)

图 8.40 是我国电子科技大学设计的 220GHz 带状注行波管双向压缩电子枪示意图 [39]。该设计选用圆形平面阴极，通过将聚焦极看作上下和左右两个部分来分别调节横截面上两个方向的压缩效果。通过优化电子枪参量，在工作电压为 25kV，电流为 0.08A，两个方向的压缩比分别到达 1.75∶1 和 7∶1。

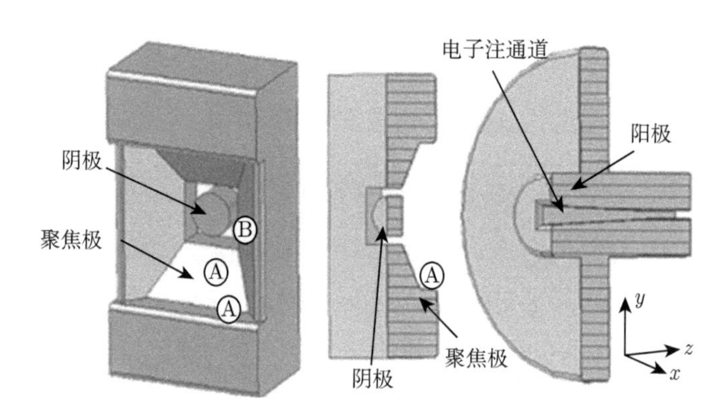

图 8.40 电子科技大学 220GHz 带状注行波管双向压缩电子枪结构示意图

图 8.41 是 SLAC 设计了一款用于 W 波段带状注速调管的带状注电子枪 [40]，在设计上致力于解决电子注水平方向和竖直方向边缘处的电场控制问题。在阴极的选取上选取圆形阴极结构，仅仅对竖直方向进行压缩，聚焦极的角度使用皮尔斯角来控制电子注的上下边缘。该电子枪工作电压为 74kV，电子注电流为 3.6A，电子注的面压缩比为 13.5∶1。

图 8.41 SLAC W 波段带状注速调管的带状注电子枪的阴极和聚焦极的实物图 [39]

美国海军实验室 (NRL) 研制了一款高压缩比电子枪 [41]。阴极采用矩形柱面结构，聚焦极选用跑道结构。在电子注电压 19.5kV，电流 3.5A 条件下，单边压缩为 ~30∶1。图 8.42 为该电子枪阴极和聚焦极的实物图。中国科学院空天信息创新研究院研制了一款用于 X 波段带状注速调管的矩形柱面阴极带状注电子枪 [42,43]，其聚焦极在竖直方向对电子注提供较大的压缩，在水平方向提供较小的压缩力度，用于限制电子注的发散。在电子注电压 300kV，电流 330A 条件下，电子注的单边压缩比为 5∶1。图 8.43 给出了该电子枪的实物照片。

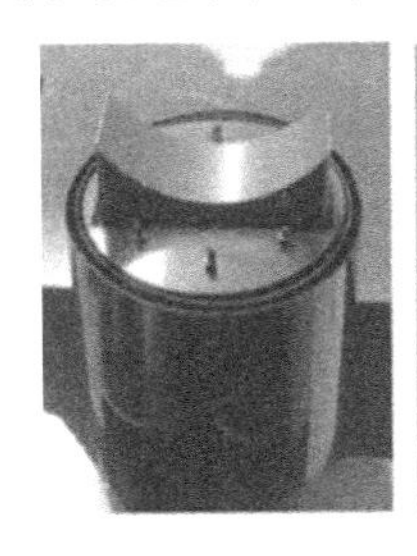

图 8.42 NRL 电子枪阴极与聚焦极的实物图

中国科学院空天信息创新研究院设计了一款工作于 W 波段的带状注电子枪 [44,45]。阴极选用椭圆形柱面结构，聚焦极仅仅对电子注的竖直方向压缩，电子注电压为 80kV，电流为 4A，带状电子注竖直方向压缩比为 10∶1(从 10mm×4mm 到 10mm×0.4mm)。图 8.44 给出了该电子枪的实物照片。与矩形阴极相比，椭圆形阴极电子枪不存在明显的边角过度压缩的现象。

图 8.43 中国科学院空天信息创新研究院电子枪照片

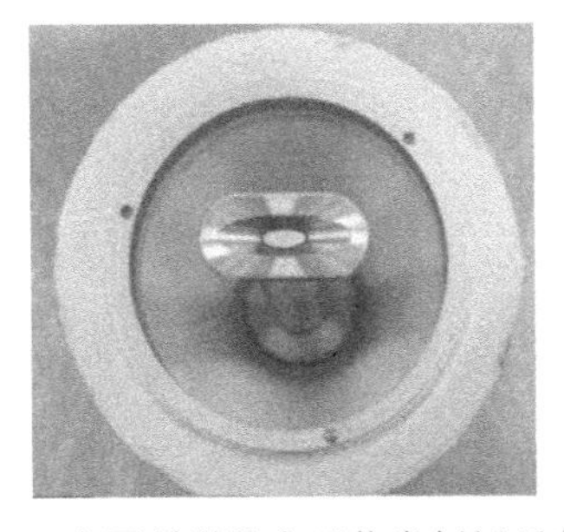

图 8.44 中国科学院空天信息创新研究院 W 波段椭圆柱面带状注电子枪照片

8.4 带状电子注的传输控制

带状电子注的传输控制是电子注光学面临的一个重要的技术问题。通常电子注传输控制以磁场聚焦为主，主要有均匀和周期磁场聚焦两种方式。由于均匀磁场聚焦的 Diocotron 不稳定性，周期永磁聚焦受到特别关注。

美国威斯康辛大学 Madison 分校利用偏置周期会切磁场 (PCM) 和周期会切磁场与周期磁四极子 (PCM-PQM) 相结合两种聚焦结构 (如图 8.45 和图 8.46 所示)，从理论和数值分析的角度，研究了两种聚焦方式对椭圆截面带状注聚焦的效果 [46]。由于两种聚焦方式宽边中间和两侧磁场方向周期性反转，中间磁场反转只会改变电子旋转的方向，不影响聚焦；宽边侧面磁场方向的反转使电子受力运动方向跟着反转，于是纵向相邻磁极对电子运动作用的效果相反，从而可以有效约束住带状电子注。图 8.47 给出了电压 10kV/电流 10A(低电压高电流，导流系数 10μP，高空间电荷密度) 横向分布相同的电子注穿过幅值强度相同均匀、偏置 PCM 和 PCM-PQM 三种磁场聚焦结构，在不同轴向位置电子注在横截面上的分布图。从图 8.47(a) 可以看出，偏置 PCM 在窄边方向的聚焦表现出逐渐变窄的良好特征，而宽边方向聚焦出现缓慢的振荡特征。图 8.47(b) 给出的均匀磁场聚焦结果表明，均匀磁场聚焦情况电子注传输进入聚焦结构后很快就开始剪切和倾斜，并在接近末端变成丝状并与传输通道发生剐蹭。图 8.47(c) 给出的 PCM-PQM 聚焦结果表明，独立可调磁四极子的加入有效减少了宽边方向聚焦出现缓慢振荡幅

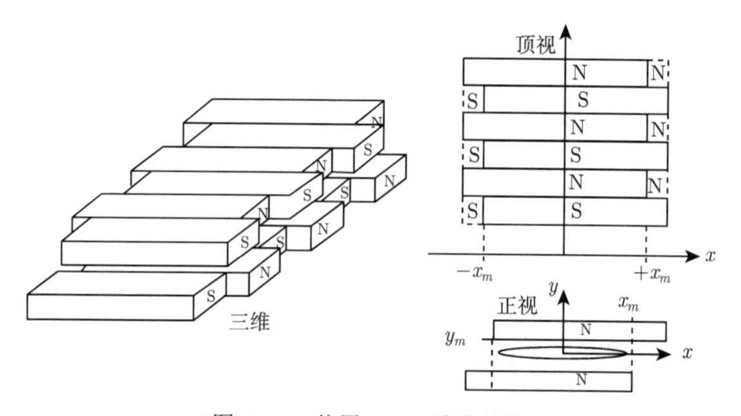

图 8.45 偏置 PCM 聚焦结构

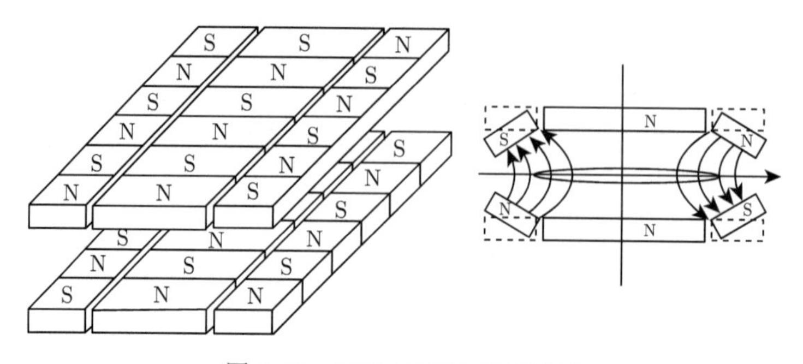

图 8.46 PCM-PQM 聚焦结构

度，这同时意味着可以采用更长的磁周期，更适合实际使用。总的来说，对应空间电荷影响占主导的低压束流，理论分析偏置 PCM 和 PCM-PQM 结构能够有效约束高偏心率椭圆截面带状电子注。

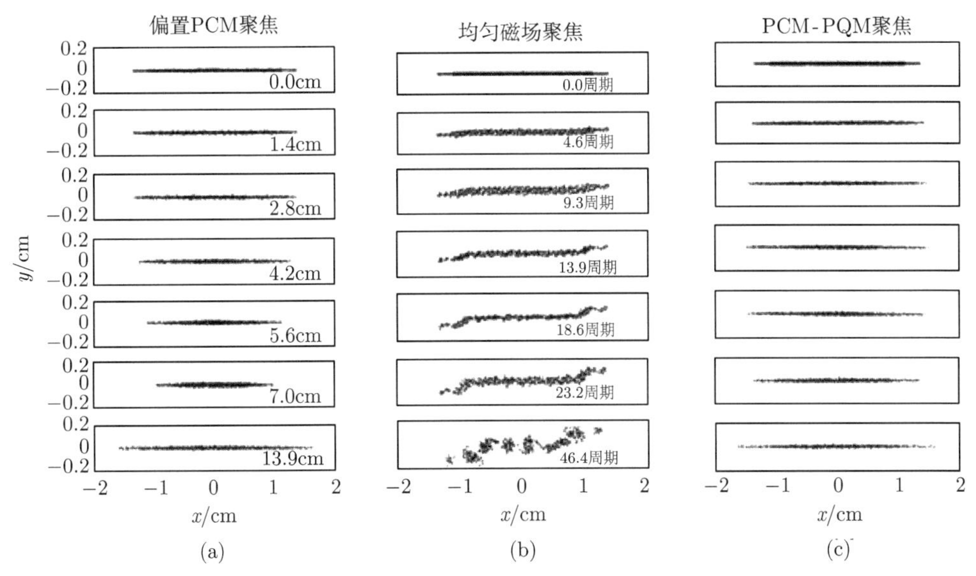

图 8.47 不同聚焦磁场结构中高空间电荷密度椭圆截面带状注在不同轴向位置横截面上的粒子分布

美国洛斯阿拉莫斯国家实验室在考虑发射度 (束流尺寸与张角的乘积) 对带状注聚焦的影响的情况下，基于 Wiggler 和 PPM 聚焦，对 120kV/20A 椭圆截面带状注传输过程中聚焦周期电子轨迹包络波纹影响进行了详细研究。虽然相比 Wiggler 聚焦，PPM 聚焦需要更强的磁场幅度 (大于 20%)，但一个磁场周期内出现不稳定周期长度要多 10%以上，并且对应相同聚焦周期二者可以达到大致相同的包络波纹 [47]。

中国科学院空天信息创新研究院在总结文献 [46,47] 等工作的基础上，提出了一种闭合 PCM 聚焦结构，并利用一矩形带状注作为例子，仿真验证了这种结构用于带状注聚焦的有效性 [48]。同时基于理论结果和分析，设计制作了一种 X 波段带状注速调管闭合 PCM 聚焦系统 [43,49]，产生峰值约为 750G 的轴向周期磁场。图 8.48 给出了该聚焦结构和磁场强度随纵向变化的曲线。在电子注电压 110kV、阴极电流 42A、占空比约为 0.48 条件下，该聚焦系统能约束截面尺寸为 50mm×4mm 矩形带状注在长度约为 242mm 的电子通道中传输率大于 92.4%。

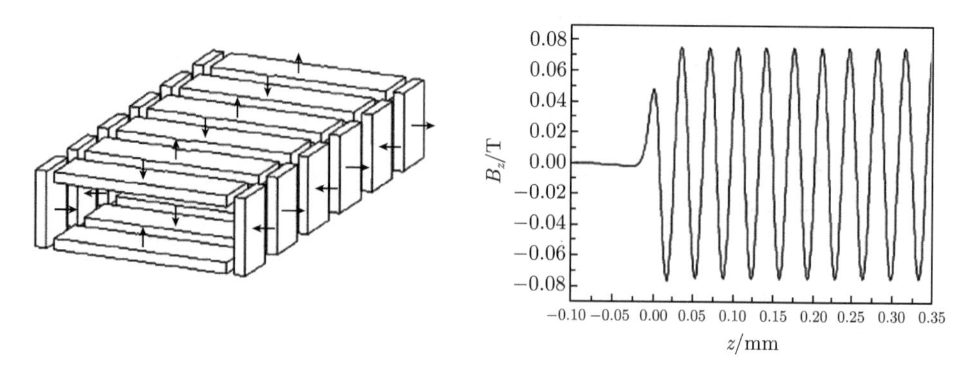

图 8.48　闭合 PCM 聚焦系统和相应的磁场分布曲线

虽然均匀磁场使带状注宽边两侧受力方向相反可能导致其出现 Diocotron 不稳定性，但实际上只要合理设计足够强的均匀磁场分布，电子注传输依然可以被有效控制。2011 年，NRL 研制了一款应用于 W 波段的具有高压缩比的带状注电子枪 [50]。设计了一种永磁聚焦系统来产生准均匀的磁场以实现对带状电子注的聚焦控制。图 8.49 给出了对应的电子枪结构和磁场曲线。这种永磁聚焦系统由四块磁块与极靴组成，可以在电子注传输方向产生约 0.85T 的准均匀磁场，磁场作用区域约为 1.8cm。该聚焦系统在电压 19.5kV、电流 3.5A、占空比为 80%的情况下，获得电子注在长度 20mm 的电子通道中 98.5%传输率的实验结果。

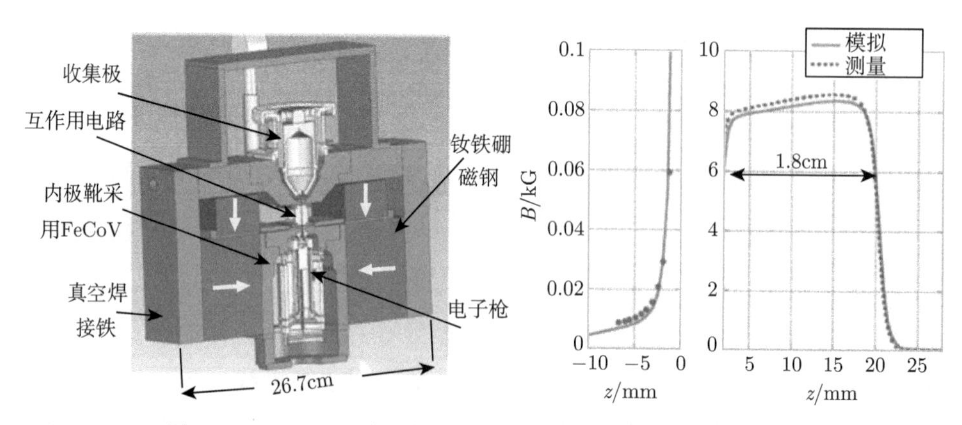

图 8.49　NRL W 波段高压缩包带状注电子枪结构和磁场曲线

2010 年中国科学院空天信息创新研究院研制了一种 W 波段线圈产生均匀磁场聚焦带状注电子枪 [44,45]。该电子枪利用椭圆阴极成形电子注，在电压为 20~60kV、导流系数为 0.186~0.169μP、电子注漂移通道长度为 100mm 条件下，电子注的传输通过率大约为 99%。图 8.50 给出了电子枪结构照片和均匀磁场实验测量分布图。

图 8.50 中国科学院空天信息创新研究院 W 波段均匀磁场聚焦电子枪结构照片和实验测量磁场分布图

第 8 章习题

8-1 梯形线作为行波管慢波电路和作为 EIK 扩展互作用多间隙耦合腔在结构和电性能上有什么不同的特点?

8-2 比较带状电子注直接和间接成形方法各自的特点和不足。

参 考 文 献

[1] Tonouchi M. Cutting-edge terahertz technology. Nature Photonics, 2007, 1: 97-105.

[2] Federici J, Moeller L. Review of terahertz and subterahertz wireless communications. Journal of Applied Physics, 2010, 107: 111101.

[3] Booske J H. Plasma physics and related challenges of millimeter-wave-to-terahertz and high power microwave generation. Physics of Plasmas, 2008, 15: 055502.

[4] Williams B S. Terahertz quantum cascade lasers. Nature Photonics, 2007, 1: 517-525.

[5] Kumar S. Recent progress in terahertz quantum cascade lasers. IEEE Journal of Selected Topics in Quantum Electronics, 2011, 17: 38-47.

[6] Booske J H, Dobbs R J, Joye C D, et al. Vacuum electronic high power terahertz sources. IEEE Trans. on Terahertz Science and Technology, 2011, 1: 54-75.

[7] Gilmour A S. Klystrons, Traveling Wave Tubes, Magnetrons, Crossed-Field Amplifiers, and Gyrotrons. Boston/London: Artech House, Inc., 2011.

[8] James B G. Coupled-cavity TWT designed for future mm-wave systems. Microwave Systems News & Communications Technology (MSN&CT), 1986, 16: 105-116.

[9] Zhao D, Liu G F, Gu W, et al. Development of a high power Ka-band extended interaction klystron. 20th International Vacuum Electronics Conference, 2019.

[10] Zhao D, Gu W, Hou X W, et al. Demonstration of a high-power Ka-band extended interaction klystron. IEEE Trans. on-ED, 2020, 67: 3788-3794.

[11] 陈姝媛. W 波段带状注扩展互作用速调管注波互作用系统的研究. 北京: 中国科学院大学, 2014.

[12] Pasour J, Wright E, Nguyen K T, et al. Demonstration of a multikilowatt, solenoidally focused sheet beam amplifier at 94GHz. IEEE Trans. on-ED, 2014, 61: 1630-1636.

[13] Zhao D, Gu W, Li Q S, et al. Experimental demonstration of a W-band sheet beam klystron. 21th International Vacuum Electronics Conference, 2020/输出特性曲线由赵鼎提供.

[14] Basten M A, Tucek J, Gallagher D, et al. A multiple electron beam array for a 220GHz amplifier. 10th IEEE International Vacuum Electronics Conference, 2009.

[15] Basten M A, Tucek J C, Gallagher D A, et al. 233GHz high power amplifier development at Northrop Grumman. 17th IEEE International Vacuum Electronics Conference, 2016.

[16] Tucek J C, Basten M A, Gallagher D A, et al. Operation of a compact 1.03THz power amplifier. 17th IEEE International Vacuum Electronics Conference, 2016.

[17] Joyea C D, Cooka A M, Calamea J P, et al. Demonstration of a high power, wideband 220GHz serpentine waveguide amplifier fabricated by UV-LIGA. 14th IEEE International Vacuum Electronics Conference, 2013.

[18] Nguyen K, Ludeking L, Pasour J, et al. Design of a high-gain wideband high-power 220-GHz multiple-beam serpentine TWT. 11th IEEE International Vacuum Electronics Conference, 2010.

[19] Jiang Y, Lei W Q, Hu P, et al. Demonstration of a 220-GHz continuous wave traveling wave tube. IEEE Trans. on-ED, 2021, 68: 3051-3055.

[20] Liao M L. Design of a novel folded waveguide for 60-GHz traveling-wave tubes. Chinese Physics Letters, 2016, 33: 044201.

[21] Liao M L, Wei Y Y, Gong Y B, et al. A rectangular groove-loaded folded waveguide for millimeter-wave traveling-wave tubes. IEEE Trans. on-PS, 2010, 38: 1574-1578.

[22] 何俊, 魏彦玉, 宫玉彬. Ka 波段曲折双脊波导行波管的研究. 物理学报, 2010，59: 2843-2849.

[23] Cai J, Feng J J, Wu X P, et al. Folded waveguide slow wave structure with modified circular bends. IEEE Trans. on-ED, 2014, 61: 3534-3538.

[24] Baig A, Gamzina D, Kimura T, et al. Performance of a Nano-CNC machined 220-GHz traveling wave tube amplifier. IEEE Trans. on-ED, 2017, 64: 2390-2397.

[25] Fan Y, Liu Y L, Wang J, et al. Design, simulation and test of a 1.7kW W-band sheet beam staggered double-grating TWT. 24th IEEE International Vacuum Electronics Conference, 2023.

[26] Scott A W. The printed circuit TWT. International Electron Devices Meeting, 1972.

[27] Potter B R, Scott A W, Tancredi J J. High-power printed circuit traveling wave tubes. International Electron Devices Meeting, 1973.

[28] Shen F, Wei Y Y, Xu X, et al. U-shaped microstrip meander-line slow-wave structure for Ka band traveling-wave tube. International Conference on Microwave and Millimeter Wave Technology, 2012. DOI: 10.1109/ICMMT.2012.6229942.

[29] Shen F, Wei Y Y, Xu X, et al. Symmetric double V-shaped microstrip meander-line slow-wave structure for W-band traveling-wave tube. IEEE Trans. on-ED, 2012, 59: 1551-1557.

[30] Wang H X, Wang Z L, Li X Y, et al. Study of a miniaturized dual-beam TWT with planar dielectric-rods- support uniform metallic meander line. Physics of Plasmas, 2018, 25: 063113.

[31] Dong Y, Chen Z J, Li X Y, et al. Ka-band dual sheet beam traveling wave tube using supported planar ring-bar slow wave structure. Journal of Electromagnetic Waves and Applications, 2020, 34: 2236-2250.

[32] Ding C, Wei Y Y, Zhang L Q, et al. Beam-wave interaction study on a novel Ka-band ring-shaped microstrip meander-line slow wave structure. 39th International Conference on Infrared, Millimeter, and Terahertz waves, 2014. DOI:10.1109/IRMMW-THz.2014.6956271.

[33] Torgashov R A, Rozhnev A G, Ryskin N M. Design study on a multiple-tunnel meander-line slow-wave structure for a high-power V-band traveling-wave tube. IEEE Trans. on-ED, 2022, 69: 1396-1401.

[34] Wang S M, Gong Y B, Hou Y, et al. Study of a log-Pperiodic slow wave structure for Ka-band radial sheet beam traveling wave tube. IEEE Trans. on-PS, 2013, 41: 2277-2283.

[35] Wang S M, Gong Y B, Wang Z L, et al. Study of the symmetrical microstrip angular log-periodic meander-line traveling-wave tube. IEEE Trans. on-PS, 2016, 44: 1787-1793.

[36] Wen Z, Luo J R, Li Y, et al. A concentric arc meander line slow wave structure applied on low voltage and high efficiency Ka-band TWT. IEEE Trans. on-ED, 2021, 68: 262-266.

[37] Basten M A, Booske J H, Anderson J. Magnetic quadrupole formation of elliptical sheet electron beams for high-power microwave devices. IEEE Trans. on-PS, 1994, 22: 960-966.

[38] Basten M A. Formation and transport of high-perveance electron beams for high-power, high-frequency microwave devices. Madison: University of Wisconsin at Madison, 1996.

[39] Shi X B, Wang Z L, Tang X F, et al. Study on wideband sheet beam traveling wave tube based on staggered double vane slow wave structure. IEEE Trans. on-ED, 2014, 42: 3996-4003.

[40] Scheitrum G. Design and construction of a W band sheet beam klystron. AIP Conference Proceedings, 2005: 120-125.

[41] Pasour J, Wright E, Nguyen K, et al. Sheet beam stick for low-voltage W-band extended interaction klystron (EIK). 11th IEEE International Vacuum Electronics Conference, 2010.

[42] Zhao D, Ruan C, Wang Y, et al. Numerical simulation and experimental test of a sheet beam electron gun. 11th IEEE International Vacuum Electronics Conference, 2010:

101-102.

[43] Zhao D, Lu X, Liang Y, et al. Researches on an X-band sheet beam klystron. IEEE Trans. on-ED, 2014, 61: 151-158.

[44] Wang S Z, Wang Y, Ding Y G, et al. Design of an electron optics system for a W-band sheet beam klystron. IEEE Trans. on-ED, 2008, 36: 665-669.

[45] Ruan C, Wang S Z, Xie J X, et al. Development of sheet beam electron optics system for W-band klystron. 11th IEEE International Vacuum Electronics Conference, 2010.

[46] Basten M A, Booske J H. Two-plane focusing of high-space-charge sheet electron beams using periodically cusped magnetic fields. Journal of Applied Physics, 1999, 85: 6313-6322.

[47] Carlsten B E, Earley L M, Krawczyk F L, et al. Stable two-plane focusing for emittance-dominated sheet-beam transport. Physical Review Special Topics-Accelerators and Beams, 2005, 8: 062002.

[48] 赵鼎. 关于闭合及偏置 PCM 结构约束带状电子注可行性的研究. 物理学报, 2010, 59: 1717-1720.

[49] Zhao D. Validity of closed periodic magnetic focusing for sheet electron beams. Physics of Plasmas, 2009, 16: 113102.

[50] Pasour J, Nguyen K, Wright E, et al. Demonstration of a 100-kW solenoidally focused sheet electron beam for millimeter-wave amplifiers. IEEE Trans. on-ED, 2011, 58: 1792-1797.

附录　交错双栅色散特性和损耗公式

A.1　色 散 特 性

将第 4 章给出的交错双栅慢波结构中 I、Ⅱ、Ⅲ 区的电磁场分布表达式 (4.165)、(4.166) 和 (4.167) 重写如下：

$$\left.\begin{aligned}
H_x^{\mathrm{I}} &= \sum_{n=-\infty}^{\infty} \left[a_n F(\nu_n y) + b_n G(\nu_n y)\right] \mathrm{e}^{-\mathrm{j}\beta_n z} \sin(k_x x) \\
E_z^{\mathrm{I}} &= \frac{\mathrm{j}\omega\mu_0}{k_0^2 - k_x^2} \sum_{n=-\infty}^{\infty} \nu_n \left[a_n F'(\nu_n y) + b_n G'(\nu_n y)\right] \mathrm{e}^{-\mathrm{j}\beta_n z} \sin(k_x x)
\end{aligned}\right\} \tag{A.1}$$

$$\left.\begin{aligned}
H_{x,k}^{\mathrm{II}} &= \sum_{m=0}^{\infty} \left[a_{m,k} F\left(l_{m,k} y\right) + b_{m,k} G\left(l_{m,k} y\right)\right] \cos\left[k_{z,m,k}(z - z_k)\right] \sin(k_x x) \\
E_{z,k}^{\mathrm{II}} &= \sum_{m=0}^{\infty} \frac{\mathrm{j}\omega\mu_0 l_{m,k}}{k_0^2 - k_x^2} \left[a_{m,k} F'\left(l_{m,k} y\right) + b_{m,k} G'\left(l_{m,n} y\right)\right] \cos\left[k_{z,m,k}(z - z_k)\right] \sin(k_x x)
\end{aligned}\right\} \tag{A.2}$$

$$\left.\begin{aligned}
H_{x,k}^{\mathrm{III}} &= \sum_{m=0}^{\infty} \left[c_{m,k} F\left(l_{m,k} y\right) + d_{m,k} G\left(l_{m,k} y\right)\right] \cos\left[k_{z,m,k}(z - z_k - s)\right] \sin(k_x x) \\
E_{z,k}^{\mathrm{III}} &= \sum_{m=0}^{\infty} \frac{\mathrm{j}\omega\mu_0 l_{m,k}}{k_0^2 - k_x^2} \left[c_{m,k} F'\left(l_{m,k} y\right) + d_{m,k} G'\left(l_{m,n} y\right)\right] \cos\left[k_{z,m,k}(z - z_k - s)\right] \sin(k_x x)
\end{aligned}\right\} \tag{A.3}$$

利用场匹配法找出各区域场幅度系数之间的关系，并由此得到色散方程。在这个过程中，需要利用互作用区和槽区在交接面处的切向电场以及切向磁场的连续性，具体如下：

$$H_x^{\mathrm{I}}\Big|_{y=g} = H_{x,1}^{\mathrm{II}}\Big|_{y=g} \quad (0 < z < d) \tag{A.4}$$

$$E_z^{\mathrm{I}}\Big|_{y=g} = \begin{cases} E_{z,1}^{\mathrm{II}}\Big|_{y=g} & (0 < z < d) \\ 0 & (d < z < p) \end{cases} \tag{A.5}$$

$$H_x^{\mathrm{I}}\Big|_{y=-g} = H_{x,1}^{\mathrm{III}}\Big|_{y=-g} \quad (s < z < d + s) \tag{A.6}$$

$$E_z^{\mathrm{I}}\Big|_{y=-g} = \begin{cases} E_{z,1}^{\mathrm{III}}\Big|_{y=-g} & (s < z < d + s) \\ 0 & (d + s < z < p + s) \end{cases} \tag{A.7}$$

将式 (A.1) 和式 (A.2) 代入方程 (A.4)，两边分别同乘以 $\cos\left(\dfrac{m\pi}{d}\right)(m=0,1,2,\cdots)$，并在 $[0, d]$ 内积分，得到

$$\sum_{n=-\infty}^{\infty}\left[a_nF(\nu_ng)+b_nG(\nu_ng)\right]R\left(-\beta_n,\frac{m\pi}{d}\right)$$
$$=a_{m,1}\frac{1+\delta_{0m}}{2}d\left[F\left(l_{m,1}g\right)+\left(b_{m,1}/a_{m,1}\right)G\left(l_{m,1}g\right)\right] \tag{A.8}$$

其中，δ_{0m} 为 Kronecker 函数，当 m=0 时，δ_{0m}=1；当 $m\neq$0 时，δ_{0m}=0。另外

$$R\left(\pm\beta_n,\frac{m\pi}{d}\right)=\begin{cases}\pm\mathrm{j}\beta_n\dfrac{1-\mathrm{e}^{\pm\mathrm{j}\beta_nd}(-1)^m}{\beta_n^2-\left(\dfrac{m\pi}{d}\right)^2} & \left(\beta_n\neq\pm\dfrac{m\pi}{d}\right)\\ \dfrac{(1+\delta_{0,m})}{2}d & \left(\beta_n=\pm\dfrac{m\pi}{d}\right)\end{cases} \tag{A.9}$$

将式 (A.1) 和式 (A.2) 代入方程 (A.5)，两边分别同乘以 $\mathrm{e}^{\mathrm{j}\beta_{n'}z}$，并在 $[0, p]$ 内积分，得到

$$p\nu_{n'}\left[a_{n'}F'(\nu_{n'}g)+b_{n'}G'(\nu_{n'}g)\right]$$
$$=\sum_{m=0}^{\infty}a_{m,1}l_{m,1}\left[F'\left(l_{m,1}g\right)+\left(b_{m,1}/a_{m,1}\right)G'\left(l_{m,1}g\right)\right]R\left(\beta_{n'},\frac{m\pi}{d}\right) \tag{A.10}$$

将式 (A.1) 和式 (A.3) 代入方程 (A.6)，两边分别同乘以 $\cos\left(\dfrac{m\pi}{d}\right)(m=0,1,2,\cdots)$，并在 $[s, d+s]$ 内积分，得到

$$\sum_{n=-\infty}^{\infty}\left[-a_nF(\nu_ng)+b_nG(\nu_ng)\right]R\left(-\beta_n,\frac{m\pi}{d}\right)\mathrm{e}^{-\mathrm{j}\beta_ns}$$
$$=c_{m,1}\frac{1+\delta_{0m}}{2}d\left[-F\left(l_{m,1}g\right)+\left(d_{m,1}/c_{m,1}\right)G\left(l_{m,1}g\right)\right] \tag{A.11}$$

将式 (A.1) 和式 (A.3) 代入方程 (A.7)，两边分别同乘以 $\mathrm{e}^{\mathrm{j}\beta_{n'}z}$，并在 $[s, p+s]$ 内积分，得到

$$p\nu_{n'}\left[a_{n'}F'(\nu_{n'}g)-b_{n'}G'(\nu_{n'}g)\right]\mathrm{e}^{\mathrm{j}\beta_{n'}s}$$
$$=\sum_{m=0}^{\infty}c_{m,1}l_{m,1}\left[F'\left(l_{m,1}g\right)-\left(d_{m,1}/c_{m,1}\right)G'\left(l_{m,1}g\right)\right]R\left(\beta_{n'},\frac{m\pi}{d}\right) \tag{A.12}$$

将式 (A.8) 代入式 (A.10) 得到

$$\begin{aligned}
&\mathrm{pd}\nu_{n'}\left[a_{n'}F'_{n'}(\nu_{n'}g)+b_{n'}G'_{n'}(\nu_{n'}g)\right]\\
&=\sum_{n=-\infty}^{\infty}\sum_{m=0}^{\infty}\left[a_nF_n(\nu_ng)+b_nG_n(\nu_ng)\right]\\
&\quad\cdot\frac{2l_{m,1}\left[F'_{m,1}\left(l_{m,1}g\right)+\left(b_{m,1}/a_{m,1}\right)G'_{m1}\left(l_{m,1}g\right)\right]}{\left(1+\delta_{0m}\right)\left[F_{m,1}\left(l_{m,1}g\right)+\left(b_{m,1}/a_{m,1}\right)G_{m,1}\left(l_{m,1}g\right)\right]}R\left(-\beta_n,\frac{m\pi}{d}\right)R\left(\beta_{n'},\frac{m\pi}{d}\right)
\end{aligned}\tag{A.13}$$

将式 (A.11) 代入式 (A.12) 得到

$$\begin{aligned}
&\mathrm{pd}\nu_{n'}\left[a_{n'}F'_{n'}(\nu_{n'}g)-b_{n'}G'_{n'}(\nu_{n'}g)\right]\\
&=\sum_{n=-\infty}^{\infty}\sum_{m=0}^{\infty}\mathrm{e}^{\mathrm{j}(\beta_{n'}-\beta_n)s}\left[-a_nF_n(\nu_ng)+b_nG_n(\nu_ng)\right]\\
&\quad\cdot\frac{2l_{m,1}}{1+\delta_{0\mathrm{m}}}\frac{\left[F'_{m,1}\left(l_{m,1}g\right)-\left(d_{m,1}/c_{m,1}\right)G'_{m,1}\left(l_{m,1}g\right)\right]}{\left[-F_{m,1}\left(l_{m,1}g\right)+\left(d_{m,1}/c_{m,1}\right)G_{m,1}\left(l_{m,1}g\right)\right]}R\left(-\beta_n,\frac{m\pi}{d}\right)R\left(\beta_{n'},\frac{m\pi}{d}\right)
\end{aligned}\tag{A.14}$$

将式 (A.13) 和式 (A.14) 转换为如下矩阵相乘形式，

$$\begin{bmatrix}M,N\\P,Q\end{bmatrix}\begin{bmatrix}A\\B\end{bmatrix}=0\tag{A.15}$$

其中，

$$A=(\cdots,a_{-n},\cdots,a_{-1},a_0,a_1,\cdots,a_n,\cdots)^{\mathrm{T}}$$

$$B=(\cdots,b_{-n},\cdots,b_{-1},b_0,b_1,\cdots,b_n,\cdots)^{\mathrm{T}}$$

$$M_{n,n'}=\delta_{n'n}\mathrm{pd}\nu_{n'}F'(\nu_{n'}g)-F(\nu_ng)\sum_{m=0}^{\infty}\frac{2}{1+\delta_{0m}}O_mR\left(\beta_{n'},\frac{m\pi}{d}\right)R\left(-\beta_n,\frac{m\pi}{d}\right)$$

$$N_{n,n'}=\delta_{n'n}\mathrm{pd}\nu_{n'}G'(\nu_{n'}g)-G(\nu_ng)\sum_{m=0}^{\infty}\frac{2}{1+\delta_{0m}}O_mR\left(\beta_{n'},\frac{m\pi}{d}\right)R\left(-\beta_n,\frac{m\pi}{d}\right)$$

$$\begin{aligned}
P_{n,n'}=&\,\delta_{n'n}\mathrm{pd}\nu_{n'}F'(\nu_{n'}g)\\
&+F_n(\nu_ng)\sum_{m=0}^{\infty}\frac{2}{1+\delta_{0m}}T_mR\left(\beta_{n'},\frac{m\pi}{d}\right)R\left(-\beta_n,\frac{m\pi}{d}\right)\mathrm{e}^{\mathrm{j}(\beta_{n'}-\beta_n)s}
\end{aligned}$$

$$Q_{n,n'}=-\delta_{n'n}\mathrm{pd}\nu_{n'}G'(\nu_{n'}g)$$

$$-G(\nu_n g)\sum_{m=0}^{\infty}\frac{2}{1+\delta_{0m}}T_m R\left(\beta_{n'},\frac{m\pi}{d}\right)R\left(-\beta_n,\frac{m\pi}{d}\right)\mathrm{e}^{\mathrm{j}(\beta_{n'}-\beta_n)s}$$

这里的 $\delta_{n'n}$ 为 Kronecker 函数，$n'=n$ 时，$\delta_{n'n}=1$；$n'\neq n$ 时，$\delta_{n'n}=0$，另外，

$$O_m=\frac{l_{m,1}\left[F'\left(l_{m,1}g\right)+\left(b_{m,1}/a_{m,1}\right)G'\left(l_{m,1}g\right)\right]}{F\left(l_{m,1}g\right)+\left(b_{m,1}/a_{m,1}\right)G\left(l_{m,1}g\right)}$$

$$T_m=\frac{l_{m,1}\left[F'\left(l_{m,1}g\right)-\left(d_{m,1}/c_{m,1}\right)G'\left(l_{m,1}g\right)\right]}{\left[-F\left(l_{m,1}g\right)+\left(d_{m,1}/c_{m,1}\right)G\left(l_{m,1}g\right)\right]}$$

这样，描述任意槽交错双栅的统一色散方程为

$$\det\begin{bmatrix}M,N\\P,Q\end{bmatrix}=0 \tag{A.16}$$

注意到色散方程 (A.16) 中含有未知量 $b_{m,1}/a_{m,1}$ 以及 $c_{m,1}/d_{m,1}$，此时还不能得到任意槽交错双栅慢波结构的色散特性。在 $y=g+h$ 处有边界条件 $E_{z,K}^{\mathrm{II}}\Big|_{y=g+h}=0$，则该边界条件得到 $b_{m,K}/a_{m,K}=-F'[l_{m,K}(g+h)]/G'[l_{m,K}(g+h)]$，同理由 $y=-g-h$ 处的边界条件得 $c_{m,K}/d_{m,K}=-F'[l_{m,K}(-g-h)]/G'[l_{m,K}(-g-h)]$。利用相邻阶梯的场幅度系数的关系，由 $b_{m,K}/a_{m,K}$、$c_{m,K}/d_{m,K}$ 经过层层递推得到 $b_{m,1}/a_{m,1}$ 、$c_{m,1}/d_{m,1}$，从而进一步获得色散方程。在这个过程中，引入横向导纳和横向平均导纳，能达到简化数值计算过程的效果。在平均导纳定义式中，分母是电场沿着纵向的直接积分，如果只考虑槽中的基波 (m=0)，这种处理方式没有问题，但若高次谐波也采用这种积分方式，则会出现分母为零的奇异情况。为了保留高次空间驻波项，克服奇异性，需改变高次谐波导纳的定义方法。利用耦合阻抗公式中关于谐波有效电压的定义 (见式 (4.26))，将电场沿轴向的直接积分改为沿着轴向四分之一波长的积分，即取空间谐波电压的有效值，就能避免积分为零的奇异现象。具体来说，定义第 m 阶驻波在第 k 阶梯的 $y=y_k$ 处的归一化横向导纳 $Y_{m,k}\Big|_{y=y_k}$ 与横向平均导纳 $\overline{Y_{m,k}}\Big|_{y=y_k}$ 分别为

$$Y_{m,k}\Big|_{y=y_k}=\frac{\mathrm{j}\omega\mu_0}{k_0^2-k_x^2}\frac{H_{x,m,k}^{\mathrm{II}}}{E_{z,m,k}^{\mathrm{II}}}\Bigg|_{y=y_k}=\frac{\left[a_{m,k}F\left(l_{m,k}y_k\right)+b_{m,k}G\left(l_{m,k}y_k\right)\right]}{l_{m,k}\left[a_{m,k}F'\left(l_{m,k}y_k\right)+b_{m,n}G'\left(l_{m,k}y_k\right)\right]} \tag{A.17}$$

$$\overline{Y_{m,k}}\Big|_{y=y_k} = \frac{\left.\left[\int_0^a \int_{z_k}^{d_k+z_k} E_{z,m,k}^{\mathrm{II}} \cdot \left(H_{x,m,k}^{\mathrm{II}}\right)^* \mathrm{d}x\mathrm{d}z\right]\right|_{y=y_k}}{\left.\left[\int_0^{\frac{\lambda_{m,k}}{4}} E_{z,m,k}^{\mathrm{II}}\mathrm{d}z \cdot \int_0^{\frac{\lambda_{m,k}}{4}} \left(E_{z,m,k}^{\mathrm{II}}\right)^* \mathrm{d}z\right]\right|_{y=y_k,x=\frac{a}{2l},\lambda_{m,k}=\frac{2\pi}{k_{z,m,k}}=\frac{2d_k}{m}}}$$
$$= \frac{k_0^2-k_x^2}{\mathrm{j}\omega\mu_0}\frac{ad_k\left(1+\delta_{0m}\right)/4}{\left(m\pi/d_k\right)^2}Y_{m,k}\Big|_{y=y_k} \tag{A.18}$$

平均导纳定义的物理含义是：分子是 m 阶本征驻波沿着 y 向的坡印亭分量，分母是空间谐波沿着 z 向的有效电压的平方。

同理，第 m 阶驻波在第 $k+1$ 阶梯的 $y=y_k$ 处的归一化横向导纳 $Y_{m,k+1}\Big|_{y=y_k}$ 与横向平均导纳 $\overline{Y_{m,k+1}}\Big|_{y=y_k}$ 分别为

$$Y_{m,k+1}\Big|_{y=y_k} = \frac{\mathrm{j}\omega\mu_0}{k_0^2-k_x^2}\frac{H_{x,m,k+1}^{\mathrm{II}}}{E_{z,m,k+1}^{\mathrm{II}}}\Bigg|_{y=y_k}$$
$$= \frac{\left[a_{m,k+1}F\left(l_{m,k+1}y_k\right)+b_{m,k+1}G\left(l_{m,k+1}y_k\right)\right]}{l_{m,k+1}\left[a_{m,k+1}F'\left(l_{m,k+1}y_k\right)+b_{m,k+1}G'\left(l_{m,k+1}y_k\right)\right]} \tag{A.19}$$

$$\overline{Y_{m,k+1}}\Big|_{y=y_k}$$
$$= \frac{\left.\left[\int_0^a \int_{z_{k+1}}^{d_{k+1}+z_{k+1}} E_{z,m,k+1}^{\mathrm{II}} \cdot \left(H_{x,m,k+1}^{\mathrm{II}}\right)^* \mathrm{d}x\mathrm{d}z\right]\right|_{y=y_k}}{\left.\left[\int_0^{\frac{\lambda_{m,k+1}}{4}} E_{z,m,k+1}^{\mathrm{II}}\mathrm{d}z \cdot \int_0^{\frac{\lambda_{m,k+1}}{4}} \left(E_{z,m,k+1}^{\mathrm{II}}\right)^* \mathrm{d}z\right]\right|_{y=y_k,x=\frac{a}{2l},\lambda_{m,k+1}=\frac{2\pi}{k_{z,m,k+1}}=\frac{2d_{k+1}}{m}}}$$
$$= \frac{k_0^2-k_x^2}{\mathrm{j}\omega\mu_0}\frac{ad_{k+1}\left(1+\delta_{0m}\right)/4}{\left(m\pi/d_{k+1}\right)^2}Y_{m,k+1}\Bigg|_{y=y_k} \tag{A.20}$$

忽略相邻阶梯的不连续性电容后，交界面的平均导纳相等：

$$\overline{Y_{m,k}}\Big|_{y=y_k} = \overline{Y_{m,k+1}}\Big|_{y=y_k} \tag{A.21}$$

这样由式 (A.17)～ 式 (A.21) 可得

$$\frac{Y_{m,k}\Big|_{y=y_k}}{Y_{m,k+1}\Big|_{y=y_k}} = \frac{d_k}{d_{k+1}} \tag{A.22}$$

经过简单的运算可知，式 (A.22) 也适用于描述阶梯交界处基波 (m =0) 的导纳匹配条件，即式 (A.22) 是对相邻阶梯各空间谐波导纳关系的统一描述，因此，接下来的推导，不需要 $m \neq 0$ 的限制。

由式 (A.17) 可得

$$\frac{b_{m,k}}{a_{m,k}}=\frac{l_{m,k}F'\left(l_{m,k}y_k\right)Y_{m,k}\Big|_{y=y_k}-F\left(l_{m,k}y_k\right)}{G\left(l_{m,k}y_k\right)-l_{m,k}G'\left(l_{m,k}y_k\right)Y_{m,k}\Big|_{y=y_k}}$$

将其代入 $Y_{m,k}\Big|_{y=y_{k-1}}$，有

$$Y_{m,k}\Big|_{y=y_{k-1}}=\frac{F\left(l_{m,k}y_{k-1}\right)+\dfrac{l_{m,k}F'\left(l_{m,k}y_k\right)Y_{m,k}\Big|_{y=y_k}-F\left(l_{m,k}y_k\right)}{G\left(l_{m,k}y_k\right)-l_{m,k}F\left(l_{m,k}y_k\right)Y_{m,k}\Big|_{y=y_k}}G\left(l_{m,k}y_{k-1}\right)}{l_{m,k}\left(F\left(l_{m,k}y_{k-1}\right)+\dfrac{l_{m,k}F'\left(l_{m,k}y_k\right)Y_{m,k}\Big|_{y=y_k}-F\left(l_{m,k}y_k\right)}{G\left(l_{m,k}y_k\right)-l_{mk}F\left(l_{m,k}y_k\right)Y_{m,k}\Big|_{y=y_k}}G'\left(l_{m,k}y_{k-1}\right)\right)} \tag{A.23}$$

又根据式 (A.22) 有 $Y_{m,k-1}\Big|_{y=y_{k-1}}=Y_{m,k}\Big|_{y=y_{k-1}}d_{k-1}/d_k$，这样可以得到 $b_{m,k}/a_{m,k}$ 到 $b_{m,k-1}/a_{m,k-1}$ 的递推流程: $b_{m,k}/a_{m,k}\Rightarrow Y_{m,k}\Big|_{y=y_k}\Rightarrow Y_{m,k}\Big|_{y=y_{k-1}}\Rightarrow Y_{m,k-1}\Big|_{y=y_{k-1}}$ $\Rightarrow b_{m,k-1}/a_{m,k-1}$。重复利用以上递推流程可由 $b_{m,K}/a_{m,K}$ 得到 $b_{m,1}/a_{m,1}$。采用上述方法同样可由 $d_{m,K}/c_{m,K}$ 逐步递推到 $d_{m,1}/c_{m,1}$。

当任意槽为矩形时，$\dfrac{b_{m,1}}{a_{m,1}}=\dfrac{b_{m,2}}{a_{m,2}}=\cdots=\dfrac{b_{m,K}}{a_{m,K}}$，$l_{m,k}=l_m=\sqrt{\left|k^2-k_x^2-(m\pi/d)^2\right|}$，$F\left(l_{m,k}y\right)=F\left(l_my\right),G\left(l_{m,k}y\right)=G\left(l_my\right)$，$F'\left(l_{mk}y\right)=F'\left(l_my\right)$，$G'\left(l_{m,k}y\right)=G'\left(l_my\right)$，$k=1,2,\cdots,K$。

$$O_m=\frac{l_{m,1}\left[F'\left(l_{m,1}g\right)+\left(b_{m,1}/a_{m,1}\right)G'\left(l_{m,1}g\right)\right]}{F\left(l_{m,1}g\right)+\left(b_{m,1}/a_{m,1}\right)G\left(l_{m,1}g\right)}$$

$$T_m=\frac{l_{m,1}\left[F'\left(l_{m,1}g\right)-\left(d_{m,1}/c_{m,1}\right)G'\left(l_{m,1}g\right)\right]}{-F\left(l_{m,1}g\right)+\left(d_{m,1}/c_{m,1}\right)G\left(l_{m,1}g\right)}\quad b_{m,K}/a_{m,K}$$

$$=F'[l_{m,K}(g+h)]/G'[l_{m,K}(g+h)],\quad c_{m,K}/d_{m,K}=-F'[l_{m,K}(g+h)]/G'[l_{m,K}(g+h)]$$

则在色散方程式 (A.16) 中有：$O_m = l_m F(l_m h)/G(l_m h)$，$T_m = -l_m F(l_m h) G(l_m h)$。此时，色散方程 (A.16) 退化为

$$\det \begin{bmatrix} M, N \\ P, Q \end{bmatrix} = 0 \tag{A.24}$$

其中：

$$M_{n,n'} = \delta_{n'n} p \mathrm{d} \nu_{n'} F'(\nu_{n'} g) - F(\nu_n g) \sum_{m=0}^{\infty} \frac{2l_m}{1+\delta_{0\mathrm{m}}} \frac{G'(l_m h)}{G(l_m h)} R\left(\beta_{n'}, \frac{m\pi}{d}\right) R\left(-\beta_n, \frac{m\pi}{d}\right)$$

$$N_{n,n'} = \delta_{n'n} p \mathrm{d} \nu_{n'} G'(\nu_{n'} g) - G(\nu_n g) \sum_{m=0}^{\infty} \frac{2l_{m,1}}{1+\delta_{0\mathrm{m}}} \frac{G'(l_m h)}{G(l_m h)} R\left(\beta_{n'}, \frac{m\pi}{d}\right) R\left(-\beta_n, \frac{m\pi}{d}\right)$$

$$\begin{aligned} P_{n,n'} = {} & \delta_{n'n} p \mathrm{d} \nu_{n'} F'(\nu_{n'} g) \\ & - F(\nu_n g) \sum_{m=0}^{\infty} \frac{2l_m}{1+\delta_{0\mathrm{m}}} \frac{G'(l_m h)}{G(l_m h)} R\left(\beta_{n'}, \frac{m\pi}{d}\right) R\left(-\beta_n, \frac{m\pi}{d}\right) \mathrm{e}^{\mathrm{j}(\beta_{n'} - \beta_n)s} \end{aligned}$$

$$\begin{aligned} Q_{n,n'} = {} & -\delta_{n'n} p \mathrm{d} \nu_{n'} G'(\nu_{n'} g) \\ & + G(\nu_n g) \sum_{m=0}^{\infty} \frac{2l_m}{1+\delta_{0\mathrm{m}}} \frac{G'(l_m h)}{G(l_m h)} R\left(\beta_{n'}, \frac{m\pi}{d}\right) R\left(-\beta_n, \frac{m\pi}{d}\right) \mathrm{e}^{\mathrm{j}(\beta_{n'} - \beta_n)s} \end{aligned}$$

我们将考虑槽中高次空间驻波项的慢波特性求解方法称为“多波近似”。在色散方程 (A.16) 中，若只取 m=0 这一项，则就是“单波近似”。

在色散方程 (A.16) 中，取上下两排栅位错 s=0，即可描述对称双栅的色散。由于对称双栅结构在 y 方向上的对称性，支持的模式为对称模或者反对称模 (电场呈对称或反对称分布)。对于对称模，场表达式中有 b_n=0，其对应的色散方程为

$$\det[M] = 0 \tag{A.25}$$

对于反对称模，场表达式中有 a_n=0，对应的色散方程为

$$\det[N] = 0 \tag{A.26}$$

取对称双栅的上半部分 ($y \geqslant 0$ 的区域)，而下半部分用金属填充，得到单排栅。

A.2　矩形交错双栅欧姆损耗表达式分子项

按照第 4 章结果，对于矩形槽交错双栅，高频损耗表达式为

$$\alpha_p = \frac{R_s \sum\limits_{k=1}^{11} H_k}{4P} \tag{A.27}$$

其中分子项 H_k 表达式如下：

$$\begin{aligned} H_1 &= 2\int_0^p \int_{-g}^g \left[H_y^{\mathrm{I}} \cdot \left(H_y^{\mathrm{I}}\right)^* + H_z^{\mathrm{I}} \cdot \left(H_z^{\mathrm{I}}\right)^*\right] \mathrm{d}y\mathrm{d}z\bigg|_{x=0} \\ &= 2pg\left(\frac{k_x}{k_0^2 - k_x^2}\right)^2 \times \left\{\begin{aligned} &\sum_{n=-\infty}^{\infty} |\nu_n|^2 \left(|a_n|^2 E_n + |b_n|^2 F_n\right) \\ &\quad + \sum_{n=-\infty}^{\infty} |\beta_n|^2 \left(|a_n|^2 F_n + |b_n|^2 E_n\right) \end{aligned}\right. \end{aligned}$$

$$E_n = \begin{cases} \dfrac{\sin(2\nu_n g)}{2\nu_n g} + 1 & (\beta_n^2 + k_x^2 - k_0^2 < 0) \\ \dfrac{\sinh(2\nu_n g)}{2\nu_n g} + 1 & (\beta_n^2 + k_x^2 - k_0^2 > 0) \end{cases}$$

$$F_n = \begin{cases} -\dfrac{\sin(2\nu_n g)}{2\nu_n g} + 1 & (\beta_n^2 + k_x^2 - k_0^2 < 0) \\ \dfrac{\sinh(2\nu_n g)}{2\nu_n g} - 1 & (\beta_n^2 + k_x^2 - k_0^2 > 0) \end{cases}$$

$$H_2 = \int_d^p \int_0^a \left[H_x^{\mathrm{I}} \cdot \left(H_x^{\mathrm{I}}\right)^* + H_z^{\mathrm{I}} \cdot \left(H_z^{\mathrm{I}}\right)^*\right]_{|y=g} \mathrm{d}x\mathrm{d}z$$

$$= \frac{a(p-d)}{2}\left\{\begin{aligned} &\sum_{n=-\infty}^{\infty}\left(\left(\frac{kx}{k_0^2 - k_x^2}\right)^2 \beta_n^2 + 1\right)|G_n|^2 \\ &+ \sum_{n'=-\infty}^{\infty} \sum_{n\neq n'} \mathrm{e}^{\frac{\mathrm{j}(\beta_n' - \beta_n)(p+d)}{2}} I_{n,n'} G_n G_{n'}^* \\ &\times \left[\left(\frac{k_x}{k_0^2 - k_x^2}\right)^2 \beta_n \beta_{n'} + 1\right] \end{aligned}\right.$$

$$G_n = a_n F(\nu_n g) + b_n G(\nu_n g), \quad I_{n,n'} = \operatorname{sinc}\left[\left(\beta_{n'} - \beta_n\right)(p-d)/2\right]$$

$$H_3=\int_{d+s}^{p+s}\int_0^a\left[H_x^{\mathrm{I}}\cdot\left(H_x^{\mathrm{I}}\right)^*+H_z^{\mathrm{I}}\cdot\left(H_z^{\mathrm{I}}\right)^*\right]_{|y=-g}\mathrm{d}x\mathrm{d}z$$

$$=\frac{a(p-d)}{2}\times\left\{\begin{array}{l}\displaystyle\sum_{n=-\infty}^{\infty}\left(\left(\frac{k_x}{k_0^2-k_x^2}\right)^2|\beta_n|^2+1\right)|H_n|^2\\ \displaystyle+\sum_{n'=-\infty}^{\infty}\sum_{n\neq n'}\mathrm{e}^{\frac{\mathrm{j}(\beta_n'-\beta_n)(p+d+2s)}{2}}I_{n,n'}H_n\cdot H_{n'}^*\\ \displaystyle\times\left[\left(\frac{k_x}{k_0^2-k_x^2}\right)^2\beta_n\beta_{n'}+1\right]\end{array}\right\}$$

$$H_n=-a_nF(\nu_ng)+b_nG(\nu_ng)$$

$$H_4=2\int_0^d\int_g^{g+h}\left[H_y^{\mathrm{II}}\cdot\left(H_y^{\mathrm{II}}\right)^*+H_z^{\mathrm{II}}\cdot\left(H_z^{\mathrm{II}}\right)^*\right]_{|x=0}\mathrm{d}y\mathrm{d}z$$

$$H_5=2\int_s^{s+d}\int_{-g-h}^{-g}\left[H_y^{\mathrm{III}}\cdot\left(H_y^{\mathrm{III}}\right)^*+H_z^{\mathrm{III}}\cdot\left(H_z^{\mathrm{III}}\right)^*\right]_{|x=0}\mathrm{d}y\mathrm{d}z$$

$$H_4+H_5=hd\left(\frac{k_x}{k_0^2-k_x^2}\right)^2\sum_{m=0}^{\infty}\left(|B_m|^2+|C_m|^2\right)\left[\frac{1+\delta_{0m}}{2}|l_m|^2K_m+\frac{1-\delta_{0m}}{2}\left(\frac{m\pi}{d}\right)^2J_m\right]$$

$$H_6=\int_0^d\int_0^a\left[H_x^{\mathrm{II}}\cdot\left(H_x^{\mathrm{II}}\right)^*+H_z^{\mathrm{II}}\cdot\left(H_z^{\mathrm{II}}\right)^*\right]_{|y=g+h}\mathrm{d}x\mathrm{d}z$$

$$H_7=\int_s^{s+d}\int_0^a\left[H_x^{\mathrm{III}}\cdot\left(H_x^{\mathrm{III}}\right)^*+H_z^{\mathrm{III}}\cdot\left(H_z^{\mathrm{III}}\right)^*\right]_{|y=-g-h}\mathrm{d}x\mathrm{d}z$$

$$H_6+H_7=\frac{ad}{2}\sum_{m=0}^{\infty}\left(|B_m|^2+|C_m|^2\right)\left[\frac{1+\delta_{0m}}{2}+\left(\frac{k_x}{k_0^2-k_x^2}\right)^2\left(\frac{m\pi}{d}\right)^2\frac{1-\delta_{0m}}{2}\right]$$

$$H_8=\int_g^{g+h}\int_0^a\left[H_x^{\mathrm{II}}\cdot\left(H_x^{\mathrm{II}}\right)^*+H_y^{\mathrm{II}}\cdot\left(H_y^{\mathrm{II}}\right)^*\right]_{|z=0}\mathrm{d}x\mathrm{d}y$$

$$H_9=\int_g^{g+h}\int_0^a\left[H_x^{\mathrm{II}}\cdot\left(H_x^{\mathrm{II}}\right)^*+H_y^{\mathrm{II}}\cdot\left(H_y^{\mathrm{II}}\right)^*\right]_{|z=d}\mathrm{d}x\mathrm{d}y$$

$$H_{10}=\int_{-g-h}^{-g}\int_0^a\left[H_x^{\mathrm{III}}\cdot\left(H_x^{\mathrm{III}}\right)^*+H_y^{\mathrm{III}}\cdot\left(H_y^{\mathrm{III}}\right)^*\right]_{|z=s}\mathrm{d}x\mathrm{d}y$$

$$H_{11}=\int_{-g-h}^{-g}\int_{0}^{a}\left[H_x^{\mathrm{III}}\cdot\left(H_x^{\mathrm{III}}\right)^*+H_y^{\mathrm{III}}\cdot\left(H_y^{\mathrm{III}}\right)^*\right]_{|z=s+d}\mathrm{d}x\mathrm{d}y$$

$$\sum_{k=8}^{11}H_k=\frac{ah}{4}\left\{\begin{array}{l}2\sum\limits_{m=0}^{\infty}\left(|B_m|^2+|C_m|^2\right)\left[J_m+\left(\dfrac{k_x}{k_0^2-k_x^2}\right)^2|l_m|^2K_m\right]\\ \quad+\sum\limits_{m=0}^{\infty}\sum\limits_{m'\neq m}\left[1+(-1)^{m+m'}\right]\left(B_mB_{m'}^*+C_mC_{m'}^*\right)\\ \quad\times\left[\left(L_{m,m'}\right)+\left(\dfrac{k_x}{k_0^2-k_x^2}\right)^2l_{m'}l_m^*M_{m,m'}\right]\end{array}\right.$$

其中，

$$J_m=\begin{cases}\dfrac{\sin(2l_mh)}{2l_mh}+1, & k_0^2-k_x^2-(l_m)^2>0\\ \dfrac{\sinh(2l_mh)}{2l_mh}+1, & k_0^2-k_x^2-(l_m)^2<0\end{cases}$$

$$K_m=\begin{cases}-\dfrac{\sin(2l_mh)}{2l_mh}+1, & k_0^2-k_x^2-(l_m)^2>0\\ \dfrac{\sinh(2l_mh)}{2l_mh}-1, & k_0^2-k_x^2-(l_m)^2<0\end{cases}$$

$$L_{m,m'}=\frac{\sinh\left[\left(l_m+l_{m'}^*\right)h\right]}{\left(l_{m'}+l_{m'}^*\right)h}+\frac{\sinh\left[\left(l_m-l_{m'}^*\right)h\right]}{\left(l_m-l_{m'}^*\right)h}$$

$$M_{m,m'}=\frac{\sinh\left[\left(l_{m'}+l_m^*\right)h\right]}{\left(l_{m'}+l_m^*\right)h}-\frac{\sinh\left[\left(l_{m'}-l_m^*\right)h\right]}{\left(l_{m'}-l_m^*\right)h}$$

$$B_m=\frac{2\sum\limits_{n=-\infty}^{\infty}G_nR\left(-\beta_n,\dfrac{m\pi}{d}\right)}{\left(1+\delta_{0m}\right)d\cosh\left(l_mh\right)}$$

$$C_m=\frac{2\sum\limits_{n=-\infty}^{\infty}H_n\mathrm{e}^{-\mathrm{j}\beta_ns}R\left(-\beta_n,\dfrac{m\pi}{d}\right)}{\left(1+\delta_{0m}\right)d\cosh\left(l_mh\right)}$$

按照第 4 章结果，单排矩形栅高频损耗表达式为

$$\alpha_p=\frac{R_s\left[(A+B+C)+(D+E+F)\right]}{4P}\tag{A.28}$$

其中分子上的各个系数分布为

$$A=\int_0^p\int_0^a\left(\left|H_x^{\mathrm{I}}\right|_{y=0}^2+\left|H_z^{\mathrm{I}}\right|_{y=0}^2\right)\mathrm{d}x\mathrm{d}z=\frac{ap}{2}\sum_{n=-\infty}^{\infty}\left|a_n\right|^2\left(1+\left(\frac{k_x}{k_0^2-k_x^2}\right)^2\left|\beta_n\right|^2\right)$$

$$\begin{aligned}B&=\int_0^p\int_0^g\left(\left|H_z^{\mathrm{I}}\right|_{x=0}^2+\left|H_y^{\mathrm{I}}\right|_{x=0}^2+\left|H_z^{\mathrm{I}}\right|_{x=a}^2+\left|H_y^{\mathrm{I}}\right|_{x=a}^2\right)\mathrm{d}y\mathrm{d}z\\&=pg\left(\frac{k_x}{k_0^2-k_x^2}\right)^2\sum_{n=-\infty}^{\infty}\left|a_n\right|^2\left(\left|\beta_n\right|^2E_n+\left|\nu_n\right|^2F_n\right)\end{aligned}$$

$$C=\int_d^p\int_0^a\left|H_x^{\mathrm{I}}\right|_{y=g}^2+\left|H_z^{\mathrm{I}}\right|_{y=g}^2\mathrm{d}x\mathrm{d}z$$

$$=\frac{a}{2}\left(\begin{array}{l}\displaystyle\sum_{n=-\infty}^{\infty}\left|a_n\right|^2(p-d)\left(1+\left(\frac{k_x\beta_n}{k_0^2-k_x^2}\right)^2\right)G^2(\nu_ng)\\\displaystyle-d\sum_{n=-\infty}^{\infty}\sum_{n'=-\infty,n'\neq n}^{\infty}a_n\left(a_{n'}\right)^*\left(1+\left(\frac{k_x}{k_0^2-k_x^2}\right)^2\beta_n\beta_{n'}\right)G(\nu_ng)\\\displaystyle\cdot G(\nu_{n'}g)\mathrm{e}^{\frac{\mathrm{j}(\beta_n-\beta_{n'})d}{2}}\operatorname{sinc}\frac{(\beta_n-\beta_{n'})d}{2}\end{array}\right)$$

$$\begin{aligned}D&=\int_0^d\int_0^a\left(\left|H_x^{\mathrm{II}}\right|_{y=g+h}^2+\left|H_z^{\mathrm{II}}\right|_{y=g+h}^2\right)\mathrm{d}z\mathrm{d}x\\&=\frac{ad}{2}\sum_{m=0}^{\infty}\left|b_m\right|^2\left[\frac{1+\delta_{0m}}{2}+\left(\frac{k_x}{k_0^2-k_x^2}\right)^2\left(\frac{m\pi}{d}\right)^2\frac{1-\delta_{0m}}{2}\right]\end{aligned}$$

$$\begin{aligned}E&=\int_g^{g+h}\int_0^d\left(\left|H_y^{\mathrm{II}}\right|_{x=0}^2+\left|H_z^{\mathrm{II}}\right|_{x=0}^2+\left|H_y^{\mathrm{II}}\right|_{x=a}^2+\left|H_z^{\mathrm{II}}\right|_{x=a}^2\right)\mathrm{d}z\mathrm{d}y\\&=\left(\frac{k_x}{k_0^2-k_x^2}\right)^2hd\sum_{m=0}^{\infty}\left|b_m\right|^2\left[\frac{1+\delta_{0m}}{2}l_m^2J_m+\left(\frac{m\pi}{d}\right)^2\frac{1-\delta_{0m}}{2}K_m\right]\end{aligned}$$

$$\begin{aligned}F&=\int_g^{g+h}\int_0^a\left(\left|H_x^{\mathrm{II}}\right|_{z=0}^2+\left|H_y^{\mathrm{II}}\right|_{z=0}^2+\left|H_x^{\mathrm{II}}\right|_{z=d}^2+\left|H_y^{\mathrm{II}}\right|_{z=d}^2\right)\mathrm{d}x\mathrm{d}y\\&=\frac{ah}{2}\sum_{m=0}^{\infty}\left|b_m\right|^2\left[J_m+\left(\frac{k_x}{k_0^2-k_x^2}\right)^2l_m^2K_m\right]\end{aligned}$$

$$+\frac{ah}{4}\sum_{m=0}^{\infty}\sum_{m'\neq m}\left[1+(-1)^{m+m'}\right](b_m b_{m'}^*)\left[(L_{m,m'})+\left(\frac{k_x}{k^2-k_x^2}\right)^2 l_{m'}l_m^* M_{m,m'}\right]$$

$$b_m=\frac{2\sum\limits_{n=-\infty}^{\infty}a_n G(\nu_n g)R\left(-\beta_n,\frac{m\pi}{d}\right)}{(1+\delta_{0m})\,d\cosh\left(l_m h\right)}$$